W0239867

Produktionsplanung mit SAP® in der Prozessindustrie

SAP PRESS

SAP PRESS ist eine gemeinschaftliche Initiative von SAP und Galileo Press. Ziel ist es, Anwendern qualifiziertes SAP-Wissen zur Verfügung zu stellen. SAP PRESS vereint das fachliche Know-how der SAP und die verlegerische Kompetenz von Galileo Press. Die Bücher bieten Expertenwissen zu technischen wie auch zu betriebswirtschaftlichen SAP-Themen.

Dickersbach, Keller
Produktionsplanung und -steuerung mit SAP ERP
4. Auflage 2014, 539 S., geb.
ISBN 978-3-8362-2708-7

Gulyássy, Vithayathil
Kapazitätsplanung mit SAP
2014, 720 S., geb.
ISBN 978-3-8362-1975-4

Gulyássy, Hoppe, Köhler, Vithayathil
Disposition mit SAP
2. Auflage 2014, 777 S., geb.
ISBN 978-3-8362-2644-8

Doller, Hildebrandt, Richter, Stockrahm
Chargenverwaltung mit SAP
2013, 599 S., geb.
ISBN 978-3-8362-2109-2

Yvonne Lorenz
Qualitätsmanagement mit SAP
2013, 700 S., geb.
ISBN 978-3-8362-2035-4

Aktuelle Angaben zum gesamten SAP PRESS-Programm finden Sie unter *www.sap-press.de.*

Andreas Doller, Jan Wölken

Produktionsplanung mit SAP®
in der Prozessindustrie

Galileo Press

Bonn • Boston

Liebe Leserin, lieber Leser,

vielen Dank, dass Sie sich für ein Buch von SAP PRESS entschieden haben.

Wer eine Zeit lang für das leibliche Wohl einer Familie gesorgt hat, kann die Anforderungen an die Produktionsplanung in der Prozessindustrie gut nachvollziehen: Nur wer seine Vorräte jederzeit im Blick hat, regelmäßig die Haltbarkeitsdaten prüft und den Zeitaufwand für die Zubereitung richtig kalkuliert, kann sicherstellen, dass die hungrigen Mäuler gestopft werden, ohne dass die Haushaltskasse zu sehr belastet wird.

Was im privaten Bereich eine echte Herausforderung ist, ist in der Industrie ohne IT-Unterstützung kaum machbar. Andreas Doller und Jan Wölken zeigen Ihnen in diesem Buch, wie Sie mit der SAP-Komponente PP-PI alle Anforderungen an die Planung in den Prozessindustrien wie Chemie-, Pharma- und Lebensmittelindustrie erfüllen. Sie machen Sie mit den relevanten Stammdaten vertraut und zeigen Ihnen, wie Sie mit Prozessaufträgen, Steuerrezepten und Herstellanweisungen arbeiten. Informationen zur Anbindung an andere SAP-Komponenten und Fremdsysteme helfen Ihnen, alle Aspekte der Produktion im Griff zu behalten.

Wir freuen uns stets über Lob, aber auch über kritische Anmerkungen, die uns helfen, unsere Bücher zu verbessern. Scheuen Sie nicht, mich zu kontaktieren. Ihre Fragen und Anmerkungen sind jederzeit willkommen.

Ihr Martin Angenendt
Lektorat SAP PRESS

Galileo Press
Rheinwerkallee 4
53227 Bonn

martin.angenendt@galileo-press.de
www.sap-press.de

Auf einen Blick

Der Name Galileo Press geht auf den italienischen Mathematiker und Philosophen Galileo Galilei (1564–1642) zurück. Er gilt als Gründungsfigur der neuzeitlichen Wissenschaft und wurde berühmt als Verfechter des modernen, heliozentrischen Weltbilds. Legendär ist sein Ausspruch *Eppur si muove* (Und sie bewegt sich doch). Das Emblem von Galileo Press ist der Jupiter, umkreist von den vier Galileischen Monden. Galilei entdeckte die nach ihm benannten Monde 1610.

Lektorat Martin Angenendt, Eva Tripp
Korrektorat Petra Bromand, Düsseldorf
Herstellung Denis Schaal
Typografie und Layout Vera Brauner
Einbandgestaltung Eva Schmücker
Titelbild iStockphoto: 1090951©Jallfree
Satz III-satz, Husby
Druck und Bindung Beltz Bad Langensalza, Bad Langensalza

Gerne stehen wir Ihnen mit Rat und Tat zur Seite:
martin.angenendt@galileo-press.de bei Fragen und Anmerkungen zum Inhalt des Buches
service@galileo-press.de für versandkostenfreie Bestellungen und Reklamationen
thomas.losch@galileo-press.de für Rezensionsexemplare

Bibliografische Information der Deutschen Nationalbibliothek
Die Deutsche Nationalbibliothek verzeichnet diese Publikation in der Deutschen Nationalbibliografie; detaillierte bibliografische Daten sind im Internet über *http://dnb.d-nb.de* abrufbar.

ISBN 978-3-8362-2892-3

© Galileo Press, Bonn 2015
1. Auflage 2015

Das vorliegende Werk ist in all seinen Teilen urheberrechtlich geschützt. Alle Rechte vorbehalten, insbesondere das Recht der Übersetzung, des Vortrags, der Reproduktion, der Vervielfältigung auf fotomechanischen oder anderen Wegen und der Speicherung in elektronischen Medien. Ungeachtet der Sorgfalt, die auf die Erstellung von Text, Abbildungen und Programmen verwendet wurde, können weder Verlag noch Autor, Herausgeber oder Übersetzer für mögliche Fehler und deren Folgen eine juristische Verantwortung oder irgendeine Haftung übernehmen.

Die in diesem Werk wiedergegebenen Gebrauchsnamen, Handelsnamen, Warenbezeichnungen usw. können auch ohne besondere Kennzeichnung Marken sein und als solche den gesetzlichen Bestimmungen unterliegen.

Sämtliche in diesem Werk abgedruckten Bildschirmabzüge unterliegen dem Urheberrecht © der SAP SE, Dietmar-Hopp-Allee 16, 69190 Walldorf.

SAP, das SAP-Logo, ABAP, BAPI, Duet, mySAP.com, mySAP, SAP ArchiveLink, SAP EarlyWatch, SAP NetWeaver, SAP Business ByDesign, SAP BusinessObjects, SAP BusinessObjects Rapid Mart, SAP BusinessObjects Desktop Intelligence, SAP BusinessObjects Explorer, SAP Rapid Marts, SAP BusinessObjects Watchlist Security, SAP BusinessObjects Web Intelligence, SAP Crystal Reports, SAP GoingLive, SAP HANA, SAP MaxAttention, SAP MaxDB, SAP PartnerEdge, SAP R/2, SAP R/3, SAP R/3 Enterprise, SAP Strategic Enterprise Management (SAP SEM), SAP StreamWork, SAP Sybase Adaptive Server Enterprise (SAP Sybase ASE), SAP Sybase IQ, SAP xApps, SAPPHIRE NOW, und Xcelsius sind Marken oder eingetragene Marken der SAP SE, Walldorf.

Inhalt

Einleitung

Mithilfe von SAP ERP können Sie die Produktionsprozesse von Unternehmen unterschiedlicher Branchen planen und steuern. Sie haben die Möglichkeit, eine diskrete, also eine mechanische Stückfertigung, einen Serienfertigungsprozess, eine projektbasierte oder auch eine chargenbezogene Produktion, die in der Prozessindustrie zum Einsatz kommt, in SAP ERP abzubilden. Und so unterschiedlich die Produktionsprozesse sind, so unterscheiden sich auch die entsprechenden Lösungen, die SAP ERP zur Abbildung der jeweiligen spezifischen Anforderungen bietet. In diesem Buch stellen wir Ihnen die Produktionsplanung und -steuerung in der Prozessindustrie (PP-PI) vor, für die Ihnen in SAP ERP ganz spezielle Funktionen zur Verfügung stehen. Wir haben dabei großen Wert auf die Integration in alle angrenzenden Gebiete gelegt, angefangen bei der Entwicklung von Rezepturen über prozessindustriespezifische Problemstellungen in der Produktionsplanung bis hin zur Anbindung von Produktionsleitsystemen. Dadurch erfahren Sie, wie PP-PI sowohl horizontal in angrenzende SAP-Komponenten wie die Logistik und das Qualitätsmanagement als auch vertikal in die Herstellungsebene integriert ist. PP-PI vereint somit alle Ebenen von der Planung bis zur Herstellungsebene und schafft eine Transparenz entlang der gesamten Supply Chain, indem es für alle den Zugriff auf dieselben Realtime-Informationen ermöglicht. Durch diese sowohl horizontale als auch vertikale Integration können Sie schnell auf Ausnahmesituationen reagieren und sich so wertvolle Wettbewerbsvorteile sichern.

An wen richtet sich dieses Buch?

Dieses Buch ist an alle SAP-Berater, Fachbereichsmitarbeiter sowie Projektleiter adressiert, die sich mit Produktionsabläufen in der Prozessindustrie beschäftigen und wissen möchten, wie sie diese in SAP ERP umsetzen können. Wer sich bereits mit der diskreten Produktion in SAP ERP auskennt, lernt hier die Unterschiede zwischen den beiden Produktionsvarianten in SAP ERP kennen. Auch Interessierte von angrenzenden Bereichen wie dem Qualitätsmanagement oder der Produktionslogistik erfahren, wie ihre Prozesse in die Produktion integriert sind.

Wie ist dieses Buch aufgebaut?

Kapitel 1, »Einführung in die Produktionsplanung und -steuerung in der Prozessindustrie«, führt Sie in die Prozesse im Bereich der Produktionsplanung und -steuerung für die Prozessindustrien (PP-PI) mit SAP ein. Wir stellen Ihnen die unterschiedlichen Industrien und Prozesse der Prozessindustrie sowie die Einsatzmöglichkeiten der Komponente PP-PI vor. Der Schwerpunkt liegt in der Produktionssteuerung oder -ausführung, da hier die größten Unterschiede zur diskreten Fertigung bestehen. Ferner gehen wir auch auf die Unterschiede zwischen den Komponenten Produktionsplanung und -steuerung (PP) und PP-PI ein, um Sie bei der Entscheidung zu unterstützen, welche Komponente für Sie besser geeignet ist.

In **Kapitel 2, »Stammdaten«**, beschäftigen wir uns mit den Stammdaten, die für einen Einsatz der Komponente PP-PI erforderlich sind. Dazu zählt zunächst der Materialstamm, der über bestimmte Steuerdaten auf den Produktionsprozess einwirkt. Weiterhin stellen wir Ihnen die Planungsrezepte vor, die vielfältige Steuerungsmöglichkeiten beinhalten und mithilfe derer Sie Ihre Produktionsprozesse modellieren. Mithilfe von Ressourcen beschreiben Sie die Produktionsmittel, mit denen die Produkte produziert werden. Zudem zeigen wir Ihnen die Funktion zur Verwaltung von Stücklisten, die den Aufbau eines Produkts beschreiben. Über die Fertigungsversionen bilden Sie mögliche Kombinationen von Planungsrezepten mit Stücklisten ab.

In **Kapitel 3, »Produktionssteuerung über Prozessaufträge«**, lernen Sie den Prozessauftrag kennen, das zentrale Objekt der Komponente PP-PI, mit dem ein Produktionsprozess verwaltet und dokumentiert wird. Wir erläutern alle Phasen des Lebenszyklus eines Prozessauftrags und gehen dabei auf die Details des Customizings und die mit der Prozessfertigung verbundenen Funktionen ein. Wir zeigen Ihnen alle bei der Eröffnung eines Auftrags ablaufenden Aktionen wie das Lesen der Stammdaten, die Terminierung, die Kapazitätsplanung, die Verfügbarkeitsprüfung und die Berechnung der Plankosten auf. Danach gehen wir auf die Funktionen ein, die im Rahmen der Auftragsfreigabe kurz vor Beginn der Produktion ablaufen. Die Bestands- und Chargenfindung der Komponenten sowie die verschiedenen Varianten der Materialbereitstellung sorgen dafür, dass die benötigten Materialien zur richtigen Zeit in der richtigen Menge am richtigen Ort bereitstehen. Im Rahmen der Rückmeldung wird der Auftragsfortschritt in SAP ERP protokolliert, sodass der aktuelle Status eines Auftrags jederzeit ersichtlich ist. Des Weiteren lernen Sie alle Möglichkeiten kennen, wie Sie die Warenbewegungen zu einem Auftrag im System verbuchen können. Dazu zählen die Komponentenentnahmen und die Wareneingänge aus der Produktion. In diesem Kapitel behandeln wir darüber hinaus die notwendigen Einstellungen zum Druck von Fertigungspapieren, die alle für die Produktionsmitarbeiter relevanten Informationen in Papierform enthalten. Als letzte Phase im Lebenszyklus eines Prozessauftrags gehen wir zum Schluss auf die Funktionen im Rahmen des Prozessauftragsabschlusses und die Archivierung ein.

In **Kapitel 4**, **»Erweiterte Funktionen für die Produktionsabwicklung«**, zeigen wir Ihnen prozessauftragsübergreifende Funktionen, wie die Behandlung von Schichten bei der Rückmeldung von Prozessaufträgen. Sie lernen hier zudem die Schichtnotiz und das Schichtbuch kennen, mit denen Sie auftragsunabhängig produktionsrelevante Informationen im System festhalten und auswerten können. Eine weitere Funktion in diesem Zusammenhang ist die Verteilung von möglichen Differenzen von Verbrauchsbuchungen, die aufgrund der Ungenauigkeit beim Erfassen der Buchungen entstehen können.

In **Kapitel 5**, **»Prozesskoordination«**, beschreiben wir einen der wichtigsten Bereiche von PP-PI. Die Prozesskoordination ermöglicht die Kommunikation zur Prozessleitebene, sowohl über die Integration von Subsystemen wie MES (Manufacturing Execution Systems) als auch durch im SAP-System abgebildete elektronische Herstellanweisungen, die online von den Mitarbeitern in der Produktion bearbeitet werden. Mithilfe von elektronischen Herstellanweisungen modellieren Sie Prozesse im Bereich der Herstellung und protokollieren diese. Zunächst stellen wir Ihnen die grundlegenden Elemente der Prozesskoordination wie Steuerrezepte, Prozessmeldungen und Prozessvorgaben vor. Dabei gehen wir auch auf die neuesten Entwicklungen im Bereich der XSteps (Execution Steps) ein. Mithilfe des Steuerrezept- und des Prozessmeldungsmonitors überwachen Sie darüber hinaus den Daten- und Informationsfluss von und zur Prozessleitebene.

In **Kapitel 6**, **»Produktionsprozesse mit PP-PI«**, erhalten Sie eine Übersicht über die wichtigsten industriespezifischen Prozesse. Wir stellen Ihnen integrierte Szenarien der *SAP Best Practices for Chemicals* und *SAP Best Practices for Pharmaceuticals* vor und arbeiten die Besonderheiten dieser Szenarien heraus. Behandelte Prozesse sind die zweistufige prozessindustriespezifische Herstellung (Halb- und Fertigware), die Kuppel- und Nebenproduktion sowie die regulierte Produktion in der pharmazeutischen Industrie.

Das Reporting, das wir Ihnen in **Kapitel 7**, **»Reporting«**, vorstellen, ist ein wichtiger und oft vernachlässigter Bereich in der Herstellung. Sie lernen das Auftragsinformationssystem als zentrales Werkzeug für die interaktive Analyse und Berichterstellung kennen, mit dem Sie darüber hinaus eine Massenbearbeitung von Prozessaufträgen anstoßen können. Weitere Berichte aus angrenzenden Komponenten, wie z. B. aus der Lagerverwaltung zur Materialbereitstellung, runden das Kapitel ab.

Kapitel 8, »Integration«, geht auf die hohe Integration des PP-PI-Systems in andere SAP-Komponenten ein. Dies umfasst alle Ebenen von der Entwicklung, Planung bis zur Abwicklung. Dazu zählt die Integration in die Komponenten Rezepturverwaltung (RD), Qualitätsmanagement (QM), SAP Manufacturing Integration and Intelligence (MII) sowie SAP Advanced Planning and Optimization (SAP APO). Außerdem lernen Sie in diesem Kapitel die PI-PCS-Schnittstelle kennen, über die Sie externe Systeme wie z. B. Prozessleitsysteme mit PP-PI verbinden können.

Die Prozessdatendokumentation, auf die wir in **Kapitel 9, »Prozessdatendokumentation«**, eingehen, ist nicht nur in der regulierten Herstellung, d. h. in der pharmazeutischen Industrie, sondern auch mehr und mehr in anderen Bereichen der Prozessindustrie gefordert. Mit der Prozessdatendokumentation in PP-PI ist der Weg zu einer papierlosen Herstellung möglich. In diesem Kapitel zeigen wir Ihnen, welche Möglichkeiten in Form des Auftrags- oder des Chargenprotokolls Sie haben und wie Sie diese in SAP ERP einrichten.

Im **Anhang** finden Sie zudem ein Transaktionsverzeichnis zu allen in den Kapiteln erwähnten Transaktionen.

Hinweise zur Lektüre

Als Releasestand für die Erläuterungen der Funktionalitäten und auch für die Systembeispiele wurde größtenteils SAP ERP 6.0 Enhancement Pack 6 verwendet. Für die Erläuterungen zur SAP Rezeptentwicklung (RD) wurde SAP ERP 6.0 Enhancement Pack 7 verwendet. Außerdem wurden SAP Advanced Planning and Optimization (APO) 7.0 und SAP Manufacturing Integration and Intelligence 14 eingesetzt.

Um Ihnen das Arbeiten mit dem Buch zu erleichtern, verwenden wir die folgenden Symbole, um auf spezielle Informationen hinzuweisen:

[!] Dieses Symbol warnt Sie vor häufig gemachten Fehlern.

[»] Infokästen mit diesem Symbol weisen Sie auf Besonderheiten hin, die Sie beachten sollten.

[+] Mit diesem Symbol werden Tipps markiert, die Ihnen die Arbeit erleichtern.

[zB] Wenn das besprochene Thema anhand von praktischen Beispielen erläutert und vertieft wird, machen wir Sie mit diesem Symbol darauf aufmerksam.

In diesem Abschnitt lernen Sie die wichtigsten Merkmale der Prozessindustrie kennen. Außerdem vergleichen wir die SAP-ERP-Komponenten PP und PP-PI und zeigen Ihnen, wie PP-PI mit anderen Komponenten integriert ist.

1 Einführung in die Produktionsplanung und -steuerung in der Prozessindustrie

Der Übergang zwischen der Fertigungs- und Prozessindustrie ist oft fließend. Viele Unternehmen nutzen für die Produktion sowohl Prozesse der Fertigungs- als auch der Prozessindustrie. Ein gutes Beispiel dafür ist die Herstellung von Arzneimitteln. Der Herstellungsprozess von Tabletten beginnt z. B. mit der Vorbereitung der Substanzen zur Einwaage gefolgt von der Granulierung und Verpressung (Prozessfertigung). Nach der eigentlichen Herstellung der Tabletten beginnt der Verpackungsprozess (diskrete Fertigung). Folgende Industrien zählen zur Prozessindustrie:

- Chemie und Pharmazie
- Nahrungs- und Genussmittel
- Brauereien und Getränkehersteller
- Petrochemie
- Gasverarbeitung
- Farben und Lacke
- Kunststoffindustrie
- Baustoffindustrie

Grundsätzlich ist die Prozessfertigung chargenorientiert, d. h., für die hergestellten Mengen erfolgt spätestens bei der Zugangsbuchung in das Lager die Vergabe einer Chargennummer. Die Charge wird im System über die gesamte logistische Kette geführt (vom Wareneingang bis zum Verbrauch von Komponenten oder bis zur Auslieferung bei Fertigprodukten).

Typische Prozesse und Funktionen in der Prozessindustrie sind z. B. Kuppelproduktion, Wirkstoffabwicklung, Kampagnen und regulierte Herstellung.

1.1 Abgrenzung zwischen PP und PP-PI

Vor der Implementierung von SAP ERP ist die Auswahl der richtigen Komponente für die Produktion ein wichtiger Schritt. In diesem Abschnitt stellen wir Ihnen die wichtigsten Unterschiede zwischen den Komponenten PP (Produktionsplanung und -steuerung) und PP-PI (Produktionsplanung Prozessindustrie) vor.

Einsatzgebiet und Grundlage

PP wir hauptsächlich in der Fertigungs-, Hightech-Elektronik- und Konsumgüterindustrie eingesetzt. Die Komponente PP-PI wird vor allem in der chemischen und pharmazeutischen Industrie sowie in der Kunststoff-, Nahrungs- und Genussmittelindustrie verwendet.

Grundlage für die Struktur und den Funktionsumfang der Komponente PP-PI ist die Norm ANSI/ISA-88 für die chargenorientierte Fahrweise (Batch Control). Dies ist eine Designphilosophie für Software, Ausrüstung und den Verfahrensablauf.

Beide Komponenten können parallel in einem System und einem Werk eingesetzt werden, jedoch ist eine eindeutige Zuordnung auf der Ebene des Materialstamms notwendig. Sie müssen entscheiden, ob das Produkt mit einem Fertigungsauftrag der Komponente PP oder mit einem Prozessauftrag der Komponente PP-PI hergestellt werden soll. Entscheidend hierfür ist, ob Sie im Materialstamm ein PP- oder PP-PI-Fertigungssteuerungsprofil zugeordnet haben und ob in der Fertigungsversion ein Arbeitsplan der Komponente PP oder ein Planungsrezept der Komponente PP-PI zugeordnet wurde.

Prozesse

In Tabelle 1.1 finden Sie eine Gegenüberstellung der wichtigsten Prozesse/Funktionsbereiche der Komponenten PP und PP-PI.

PP	PP-PI
Absatz- und Produktionsgrobplanung	Absatz- und Produktionsgrobplanung
Produktionsplanung	Produktionsplanung
Kapazitätsplanung	Kapazitätsplanung
Bedarfsplanung	Bedarfsplanung
Fertigungsaufträge	Prozessaufträge

Tabelle 1.1 Prozesse/Funktionsbereiche in PP und PP-PI

PP	PP-PI
PP Kanban	–
Serienfertigung	–
Planung von Produktionslosen/ Projekteinzelfertigung	–
Montageabwicklung	Montageabwicklung
–	Produktionskampagne
Prozessintegration (ab EHP 3)	Prozesskoordination

Tabelle 1.1 Prozesse/Funktionsbereiche in PP und PP-PI (Forts.)

In Tabelle 1.1 können Sie erkennen, dass die Prozesse im Bereich der Planung bei PP und PP-PI identisch sind. Große Unterschiede gibt es in der Auftragsabwicklung und Stammdatenstruktur, die wir Ihnen in den nächsten Abschnitten vorstellen.

Stammdaten

Im Bereich der *Stammdaten* gibt es begriffliche und funktionale Unterschiede zwischen den beiden Komponenten, auf die wir im Folgenden näher eingehen werden.

Der *Arbeitsplatz* aus PP wird in PP-PI *Ressource* genannt. Eine Besonderheit ist hier, dass in PP-PI nur eine Terminierungsformel für die Berechnung der Durchführungszeit hinterlegt werden kann (siehe Abbildung 1.1 und Abbildung 1.2).

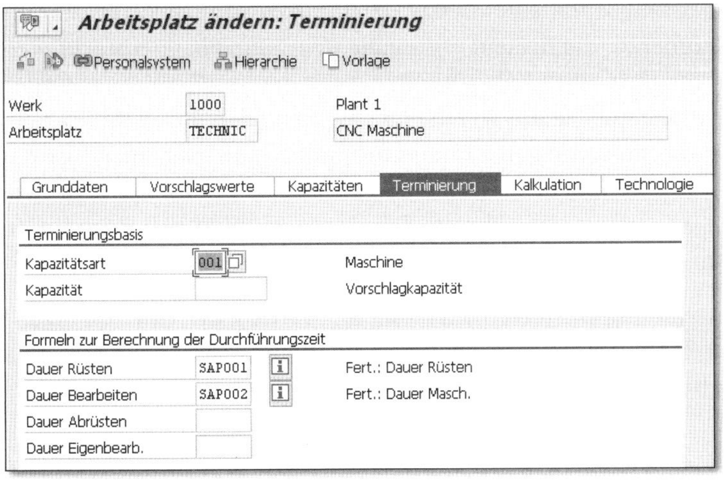

Abbildung 1.1 Arbeitsplatz in PP

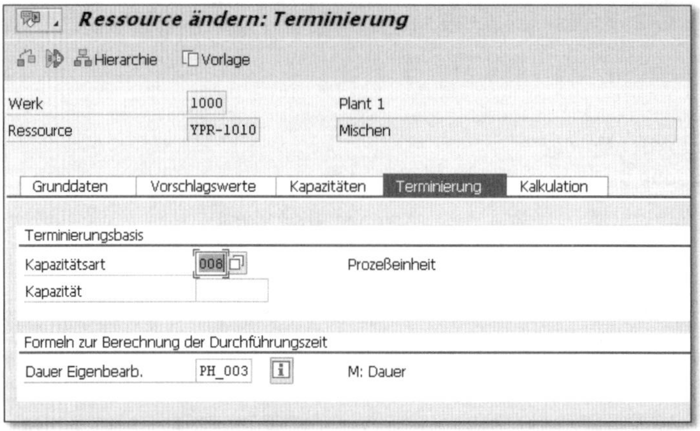

Abbildung 1.2 Ressource in PP-PI

Terminierungsformeln werden für die Berechnung der Vorgangs- und Phasentermine sowie der Kapazitätsbedarfe verwendet. In PP wird zwischen dem Rüsten, Bearbeiten und Abrüsten unterschieden. In PP-PI werden diese unterschiedlichen Schritte über einzelne Phasen abgebildet.

Mit der Ressource in PP-PI sind noch weitere Möglichkeiten verknüpft, die auf die Anforderungen in der Prozessindustrie abgestimmt sind und in PP nicht zur Verfügung stehen. Über das *Ressourcennetz* können Sie in PP-PI physische Verbindungen zwischen Ressourcen darstellen und die Reihenfolge abbilden, in der die Ressourcen verwendet werden sollen. Die *Ressourcenauswahl* gibt Ihnen die Möglichkeit, Ressourcen im Prozessauftrag anhand von vordefinierten Kriterien, z. B. Behältervolumen, systemgestützt auswählen zu lassen. Mithilfe von *Sekundärressourcen* können Sie zusätzliche Leistungen definieren, die für einen Vorgang oder eine Phase erbracht werden, z. B. die Tätigkeit eines Anlagenfahrers oder der Service eines externen Labors. In PP-PI können Sie mit einem *Planungsrezept* den Produktionsablauf festlegen und die notwendigen Produktionsmittel zuordnen. In PP ist das über den *Arbeitsplan* möglich. Im Planungsrezept unterscheidet man zwischen *Vorgängen* und *Phasen*. Phasen definieren in PP-PI die eigentlichen Prozessschritte, Vorgänge gruppieren diese Schritte.

Wie Sie in Abbildung 1.3 erkennen können, werden die einem Vorgang zugeordneten Phasen auf einer Ressource ausgeführt. Über die Phasen können Sie die einzelnen Schritte definieren, die an einer Ressource durchgeführt werden. In unserem Beispiel wird das Produkt im ersten Schritt gemischt und anschließend etikettiert. In beiden Phasen können Sie eine Bearbeitungsdauer hinterlegen, die für die Terminierung und die Berechnung des Kapazitätsbedarfs verwendet wird. In der Prozessindustrie sind auch oftmals Schritte wie z. B. das Einfüllen von Produkten in ein Rührwerk, Erwärmen und Mischen üblich. Alle Schritte werden dabei in einem Rührwerk (Ressource) durchgeführt.

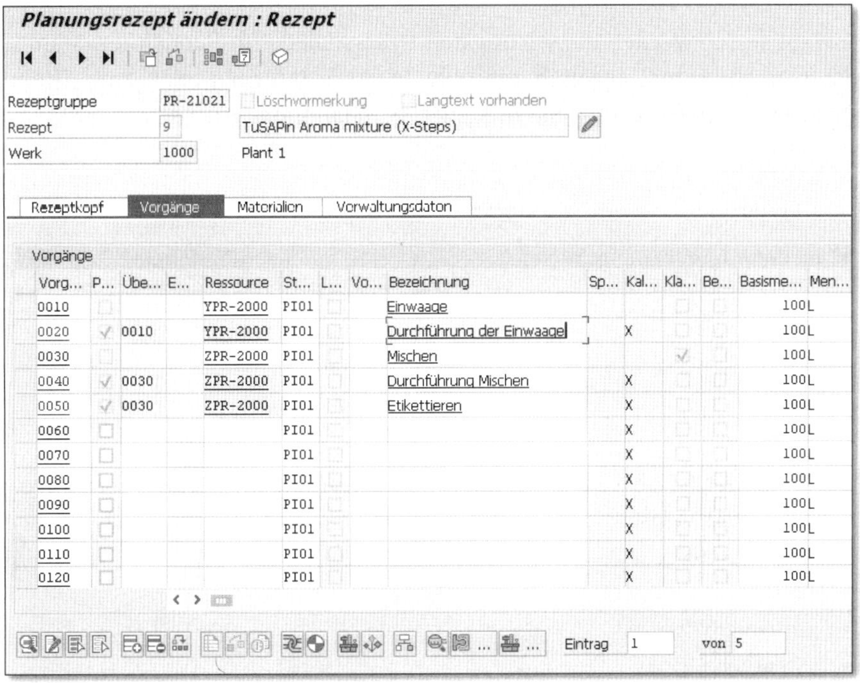

Abbildung 1.3 Planungsrezept in PP-PI

In PP können diese einzelnen Schritte (Phasen) nicht definiert werden. Es stehen Ihnen nur Vorgänge zur Verfügung (siehe Abbildung 1.4).

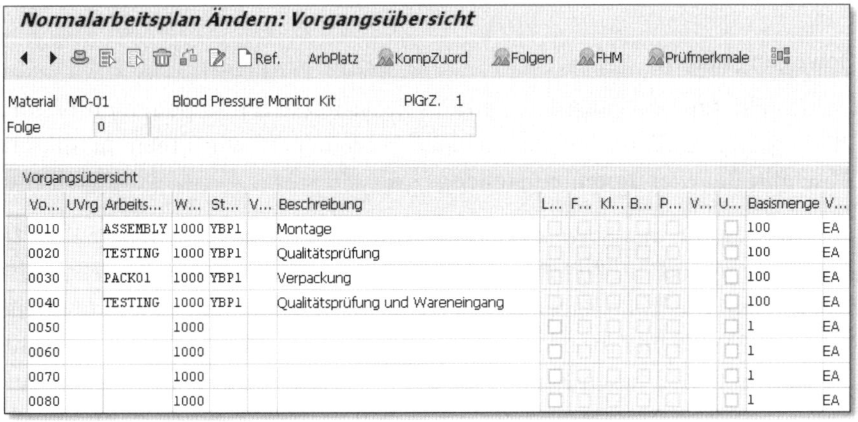

Abbildung 1.4 Arbeitsplan in PP

Im *Planungsrezept* können Sie zusätzlich über die *Materialmengenberechnung* Berechnungsformeln hinterlegen, um z. B. Komponentenmengen auf Basis von chargenspezifischen Wirkstoffkonzentrationen zu berechnen. Diese Funktion steht Ihnen im Arbeitsplan nicht zur Verfügung.

In Tabelle 1.2 werden die wichtigsten Unterschiede im Bereich der Stammdaten noch einmal gegenübergestellt. Weitere Informationen zum Thema PP-PI-Stammdaten finden Sie in Kapitel 2, »Stammdaten«.

PP	PP-PI
Arbeitsplatz ▸ mehrere Terminierungsformeln	Ressource ▸ eine Terminierungsformel ▸ Ressourcennetz ▸ Ressourcenauswahl ▸ Sekundärressourcen
Arbeitsplan ▸ Vorgänge ▸ Normalarbeitsplan ▸ Standardarbeitsplan ▸ alternative Folge ▸ Vorgangsausschuss ▸ Fertigungshilfsmittel ▸ XSteps (ab EHP 3)	Planungsrezept ▸ Vorgänge und Phasen ▸ Anordnungsbeziehungen ▸ Materialmengenberechnung ▸ XSteps
Stückliste ▸ Kuppelprodukte	Stückliste ▸ Kuppelprodukte
Fertigungsversion	Fertigungsversion

Tabelle 1.2 Stammdaten in PP und PP-PI

Bewegungsdaten

Im Umfeld der *Bewegungsdaten* gibt es zwischen den Komponenten PP und PP-PI große funktionale Unterschiede, von denen wir Ihnen in diesem Abschnitt die wichtigsten vorstellen.

Der Auftrag für die Abwicklung der Produktionsschritte wird in PP *Fertigungsauftrag* und in PP-PI *Prozessauftrag* genannt. Einige aus PP bekannten Funktionen wie z. B. Nacharbeit, Auftragssplit und Ereignispunkte (siehe Tabelle 1.3) sind im Prozessauftrag nicht verfügbar. Weitere Details zum *Prozessauftrag* finden Sie in Kapitel 3, »Produktionssteuerung über Prozessaufträge«.

Für die regulierte Produktion wird die Funktion *Genehmigungspflichtige Prozessaufträge* zur Genehmigung von Prozessaufträgen vor Beginn der Herstellung angeboten. Über diese Funktion wird während der Prozessauftragsanlage geprüft, ob das vom System selektierte Planungsrezept genehmigt wurde. Die Genehmigung erfolgt bei der Anlage des Planungsrezepts mithilfe der Komponente *Änderungsdienst*. Falls das System kein genehmigtes Planungsrezept selektieren kann, kann eine *Einzelfreigabe* durchgeführt werden. Weitere Informationen finden Sie in Abschnitt 2.4.6, »Sonderthemen«.

Das *elektronische Chargenprotokoll* ist nur für die Komponente PP-PI verfügbar. Die Erstellung einer *Chargendokumentation* ist eine regulatorische Anforderung in der pharmazeutischen Industrie. Die Chargendokumentation besteht aus mehreren Dokumenten und beinhaltet alle qualitätsrelevanten Plan- und Bewegungsdaten zur Produktion einer Charge. Mit der Komponente PP-PI kann die Chargendokumentation elektronisch erstellt und gespeichert werden (siehe Abbildung 1.5). Weitere Informationen zum elektronischen Chargenprotokoll finden Sie in Abschnitt 9.2.

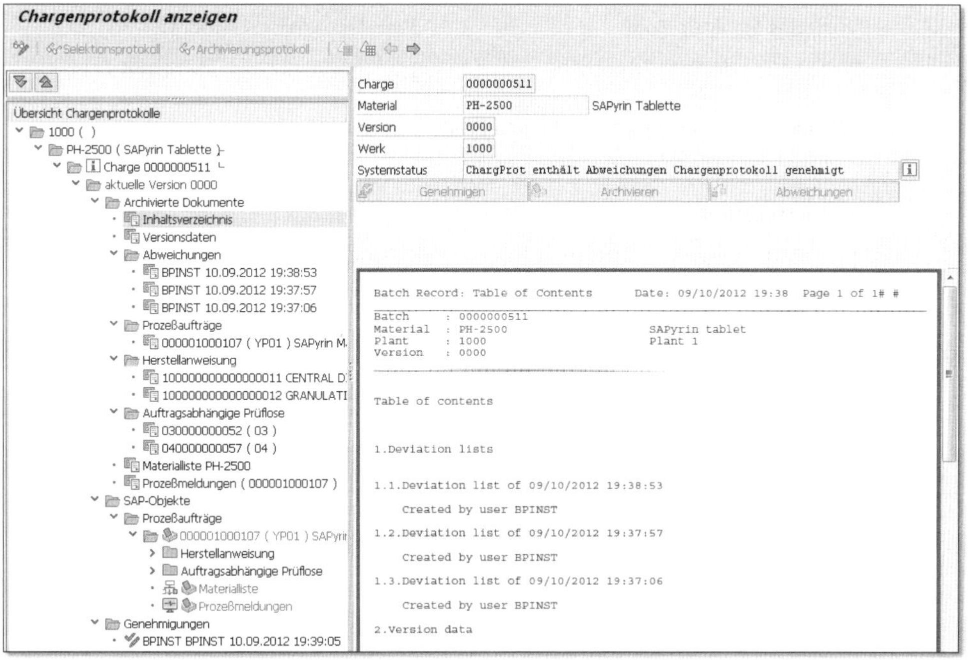

Abbildung 1.5 Elektronisches Chargenprotokoll

In Tabelle 1.3 werden die Unterschiede im Bereich der Bewegungsdaten zwischen den Komponenten PP und PP-PI noch einmal gegenübergestellt.

PP	PP-PI
Fertigungsauftrag ▸ WIP-Charge ▸ Ursprungscharge ▸ Auftragssplit ▸ Nacharbeit ▸ Ereignispunkte ▸ Rüstzeitmatrix ▸ Verfügbarkeitsprüfung FHM ▸ Dokumente (aus Materialstamm, Stückliste, Fertigungsversion)	Prozessauftrag ▸ WIP-Charge ▸ Ursprungscharge ▸ Genehmigungspflichtige Prozessaufträge ▸ Dokumente (aus Materialstamm)
elektronische Arbeitsanweisung (ab EHP 3)	elektronische Herstellanweisung
Archivierung von Arbeitsanweisungen (ab EHP 5)	Archivierung von Herstellanweisungen (ab EHP5)
Fertigungsversion	Fertigungsversion
–	elektronisches Chargenprotokoll
digitales Signatur-Tool	digitales Signatur-Tool
Schichtbericht/Schichtnotizen	Schichtbericht/Schichtnotizen

Tabelle 1.3 Bewegungsdaten in PP und PP-PI

Schnittstellen

Für die Komponente PP-PI stehen nicht alle *Schnittstellen* zur Verfügung, die aus PP bekannt sind. In Tabelle 1.4 finden Sie eine Gegenüberstellung der unterschiedlichen Schnittstellen.

PP	PP-PI
PI-PCS-Schnittstelle zur Anbindung von Prozesssteuerungssystemen (ab EHP 3)	PI-PCS-Schnittstelle zur Anbindung von Prozesssteuerungssystemen
SAP OPC (OLE for Process Control) Data Access (ab EHP 3)	SAP OPC (OLE for Process Control) Data Access
PP-PDC (BDE-Schnittstelle)	–
ERP-MES-Integration (Manufacturing Execution System) (ab EHP 5)	–

Tabelle 1.4 Schnittstellen in PP und PP-PI

Über die *PI-PCS-Schnittstelle* können Prozesssteuerungssysteme mit dem ERP-System verbunden werden. Informationen zur Steuerung können an die verbundenen Systeme gesendet (Steuerrezepte) und von ihnen empfangen (Prozessmeldungen) werden. Mit *Steuerrezepten* können folgende Daten übergeben werden:

- Prozess- und Steuerungsparameter
- textuelle Anweisungen für den Anlagenfahrer in teilautomatisierten oder voll manuell bedienten Anlagen
- Informationen über rückzusendende Prozessmeldungen

Über *Prozessmeldungen* können Daten vom Steuerungssystem wieder zurück an das ERP-System gesendet und dort verarbeitet werden. Folgende Informationen können gesendet werden:

- Status von Prozessaufträgen
- Verbrauch und Produktion von Materialien
- Status von Ressourcen
- ausgewählte Prozessereignisse

Weitere Informationen zur *PI-PCS-Schnittstelle* finden Sie in Abschnitt 8.4, »Anbindung von Fremdsystemen mit der PI-PCS-Schnittstelle«.

Die Schnittstelle *SAP OPC* basierend auf dem Industriestandard *OLE for Process Control* und *Openess, Productivity and Connectivity* unterstützt den Datenaustausch von Einzelwerten. Sie haben z. B. die Möglichkeit, Waagen über die SAP-OPC-Schnittstelle mit der elektronischen Herstellanweisung aus PP-PI bzw. der elektronischen Arbeitsanweisung aus PP zu verbinden. In diesem Szenario können die Daten der Einwaage (Gewicht) direkt in das jeweilige Feld der Herstellanweisung bzw. Arbeitsanweisung übertragen werden. Für die Übertragung der Daten ist der *SAP ODA Connector* verantwortlich. SAP ODA ist ein OPC-Client, der mit OPC-Servern kommunizieren kann. Durch den zugrunde liegenden Industriestandard wird der Datenaustausch stark vereinfacht.

SAP ODA Connector [!]

Der *SAP ODA Connector* wurde durch die Komponente SAP *Plant Connectivity* (PCo, ab Version 2.2) ersetzt. Bitte prüfen Sie die aktuell verfügbaren Informationen im SAP Help Portal (URL *http://help.sap.com/saphelp_pco15/helpdata/de/46/a00344d44852b7e10000000a155369/frameset.htm*).

Die Schnittstellen *PP-PDC* und *ERP-MES* sind nur für die Komponente PP verfügbar:

- **PP-PDC**
  PP-PDC ist eine Schnittstelle zur Anbindung von Subsystemen zur Betriebsdatenerfassung (BDE), in denen z. B. Lohn-Rückmeldescheine und Zeitereignisse verarbeitet werden.
- **ERP-MES**
  ERP-MES ist eine Schnittstelle zur Anbindung eines MES (Manufacturing Execution System) an SAP ERP. Es können folgende Stamm- und Bewegungsdaten zwischen SAP ERP und dem MES repliziert werden: Planaufträge, Fertigungsaufträge, Instandhaltungsaufträge, Warenbewegungen, Arbeitsplätze, Arbeitspläne, Equipments und Materialstammdaten.

Fragestellungen zur Auswahl der Komponente PP-PI

Sie haben in diesem Abschnitt die wichtigsten Unterschiede zwischen den Komponenten PP und PP-PI kennengelernt. Aus diesen Informationen ergeben sich die folgenden Fragen, die Ihnen bei der Wahl der richtigen Komponente für die Produktionsprozesse behilflich sein können:

- Gibt es in Ihrem Unternehmen Anforderungen für eine regulierte Produktion?
- Planen Sie, in Zukunft Chargenprotokolle mit SAP zu erstellen (siehe Unterabschnitt »Bewegungsdaten« in Abschnitt 1.1)?
- Bestehen Anforderungen, die eine elektronische Signatur bei der Freigabe von produktionsrelevanten Stammdaten nötig machen (siehe Unterabschnitt »Bewegungsdaten« in Abschnitt 1.1)?
- Führen Sie nichtlineare Berechnungen zur Ermittlung von Komponentenmengen oder Auftragskopfmengen durch (siehe Unterabschnitt »Stammdaten« in Abschnitt 1.1)?
- Ist die Reihenfolge für die Verwendung von Ressourcen bzw. Arbeitsplätzen in Ihren Prozessen wichtig (siehe Unterabschnitt »Stammdaten« in Abschnitt 1.1)?
- Wählen Sie Ressourcen bzw. Arbeitsplätze anhand von Kriterien wie z. B. Behältervolumen aus (siehe Unterabschnitt »Stammdaten« in Abschnitt 1.1)?

- Möchten Sie neben der Primärressource bzw. dem Primärarbeitsplatz noch andere Produktionsmittel zeitlich und kapazitiv einplanen (siehe Unterabschnitt »Stammdaten« in Abschnitt 1.1)?

Wenn Sie eine oder mehrere Fragen bejahen, bestehen in Ihrem Unternehmen Anforderungen für den Einsatz der Komponente PP-PI. Neben diesen Fragen gib es natürlich noch andere Punkte, wie z. B. Ihre aktuelle Systemlandschaft, bestehende Fremd- bzw. Subsysteme, neue zukünftige Geschäftsmodelle etc., die Sie bei der Entscheidungsfindung berücksichtigen müssen.

1.2 Integration von PP-PI in andere SAP-ERP-Komponenten

Die Komponente PP-PI ist vollständig in andere SAP-ERP-Komponenten für Logistik und Rechnungswesen wie z. B. Qualitätsmanagement, Controlling, Logistics Execution und Materialwirtschaft integriert. In Abbildung 1.6 ist die Positionierung der Komponente PP-PI dargestellt.

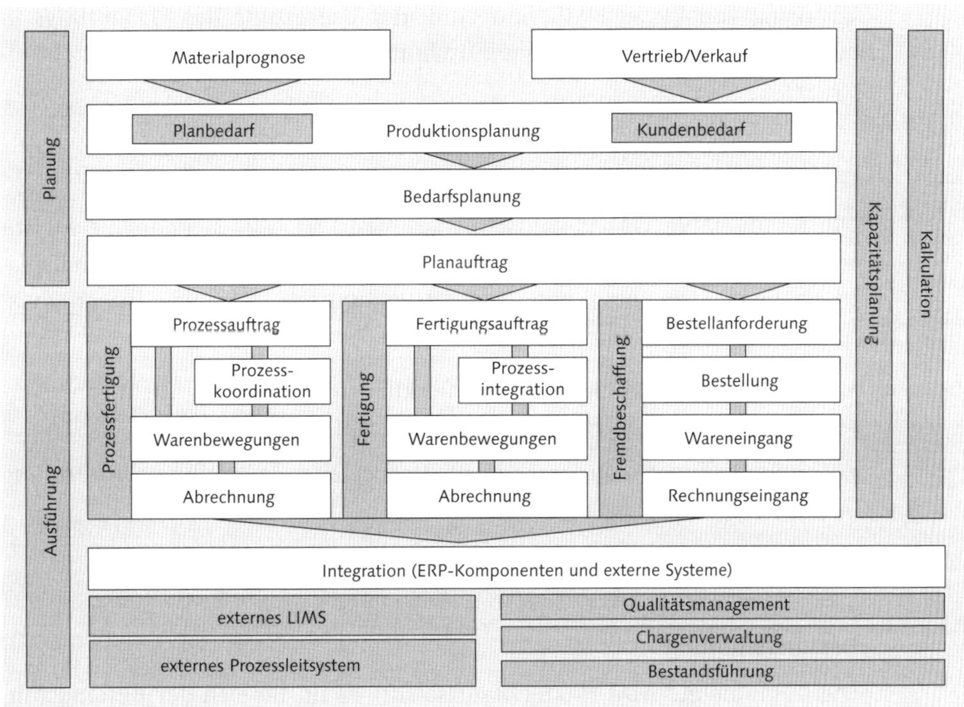

Abbildung 1.6 Positionierung und Integration der Komponente PP-PI

In den folgenden Abschnitten stellen wir Ihnen die wichtigsten mit PP-PI integrierten ERP-Komponenten und Prozesse vor.

Produktionsplanung

Der Bereich Planung besteht aus den folgenden ERP-Komponenten:

- Absatz- und Produktionsplanung (PP-SOP)
- Programmplanung (PP-MP-DEM)
- Langfristplanung (PP-MP-LTP)
- Kapazitätsplanung (PP-CRP)
- Bedarfsplanung (PP-MRP)

Neben den ERP-Komponenten sind auch Planungsszenarien mit SAP APO (Advanced Planning and Optimization) möglich. In Abschnitt 8.2, »Integration mit SAP APO«, erfahren Sie mehr zu diesem Thema.

Im Bereich der ERP-Planungsprozesse und -Komponenten gibt es keine wesentlichen Unterschiede zwischen den Komponenten PP und PP-PI. Der Übergang von PP zu PP-PI findet mit der Umsetzung des Planauftrags in einen Prozessauftrag statt (siehe Abschnitt 3.4, »Eröffnung eines Prozessauftrags«).

Qualitätsmanagement

Die Komponente QM (Qualitätsmanagement) ist sehr stark in die logistischen Prozesse von SAP ERP integriert. QM deckt die Bereiche Qualitätsplanung, Qualitätsprüfung und Qualitätslenkung ab. Wichtige Integrationspunkte zur Komponente PP-PI sind:

- Pflege und Zuordnung von Prüfmerkmalen, Methoden, Stichprobenverfahren und Prüfmitteln zum Planungsrezept
- Unterstützung der Prozesse fertigungsbegleitende Prüfung und Prüfung beim Wareneingang aus Produktion
- Anlage von QM-Meldungen mit Bezug zum Prozessauftrag

Bestandsführung

Die Komponente MM (Materialwirtschaft) ist im Bereich der Bestandsführung mit PP-PI integriert. Wichtige Funktionen bzw. Prozessschritte sind hier Warenabgangs- und Warenzugangsbuchungen. Diese Funktionen sind in die Rückmeldetransaktionen der Komponente PP-PI integriert. Weitere Informationen hierzu finden Sie in Abschnitt 3.8, »Warenbewegungen zum Prozessauftrag«.

Rechnungswesen

Im Rechnungswesen gibt es Integrationspunkte (Controlling) zu folgenden Funktionen und Prozessen der Komponente CO:

- In der Ressource werden die Kostenstelle und die Leistungsarten für die Kostenstellenrechnung hinterlegt (siehe Abschnitt 2.2, »Ressourcen«).
- Das Planungsrezept aus PP-PI beinhaltet die relevanten Informationen zur Durchführung einer Materialkalkulation in der CO-Produktkostenplanung.
- Der Prozessauftrag beinhaltet die Regeln zur Abrechnung im Rahmen des CO-Periodenabschlusses.

Chargenverwaltung

Die Komponente LO-BM (Chargenverwaltung) ist ein fester Bestandteil der logistischen Prozesse im Bereich der Prozessindustrie. Folgende wichtige Funktionen unterstützen PP-PI:

- Manuelle und automatische Anlage des Chargenstammsatzes aus dem Prozessauftrag (siehe Abschnitt 3.4.2, »Aktionen bei Eröffnung«)
- Durchführung einer automatischen Chargenfindung im Prozessauftrag (siehe Abschnitt 3.5.2, »Chargenfindung«)
- Übertragung des Herstelldatums und Berechnung des Verfallsdatums bei der Warenzugangsbuchung zum Prozessauftrag (Lagerverwaltung)

Die Komponente LE-WM (Lagerverwaltung) unterstützt den Prozess der Materialbereitstellung aus dem Prozessauftrag von PP-PI. Folgende Prozesse und Funktionen werden unterstützt:

- Pflege von Regelkreisen zur Festlegung der Bereitstellungsarten je Komponente oder Komponentengruppe
- Generierung von Transportbedarfen aus dem Prozessauftrag zur Steuerung der Bereitstellung
- Definition von sogenannten Produktionsversorgungsbereichen zur Bereitstellung der angeforderten Komponenten für den Produktionsprozess

Weitere Informationen zur Materialbereitstellung finden Sie in Abschnitt 3.6, »Materialbereitstellung«.

1.3 Zusammenfassung

In diesem Kapitel haben Sie die Unterschiede zwischen der Fertigungs- und Prozessindustrie kennengerlernt. Wir haben Ihnen die wichtigsten Unterschiede zwischen den Komponenten PP und PP-PI in den Bereichen Prozesse, Stammdaten, Bewegungsdaten und Schnittstellen vorgestellt. Schließlich haben Sie erfahren, wie die Komponente PP-PI mit anderen SAP-ERP-Komponenten integriert ist.

Die Stammdaten von PP-PI bilden die Grundlage für die Produktionsdurchführung. Das Hauptelement ist das Planungsrezept. Dieses und alle weiteren zentralen Stammdaten lernen Sie in diesem Kapitel kennen.

2 Stammdaten

In diesem Kapitel erklären wir Ihnen die Elemente der PP-PI-Stammdaten. Da der Fokus dieses Buches auf der Produktionsdurchführung liegt, wird auf die für die Kapazitätsplanung relevanten Stammdaten (z. B. Details zum Kapazitätsangebot und Schichtpläne in Ressourcen) nicht ausführlich eingegangen.

Abbildung 2.1 gibt einen schematischen Überblick über die PP-PI-Stammdaten.

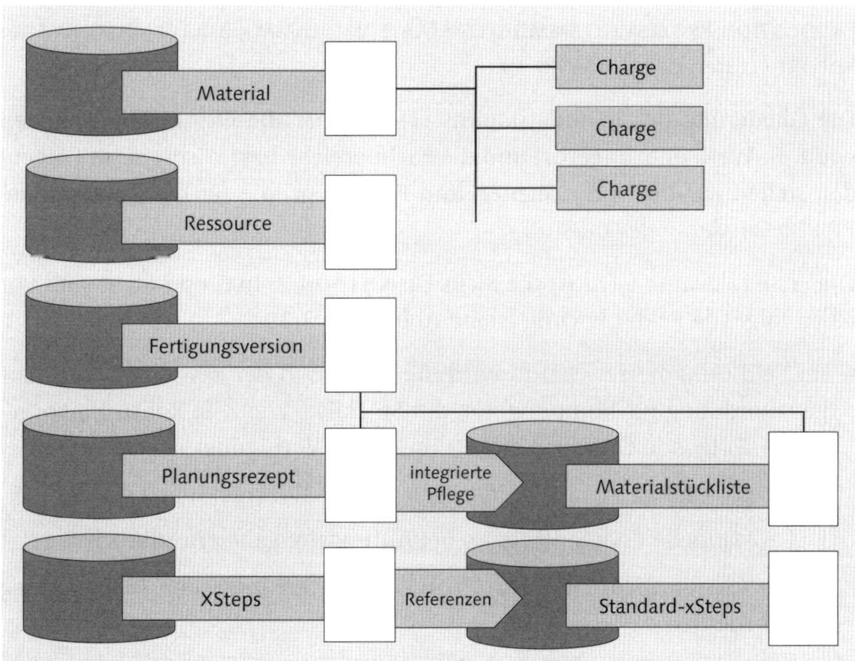

Abbildung 2.1 PP-PI-Stammdaten im Überblick

Das Planungsrezept ist das Hauptelement der PP-PI-Stammdaten, dem alle anderen in Abbildung 2.1 gezeigten Elemente zugeordnet werden, mit Ausnahme der Charge. Materialien werden auf Kopfebene und als Komponenten in der Materialstückliste zugeordnet. Ressourcen werden im Vorgang zugeordnet und beschreiben den Ort, an dem der Produktionsschritt ausgeführt wird. Die Fertigungsversion verbindet das Planungsrezept mit der Stückliste und stellt eine Fertigungsalternative dar. Mit XSteps, die als Referenz zugeordnet oder direkt angelegt werden, beschreiben Sie die konkreten Ausführungen der Produktion. Nach diesem groben Überblick gehen wir in den folgenden Abschnitten näher auf die einzelnen Stammdaten ein.

2.1 Materialien

Mithilfe von *Materialien* wird in PP-PI eindeutig festgelegt, was (Output) mit welchen Komponenten (Input) produziert wird.

2.1.1 Materialstammsatz

Der Materialstamm enthält alle für die Verwaltung eines Materials erforderlichen Daten. Den Materialstamm legen Sie über den Menüpfad LOGISTIK • PRODUKTION PROZESS • STAMMDATEN • MATERIALSTAMM • ANLEGEN ALLGEMEIN • SOFORT (Transaktion MM02) an.

Die Gliederung des Materialstamms erfolgt über die Organisationsebenen wie z. B. Werk oder Lagerort und die Fachbereiche bzw. Sichten. Im Folgenden stellen wir Ihnen die Sichten und Felder vor, die für die Komponente PP-PI besonders relevant sind.

Die erste relevante Sicht ist die Sicht DISPOSITION 2. In dieser Sicht sind vor allem folgende Felder wichtig (siehe Abbildung 2.2):

- Im Feld CHARGENERFASSUNG wird die Logik und der Zeitpunkt der Chargenzuordnung für Komponenten der Stückliste wie z. B. Rohstoffe vorgegeben. Folgende Optionen stehen Ihnen zur Verfügung:
  - Blank – Charge beim Warenausgang, keine Rückmeldung erforderlich
  - 1 – Manuelle Chargenfindung bei Auftragsfreigabe erforderlich
  - 2 – Charge nicht im Fert.-/Prozeßauftrag erforderlich, Rückmeldung erforderlich
  - 3 – Automatische Chargenfindung bei Auftragsfreigabe

- Falls es sich um ein eigengefertigtes Material handelt, wird im Feld Produktionslagerort der Lagerort zugeordnet, der in den Plan- und Prozessauftrag übernommen wird und den empfangenden Lagerort für die Zugangsbuchung des Materials vorgibt. Bei Komponenten ist dies der abgebende Lagerort.
- Das Feld Retrogr. Entnahme ist nur für Komponenten relevant und gibt vor, ob und wie eine retrograde Entnahme erfolgen soll.
- Mit dem Kennzeichen Kuppelprodukt legen Sie fest, ob dieses Material auch als Kuppelprodukt eingesetzt werden kann.
- Im Bereich Terminierung werden Parameter für die Plan- und Prozessauftragsterminierung vorgegeben.

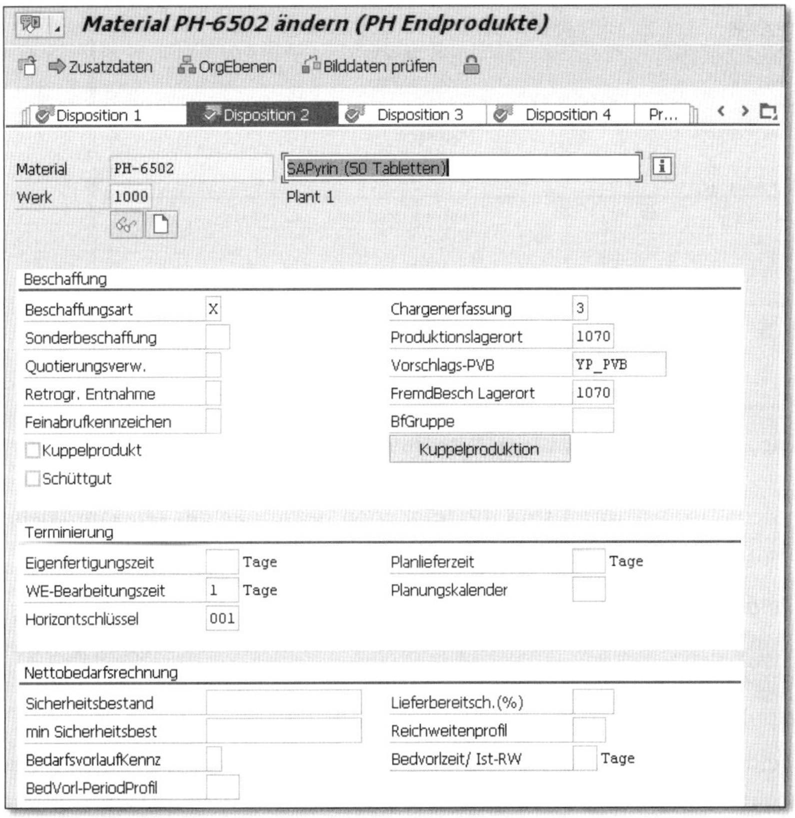

Abbildung 2.2 Sicht »Disposition 2« im Materialstammsatz

In der Sicht Disposition 3 (siehe Abbildung 2.3) ist vor allem das Feld Verfügbarkeitsprüfung interessant. Hier erfolgt die Zuordnung der Prüfgruppe, die angibt, ob und wie das System die Verfügbarkeit prüft. Das Feld ist im Rahmen der Prozessauftragsabwicklung nur relevant, wenn das Material als Komponente verwendet wird.

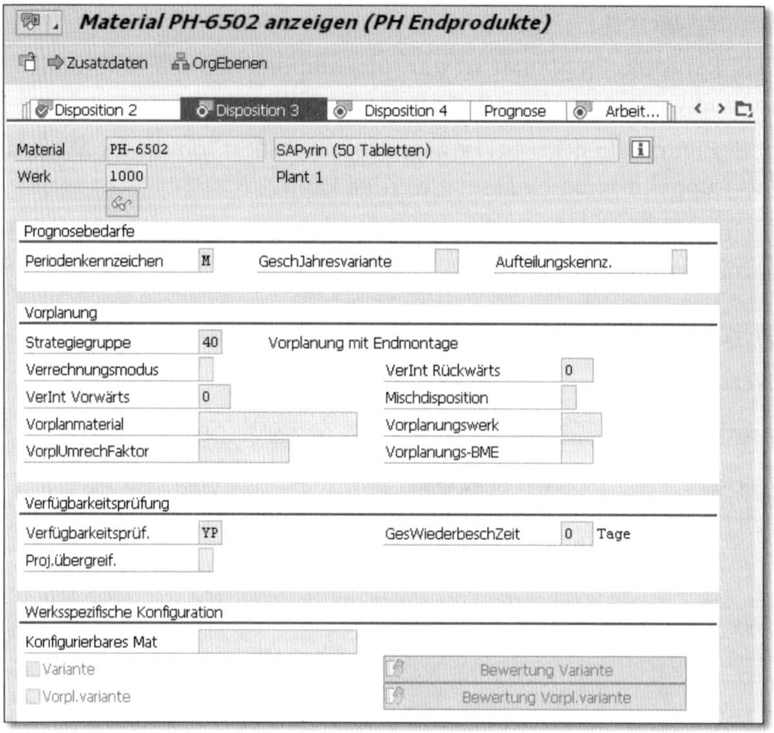

Abbildung 2.3 Sicht »Disposition 3« im Materialstammsatz

In der Sicht DISPOSITION 4 sind die folgenden beiden Felder relevant (siehe Abbildung 2.4):

- Im Feld ALTERNSELEKTION wird die Logik für die Selektion der Fertigungsversion hinterlegt. Für die Komponente PP-PI sollte der Eintrag 2 (Auswahl nach Fertigungsversion) oder 3 (Auswahl zwingend nach Fertigungsversion) gewählt werden.
- Im Feld KOMPAUSSCHUSS (%) kann der erwartete Ausschuss einer Komponente in % hinterlegt werden. Der Komponentenausschuss wird in der Materialdisposition und bei der Stücklistenauflösung im Plan- und Prozessauftrag verwendet. Der Komponentenausschuss kann alternativ in der Stückliste zur Komponente hinterlegt werden. Der Eintrag in der Stückliste wird vorrangig vom System verwendet. Bei zusätzlicher Verwendung vom Baugruppenausschuss addiert das System beide Ausschussarten.

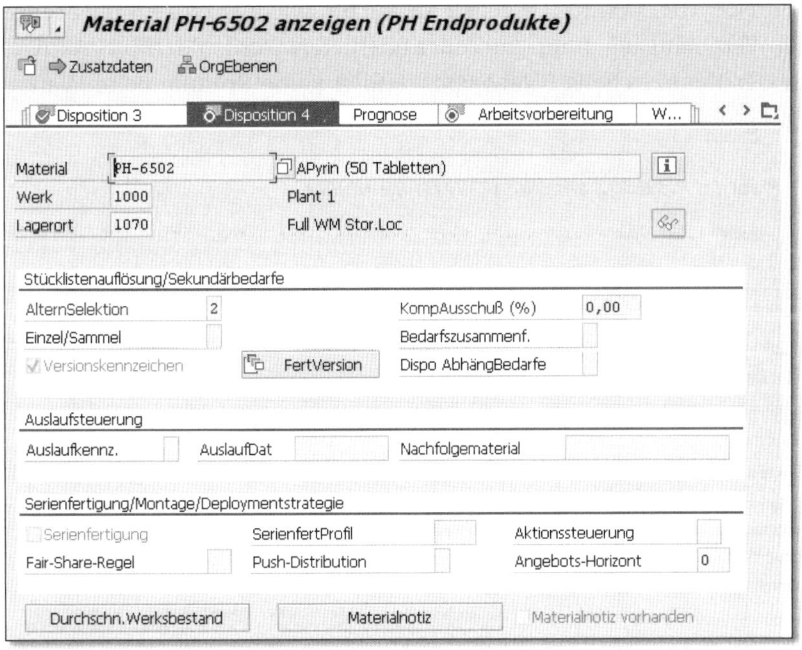

Abbildung 2.4 Sicht »Disposition 4« im Materialstammsatz

Schließlich gibt es auch in der Sicht Arbeitsvorbereitung einige Felder, die für die Komponente PP-PI interessant sind (siehe Abbildung 2.5):

- Im Feld Fertigungs-ME können Sie eine von der Basismengeneinheit abweichende Mengeneinheit pflegen.
- In dem Feld Fertigungssteuerer ordnen Sie die für die Steuerung der Herstellung verantwortliche Abteilung oder Person zu, und im Feld FertigungsstProfil können Sie ein Profil hinterlegen, mit dem Sie z. B. bestimmen können, ob ein automatischer Druck der Fertigungspapiere erfolgt. In Abschnitt 3.3.2, »Fertigungssteuerer und Fertigungssteuerungsprofil«, gehen wir näher darauf ein.
- Die Felder ProdLagerort und Chrg. erfassen können Sie in den Sichten Arbeitsvorbereitung oder Disposition 2 pflegen.
- Mit der Aktivierung des Kennzeichens ChrgProt erford kann der Verwendungsentscheid zu einem Prüflos der Herkunft *Wareneingang aus Produktion* und die Chargenzustandsänderung von *nicht frei* nach *frei* erst nach der Genehmigung des Chargenprotokolls erfolgen. Beachten Sie, dass das Kennzeichen Chargenprotokoll erforderlich auch im Customizing zur Auftragsart gesetzt ist.

- Im Bereich TOLERANZDATEN geben Sie an, um wie viel Prozent die Menge beim Wareneingang unter- und/oder überliefert werden darf. Bei Aktivierung des Kennzeichens UNBEGRENZT erfolgt keine Prüfung beim Wareneingang.

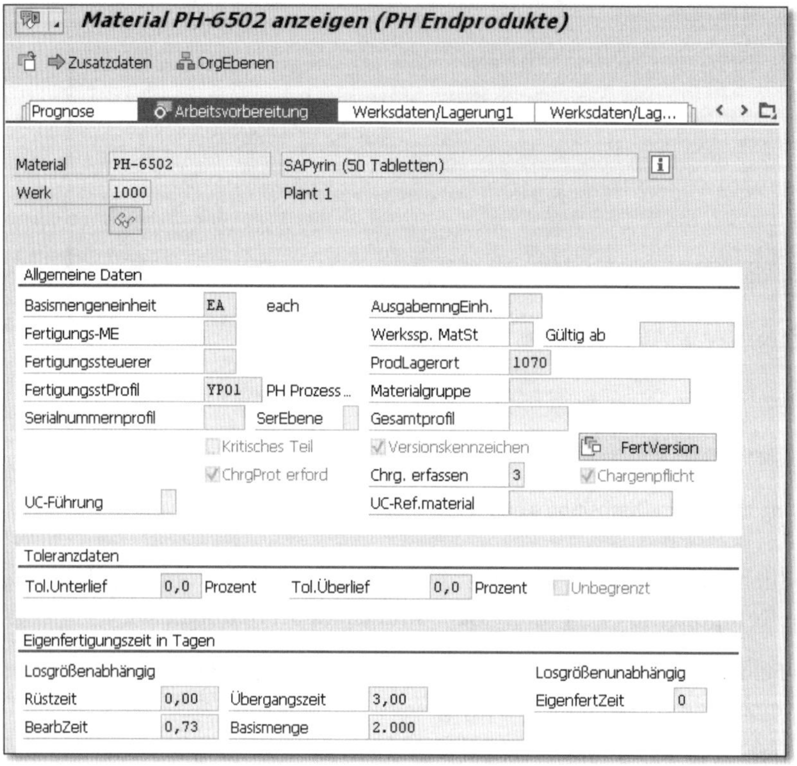

Abbildung 2.5 Sicht »Arbeitsvorbereitung« im Materialstammsatz

2.1.2 Chargenstammsatz

Die *Charge* ist die Teilmenge eines Materials, die getrennt von anderen Teilmengen desselben Materials im Bestand geführt wird. Es handelt sich um eine homogene Einheit mit eindeutigen Spezifikationen oder Eigenschaften. Im Chargenstammsatz werden alle Informationen, die zur Verwaltung einer Charge benötigt werden, hinterlegt (siehe Abbildung 2.6). Den Chargenstammsatz legen Sie über den Menüpfad LOGISTIK • ZENTRALE FUNKTIONEN • CHARGENVERWALTUNG • CHARGE • ANLEGEN (Transaktion MSC1N) an. Die Änderung der Charge erfolgt über den Menüpfad LOGISTIK • ZENTRALE FUNKTIONEN • CHARGENVERWALTUNG • CHARGE • ÄNDERN (Transaktion MSC2N).

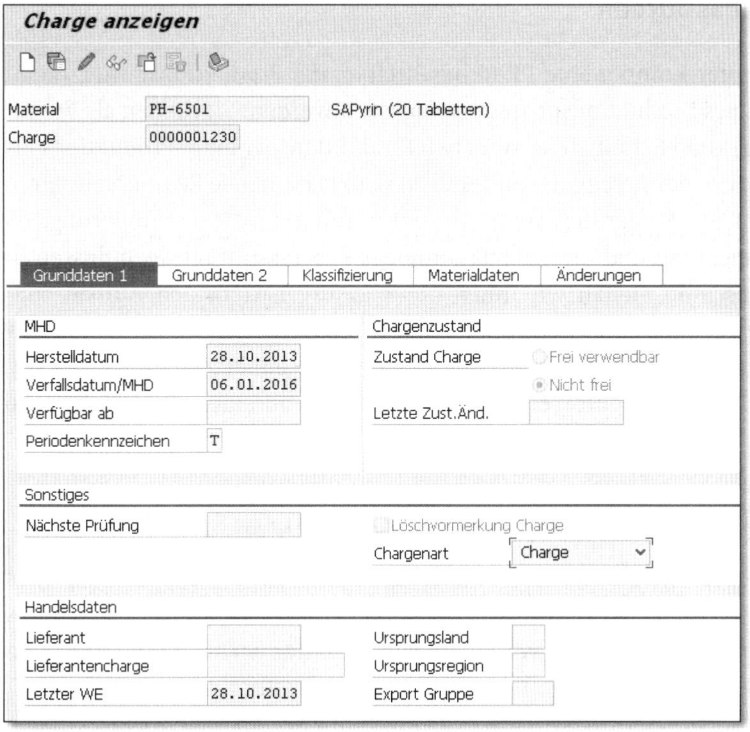

Abbildung 2.6 Chargenstammsatz

In der Prozessindustrie ist die Charge bzw. der Chargenstammsatz fester Bestandteil zur Darstellung von durchgängigen Mengen- und Wertketten. Die Gründe hierfür liegen z. B. bei gesetzlichen Anforderungen, der Rückverfolgung oder produktions- und verfahrenstechnischen Anforderungen. Ein wichtiges Feld ist das HERSTELLDATUM, das für die Berechnung des Verfallsdatums vom System verwendet werden kann. Der Chargenzustand bestimmt, inwieweit der Bestand einer Charge für weitere Prozessschritte in der logistischen Kette verwendet werden darf. Zusätzlich zum Reiter GRUNDDATEN 1 gibt es noch den Reiter GRUNDDATEN 2 zur Hinterlegung eines Kurztextes und weiterer Datumsangaben sowie den Reiter KLASSIFIZIERUNG, auf dem Sie die Eigenschaften einer Charge in Form von Merkmalen zuordnen können. Der Reiter MATERIALDATEN beinhaltet einige Felder zu den *Haltbarkeitsdaten* wie z. B. das Feld für die GESAMTHALTBARKEIT aus dem Materialstamm. Zusätzlich wird Ihnen die dem Materialstamm zugeordnete Chargenklasse angezeigt. Auf dem Reiter ÄNDERUNGEN werden alle am Chargenstammsatz erfolgten Änderungen protokolliert.

2.2 Ressourcen

Ressourcen der Komponente PP-PI beschreiben die Produktionsmittel, die im Rahmen eines Produktionsprozesses eingesetzt werden. Sie dienen als Verbindungsobjekt und Schnittstelle zwischen Produktionsplanung, Produktionsausführung sowie der Erzeugnis- und Auftragskalkulation. Die Ressourcenstammsätze enthalten Steuerungsdaten, die unter anderem die Terminierung, die Kapazitätsplanung und die Kalkulation eines Prozessauftrags beeinflussen. In diesem Abschnitt stellen wir Ihnen die Ressourcenarten, den Aufbau eines Ressourcenstammsatzes und die möglichen Einstellungen darin vor. Weiterhin erfahren Sie, wie Sie optional über ein Ressourcennetzwerk festlegen können, in welcher Reihenfolge mögliche Ressourcen in einem Produktionsprozess eingesetzt werden dürfen.

2.2.1 Ressourcenart im Customizing einrichten

Beim Anlegen einer Ressource müssen Sie neben dem Werk und dem Ressourcennamen eine Ressourcenart angeben. Mit ihrer Hilfe lassen sich Ressourcen gruppieren; zudem verbergen sich dahinter wichtige Steuerungseinstellungen. Die Ressourcenarten pflegen Sie im Customizing über den IMG-Pfad Produktionsplanung Prozessindustrie • Stammdaten • Ressource • Allgemeine Daten • Ressourcenart (Arbeitsplatzart) einstellen (Transaktion OP40). Im SAP-Standard existieren die Ressourcenarten 0008 (Prozesseinheit) und 0015 (Prozesseinh/Lagerress) (siehe Abbildung 2.7).

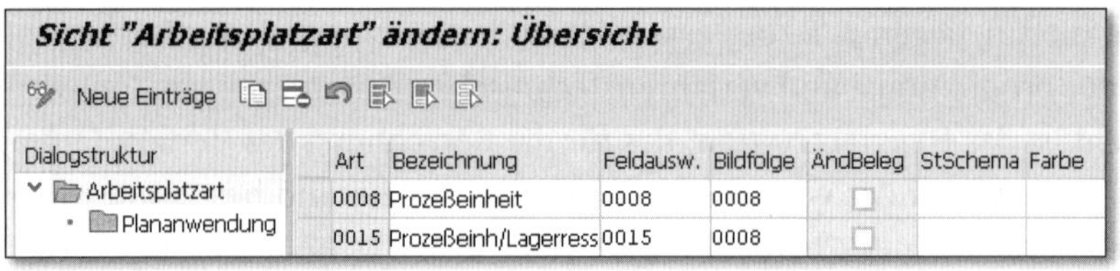

Abbildung 2.7 Ressourcenart pflegen

Hier legen Sie die Feldauswahl und die Bildfolge innerhalb eines Ressourcenstammsatzes fest. Dadurch können Sie die Reihenfolge und die Inhalte der Bildschirmbilder bzw. Sichten für jede Ressourcenart bis auf Feldebene steuern und z. B. beliebige Felder als Mussfelder deklarieren oder auch ausblenden. Sie steuern zudem über das Kennzeichen ÄndBeleg, ob Änderungsbelege für Änderungen an den Ressourcen fortgeschrieben werden sollen. Außerdem können Sie im Feld StSchema ein Statusschema zuordnen, falls Sie Anwendungsstatus für die Ressource verwenden möchten.

Weitere Einstellungen finden Sie im Abschnitt PLANANWENDUNG, den Sie über den Bereich DIALOGSTRUKTUR auf der linken Seite aufrufen können. Hier können Sie pro Ressourcenart festlegen, in welcher Art von Plänen Sie die Ressourcen einsetzen können. Für die beiden Ressourcenarten 0008 und 0015 ist bereits die Plananwendung C (REZEPTE) eingestellt. So können Sie Ressourcen, die auf Basis dieser Ressourcenarten angelegt wurden, in den Planungsrezepten der Komponente PP-PI verwenden.

Für jede Kombination aus Werk und Ressourcenart haben Sie zudem die Möglichkeit, im Customizing eine sogenannte *Vorschlagsressource* zu definieren. Alle Daten, die Sie in dieser Vorschlagsressource pflegen, werden dann beim Anlegen einer Ressource in diesem Werk und zu dieser Ressourcenart automatisch vorbelegt und können dort überschrieben werden. Die Vorschlagsressourcen pflegen Sie im Customizing über den IMG-Pfad PRODUKTIONSPLANUNG PROZESSINDUSTRIE • STAMMDATEN • RESSOURCE • ALLGEMEINE DATEN • VORSCHLAGSRESSOURCE (VORSCHLAGSARBEITSPLATZ) DEFINIEREN (Transaktion OP42).

2.2.2 Ressourcenstamm anlegen

Eine Ressource legen Sie über den Menüpfad LOGISTIK • PRODUKTION PROZESS • STAMMDATEN • RESSOURCEN • RESSOURCE • ANLEGEN (Transaktion CRC1) an. Nachdem Sie Werk, Ressourcennamen und Ressourcenart angegeben haben, werden Sie durch die verschiedenen Sichten geführt, die für die Ressourcenart aktiviert sind. Im Folgenden lernen Sie alle verfügbaren Sichten kennen.

Grunddaten

Als Erstes gelangen Sie auf den Reiter GRUNDDATEN (siehe Abbildung 2.8), wo Sie in den Kopfdaten zunächst eine Kurzbeschreibung für die Ressource eingeben.

Im Bereich ALLGEMEINE DATEN wählen Sie einen Eintrag im Feld VERANTWORTLICHER aus. Über diesen Eintrag lassen sich Ressourcen in Auswertungen und bei der Änderungsbelegsuche selektieren. Über das Feld QDE-SYSTEM können Sie ein Laboratory Information Management System (LIMS) mit der Ressource verknüpfen, falls Sie die Ressource zur Abbildung von In-Prozess-Kontrollen in Planungsrezepten verwenden möchten. Im Feld PLANVERWENDUNG geben Sie an, in welchen Objekten die Ressource eingesetzt werden darf.

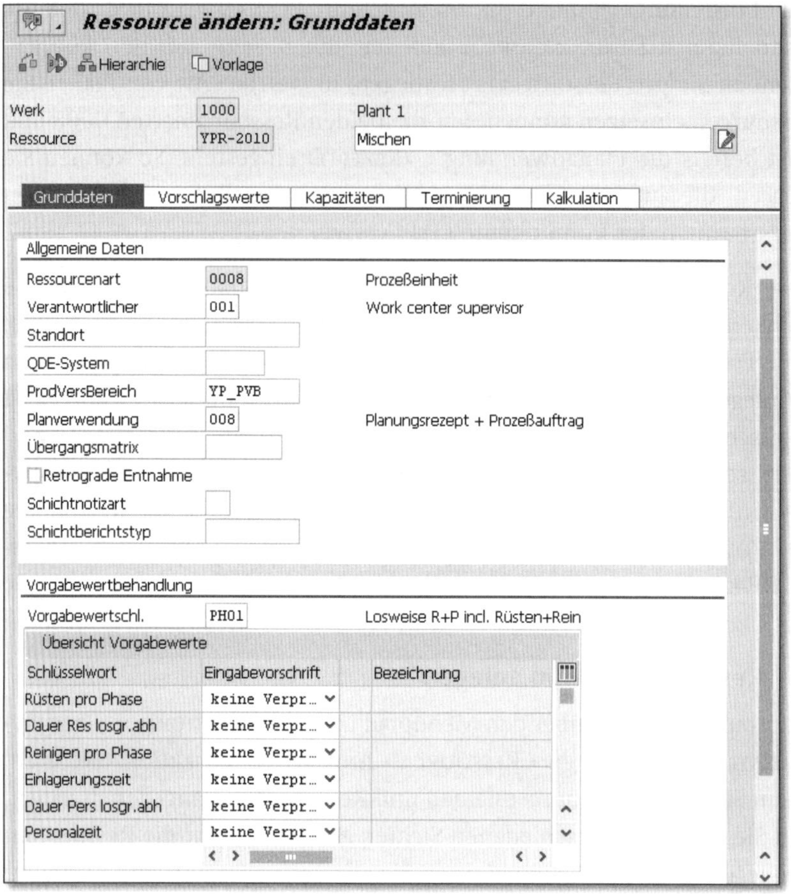

Abbildung 2.8 Ressourcenstammsatz – Grunddaten

Mögliche Werte für die Felder Verantwortlicher, QDE-System und Planverwendung pflegen Sie im Customizing über die IMG-Pfade Produktionsplanung Prozessindustrie • Stammdaten • Ressource • Allgemeine Daten • Verantwortlichen festlegen (Transaktion SPRO), Subsysteme definieren (Transaktion SPRO) bzw. Planverwendung festlegen (Transaktion OP45).

[»]

Planverwendung auswählen

Für die Planverwendung wählen Sie im Regelfall die Einstellung 008 für die Kombination aus Planungsrezept und Prozessauftrag aus. Falls Sie allerdings z. B. eine übergreifende Planungsressource abbilden möchten, die lediglich zu Kapazitätsplanungszwecken verwendet werden darf, legen Sie eine Planverwendung an, indem Sie lediglich einen Eintrag zum Plantyp 2 mit dem Kennzeichen bis Freig. (Verwendung nur bis zur Freigabe im Auftrag) einstellen, analog zu Planverwendung Z08 aus Abbildung 2.9. Diese weisen Sie dann Ihrer Planungsressource zu.

Dann muss die Planungsressource in einem konkreten Prozessauftrag spätestens bei der Auftragsfreigabe durch eine reale Ressource ersetzt werden (siehe dazu auch Abschnitt 2.2.3, »Ressourcennetz und Ressourcenauswahl«).

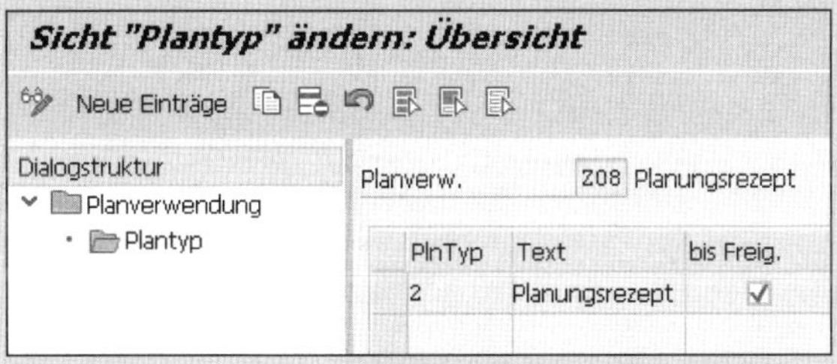

Abbildung 2.9 Erlaubte Plantypen in der Planverwendung einstellen

Im Feld PRODVERSBEREICH geben Sie optional einen Produktionsversorgungsbereichaus der Komponente Warehouse Management (WM) ein, über den Sie die Bereitstellung von Komponenten aus dem Lager steuern können (siehe Abschnitt 3.6.2, »Bereitstellung über die Lagerverwaltung«). Über das Kennzeichen RETROGRADE ENTNAHME steuern Sie, ob Materialkomponenten, die einer Phase mit dieser Ressource zugeordnet sind, retrograd entnommen werden. Dazu erfahren Sie mehr in Abschnitt 3.7.1, »Rückmeldungen zum Prozessauftragskopf«. Mögliche Eingabeoptionen für das Informationsfeld STANDORT zur räumlichen Gruppierung von Ressourcen pflegen Sie über den IMG-Pfad UNTERNEHMENSSTRUKTUR • DEFINITION • LOGISTIK ALLGEMEIN • STANDORT FESTLEGEN (Transaktion SPRO).

Eine wichtige Einstellung finden Sie im Bereich VORGABEWERTBEHANDLUNG. Über den Vorgabewertschlüssel (Feld VORGABEWERTSCHL.) legen Sie fest, welche Aktivitäten in den Phasen zu einem Planungsrezeptvorgang gepflegt werden können, der auf dieser Ressource ausgeführt wird. Hierzu pflegen bzw. prüfen Sie im Customizing die einzelnen Parameter über den IMG-Pfad PRODUKTIONSPLANUNG PROZESSINDUSTRIE • STAMMDATEN • RESSOURCE • ALLGEMEINE DATEN • VORGABEWERT • PARAMETER EINSTELLEN (Transaktion OP7B). Diese Parameter kombinieren Sie dann in einem Vorgabewertschlüssel, den Sie über den IMG-Pfad PRODUKTIONSPLANUNG PROZESSINDUSTRIE • STAMMDATEN • RESSOURCE • ALLGEMEINE DATEN • VORGABEWERT • VORGABEWERTSCHLÜSSEL FESTLEGEN (Transaktion OP19) einstellen. Im Beispiel von Abbildung 2.10 wurden im Vorgabewertschlüssel PH01 die Parameter PH_103 (Rüsten pro Phase), PH_101 (Dauer Res losgr.abh), PH_105 (Reinigen pro Phase) etc. kombiniert, so dass Sie für jede Phase im Planungsrezept Planwerte (auch Vorgabewerte genannt) zur Rüst-, Bearbeitungs-, Reinigungsdauer etc. einstellen können.

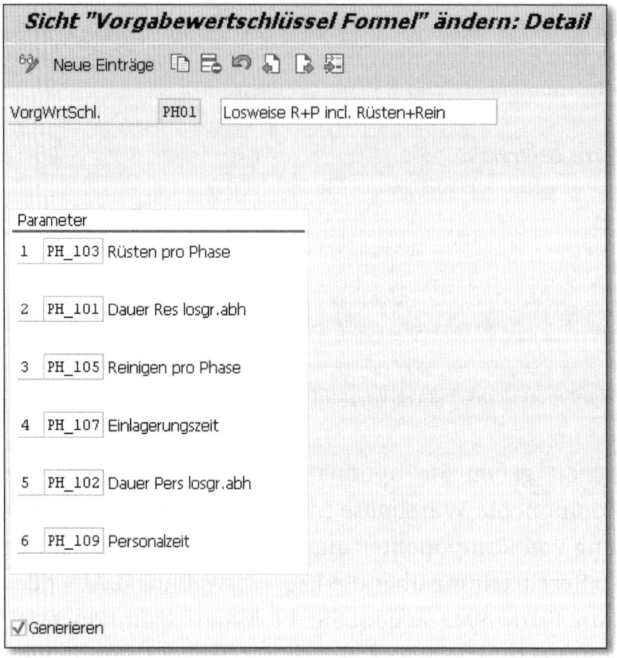

Abbildung 2.10 Vorgabewertschlüssel pflegen

Weiterhin stehen Ihnen auf dem Reiter GRUNDDATEN die Felder SCHICHTNOTIZART und SCHICHTBERICHTSTYP zur Verfügung. Diese stellen Sie ein, wenn Sie die Funktionen der Schichtnotizen und des Schichtberichts nutzen möchten, die wir Ihnen in Abschnitt 4.1, »Berücksichtigung von Schichten«, vorstellen.

Vorschlagswerte

Auf dem Reiter VORSCHLAGSWERTE pflegen Sie optional Vorschlagswerte, die automatisch in einen Planungsrezeptvorgang übernommen werden, sobald diese Ressource dort zugeordnet wird (siehe Abbildung 2.11).

Dazu zählt das Feld STEUERSCHLÜSSEL, über den Sie angeben, welche Funktionen wie Terminierung, Kapazitätsplanung oder Kalkulation zu einer Phase im Planungsrezept ausgeführt werden sollen. Über das Feld VORLAGENSCHLÜSSEL können Sie einen Standardtext auswählen, der automatisch in den Planungsrezeptvorgang übernommen wird. Diese Standardtexte pflegen Sie über den Menüpfad LOGISTIK • PRODUKTION PROZESS • STAMMDATEN • PLANUNGSREZEPTE • UMFELD • TEXTVORLAGE (Transaktion SE10).

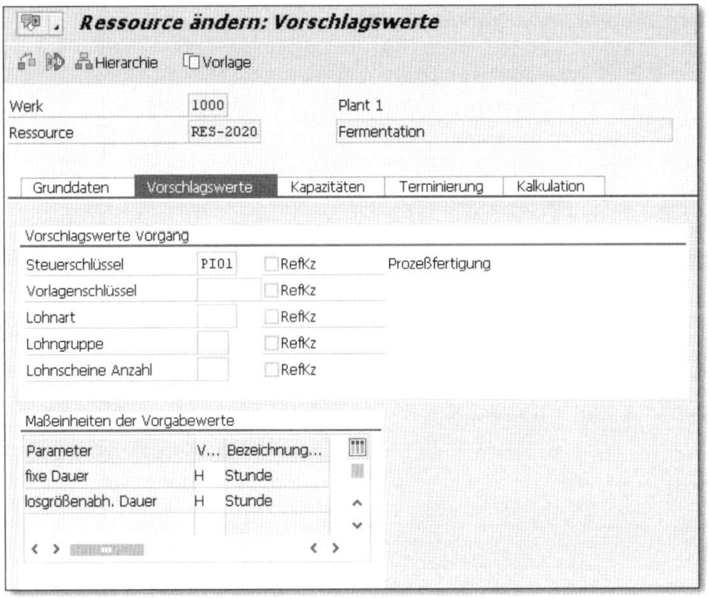

Abbildung 2.11 Ressourcenstammsatz – Vorschlagswerte

Die Felder LOHNART und LOHNGRUPPE verwenden Sie zur Integration mit der Komponente Human Resources (HR). Hiermit lassen sich z. B. Akkordlöhne berechnen. Das Feld LOHNSCHEINE ANZAHL steuert den Druck der Lohnscheine, falls diese im Rahmen des Fertigungspapierdrucks ausgegeben werden (siehe dazu Abschnitt 3.9, »Auftragspapiere drucken«). Über das Kennzeichen REFKZ können Sie jeweils festlegen, ob die vorgeschlagenen Daten aus der Ressource im Planungsrezept änderbar sind oder nicht (siehe Abbildung 2.11). Dadurch können Sie Änderungen an diesen Feldern bei der Planungsrezeptpflege verhindern und vermeiden so eine falsche Pflege dieser Informationen beim Anlegen und Ändern von Rezepten. Weiterhin können Sie Vorschlagswerte für die Maßeinheiten der Vorgabewerte pflegen, z. B. MIN (Minuten) oder H (Stunden).

Kapazitäten

Auf dem Reiter KAPAZITÄTEN pflegen Sie alle Informationen, die Sie benötigen, um die Ressource in der Kapazitätsplanung zu berücksichtigen. Hierzu können Sie alle im Rahmen Ihrer Kapazitätsplanung zu betrachtenden Kapazitätsarten eingeben, wie Maschinen- oder Personalressourcen, für die Sie jeweils ein Kapazitätsangebot definieren. Im Beispiel in Abbildung 2.12 wurde die Kapazitätsart 008 (Prozeßeinheit) zur Ressource YPR-2010 angelegt.

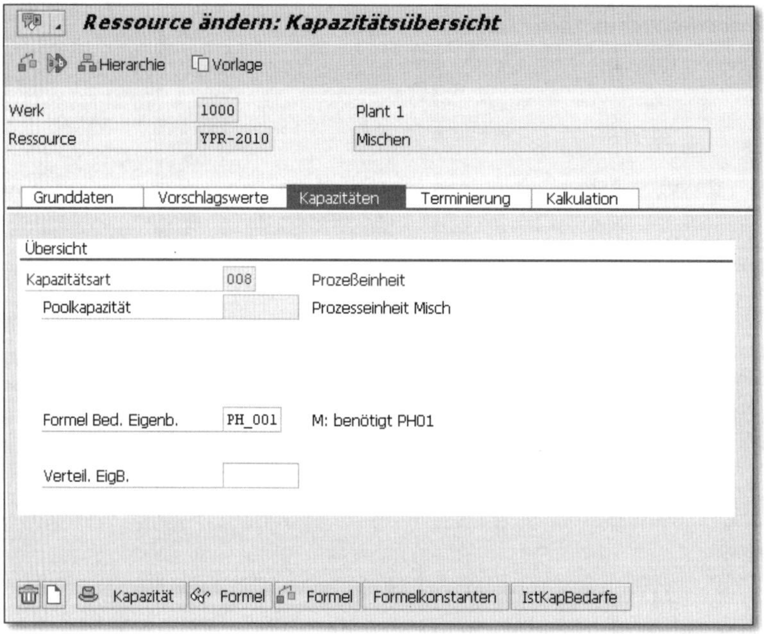

Abbildung 2.12 Ressourcenstammsatz – Kapazitätsübersicht

Um das Kapazitätsangebot einer Kapazitätsart zu pflegen, machen Sie einen Doppelklick auf eine Kapazitätsart, oder Sie positionieren den Cursor auf einer Kapazitätsart und klicken dann auf den Button Kapazität (Kapazität Kopfdaten). So gelangen Sie zum Bild Ressourcenkapazität ändern: Kopf, in dem Sie ein Standardangebot, Angebotsintervalle sowie Schichtpläne für die Ressourcenart pflegen können (siehe Abbildung 2.13). Weiterhin können Sie hier einen Fabrikkalender für die Kapazitätsart hinterlegen. Mit dem Button (Zurück) gelangen Sie wieder zum Reiter Kapazitäten der Ressource.

Um einen Kapazitätsbedarf berechnen zu können, benötigen Sie zudem eine Formel, die Sie im Feld Formel Bed. Eigenb. (Formel Kapazitätsbedarf Eigenbearbeitung) eingeben. Der Kapazitätsbedarf einer Phase berechnet sich gemäß der Formel in Abhängigkeit von bewerteten Parametern, die aus Planungsrezept (z. B. fixe und losgrößenabhängige Dauer) und Prozessauftrag (Vorgangs- und Basismenge) stammen. Wenn Sie den Cursor auf einer Formel positionieren und den Button Formel (Formel anzeigen) drücken, erscheint ein Pop-up mit den Details der Formel (siehe Abbildung 2.14). Hier werden die verschiedenen Parameter dargestellt, aus denen sich die Formel zusammensetzt.

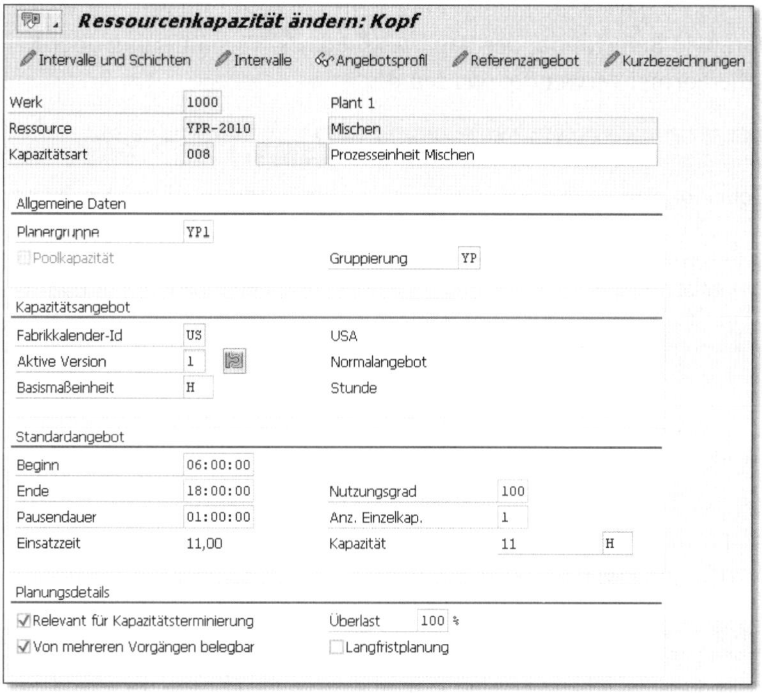

Abbildung 2.13 Ressourcenstammsatz – Kapazitätskopf

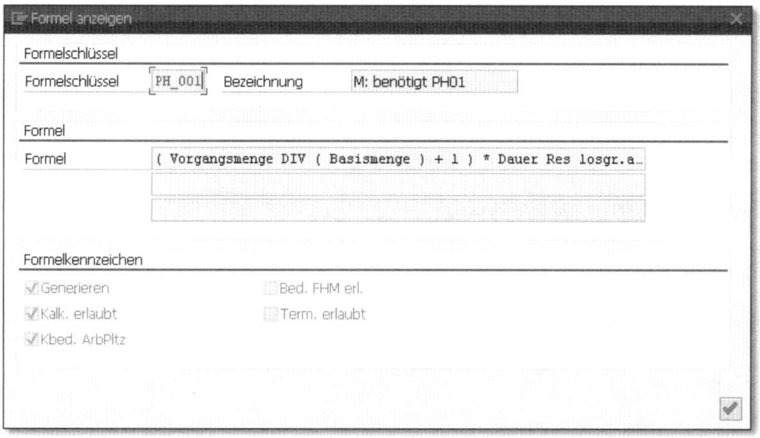

Abbildung 2.14 Ressourcenstammsatz – Formeldetails anzeigen

Die Definition der Formeln nehmen Sie im Customizing über den IMG-Pfad PRODUKTIONSPLANUNG PROZESSINDUSTRIE • STAMMDATEN • RESSOURCE • KAPAZITÄTSPLANUNG • FORMELN RESSOURCE (ARBEITSPLATZ) • FORMELDEFINITION RESSOURCE (ARBEITSPLATZ) EINRICHTEN (Transaktion OP21) vor. Hier können

Sie im Bereich FORMELKENNZEICHEN über Kennzeichen festlegen, für welche Applikation, wie Berechnung des Kapazitätsbedarfs, Terminierung oder Kalkulation, die Formel verwendet werden darf.

[!] **Abstimmung der Formeln mit dem Vorgabewertschlüssel**

Bei der Definition und der Auswahl der Formel in der Ressource müssen Sie darauf achten, dass alle Formelparameter auch im Planungsrezept und Prozessauftrag bewertet sind. Dies ist nur dann der Fall, wenn die rezeptspezifischen Parameter auch im Vorgabewertschlüssel enthalten sind, den Sie auf dem Reiter GRUNDDATEN der Ressource zugeordnet haben. Nur dann können Sie für diese Parameter auch Werte im Planungsrezept pflegen und diese in Formeln verwenden.

Terminierung

Auf dem Reiter TERMINIERUNG geben Sie im Feld KAPAZITÄTSART an, auf Basis welcher Kapazitätsart die Durchlaufzeit der auf dieser Ressource durchgeführten Vorgänge berechnet wird.

[»] **Terminierungsbasis**

Falls in einer Ressource lediglich eine Kapazitätsart gepflegt ist, tragen Sie diese ein. Falls Sie z. B. auf einer Ressource sowohl die Anlage selbst als auch das Personal kapazitiv planen möchten, wählen Sie am ehesten die Kapazitätsart der Anlage als Terminierungsbasis aus, da das Zeitangebot der Anlage meist für die Berechnung der Durchlaufzeit relevant ist.

Auch hier geben Sie im Feld DAUER EIGENBEARB. eine Formel an, mit der die Dauer eines Vorgangs berechnet werden kann (siehe Abbildung 2.15).

Abbildung 2.15 Ressourcenstammsatz – Terminierung

Kalkulation

Über die Einstellungen auf dem Reiter KALKULATION schaffen Sie die Verbindung zwischen der Produktion und der Komponente Controlling (CO). Zunächst ordnen Sie unter Berücksichtigung eines Gültigkeitszeitraums eine Kostenstelle zu. Weiterhin können Sie im Bereich ÜBERSICHT LEISTUNGEN jedem fixen oder mengenabhängigen Parameter der Ressource (z. B. DAUER RES LOSGR.ABH) aus dem Vorgabewertschlüssel eine LEISTUNGSART zuweisen (siehe Abbildung 2.16). In CO weisen Sie jeder Leistungsart einen Tarif zu, mithilfe dessen bei der Erzeugniskalkulation die Kosten berechnet werden. Ebenso werden auf Basis dieser Zuordnung später im Rahmen der Auftragskalkulation Kosten durch die Leistungsrückmeldung verursacht.

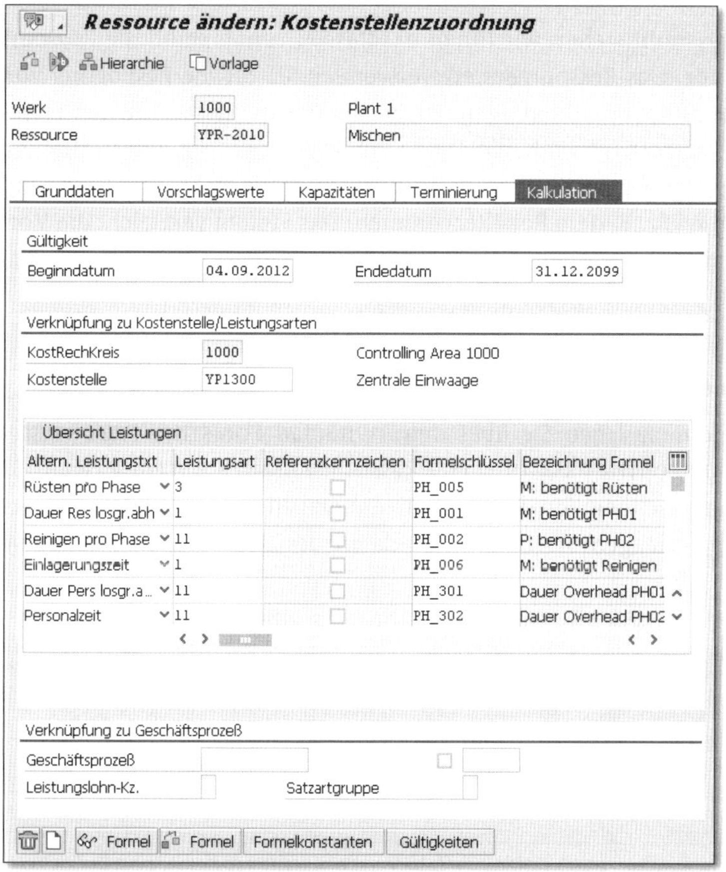

Abbildung 2.16 Ressourcenstammsatz – Kalkulationsdaten

Wie bereits für die Berechnung des Kapazitätsbedarfs und der Durchlaufzeit wird auch für die Berechnung der Kalkulationsdaten eine Formel hinterlegt.

Dies ermöglicht die Berechnung der Leistung pro Leistungsart und Vorgang im Planungsrezept (bei der Erzeugniskalkulation) bzw. im Prozessauftrag (bei der Auftragskalkulation). Die Textanzeige einer Leistungsart in der Auftragsrückmeldung stellen Sie über das Feld Altern. Leistungstxt ein. Sie können zwischen dem Text aus dem Vorgabewert (Einstellung Text Vorgabewert) oder der Leistungsart (Einstellung Text Leistungsart) wählen oder die Leistungserfassung über den Eintrag Keine Leistung ausschalten. Schließlich gibt es auch hier ein Referenzkennzeichen, das ein Überschreiben der hier gepflegten und ins Planungsrezept und den Prozessauftrag übernommenen Daten im Falle einer Referenzierung verbietet.

2.2.3 Ressourcennetz und Ressourcenauswahl

In diesem Abschnitt stellen wir Ihnen das Ressourcennetz und die Ressourcenauswahl vor. Das Ressourcennetz verwenden Sie für die Festlegung von möglichen Ressourcenreihenfolgen im Produktionsprozess. Mit der Funktion der Ressourcenauswahl, die Ihnen im Prozessauftrag zur Verfügung steht, unterstützt Sie das System bei der Auswahl einer Ressource anhand von Kriterien wie z. B. dem Behältervolumen. Das System vergleicht die Vorgaben aus der Ressource mit Anforderungen, die Sie dem Vorgang des Planungsrezepts zugeordnet haben.

Ressourcennetz

Ein Ressourcennetz legen Sie über den Menüpfad Logistik • Produktion Prozess • Stammdaten • Ressourcen • Ressourcennetz • Anlegen (Transaktion CR24) an. Nachdem Sie den Ressourcennetznamen und das Werk angegeben haben, gelangen Sie in die Kopfdaten des Ressourcennetzes (siehe Abbildung 2.17).

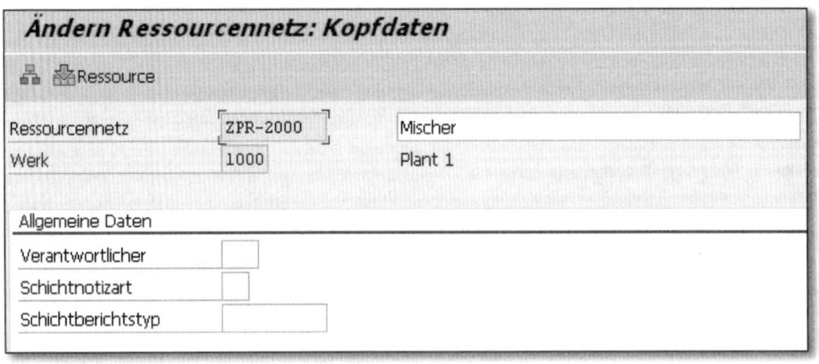

Abbildung 2.17 Ressourcennetz – Kopfdaten

Hier geben Sie zunächst die Kurzbezeichnung des Ressourcennetzes ein. Im Bereich Allgemeine Daten wählen Sie einen Eintrag im Feld Verantwortlicher aus. Über diesen Eintrag lassen sich Ressourcen in Auswertungen und bei der Änderungsbelegsuche selektieren. Weiterhin stehen Ihnen in den Kopfdaten die Felder Schichtnotizart und Schichtberichtstyp zur Verfügung. Diese stellen Sie ein, wenn Sie die Funktionen der Schichtnotizen und des Schichtberichts nutzen möchten, die wir Ihnen in Abschnitt 4.1, »Berücksichtigung von Schichten«, vorstellen.

Um eine Ressourcenzuordnung anzulegen, klicken Sie auf den Button Ressource und dann auf den Button Neue Zuordnung Es öffnet sich der Pop-up-Dialog aus Abbildung 2.18.

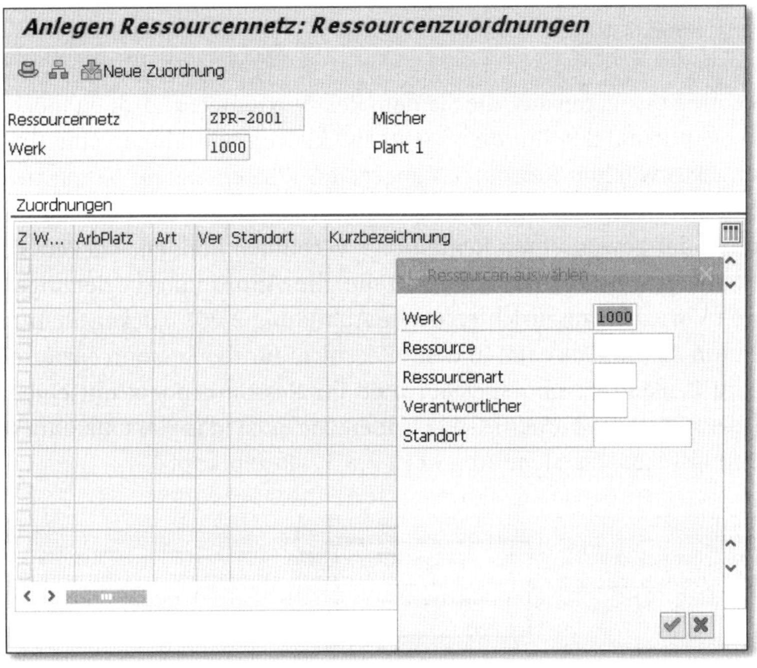

Abbildung 2.18 Zuordnung von Ressourcen

Geben Sie im Feld Ressourcenart 0008 (Prozesseinheit) ein. Über die Felder Ressource, Verantwortlicher oder Standort können Sie die Auswahl verfeinern. Nach Bestätigung Ihrer Selektionsvorgaben gelangen Sie auf das Bild zur Ressourcenauswahl (siehe Abbildung 2.19).

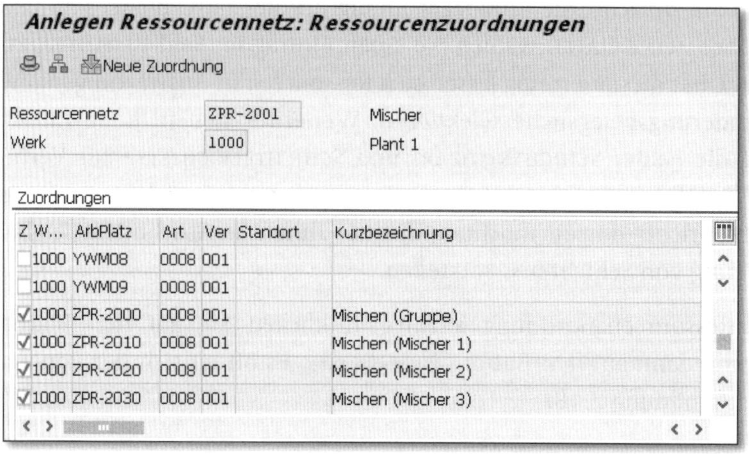

Abbildung 2.19 Auswahl der Ressourcen

Wählen Sie die Ressourcen aus, die Sie dem Ressourcennetz zuordnen möchten. Wenn Sie nun auf den Button (GRAFIK) klicken, wird Ihnen eine Grafik mit den ausgewählten Ressourcen angezeigt. Klicken Sie auf VERBINDEN im Darstellungsbereich. Es wird ein Zeichenstift angezeigt, mit dem Sie die Ressourcen in der gewünschten Reihenfolge verbinden können. Klicken Sie schließlich auf den Button AUSRICHTEN, um die Anordnungsbeziehungen gemäß Ihren Vorgaben auszurichten (siehe Abbildung 2.20). Klicken Sie nun auf den Button (ZURÜCK), um in den Bildschirm für die Ressourcenzuordnungen zurückzukehren, und speichern Sie Ihr Ressourcennetz mit einem Klick auf den Button (SICHERN). Ordnen Sie jetzt das Ressourcennetz einem Planungsrezept zu (siehe Abschnitt 2.4.1, »Rezeptkopf«).

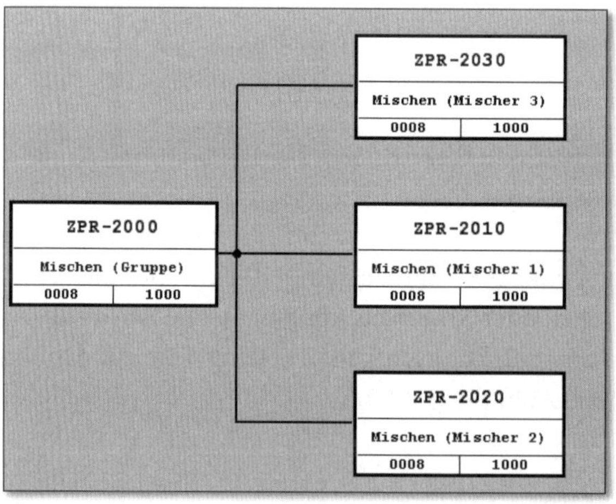

Abbildung 2.20 Ressourcennetz – Grafik

Ressourcennetze werden häufig verwendet, wenn gleichartige Ressourcen zur Verfügung stehen und die Auswahl der konkreten Ressource erst kurz vor Beginn der Produktion erfolgen soll. Für diesen Zweck können Sie eine *Planressource* definieren. Eine Planressource ist eine Ressource mit einer Planverwendung, die nur bis zur Auftragsfreigabe verwendet werden kann. Weitere Informationen hierzu finden Sie in Abschnitt 2.2.2, »Ressourcenstamm anlegen«. In Abbildung 2.20 wurde die Ressource ZPR-2000 als Planressource angelegt.

Vorgabewerte im Planungsrezept [«]

Bei der Verwendung einer Planressource sollten nur Ressourcen mit gleichen Vorgabewerten, wie z. B. Bearbeitungsdauer, zugeordnet werden. Weitere Informationen zu Vorgabewerten erhalten Sie in Abschnitt 2.4.2, »Vorgänge und Phasen«.

Stammdaten der Ressourcenauswahl

In diesem Abschnitt möchten wir Ihnen die *Ressourcenauswahl* erklären. Voraussetzung für die Verwendung der *Ressourcenauswahl* im Prozessauftrag ist die Zuordnung eines Ressourcennetzes im Kopf des Planungsrezepts. Die Ressourcenauswahl kann ohne und mit Selektionskriterien, z. B. Volumen eines Behälters, erfolgen. Bei einer Ressourcenauswahl mit Kriterien müssen Sie vorab eine selbstdefinierte Klasse der Klassenart 019 (Arbeitsplatzklasse) über den Menüpfad ANWENDUNGSÜBERGREIFENDE KOMPONENTEN • KLASSENSYSTEM • STAMMDATEN • KLASSENVERWALTUNG (Transaktion CL02) anlegen. Ordnen Sie der Klasse die gewünschten Kriterien wie z. B. das Volumen als Merkmal zu.

Als Nächstes müssen Sie die Klasse und in unserem Beispiel das Behältervolumen der Ressource über den Menüpfad LOGISTIK • PRODUKTION PROZESS • STAMMDATEN • RESSOURCE • ÄNDERN (Transaktion CRC2) und dann über ZUSÄTZE • KLASSIFIZIERUNG zuordnen (siehe Abbildung 2.21).

Die Anlage der Selektionskriterien erfolgt im Planungsrezept über den Menüpfad LOGISTIK • PRODUKTION PROZESS • STAMMDATEN • PLANUNGSREZEPT • REZEPT UND MATERIALLISTE • ÄNDERN (Transaktion C202). Klicken Sie auf den Reiter VORGÄNGE, und markieren Sie den relevanten Vorgang. Sie können jetzt über den Menüpfad SPRINGEN • RESS.AUSWAHLBED. die Klasse zuordnen und den Wert eingeben, der für die Ressourcenauswahl im Prozessauftrag verwendet werden soll (siehe Abbildung 2.22).

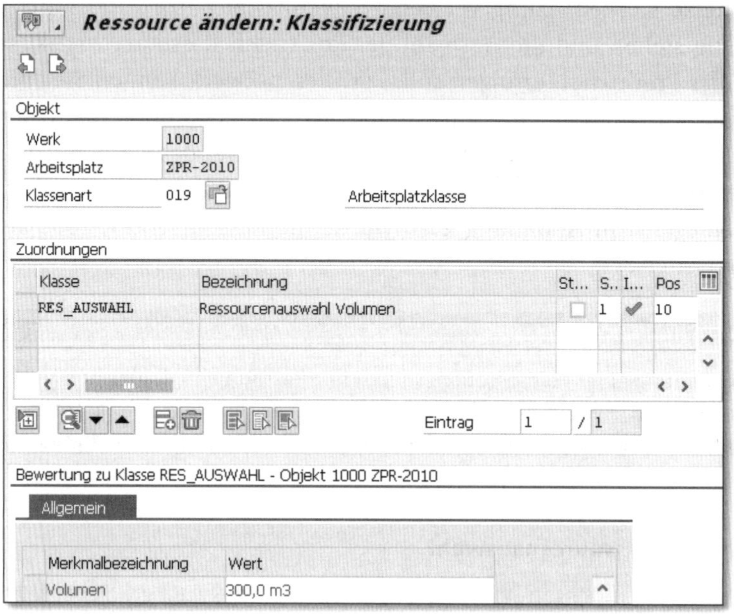

Abbildung 2.21 Ressource klassifizieren

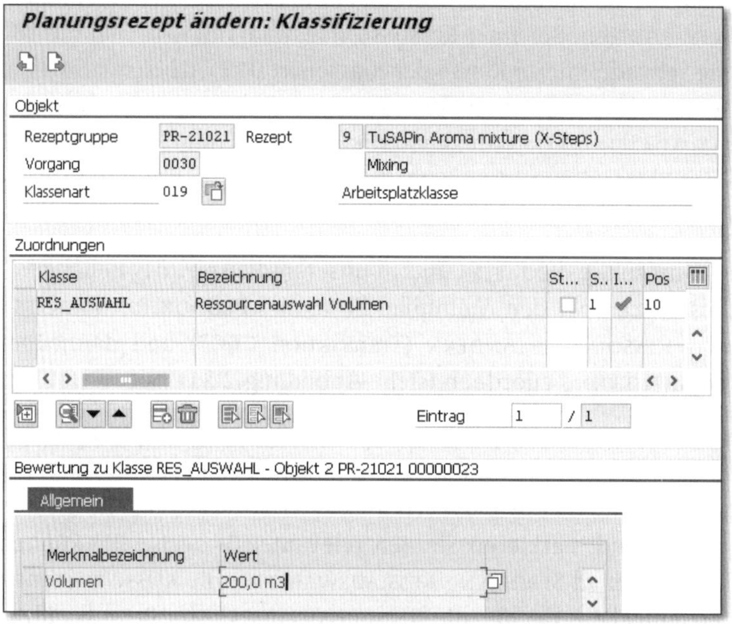

Abbildung 2.22 Ressourcen-Auswahlbedingung im Planungsrezept

Ressourcenauswahl im Prozessauftrag

Über den Menüpfad LOGISTIK • PRODUKTION PROZESS • PROZESSAUFRAG • PROZESSAUFTRAG • ÄNDERN (Transaktion COR2) rufen Sie die Transaktion zur Änderung eines Prozessauftrags auf. Geben Sie die Prozessauftragsnummer eines bestehenden Auftrags, der den Status EROF (Eröffnet) hat, im Feld PROZESSAUFTRAG ein, und drücken Sie die [↵]-Taste, um den Prozessauftrag aufzurufen. Zur Ausführung der Ressourcenauswahl klicken Sie auf den Button Vorgänge. Es öffnet sich die Vorgangsübersicht, in der Sie den Vorgang mit der Planressource markieren können. Über den Menüpfad VORGANG • FUNKTIONEN ZUR PHASE / ZUM VORGANG • RESSOURCENAUSWAHL führen Sie die Ressourcenauswahl durch (siehe Abbildung 2.23).

Ressourcenauswahl immer mit Planressource [«]

Die Ressourcenauswahl sollte immer mit einer im Planungsrezept zugeordneten Planressource erfolgen, damit die Auftragsfreigabe nur mit der konkreten Ressource erfolgt. Bitte beachten Sie zum Thema Planressource den Hinweis in Abschnitt 2.2.2, »Ressourcenstamm anlegen«.

Abbildung 2.23 Ressourcenauswahl im Prozessauftrag

Ihnen wird jetzt eine Liste der möglichen Ressourcen zur Auswahl angeboten. Gehen Sie mit dem Cursor auf die Zeile der Ressource, die Sie dem Prozessauftrag zuordnen möchten. Klicken Sie anschließend auf den Button Auswählen; die Ressource wird jetzt in den markierten Vorgang und die Phasen übertragen.

Das in unserem Beispiel zugeordnete Ressourcennetz (siehe Abbildung 2.20) enthält drei Ressourcen, die Liste der Ressourcenauswahl (siehe Abbildung 2.23) enthält nur zwei. Das System hat bei der Ressourcenauswahl die zugeordneten Werte, in unserem Fall das Behältervolumen, verglichen und damit die Auswahlmöglichkeiten eingeschränkt.

Das System berücksichtigt bei der Ressourcenauswahl folgende Kriterien:

- die Zugehörigkeit der Ressource zum Ressourcennetz
- die über die Klassifizierung zugeordneten Ressourceneigenschaften mit den im Planungsrezept zugeordneten Selektionskriterien

Weitere Informationen zur Prozessauftragsabwicklung finden Sie in Kapitel 3, »Produktionssteuerung über Prozessaufträge«.

2.3 Integrierte Stammdatenpflege über Fertigungsversionen

Mithilfe von Fertigungsversionen legen Sie mögliche Kombinationen von Planungsrezepten und Stücklisten fest, mit denen ein Material produziert werden kann. Dabei besitzt eine Fertigungsversion verschiedene Gültigkeiten:

- eine räumliche Gültigkeit über das Werk, in dem sie angelegt wird
- eine zeitliche Gültigkeit über einen Gültigkeitszeitraum
- eine mengenabhängige Gültigkeit über einen Losgrößenbereich

Sie können deshalb für ein Material mehrere, auch gleichzeitig gültige Fertigungsversionen anlegen. Für den Fall, dass mehrere Fertigungsversionen gleichzeitig gültig sind, wird im Auftrag bzw. bei der Bedarfsplanung immer die erste Fertigungsversion gemäß der Sortierung ausgewählt. Eine manuelle Auswahl ist ebenfalls möglich, weitere Informationen hierzu bekommen Sie im Unterabschnitt »Stammdatenselektion« in Abschnitt 3.4.2. In den folgenden Abschnitten lernen Sie, wie Sie Fertigungsversionen pflegen und welche Bearbeitungsmöglichkeiten Sie dabei haben.

2.3.1 Fertigungsversionen pflegen

Fertigungsversionen können Sie im Materialstamm oder direkt aus dem Planungsrezept heraus anlegen. Den Materialstamm pflegen Sie über den Menüpfad Logistik • Produktion Prozess • Stammdaten • Materialstamm • Material • Ändern • Sofort (Transaktion MM02). Sie finden hier auf den Reitern Disposition 4 und Arbeitsvorbereitung den Button FertVersion (Fertigungsversionen), mit dem Sie Fertigungsversionen dieses Materials anlegen und bearbeiten können.

Zur Pflege eines Planungsrezepts verwenden Sie den Menüpfad Logistik • Produktion Prozess • Stammdaten • Planungsrezepte • Rezept und Materialliste • Ändern (Transaktion C202). Nach der Eingabe eines Materials und eines Werkes klicken Sie auf den Reiter Materialien. Von dort verzweigen Sie über den Button (Fertigungsversion) in die Fertigungsversion. Hier können Sie sich die Details zur aktuellen Fertigungsversion anzeigen lassen. Falls Sie sich im Anlegemodus befinden mit Transaktion C201, können Sie an dieser Stelle eine neue Fertigungsversion anlegen. Dies wird von SAP allerdings nicht empfohlen, da zur Pflege von Fertigungsversionen eine separate Transaktion existiert, die wir Ihnen im folgenden Abschnitt vorstellen.

2.3.2 Massenpflege von Fertigungsversionen

Zur Pflege von Fertigungsversionen gibt es eine eigene Transaktion, in der Sie umfangreiche Selektionsmöglichkeiten haben, um einen Arbeitsvorrat auszuwählen. Damit können Sie eine von Ihnen selektierte Auswahl von Fertigungsversionen bearbeiten und auch neue anlegen. Um die Massenpflege der Fertigungsversionen aufzurufen, wählen Sie den Menüpfad Logistik • Produktion Prozess • Stammdaten • Fertigungsversionen (Transaktion C223).

Arbeitsvorrat an Fertigungsversionen selektieren

Nach dem Aufruf der Transaktion gelangen Sie in ein Bild, in dem Sie Fertigungsversionen selektieren und auch pflegen können. Hier müssen Sie zunächst ein Werk im Mussfeld Werk angeben. Anschließend werden Ihnen zunächst alle Fertigungsversionen aufgelistet, die in diesem Werk angelegt wurden (siehe Abbildung 2.24).

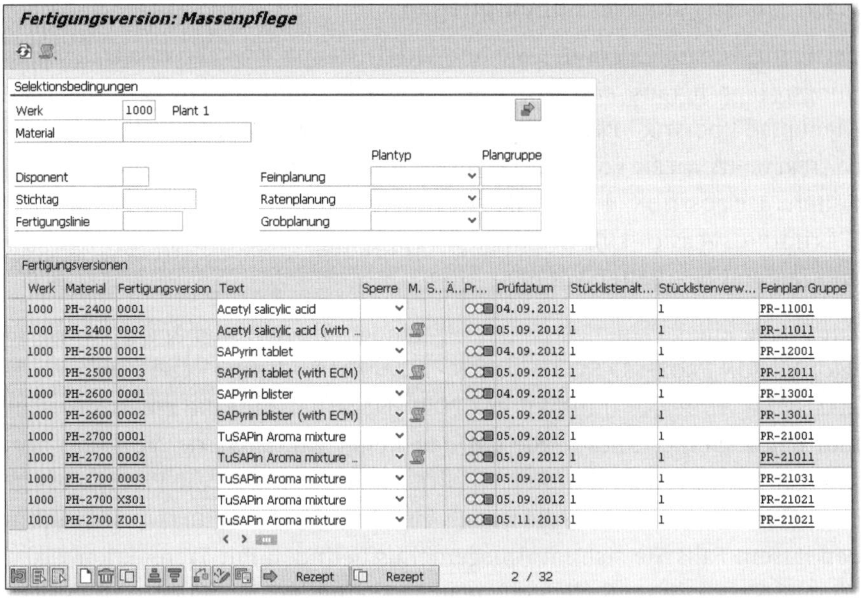

Abbildung 2.24 Arbeitsvorrat selektieren und Fertigungsversionen pflegen

Im oberen Bildschirmbereich SELEKTIONSBEDINGUNGEN können Sie die Selektion weiter einschränken, z. B. indem Sie direkt ein Material, eine Plangruppe oder einen Disponenten eingeben. Wenn Sie auf den Button (MEHRFACHSELEKTION) klicken, öffnet sich ein Pop-up für die Mehrfachselektion; außerdem stehen Ihnen hier weitere Selektionsfelder zur Verfügung. Sie können eine Selektion zudem als Variante abspeichern und eine bereits gespeicherte Variante wieder auswählen. Um eine Variante zu speichern, geben Sie zunächst Ihre Selektionsparameter ein und klicken auf den Button (ALS VARIANTE SICHERN). Daraufhin können Sie Ihrer Selektionsvariante einen Variantennamen geben und diese abspeichern. Mithilfe des Buttons (VARIANTE HOLEN) rufen Sie die Selektionsparameter einer bereits gesicherten Variante wieder ab. Sobald Sie die Selektionsparameter geändert haben, passt sich das Selektionsergebnis im unteren Bildschirmbereich FERTIGUNGSVERSIONEN sofort dynamisch an.

Neue Fertigungsversion anlegen

Zum Anlegen einer neuen Fertigungsversion klicken Sie in der Transaktion der Massenpflege (siehe Abbildung 2.24) in der Buttonleiste unten auf den Button (FERTIGUNGSVERSION ANLEGEN). Es erscheint ein Pop-up, in dem Sie alle Details zur Fertigungsversion pflegen können (siehe Abbildung 2.25).

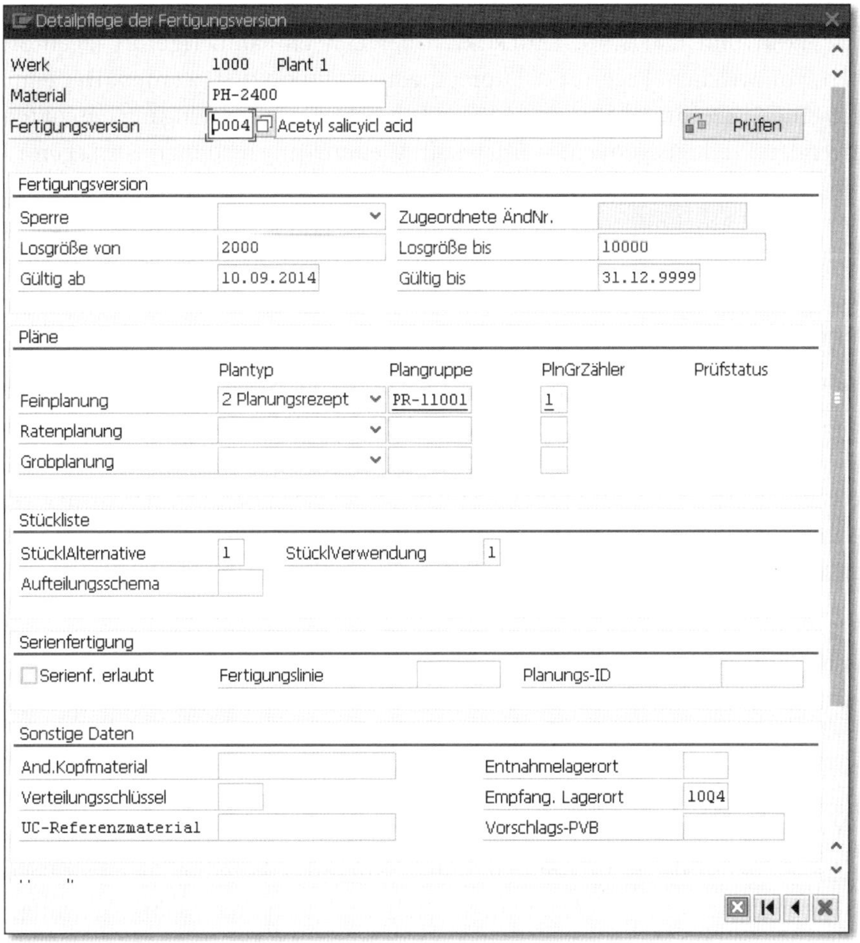

Abbildung 2.25 Fertigungsversion anlegen

Zunächst geben Sie das MATERIAL, für das Sie die Fertigungsversion anlegen möchten, sowie einen alphanumerischen vierstelligen Schlüssel der Fertigungsversion und eine Kurzbezeichnung in die beiden Felder hinter FERTIGUNGSVERSION ein. Im Abschnitt FERTIGUNGSVERSION legen Sie die mengenmäßige und die zeitliche Gültigkeit fest. Die Abschnitte PLÄNE und STÜCKLISTE dienen dazu, eine gültige Kombination eines Planungsrezepts und einer Stückliste zu definieren. Da in der Komponente PP-PI mit Planungsrezepten gearbeitet wird, wählen Sie in der Zeile FEINPLANUNG den Plantyp PLANUNGSREZEPT aus. Über die Felder PLANGRUPPE und PLNGRZÄHLER spezifizieren Sie nun ein konkretes Planungsrezept. Die Felder STÜCKLALTERNATIVE und STÜCKLVERWENDUNG dienen zur Angabe einer geeigneten Stückliste. Weitere Felder, die für PP-PI optional gepflegt werden können, sind die Felder Entnahmelagerort und Empfang. Lagerort. Über den Entnahmelagerort legen Sie fest, von welchem Lagerort die Komponenten entnommen werden. Der empfangende Lagerort gibt an, in welchen Lagerort der Wareneingang des zu fertigenden Produkts gebucht werden soll. Weitere Informationen zur Lagerortfindung finden Sie in Abschnitt 3.6.3, »Ermittlung des Entnahmelagerorts«. Im letzten Abschnitt Verwaltung finden Sie administrative Informationen, wer die Fertigungsversion angelegt und geändert hat, die dazugehörigen Datumsangaben sowie die letzte verwendete Änderungsnummer und die Gültigkeit des zugeordneten Planungsrezepts.

Indem Sie auf den Button (Detailbild schliessen und Änderungen übernehmen) klicken, gelangen Sie auf das Übersichtsbild zurück. Beachten Sie, dass zu diesem Zeitpunkt die Fertigungsversion noch nicht gespeichert ist. Sie erkennen dies am Symbol (Fertigungsversion geändert) oder am Symbol (Fertigungsversion neu angelegt) in der Spalte Status der Bearbeitung. Erst jetzt können Sie über den Button (Sichern) die Fertigungsversion speichern.

Alternativ können Sie die Daten zu einer neuen Fertigungversion auch direkt nach dem letzten Tabelleneintrag eingeben oder auch in der Tabelle bereits existierende Fertigungsversionen bearbeiten.

Weitere Bearbeitungsfunktionen

Über die Buttonleiste am unteren Bildschirmrand stehen Ihnen weitere Bearbeitungsfunktionen zur Verfügung, in Tabelle 2.1 sind die wichtigsten aufgelistet.

Button	Funktion	Bearbeitungsfunktion
	Fertigungsversion anlegen	Anlegen einer Fertigungsversion ohne Vorlage
	Detailsicht	Aufruf des Pop-ups zur Pflege einer Fertigungsversion
	Fertigungsversion kopieren	Anlegen einer Fertigungsversion auf Basis einer existierenden
	Fertigungsversion löschen	Löschen einer Fertigungsversion
	Konsistenzprüfung	Prüfung der Konsistenz aller Objekte zu einer Fertigungsversion

Tabelle 2.1 Bearbeitungsfunktionen von Fertigungsversionen

Button	Funktion	Bearbeitungsfunktion
	Änderungsnummer zuordnen	Zuordnung einer Änderungsnummer aus der Komponente Änderungsdienst (ECM)
	Dokument	Pflege von Verknüpfungen zu Dokumenten aus der Komponente Dokumentenverwaltung (DMS)
Rezept	Planungsrezept bearbeiten	Navigation zur Pflege des Planungsrezepts einer Fertigungsversion
Rezept	Planungsrezept mit Vorlage	Anlegen eines Planungsrezepts mit Kopie einer Vorlage

Tabelle 2.1 Bearbeitungsfunktionen von Fertigungsversionen (Forts.)

Konsistenzprüfung und Sperren einer Fertigungsversion

Über die Funktion der Konsistenzprüfung haben Sie die Möglichkeit, zu analysieren, ob Ihre Fertigungsversionen alle notwendigen Informationen zum Planungsrezept und zur Stückliste enthalten und die Gültigkeitszeiträume und die Losgrößenbereiche von Planungsrezept, Stückliste und Fertigungsversion konsistent sind. Sie können eine Fertigungsversion zwar auch ohne Konsistenzprüfung verwenden – allerdings laufen Sie dann Gefahr, eventuell einen Prozessauftrag auf Basis von unvollständigen Stammdaten anzulegen, falls z. B. in der Fertigungsversion die Angabe einer Stückliste fehlt. Deshalb empfehlen wir, diese Funktion zu nutzen und immer sicherzustellen, dass die Konsistenz aller Fertigungsversionen erfolgreich geprüft ist. Bei der Prüfung der Konsistenz einer Fertigungsversion über den Button (Konsistenzprüfung) wird Folgendes analysiert:

- Es wird geprüft, ob der Gültigkeitszeitraum der Fertigungsversion innerhalb des Gültigkeitszeitraums des zugeordneten Planungsrezepts und der zugeordneten Stückliste liegt.
- Es wird geprüft, ob der Losgrößenbereich der Fertigungsversion innerhalb des Losgrößenbereichs des zugeordneten Planungsrezepts und der zugeordneten Stückliste liegt.
- Es wird geprüft, ob das Planungsrezept und die Stückliste keine Löschvormerkung haben.

Nach der Konsistenzprüfung wird ein Protokoll ausgegeben, in dem auf mögliche Konsistenzprobleme hingewiesen wird. Im Beispiel in Abbildung 2.26 sehen Sie, dass der Gültigkeitszeitraum der Fertigungsversion größer ist als der des Planungsrezepts und der Stückliste, deshalb wird ein Fehler ausgegeben.

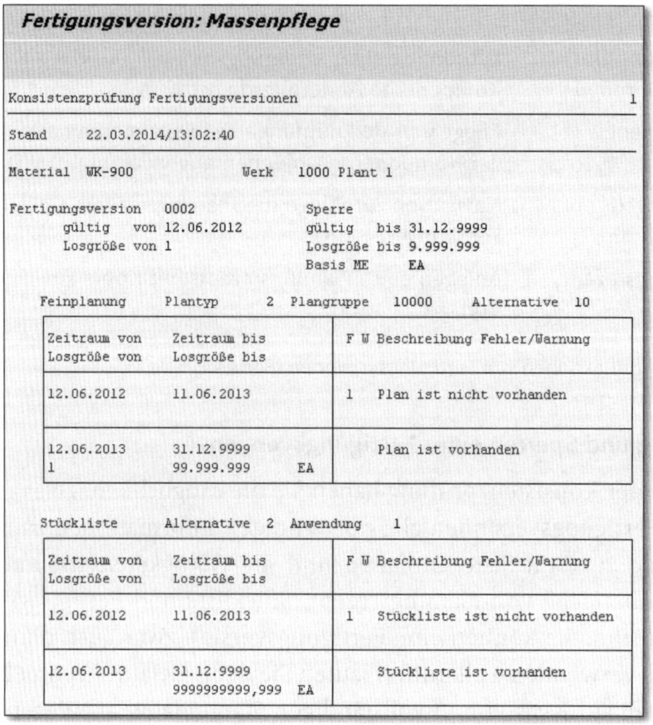

Fertigungsversion: Massenpflege

Konsistenzprüfung Fertigungsversionen 1

Stand 22.03.2014/13:02:40

Material WK-900 Werk 1000 Plant 1

Fertigungsversion 0002 Sperre
gültig von 12.06.2012 gültig bis 31.12.9999
Losgröße von 1 Losgröße bis 9.999.999
Basis ME EA

Feinplanung Plantyp 2 Plangruppe 10000 Alternative 10

Zeitraum von Losgröße von	Zeitraum bis Losgröße bis		F W Beschreibung Fehler/Warnung
12.06.2012	11.06.2013		1 Plan ist nicht vorhanden
12.06.2013 1	31.12.9999 99.999.999	EA	Plan ist vorhanden

Stückliste Alternative 2 Anwendung 1

Zeitraum von Losgröße von	Zeitraum bis Losgröße bis		F W Beschreibung Fehler/Warnung
12.06.2012	11.06.2013		1 Stückliste ist nicht vorhanden
12.06.2013	31.12.9999 9999999999,999	EA	Stückliste ist vorhanden

Abbildung 2.26 Konsistenz einer Fertigungsversion prüfen

Nachdem Sie über den Button (ZURÜCK) zurück in die Übersicht gelangt sind, sehen Sie, dass hier in der Spalte PRÜFSTATUS das Symbol der roten Ampel ausgegeben wird. Sie müssen nun auf den Button (SICHERN) klicken, um das Ergebnis der Konsistenzprüfung zu speichern.

[»] **Auswirkung der Konsistenzprüfung auf die Produktion**

Die Konsistenzprüfung dient lediglich der Information. Ein gefundener Fehler hat zunächst keine Auswirkung, d. h., Sie können trotzdem auf Basis einer inkonsistenten Fertigungsversion einen Prozessauftrag anlegen. Allerdings können unter Umständen aufgrund der gefundenen Inkonsistenzen Probleme auftreten, z. B. in Form von Fehlern bei der Stammdatenübernahme im Prozessauftrag. Sie sollten aus diesem Grund versuchen, Ihre Fertigungsversionen konsistent zu halten.

Navigation in Stückliste und Planungsrezept

Aus der Massenpflege der Fertigungsversionen heraus können Sie direkt in das Planungsrezept und die Stückliste navigieren. Dazu selektieren Sie eine Fertigungsversion und klicken auf den Button Rezept (PLANUNGSREZEPT

Bearbeiten). Es erscheint nun ein Pop-up zur Auswahl des Stichtags bzw. einer Änderungsnummer (siehe Abbildung 2.27).

Abbildung 2.27 Stichtag bei der Planungsrezeptbearbeitung bestimmen

Hier haben Sie folgende Bearbeitungsmöglichkeiten:

- Sie wählen einen Stichtag und bearbeiten das Planungsrezept zu diesem Datum, indem Sie auf den Button (Rezept bearbeiten) klicken.
- Sie klicken auf den Button (Weiter mit Tagesdatum), um das Planungsrezept zum Tagesdatum zu bearbeiten.
- Sie wählen einen Stichtag und klicken auf den Button (Rezept anzeigen), um den Stand des Planungsrezepts zu diesem Datum anzuzeigen.
- Sie geben eine Änderungsnummer ein und klicken auf den Button (Stichtag übernehmen). Danach klicken Sie auf den Button (Rezept bearbeiten), um das Planungsrezept zum Stichtag der Änderungsnummer zu bearbeiten.
- Sie klicken auf den Button (Zurück), um die Bearbeitung abzubrechen.

Sie gelangen nun in allen Fällen – außer beim Abbruch der Bearbeitung über den Button (Zurück) – in die Vorgangsübersicht der Transaktion zur Bearbeitung des Planungsrezepts und können von dort aus über den Reiter Materialien ebenfalls die Stückliste pflegen.

Änderungsdienst bei der Pflege von Fertigungsversionen [!]

Nur über die Massenpflege (Transaktion C223) können Sie bei der Bearbeitung einer Fertigungsversion über den Button (Änderungsnummer zuordnen) direkt eine Änderungsnummer bzw. einen Änderungsauftrag zuweisen, der dann auch für die verknüpfte Stückliste und das Planungsrezept gilt. Falls Sie erst im Pop-up zur Rezeptbearbeitung eine Änderungsnummer eingeben, ist diese lediglich für das

Planungsrezept gültig, nicht aber für die Stückliste. Insbesondere bei der Nutzung des Genehmigungsverfahrens über den Änderungsdienst (siehe Abschnitt 2.4.6, »Sonderthemen«) sollten deshalb Fertigungsversionen nur über diese Transaktion gepflegt werden und nicht über den Materialstamm oder das Planungsrezept.

2.4 Struktur und Pflege von Planungsrezepten

Planungsrezepte beschreiben den Ablauf eines Produktionsprozesses der Komponente PP-PI und beinhalten alle notwendigen Vorgaben wie z. B. Produktionsmittel (Ressourcen) und Komponenten zur Herstellung von Produkten. Planungsrezepte dienen als Vorlage für *Prozessaufträge*, die Sie in Kapitel 3, »Produktionssteuerung über Prozessaufträge«, näher kennenlernen.

Ein Planungsrezept besteht aus einem Kopf und mehreren Vorgängen, die auf einer Ressource (Primärressource) ausgeführt werden. Ein Vorgang fasst eine bis n Phasen zusammen. Die Phase beschreibt detailliert einen Teil des gesamten Herstellungsprozesses und enthält die notwendigen Informationen, um Termine, Kapazitätsbedarfe und Kosten ermitteln zu können (siehe Abbildung 2.28).

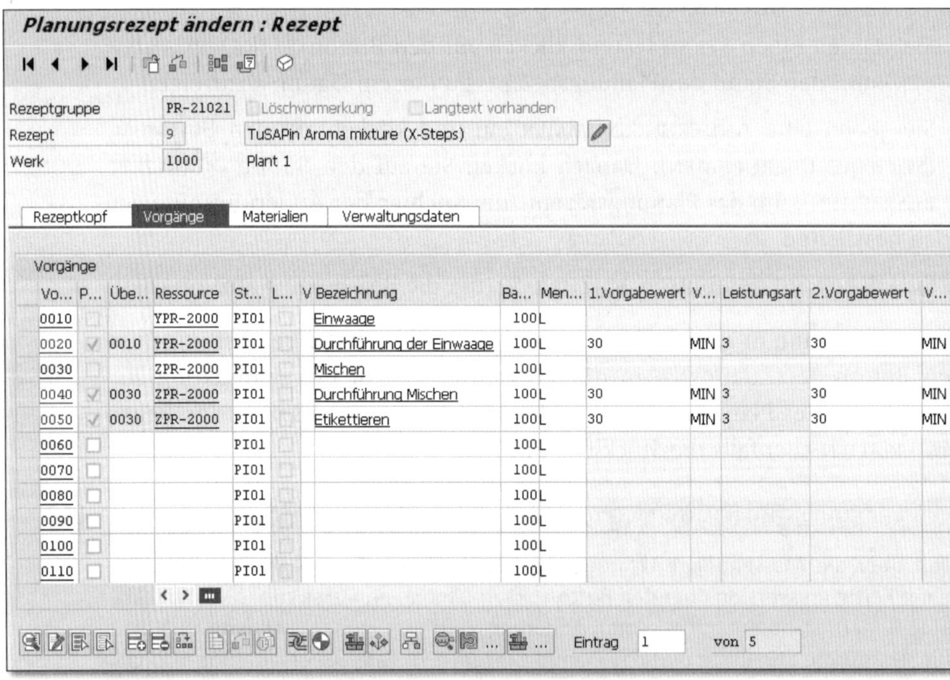

Abbildung 2.28 Planungsrezept – Vorgänge und Phasen

Zusätzlich zu den Primärressourcen können den Vorgängen und Phasen *Sekundärressourcen* zugeordnet werden, die während der Abarbeitung eines Vorgangs bzw. einer Phase benötigt werden, wie z. B. Behälter oder Drucker (siehe Abbildung 2.29).

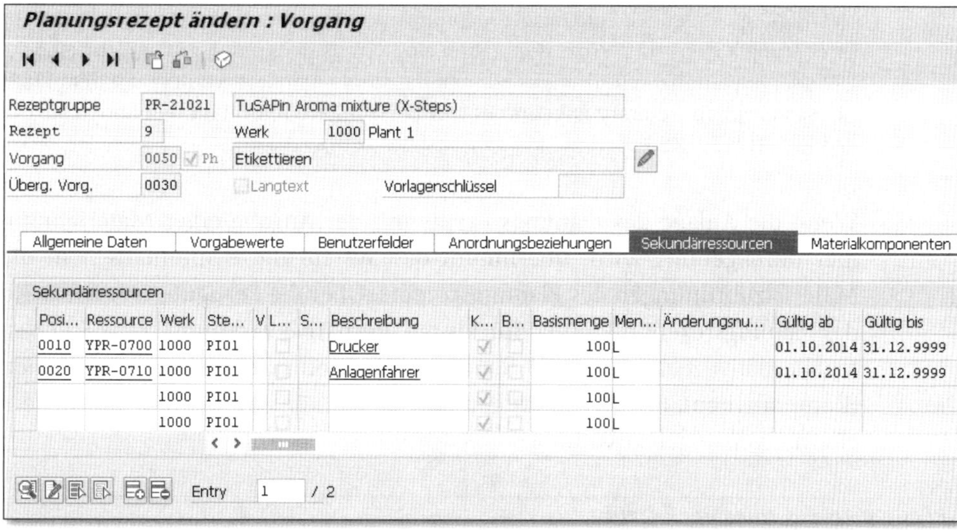

Abbildung 2.29 Planungsrezept – Sekundärressourcen

Den Vorgängen und Phasen können jeweils mehrere Prüfmerkmale für fertigungsbegleitende Prüfungen zugeordnet werden (siehe Abbildung 2.30).

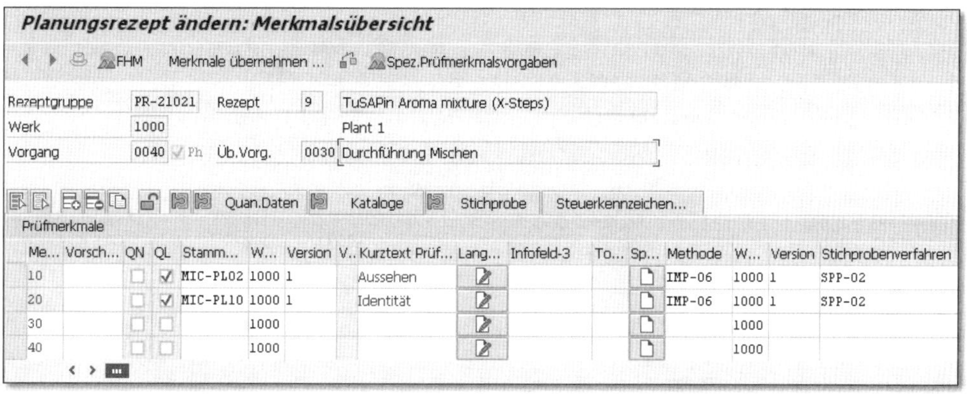

Abbildung 2.30 Planungsrezept – Prüfmerkmale

Für die Prozesssteuerung können im Planungsrezeptkopf XSteps (Execution Steps) angelegt und referenziert werden. Alternativ können Sie einer Phase auch Prozessvorgaben zuordnen. Weitere Informationen zum Thema Prozesssteuerung finden Sie in Kapitel 5, »Prozesskoordination«.

[»] **Prozessvorgaben vs. XSteps**

Seit SAP ERP 5.0 stehen Ihnen die Funktionen der XSteps (Execution Steps) zur Verfügung. Setzen Sie zur Umsetzung von Anforderungen im Bereich der Prozesssteuerung XSteps statt Prozessvorgaben ein. XSteps bieten den großen Vorteil der Wiederverwendbarkeit, d. h., es können Bausteine definiert werden, die dem Planungsrezept als Referenz zugeordnet werden. Weitere Informationen finden Sie in Abschnitt 5.5, »XSteps«.

Wenn die Anlage des Planungsrezepts mit der Angabe einer Materialnummer durchgeführt wird, übernimmt das System diese automatisch in die Materialzuordnungen des Planungsrezepts. Über die Fertigungsversion wird das Planungsrezept mit einer Stücklistenalternative verknüpft. Eine Stücklistenalternative beinhaltet alle für die Produktion notwendigen Materialien (Komponenten). Für ein zu fertigendes Produkt können mehrere Stücklistenalternativen angelegt werden.

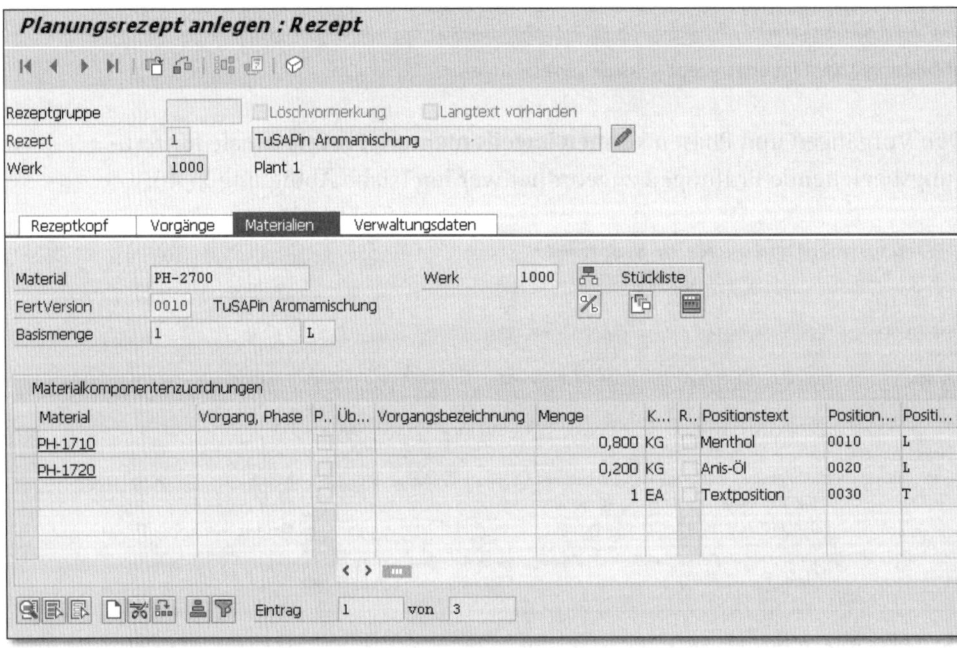

Abbildung 2.31 Planungsrezept – Materialien

Die Fertigungsversion stellt letztendlich eine mögliche Fertigungsalternative dar. In Abbildung 2.31 sehen Sie den Reiter MATERIALIEN des Planungsrezepts mit der Fertigungsversion, dem zu produzierenden Material und der Komponente der zugeordneten Stücklistenalternative (siehe Abbildung 2.31).

Die Pflege der Stückliste erfolgt direkt aus der Transaktion zur Planungsrezeptanlage. In Abbildung 2.32 ist die Struktur eines Planungsrezepts noch einmal dargestellt.

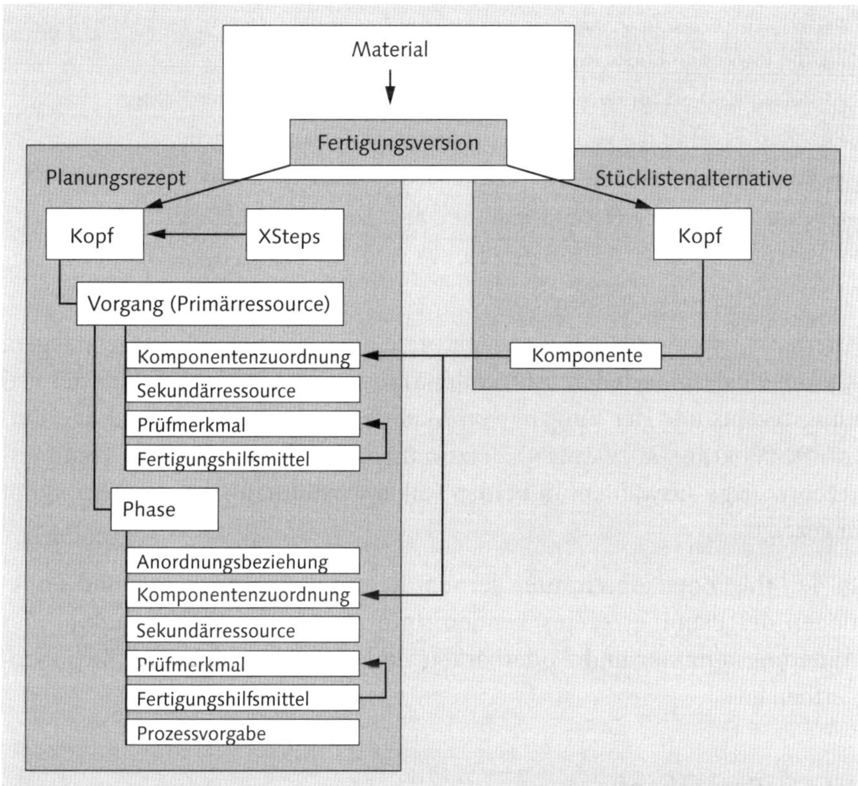

Abbildung 2.32 Planungsrezeptstruktur

Zur Anlage eines Planungsrezepts wählen Sie den Menüpfad LOGISTIK • PRODUKTION PROZESS • STAMMDATEN • PLANUNGSREZEPTE • REZEPT UND MATERIALLISTE (Transaktion C201). Nachdem Sie Material, Werk und Profil eingegeben haben, drücken Sie die Taste [↵].

[»] **Profil zur Anlage des Planungsrezepts**

Über das Profil wird festgelegt, ob für die Prozesssteuerung XSteps oder Prozessvorgaben im Planungsrezept gepflegt werden können:

- Geben Sie das Profil PI01 (Profile für Prozessindustrie) an, wenn Sie Prozessvorgaben verwenden möchten.
- Geben Sie das Profil PI01_XS (Profile für Prozessindustrie) an, wenn Sie XSteps verwenden möchten.

Das Customizing der Profile erreichen Sie über den IMG-Pfad Produktionsplanung Prozessindustrie • Stammdaten • Planungsrezept • Einstellung zum Plantyp • Profile mit Vorschlagswerten definieren (Transaktion SPRO). Im Profil können Sie die folgenden Einstellungen vornehmen:

- Vorschlagswert für den Steuerschlüssel des Vorgangs und der Phase
- Schrittweite für die Vergabe der Vorgangs- und Phasennummer
- Darstellung der Anordnungsbeziehungen inklusive der Grafik
- Vorschlagswert für die Änderbarkeit eines Planungsrezepts
- Schrittweite für Prüfmerkmale inklusive der Probenmengeneinheit

Alternativ können Sie ein Planungsrezept auch über eine Vorlage anlegen. Klicken Sie dazu nach dem Aufruf der Transaktion C201 zur Anlage des Planungsrezepts und der Eingabe von Material, Werk und Profil auf den Button (Vorlage auswählen). Jetzt müssen Sie die gewünschte Planungsrezeptvorlage auswählen. In beiden Fällen wird Ihnen jetzt der Rezeptkopf angezeigt.

In den folgenden Abschnitten lernen Sie die einzelnen Reiter und Funktionen des Planungsrezepts kennen. Informationen zur Verwendung der Änderungsnummer und Änderbarkeit finden Sie in Abschnitt 2.4.6, »Sonderthemen«.

2.4.1 Rezeptkopf

Der *Rezeptkopf* beinhaltet Daten, die für das gesamte Planungsrezept gültig sind, wie z. B. Daten für das Qualitätsmanagement. Die eindeutige Identifizierung eines Planungsrezepts erfolgt über die Rezeptgruppe und den Rezeptzähler, der im Feld Rezept angezeigt wird (siehe Abbildung 2.33).

Eine Rezeptgruppe kann mehrere Rezepte beinhalten. Sie können die Rezeptgruppe und den Rezeptzähler bei der Anlage selbst vorgeben oder vom System automatisch vergeben lassen.

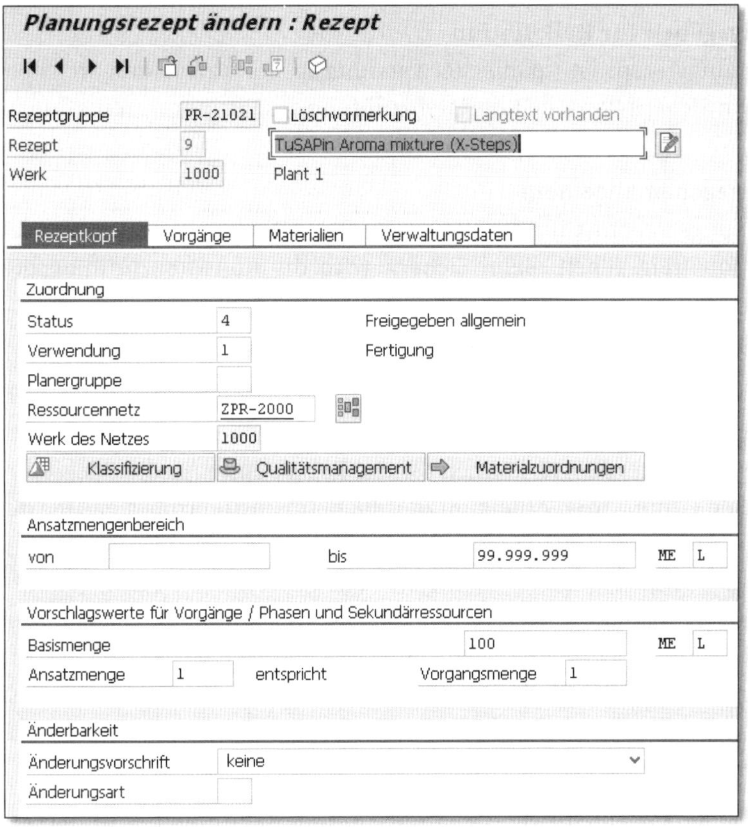

Abbildung 2.33 Kopfdaten des Planungsrezepts

Im Bereich ZUORDNUNG wählen Sie einen Eintrag im Feld STATUS aus. Über diesen Eintrag können Sie den Bearbeitungsstand des Planungsrezepts festlegen. Folgende Einträge stehen Ihnen zur Verfügung:

- **1 – Erstellungsphase**
  Das Planungsrezept ist für die Verwendung im Prozessauftrag und in der Kalkulation nicht freigegeben. Beim Sichern wird die Konsistenzprüfung des Planungsrezepts durchgeführt.

- **2 – Freigeben für Auftrag**
  Das Planungsrezept ist für die Verwendung im Prozessauftrag freigegeben. Beim Sichern wird die Konsistenzprüfung des Planungsrezepts durchgeführt.
- **3 – Freigegeben für Kalkulation**
  Das Planungsrezept ist für die Verwendung in der Kalkulation freigegeben. Beim Sichern wird die Konsistenzprüfung des Planungsrezepts durchgeführt.
- **4 – Freigegeben allgemein**
  Das Planungsrezept ist für die Verwendung im Prozessauftrag und in der Kalkulation freigegeben. Beim Sichern wird die Konsistenzprüfung des Planungsrezepts durchgeführt.

Im Feld Verwendung geben Sie die 1 (Fertigung) ein. Die Planverwendung wird vom System für die Planrezeptselektion im Prozessauftrag verwendet. Die Planverwendung 1 (Fertigung) ist Teil der PP-PI-Standardkonfiguration. Über das Feld Planergruppe können Sie das Rezept einer für die Pflege verantwortlichen Gruppe bzw. Abteilung zuordnen. Im Customizing legen Sie die Planergruppe über den IMG-Pfad Produktionsplanung Prozessindustrie • Stammdaten • Planungsrezept • Daten zum Rezeptkopf • Planergruppe definieren (Transaktion SPRO) an. Schließlich können Sie im gleichnamigen Feld ein Ressourcennetz hinterlegen. Informationen zur Verwendung eines Ressourcennetzes finden Sie in Abschnitt 2.2.3, »Ressourcennetz und Ressourcenauswahl«.

Klicken Sie auf den Button Qualitätsmanagement, um festzulegen, ob fertigungsbegleitende Qualitätsprüfungen mit oder ohne Prüfpunkte ausgeführt werden sollen (siehe Abbildung 2.34) und auf welcher Ebene der Prüfumfang dynamisiert werden soll. Die Dynamisierungsebene gibt vor, ob die Dynamisierung auf Prüflosebene, Merkmalsebene oder Prüfartenebene erfolgen soll. Diese Einstellung ist nur relevant, wenn Sie die fertigungsbegleitende Prüfung verwenden und zum Prozessauftrag ein Prüflos generiert wird. Im Feld Dynamisierungsregel geben Sie die Regel für die Dynamisierung an, wenn Sie sich für die Dynamisierung auf Prüflosebene entschieden haben. Über die Dynamisierung steuern Sie die Prüfschärfe und ob eine Prüfung durchgeführt werden soll oder nicht (Skip). Weitere Informationen zur QM-Integration finden Sie in Abschnitt 8.1, »Integration mit QM«.

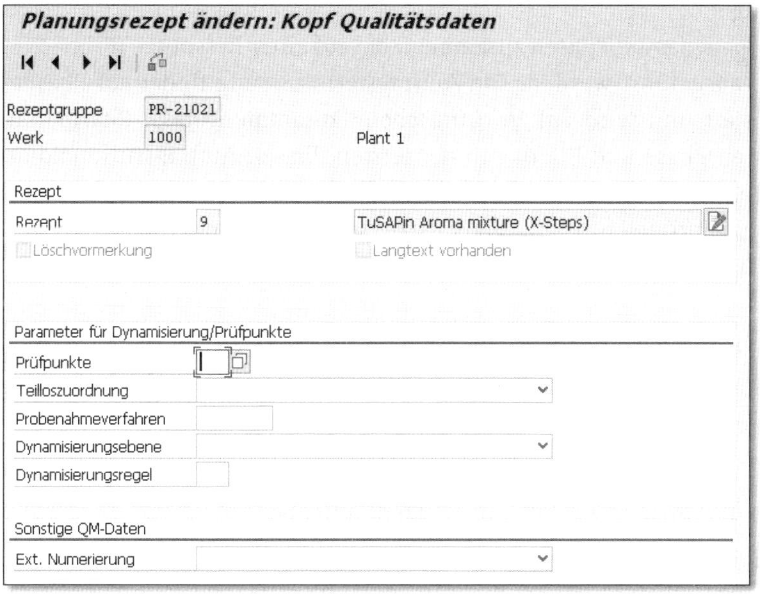

Abbildung 2.34 QM-Daten im Rezeptkopf

Geben Sie schließlich im Bereich ANSATZMENGENBEREICH den Gültigkeitsbereich des Planungsrezepts ein. Bei der Auftragsanlage und Planselektion werden diese Vorgaben berücksichtigt.

Ansatzmengen- und Losgrößenbereich [!]

Achten Sie bei der Zuordnung von Werten im Ansatzmengenbereich darauf, dass diese mit den zugeordneten Losgrößenbereichen der Fertigungsversion und der Stückliste übereinstimmen.

Nachdem Sie nun die wichtigsten Elemente im Rezeptkopf kennengelernt haben, erklären wir Ihnen im folgenden Abschnitt, wie Sie Vorgänge und Phasen zum Planungsrezept anlegen.

2.4.2 Vorgänge und Phasen

In diesem Abschnitt zeigen wir Ihnen, wie Sie die Schritte anlegen, die in der Herstellung ausgeführt werden müssen, und wie Sie die benötigten Produktionsmittel zuordnen können. Zuvor sei nochmals auf die wichtige Unterscheidung zwischen Vorgang und Phase hingewiesen:

- **Vorgang**
  Ein Vorgang fasst n Phasen zusammen, die auf einer Ressource (Primärressource) ausgeführt werden. Die Auftragsterminierung findet auf Phasenebene statt und wird auf Vorgangsebene zusammengefasst (Startdatum der ersten Phase und Enddatum der letzten Phase). Auftragsrückmeldungen erfolgen zur Phase. Prüfmerkmale können auf Vorgangs- und Phasenebene zugeordnet werden. Die kapazitive Planung findet auf Vorgangsebene statt.
- **Phase**
  In der Phase werden die Vorgaben, wie z. B. die Herstellungsdauer für die Durchführung eines Herstellungsschrittes, definiert, um im Prozessauftrag Termine, Kapazitätsbedarfe und Kosten ermitteln zu können.

Vorgänge und Phasen zum Planungsrezept anlegen

Nachdem Sie den Rezeptkopf gepflegt haben, können Sie nun Phasen und Vorgänge zum Planungsrezept hinzufügen. Klicken Sie auf den Reiter VORGÄNGE, um auf die Vorgangs- und Phasenübersicht zu gelangen. Positionieren Sie den Cursor auf dem Feld RESSOURCE der ersten Zeilen (Vorgang, Phase 0010). Drücken Sie die Taste [F4] zum Aufruf der Suchhilfe. Geben Sie auf dem Reiter RESSOURCENART in das Feld RESSOURCENART »0008« (Prozesseinheit) ein, um eine Ressource auszuwählen (siehe Abbildung 2.35). Über die Felder RESSOURCE oder BEZEICHNUNG können Sie die Selektion weiter einschränken.

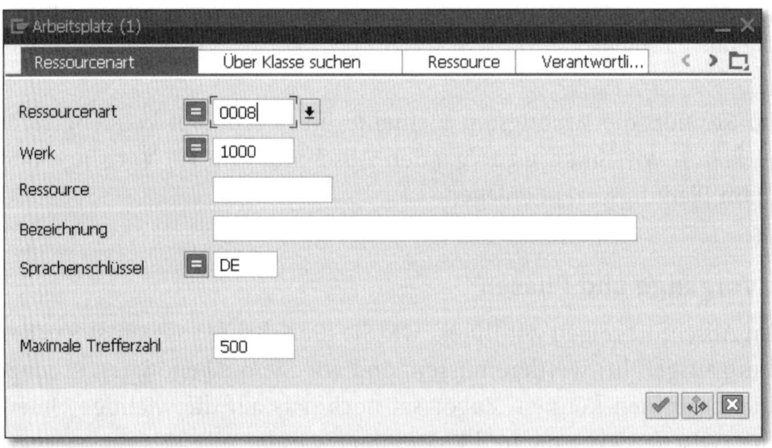

Abbildung 2.35 Suchhilfe zum Feld »Ressource«

Nach dem Drücken der Taste ↵ wird Ihnen eine Auswahl an Ressourcen angezeigt. Wählen Sie mit einem Doppelklick eine Ressource aus, zu der Sie einen Vorgang anlegen möchten. Geben Sie jetzt im Feld BEZEICHNUNG einen Text für den Vorgang ein.

Vorlagenschlüssel [«]

Im Feld VORLAGENSCHLÜSSEL können Sie einen bereits über den Menüpfad LOGISTIK • PRODUKTION PROZESS • STAMMDATEN • PLANUNGSREZEPTE • UMFELD • TEXTVORLAGE (Transaktion CA10) angelegten Text auswählen, der dann in das Feld BEZEICHNUNG übernommen wird. Vorlagenschlüssel können auch bereits der Ressource auf dem Reiter VORSCHLAGSWERTE zugeordnet werden (siehe Abschnitt 2.2.2, »Ressourcenstamm anlegen«.

Für die Anlage einer Phase zum Vorgang setzen Sie in der nächsten Zeile das PHASENKENNZEICHEN und drücken anschließend die Taste ↵ (siehe Abbildung 2.36).

Abbildung 2.36 Anlage einer Phase zum Vorgang

Das System ordnet jetzt automatisch dem Feld ÜBERGEORDNETER VORGANG die Vorgangsnummer zu, und die Ressource des Vorgangs wird im Feld RESSOURCE angezeigt. Geben Sie jetzt im Feld BEZEICHNUNG wieder einen Text ein. Markieren Sie die Phase, und klicken Sie auf den Button (VORGANGSDETAILS). Sie finden den Button im unteren Bereich des Bildschirms.

In den Vorgangsdetails auf dem Reiter VORGABEWERTE geben Sie jetzt die Werte für die Dauer ein (siehe Abbildung 2.37). Die von Ihnen eingegebenen Werte werden, abhängig vom gewählten STEUERSCHLÜSSEL, für die Terminierung und Berechnung der Kapazitätsbedarfe verwendet.

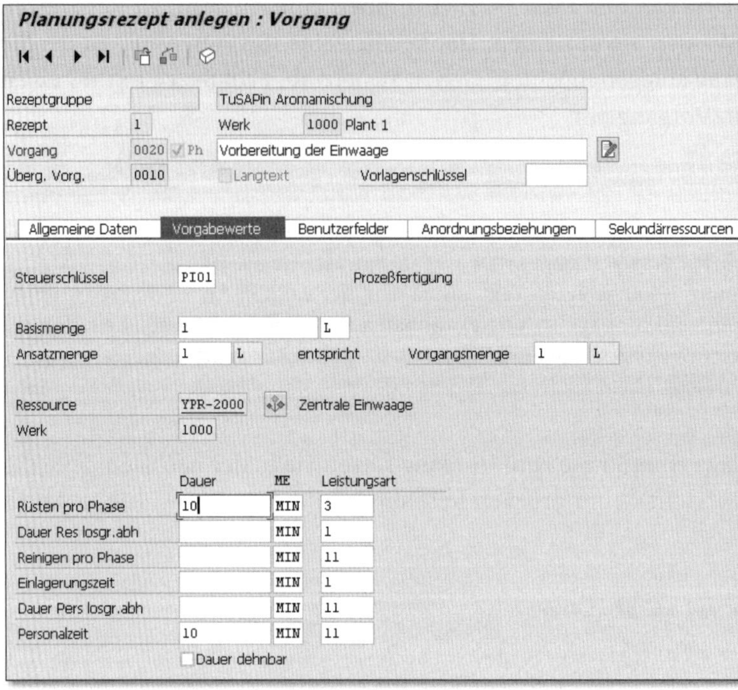

Abbildung 2.37 Vorgabewerte zur Phase

Nach der Eingabe der Vorgabewerte klicken Sie auf den Button (ZURÜCK), um wieder auf die Vorgangs- und Phasenübersicht zu gelangen. Wiederholen Sie die Schritte, und legen Sie die für die Herstellung notwendigen Vorgänge und Phasen an (siehe Abbildung 2.38).

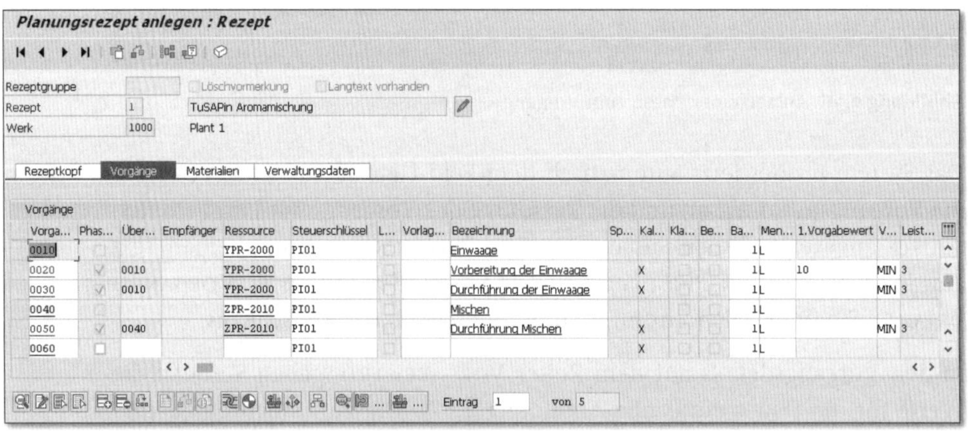

Abbildung 2.38 Vorgangs- und Phasenübersicht

Bei der Anlage eines Vorgangs oder einer Phase wird automatisch der Steuerschlüssel PI01 (Prozessfertigung) auf Basis des bei der Anlage ausgewählten Profils zugeordnet. Mehr Informationen zum Profil erhalten Sie in Abschnitt 2.4, »Struktur und Pflege von Planungsrezepten«.

Vorbelegung des Steuerschlüssels [«]

Der Steuerschlüssel kann in der Ressource auf dem Reiter VORSCHLAGSWERTE im Feld STEUERSCHLÜSSEL vorgegeben werden. Weitere Informationen finden Sie in Abschnitt 2.2.2, »Ressourcenstamm anlegen«.Ressourcenstamm anlegen.

Die Auswahl des Steuerschlüssels ist entscheidend dafür, welche Vorgänge zum Vorgang und zur Phase im Prozessauftrag ausgeführt werden. Zur Anzeige der Detailinformationen platzieren Sie den Cursor auf dem Feld STEUERSCHLÜSSEL und drücken die Taste F4. Es öffnet sich ein neues Fenster, in dem Sie im Bereich ÜBERSICHT einen Steuerschlüssel auswählen können. Über den Balken am rechten Rand können Sie durch die vorhandenen Steuerschlüssel scrollen. Klicken sie jetzt auf den Button DETAILINFO, um die Detailinformationen des Steuerschlüssels anzeigen zu lassen (siehe Abbildung 2.39).

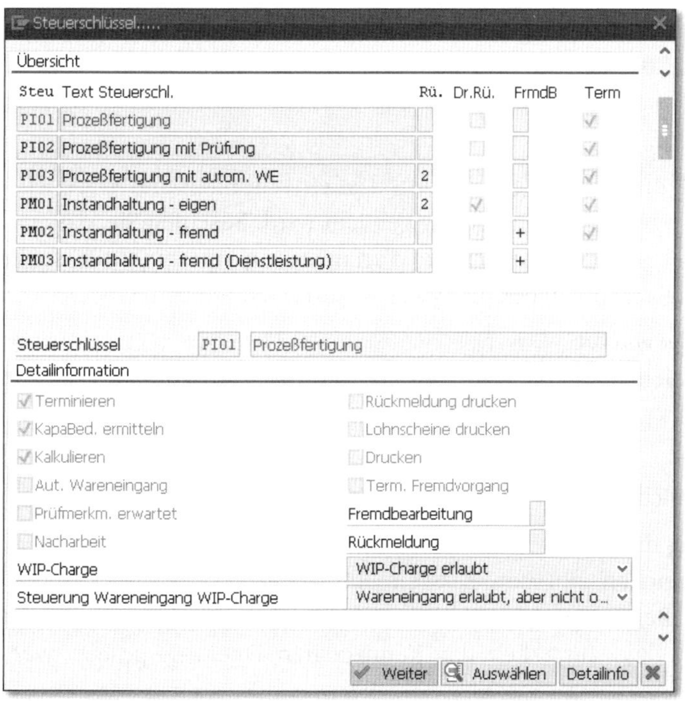

Abbildung 2.39 Detailinformationen zum Steuerschlüssel

Steuerschlüssel definieren Sie im Customizing über den IMG-Pfad PRODUKTIONSPLANUNG PROZESSINDUSTRIE • STAMMDATEN • PLANUNGSREZEPT • DATEN FÜR VORGÄNGE UND PHASEN • STEUERSCHLÜSSEL DEFINIEREN (Transaktion SPRO). Über den Steuerschlüssel geben Sie vor, welche Funktionen zum Vorgang und zur Phase vom System ausgeführt werden. Anbei eine Übersicht der einzelnen Funktionen:

- **Terminieren**
  Wenn Sie dieses Kennzeichen aktivieren, legen Sie fest, dass die dem Steuerschlüssel zugeordnete Phase relevant für die Terminierung ist. Bei der Terminierung wird der Phasenstart- und -endtermin auf Basis der in der Phase hinterlegten Vorgabewerte und der zur Ressource hinterlegten Formeln auf dem Reiter TERMINIERUNG vom System berechnet. Bei Vorgängen wird dieses Kennzeichen ignoriert.
- **KapaBed. ermitteln**
  Wenn Sie dieses Kennzeichen aktivieren, werden Kapazitätsbedarfe ermittelt. Die Berechnung der Kapazitätsbedarfe erfolgt auf Grundlage der Vorgabewerte und der in der Ressource hinterlegten Formeln auf dem Reiter KAPAZITÄTEN. Bei Vorgängen wird dieses Kennzeichen ignoriert.
- **Kalkulieren**
  Mit diesem Kennzeichen legen Sie fest, dass die dem Steuerschlüssel zugeordnete Phase bei der Kalkulation berücksichtigt wird. Bei Vorgängen wird dieses Kennzeichen ignoriert.
- **Aut. Wareneingang**
  Über dieses Kennzeichen legen Sie fest, dass ein automatischer Wareneingang zur Phase bei der Rückmeldung gebucht wird. Beachten Sie, dass ein Steuerschlüssel mit automatischem Wareneingang nur einer Phase in einem Planungsrezept zugeordnet werden darf.
- **Prüfmerkm. erwartet**
  Dieses Kennzeichen muss gesetzt werden, wenn Sie zum Vorgang oder zur Phase Prüfmerkmale hinterlegen möchten.
- **Nacharbeit**
  Dieses Kennzeichen ist für die Komponente PP-PI nicht relevant.
- **Rückmeldung drucken**
  Dieses Kennzeichen gibt vor, dass ein Rückmeldeschein zur Phase gedruckt wird. Bei Vorgängen wird dieses Kennzeichen ignoriert. Bitte beachten Sie, dass zusätzlich das Kennzeichen DRUCKEN gesetzt werden muss.

- **Lohnscheine drucken**
  Dieses Kennzeichen gibt vor, dass Lohnscheine zum Vorgang und zur Phase gedruckt werden. Bitte beachten Sie, dass zusätzlich das Kennzeichen DRUCKEN aktiviert werden muss.
- **Drucken**
  Dieses Kennzeichen legt fest, dass der dem Vorgang oder der Phase zugeordnete Steuerschlüssel beim Druck der Auftragspapiere berücksichtigt wird.
- **Term. Fremdvorgang**
  Dieses Kennzeichen legt fest, dass Phasen auch dann anhand ihrer Vorgabewerte terminiert werden, wenn sie fremdbearbeitet sind. Fremdbearbeitung bedeutet, dass dieser Fertigungsschritt extern (nicht im eigenen Unternehmen) durchgeführt wird. Für fremdbearbeitete Phasen legt das System automatisch eine Bestellanforderung im Hintergrund an.
- **Fremdbearbeitung**
  Dieses Kennzeichen legt fest, dass die dem Steuerschlüssel zugeordneten Phasen fremdbearbeitet werden können oder müssen. Sie können zwischen »+« (Fremdbearbeiteter Vorgang) oder »X« (Eigenbearbeiteter Vorgang/Fremdbearbeitung möglich) auswählen. Bei Vorgängen wird dieses Kennzeichen ignoriert.
- **Rückmeldung**
  Dieses Kennzeichen legt fest, ob die dem Steuerschlüssel zugeordnete Phase für die Rückmeldung vorgesehen ist. Sie können außerdem festlegen, dass eine Meilensteinrückmeldung ausgeführt wird. Meilensteinrückmeldungen melden alle vorherigen Phasen automatisch zurück. Folgende Auswahlmöglichkeiten haben Sie:
  - 1 – (Meilensteinrückmeldung)
  - 2 – (Rückmeldung vorgesehen)
  - 3 – (Rückmeldung möglich)

  Bei Vorgängen wird dieses Kennzeichen ignoriert.
- **WIP-Charge**
  Sie können über dieses Kennzeichen steuern, ob bei der Rückmeldung WIP-Chargen angelegt werden können oder müssen oder ob es nicht erlaubt ist, WIP-Chargen anzulegen. Die WIP-Charge ist eine Charge, die Sie zum Fertigungsauftrag und zum Prozessauftrag anlegen können, um

die Eigenschaften eines Materials während des Fertigungsprozesses zu dokumentieren. Sie stellt außerdem eine Verbindung zwischen den Einsatz- und Wareneingangschargen her.

- **Steuerung Wareneingang WIP-Charge**
  Mit dieser Einstellung wird das Verhalten des Kennzeichens WIP-CHARGE gesteuert. Das Kennzeichen wird für WIP-Chargen innerhalb der Rückmeldung angezeigt. Sie haben folgende Auswahlmöglichkeiten:
  - 1 – (Wareneingang obligatorisch)
  - 2 – (Wareneingang erwartet, aber nicht obligatorisch)
  - 3 – (Wareneingang nicht erlaubt)

Anhand der vielen Funktionen können Sie erkennen, dass der Steuerschlüssel eine wichtige Rolle bei der Prozessauftragsbearbeitung spielt.

Anordnungsbeziehungen

Anordnungsbeziehungen legen die zeitliche Abfolge der Phasen im Planungsrezept fest und sind die Grundlage für die Phasenterminierung. Über *rezeptübergreifende Anordnungsbeziehungen* können Sie Rezepte miteinander verbinden.

[»] **Rezeptübergreifende Anordnungsbeziehungen**

Rezeptübergreifende Anordnungsbeziehungen können nur zwischen Rezepten unterschiedlicher Rezeptgruppen angelegt werden.

Über verschiedene Arten von Anordnungsbeziehungen und den Zeitabstand können Phasen nach der Anlage von Anordnungsbeziehungen sequenziell, parallel oder überlappend ausgeführt werden. Sie können Anordnungsbeziehungen über die Bearbeitungsfunktionen der Vorgangs- und Phasenübersicht (siehe Tabelle 2.2) oder über den grafischen Editor bearbeiten.

Wir stellen Ihnen nun die Bearbeitung der Anordnungsbeziehungen über den grafischen Editor vor. Navigieren Sie auf die Vorgangs- und Phasenübersicht des Planungsrezepts, und klicken Sie auf den Button (VORGANGSGRAFIK). Es wird Ihnen jetzt eine Übersicht der im Planungsrezept angelegten Vorgänge und Phasen angezeigt (siehe Abbildung 2.40).

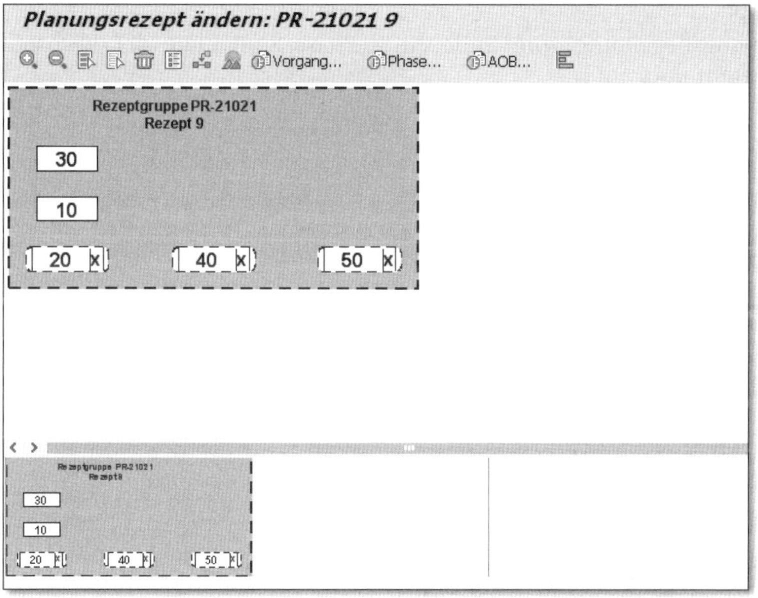

Abbildung 2.40 Vorgangsgrafik

Klicken Sie auf den Button (VERBINDEN). Jetzt wird der Cursor im Darstellungsbereich als Stift dargestellt. Verbinden Sie nun die Phasen miteinander. Folgende Verknüpfungen können Sie anlegen:

- **Normalfolge**
  Anordnungsbeziehung vom Ende einer Phase zum Anfang der nächsten (siehe Abbildung 2.41).

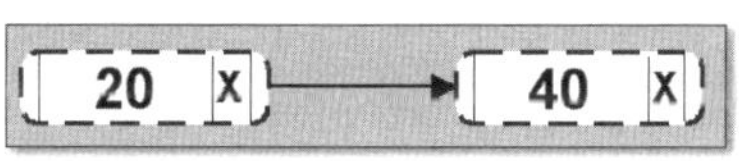

Abbildung 2.41 Normalfolge

- **Anfangsfolge**
  Anordnungsbeziehung vom Anfang einer Phase zum Anfang der nächsten (siehe Abbildung 2.42).

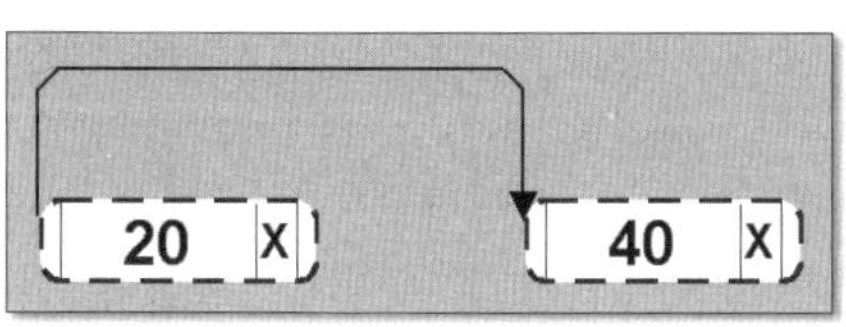

Abbildung 2.42 Anfangsfolge

- **Endfolge**
  Anordnungsbeziehung vom Ende einer Phase zum Ende der nächsten (siehe Abbildung 2.43).

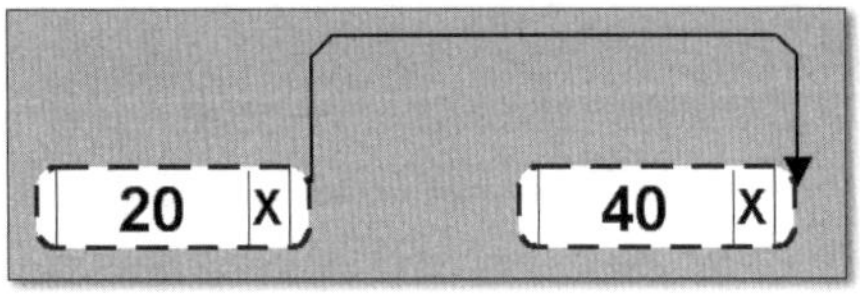

Abbildung 2.43 Endfolge

- **Sprungfolge**
  Anordnungsbeziehung vom Anfang einer Phase zum Ende der nächsten (siehe Abbildung 2.44).

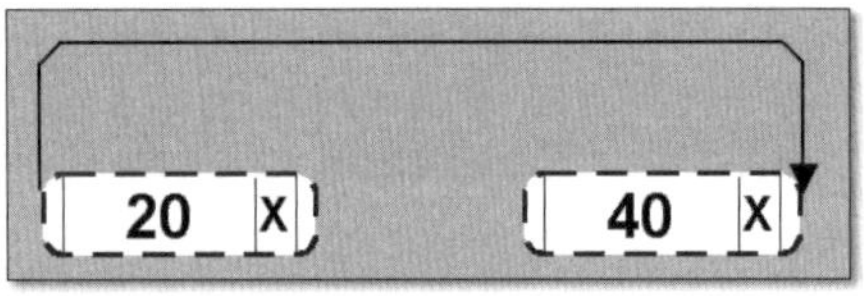

Abbildung 2.44 Sprungfolge

Mit einem Doppelklick auf eine Verbindung gelangen Sie in das Bild zur Eingabe des *Zeitabstands* (siehe Abbildung 2.45). Hier können Sie auch einen Fabrikkalender hinterlegen, der für die Terminierung verwendet wird. Tragen Sie in das Feld MINIMUM den gewünschten Zeitabstand ein. Mit negativen Werten können Sie Überlappungen erzeugen, mit positiven Wartezeiten. Das Feld MAXIMUM wird nur von SAP APO ausgewertet.

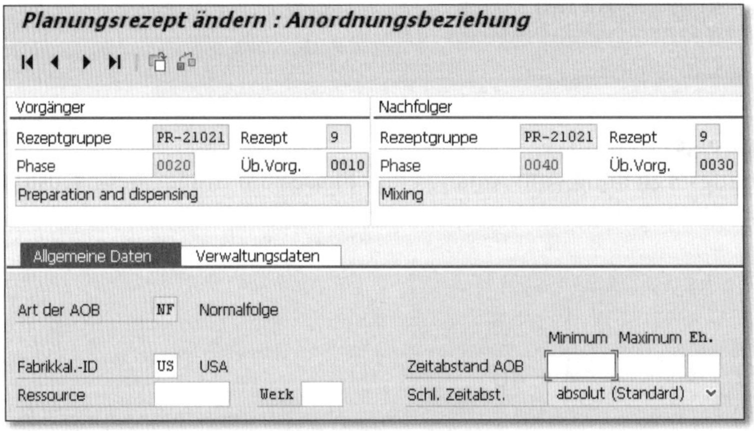

Abbildung 2.45 Details zur Anordnungsbeziehung

Zum Löschen markieren Sie eine Verbindung und drücken anschließend den Button (LÖSCHEN). Über den Button (AUSRICHTEN) können Sie die Verknüpfungen vom System automatisch ausrichten lassen. Zur Überprüfung Ihrer Anordnungsbeziehungen können Sie eine Rezeptterminierung durchführen. Navigieren Sie dazu zurück in die Vorgangs- und Phasenübersicht. Klicken Sie auf den Button (REZEPT TERMINIEREN). Geben Sie eine Losgröße ein, und drücken Sie die Taste [↵]. Ihnen wird jetzt die Terminierungsübersicht angezeigt (siehe Abbildung 2.46). Über den Button (BALKENPLAN) können Sie sich die Übersicht auch grafisch ausgeben lassen.

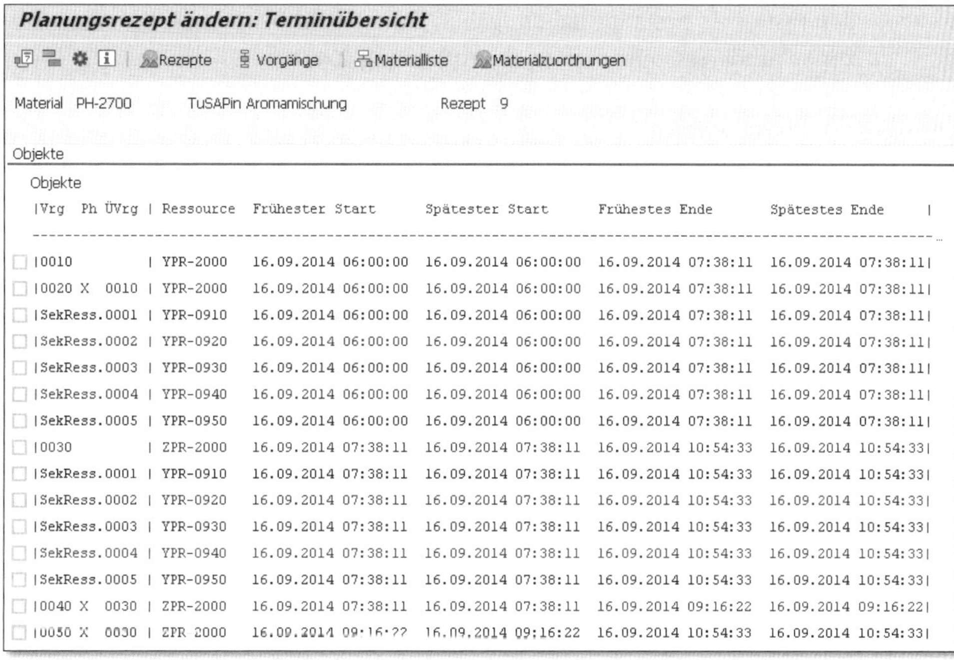
Planungsrezept ändern: Terminübersicht

Rezepte | Vorgänge | Materialliste | Materialzuordnungen

Material PH-2700 TuSAPin Aromamischung Rezept 9

Objekte

Objekte

Vrg	Ph	ÜVrg	Ressource	Frühester Start	Spätester Start	Frühestes Ende	Spätestes Ende
0010			YPR-2000	16.09.2014 06:00:00	16.09.2014 06:00:00	16.09.2014 07:38:11	16.09.2014 07:38:11
0020	X	0010	YPR-2000	16.09.2014 06:00:00	16.09.2014 06:00:00	16.09.2014 07:38:11	16.09.2014 07:38:11
SekRess.0001			YPR-0910	16.09.2014 06:00:00	16.09.2014 06:00:00	16.09.2014 07:38:11	16.09.2014 07:38:11
SekRess.0002			YPR-0920	16.09.2014 06:00:00	16.09.2014 06:00:00	16.09.2014 07:38:11	16.09.2014 07:38:11
SekRess.0003			YPR-0930	16.09.2014 06:00:00	16.09.2014 06:00:00	16.09.2014 07:38:11	16.09.2014 07:38:11
SekRess.0004			YPR-0940	16.09.2014 06:00:00	16.09.2014 06:00:00	16.09.2014 07:38:11	16.09.2014 07:38:11
SekRess.0005			YPR-0950	16.09.2014 06:00:00	16.09.2014 06:00:00	16.09.2014 07:38:11	16.09.2014 07:38:11
0030			ZPR-2000	16.09.2014 07:38:11	16.09.2014 07:38:11	16.09.2014 10:54:33	16.09.2014 10:54:33
SekRess.0001			YPR-0910	16.09.2014 07:38:11	16.09.2014 07:38:11	16.09.2014 10:54:33	16.09.2014 10:54:33
SekRess.0002			YPR-0920	16.09.2014 07:38:11	16.09.2014 07:38:11	16.09.2014 10:54:33	16.09.2014 10:54:33
SekRess.0003			YPR-0930	16.09.2014 07:38:11	16.09.2014 07:38:11	16.09.2014 10:54:33	16.09.2014 10:54:33
SekRess.0004			YPR-0940	16.09.2014 07:38:11	16.09.2014 07:38:11	16.09.2014 10:54:33	16.09.2014 10:54:33
SekRess.0005			YPR-0950	16.09.2014 07:38:11	16.09.2014 07:38:11	16.09.2014 10:54:33	16.09.2014 10:54:33
0040	X	0030	ZPR-2000	16.09.2014 07:38:11	16.09.2014 07:38:11	16.09.2014 09:16:22	16.09.2014 09:16:22
0050	X	0030	ZPR-2000	16.09.2014 09:16:22	16.09.2014 09:16:22	16.09.2014 10:54:33	16.09.2014 10:54:33

Abbildung 2.46 Terminierungsübersicht im Planungsrezept

Sekundärressourcen

Über *Sekundärressourcen* können Sie festlegen, welche zusätzlichen Leistungen zur Primärressource beim Ausführen eines Vorgangs oder einer Phase erbracht werden sollen. Über die Sekundärressource können Sie z. B. die Leistung eines Anlagenfahrers oder eines zusätzlich benötigten Produktionsmittels definieren. Grundsätzlich unterscheidet man zwischen eigen- und fremdbearbeiteten Sekundärressourcen. Eine fremdbearbeitete Sekundärressource könnte z. B. ein externes Labor sein.

Für die Zuordnung einer Sekundärressource navigieren Sie in die Vorgangs- und Phasenübersicht des Planungsrezepts auf dem Reiter VORGÄNGE. Markieren Sie den Vorgang oder die Phase, dem bzw. der Sie eine Sekundärressource zuordnen möchten. Drücken Sie jetzt den Button (SEKUNDÄRRESSOURCE). Anschließend wird der Reiter SEKUNDÄRRESSOURCEN angezeigt. Geben Sie jetzt in das Feld POSITION SEKUNDÄRRESSOURCE eine vierstellige Zahl zur Nummerierung der Sekundärressourcen ein. Platzieren Sie den Cursor im Feld RESSOURCE, und drücken Sie die Taste [F4]. Ihnen wird jetzt die Suchhilfe angezeigt, in der Sie über verschiedene Selektionskriterien eine Ressource auswählen können. Nachdem Sie die Auswahl einer Ressource mit der Taste [↵] bestätigt haben, geben Sie im Feld BESCHREIBUNG einen Text zur Sekundärressource ein (siehe Abbildung 2.47).

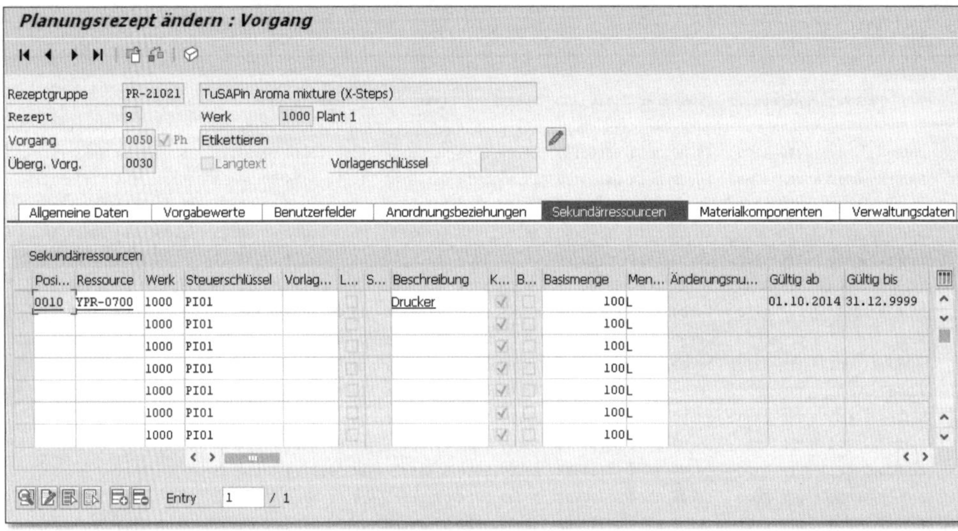

Abbildung 2.47 Zuordnung einer Sekundärressource

Passen Sie gegebenenfalls den Steuerschlüssel an, und hinterlegen Sie auf der Detailsicht zur Sekundärressource Vorgabewerte, die für Terminierung, Kapazitätsbedarfsermittlung und Berechnung der Kosten verwendet werden. Auf die Detailsicht zur Sekundärressource gelangen Sie mit einem Klick auf den Button (DETAIL ZUR SEKUNDÄRRESSOURCE, siehe Abbildung 2.48).

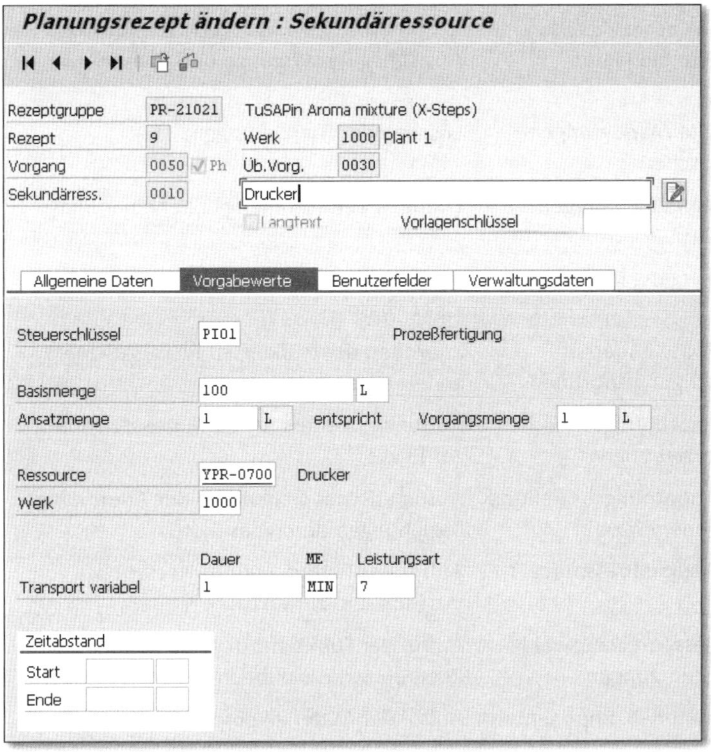

Abbildung 2.48 Vorgabewerte zur Sekundärressource

Im Bereich ZEITABSTAND können Sie vorgeben, wann die Sekundärressource im Bezug zur Primärressource benötigt wird. Nach der Zuordnung der Sekundärressourcen navigieren Sie wieder zurück zur Vorgangs- und Phasenübersicht auf dem Reiter VORGÄNGE.

Weitere Bearbeitungsfunktionen

In diesem Abschnitt finden Sie eine Übersicht der bereits erklärten und weiteren Bearbeitungsfunktionen des Reiters VORGÄNGE im Planungsrezept (siehe Tabelle 2.2).

Button	Funktion	Bearbeitungsfunktion
	Vorgangsdetails	Aufruf der Vorgangs- und Phasendetails
	Text	Anlegen eines Langtextes zum Vorgang oder zur Phase

Tabelle 2.2 Bearbeitungsfunktionen zu Vorgängen und Phasen

Button	Funktion	Bearbeitungsfunktion
	Alle markieren	Auswahl aller Vorgänge und Phasen
	Alle Markierungen löschen	Löschen der Markierungen
	Vorgang einfügen	Einfügen eines Vorgangs oder einer Phase
	Vorgang löschen	Löschen eines markierten Vorgangs oder einer Phase
	Phase anderem Vorgang zuordnen	Zuordnen der markierten Phase zu einem anderen Vorgang
	Anordnungsbeziehungen	Aufruf des Reiters ANORDNUNGSBEZIEHUNGEN zur Phase
	Anordnungsbeziehung generieren	Automatisches Generieren der Anordnungsbeziehungen durch das System
	Sekundärressource	Aufruf des Reiters SEKUNDÄRRESSOURCE zum Vorgang und zur Phase
	Ressourcenauswahlbedingungen	Aufruf der Funktion zur Anlage von Ressourcenauswahlbedingungen
	Materialkomponenten	Aufruf der Materialkomponentenzuordnung
	Prüfmerkmale	Zuordnung von Prüfmerkmalen für fertigungsbegleitende Prüfungen zum Vorgang und zur Phase
...	QM-Daten zum Vorgang	Pflege der QM-Daten zum Vorgang
...	Prüfmittel	Aufruf eines Pop-ups zur Zuordnung von Prüf- und Fertigungshilfsmitteln (Diese Funktion ist nur verfügbar, wenn bei der Anlage des Planungsrezepts das Profil PI01 (Profil für die Prozeßindustrie) ausgewählt wurde.)
	Prozessvorgaben	Zuordnung von Prozessvorgaben zum Vorgang und zur Phase
	Prozessvorgaben prüfen	Aufruf der Konsistenzprüfung für Prozessvorgaben
	Herstellanweisung simulieren	Simulation der Herstellanweisung auf Basis der eingegebenen Prozessvorgaben

Tabelle 2.2 Bearbeitungsfunktionen zu Vorgängen und Phasen (Forts.)

2.4.3 Stücklisten pflegen

In diesem Abschnitt stellen wir Ihnen die Funktionen zur Pflege der *Stückliste* im Planungsrezept vor. Wechseln Sie zum Reiter MATERIALIEN. Welcher Bildschirm nun angezeigt wird, hängt davon ab, ob Sie ein neues Planungsrezept anlegen oder ein bestehendes bearbeiten. Bei der Neuanlage eines Planungsrezepts legen Sie im ersten Schritt die Fertigungsversion an (siehe Abbildung 2.49).

Abbildung 2.49 Anlage der Fertigungsversion aus dem Planungsrezept

Geben Sie in das Feld FERTIGUNGSVERSION einen numerischen oder alphanumerischen Wert ein. Beachten Sie, dass die Stammdatenselektion im Prozessauftrag anhand der Fertigungsversion durchgeführt wird. Wenn Sie mehrere Fertigungsversionen anlegen, verwendet das System die Version mit dem niedrigsten Zähler. Weitere Informationen zur Fertigungsversion finden Sie in Abschnitt 2.3.1, »Fertigungsversionen pflegen«.

Im Feld StücklAlternative und StücklVerwendung geben Sie entweder Werte zur Anlage einer neuen Stückliste oder für eine bestehende Stückliste ein. Die Stücklistenalternative beschreibt die möglichen Varianten für ein Material. Die Stücklistenverwendung wird für die automatische Stücklistenselektion verwendet. Der Standardeintrag ist hier 1 (Fertigung). In unserem Beispiel legen wir eine neue Stückliste an. Klicken Sie jetzt auf den Button . Sie gelangen jetzt auf das Bild Materialstückliste anlegen: Einstieg (siehe Abbildung 2.50).

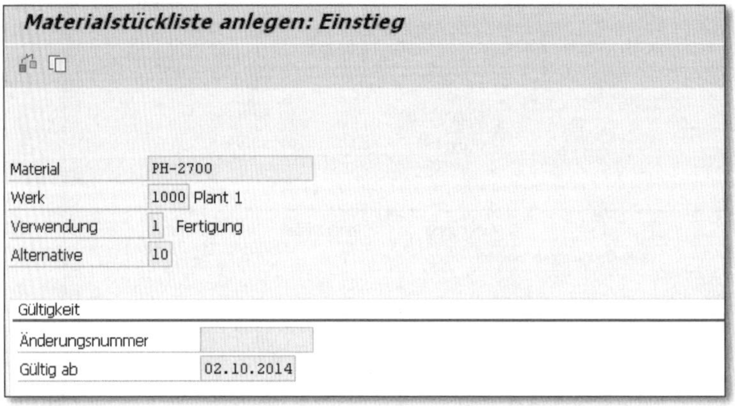

Abbildung 2.50 Materialstückliste anlegen

Drücken Sie die Taste , um die Komponenten der Stückliste einzugeben, oder klicken Sie auf den Button (Vorlage kopieren), um die Komponenten einer bestehenden Stückliste zu übernehmen. In unserem Beispiel geben wir die Komponenten ein (siehe Abbildung 2.51).

Geben Sie im Feld PTp den Positionstyp ein. Der Positionstyp gibt das Objekt und die Art der Komponente vor. Folgende Positionstypen werden in PP-PI verwendet:

- **L (Lagerposition)**
  Dieser Positionstyp wird verwendet, wenn es sich um bestandsgeführtes Material handelt.
- **N (Nichtlagerposition)**
  Dieser Positionstyp wird verwendet, wenn es sich um nicht bestandsgeführtes Material handelt.

- **M (Intramaterial)**
  Dieser Positionstyp wird für Materialien verwendet, die in einem verfahrenstechnischen Prozess temporär in Erscheinung treten. Das Material existiert nur vorübergehend zwischen zwei Prozessschritten.
- **T (Textposition)**
  Dieser Positionstyp wird verwendet, wenn statt eines Materials ein Text eingegeben werden soll.

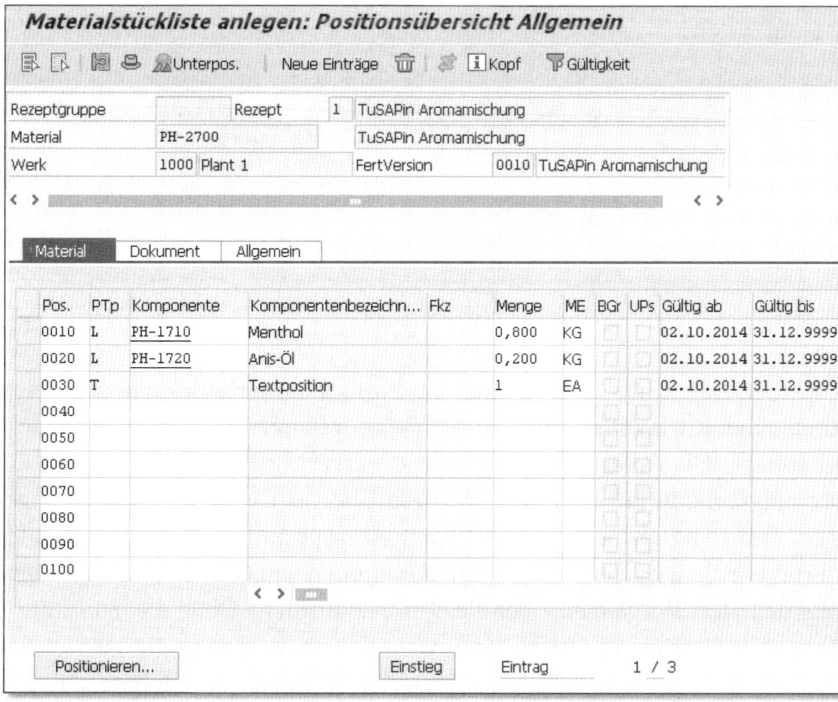

Abbildung 2.51 Positionsübersicht der Materialstückliste

Im Feld MENGE geben Sie die für die Produktion benötigte Menge der Komponente ein. Beachten Sie dabei, dass Sie die Menge im Verhältnis zur Kopfmenge eingeben. In unserem Beispiel in Abbildung 2.51 ist die Kopfmenge 1 L und die Komponentenmengen 0,8 KG und 0,2 KG. Im Prozessauftrag wird die Komponentenmenge auf Basis der Auftragsmenge berechnet, d. h., bei 100 KG wird für die erste Komponente 80 KG und für die zweite 20 KG benötigt. Um die Kopfmenge zu ändern, klicken Sie auf den Button (KOPF) und geben in das Feld BASISMENGEN den gewünschten Wert ein. Nach Eingabe aller Komponenten klicken Sie auf den Button (ZURÜCK), um zum Reiter MATERIALIEN des Planungsrezepts zurückzukehren (siehe Abbildung 2.52).

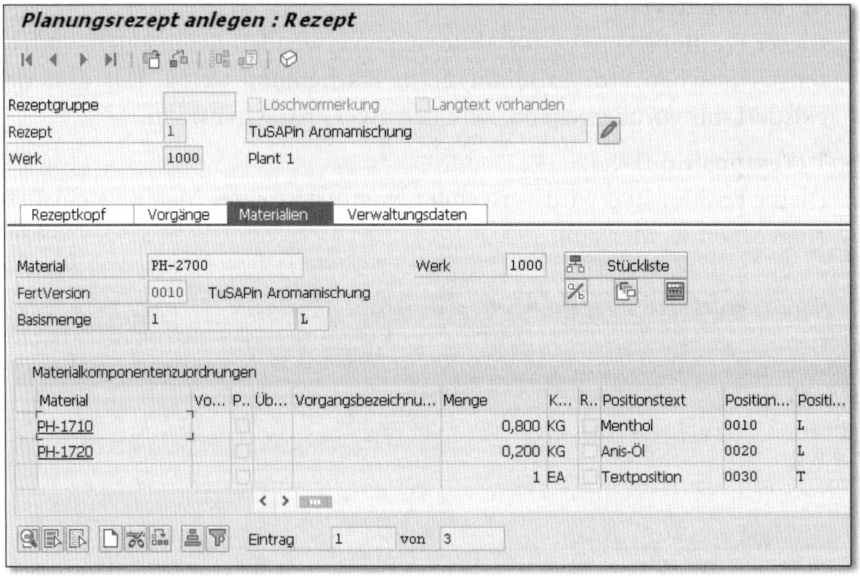

Abbildung 2.52 Materialübersicht im Planungsrezept

Es werden Ihnen hier noch einmal die Positionen der Stückliste angezeigt. Durch einen Klick auf den Button Stückliste gelangen Sie zurück zur Stücklistenpflege. Über den Button (FERTIGUNGSVERSION) können Sie sich die Fertigungsversion anzeigen lassen. Diese Übersicht wird Ihnen auch angezeigt, wenn Sie ein bestehendes Planungsrezept ändern. Im unteren Bildschirmbereich werden Ihnen noch Funktionen angeboten, um die Komponenten den Vorgängen oder Phasen zuzuordnen. Über die Zuordnung können Sie bestimmen, wann bzw. zu welchem Vorgang oder zu welcher Phase die Bereitstellung und Entnahme der Komponente erfolgen soll. Die Komponentenzuordnungen werden bei der Verfügbarkeitsprüfung bzw. der Materialreservierung im Auftrag sowie bei der Kalkulation berücksichtigt. Um eine Komponente zuzuordnen, markieren Sie die Zeile und klicken dann auf den Button (ZUORDNUNG ANLEGEN). Ihnen wird das folgende Popup angezeigt (siehe Abbildung 2.53).

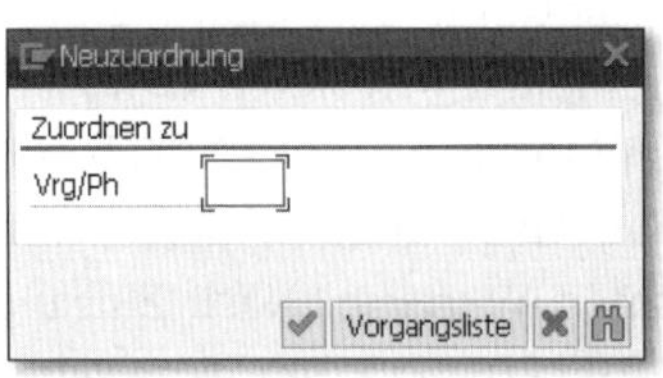

Abbildung 2.53 Zuordnung von Materialkomponenten

Geben Sie in das Feld VRG/PH die Nummer des Vorgangs oder der Phase ein. Alternativ können Sie die Zuordnung über die Vorgangsliste vornehmen. Klicken Sie dazu auf den Button VORGANGSLISTE. Abschließend wird ein weiteres Pop-up mit der Vorgangs- und Phasenstruktur zur Auswahl angeboten (siehe Abbildung 2.54).

Abbildung 2.54 Vorgangsliste zur Materialkomponentenzuordnung

Wählen Sie einen Vorgang oder eine Phase aus, und drücken Sie für die Übernahmen die Taste [↵].

Sie haben jetzt gelernt, wie Sie dem Planungsrezept Materialkomponenten zuordnen können. Im nächsten Abschnitt stellen wir Ihnen die Materialmengenberechnung vor.

2.4.4 Materialmengenberechnung

In der Prozessfertigung haben Sie die Möglichkeit, anhand von Formeln eine Materialmengenberechnung im Planungsrezept zu definieren. Damit können Sie die Mengen und somit die Mischungsverhältnisse der Einsatzstoffe und der zu erwartenden Ausbeute abhängig von Mengen und Eigenschaften der eingesetzten Chargen im Prozessauftrag neu berechnen. Dabei spielt der Einsatz von Chargen und ihren Merkmalsbewertungen eine entscheidende Rolle.

In der Materialmengenberechnung im Planungsrezept definieren Sie Formeln, für die neben Mengenangaben zudem Bewertungen der Chargenmerkmale wie Gehalt oder Konzentration herangezogen werden können. Dazu navigieren Sie mit Transaktion C202 (Planungsrezept ändern) in die Materialliste, indem Sie im Rezept auf den Reiter MATERIALIEN klicken. Wie in Abbildung 2.55 dargestellt, sehen Sie hier eine Übersicht aller in der Stückliste enthaltenen Materialien zur Produktion des Materials Paint, yellow (Material CH-3100), den Wirkstoff Additiv BG99 (Material CH-1020), Lösungsmittel (Qualität A) (Material CH-1430), Pigment, yellow (Material CH-1441), Lösungsmittel (Qualität B) (Material CH-7100) und Acrylharz (Material CH-1010).

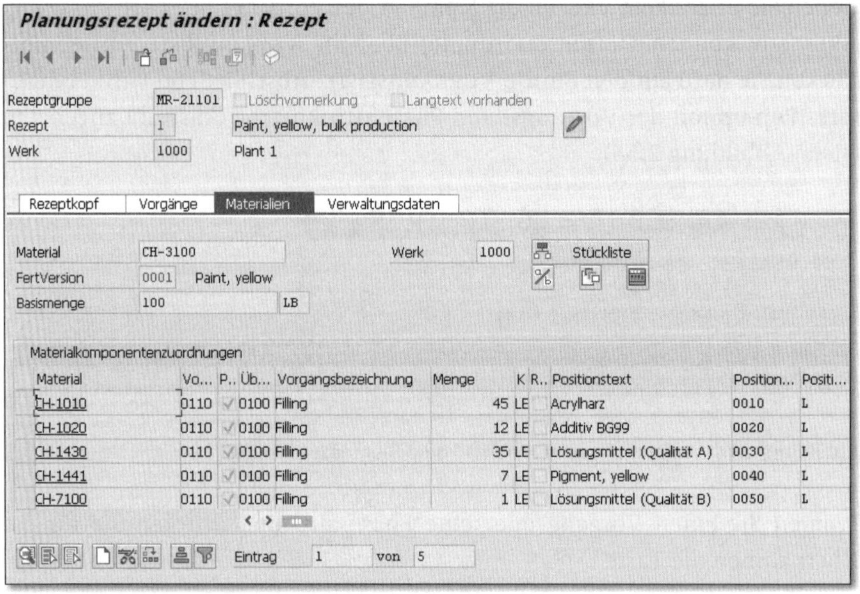

Abbildung 2.55 Übersicht der Materialkomponenten

Hier klicken Sie nun auf den Button (Materialmengenberechnung), um in den Dialog der Materialmengenberechnung zu verzweigen, wie in Abbildung 2.56 gezeigt.

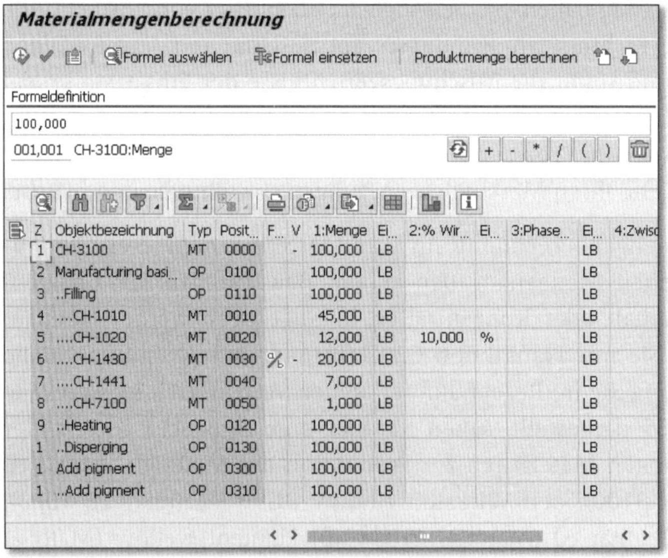

Abbildung 2.56 Materialmengenberechnung

Sie sehen hier zu jedem Objekt eine Zeile und können nun die jeweilige Mengenangabe über eine Formel, die Sie in Spalte 1:MENGE hinterlegen, berechnen lassen. Ein Objekt kann vom Typ Material (MT in der Spalte TYP) sein wie in Zeile 1 (produziertes Material) und in den Zeilen 4 bis 9 (Einsatzkomponenten). Sie können darüber hinaus auch die Vorgangs- und Phasenmengen, die in der Spalte TYP mit OP gekennzeichnet sind, über eine Formel neu berechnen, wie in der Zeile 2 (Vorgang 0100) und 3 (Phase 0110). Zusätzlich wird in Spalte 2:% WIR... das Merkmal für den Wirkstoffgehalt angezeigt. In Abbildung 2.56 sehen Sie, dass für die Komponente CH-1020 ein Wert von 10 % angezeigt wird. Dieser Wert wurde in der Chargenklassifizierung des Materials CH-1020 hinterlegt (siehe Abbildung 2.57).

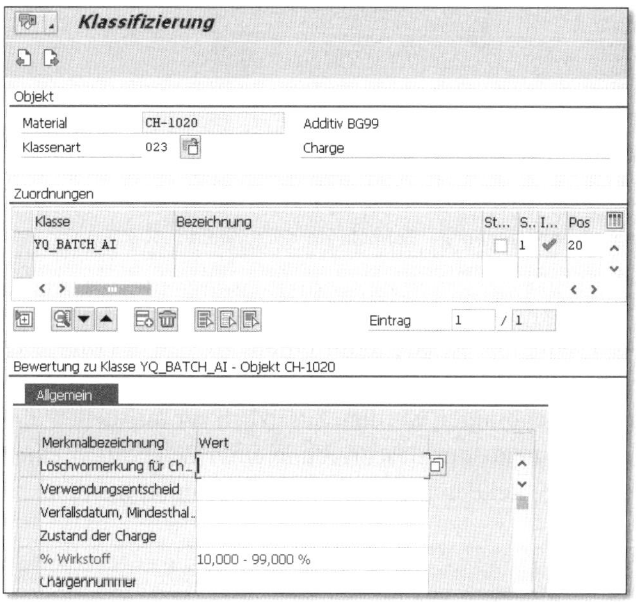

Abbildung 2.57 Chargenklassifizierung des Materials CH-1020

Bei der eigentlichen Berechnung im Prozessauftrag wird der Wert der zugeordneten Charge bzw. Chargen verwendet. In unserem Beispiel sollen für die Komponenten CH-1430 und CH-7100 Formeln zur Berechnung der Menge hinterlegt werden. Dazu wählen Sie eine Zelle in der Spalte 1:MENGE aus und klicken auf den Button Formel auswählen, um dann im Feld FORMELDEFINITION eine Formel zur Berechnung dieses Wertes einzugeben.

Im Beispiel in Abbildung 2.58 soll die einzusetzende Menge des Materials CH-7100 (Lösungsmittel (Qualität B)) durch Subtraktion der Komponenten CH-1010 (Acrylharz), CH-1020 (Additiv BG99), CH-1430 (Lösungsmittel

(Qualität A)) und CH-1441 (Pigment, yellow) von der zu produzierenden Menge berechnet werden.

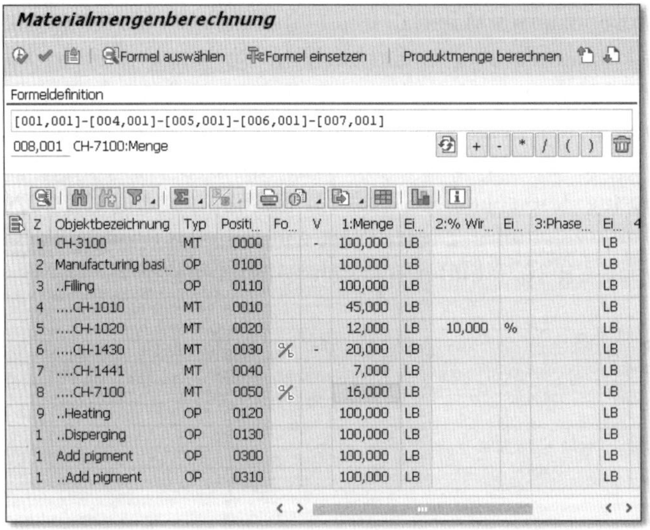

Abbildung 2.58 Materialmengenberechnung – Formeln zur Komponente CH-7100

Dieses Formelelement [001,001] beschreibt den Zelleninhalt der Zelle in Zeile 1 und Spalte 1 und stellt hier die zu produzierende Menge des Materials CH-3100 dar, in diesem Fall 100 LB. Über diese Logik können die Formelelemente in die Formel aufgenommen werden. Zusätzlich zur manuellen Eingabe können die Formelelemente zur Beschreibung einer Zelle durch einen Doppelklick auf die jeweilige Zelle in die Formel aufgenommen werden.

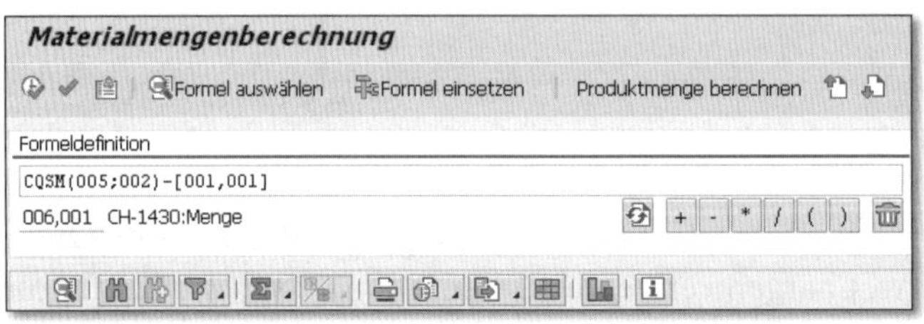

Abbildung 2.59 Materialmengenberechnung – Formeln zur Komponente CH-1430

In unserem zweiten Beispiel (Zeile 6) (siehe Abbildung 2.59) erfolgt die Berechnung der Komponente CH-1430 (Lösungsmittel (Qualität A)) unter Berücksichtigung des Wirkstoffgehalts von Komponente CH-1020 (Additiv BG99). Da der Wirkstoffgehalt der Chargen zur Komponente CH-1020 (Additiv BG99) schwankt, müssen Sie entsprechend den eingesetzten Chargen mehr oder weniger der Komponente CH-1430 (Lösungsmittel (Qualität A)) hinzufügen. Sie berechnen somit die erforderliche Menge an Lösungsmittel (Qualität A), indem Sie die eingesetzte Menge des Wirkstoffs in LB von der zu produzierenden Gesamtmenge 100 LB abziehen. Die Umsetzung dieser Berechnung in eine Formel der Materialmengenberechnung lautet CQSM(005;002)-[001,001]. Die einzelnen Elemente der Formel haben dabei folgende Bedeutung:

- [001,001]: Dieses Formelelement beschreibt den Zelleninhalt der Zelle in Zeile 1 und Spalte 1 und stellt hier die zu produzierende Menge des Materials CH-3100 dar, in diesem Fall 100 LB.
- CQSM(005;002): Diese Funktion liefert als Ergebnis die Quotientensumme der Mengen aus Zeile 5 (Material CH-1020) und den Merkmalswerten aus Spalte 2 (Merkmal Wirkstoff). Damit wird über alle eingesetzten Chargen des Materials CH-1020 die jeweilige Menge in LB durch den Wirkstoffgehalt dividiert und daraus die Summe gebildet.

Mithilfe der Funktion CQSM können Sie in diesem Fall auf Basis der Angaben der Chargenmengen in LAI (LB Wirkstoff) und des Wirkstoffgehalts jeder Charge in Prozent die eingesetzte gesamte physische Menge des Wirkstoffmaterials in LB oder einer anderen Maßeinheit berechnen.

Materialmengenberechnung mit Bildung der Quotientensumme der eingesetzten Chargen [zB]

Falls Sie 3 LAI einer Charge einsetzen, die einen Wirkstoffgehalt von 5 % besitzt, lässt sich die eingesetzte physische Menge in LB folgendermaßen berechnen: physische Menge in LB = enthaltene Wirkstoffmenge in LAI ÷ (Wirkstoffgehalt in % ÷ 100). Falls nun 3 LAI einer Charge mit einem Wirkstoffgehalt von 10 % eingesetzt werden, entspricht dies einer physischen Menge von 120 LB.

2.4.5 Planungsrezepte löschen und archivieren

Ihnen stehen verschiedene Möglichkeiten für das Löschen und Archivieren von Planungsrezepten zur Verfügung. Zum einen können Sie die Transaktion C202 (Planungsrezept ändern) aufrufen und dann im Menü SPRINGEN • REZEPTE auswählen. Sie gelangen jetzt in die Rezeptgruppenübersicht. Klicken Sie jetzt auf den Button (LÖSCHEN). Die gelöschten Planungsrezepte sind anschließend physisch noch auf der Datenbank vorhanden, erhalten dort jedoch das interne Online-Löschkennzeichen. Dieses Kennzeichen können Sie nicht mehr zurücknehmen. Die Rezepte werden beim nächsten Archivierungslauf mit Löschprogramm auch physisch von der Datenbank gelöscht.

Eine andere Möglichkeit bietet Ihnen die Transaktion C298 (Ohne Archivierung). Mit dieser Transaktion löschen Sie Planungsrezepte physisch von der Datenbank. Sie können die Transaktion über den Menüpfad LOGISTIK • PRODUKTION PROZESS • STAMMDATEN • PLANUNGSREZEPTE • REZEPT UND MATERIALLISTE • LÖSCHEN VON REZEPTEN • OHNE ARCHIVIERUNG aufrufen. Das Programm starten Sie als Hintergrund-Job. Als Kriterium für die Rezeptselektion können Sie u. a. die Löschvormerkung angeben, die Sie im Rezeptkopf setzen können (siehe Abbildung 2.60). Die Löschvormerkung ist jedoch keine notwendige Voraussetzung dafür, dass ein Rezept gelöscht werden kann. Bitte beachten Sie, dass Sie Löschvormerkungen im Unterschied zum internen Löschkennzeichen jederzeit zurücknehmen können. Rezepte mit internem Löschkennzeichen werden unabhängig davon gelöscht, ob sie eine Löschvormerkung besitzen oder nicht.

Abbildung 2.60 Löschen von Planungsrezepten ohne Archivierung

Für die Archivierung von Planungsrezepten müssen Sie die Transaktion über den Menüpfad LOGISTIK • PRODUKTION PROZESS • STAMMDATEN • PLANUNGSREZEPTE • REZEPT UND MATERIALLISTE • LÖSCHEN VON REZEPTEN • MIT ARCHIVIERUNG (Transaktion C299) aufrufen.

2.4.6 Sonderthemen

In diesem Abschnitt stellen wir Ihnen zwei weitere interessante Themen zum Thema Planungsrezepte vor. Zunächst zeigen wir Ihnen, wie Sie ein Planungsrezept mit der Komponente Änderungsdienst ändern können. Die Verwendung des Änderungsdienstes ist eine Voraussetzung, um die Funktion *Genehmigungspflichtige Prozessaufträge* zu nutzen. Mit dieser Funktion können Sie sicherstellen, dass nur Planrezepte für die Prozessauftragsanlage verwendet werden, die vorher genehmigt wurden. Liegt keine genehmigte Version vor, so muss eine Einzelgenehmigung durchgeführt werden. Anschließend erklären wir Ihnen, wie Sie das Planungsrezept für die Kuppelproduktion pflegen müssen. Bei der Kuppelproduktion werden mit einem Prozessauftrag zwei Produkte hergestellt: das Hauptprodukt und das Kuppelprodukt.

Änderungsdienst und Rezeptgenehmigung

Die Anforderung, Planungsrezepte vor der Verwendung zu genehmigen, kommt hauptsächlich aus der regulierten Produktion und wird z. B. in den GMP-Richtlinien (Good Manufacturing Practices) gefordert. Im Planungsrezeptkopf können Sie im Feld Änderungsvorschrift einstellen, welche Regel angewendet werden soll (siehe Abbildung 2.61).

Abbildung 2.61 Änderungsvorschrift im Planungsrezeptkopf

Es stehen Ihnen folgende Möglichkeiten zur Auswahl:

- **Ohne Änderungsnummer**
  Mit dieser Option ändern Sie vorhandene Änderungsstände eines Rezeptobjekts (z. B. Vorgang, Anordnungsbeziehung), ohne ihre Gültigkeit zu verändern. Es wird dabei kein neuer Änderungsstand erzeugt. Änderungen an einzelnen Rezeptfeldern werden bei entsprechender Systemeinstellung in Form von Änderungsbelegen dokumentiert. Diese Einstellung kann nicht verwendet werden, wenn Sie die Funktion *Genehmigungspflichtige Prozessaufträge* nutzen möchten.
- **1 – mit Änderungsnummer**
  Mit dieser Funktion legen Sie zu allen geänderten Rezeptobjekten einen neuen Änderungsstand an, d. h., der Zustand vor der Änderung bleibt als eigener Änderungsstand erhalten. Das Gültig-ab-Datum der neuen Änderungsstände legen Sie zentral über einen Änderungsstammsatz fest, der in der ERP-Komponente LO-ECH (Änderungsverwaltung) angelegt werden muss. Diese Regel kann nicht verwendet werden, wenn Sie die Funktion *Genehmigungspflichtige Prozessaufträge* nutzen möchten.
- **2 – mit Änderungsauftrag (ohne Änderungsrat)** und **3 – mit Änderungsauftrag (mit Änderungsrat)**
  Änderungsaufträge erweitern die Funktionalität der Änderungsstammsätze um ein ausführliches Genehmigungsverfahren. Im Änderungsstammsatz werden mehrere Genehmigungsstufen durchlaufen. Über die Änderungsart können zusätzlich verschiedene Status definiert werden, und es steht Ihnen ein SAP-Workflow zur Verfügung, über den die Abarbeitung der Änderungen gesteuert werden kann. Beachten Sie jedoch, dass Stücklisten von Dummy-Baugruppen hierbei nicht berücksichtigt werden.

Bei Verwendung der Änderungsvorschriften 2 oder 3 (mit Änderungsauftrag (mit und ohne Änderungsrat)) muss die Rezeptgruppe, die Sie ändern möchten, im Änderungsauftrag eingegeben werden. Bitte beachten Sie, dass Sie bereits für die Hinterlegung einer Änderungsvorschrift eine Änderungsnummer benötigen. Wenn Sie die Transaktion C202 (Planungsrezept ändern) aufrufen, geben Sie neben der Materialnummer und dem Werk in das Feld ÄNDERUNGSNUMMER die Nummer für die geplante Änderung ein. Nach dem Drücken der Taste [↵] wird das Gültig-ab-Datum in das Feld STICHTAG automatisch übernommen. Das Gültig-ab-Datum wird im Änderungsauftrag eingegeben und gibt das Datum vor, ab dem die Änderung gültig ist (siehe Abbildung 2.62).

Abbildung 2.62 Änderungsstamm

Nach der Einstellung der Änderungsvorschrift im Planungsrezeptkopf (Vorschrift 1, 2 oder 3) sind nur noch Änderungen mit einer Änderungsnummer möglich. Der Änderungsdienst ist eine eigene ERP-Komponente mit vielen weiteren Funktionen. Daher stellen wir Ihnen in diesem Buch nur die in PP-PI relevanten Elemente vor. Beachten Sie bitte auch die Hinweise im Unterabschnitt »Navigation in Stückliste und Planungsrezept« in Abschnitt 2.3.2.

Kuppelprodukte

Mit der *Kuppelproduktion* können zwei oder mehr Produkte mit einem Prozessauftrag und unterschiedlichen Abrechnungen hergestellt werden. Das im Prozess führende Produkt wird als Hauptprodukt bezeichnet, alle anderen werden als *Kuppelprodukt* bezeichnet. Falls keine unterschiedlichen Abrechnungen erfolgen, spricht man von einem Nebenprodukt. Folgende Stammdaten müssen Sie pflegen, um eine Kuppelproduktion mit der Komponente PP-PI durchzuführen:

- **Kennzeichnung des Kuppelprodukts im Materialstamm**
  Für Kuppelprodukte muss im Materialstamm (siehe Abbildung 2.63) mit der Transaktion MM02 auf dem Reiter DISPOSITION 2 das Kennzeichen KUPPELPRODUKT aktiviert werden.

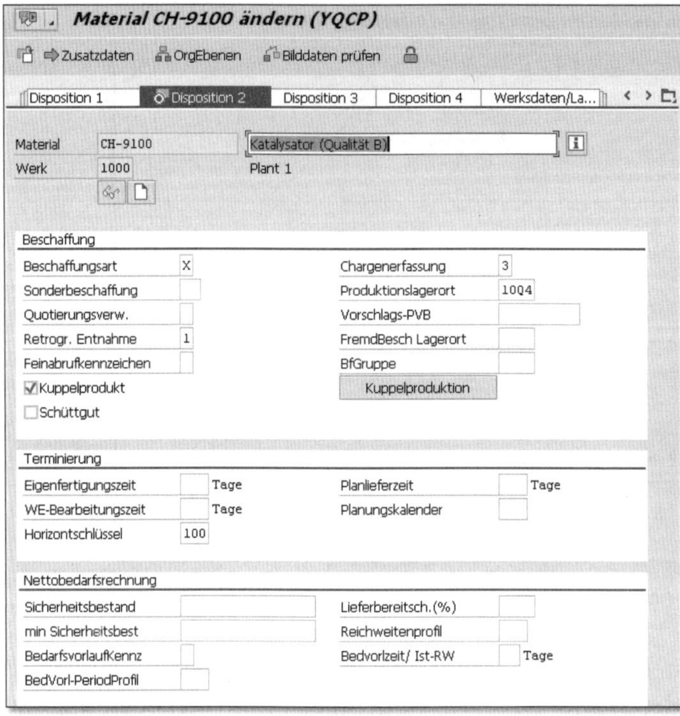

Abbildung 2.63 Kennzeichen »Kuppelprodukt« im Materialstamm

- **Kuppelprodukt als Komponente**
  Kuppelprodukte müssen in der Stückliste des Hauptprodukts mit negativer Menge und Positionstyp L (Lagerposition) vorhanden sein (siehe Abbildung 2.64).

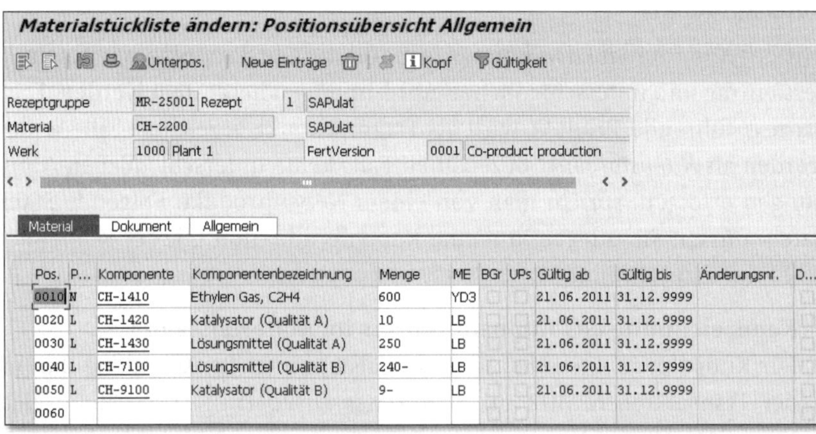

Abbildung 2.64 Stückliste mit Kuppelprodukt

- **Kennzeichen »Kuppelprodukt« in der Stückliste**
  Auf dem Detailbild der Materialkomponente muss das Kennzeichen Kuppelprodukt aktiviert werden. Markieren Sie zum Setzen des Kennzeichens die Stücklistenposition, und klicken Sie auf den Button (Position, siehe Abbildung 2.65).

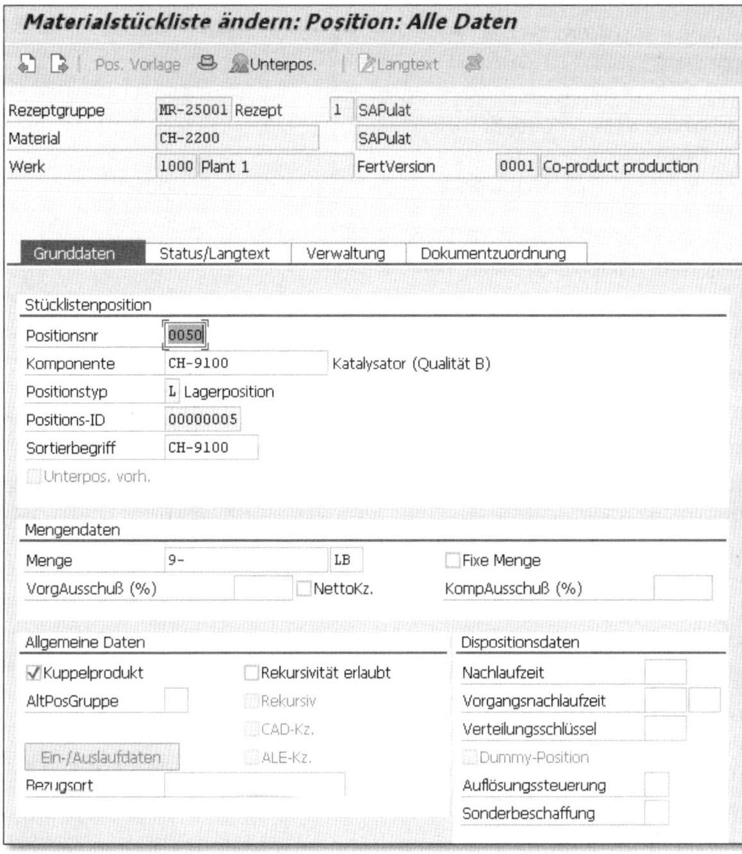

Abbildung 2.65 Kennzeichen »Kuppelprodukt« in der Stücklistenposition

- **Kostenaufteilung im Materialstamm**
  Für die Kostenverteilung auf das Haupt- und Kuppelprodukt müssen Sie im Materialstamm ein *Aufteilungsschema* hinterlegen. Über das Aufteilungsschema wird festgelegt, wie später im Prozessauftrag die Abrechnung der Kosten auf das Hauptprodukt und die Kuppelprodukte erfolgt. Zur Pflege des Aufteilungsschemas rufen Sie die Transaktion MM02 auf und wechseln auf den Reiter Disposition 2. Klicken Sie hier auf den Button Kuppelproduktion. Geben Sie eine Position ein, und drücken Sie anschließend auf

den Button ÄQUIVALENZZIFFERN. Geben Sie jetzt das Hauptprodukt und die Kuppelprodukte ein. Im Feld ÄQU. nehmen Sie jetzt die Aufteilung der Kosten auf die beiden Produkte vor (siehe Abbildung 2.66).

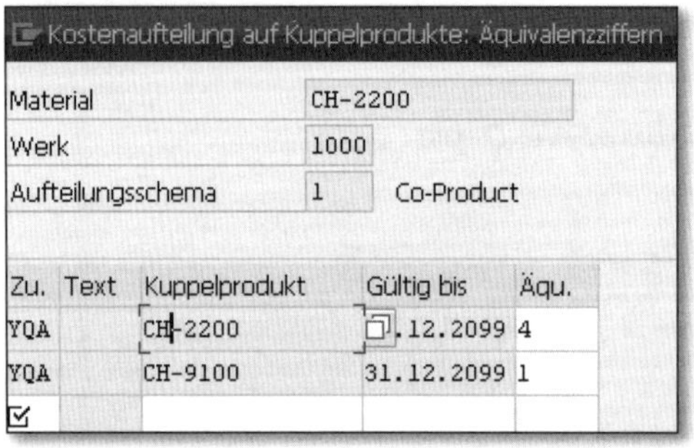

Abbildung 2.66 Äquivalenzziffer im Materialstamm

Durch die Vorgabe dieser Stammdaten wird im Prozessauftrag die Abrechnungsvorschrift automatisch auf Basis der hinterlegten Kostenaufteilung generiert. Die Abrechnungsvorschrift gibt die Regel für die spätere Auftragsabrechnung im Rahmen der Aktivitäten zum Periodenabschluss vor. Bei der Rückmeldung im Rahmen der Prozessauftragsabwicklung werden Ihnen jetzt zusätzlich zum Hauptprodukt auch die Kuppelprodukte als Warenzugangsbuchungen vorgeschlagen. Weitere Informationen zum Wareneingang erhalten Sie in Abschnitt 3.8.3, »Wareneingang«.

2.5 Zusammenfassung

In diesem Kapitel haben Sie erfahren, wie Sie die PP-PI-Stammdaten anlegen und verwenden können. Wir haben Ihnen erklärt, wie und wann Sie die Materialmengenberechnung einsetzen können. Zusätzlich haben Sie erfahren, wie Sie die Stammdaten für die Rezeptgenehmigung und die Kuppelproduktion anlegen müssen.

Prozessaufträge bilden das Herzstück der Komponente PP-PI. In diesem Kapitel lernen Sie den kompletten Lebenszyklus eines Auftrags und alle Funktionen dazu kennen.

3 Produktionssteuerung über Prozessaufträge

In diesem Kapitel lernen Sie den *Prozessauftrag* kennen, der das zentrale Objekt für die Produktionsdurchführung in der Prozessindustrie mit SAP ERP darstellt. Mithilfe von Prozessaufträgen verwalten und steuern Sie Ihre Produktion, vornehmlich in Form einer chargenorientierten, einer regulierten oder – in Verbindung mit SAP SCM (Supply Chain Management) – einer kampagnenorientierten Fertigung. Details zu den verschiedenen unterstützten Produktionsverfahren finden Sie in Kapitel 6, »Produktionsprozesse mit PP-PI«. In diesem Kapitel gehen wir vor allem auf die Funktionen und Details der Prozessauftragsabwicklung ein, die Ihnen SAP PP-PI bietet.

Nach einer Einführung in die Struktur eines Prozessauftrags lernen Sie alle Phasen eines Auftrags wie Prozessplanung, Auftragsdurchführung und Auftragsabschluss sowie die dazugehörigen Funktionen kennen. Sie erfahren, welche Möglichkeiten Sie für die Bereitstellung von Komponenten aus dem Lager und die Buchung von Warenbewegungen zum Auftrag haben und wie Sie den aktuellen Bearbeitungsstand eines Auftrags an SAP ERP zurückmelden können. Darüber hinaus lernen Sie, wie Sie Fertigungspapiere drucken und wie Sie Aufträge archivieren können. Weiterhin stellen wir in diesem Zusammenhang die Schnittstellen zu den Komponenten Produktionsplanung (PP), Bestandsführung (MM-IM), Lagerverwaltung (LE-WM) und Controlling (CO) vor.

3.1 Struktur eines Prozessauftrags

Ein Prozessauftrag in SAP PP-PI zeigt Ihrer Produktionsabteilung auf, welches Material zu einem bestimmten Termin in einer bestimmten Menge zu produzieren ist. Im Verlauf der Produktion dient der Prozessauftrag als Informationsquelle und Steuerinstrument. Über eine detaillierte Statusverwaltung und ständige Fortschreibung aller Ist-Daten werden im Prozessauftrag immer der aktuelle Bearbeitungsstand und die aktuellen Kosten der Produktion festgehalten.

Dabei basieren die zur Produktion benötigten Informationen in der Regel auf einem *Planungsrezept* und dessen integrierter *Stückliste*, die mithilfe einer *Fertigungsversion* verknüpft werden. Aus dem Planungsrezept werden weitere Details wie benötigte Ressourcen, einzusetzende Komponenten, Dauer und Steuerschlüssel der durchzuführenden Vorgänge und Phasen in den Prozessauftrag kopiert.

Aus diesem Grund haben Prozessauftrag und Planungsrezept eine ähnliche Struktur. Genau wie im Planungsrezept finden Sie in der Vorgangsübersicht eines Prozessauftrags Informationen zu Vorgängen, Phasen und Sekundärressourcen und in der Materialliste Details zu den einzusetzenden Materialkomponenten. Die für die Prozesskoordination erforderlichen Daten werden in Form von XSteps (Execution Steps) hinterlegt (siehe Abbildung 3.1).

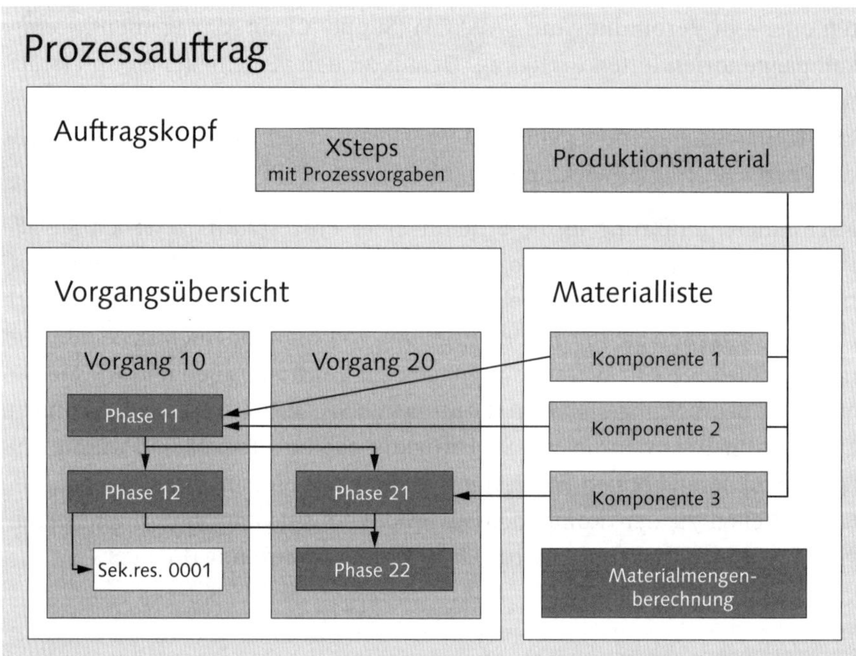

Abbildung 3.1 Struktur eines Prozessauftrags

Über Anordnungsbeziehungen sind die Phasen jeweils in Beziehung zueinander gesetzt. Es kann sich dabei z. B. um eine Ende-Start-Beziehung wie bei den Phasen 11 und 12 aus Abbildung 3.1 handeln, mit der angegeben wird, dass nach dem Beenden von Phase 11 die Phase 12 beginnen kann.

Ebenso können Sie z. B. eine Start-Start-Beziehung modellieren, wenn zwei Phasen gleichzeitig beginnen sollen, wie z. B. das Entleeren eines Kessels und das gleichzeitige Befüllen des im Prozessablauf nachgelagerten Kessels. Die Materialkomponenten werden den Phasen entsprechend ihrem Einsatzzeitpunkt im Produktionsprozess zugeordnet, z. B. Komponente 1 und 2 zur Phase 11. Über die Materialmengenberechnung können Sie Komponenteneinsatzmengen in Abhängigkeit von Mengen und Eigenschaften der Chargen anderer Komponenten neu berechnen sowie auch die zu bearbeitenden Phasenmengen und Ausschussmengen der Phasen.

3.1.1 Auftragskopf

Um einen Prozessauftrag im Änderungsmodus aufzurufen, wählen Sie den Menüpfad Logistik • Produktion Prozess • Prozessauftrag • Prozessauftrag • Ändern (Transaktion COR2). Nachdem Sie eine Auftragsnummer in das Feld Prozessauftrag eingegeben haben, finden Sie in den Kopfdaten Informationen zum Prozessauftrag, die für den gesamten Auftrag gelten und somit nicht vorgangsbezogen sind (siehe Abbildung 3.2):

Abbildung 3.2 Kopfdaten eines Prozessauftrags – Allgemeine Daten

- das zu fertigende Material
- die Auftragsmenge im Feld GESAMTMENGE und die bereits gelieferte Menge im Feld GELIEFERT
- Auftragstermine und weitere Informationen zur Terminierung (für detailliertere Informationen siehe Unterabschnitt »Terminierung« in Abschnitt 3.4.2, »Aktionen bei Eröffnung«)

Darüber hinaus finden Sie im Auftragskopf auf dem Reiter STAMMDATEN Informationen zu den zugrunde liegenden Stammdaten wie Fertigungsversion, Planungsrezept und Stückliste. Über die Statusverwaltung können Sie zudem den Bearbeitungsstand des Auftrags erkennen, indem Sie auf den Button [i] (STATUS) klicken (siehe dazu auch Abschnitt 3.4.3, »Statusverwaltung«).

3.1.2 Vorgangsübersicht

Die Vorgangsübersicht erreichen Sie über den Button Vorgänge. Sie beinhaltet die aus dem Planungsrezept kopierten Vorgänge und Phasen und beschreibt die einzelnen Produktionsschritte sowie die dazu jeweils benötigten Ressourcen (siehe Abbildung 3.3).

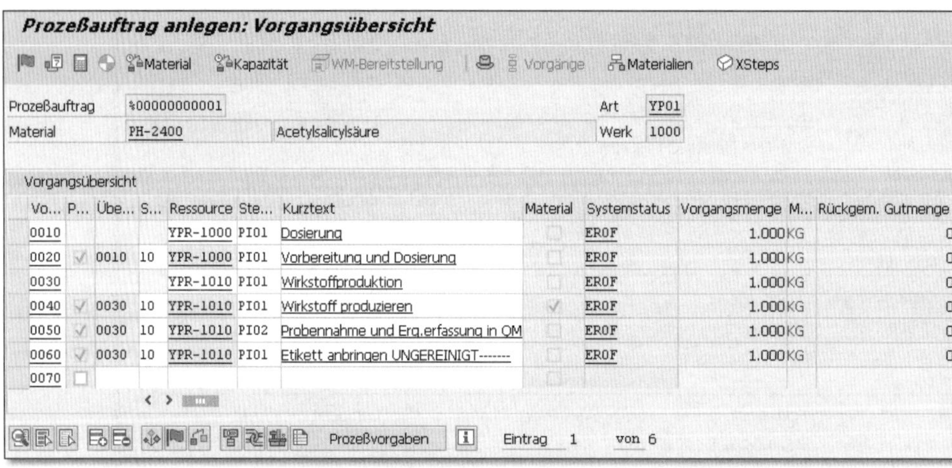

Abbildung 3.3 Vorgangsübersicht eines Prozessauftrags

Indem Sie einen Vorgang markieren und auf den Button (DETAIL VORGANG) klicken, gelangen Sie in die Vorgangsdetails. Hier finden Sie die Termine und Mengen der einzelnen Vorgänge und Phasen im Plan und über die Rückmeldedaten auch im Ist. Dadurch sind rückgemeldete Mengen und Leistungen direkt in jeder Phase einsehbar und können mit den Plandaten verglichen werden.

3.1.3 Materialliste

Die Materialliste erreichen Sie über den Button Materialien (MATERIALLISTE). Sie beschreibt die für die Produktion erforderlichen Materialkomponenten (siehe Abbildung 3.4). Neben Materialnummer und Bedarfsmenge finden Sie hier weitere Informationen wie den Entnahmelagerort, die Reservierungsnummer, Ausschussinformationen und die einzusetzende Charge. Auch die bereits tatsächlich entnommene Menge und die Menge, die durch die Prüfung über Available-to-Promise (ATP) bestätigt wurde, sind hier ersichtlich.

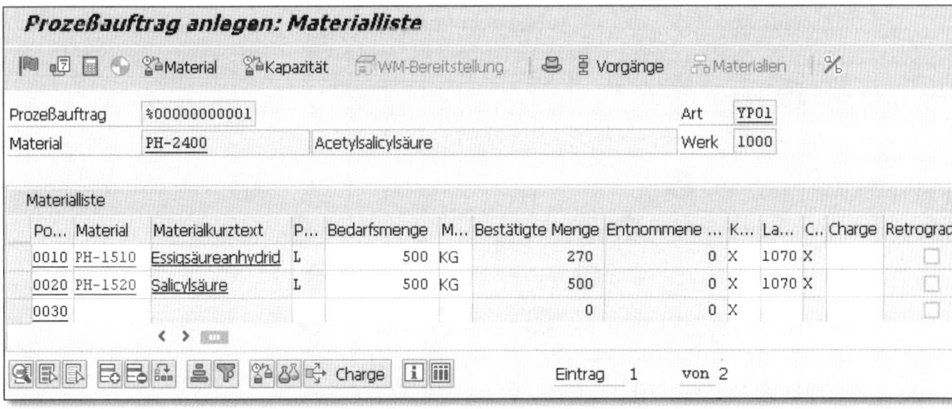

Abbildung 3.4 Materialliste eines Prozessauftrags

3.2 Lebenszyklus eines Prozessauftrags

Der Lebenszyklus eines Prozessauftrags unterteilt sich in drei Phasen, die sich wiederum in mehrere Teilschritte unterteilen lassen (siehe Abbildung 3.5):

- **Prozessplanung**
  Die Prozessplanung umfasst die Schritte von der Auftragseröffnung bis zur Auftragsfreigabe.
- **Auftragsdurchführung**
  Die Auftragsdurchführung beginnt mit der Auftragsfreigabe und wird mit dem Wareneingang im Lager abgeschlossen.
- **Auftragsabschluss**
  Der Auftragsabschluss umfasst alle nötigen Abschlussarbeiten von der Abweichungsermittlung bis hin zur Löschung des Auftrags.

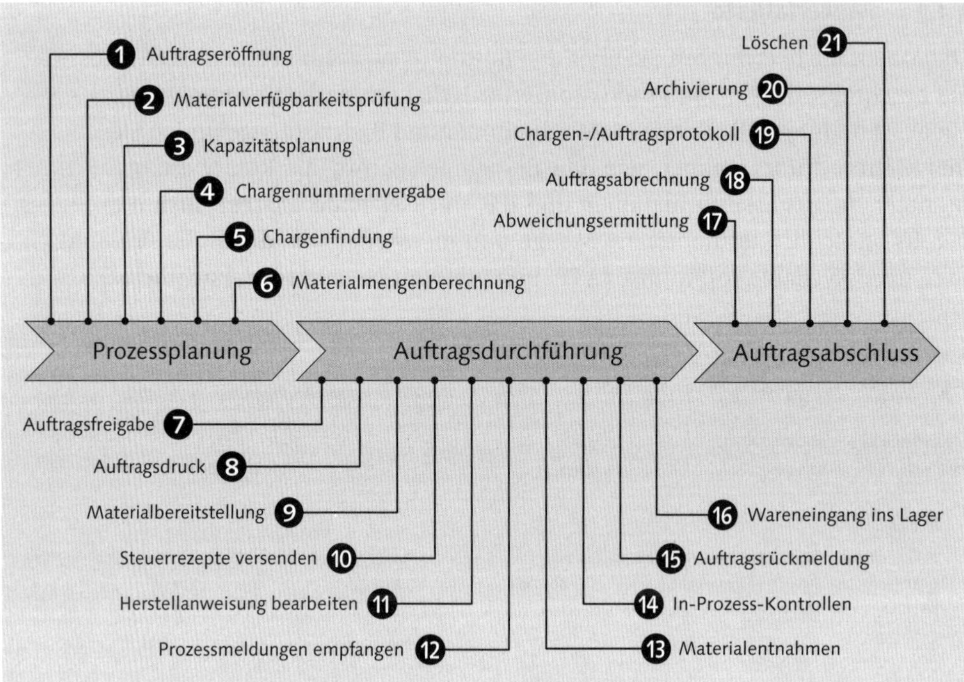

Abbildung 3.5 Lebenszyklus eines Prozessauftrags

Im Rahmen der Prozessplanung werden nach der Auftragseröffnung ❶ je nach Einstellung optional bestimmte Funktionen manuell oder automatisch angestoßen:

❷ Dazu zählt die *Verfügbarkeitsprüfung* der Komponenten. Abhängig von möglichen Fehlmengen von Komponenten wird auch ermittelt, welche Auftragsmenge Sie aktuell maximal fertigen können; diese wird dann als bestätigte Menge im Auftrag angezeigt.

❸ Falls Sie mit übergreifenden Planungsressourcen arbeiten, müssen Sie vor der Auftragsfreigabe eine reale Ressource für die Bearbeitung des Auftrags auswählen. Sie können den Auftrag über die *Kapazitätsplanung* nun auf einer geeigneten Ressource einplanen.

❹ Unter Umständen wird gefordert, dass Sie im Rahmen der *Chargennummernvergabe* vor oder bei der Auftragsfreigabe im Auftrag bereits festlegen, welche Charge Sie mit diesem Auftrag produzieren werden.

❺ Ebenso kann vor oder bei der Auftragsfreigabe die Auswahl geeigneter Chargen auf Materialkomponentenebene bereits erforderlich sein, was Ihnen die *Chargenfindung* ermöglicht.

❻ Eine weitere optionale Funktion ist die *Materialmengenberechnung*, über die Sie Wechselwirkungen von Beschaffenheit und Menge der eingesetzten Chargen einer Komponente auf die Einsatzmengen der anderen Komponenten abbilden können.

Mit der Auftragsfreigabe ❼ beginnt die Auftragsdurchführung. Hier finden folgende Aktivitäten statt:

❽ Sie können jetzt den Druck der Fertigungspapiere anstoßen. So werden alle erforderlichen Informationen über den Auftrag in der Produktion in Papierform bereitgestellt.

❾ Im Rahmen der *Materialbereitstellung* fordern Sie alle benötigten Auftragskomponenten aus dem Lager an, die dann zur Produktion transportiert werden können.

❿ Falls Sie mit Prozessleitsystemen oder mit Herstellanweisungen arbeiten, generieren und versenden Sie die *Steuerrezepte*, die alle zur Ausführung erforderlichen Informationen beinhalten. Dazu erfahren Sie mehr in Kapitel 5, »Prozesskoordination«.

⓫ Über *Herstellanweisungen*, die online in der Produktion bearbeitet werden, werden auftragsrelevante Daten aus der Produktion an SAP zurückgemeldet.

⓬ Die von einer Herstellanweisung oder von einem Prozessleitsystem rückgemeldeten Daten werden in der Prozesskoordination als *Prozessmeldungen* in PP-PI empfangen und an die entsprechenden Empfänger versendet. Mögliche Empfänger können z. B. die Bestandsführung im Falle von gemeldeten Materialverbräuchen oder der Prozessauftrag im Falle von rückgemeldeten Zeiten und Leistungen sein.

⓭ Sie haben verschiedene Möglichkeiten, die *Materialentnahmen* zu buchen, z. B. über Transaktionen der Bestandsführung in SAP, über die Prozesskoordination oder auch als retrograde Entnahme im Rahmen der Auftragsrückmeldung.

⓮ Mithilfe der Integration zur Komponente QM (Qualitätsmanagement) bilden Sie In-Prozess-Kontrollen ab. Bei der Auftragsfreigabe wird dann ein Prüflos erzeugt, und Sie können für die in der Produktion befindlichen Chargen Prüfergebnisse erfassen.

⓯ Über die Funktionen der *Auftragsrückmeldung* melden Sie Mengen, Zeiten und erbrachte Leistungen aus der Produktion zurück. Dadurch ist ein Plan-Ist-Vergleich der Daten im Prozessauftrag und über diverse Reporting-Transaktionen möglich.

⓰ Sie buchen den *Wareneingang* der gefertigten Produkte in das Lager. Auch diese Warenbewegungen können Sie über Transaktionen der Bestandsführung in SAP, über die Prozesskoordination oder auch als automatischen Wareneingang im Rahmen der Auftragsrückmeldung buchen.

Nach Beenden der Produktion beginnt die Phase des Auftragsabschlusses. Hier stehen nun folgende Aktivitäten an:

⓱ Nach der endgültigen Rückmeldung des Auftrags an das Lager werden im Rahmen der *Abweichungsermittlung* die Ist-Kosten des Auftrags mit der Auftragsentlastung beim Wareneingang verglichen. Die dabei entstandenen Differenzen stellen die Abweichungen dar, die an den Bestand und die Ergebnisrechnung abgerechnet werden.

⓲ Bei der anschließenden *Auftragsabrechnung* wird der Auftragssaldo ausgeglichen, indem die zuvor ermittelten Abweichungen an die Finanzbuchhaltung weitergeleitet werden.

⓳ Im Rahmen der Prozessdatendokumentation erstellen Sie optional ein *Chargen-* oder ein *Auftragsprotokoll*, das alle Informationen, d. h. Plan- und Ist-Daten, zur Produktion einer Charge bzw. zur Durchführung eines Prozessauftrags enthält.

⓴ Mithilfe der *Archivierung* legen Sie die Auftragsdaten von abgeschlossenen Aufträgen nach einer vordefinierten Residenzzeit in einem Archiv ab, um nach einer erfolgten Löschung weiterhin auf die Auftragsdaten zugreifen zu können.

㉑ Nach der Archivierung können Sie das *Löschen* eines Auftrags anstoßen, um freie Kapazitäten auf der Datenbank Ihres SAP-Systems zu schaffen.

3.3 Erforderliche Customizing-Objekte einrichten

In diesem Abschnitt zeigen wir Ihnen, wie Sie die für die Prozessauftragsabwicklung benötigten Auftragsarten einrichten bzw. die im SAP-Standard vorhandenen überprüfen. Weiterhin können Sie optional das Objekt bzw. die Organisationseinheit Fertigungssteuerer mit dem damit verknüpften Fertigungssteuerungsprofil verwenden. Darüber lassen sich materialspezifische Aktionen wie der Druck der Fertigungspapiere und eine erneute Terminierung des Auftrags automatisieren und Details der Auftragsabwicklung wie das Anlegen der Charge des zu fertigenden Produkts steuern.

3.3.1 Auftragsarten

In SAP ERP werden unterschiedliche Typen von Aufträgen unterschieden, wie Fertigungsaufträge, Prozessaufträge, Instandhaltungsaufträge der Komponente Instandhaltung (PM) oder CO-Innenaufträge der Komponente Controlling (CO). Um diese intern zu unterscheiden, werden *Auftragstypen* verwendet. Prozessaufträge haben in diesem Zusammenhang den Auftragstyp »40«, der fest vorgegeben ist und nicht geändert werden kann.

Innerhalb eines *Auftragstyps* können Sie nun mit verschiedenen *Auftragsarten* arbeiten, um die Aufträge unterschiedlich zu steuern. In diesem Abschnitt zeigen wir Ihnen, wie Sie eine Auftragsart für den Auftragstyp Prozessauftrag einrichten und welche werksspezifischen Steuerungsmöglichkeiten Sie haben, um auf verschiedene Bereiche der Auftragsabwicklung Einfluss zu nehmen:

- auf die Auftragsnummernvergabe
- auf die Stammdatenselektion
- auf die Auftragsprotokollerstellung
- auf die Chargenfindung der Materialkomponenten
- auf eine produktionsbegleitende Qualitätsprüfung
- auf die Ausschussbehandlung
- auf die Abwicklung fremdbearbeiteter Vorgänge
- auf die Änderungsprotokollierung des Auftrags
- auf die Auftragskalkulation

Zudem werden viele weitere werksspezifische Einstellungen im Customizing zur Auftragsabwicklung wie Terminierung, Auftragsrückmeldung, Auftragsdruck und Verfügbarkeitsprüfung immer in Bezug zur Auftragsart durchgeführt. Auf diese werden wir in den folgenden Abschnitten jeweils näher eingehen.

Auftragsart einrichten

Zunächst legen Sie eine Auftragsart an bzw. überprüfen die im Standard bereits existierenden Auftragsarten. Dies nehmen Sie im Customizing über den IMG-Pfad Produktionsplanung Prozessindustrie • Prozessauftrag • Stammdaten • Auftrag • Auftragsarten definieren (Transaktion CORN) vor. Hier finden Sie zunächst globale bzw. mandantenweite Einstellungen zur Auftragsart (siehe Abbildung 3.6), die vor allem zur Steuerung des Auftrags-Controllings dienen.

Abbildung 3.6 Globale Einstellungen zur Prozessauftragsart pflegen

Im Bereich STEUERKENNZEICHEN aktivieren Sie die Schnittstelle zur Komponente Controlling (CO). Dazu setzen Sie das Kennzeichen CO-PARTNER auf AKTIV oder TEILAKTIV. Über das Kennzeichen KLASSIFIZIERUNG ermöglichen Sie die Klassifizierung von Prozessaufträgen dieser Auftragsart, was der leichteren Wiederauffindung von Aufträgen in CO dient. Des Weiteren steuern Sie über das Kennzeichen OBLIGOVERWALTUNG, ob Sie in der Komponente Controlling (CO) für Aufträge dieser Auftragsart Obligos ausweisen und fortschreiben möchten. Im Bereich KOSTENRECHNUNGSPROFILE geben Sie zudem über das Feld ABRECHNUNGSPROFIL ein entsprechendes Profil ein, das Steuerkennzeichen für die Auftragsabrechnung enthält und die Abrechnung eines Prozessauftrags an ein Material erlauben muss.

Für die Archivierung nehmen Sie im Bereich REORGANISATION Einstellungen zu den Residenzzeiten vor (siehe auch Abschnitt 3.10.4, »Prozessauftrag archivieren«). Falls Sie die Statusverwaltung der Prozessaufträge um eigene Anwenderstatus erweitern möchten, können Sie der Auftragsart im Bereich STATUSVERWALTUNG ein STATUSSCHEMA zuweisen, das Ihre selbst definierten

Anwenderstatus enthält (siehe Unterabschnitt »Anwenderstatusschema definieren« in Abschnitt 3.4.3, »Statusverwaltung«).

Zudem aktivieren Sie die AUFTRAGSNETZABWICKLUNG über das entsprechende Kennzeichen. Dies ermöglicht Ihnen, mehrere Prozessaufträge miteinander zu verknüpfen, um diese u. a. gemeinsam zu terminieren und die Auftragsdurchführung so zu erleichtern.

Nummernvergabe

Die Auftragsnummernvergabe erfolgt unabhängig von Werk, Buchungskreis oder Kostenrechnungskreis auf Ebene der Auftragsart. Auftragsnummern können bis zu zwölf Stellen lang sein. Zur Einrichtung der Auftragsnummernvergabe weisen Sie einer Auftragsart genau ein Nummernkreisintervall zu, für das die Auftragsnummer intern vom System oder extern vom Benutzer vergeben werden kann. Die erforderlichen Einstellungen dazu nehmen Sie im Customizing unter dem IMG-Pfad PRODUKTIONSPLANUNG PROZESSINDUSTRIE • PROZESSAUFTRAG • STAMMDATEN • AUFTRAG • NUMMERNKREISE • NUMMERNKREISE FÜR AUFTRÄGE DEFINIEREN (Transaktion CO82) vor.

Weitere Nummernkreise für PP-PI-Objekte [«]

In dem genannten Abschnitt des Customizing-Menüs finden Sie zudem auch die Nummernkreise für Rückmeldungen, Reservierungen, Vorgänge und Kapazitätsbedarfe. Hier empfiehlt es sich, die SAP-Standardeinstellungen beizubehalten.

Auftragsartabhängige Parameter einstellen

Neben den bereits vorgestellten mandantenweiten Einstellungen zur Auftragsart können Sie werksspezifische Einstellungen zur Auftragsart vornehmen. Dazu wählen Sie im Customizing den IMG-Pfad PRODUKTIONSPLANUNG PROZESSINDUSTRIE • PROZESSAUFTRAG • STAMMDATEN • AUFTRAG • AUFTRAGSARTABHÄNGIGE PARAMETER DEFINIEREN (Transaktion COR4).

Auf dem Reiter STAMMDATEN stellen Sie ein, wie die Stammdatenselektion für einen Auftrag mit dieser Auftragsart erfolgen soll (siehe Abbildung 3.7).

Anlegen eines Prozessauftrags über das Umsetzen eines Planauftrags [«]

Falls Sie einen Planauftrag umsetzen, werden die dort verwendeten Stammdaten wie Fertigungsversion, Planungsrezept und Stückliste automatisch in den Prozessauftrag übernommen und nicht erneut gemäß den Parametern zur Auftragsart selektiert.

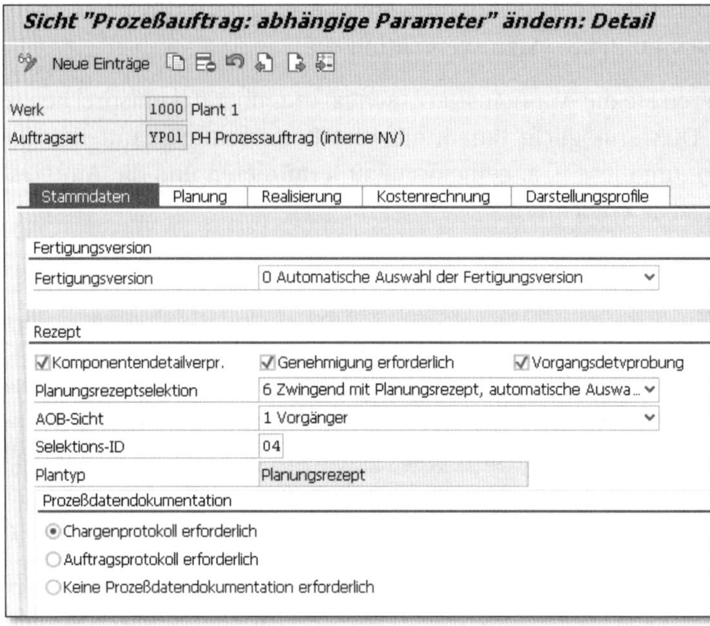

Abbildung 3.7 Prozessauftragsartabhängige Parameter – Stammdaten

Im Feld FERTIGUNGSVERSION geben Sie zunächst an, ob die Fertigungsversion, hinter der sich das Planungsrezept und die Stückliste verbergen, automatisch oder manuell ausgewählt werden soll. Über das Feld PLANUNGSREZEPTSELEKTION steuern Sie die Auswahl des Planungsrezepts, die parallel zur Selektion der Fertigungsversion stattfindet. Hier haben Sie folgende Möglichkeiten:

- 0 – KEINE VERWENDUNG EINES PLANUNGSREZEPTES
  In diesem Fall wird kein Planungsrezept in den Auftrag kopiert, auch wenn die Fertigungsversion eine Zuordnung zu einem Planungsrezept besitzt.

[!]

Auftragsart ohne Selektion eines Planungsrezepts

Um auch mit der Einstellung KEINE VERWENDUNG EINES PLANUNGSREZEPTES einen Auftrag anlegen zu können, müssen Sie für das Werk und die Auftragsart einen Vorschlagswert zur Generierung eines Vorgangs unter PRODUKTIONSPLANUNG PROZESSINDUSTRIE • PROZESSAUFTRAG • VORGÄNGE • PLANAUSWAHL • VORSCHLAGSWERTE FESTLEGEN (Transaktion OPJG) im Customizing pflegen.

- 6 – ZWINGEND MIT PLANUNGSREZEPT, AUTOMATISCHE AUSWAHL
  Dies ist die Standardeinstellung, die Sie verwenden, wenn beim Anlegen

eines Prozessauftrags ein Planungsrezept immer automatisch über die Fertigungsversion ausgewählt werden soll. Falls kein gültiges Planungsrezept ermittelt werden kann, bricht die Auftragsanlage ab.

- 9 – VORSCHLAG VON PLANUNGSREZEPTEN, AUTOMATISCHE AUSWAHL
  Mit dieser Einstellung wird eine Fertigungsversion auch dann ausgewählt, wenn kein gültiges Planungsrezept dazu ermittelt werden kann. In diesem Fall wird wie bei der Einstellung KEINE VERWENDUNG EINES PLANUNGSREZEPTES ein Vorgang im Prozessauftrag generiert.
- 7 – ZWINGEND MIT PLANUNGSREZEPT, MANUELLE AUSWAHL
  Die Einstellung 7 ist nur relevant, falls Sie mit Kuppelprodukten arbeiten. In diesem Fall können Sie eine der Fertigungsversionen zu den enthaltenen Kuppelprodukten manuell auswählen, wobei ein Planungsrezept zwingend erforderlich ist.
- 8 – VORSCHLAG VON PLANUNGSREZEPTEN, MANUELLE AUSWAHL
  Auch die Einstellung 8 ist nur bei Kuppelproduktion relevant. Hier ist allerdings kein Planungsrezept zwingend erforderlich, und der Auftrag kann auch ohne Planungsrezept lediglich mit einem generierten Vorgang angelegt werden.

Über das Feld SELEKTIONS-ID geben Sie an, wie die Rangfolge für die automatische Planalternativenselektion abhängig vom Rezeptstatus aussehen soll. Dies pflegen Sie im Customizing über den IMG-Pfad PRODUKTIONSPLANUNG PROZESSINDUSTRIE • STAMMDATEN • PLANUNGSREZEPT • RANGFOLGE FÜR AUTOMATISCHE REZEPTSELEKTION FESTLEGEN (Transaktion OPEB oder OPJF). Allerdings wird diese Einstellung bei der Selektion über Fertigungsversion zunächst nicht berücksichtigt. Sie wird erst dann relevant, wenn über die Fertigungsversion kein Planungsrezept ermittelt werden kann. In diesem Fall wird das Planungsrezept unabhängig von der Fertigungsversion und somit auch unabhängig von der Stückliste ermittelt und in den Prozessauftrag kopiert.

Verwendung von Fertigungsversionen für Prozessaufträge [«]

Beim Anlegen eines Prozessauftrags wird immer zunächst nach einer gültigen Fertigungsversion mit Planungsrezept und Stückliste gesucht. Dabei muss die Auftragsmenge im Ansatzmengenbereich der Fertigungsversion und des Planungsrezepts liegen und der Starttermin im Gültigkeitszeitraum von Fertigungsversion, Planungsrezept und Stückliste. Nur falls auf diesem Weg keine Fertigungsversion mit gültigem Planungsrezept und Stückliste ermittelt werden kann, wird das Planungsrezept unabhängig über die Selektions-ID ausgewählt. In diesem Fall werden allerdings die Formeln der Materialmengenberechnung nicht mit in den Auftrag übernommen, da diese fest in der Fertigungsversion verankert sind.

Im Bereich PROZESSDATENDOKUMENTATION geben Sie an, ob ein Auftrags- oder ein Chargenprotokoll für den Auftrag generiert werden muss, bevor er archiviert werden kann. Weitere Informationen hierzu erhalten Sie in Kapitel 9, »Prozessdatendokumentation«.

[+] **Verwendung von Fertigungsversionen bei der Erzeugung von Planaufträgen in der Bedarfsplanung**

Falls Sie einen Planauftrag in einen Prozessauftrag umsetzen, werden die Stammdaten aus dem Planauftrag in den Prozessauftrag übernommen. Um auch hier sicherzustellen, dass beim Anlegen des Planauftrags in der Bedarfsplanung eine Fertigungsversion zugrunde gelegt wurde, stellen Sie im Materialstamm auf der Sicht DISPOSITION 4 das Kennzeichen ALTERNSELEKTION zur Selektion von Alternativstücklisten auf den Wert 3 (AUSWAHL ZWINGEND NACH FERTIGUNGSVERSION). Dann werden die Stammdaten sowohl in der Bedarfsplanung als auch bei der manuellen Prozessauftragsanlage immer über eine Fertigungsversion selektiert.

Auf dem Reiter PLANUNG nehmen Sie weitere Einstellungen vor, die bestimmte Aktionen im Prozessauftrag beeinflussen, wie die Chargenfindung von Einsatzkomponenten und eine produktionsbegleitende Qualitätsprüfung (siehe Abbildung 3.8).

Im Bereich ALLGEMEIN geben Sie optional einen Ersatzdisponenten und -fertigungssteuerer an, die automatisch in den Prozessauftrag übernommen werden, falls diese im Materialstamm nicht spezifiziert sind bzw. der Auftrag ohne Materialbezug angelegt wird. Über das Feld RESERVIERUNG/BANF. steuern Sie, wann die Reservierungen für die Auftragskomponenten in der Bedarfsplanung dispositiv wirksam werden: sofort beim Anlegen des Auftrags, bei Freigabe des Auftrags oder niemals.

Wenn Sie das Kennzeichen AUSSCHUSS setzen, können Sie über das Feld BAUGRAUSSCHUSS (%) im Materialstamm (Sicht DISPOSITION 1) den Ausschuss eines Auftrags planen. In der Bedarfsplanung wird beim Berechnen der Auftragsmenge eines Planauftrags die Bedarfsmenge immer um diesen Prozentsatz erhöht. Diese Differenz wird dann als geplanter Ausschuss im Auftragskopf ausgewiesen; zudem können Sie in der Auftragsrückmeldung den Ist-Ausschuss melden.

[!] **Ausschuss und Materialmengenberechnung**

Wenn Sie das Kennzeichen AUSSCHUSS in der Auftragsart gesetzt haben, können Sie allerdings keine Berechnung der Ausschussmenge pro Phase im Rahmen der Materialmengenberechnung durchführen.

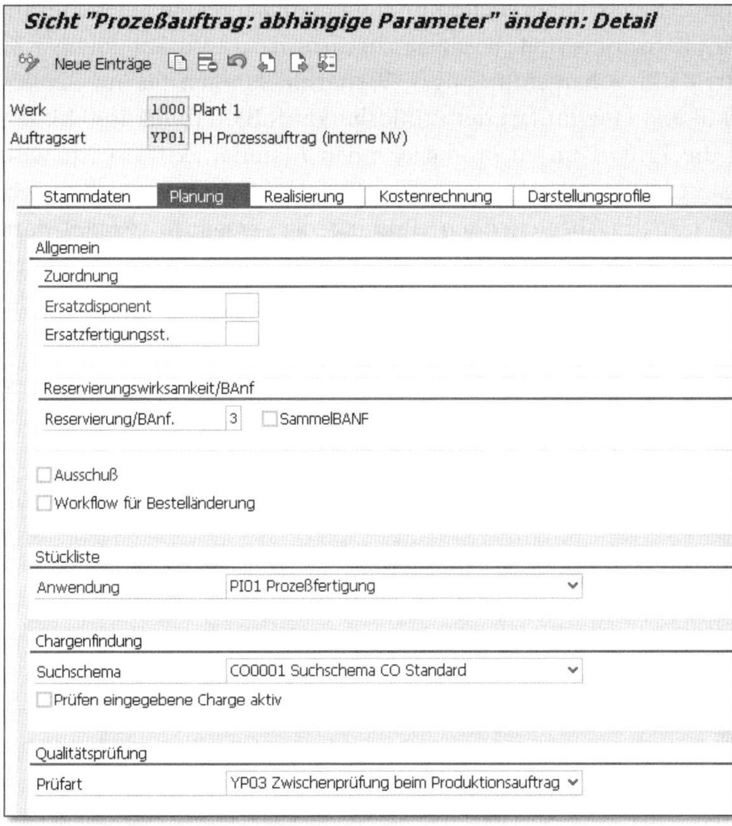

Abbildung 3.8 Prozessauftragsartabhängige Parameter – Planung

Im Bereich STÜCKLISTE geben Sie im Feld ANWENDUNG das Verfahren an, über das die Stücklistenalternative ausgewählt wird; hier verwenden Sie standardmäßig die Anwendung PI01 (Prozessfertigung).

Definition eigener Stücklistenanwendungen [!]

Falls Sie eigene Anwendungen definieren und in einer Auftragsart verwenden, müssen Sie beachten, dass in der Anwendung immer das Kennzeichen FERTVERS (Fertigungsversionen berücksichtigen) gesetzt sein muss. Dies ist erforderlich, da in der Komponente PP-PI immer über Fertigungsversionen selektiert wird.

Im Feld SUCHSCHEMA im Bereich CHARGENFINDUNG können Sie ein Chargensuchschema angeben. Zu diesem versucht das SAP-System, eine Chargensuchstrategie zu ermitteln, falls im Prozessauftrag die Chargen der Einsatzkomponenten bestimmt werden sollen. Wenn Sie das Kennzeichen PRÜFEN EINGEGEBENE CHARGE AKTIV aktivieren, prüft das SAP-System zudem, ob eine vom Benutzer manuell eingegebene Komponentencharge den Selektionskriterien aus der Chargensuchstrategie entspricht (siehe dazu auch Abbildung 3.33 in Abschnitt 3.5.2, »Chargenfindung«). Weiterhin können Sie im Bereich QUALITÄTSPRÜFUNG eine Prüfart der Prüflosherkunft 03 (Produktion) hinterlegen. Falls die Prüfart im zu produzierenden Material aktiviert ist, wird diese priorisiert herangezogen, um bei der Freigabe des Prozessauftrags ein Prüflos zur fertigungsbegleitenden Prüfung zu erzeugen (siehe dazu Abschnitt 8.1, »Integration mit QM«). Auf dem Reiter REALISIERUNG finden Sie verschiedene Einstellungen zur Protokollierung von Aktionen und Änderungen zu einem Prozessauftrag (siehe Abbildung 3.9).

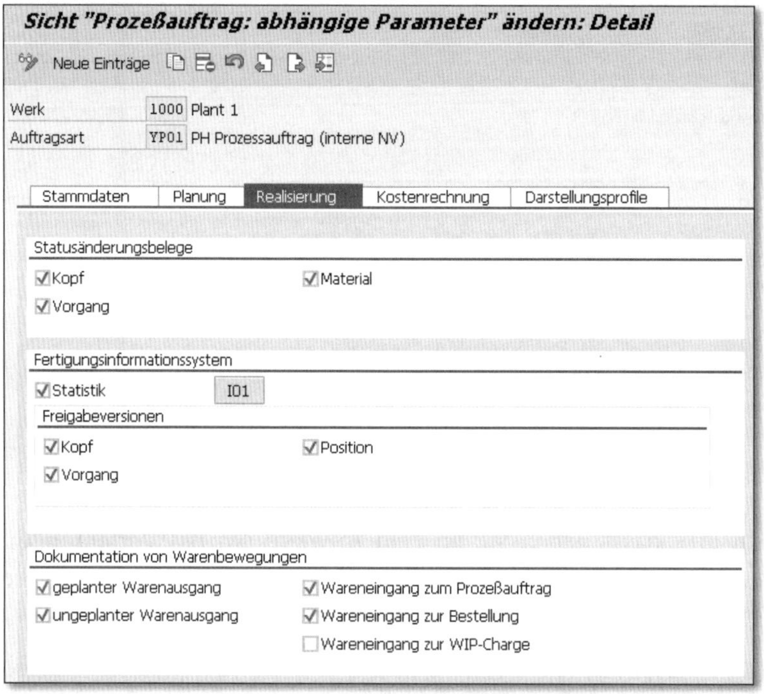

Abbildung 3.9 Prozessauftragsartabhängige Parameter – Realisierung

Generell werden keine Änderungsbelege auf Feldebene für Prozessaufträge geschrieben. Sie können allerdings im Bereich STATUSÄNDERUNGSBELEGE die Kennzeichen KOPF, MATERIAL und VORGANG setzen, damit automatisch Änderungsbelege bei Statusänderungen am Auftragskopf, an den Vorgangsdaten und an den Materiallistenpositionen erstellt werden. Sie können diese dann im Prozessauftrag in der Statusübersicht über den Menüpfad UMFELD • ÄNDERUNGSBELEGE ANZEIGEN abrufen.

Fortschreiben von Änderungsbelegen für Prozessaufträge [+]

Im SAP-Hinweis 390635 erfahren Sie, wie Sie mithilfe der Erweiterung PPCO0007 (Exit beim Sichern Fertigungsauftrag) die Erstellung von Änderungsbelegen für Prozessaufträge selbst realisieren können.

Weiterhin aktivieren Sie im Bereich DOKUMENTATION VON WARENBEWEGUNGEN die Fortschreibung von Belegen zu Warenbewegungen im Prozessauftrag. Wenn das Kennzeichen für eine Warenbewegung gesetzt ist, können Sie im Prozessauftrag (z. B. über Transaktion COR2) die Materialbelege dazu über den Menüpfad SPRINGEN • LISTEN • DOKUMENTIERTE WARENBEWEGUNGEN aufrufen.

Die Fortschreibung der Auftragsdaten im Fertigungsinformationssystem (FIS) steuern Sie über Kennzeichen im Bereich FERTIGUNGSINFORMATIONSSYSTEM. Dort steuern Sie über die Freigabeversionen zudem, zu welchem Zeitpunkt bestimmte Auftragsdaten ins FIS übergeben werden.

Auf dem Reiter KOSTENRECHNUNG pflegen Sie die für die Auftragskalkulation relevanten Parameter wie Kalkulationsvarianten und Abgrenzungsschlüssel. Über das Feld PLANKOSTENERMITTLUNG steuern Sie hierbei, zu welchem Zeitpunkt die Plankosten im Prozessauftrag kalkuliert werden. Dies kann manuell erfolgen, immer automatisch beim Sichern des Auftrags oder erst nach Auftragsfreigabe. Die grafische Darstellung von Auftragsnetzen und die Profile für Fehlteillisten stellen Sie auf dem Reiter DARSTELLUNGSPROFILE ein.

Kopieren einer Auftragsart [«]

Beim Kopieren einer Auftragsart müssen Sie darauf achten, neben den Einstellungen zur Auftragsart auch alle übrigen auftragsartabhängigen Einstellungen zu kopieren, wie zur Terminierung, zur Materialverfügbarkeitsprüfung und zu Rückmeldungen.

3.3.2 Fertigungssteuerer und Fertigungssteuerungsprofil

Der *Fertigungssteuerer* ist zum einen ein Organisationsobjekt, das Sie einem Material im Materialstamm auf der Sicht ARBEITSVORBEREITUNG zuweisen. Sie können dann den Fertigungssteuerer auf dem Selektionsbild vieler Transaktionen als Selektionskriterium verwenden. Zum anderen haben Sie über ein optional zum Fertigungssteuerer zugewiesenes *Fertigungssteuerungsprofil* vielfältige Möglichkeiten, auf den Ablauf der Prozessauftragsabwicklung Einfluss zu nehmen.

Den Fertigungssteuerer definieren Sie werksbezogen im Customizing über den IMG-Pfad Produktionsplanung Prozessindustrie • Prozessauftrag • Stammdaten • Fertigungssteuerer definieren (Transaktion CORU). Jedem Fertigungssteuerer ordnen Sie optional ein Fertigungssteuerungsprofil zu. Alternativ können Sie das Fertigungssteuerungsprofil auch direkt einem Material im Materialstamm auf der Sicht Arbeitsvorbereitung zuweisen, falls Sie die Profile nicht mit den Fertigungssteuerern koppeln möchten.

[»]

Einfluss des Fertigungssteuerers auf die Terminierung der Prozessaufträge

Im weiteren Verlauf der Customizing-Einstellungen zu Prozessaufträgen können Sie zudem die Terminierungsparameter für Prozessaufträge in Abhängigkeit vom Fertigungssteuerer pflegen (siehe Unterabschnitt »Terminierung« in Abschnitt 3.4.2, »Aktionen bei Eröffnung«).

Die Fertigungssteuerungsprofile pflegen Sie über den IMG-Pfad Produktionsplanung Prozessindustrie • Prozessauftrag • Stammdaten • Fertigungssteuerungsprofile definieren (Transaktion CORY). Im Gegensatz zum Fertigungssteuerer verbirgt sich hinter dem Fertigungssteuerungsprofil eine Vielzahl von Steuerparametern, die wir Ihnen im Folgenden erläutern (siehe Abbildung 3.10 und Abbildung 3.11).

Im Bereich Automatische Aktionen legen Sie fest, welche Aktionen bei der Eröffnung und bei der Freigabe eines Prozessauftrags automatisch erfolgen sollen. Dazu zählt die Freigabe direkt bei der Eröffnung sowie das Erzeugen des Steuerrezepts, das Drucken der Auftragspapiere und die erneute Terminierung des Auftrags bei der Freigabe.

Wenn Sie das Kennzeichen Verfügbare Teilmenge bestätigen setzen, wird die prozentual größte Fehlmenge einer Komponente bei allen Komponenten proportional gesetzt, auch wenn diese eigentlich in einer größeren Menge verfügbar wären. Das ist nur sinnvoll, wenn Sie mit einem rechtzeitigen Eintreffen der fehlenden Komponente nicht mehr rechnen und den Auftrag in einer kleineren Menge trotzdem produzieren möchten. In diesem Falle verhindern Sie mithilfe dieses Kennzeichens, dass von den übrigen Komponenten zu große Mengen bereitgestellt werden. Der Bereich Kapazitätsplanung enthält Steuerdaten zur Kapazitätsverfügbarkeitsprüfung sowie das Profil zum Kapazitätsabgleich.

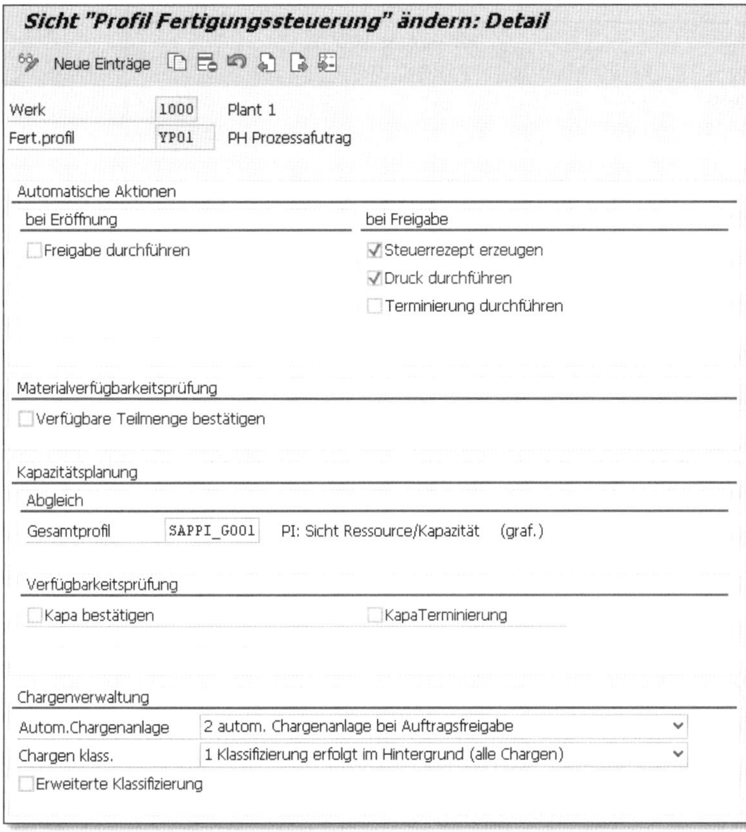

Abbildung 3.10 Fertigungssteuerungsprofil – Teil 1

Im Bereich Chargenverwaltung geben Sie im Feld Autom.Chargenanlage an, ob bei Auftragseröffnung oder bei Auftragsfreigabe direkt eine Charge des zu produzierenden Materials angelegt werden soll. Diese wird dann in den Kopfdaten des Prozessauftrags auf dem Reiter Wareneingang automatisch eingetragen. Voraussetzung dafür ist, dass Sie die automatische Chargennummernvergabe aktiviert haben, was Sie unter folgendem IMG-Pfad vornehmen: Logistik Allgemein • Chargenverwaltung • Chargennummernvergabe • Interne Chargennummernvergabe aktivieren (Transaktion OMCZ). Zudem können Sie über das Feld Chargen klass. steuern, ob die Charge auch mit der Chargenklasse aus dem Materialstamm klassifiziert werden soll. Falls Sie das Kennzeichen Erweiterte Klassifizierung gesetzt haben, werden zudem die Customer-Exits zur automatischen Bewertung der Chargenmerkmale aufgerufen.

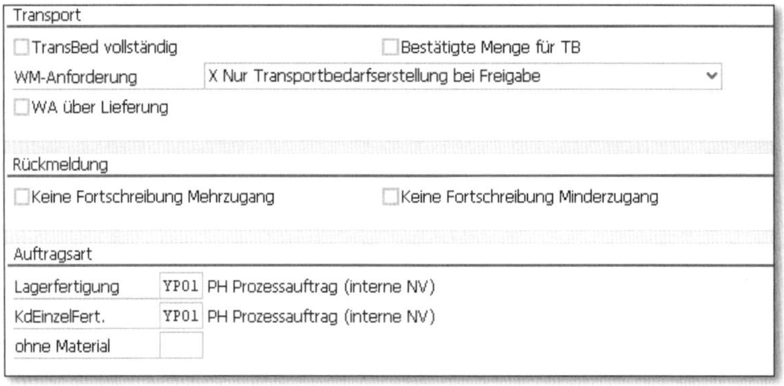

Abbildung 3.11 Fertigungssteuerungsprofil – Teil 2

Im Bereich Transport steuern Sie die Materialbereitstellung der Einsatzkomponenten über die Komponente Warehouse Management (WM). Für den Fall, dass Sie die auftragsbezogene Bereitstellung über die Strategie *Kommissionierteile* verwenden, können Sie über das Feld WM-Anforderung bei der Auftragsfreigabe automatisch Transportbedarfe oder -aufträge erzeugen lassen. Details dazu sowie zu den weiteren Kennzeichen in diesem Bereich erfahren Sie in Abschnitt 3.6.2, »Bereitstellung über die Lagerverwaltung«.

Der Bereich Rückmeldung enthält zwei Kennzeichen, mit deren Hilfe Sie die Berechnung der dispositiv relevanten Minder- bzw. Mehrzugangsmengen im Kopf des Prozessauftrags beeinflussen können. Dies wird relevant, wenn Sie eine Rückmeldung des Auftrags auf Phasenebene durchführen und dort kleinere oder größere Mengen als die Auftragsmenge endrückmelden. In diesem Falle wird ohne das Setzen der Kennzeichen die bereits abzusehende Minder- oder Mehrproduktion sofort nach der Rückmeldung dispositiv wirksam.

Im Bereich Auftragsart steuern Sie, welche Auftragsarten abhängig von der Fertigungsart automatisch herangezogen werden, wenn Sie einen Prozessauftrag zu dem Material anlegen oder ein Planauftrag in einen Prozessauftrag umgesetzt wird.

[zB]

Unterschiedliche Verwendung von Fertigungssteuerer und Fertigungssteuerungsprofil

Das Objekt Fertigungssteuerer können Sie verwenden, um Materialien entweder aus Prozesssteuerungssicht oder aus Sicht der Verantwortlichkeit zu gruppieren:

- **Prozesssteuerung**
  Falls Sie im Fertigungssteuerer ein Fertigungssteuerungsprofil hinterlegen, werden alle Materialien, denen Sie diesen Fertigungssteuerer zuordnen, mit densel-

ben Steuerparametern versehen. Dadurch gruppieren Sie Materialien, die ähnliche Parameter der Prozesssteuerung haben, z. B. Materialien einer Produktionsstufe. Sie können die Fertigungssteuerer dann z. B. »Halbfabrikat Wirkstoff«, »Halbfabrikat Fertigung«, »Fertigprodukt Milcherzeugnisse« oder »Abfülllinie 1« nennen.

- **Verantwortlichkeit**
  Falls Sie kein Fertigungssteuerungsprofil mit einem Fertigungssteuerer verknüpfen, können Sie jedem Material beide Objekte separat zuordnen und somit beliebige Kombinationen ermöglichen. In diesem Fall können Sie den Fertigungssteuerer auch nutzen, um die Materialien aus Sicht der Verantwortlichkeit zu gruppieren, z. B. produktionsstufenübergreifend pro Produktlinie. Sie benennen die Fertigungssteuerer dann z. B. »Produktion Katalysatoren« oder »Produktion Weichkäse«.

3.4 Eröffnung eines Prozessauftrags

Einen Prozessauftrag können Sie manuell ohne Referenz anlegen oder durch eine Umsetzung eines Planauftrags, der in der Bedarfsplanung oder mit SAP Advanced Planning and Optimization (APO) erzeugt wurde. Die Umsetzung findet in der Regel durch die Disponenten oder die Produktionsplaner statt und kann sowohl in SAP ERP als auch in SAP APO erfolgen. Die möglichen Varianten des Umsetzens und des Anlegens in der Komponente PP-PI lernen Sie im Folgenden kennen, Details zur Umsetzung in SAP APO erhalten Sie in Abschnitt 8.2, »Integration mit SAP APO«. Weiterhin sehen Sie, welche Aktionen wie Stammdatenübernahme, Kalkulation, Terminierung und Verfügbarkeitsprüfung der Materialkomponenten bei der Umsetzung im Hintergrund ablaufen.

3.4.1 Eröffnungsvarianten

Sie haben unterschiedliche Möglichkeiten, einen Prozessauftrag anzulegen. Sie können entweder einen oder mehrere Planaufträge aus der Bedarfsplanung umsetzen oder den Prozessauftrag mit oder ohne Material manuell anlegen.

Prozessauftrag manuell anlegen

Um einen Prozessauftrag für ein Material manuell anzulegen, wählen Sie den Menüpfad Logistik • Produktion Prozess • Prozessauftrag • Prozessauftrag • Anlegen • Mit Material (Transaktion COR1). Hier müssen Sie auf jeden Fall eine Materialnummer, ein Produktionswerk und eine Prozessauftragsart angeben (siehe Abbildung 3.12).

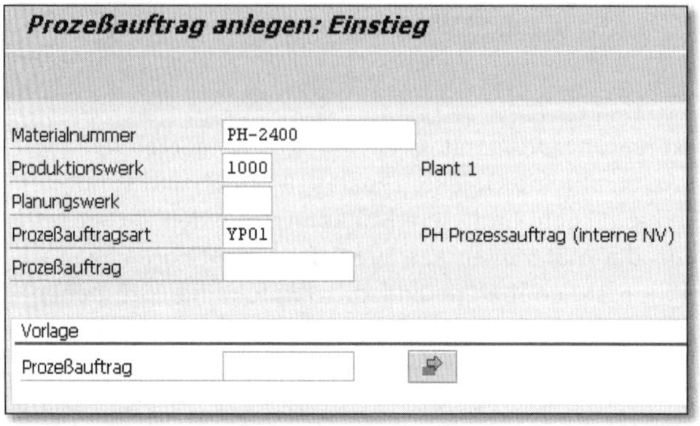

Abbildung 3.12 Prozessauftrag manuell anlegen

Zusätzliche bzw. davon abweichende Daten geben Sie unter den folgenden Bedingungen ein:

- Falls dem Fertigungssteuerungsprofil des Materials eine Prozessauftragsart zugewiesen ist, wird diese automatisch gelesen. In diesem Fall müssen Sie diese hier nicht zwingend eintragen.
- Das Arbeiten mit einem Planungswerk ist eine Funktion der Bedarfsplanung. Ein Planungswerk verwenden Sie dann, wenn Sie in einem anderen Werk produzieren möchten. In diesem Fall hat das Material einen entsprechenden Sonderbeschaffungsschlüssel mit der Sonderbeschaffungsart P (Produktion in anderem Werk) in der Materialstammsicht Disposition 2 eingestellt. Auf Basis dieser Einstellung planen Sie den Bedarf im Planungswerk, in dem Sie auch den Wareneingang buchen. Die Produktion, d. h. die Rückmeldung des Auftrags und die Entnahmen der Komponenten, findet aber im Produktionswerk statt.
- Falls Sie für die gewählte Prozessauftragsart eine externe Nummernvergabe eingestellt haben, geben Sie zudem eine gültige Prozessauftragsnummer in das Feld Prozessauftrag ein.

[»]

Prozessauftrag ohne Materialbezug

Sie können einen Prozessauftrag auch ohne Materialbezug anlegen, z. B. um mittels eines Reinigungsauftrags Kosten zu erfassen und eine Ressource kapazitiv zu belasten. Dazu nutzen Sie die Transaktion Logistik • Produktion Prozess • Prozessauftrag • Prozessauftrag • Anlegen • Ohne Material (Transaktion CORO).

Nachdem Sie die Taste ↵ gedrückt haben, gelangen Sie in den Auftragskopf, in dem Sie dann Menge und Termine angeben (siehe Abbildung 3.13). Auf dem Reiter Allgemeine Daten im Feld Gesamtmenge geben Sie die geplante Auftragsmenge ein. Im Bereich Terminierung wählen Sie im Dropdown-Menü des Feldes Art eine Terminierungsart aus. Abhängig von der Terminierungsart müssen Sie im Bereich Termine zusätzlich entweder einen Starttermin (bei Vorwärtsterminierung) oder einen Endtermin (bei Rückwärtsterminierung) eingeben. Falls Sie sich für die Terminierungsart Tagesdatum entscheiden, führt das System auf Basis des aktuellen Datums eine Vorwärtsterminierung aus. Wenn Sie nun die Taste ↵ drücken, werden die Stammdaten gelesen, der Auftrag wird terminiert, kalkuliert etc. (siehe dazu den Abschnitt 3.4.2, »Aktionen bei Eröffnung«).

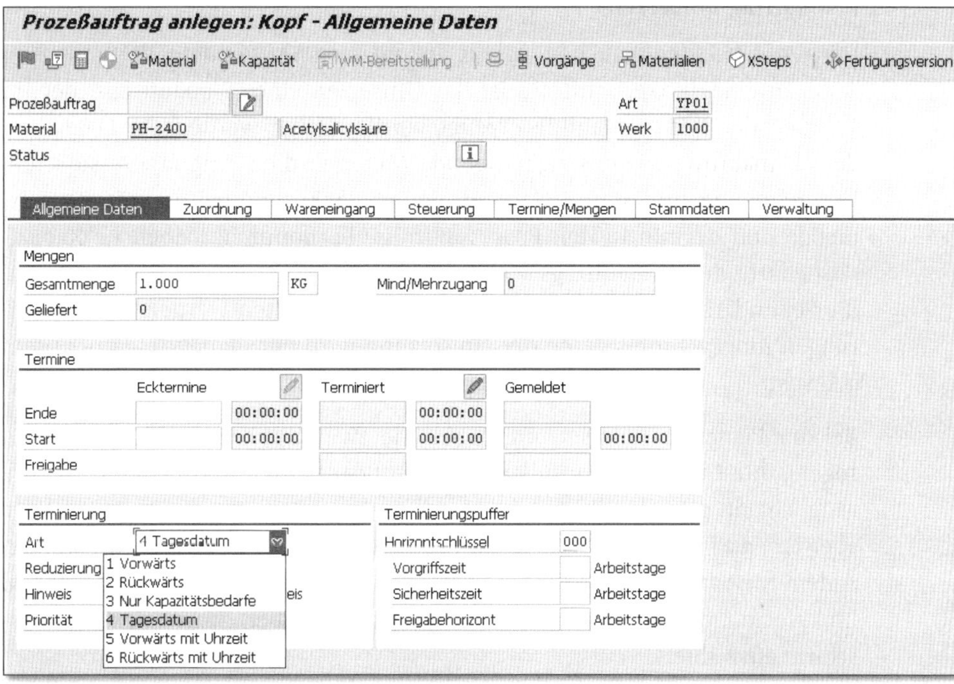

Abbildung 3.13 Prozessauftrag anlegen – Kopfdaten

Darüber hinaus haben Sie die Möglichkeit, einen Auftrag durch Kopie eines existierenden Belegs anzulegen. Dafür geben Sie im Bereich Vorlage den Prozessauftrag an, den Sie als Vorlage verwenden möchten (siehe Abbildung 3.12). Hierbei werden das zu produzierende Material und die Auftragsmenge übernommen. Über eine optionale Objektauswahl entscheiden Sie, welche Daten des Vorlagenauftrags weiterhin kopiert werden sollen, wie

Abrechnungsvorschrift, Vorgänge, Stücklistenkomponenten, Anordnungsbeziehungen und Prozessvorgaben/XSteps. In die Objektauswahl gelangen Sie, indem Sie den Button (VORLAGEOBJEKTE AUSWÄHLEN) anklicken (siehe Abbildung 3.12).

[»] **Manuelles Anlegen von Prozessaufträgen**

In der Regel werden Sie Prozessaufträge auf Basis von Planaufträgen anlegen bzw. Planaufträge umsetzen. Falls Sie allerdings kurzfristig auf Änderungen reagieren müssen, Korrekturen im Produktionsplan vornehmen müssen oder manuell eine Aufarbeitung anstoßen möchten, kann es durchaus sein, dass Sie Prozessaufträge auch manuell anlegen.

Planauftrag umsetzen

Die wohl bei der täglichen Arbeit am meisten verwendete Variante zum Anlegen eines Prozessauftrags ist das Umsetzen eines Planauftrags, der im Rahmen der Bedarfsplanung erzeugt wurde. Dabei werden die Daten aus dem Planauftrag wie das zu fertigende Material, die Fertigungsversion, die Bedarfsmenge und der Bedarfstermin sowie Komponenten mit Bedarfsmenge und -termin in den Prozessauftrag übernommen. Mögliche Kapazitätsbedarfe des Planauftrags werden auf den Prozessauftrag übernommen, die Sekundärbedarfe für die Planauftragskomponenten werden in Reservierungen umgewandelt. Nach der Umsetzung wird der Planauftrag außerdem gelöscht.

Bei der Planauftragsumsetzung haben Sie zwei Optionen: Sie führen eine sogenannte Einzelumsetzung eines Planauftrags durch und haben dabei die Möglichkeit, nur eine Teilmenge in einen Prozessauftrag umzusetzen oder aber einen Planauftrag in mehrere Prozessaufträge umzusetzen. Sie können zudem die Sammelumsetzung nutzen, um mehrere Planaufträge auf einmal umzusetzen, die Sie aufgrund spezieller Kriterien über einen Selektionsbildschirm auswählen.

Die Einzelumsetzung stoßen Sie z. B. über den Menüpfad LOGISTIK • PRODUKTION PROZESS • PROZESSAUFTRAG • PROZESSAUFTRAG • ANLEGEN • MIT PLANAUFTRAG (Transaktion COR7) an. Sie können einen Planauftrag auch über die aktuelle Bedarfs- und Bestandsliste in der Bedarfsplanung umsetzen, was der praktikablere Weg ist, da Sie hier von der Bestands- und Planungssituation des Materials ausgehen und die Planauftragsnummer nicht kennen müssen.

Für eine Sammelumsetzung mehrerer Planaufträge wählen Sie den Menüpfad Logistik • Produktion Prozess • Prozessauftrag • Prozessauftrag • Anlegen • Mit Planaufträgen (Transaktion COR8). Hierbei können Sie als Selektionsparameter in den Feldern Eröffnung (Selektion von – bis) einen Zeitraum zur Selektion von Planaufträgen angeben (siehe Abbildung 3.14). Dadurch werden alle Aufträge zur Umsetzung selektiert, deren Eröffnungstermin in diesen Zeitraum fällt. Der Eröffnungstermin eines Prozessauftrags wird hierbei über den sogenannten *Eröffnungshorizont* berechnet, der im Horizontschlüssel definiert ist, den Sie im Materialstamm auf der Sicht Disposition 2 pflegen und der in den Prozessauftragskopf kopiert wird. Dieser Eröffnungshorizont wird dabei vom Eckstarttermin des Prozessauftrags abgezogen.

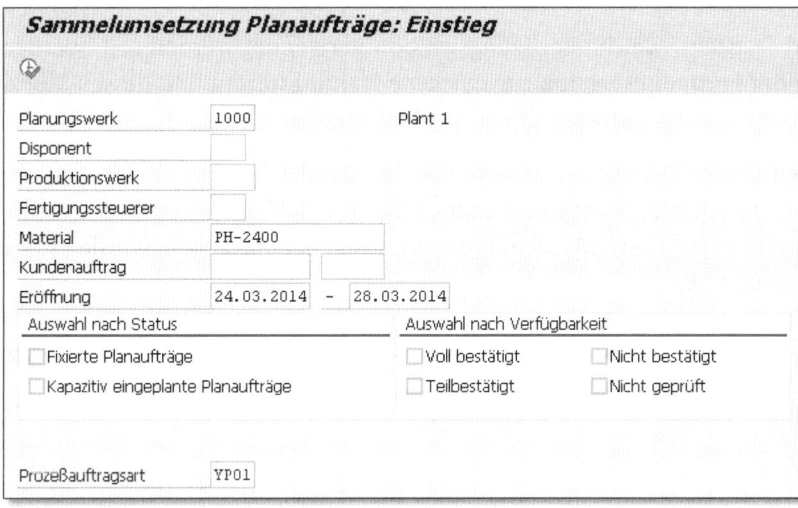

Abbildung 3.14 Sammelumsetzung Planaufträge – Einstieg

Es stehen Ihnen zudem weitere Selektionskriterien zur Verfügung, wie Disponent, Fertigungssteuerer sowie Selektionskennzeichen zum Status des Planauftrags und zur Verfügbarkeit der Komponenten.

3.4.2 Aktionen bei Eröffnung

Beim Anlegen eines Prozessauftrags werden verschiedene Aktionen im Hintergrund ausgeführt: Nach der Selektion der Stammdaten werden die Plankosten ermittelt, der Auftrag wird terminiert, und gegebenenfalls werden Kapazitätsbedarfe erzeugt.

Stammdatenselektion

Nachdem Sie beim Anlegen des Auftrags im Auftragskopf die Auftragsmenge und die Daten zur Terminierung eingegeben haben, haben Sie zwei Möglichkeiten:

1. Sie drücken die Taste [↵]; daraufhin wird gemäß den Einstellungen zur Auftragsart die Fertigungsversion automatisch gezogen, oder Sie wählen eine Fertigungsversion manuell aus.
2. Sie klicken auf den Button [Fertigungsversion] (SELEKTION ÜBER FERTIGUNGSVERSION), ohne zuvor die Taste [↵] zu drücken. Es erscheint daraufhin ein Pop-up, in dem Sie manuell eine geeignete Fertigungsversion auswählen können – unabhängig davon, ob eine automatische oder eine manuelle Auswahl der Fertigungsversion für die Auftragsart eingestellt ist.

Sobald feststeht, welche Fertigungsversion verwendet werden soll, werden das in der Fertigungsversion zugewiesene Planungsrezept und dessen Stückliste sowie weitere Informationen aus dem Materialstamm gelesen.

Auf dem Reiter STAMMDATEN können Sie nachvollziehen, welche Fertigungsversion, welches Planungsrezept und welche Stückliste zu welchem Auflösungstermin als Basis für den Prozessauftrag herangezogen wurde (siehe Abbildung 3.15).

Abbildung 3.15 Ausschnitt Prozessauftragskopf – Stammdaten

Die aus dem Materialstamm kopierten Zuordnungen zum Disponent (Sicht Disposition 1), Fertigungssteuerer und dem Fertigungssteuerungsprofil (Sicht Arbeitsvorbereitung) finden Sie auf dem Reiter Zuordnung (siehe Abbildung 3.16). Hinter dem Fertigungssteuerungsprofil verbergen sich Steuerparameter wie automatische Chargenanlage, Steuerrezepterzeugung etc. (siehe Abschnitt 3.3.2, »Fertigungssteuerer und Fertigungssteuerungsprofil«). Weiterhin wird dort im Feld Reservierung die Reservierungsnummer für die Materialreservierungen und im Falle einer In-Prozess-Kontrolle über die Komponente QM im Feld Prüflos die zugeordnete Prüflosnummer abgelegt. Zudem finden Sie im Feld Planauftrag den zugrunde liegenden Planauftrag, falls der Prozessauftrag durch eine Umsetzung entstanden ist.

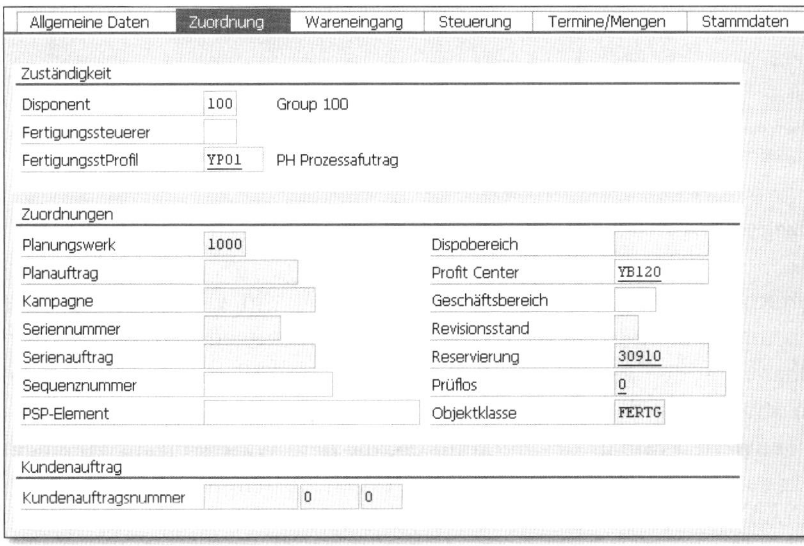

Abbildung 3.16 Ausschnitt Prozessauftragskopf – Zuordnung

Nachlesen der Stammdaten [«]

Falls Sie die Stammdaten, d. h. die Fertigungsversion mit Planungsrezept und Stückliste, erneut lesen und in den Auftrag kopieren möchten, können Sie dies im Prozessauftragskopf auf dem Reiter Stammdaten über den Button (Nachlesen Stammdaten) anstoßen. Anschließend wählen Sie die Fertigungsversion aus und haben zusätzlich die Möglichkeit, das Auflösungs- bzw. Gültigkeitsdatum für Planungsrezept und Stückliste anzupassen.

Solange der Auftrag noch nicht freigegeben ist, ist ein Nachlesen der Stammdaten problemlos möglich. Falls der Auftrag bereits freigegeben ist, ist dies nur dann möglich, wenn noch keine Buchungen wie Warenbewegungen oder Rückmeldungen für den Auftrag erfasst wurden. Zudem wird der Auftragsstatus nach dem Nachlesen wieder auf Eröffnet zurückgesetzt.

Auf dem Reiter Wareneingang finden Sie Informationen und Steuerparameter rund um die Zugangsbuchung der gefertigten Materialien ins Lager (siehe Abbildung 3.17).

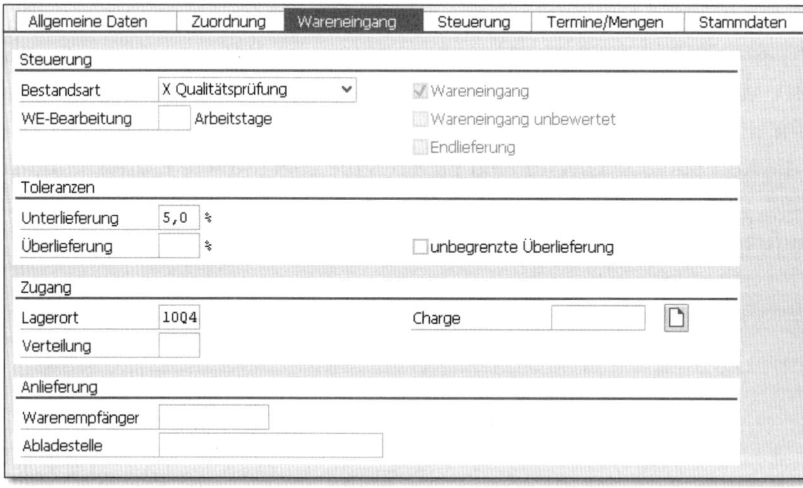

Abbildung 3.17 Ausschnitt Prozessauftragskopf – Wareneingang

Im Bereich Steuerung steuert das Feld Bestandsart, in welchen Bestand der Wareneingang zum Prozessauftrag gebucht wird: entweder in den frei verwendbaren, in den gesperrten oder den Qualitätsprüfbestand. Falls Sie die Prüflosabwicklung der Komponente QM einsetzen, ist dies abhängig von einer aktivierten Prüfart der Herkunft 04, die dem Wareneingang zu einem Auftrag aus der Produktion zugeordnet ist (siehe Abschnitt 8.1, »Integration mit QM«). Ohne die Prüflosabwicklung wird das Feld initial auf frei verwendbar gesetzt oder auf Qualitätsprüfung, falls im Materialstamm das Kennzeichen Buchen in Q-Bestand gesetzt ist (Sicht Qualitätsmanagement). Weiterhin finden Sie im Feld WE-Bearbeitung die Wareneingangsbearbeitungszeit aus dem Materialstamm (Sicht Disposition 2). Diese wird auf den Produktionsendtermin addiert, um so das Verfügbarkeitsdatum der geplanten Auftragsmenge zu bestimmen.

Im Bereich Toleranzen finden Sie Informationen zu den Über- und Unterlieferungstoleranzen, die ebenfalls aus dem Materialstamm kommen (Sicht Arbeitsvorbereitung). Im Bereich Zugang wird der Lagerort für den Wareneingang angegeben. Dieser kommt entweder aus dem Feld Produktionslagerort aus dem Materialstamm (Disposition 2 und Arbeitsvorbereitung) oder aus dem Feld Empfang. Lagerort in der Fertigungsversion, wobei dieser Eintrag priorisiert wird.

Produktionslagerort bei der Verwendung von Dispositionsbereichen [!]

Falls Sie Dispositionsbereiche verwenden und dort einen Produktionslagerort pflegen, wird dieser beim Anlegen des Planauftrags gelesen und dann auch bei der Umsetzung in den Prozessauftrag übernommen.

Weiterhin finden Sie hier im Feld VERTEILUNG den sogenannten *Verteilungsschlüssel*. Mithilfe eines Verteilungsschlüssels, den Sie in der Fertigungsversion pflegen, können Sie aus Bedarfsplanungssicht die Wareneingangsmengen tageweise auf die Auftragsdauer verteilen. Die Verteilungsschlüssel pflegen Sie werksspezifisch im Customizing über den IMG-Pfad PRODUKTIONSPLANUNG PROZESSINDUSTRIE • STAMMDATEN • PLANUNGSREZEPT • MATERIALLISTE • POSITIONSDATEN • POSITIONSDATEN AUS ANGRENZENDEN ARBEITSGEBIETEN • VERTEILUNGSSCHLÜSSEL FESTLEGEN (Transaktion SPRO).

Einsatz eines Verteilungsschlüssels [«]

Falls Sie z. B. den vorhandenen Schlüssel GLEI verwenden, werden die Zugangstermine des Wareneingangs auf die gesamte Produktionsdauer gleichmäßig verteilt und nicht wie im Falle ohne Verteilungsschlüssel komplett auf den Produktionsendtermin gesetzt. Für eine Produktion von 1.000 KG, die fünf Tage dauert, würde dadurch jeden Tag eine Zugangsmenge von 200 KG aus Bedarfsplanungs- und Verfügbarkeitssicht geplant werden. Dieses Vorgehen wäre z. B. für eine kontinuierliche Produktion mit länger laufenden Prozessaufträgen sinnvoll.

Im Feld CHARGE können Sie bereits im Auftrag eine Chargennummer für das zu produzierende Material vergeben. Falls im Fertigungssteuerungsprofil eine automatische Chargenanlage vorgesehen ist, wird beim Anlegen oder bei der Freigabe des Auftrags eine Chargennummer generiert und hier eingetragen (siehe Abschnitt 3.3.2, »Fertigungssteuerer und Fertigungssteuerungsprofil«). Alternativ können Sie auch einfach eine Charge eingeben, die dann nach Bestätigung angelegt wird. Wenn Sie auf den Button Charge (CHARGE ANLEGEN) klicken, wird bei aktiver automatischer Chargennummernvergabe eine Chargennummer vergeben und der Chargenstamm dazu angelegt.

Terminierung

Sobald die Stammdaten gelesen und ein Planungsrezept in den Prozessauftrag kopiert wurde, sind die Vorgangs- und Phasendaten sowie die Ressourcen bekannt, auf denen der Auftrag produziert wird. Auf Basis dieser Daten wird für den Auftrag eine Durchlaufterminierung angestoßen. In Abbildung 3.18 sehen Sie ein Beispiel für eine Vorwärtsterminierung.

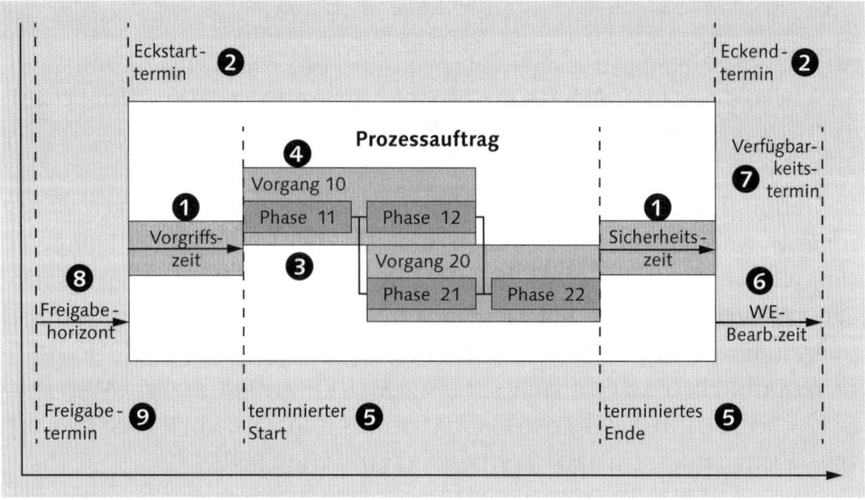

Abbildung 3.18 Terminierung eines Prozessauftrags

Zunächst wird der Horizontschlüssel herangezogen, den Sie im Materialstamm auf der Sicht DISPOSITION 2 pflegen und der in den Prozessauftragskopf kopiert wird. Dieser enthält die sogenannte Vorgriffszeit und die Sicherheitszeit ❶, die jeweils als Puffer nach dem Eckstart- bzw. vor dem Eckendtermin ❷ eingefügt werden. Dazwischen werden die Phasen auf Basis Ihrer Vorgabewerte aus dem Planungsrezept terminiert ❸. Die Termine werden dann auf Vorgangsebene verdichtet ❹ und bilden so die Produktionstermine, auch *terminierte Termine* ❺ genannt. Nach der Sicherheitszeit wird zur Berechnung des Eckendtermins zudem die Wareneingangsbearbeitungszeit ❻ aus der Materialstammsicht DISPOSITION 2 addiert. Der daraus berechnete Termin ist dann der Verfügbarkeitstermin ❼. Ebenfalls aus dem Horizontschlüssel kommt der Freigabehorizont ❽. Wenn Sie diesen vom Eckstarttermin abziehen, kommen Sie zum Freigabetermin ❾, an dem der Auftrag freigegeben werden sollte.

Über die Terminierungsparameter haben Sie Einfluss darauf, wie die Terminierung eines Prozessauftrags durchgeführt werden soll. Diese finden Sie im Customizing über den IMG-Pfad PRODUKTIONSPLANUNG PROZESSINDUSTRIE • PROZESSAUFTRAG • VORGÄNGE • TERMINIERUNG • TERMINIERUNGSPARAMETER FESTLEGEN (Transaktion OPUZ). Hier pflegen Sie pro Werk, Auftragsart und optional Fertigungssteuerer die Steuerungsparameter für die Prozessauftragsterminierung (siehe Abbildung 3.19).

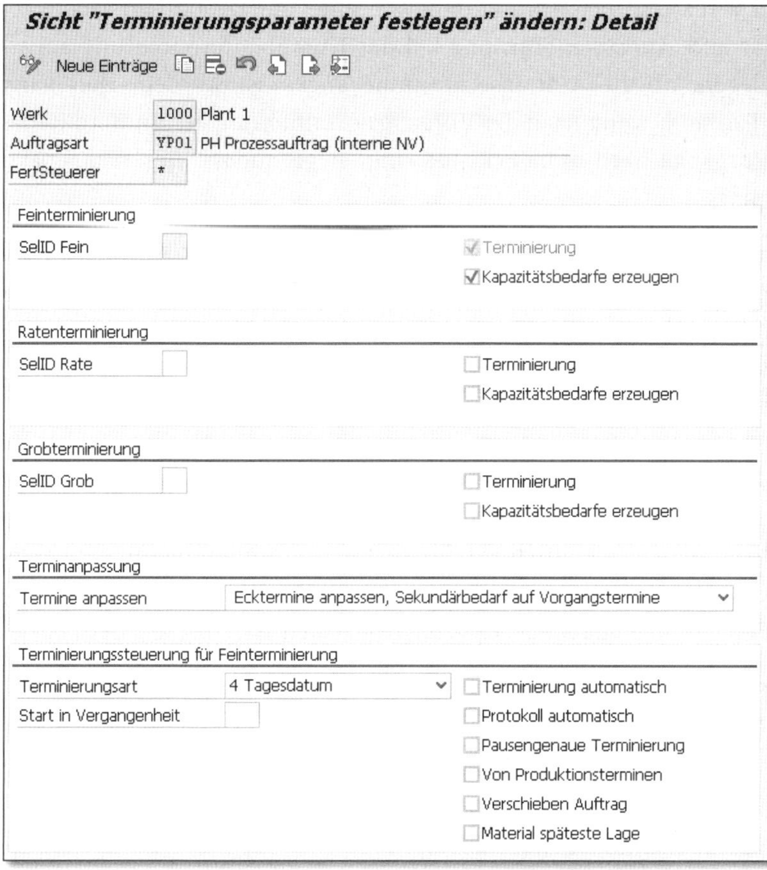

Abbildung 3.19 Steuerungsparameter für die Prozessauftragsterminierung pflegen

Für die Terminierung von Prozessaufträgen sind lediglich die Parameter zur Feinterminierung im gleichnamigen Bereich relevant. Damit ist die Durchlaufterminierung gemeint, die immer auf Basis eines Planungsrezepts erfolgt. Raten- und Grobterminierung kommen hier nicht zum Einsatz. Die relevanten Einstellungen für Prozessaufträge befinden sich deshalb in den Bereichen FEINTERMINIERUNG, TERMINANPASSUNG und TERMINIERUNGSSTEUERUNG FÜR FEINTERMINIERUNG.

Über das Kennzeichen KAPAZITÄTSBEDARFE ERZEUGEN im Bereich FEINTERMINIERUNG steuern Sie, ob für die Prozessaufträge überhaupt eine Kapazitätsplanung durchgeführt werden soll. Nur dann werden für die Phasen des Auftrags auf Vorgangsebene aggregierte Kapazitätsbedarfe auf den Ressourcen erzeugt.

Im Bereich TERMINANPASSUNG können Sie über das Dropdown-Menü des Feldes TERMINE ANPASSEN (Termine bei der Durchlaufterminierung anpassen) festlegen, ob die Auftragsecktermine angepasst werden. Dies kann z. B. der Fall sein, wenn nach der Vorgangsterminierung der Endtermin des letzten Vorgangs nach dem Eckendtermin liegt, sodass dieser angepasst werden muss.

Im Bereich TERMINIERUNGSSTEUERUNG FÜR FEINTERMINIERUNG pflegen Sie Parameter, die direkten Einfluss auf die Durchführung der Terminierung der Prozessaufträge haben. Ein Prozessauftrag wird dabei immer sowohl vorwärts- als auch rückwärtsterminiert. Über das Feld TERMINIERUNGSART steuern Sie, welche Terminierungsrichtung zuerst berücksichtigt wird. Im Feld START IN VERGANGENHEIT können Sie optional eine Anzahl Tage eingeben, die der Auftragsstarttermin im Falle einer Rückwärtsterminierung in der Vergangenheit liegen darf. Falls der terminierte Starttermin dann vor diesem Termin liegt, wird automatisch auf die Vorwärtsterminierung mit dem aktuellen Tagesdatum als Starttermin umgeschaltet. Des Weiteren können Sie in diesem Bereich folgende Steuerkennzeichen setzen:

- TERMINIERUNG AUTOMATISCH: Wenn Sie eine Änderung im Prozessauftrag vorgenommen haben, wird beim Sichern des Auftrags automatisch eine Neuterminierung durchgeführt.
- PROTOKOLL AUTOMATISCH: Nach der Terminierung wird das Terminierungsprotokoll automatisch angezeigt.
- PAUSENGENAUE TERMINIERUNG: Die Pausenzeiten der Kapazitäten bzw. Schichtprogramme werden exakt bei der Terminierung berücksichtigt. Dadurch kann ein berechneter Termin nicht in die Pausenzeit einer Kapazität fallen.
- VON PRODUKTIONSTERMINEN: Hierüber steuern Sie, ob Sie beim Anlegen eines Auftrags als Ausgangspunkt für die Terminierung einen Ecktermin oder einen terminierten Termin (Produktionstermin) mit Uhrzeit eingeben müssen. Dadurch können Sie bei der manuellen Auftragsanlage eine exakte gewünschte Produktionsanfangs- oder -endezeit ohne Berücksichtigung der Vorgriffs- und Sicherheitszeit mitgeben.
- VERSCHIEBEN AUFTRAG: Teilrückgemeldete Vorgänge bzw. Phasen werden mit diesem Kennzeichen neu terminiert, sodass die bereits erfassten Ist-Termine nicht berücksichtigt werden. Dadurch können sich die Vorgangstermine auch nach einer erfolgten Teilrückmeldung nochmals ändern.

Wenn Sie das Kennzeichen nicht setzen, werden teilrückgemeldete Vorgänge wie endrückgemeldete behandelt und nicht mehr neu terminiert.

- Material späteste Lage: Die Bedarfstermine der Komponenten werden bei gesetztem Kennzeichen auf den spätesten terminierten Starttermin eines Vorgangs gesetzt bzw. bei Nebenprodukten auf den spätesten terminierten Endtermin eines Vorgangs. Ansonsten ist der früheste terminierte Termin ausschlaggebend für den Bedarfstermin.

Die Felder im Bereich Reduzierung (in Abbildung 3.19 nicht zu sehen) sind für die Prozessaufträge nicht relevant, da hier keine Reduzierungsstrategien wie in der Komponente PP zum Einsatz kommen.

Auswirkung des Vorgangsstatus auf die Terminierung [«]

Beachten Sie, dass endrückgemeldete Vorgänge, d. h. Vorgänge, deren Phasen alle endrückgemeldet sind, nicht mehr neu terminiert werden. Hier werden immer die rückgemeldeten Ist-Termine als Vorgangs- bzw. Phasentermine übernommen.

Sobald die Terminierung im Prozessauftrag durchgeführt wurde, sehen Sie auf dem Reiter Termine/Mengen die Gegenüberstellung von Terminen und auch Mengen im Plan und im Ist (siehe Abbildung 3.20). Sie finden hier die ursprünglich geplanten (z. B. Ecktermine, terminierte Termine, Planauftrags- und Auftragsmenge) und Ist-Informationen (gemeldete Termine und gelieferte Mengen).

Abbildung 3.20 Ausschnitt Prozessauftragskopf – Termine und Mengen

Zudem werden die aus der Verfügbarkeitsprüfung resultierenden Informationen (Gesamtbestätigungstermin und bestätigte Mengen) aufgezeigt. Der Gesamtbestätigungstermin sagt dabei aus, wann das produzierte Material z. B. für einen Kundenauftrag verfügbar sein wird. Falls wie in Abbildung 3.20 die benötigten Komponenten in einer nicht ausreichenden Menge zur Verfügung stehen, was an der bestätigten Menge von lediglich 540 KG für eine Auftragsmenge von 1.000 KG ersichtlich ist, wird als hypothetischer Gesamtbestätigungstermin der 31.12.9999 angezeigt.

Auf Vorgangsebene sehen Sie zudem die Termine der Vorgänge bzw. der Phasen. Beachten Sie hier, dass auf der Ebene der Vorgänge selbst keine Terminierung stattfindet, sondern nur für die Phasen (siehe Abbildung 3.21). Die Terminierungsdaten der Phasen eines Vorgangs werden dann auf den jeweiligen Vorgang aggregiert.

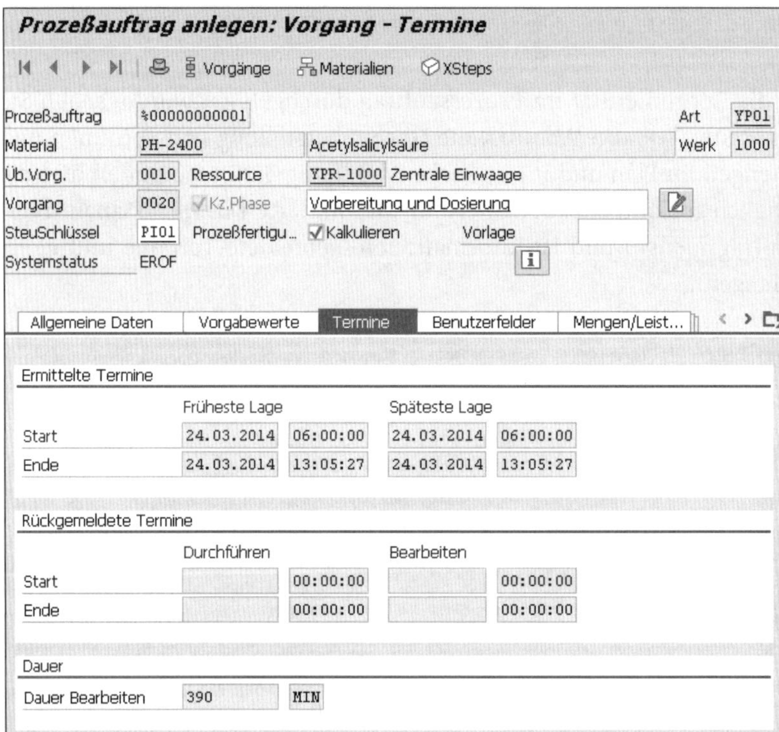

Abbildung 3.21 Vorgangsdetails im Prozessauftrag – Termine

Auf dem Reiter ALLGEMEINE DATEN im Auftragskopf finden Sie Informationen zu Mengen und Terminen sowie zu den Terminierungsparametern.

Hierbei werden die geplanten den Ist-Daten gegenübergestellt (siehe Abbildung 3.2): Gesamtmenge vs. gelieferte Menge und Eck- bzw. terminierte Termine vs. gemeldete Termine.

Kalkulation

Auf dem Reiter STEUERUNG finden Sie die Details zur Auftragskalkulation wie Kalkulationsvarianten, Kalkulationsschema, Abgrenzungs- und Abweichungsschlüssel. Die Abrechnungsvorschrift, in der Sie den Abrechnungsempfänger des Auftrags definieren, finden Sie unter dem Menüpfad KOPF • ABRECHNUNGSVORSCHRIFT. Bei einem Prozessauftrag mit Materialbezug wird dies normalerweise das produzierte Material sein. Alternativ ist hier auch ein CO-Innenauftrag oder ein Ergebnisobjekt möglich, z. B. für Reinigungsaufträge ohne Materialbezug.

Die Ermittlung der Plankosten im Rahmen der Vorkalkulation stoßen Sie im Prozessauftragskopf über den Button (KOSTEN ERMITTELN) an. Abhängig von der Einstellung in den auftragsartabhängigen Parametern können die Plankosten auch automatisch beim Sichern des Auftrags kalkuliert werden. Die Ist-Kosten zum Auftrag werden während des Produktionsprozesses im Rahmen der mitlaufenden Kalkulation fortgeschrieben, z. B. durch das Buchen von Warenbewegungen oder das Erfassen von Leistungen in Rückmeldungen. Über den Menüpfad SPRINGEN • KOSTEN • ANALYSE können Sie sich das Ergebnis der Kostenermittlung in einem Plan-Ist- sowie einem Soll-Ist-Vergleich jederzeit anzeigen lassen. Sie erhalten hier eine Übersicht über die nach Kostenarten (Materialkosten, Fertigungskosten, Gemeinkosten) gegliederten Kosten. Weiterhin finden Sie über den Menüpfad SPRINGEN • KOSTEN einen Report zum Einzelnachweis (Übersicht der einzelnen Kalkulationspositionen) und zur Schichtung (nach kalkulatorischen Kostenelementen gegliederte Übersicht).

Kapazitätsplanung

Im Rahmen der Kapazitätsplanung werden zudem Kapazitätsbedarfe für die Vorgänge auf den Ressourcen erzeugt. Als Voraussetzung muss dies in den Terminierungsparametern eingestellt sein (siehe Abbildung 3.19).

Protokolle

Über den Menüpfad SPRINGEN • PROTOKOLLE stehen Ihnen im Auftrag alle Protokolle zur Verfügung, die nach dem Ausführen einer Aktion geschrieben werden. Dazu zählen die Protokolle zum Lesen der Stammdaten, zur Freigabe, zur Terminierung, zur Kostenermittlung, zur Verfügbarkeitsprüfung, zur WM-Bereitstellung, zur Steuerrezepterzeugung, zur Syntaxprüfung und zum Setzen der Löschvormerkung.

3.4.3 Statusverwaltung

Auf allen Ebenen eines Prozessauftrags läuft im Hintergrund automatisch eine Statusverwaltung mit. Sowohl auf Kopf- als auch auf Vorgangs- und Komponentenebene wird dadurch der jeweilige Bearbeitungsstatus festgehalten. Man unterscheidet hier zwischen den Systemstatus, die fest vom SAP-System vorgegeben sind, und den Anwenderstatus, die auf Auftragskopfebene zusätzlich verfügbar sind. In diesem Abschnitt erfahren Sie, wie Sie ein Anwenderstatusschema definieren, und lernen die Historie zu Statusänderungen kennen.

Anwenderstatusschema definieren

Die Anwenderstatus definieren Sie selbst im Rahmen der Pflege eines Anwenderstatusschemas und setzen diese dann manuell im Auftrag oder z. B. über einen Customer-Exit. Ein Anwenderstatusschema legen Sie im Customizing unter dem IMG-Pfad PRODUKTIONSPLANUNG PROZESSINDUSTRIE • PROZESSAUFTRAG • STAMMDATEN • AUFTRAG • STATUSSCHEMATA DEFINIEREN (Transaktion BS02) an. Das Schema ordnen Sie dann in den globalen Einstellungen der Prozessauftragsart zu (siehe Abbildung 3.6).

Optional legen Sie die erlaubten bzw. verbotenen betriebswirtschaftlichen Vorgänge zu jedem Anwenderstatus fest. So können Sie z. B. die Freigabe eines Auftrags verbieten, solange ein bestimmter Anwenderstatus nicht gesetzt wurde. Jedem Anwenderstatus können Sie zudem einen Berechtigungsschlüssel hinterlegen, sodass Sie den Benutzern gezielt Berechtigungen für das Setzen eines Anwenderstatus vergeben können. Die Berechtigungsschlüssel definieren Sie über den IMG-Pfad PRODUKTIONSPLANUNG PROZESSINDUSTRIE • PROZESSAUFTRAG • STAMMDATEN • AUFTRAG • BERECHTIGUNGSSCHLÜSSEL FÜR ANWENDERSTATUSSCHEMA DEFINIEREN (Transaktion BS52).

Sie können die Details zu den jeweiligen Status im Auftragskopf bzw. in den Vorgangs- und Materialkomponentendetails abrufen, indem Sie auf das Icon  klicken. Sie gelangen dann z. B. im Falle des Auftragsstatus aus dem Auftragskopf auf die Statusübersicht (siehe Abbildung 3.22).

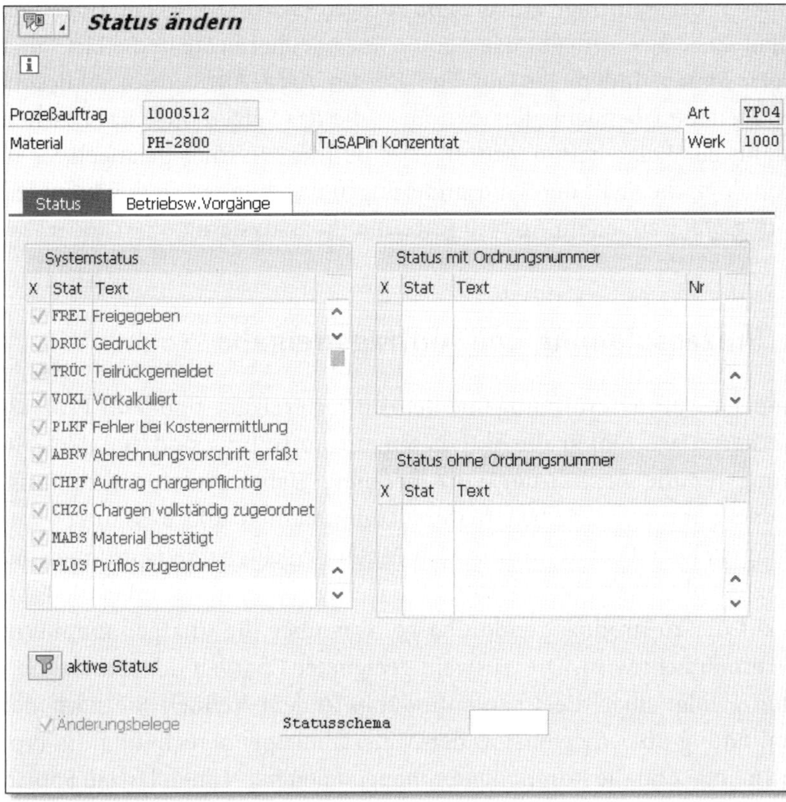

Abbildung 3.22 Details zum Auftragsstatus anzeigen

Sie sehen hier auf der linken Seite die derzeit aktiven Systemstatus. Indem Sie auf den Button klicken, werden zudem die inaktiven Systemstatus eingeblendet. Wenn Sie auf den Reiter Betriebsw. Vorgänge navigieren, werden Ihnen alle betriebswirtschaftlichen Vorgänge aufgelistet. Ein Ampelsymbol zeigt dabei jeweils, ob der Vorgang zu den derzeit gesetzten Status erlaubt (), mit Warnung erlaubt () oder verboten () ist.

Historie von Statusänderungen

Um die Fortschreibung der Statusänderungen zu aktivieren, setzen Sie im Customizing der auftragsartabhängigen Parameter die entsprechenden Kennzeichen (siehe Abbildung 3.9).

Zur Anzeige der Historie von Statusänderungen verzweigen Sie zunächst in die Details zum Auftragsstatus, indem Sie in der Anzeige oder der Bearbeitung eines Prozessauftrags auf den Button [i] (STATUS) klicken. Über den Menüpfad ZUSÄTZE • ÄNDERUNGSBELEGE • ALLE navigieren Sie in die Liste aller bisherigen Status. Indem Sie auf den Button ALLE ÄNDERUNGEN klicken, erhalten Sie eine Übersicht aller Aktionen, die das Setzen oder das Löschen eines Status zur Folge hatten. Mithilfe des Buttons HISTORIE gelangen Sie in die chronologische Sicht der Statusänderungen und können so den kompletten Auftragsstaus zu jedem Änderungszeitpunkt analysieren.

3.5 Prozessplanung und Auftragsfreigabe

Zwischen der Auftragseröffnung und der Auftragsfreigabe findet die Prozessplanung statt. Dazu zählen alle Aktivitäten, die notwendig sind, um den Prozessauftrag für die Ausführung vorzubereiten. Dabei stellen Sie zunächst sicher, dass alle erforderlichen Materialkomponenten und Ressourcen zur Verfügung stehen. Dies wird über die Materialverfügbarkeitsprüfung und die Kapazitätsplanung gewährleistet. Eine weitere Aktion ist hierbei die Festlegung auf die zu produzierende Charge, was über die Chargennummernvergabe ermöglicht wird. Die Auswahl geeigneter Chargen der Einsatzkomponenten erfolgt über die Chargenfindung. Zudem können Sie nach der Chargenfindung über den Anstoß der Materialmengenberechnung die Produktionsmenge und die Komponentenmengen neu berechnen lassen. Sobald alle Voraussetzungen für einen Start der Durchführung des Auftrags gegeben sind, geben Sie den Auftrag für die Produktion frei.

[»] **Aktionen der Prozessplanung**

Alle in diesem Abschnitt vorgestellten Aktivitäten der Prozessplanung sind optional einsetzbar und können abhängig von Ihren Prozessen aktiviert und weitestgehend automatisiert durchgeführt werden.

3.5.1 Materialverfügbarkeitsprüfung

Mithilfe der Materialverfügbarkeitsprüfung (auch kurz »Verfügbarkeitsprüfung« genannt) stellen Sie sicher, dass alle benötigten Einsatzkomponenten in der richtigen Menge zum richtigen Zeitpunkt am richtigen Ort bereitstehen. Hierbei wird dynamisch nach der sogenannten ATP-Logik geprüft. Diese berücksichtigt neben den aktuellen Beständen auch geplante Zugänge (z. B. in Form von Bestellungen bei Rohstoffen oder Prozessaufträgen bei Halbfabrikaten) und Abgänge (z. B. in Form von Reservierungen für andere

Prozessaufträge, die denselben Rohstoff benötigen) einer Komponente bis zum Bedarfszeitpunkt. Erst nach der Durchführung der Verfügbarkeitsprüfung werden die benötigten Mengen für den Auftrag fest reserviert bzw. bestätigt und stehen dadurch für andere Aufträge nicht mehr zur Verfügung. Sie steuern Zeitpunkt und Umfang der Verfügbarkeitsprüfung dabei über Einstellungen im Material und im Customizing. In diesem Abschnitt lernen Sie zunächst die dazu notwendigen Einstellungen kennen; im Anschluss daran zeigen wir Ihnen die ATP-Prüfung im Prozessauftrag.

Übersicht über die erforderlichen Einstellungen

Um eine ATP-Prüfung für Materialkomponenten in einem Prozessauftrag durchführen zu können, nehmen Sie zunächst die erforderlichen Einstellungen zu den Objekten Prüfgruppe, Prüfregel und Prüfumfang vor (siehe Abbildung 3.23).

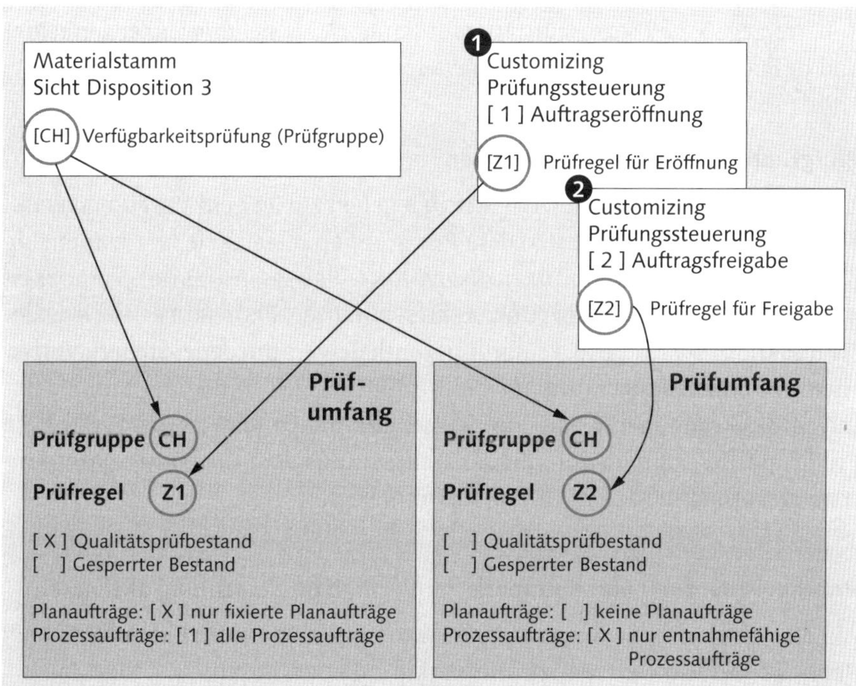

Abbildung 3.23 Verfügbarkeitsprüfung einstellen (vereinfacht)

Über die *Prüfgruppe* aus dem Materialstamm und die *Prüfregel*, die Sie einer Auftragsart zu einem Vorgang (Auftragseröffnung oder Auftragsfreigabe) hinterlegen, wird der *Prüfumfang* bestimmt. Darüber steuern Sie, welche Bestands-, Zugangs- und Abgangselemente in die Verfügbarkeitsprüfung eingehen.

Im Beispiel von Abbildung 3.23 sehen Sie, dass bei ❶ Auftragseröffnung (Prüfungssteuerung Wert 1) auch Komponenten als verfügbar angesehen werden, die sich zum Bedarfszeitpunkt noch im Qualitätsprüfbestand befinden. Es wird dadurch angenommen, dass diese Komponenten bis zum Beginn der Produktion aus dem Qualitätsprüfbestand freigegeben werden und somit zur Verfügung stehen. Ebenfalls werden fixierte Planaufträge und Prozessaufträge als verfügbare Zugänge interpretiert, da angenommen wird, dass diese Komponenten noch rechtzeitig bestellt oder gefertigt werden.

Bei der Verfügbarkeitsprüfung zur ❷ Auftragsfreigabe (Prüfungssteuerung Wert 2) kurz vor dem Start der Produktion wird jedoch Ware im Qualitätsprüfbestand nicht mehr als verfügbar angesehen. Auch Planaufträge gehen nun nicht mehr in den Prüfungsumfang ein, und lediglich entnahmefähige, d. h. freigegebene Prozessaufträge werden noch als sicherer Zugang erachtet und deshalb zur verfügbaren Menge addiert.

Prüfgruppe definieren und zuweisen

In der Materialstammsicht Disposition 3 geben Sie im Feld Verfügbarkeitsprüfung eine Prüfgruppe an. Diese Prüfgruppen pflegen Sie im Customizing über den IMG-Pfad Produktionsplanung Prozessindustrie • Prozessauftrag • Vorgänge • Verfügbarkeitsprüfung • Prüfgruppe definieren (Transaktion OVZ2). Die Prüfgruppe enthält verschiedene Steuerkennzeichen und Einstellungen, die für die Verfügbarkeitsprüfung bei Kundenaufträgen der Komponente Sales and Distribution (SD) relevant sind. Über die Prüfgruppe in Kombination mit der Prüfregel aus dem Customizing der Prüfungssteuerung wird der Prüfumfang festgelegt.

Prüfregel zuordnen und automatische Verfügbarkeitsprüfung aktivieren

Als Nächstes pflegen Sie Prüfregeln im Customizing über den IMG-Pfad Produktionsplanung Prozessindustrie • Prozessauftrag • Vorgänge • Verfügbarkeitsprüfung • Prüfregel definieren (Transaktion SPRO). Die Prüfregeln bestehen lediglich aus einem zweistelligen Code und einer Bezeichnung. Sie definieren sie in Abhängigkeit von Ihren Produktionsprozessen, bei denen Sie die Verfügbarkeitsprüfung der Materialkomponenten unterschiedlich steuern möchten. Diese könnte z. B. bei Wiederaufarbeitungsaufträgen anders aussehen als bei einer regulären Produktion. Zudem haben Sie die Möglichkeit, im nächsten Schritt im Rahmen der Prüfungssteuerung für das Anlegen des Auftrags und die Auftragsfreigabe eine unterschiedliche Prüfregel zu verwenden. Dies ermöglicht es Ihnen, bei der Freigabe einen engeren Prüfumfang zu definieren als bei der Auftragsanlage.

Die Prüfungssteuerung stellen Sie im Customizing über den IMG-Pfad PRODUKTIONSPLANUNG PROZESSINDUSTRIE • PROZESSAUFTRAG • VORGÄNGE • VERFÜGBARKEITSPRÜFUNG • PRÜFUNGSSTEUERUNG DEFINIEREN (Transaktion OPJK) ein. Hier weisen Sie der Kombination Werk, Auftragsart und Vorgang (Auftragseröffnung oder Auftragsfreigabe) eine Prüfregel zu. Darüber hinaus stehen Ihnen für die Auftragseröffnung weitere Steuerungsparameter zur Verfügung (siehe Abbildung 3.24), auf die wir im Folgenden näher eingehen.

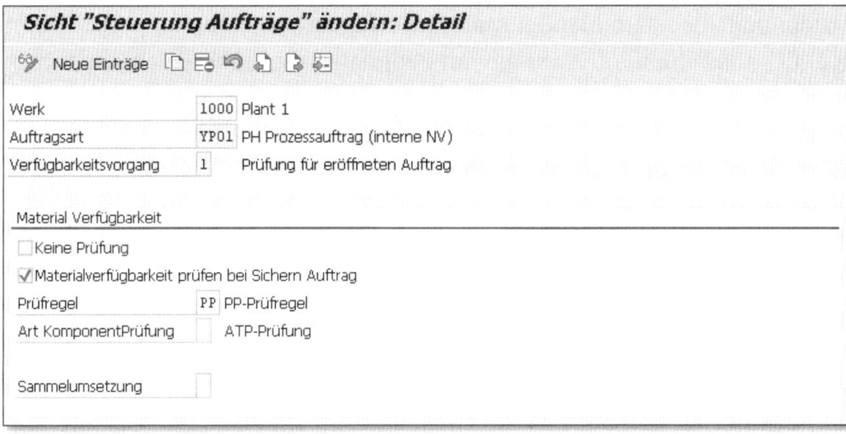

Abbildung 3.24 Steuerung der Verfügbarkeitsprüfung beim Anlegen eines Prozessauftrags

Über das Kennzeichen KEINE PRÜFUNG schalten Sie die automatische Verfügbarkeitsprüfung bei der Auftragseröffnung aus. Sie können die Verfügbarkeitsprüfung trotzdem jederzeit manuell anstoßen.

Falls Sie das Kennzeichen MATERIALVERFÜGBARKEIT PRÜFEN BEI SICHERN AUFTRAG setzen, wird im Falle einer Änderung der Daten einer Auftragskomponente (z. B. Änderung der Bedarfsmenge, des Bedarfstermins oder einer Chargenzuordnung) beim Sichern des Auftrags automatisch eine Verfügbarkeitsprüfung durchgeführt.

Im Feld PRÜFREGEL ordnen Sie die Prüfregel zu, mit deren Hilfe dann in Verbindung mit der Prüfgruppe aus dem Materialstamm der Prüfumfang bestimmt wird.

Über das Feld ART KOMPONENTPRÜFUNG steuern Sie, welche Art von Verfügbarkeitsprüfung durchgeführt werden soll: eine ATP-Prüfung oder eine Prüfung gegen Vorplanung.

[»] **Verfügbarkeitsprüfung gegen Vorplanung**

Falls Sie anstatt einer ATP-Prüfung gegen die Vorplanung prüfen möchten, muss dies im Customizing der Prüfgruppe, die der Komponente zugeordnet ist, vorgesehen sein (Kennzeichen RELPRVORP). Zudem ist eine Vorplanung auf Komponentenebene erforderlich. Dazu legen Sie für die Komponenten Planprimärbedarfe an, gegen die dann geprüft wird. Dies ist allerdings eine in der Praxis weniger verwendete Funktion.

Falls Sie die Prozessaufträge über die Sammelumsetzung von Planaufträgen anlegen, steuern Sie über das Kennzeichen SAMMELUMSETZUNG, wie sich das System im Falle von fehlender Materialverfügbarkeit verhalten soll. Sie können hier auswählen, ob Aufträge mit Fehlmaterial grundsätzlich ohne Rückmeldung vom System angelegt werden, ob die Anlage abgebrochen wird oder ob der Benutzer anhand eines Pop-ups für jeden Auftrag mit Fehlmaterial entscheiden kann, ob der Auftrag angelegt wird.

Für die Auftragsfreigabe können Sie ebenfalls analog einstellen, wie die Verfügbarkeitsprüfung gesteuert werden soll. Darüber hinaus stehen Ihnen einige zusätzliche Steuerungsparameter zur Verfügung (siehe Abbildung 3.25).

Falls Sie das Kennzeichen STATUSPRÜFUNG setzen, wird keine erneute Verfügbarkeitsprüfung bei der Auftragsfreigabe durchgeführt, sondern lediglich geprüft, ob der Status FMAT (Fehlmaterial) im Auftrag aktiv ist, um dann eine Freigabe zu verhindern. Dies ist dann sinnvoll, wenn Sie auftretende Verfügbarkeitsprobleme bei der Auftragseröffnung generell manuell untersuchen möchten.

Über das Kennzeichen FREIGABE MATERIAL steuern Sie, ob Aufträge mit Fehlmaterial grundsätzlich ohne Rückmeldung vom System freigegeben werden, ob die Freigabe abgebrochen wird oder ob der Benutzer anhand eines Pop-ups für jeden Auftrag mit Fehlmaterial entscheiden kann, ob der Auftrag freigegeben wird.

Im Bereich CHARGENZUORDNUNG befindet sich das Feld FREIGABE MATERIAL. Hiermit steuern Sie die Auftragsfreigabe, falls Sie Materialkomponenten einsetzen, für die bei Auftragsfreigabe eine Chargenzuordnung erfolgt sein muss. Dies stellen Sie im Materialstamm auf der Sicht DISPOSITION 2 oder ARBEITSVORBEREITUNG über das Feld CHARGENERFASSUNG ein. Falls hier der

Wert 1 (Manuelle Chargenfindung bei Auftragsfreigabe erforderlich) oder 3 (Automatische Chargenfindung bei Auftragsfreigabe) eingestellt ist, wird die Steuerung über das Feld Freigabe Material aktiv. In diesem Feld können Sie festlegen, dass Sie eine Auftragsfreigabe erlauben, obwohl keine Charge für eine Komponente angegeben wurde. Dazu setzen Sie das Kennzeichen auf den Wert 2 (Freigabe trotz fehlender Chargen), falls Sie dies grundsätzlich erlauben möchten. Falls in einem solchen Fall der Benutzer über die Freigabe entscheiden soll, stellen Sie den Wert 1 (Freigabe durch Benutzerentscheid bei fehlenden Chargen) ein. Für den Benutzerentscheid erscheint dann ein Pop-up. Der Unterschied zwischen der Einstellung »blank« und dem Wert 3 (Keine Freigabe bei fehlenden Chargen) besteht darin, dass bei der Einstellung »blank« ein Auftrag trotz einer eventuell offenen Menge freigegeben werden kann, falls eine Charge manuell vor der Freigabe zugeteilt wurde. Falls das Kennzeichen auf den Wert 3 gesetzt ist, muss die komplette Bedarfsmenge durch Chargenzuteilungen bedient sein, sonst wird eine Auftragsfreigabe abgelehnt.

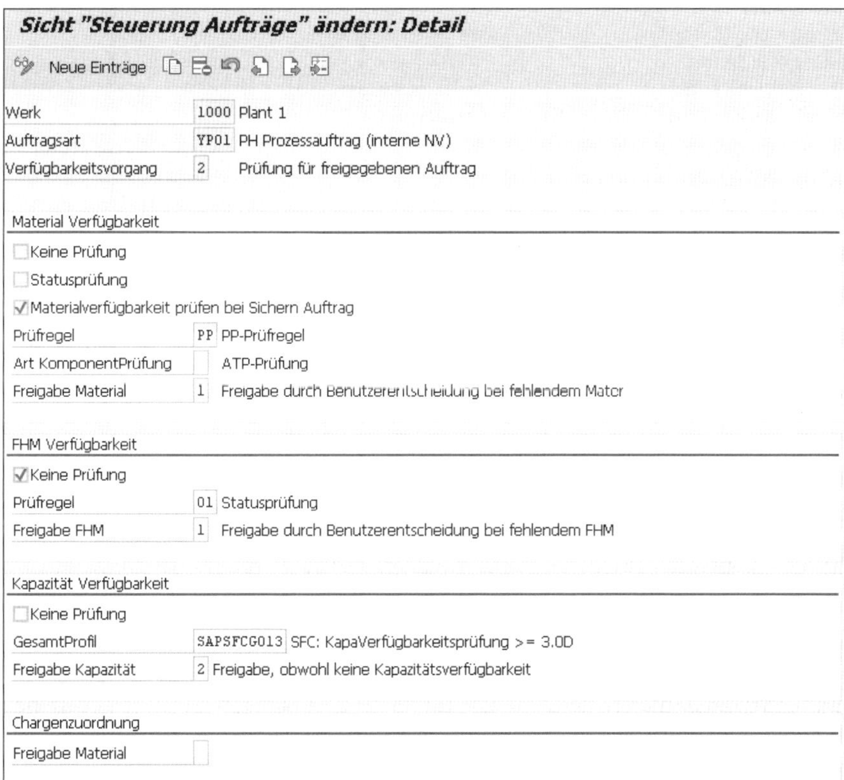

Abbildung 3.25 Steuerung der Verfügbarkeitsprüfung bei Freigabe eines Prozessauftrags

Umfang der Verfügbarkeitsprüfung festlegen

Den Umfang der Verfügbarkeitsprüfung, also welche Zugangs- und Abgangselemente in die Berechnung der verfügbaren Menge eingehen, stellen Sie im Customizing über den IMG-Pfad PRODUKTIONSPLANUNG PROZESSINDUSTRIE • PROZESSAUFTRAG • VORGÄNGE • VERFÜGBARKEITSPRÜFUNG • PRÜFUNGSUMFANG DEFINIEREN (Transaktion OPJJ) ein. Zur Kombination von PRÜFREGEL und Prüfgruppe (Feld VERFÜGBARKEITSPRÜF.) legen Sie fest, welche Bestände und welche Zu- und Abgänge als verfügbar angesehen werden (siehe Abbildung 3.26).

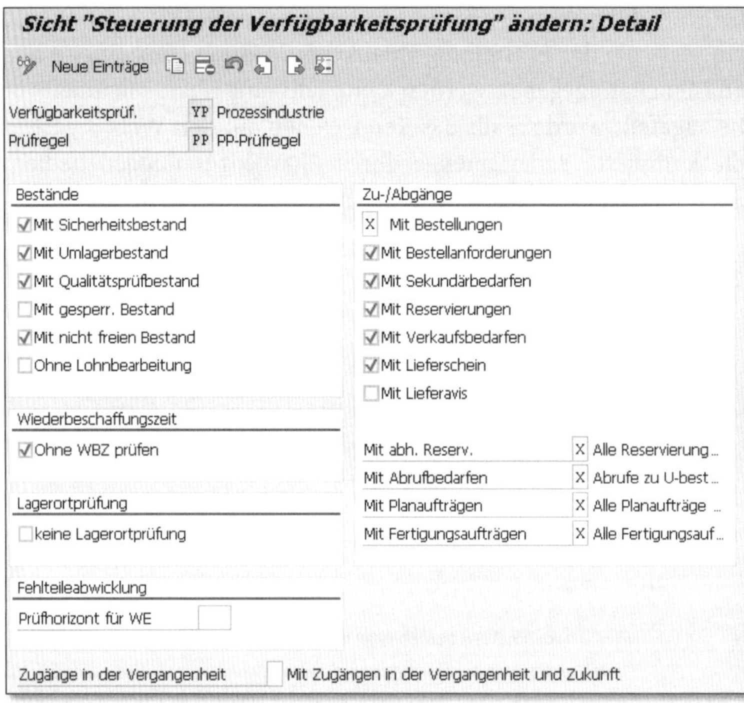

Abbildung 3.26 Prüfungsumfang festlegen

[+] **Unterschied im Prüfungsumfang bei Auftragseröffnung und Auftragsfreigabe**

Es empfiehlt sich, bei der Auftragseröffnung mit einem erweiterten Umfang zu prüfen und bei Auftragsfreigabe mit einem umso mehr verringerten Umfang, je näher die Freigabe am Produktionsbeginn liegt. Zum Beispiel können bei der Verfügbarkeitsprüfung zur Auftragseröffnung Bestellungen und freigegebene Prozessaufträge als Zugangselemente berücksichtigt werden. Es kann damit gerechnet werden, dass bis zur Auftragsfreigabe und somit bis zum Produktionsbeginn die Komponenten eingetroffen bzw. produziert worden sind und somit für eine Weiterverarbeitung zur Verfügung stehen. Bei der Verfügbarkeitsprüfung zur Auftragsfreigabe direkt vor Produktionsbeginn sollte dann lediglich auf die Bestände geschaut werden, da die Produktion unmittelbar bevorsteht und Komponenten, die noch nicht auf Lager liegen, wahrscheinlich nicht mehr rechtzeitig bereitgestellt werden können.

Ablauf der ATP-Prüfung

Abhängig von den in den oberen Abschnitten vorgestellten Einstellungen wird die ATP-Prüfung automatisch angestoßen. Sie haben zudem die Möglichkeit, die ATP-Prüfung für alle Komponenten über den Button Material (Verfügbarkeitsprüfung Material – ATP) manuell anzustoßen. Neben einem Protokoll mit den Details zu den Fehlmengen können Sie sich hier eine Fehlteilliste und eine Fehlteileübersicht anzeigen lassen. Das Prüfergebnis sehen Sie auch direkt in der Materialliste des Prozessauftrags, hier werden in der Spalte Bestätigte Menge die Ergebnisse der ATP-Prüfung ausgewiesen (siehe Abbildung 3.27).

Abbildung 3.27 Bestätigte Mengen in der Materialliste eines Prozessauftrags

Um die ATP-Prüfung gezielt für ein Material anzustoßen und weitere Details über die Verfügbarkeitssituation zu analysieren, markieren Sie eine Komponente und klicken auf den Button (Verfügbarkeit prüfen). Sie gelangen so zum Bildschirm des Bestätigungsvorschlags, in dem die bestätigte Menge mit dem Bestätigungstermin angezeigt wird (siehe Abbildung 3.28).

Wenn Sie nun auf den Button Prüfumfang klicken, wird Ihnen der zum aktuellen Vorgang im Customizing definierte Umfang der Verfügbarkeitsprüfung angezeigt (siehe Abbildung 3.26). Indem Sie auf den Button ATP-Mengen klicken, verzweigen Sie auf das Bild der Verfügbarkeitsübersicht (siehe Abbildung 3.29).

Abbildung 3.28 Bestätigungsvorschlag der ATP-Prüfung

Datum	Dispo...	Daten zum Disposition...	Zugang/Bedarf	Bestätigt	Kum. ATP-Mg.
04.05.2014	BStand		100		100
05.05.2014	QM-Los	Summensatz	490		590
05.05.2014	Si-Bed	Simulierter Bedarf	500-		590
04.05.2014	LgBest	1070	0		0
05.05.2014	QM-Los	Summensatz	490		490
05.05.2014	Si-Bed	Simulierter Bedarf	500-		490
04.05.2014	LgBest	10Q2	100		100
04.05.2014	ChBest	0000000241	100		100
05.05.2014	QM-Los	Summensatz	490		590
04.05.2014	CharLg	0000000241/1070	0		0
05.05.2014	QM-Los	Summensatz	490		490
04.05.2014	CharLg	0000000241/10Q2	100		100

Abbildung 3.29 Verfügbarkeitsübersicht mit ATP-Mengen einer Komponente

Hier sehen Sie nun entlang des Zeitstrahls in der Spalte Kum. ATP-Mg., wie sich die ATP-Menge auf Werks-, Lagerort- und Chargenebene entwickelt. Die geringste Bedarfsdeckung dieser drei Ebenen wird dabei als Ergebnis der Verfügbarkeitsprüfung übernommen. Das Element SI-BED, der simulierte Bedarf vom 05.05.2014, stellt den aktuellen Bedarf der Komponente dar, die wir momentan untersuchen.

Die kumulierte ATP-Menge auf Werksebene beträgt 590 KG. Allerdings befinden sich 100 KG davon auf dem Lagerort 10Q2 und nicht auf dem Lagerort 1070, aus dem die Auftragskomponente bedient werden soll. Auf dem Lagerort 1070 stehen jedoch zum Bedarfszeitpunkt nur 490 KG der Charge 0000000241 zur Verfügung; daraus ergibt sich eine Fehlmenge von 10 KG zum Bedarfstermin. Die verfügbaren 490 KG in Form eines Prüfloses befinden sich allerdings momentan noch im Prüfbestand, jedoch ist die Freigabe rechtzeitig zum Bedarfstermin 05.05.2014 vorgesehen.

Ist eine Komponente zum Bedarfstermin nicht komplett verfügbar, wird im Auftragskopf der Status FMAT (Fehlende Materialverfügbarkeit) gesetzt. Die Ergebnisse der Verfügbarkeitsprüfung können Sie sich zudem im Verfügbarkeitsprotokoll anschauen. Dorthin gelangen Sie über den Menüpfad SPRINGEN • PROTOKOLLE • ZUR VERFÜGBARKEIT. Über das Menü SPRINGEN • FEHLMATERIAL finden Sie zudem auch die bereits erwähnte Fehlmaterialübersicht und die Fehlmaterialliste.

3.5.2 Chargenfindung

Mit der Funktion der Chargenfindung können Sie bereits im Prozessauftrag geeignete Komponentenchargen auf Basis vordefinierter Selektionskriterien auswählen, die Sie im weiteren Verlauf für den Auftrag bereitstellen und für die Sie später den Verbrauch buchen. Alternativ führen Sie im Prozessauftrag keine Chargenfindung durch und lassen das Lager im Rahmen der Materialbereitstellung entscheiden, welche Charge eingesetzt wird, bzw. geben dies bei der Warenausgangsbuchung retrospektiv an.

Sie steuern dabei pro Materialkomponente und Werk, zu welchem Zeitpunkt die Chargen für die Komponente festgelegt werden müssen. Diese Einstellung nehmen Sie im Materialstamm auf einer der Sichten DISPOSITION 2 oder ARBEITSVORBEREITUNG mithilfe des Kennzeichens CHARGENERFASSUNG vor (siehe Abbildung 3.30).

Wenn Sie dieses Kennzeichen auf den Wert 1 setzen (MANUELLE CHARGENFINDUNG BEI AUFTRAGSFREIGABE ERFORDERLICH), müssen Sie vor der Auftragsfreigabe entweder eine Charge für die Komponente manuell eintragen oder die Chargenfindung manuell anstoßen, um so eine Chargenzuteilung für die

Komponente und Bedarfsmenge vorzunehmen. Wenn Sie möchten, dass die Chargenfindung einer Komponente bei Freigabe des Prozessauftrags automatisch angestoßen wird, setzen Sie das Kennzeichen auf den Wert 3 (AUTOMATISCHE CHARGENFINDUNG BEI AUFTRAGSFREIGABE).

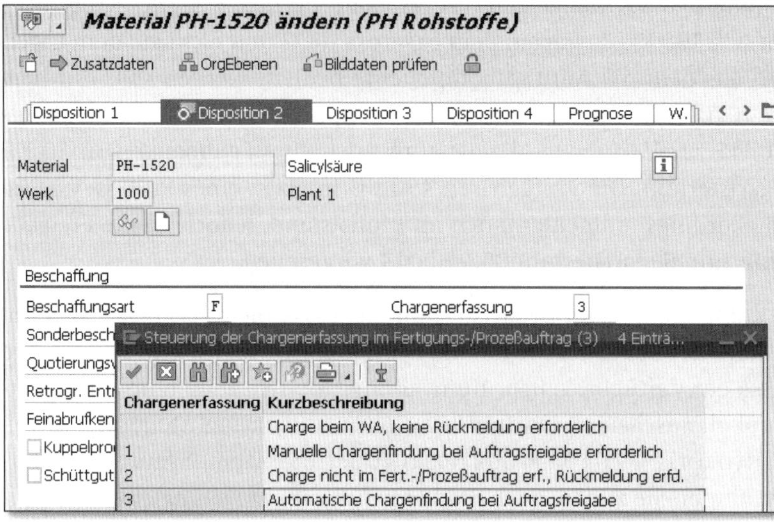

Abbildung 3.30 Steuerung der Chargenfindung über das Kennzeichen »Chargenerfassung« im Materialstamm

Die Bereitstellung der Komponenten des Prozessauftrags können Sie mithilfe der Komponente Lagerverwaltung (LE-WM) durchführen. Falls Sie diese Funktion nutzen, legen Sie über den Wert 2 (CHARGE NICHT IM FERT.-/PROZESSAUFTRAG ERF., RÜCKMELDUNG ERFD.) fest, dass im Falle einer Chargenfindung in der Lagerverwaltung die ermittelten Chargen an den Prozessauftrag zurückgemeldet werden. Die ermittelten Chargen werden dann in die Materialliste des Auftrags geschrieben (siehe Abschnitt 3.6.2, »Bereitstellung über die Lagerverwaltung«).

Für den Fall, dass Sie erst bei der Warenausgangsbuchung retrospektiv angeben möchten, welche Komponentenchargen eingesetzt wurden, setzen Sie das Kennzeichen auf den Wert »blank« (CHARGE BEIM WA, KEINE RÜCKMELDUNG ERFORDERLICH).

Voraussetzung für eine Chargenfindung in der Produktion ist die Zuordnung eines sogenannten *Chargensuchschemas* in den werksspezifischen Parametern zur Prozessauftragsart (siehe Abbildung 3.8 in Abschnitt 3.3.1, »Auftragsarten«). Zudem müssen Sie eine Chargensuchstrategie über den Menüpfad LOGISTIK • PRODUKTION PROZESS • PROZESSAUFTRAG • UMFELD • CHARGENSUCHSTRATEGIE • ANLEGEN (Transaktion COB1) anlegen.

Hier wählen Sie zunächst eine zur Chargensuchstrategie hinterlegte STRATEGIEART und eine mögliche SCHLÜSSELKOMBINATION, also eine Kombination von Schlüsselfeldern, zu denen Sie eine Chargensuchstrategie anlegen möchten. Im Beispiel von Abbildung 3.31 ist dies die Strategieart CO02 und die Schlüsselkombination AUFTRAGSART/WERK/PRODUKTIONSMATERIAL/KOMPONENTE.

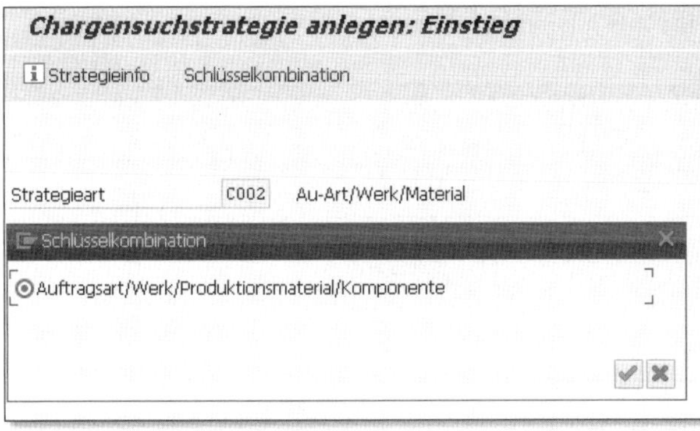

Abbildung 3.31 Einstieg zum Anlegen einer Chargensuchstrategie

In den Detaildaten zur Chargensuchstrategie, in die Sie über den Button gelangen, können Sie diverse Steuerparameter pflegen, die einen direkten Einfluss auf den Ablauf der Chargenfindung haben (siehe Abbildung 3.32):

- Feld ANZ. CHARGENSPLITS: Hier geben Sie die maximal mögliche Anzahl von Chargensplits an.
- Kennzeichen DIALOG CHARGENFINDUNG: Über dieses Kennzeichen steuern Sie, ob beim Aufruf der Chargenfindung ein Dialog gestartet wird, in dem der Benutzer die ermittelten Chargen und die Verteilung der Menge nachträglich bearbeiten und somit das Ergebnis der Chargenfindung beeinflussen kann. Falls dieses Kennzeichen nicht gesetzt ist, läuft die Chargenfindung komplett im Hintergrund ab, und der Benutzer kann sich lediglich das Ergebnis der Chargenfindung anzeigen lassen, aber nichts mehr daran ändern.
- Feld SELEKTIONSART CHFDG.: Mit diesem Parameter steuern Sie, ob die Selektionskriterien aus der Chargensuchstrategie bei der Chargenfindung angewandt werden und ob diese während der Chargenfindung vom Benutzer geändert werden dürfen.
- Feld MENGENVORSCHLAG: Der Mengenvorschlag legt fest, wie die Aufteilung der Bedarfsmenge auf die gefundenen Chargen erfolgt. Im SAP-Standard

sind hier die beiden Methoden »Top-down« und »Best Match« verfügbar. Mit der »Top-down«-Methode (Wert 1) wird die Bedarfsmenge entsprechend der Sortierung auf alle ermittelten Chargen von oben nach unten verteilt, bis die komplette Bedarfsmenge verteilt oder die maximale Anzahl erlaubter Chargensplits erreicht ist. Im Verfahren »Best Match« (Wert 2) wird ausgehend von der ersten Charge in der Sortierreihenfolge eine Charge gesucht, deren verfügbarer Bestand mit der Bedarfsmenge übereinstimmt bzw. ihr am nächsten kommt.

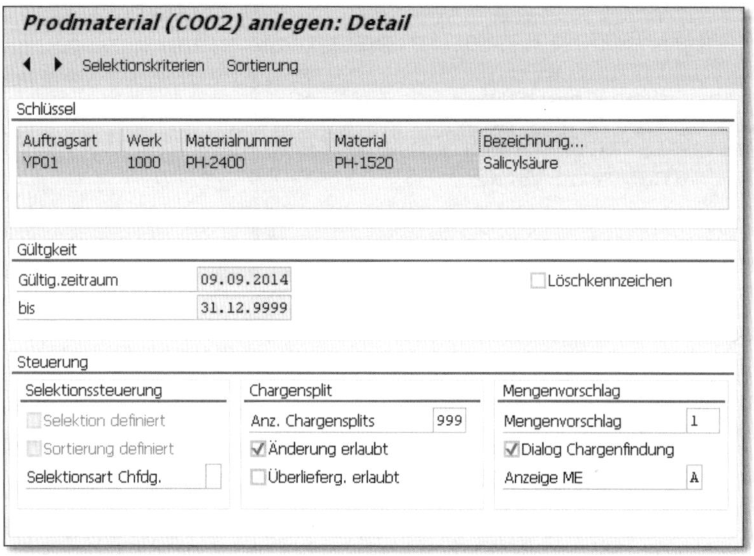

Abbildung 3.32 Steuerparameter zur Chargensuchstrategie pflegen

Weiterhin geben Sie im Feld Anzeige ME an, in welcher Mengeneinheit die Chargenmengen während der Chargenfindung angezeigt werden. Sie können die ermittelten Mengen entweder in der Basismengeneinheit des Materials (Wert A – Anzeige in Lagermengeneinheit) oder in der Belegmengeneinheit (Wert B – Anzeige in Erfassungsmengeneinheit des Belegs) anzeigen lassen. Die Wahl der Belegmengeneinheit ist dann sinnvoll, wenn Sie z. B. mit einer von der Basismengeneinheit abweichenden Ausgabenmengeneinheit arbeiten, über die ein Material für einen Produktionsauftrag entnommen werden soll, und Sie diese Mengeneinheit dann auch in der Chargenfindung sehen möchten.

Über das Kennzeichen Änderung erlaubt legen Sie fest, ob die aus der Chargensuchstrategie kommende Anzahl erlaubter Chargensplits vom Benutzer manuell im Dialog während der Chargenfindung geändert werden darf.

Über das Kennzeichen ÜBERLIEFERG. ERLAUBT (Überlieferungen erlaubt) lassen Sie zu, dass manuell über den Benutzer oder automatisch über eine Mengenvorschlagsregel die ursprüngliche Bedarfsmenge der Position überschritten werden darf. Falls z. B. Anbruchmengen vermieden werden sollen, indem nur komplette Chargen entnommen werden sollen, auch wenn die Bedarfsmenge kleiner ist, können Sie das durch dieses Kennzeichen abbilden.

Weiterhin pflegen Sie in der Chargensuchstrategie die Selektionskriterien, nach denen verfügbare Chargen in der Chargenfindung selektiert werden. Dazu markieren Sie die Zeile und klicken auf den Button SELEKTIONSKRITERIEN am oberen Bildschirmrand. Hier weisen Sie im Feld KLASSE eine Selektionsklasse zu und definieren die Selektionskriterien. Zuerst wählen Sie eine Klasse der Klassenart 023 als Selektionsklasse aus, und im nächsten Schritt pflegen Sie die Selektionskriterien, wie in Abbildung 3.33 dargestellt. In diesem Beispiel sollen in der Chargenfindung Chargen ohne Löschkennzeichen mit dem Zustand »frei« gesucht werden, deren Mindesthaltbarkeitsdatum mindestens 100 Tage in der Zukunft liegt (Restlaufzeit > 100 Tage).

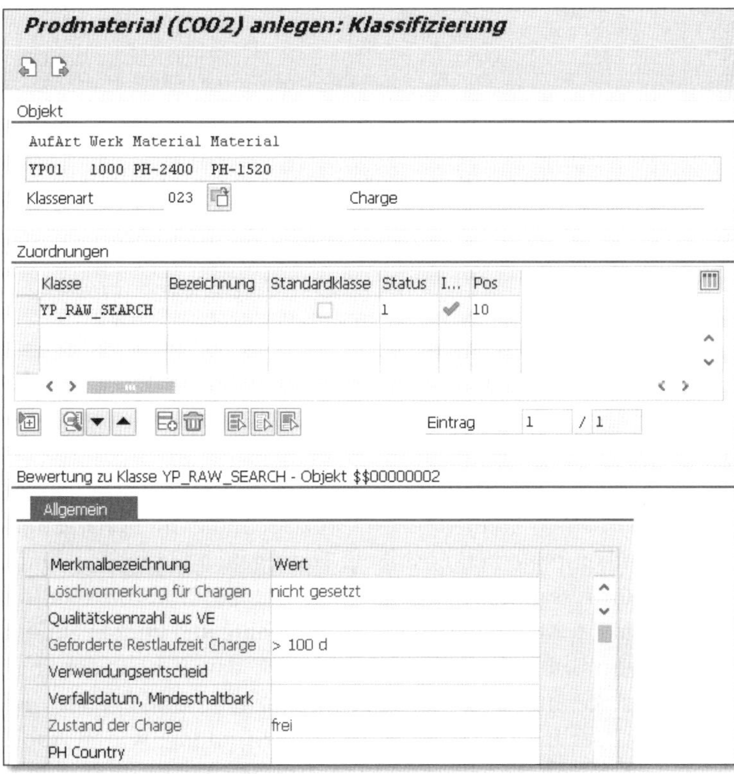

Abbildung 3.33 Selektionskriterien zur Chargensuchstrategie pflegen

[!] **Chargenmerkmale der Selektionsklasse**

Bei der Auswahl der Selektionsklasse müssen Sie darauf achten, dass die Merkmale der Selektionsklasse, die Sie mit Selektionswerten versehen, auch in der Chargenklasse der Materialien enthalten sind, zu denen Sie Chargen ermitteln möchten. Ansonsten werden im Rahmen der Chargenfindung keine Chargen gefunden.

Als letzten Schritt geben Sie über den Button SORTIERUNG eine Sortierregel an, nach der die ermittelten Chargen in eine Reihenfolge gebracht werden. Die in der Sortierregel definierte Sortierreihenfolge mit den relevanten Merkmalen und dem Kennzeichen für eine auf- oder absteigende Sortierung (AUF bzw. AB) wird im unteren Bereich SORTIERREIHENFOLGE angezeigt (siehe Abbildung 3.34).

Abbildung 3.34 Sortierregel zur Chargensuchstrategie pflegen

Sobald das Customizing wie beschrieben eingerichtet ist und Sie eine Chargensuchstrategie angelegt haben, können Sie im Prozessauftrag eine Chargenfindung für die Materialkomponenten anstoßen. Dazu gehen Sie in den Änderungsmodus eines Prozessauftrags mit Transaktion COR2 (Prozessauftrag ändern), selektieren in der Materialliste eine Komponente und klicken auf den Button (CHARGENFINDUNG DURCHFÜHREN). Abhängig davon, ob in der Chargensuchstrategie das Kennzeichen DIALOG CHARGENFINDUNG gesetzt ist, verzweigen Sie entweder in den Dialog zur Chargenfindung, wie in Abbildung 3.35 dargestellt, oder die Chargenfindung läuft im Hintergrund ab. Falls eine im Hintergrund gestartete Chargenfindung ohne Dialog erfolgreich war, werden die ermittelten Chargen dabei direkt in die Belegposition geschrieben.

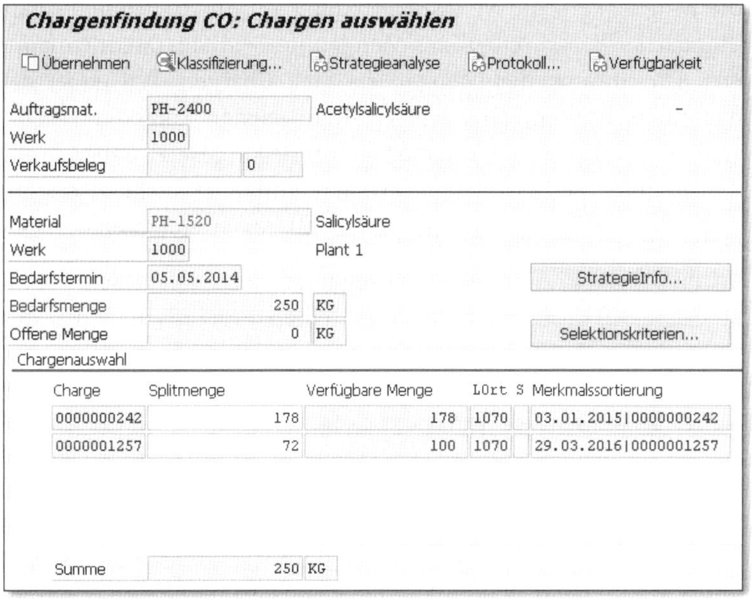

Abbildung 3.35 Dialog der Chargenfindung im Prozessauftrag

Bei der Chargenfindung im Dialog werden alle verfügbaren Chargen, die den Selektionskriterien entsprechen, entsprechend der Sortierung in eine Reihenfolge gebracht und zusammen mit der verfügbaren Menge aufgelistet. Zu jeder Charge wird im Feld MERKMALSSORTIERUNG die Bewertung der Sortiermerkmale aus der Sortierregel dargestellt.

Integrierte Verfügbarkeitsprüfung [«]

Während der Chargenfindung findet eine ATP-Prüfung gemäß der Prüfungssteuerung pro Werk, Auftragsart und Vorgang (eröffneter oder freigegebener Auftrag) statt (siehe Abschnitt 3.5.1, »Materialverfügbarkeitsprüfung«). Dabei wird abhängig vom Status des Auftrags die relevante Prüfregel selektiert und zusammen mit der Prüfgruppe aus dem Materialstamm der entsprechende Prüfungsumfang herangezogen. Dadurch wird gewährleistet, dass nur verfügbare Chargen für einen Auftrag ausgewählt werden. Das Ergebnis der Verfügbarkeitsprüfung können Sie sich dann über den Button VERFÜGBARKEIT in Form der Verfügbarkeitsübersicht anzeigen lassen.

Die Verteilung der Bedarfsmenge auf die einzelnen Chargen im Feld SPLITMENGE erfolgt gemäß der Mengenvorschlagsregel, die Sie in der Chargensuchstrategie gepflegt haben. Darüber hinaus wird bei dieser Verteilung auch die maximale Anzahl erlaubter Chargensplits berücksichtigt.

Sie haben die Möglichkeit, die Mengenverteilung auf die ermittelten Chargen durch einfaches Überschreiben der Mengen im Feld SPLITMENGE manuell zu ändern. Die Summe der Mengen zu allen Chargen darf dabei die Bedarfsmenge überschreiten, falls Sie das Kennzeichen ÜBERLIEF. ERLBT. (Überlieferungen erlaubt) in der Chargensuchstrategie gesetzt haben. Falls Sie nicht die gesamte Bedarfsmenge verteilen und eine nicht zugeteilte Menge übrig bleibt, wird diese im Feld OFFENE MENGE ausgewiesen.

Über den Button Protokoll... können Sie nachvollziehen, welche Schritte im Rahmen der Chargenfindung zu dem dargestellten Ergebnis in Form der ermittelten Chargen und der verteilten Mengen geführt haben. Über den Button Strategieanalyse erfahren Sie, welche Chargensuchstrategie auf Basis welcher Schlüsselkombination für diese Chargenfindung ermittelt wurde.

Darüber hinaus können Sie sich für alle ermittelten Chargen die Klassifizierung und dazu im Vergleich die Selektionskriterien anzeigen lassen. Dazu markieren Sie eine Charge und klicken auf den Button Klassifizierung..., um zu dem in Abbildung 3.36 dargestellten Vergleich zu gelangen.

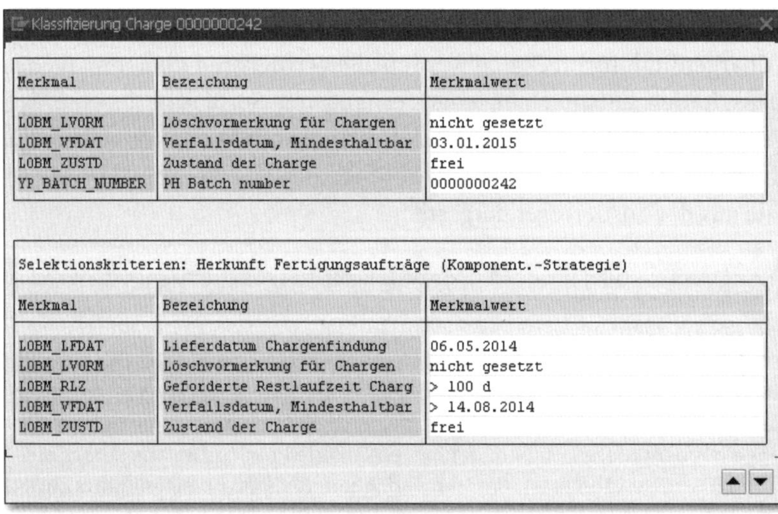
Klassifizierung Charge 0000000242

Merkmal	Bezeichung	Merkmalwert
LOBM_LVORM	Löschvormerkung für Chargen	nicht gesetzt
LOBM_VFDAT	Verfallsdatum, Mindesthaltbar	03.01.2015
LOBM_ZUSTD	Zustand der Charge	frei
YP_BATCH_NUMBER	PH Batch number	0000000242

Selektionskriterien: Herkunft Fertigungsaufträge (Komponent.-Strategie)

Merkmal	Bezeichung	Merkmalwert
LOBM_LFDAT	Lieferdatum Chargenfindung	06.05.2014
LOBM_LVORM	Löschvormerkung für Chargen	nicht gesetzt
LOBM_RLZ	Geforderte Restlaufzeit Charg	> 100 d
LOBM_VFDAT	Verfallsdatum, Mindesthaltbar	> 14.08.2014
LOBM_ZUSTD	Zustand der Charge	frei

Abbildung 3.36 Klassifizierung der gefundenen Chargen mit den Selektionskriterien vergleichen

Mit dem Button Übernehmen werden die ermittelten Chargen in die Belegposition übernommen. Im Falle eines Chargensplits wird jeweils eine Zeile pro Charge unter der ursprünglichen Belegposition 0020 angelegt, wie in Abbildung 3.37 dargestellt: Nach einer erfolgten Chargenfindung wird für jede übernommene Charge unter derselben Positionsnummer 0020 eine zusätzliche Zeile mit dem Chargenschlüssel 2 angelegt, der angibt, dass es sich um einen sogenannten *Chargeneinzelsatz* handelt. Die ursprüngliche Zeile mit der Originalmenge und einer eventuell verbleibenden offenen Menge wird mit dem Chargenschlüssel 1 versehen, der den *Chargensummensatz* kennzeichnet (siehe Abbildung 3.37).

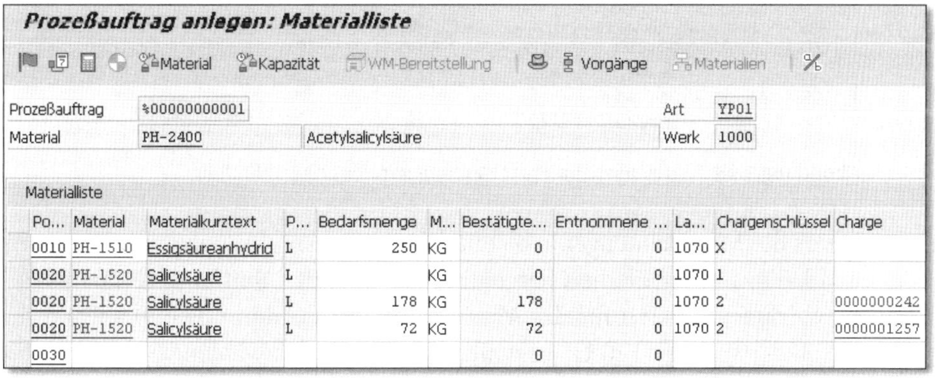
Prozeßauftrag anlegen: Materialliste

Material | Kapazität | WM-Bereitstellung | Vorgänge | Materialien

Prozeßauftrag %00000000001 Art YP01
Material PH-2400 Acetylsalicylsäure Werk 1000

Materialliste

Po...	Material	Materialkurztext	P...	Bedarfsmenge	M...	Bestätigte...	Entnommene ...	La...	Chargenschlüssel	Charge
0010	PH-1510	Essigsäureanhydrid	L	250	KG	0	0	1070	X	
0020	PH-1520	Salicylsäure	L		KG	0	0	1070	1	
0020	PH-1520	Salicylsäure	L	178	KG	178	0	1070	2	0000000242
0020	PH-1520	Salicylsäure	L	72	KG	72	0	1070	2	0000001257
0030						0	0			

Abbildung 3.37 Ergebnis der Chargenfindung übernehmen

Im weiteren Verlauf können die Chargen für den Auftrag nun bereitgestellt oder direkt kommissioniert werden bzw. der Warenausgang kann gebucht werden.

3.5.3 Materialmengenberechnung

Im Prozessauftrag haben Sie über den Anstoß der Materialmengenberechnung die Möglichkeit, die Mengen und somit die Mischungsverhältnisse der Einsatzstoffe abhängig von Mengen und Eigenschaften der eingesetzten Chargen neu zu berechnen. Die notwendigen Einstellungen zur Materialmengenberechnung im PLANUNGSREZEPT haben Sie bereits in Abschnitt 2.4.4, »Materialmengenberechnung«, kennengelernt.

In dem in diesem Abschnitt vorgestellten Beispiel ist die Einsatzmenge eines Lösungsmittels abhängig von der Wirkstoffmenge der eingesetzten Chargen eines Additivs: Es werden 120 LB des Additivs BG99 (Material CH-1020) zur Produktion von 1.000 LB gelber Farbe (Material CH-3100) benötigt. Bei einem Wirkstoffgehalt von 18,4615 % werden 350 LB eines Lösungsmittels (Qualität A) (Material CH-1430) und 10 LB eines Lösungsmittels (Qualität B) (Material CH-7100) benötigt. Dies ist die Ausgangssituation im Prozessauftrag, wie in der Materialliste beschrieben (siehe Abbildung 3.38).

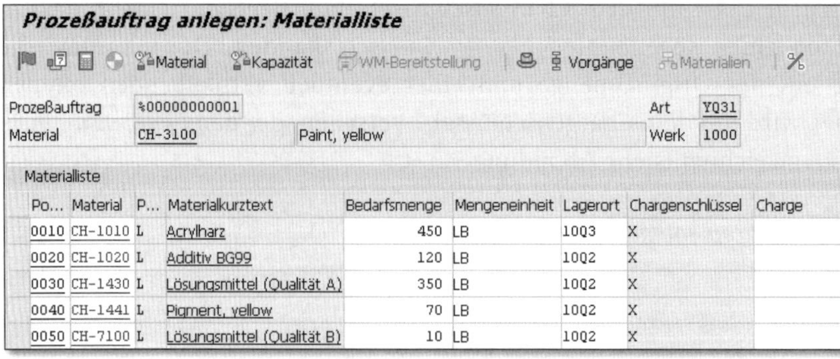

Abbildung 3.38 Materialliste im Prozessauftrag vor der Chargenfindung

Bevor die Materialmengenberechnung im Prozessauftrag durchgeführt werden kann, stoßen Sie die Chargenfindung über den Button (CHARGENFINDUNG DURCHFÜHREN) für das Material CH-1020 (Additiv BG99) an, um für die Bedarfsmenge 120 LB geeignete Chargen auszuwählen. Im Dialog der Chargenfindung sehen Sie in der Spalte MERKMALSSORTIERUNG neben dem Verfalldatum auch den Wirkstoffgehalt der ermittelten Chargen (siehe Abbildung 3.39).

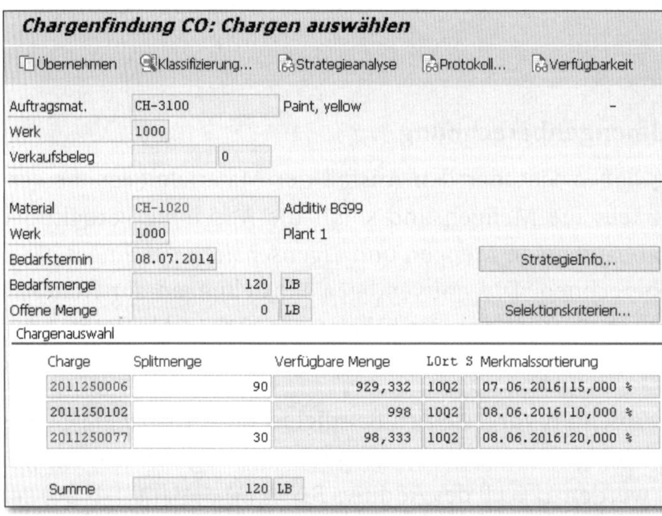

Abbildung 3.39 Chargenfindung durchführen

Nachdem Sie das Ergebnis der Chargenfindung mithilfe des Buttons Übernehmen in die Materialliste übernommen haben, werden entsprechend die Chargeneinzelpositionen für das Material CH-1020 angelegt (siehe Abbildung 3.40).

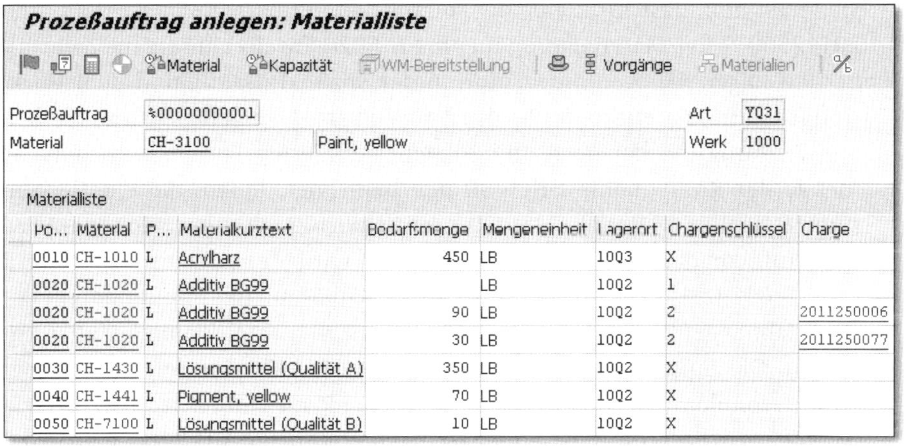

Abbildung 3.40 Materialliste nach erfolgter Chargenfindung

Da Sie nun die Bedarfsmenge auf mehrere Chargen mit unterschiedlichem Wirkstoffgehalt aufgeteilt haben, nehmen Sie die Materialmengenberechnung vor, indem Sie auf den Button (MATERIALMENGENBERECHNUNG) klicken. Sie verzweigen dadurch in den Dialog der Materialmengenberechnung (siehe Abbildung 3.41).

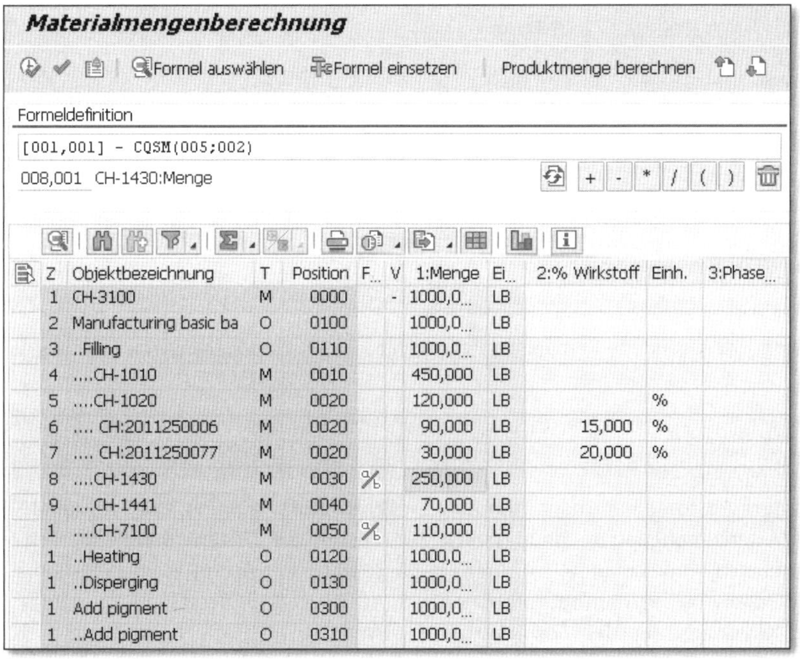

Abbildung 3.41 Materialmengenberechnung durchführen

Sie sehen nun, dass für die beiden ausgewählten Chargen 2011250006 und 2011250077 der Materialkomponente CH-1020 jeweils eine eigene Zeile mit der jeweiligen Mengeninformation in der Spalte 1:MENGE und dem Wirkstoffgehalt in Prozent in der Spalte 2:% WIRKSTOFF eingefügt wurde (Zeile 6 und 7). Aufgrund der im Planungsrezept definierten Formel wird nun die Menge der Komponente CH-1430 neu berechnet, indem die Quotientensumme der für Material CH-1020 ermittelten Chargen aus Menge und % Wirkstoff von der Auftragsmenge abgezogen wird (Zeile 8). Die Formel dazu lautet »[001,001] - CQSM(005;002)« (zur Erläuterung der Funktionen in der Materialmengenberechnung siehe Abschnitt 2.4.4, »Materialmengenberechnung«). Die Einsatzmenge der Komponente CH-1430 wurde gemäß dieser Formel von den ursprünglich geplanten 350 LB auf 250 LB reduziert. Darüber hinaus wurde die Einsatzmenge der Komponente CH-7100 von 10 LB auf 110 LB erhöht, da auch hier eine Formel hinterlegt ist. Indem Sie auf den Button (FORMELN SICHERN UND ERGEBNIS ÜBERNEHMEN) klicken, werden die neu berechneten Komponentenmengen in die Materialliste übernommen (siehe Abbildung 3.42).

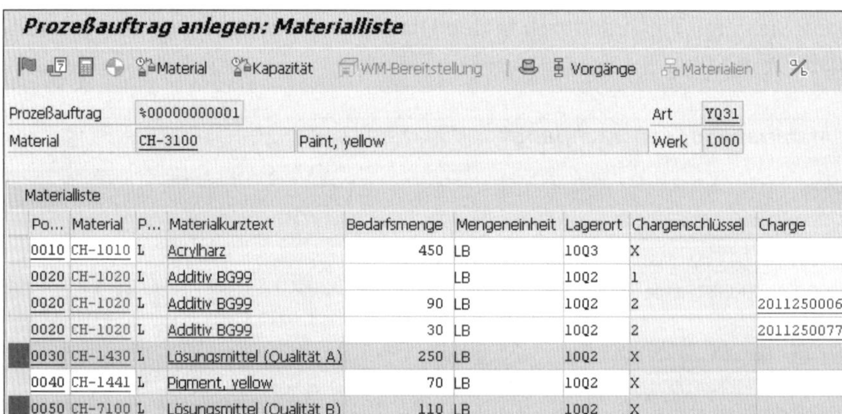

Po...	Material	P...	Materialkurztext	Bedarfsmenge	Mengeneinheit	Lagerort	Chargenschlüssel	Charge
0010	CH-1010	L	Acrylharz	450	LB	1003	X	
0020	CH-1020	L	Additiv BG99		LB	1002	1	
0020	CH-1020	L	Additiv BG99	90	LB	1002	2	2011250006
0020	CH-1020	L	Additiv BG99	30	LB	1002	2	2011250077
0030	CH-1430	L	Lösungsmittel (Qualität A)	250	LB	1002	X	
0040	CH-1441	L	Pigment, yellow	70	LB	1002	X	
0050	CH-7100	L	Lösungsmittel (Qualität B)	110	LB	1002	X	

Abbildung 3.42 Geänderte Komponentenmengen nach der Materialmengenberechnung

[+]

Automatischer Aufruf der Materialmengenberechnung nach einer Chargenfindung

Nach dem Anstoß einer Chargenfindung im Prozessauftrag findet keine automatische Materialmengenberechnung statt, Sie müssen die Materialmengenberechnung danach immer manuell aufrufen. Ein automatischer Aufruf ist nur über eine Modifikation in der Formroutine BATCH_SEARCH_COMPONENT im Programm LCOMKF0Q und in der Formroutine FORM BATCH_SEARCH im Programm LCOMKF0R möglich. Die Materialmengenberechnung rufen Sie darin mit dem Befehl PERFORM CALL_BATCH_CALC auf (siehe SAP-Hinweis 674581).

3.5.4 Auftragsfreigabe

Nachdem Sie alle Aktivitäten im Rahmen der Prozessplanung abgeschlossen haben, geben Sie den Prozessauftrag frei. Wie in den vorangegangenen Abschnitten beschrieben, findet nun abhängig von Ihren Einstellungen eventuell eine erneute Verfügbarkeitsprüfung auf Basis einer für die Freigabe eigenen Prüfregel (siehe Abschnitt 3.5.1, »Materialverfügbarkeitsprüfung«) oder auch eine automatische Chargenfindung (siehe Abschnitt 3.5.2, »Chargenfindung«) statt. Auch die Chargennummer des zu fertigenden Produkts kann automatisch vergeben werden, falls Sie dies im Fertigungssteuerungsprofil so eingestellt haben (siehe Abschnitt 3.3.2).

Die Freigabe eines Prozessauftrags stoßen Sie an, indem Sie in der Prozessauftragsbearbeitung den Menüpfad Prozessauftrag • Funktionen • Freigeben wählen oder einfach auf den Button (Freigeben) klicken. Falls es Probleme oder Warnungen bei der Freigabe gibt, wie fehlende Materialverfügbarkeit oder fehlende Chargenzuordnungen, können Sie sich das Protokoll dazu über den Menüpfad Springen • Protokolle • Zur Freigabe anzeigen lassen. Der freigegebene Auftrag erhält nun den Status FREI (Freigegeben), und alle Aktionen zur Auftragsdurchführung wie Druck der Auftragspapiere, Materialbereitstellung, Rückmeldungen und Warenbewegungen sind nun möglich.

Auch eine Freigabe einzelner Vorgänge oder Phasen des Prozessauftrags ist möglich. Dazu selektieren Sie einen Vorgang oder eine Phase in der Vorgangsübersicht und wählen den Menüpfad Vorgang • Funktionen zur Phase/zum Vorgang • Phase/Vorgang freigeben. Die selektierten Objekte erhalten dann den Vorgangs-/Phasenstatus FREI, während der Auftragsstatus auf TFRE (Teilfrei) gesetzt wird.

Um mehrere Aufträge gleichzeitig freizugeben, wählen Sie folgenden Menüpfad: Logistik • Produktion Prozess • Prozessauftrag • Prozessauftrag • Freigeben (Transaktion COR5). Hier stehen Ihnen vielfältige Selektionskriterien zur Verfügung, wie Werk, Auftragsart, Material, Fertigungssteuerer sowie Start- und Freigabetermin. Nach der Selektion wird eine Liste aller relevanten Prozessaufträge ausgegeben, die Sie dann markieren und über den Button (Auftrag freigeben) freigeben können.

3.6 Materialbereitstellung

Nachdem Sie einen Prozessauftrag freigegeben haben, fordern Sie im Rahmen der Materialbereitstellung die für die Auftragsdurchführung erforderlichen Materialkomponenten aus dem Lager an. Hierbei werden zwei Vorgehensweisen unterschieden. Sie können die Bestände Ihrer Materialkomponenten entweder lediglich auf Lagerortebene mithilfe der Bestandsführung der Komponente Materialwirtschaft (MM) verwalten. Eine detaillierte Abbildung des Materialflusses vom Lager in die Produktion ist dadurch allerdings nicht möglich. Falls Sie jedoch die Komponente Lagerverwaltung (LE-WM) einsetzen, können Sie die Bestände auf Lagerplatzebene führen und die WM/PP-Schnittstelle zur Materialbereitstellung nutzen, bei der sämtliche Bewegungen zwischen Lager und Produktion mithilfe von Transportaufträgen abgebildet werden. In diesem Abschnitt stellen wir Ihnen beide Alternativen vor. Weiterhin erfahren Sie, wie in diesem Zusammenhang der Entnahmelagerort für eine Komponente ermittelt wird.

3.6.1 Kommissionierliste

Falls Sie den Bestand einer Komponente lediglich auf Lagerortebene mithilfe der Komponente Bestandsführung aus der Materialwirtschaft (MM IM) verwalten, lässt sich der Materialfluss der Komponenten vom Lager in die Produktion systemseitig nicht wirklich planen, verfolgen und steuern. In diesem Falle selektieren Sie die benötigten Komponenten z. B. zu einem Prozessauftrag oder zu einer Ressource und generieren dazu eine *Kommissionierliste*. Diese können Sie auch ausdrucken und sie an die verantwortlichen Mitarbeiter übergeben. Im nächsten Schritt buchen Sie im SAP-System die zur Kommissionierung angeforderten Materialien für den Auftrag aus dem Bestand aus.

Um die interaktive Kommissionierliste zu erstellen wählen Sie den Menüpfad Logistik • Produktion Prozess • Prozessauftrag • Umfeld • Materialbewegung • Kommissionieren (Transaktion COIK). Sie gelangen dadurch zum Selektionsbild, in dem Sie z. B. einen Prozessauftrag eingeben (wie in Abbildung 3.43 dargestellt). Alternativ können Sie die Kommissionierliste auch terminbezogen zu einer Ressource oder zu einer bestimmten Komponente aufrufen.

Nachdem Sie den Report ausgeführt haben, erscheint zunächst eine Übersicht der auf Basis der eingegebenen Kriterien selektierten Komponenten. Neben der Auftragsnummer, der Ressource und dem Entnahmelagerort werden weitere Informationen zur Komponente angezeigt, wie Bedarfstermin, Bedarfs-, bestätigte und bereits entnommene Menge (siehe Abbildung 3.44).

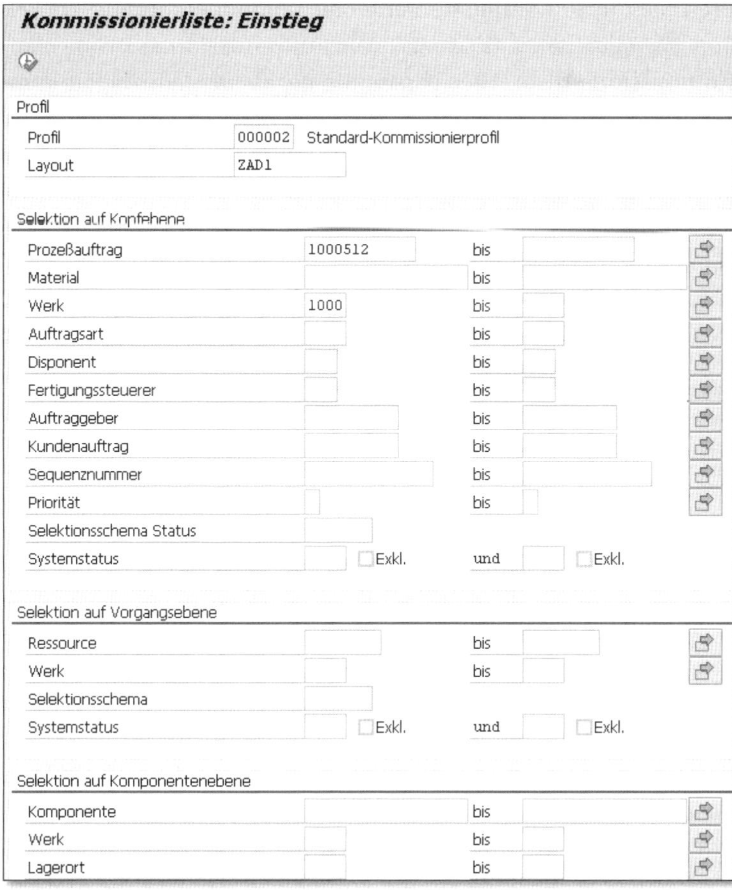

Abbildung 3.43 Selektionsbild zur Kommissionierliste

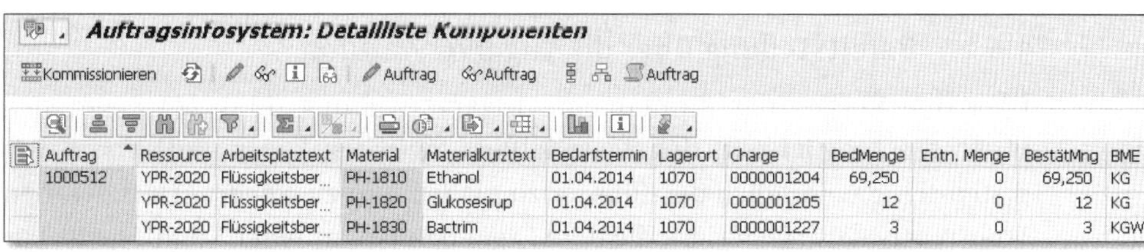

Auftrag	Ressource	Arbeitsplatztext	Material	Materialkurztext	Bedarfstermin	Lagerort	Charge	BedMenge	Entn. Menge	BestätMng	BME
1000512	YPR-2020	Flüssigkeitsber...	PH-1810	Ethanol	01.04.2014	1070	0000001204	69,250	0	69,250	KG
	YPR-2020	Flüssigkeitsber...	PH-1820	Glukosesirup	01.04.2014	1070	0000001205	12	0	12	KG
	YPR-2020	Flüssigkeitsber...	PH-1830	Bactrim	01.04.2014	1070	0000001227	3	0	3	KGW

Abbildung 3.44 Detailliste der zu kommissionierenden Komponenten

Weitere Felder zur Detailliste hinzufügen [«]

Falls Ihnen der Inhalt der Liste nicht ausreicht, können Sie über den Button [Layout-Button] mit der Option LAYOUT ÄNDERN weitere Felder auswählen. Es steht Ihnen hier eine Vielzahl weiterer Felder zur Verfügung.

Nun selektieren Sie die zu kommissionierenden Komponenten und klicken auf den Button Kommissionieren (KOMMISSIONIERUNG AUSFÜHREN); Sie gelangen so zur Kommissionierliste. Hier passen Sie gegebenenfalls die zu kommissionierenden Mengen an. Sie können z. B. lediglich Teilmengen entnehmen, um die Restmengen zu einem späteren Zeitpunkt zu buchen (siehe Abbildung 3.45).

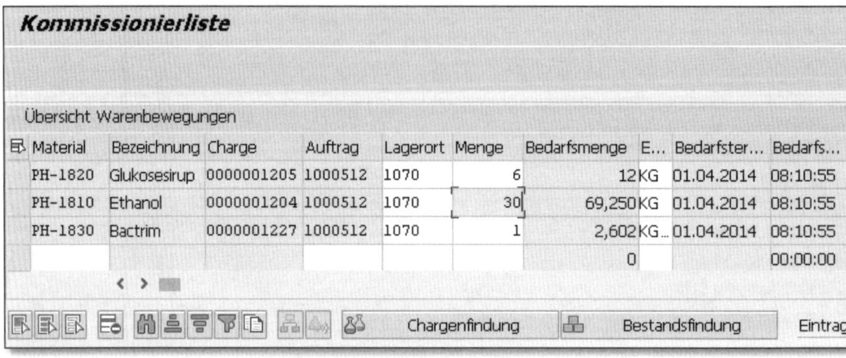

Material	Bezeichnung	Charge	Auftrag	Lagerort	Menge	Bedarfsmenge	E...	Bedarfster...	Bedarfs...
PH-1820	Glukosesirup	0000001205	1000512	1070	6	12	KG	01.04.2014	08:10:55
PH-1810	Ethanol	0000001204	1000512	1070	30	69,250	KG	01.04.2014	08:10:55
PH-1830	Bactrim	0000001227	1000512	1070	1	2,602	KG...	01.04.2014	08:10:55
						0			00:00:00

Abbildung 3.45 Interaktive Kommissionierliste

Über den Menüpfad LISTE • DRUCKEN generieren Sie eine druckfähige Liste mit einem flexibel definierbaren Inhalt. Sie können diese Liste drucken und an die verantwortlichen Mitarbeiter ausgeben, die dann auf Basis der Liste die Materialien aus dem Lager in die Produktion bereitstellen. Über den Menüpfad LISTE • BUCHEN oder über einen Klick auf den Button (BUCHEN) stoßen Sie die Verbrauchsbuchung an und entnehmen dadurch die Komponenten systemseitig aus dem Lager.

3.6.2 Bereitstellung über die Lagerverwaltung

Über den Einsatz der Komponente Lagerverwaltung (LE-WM) bietet sich Ihnen die Möglichkeit, den Materialfluss zwischen Lager und Produktion systemseitig wesentlich detaillierter zu planen und zu steuern. Dazu werden Transportbedarfe generiert, die dem Lager den Bedarf einer Komponente zur Bereitstellung in die Produktion mitteilen. Diese Transportbedarfe setzen Sie dann in konkrete Transportaufträge um, mit denen der Transport der Komponente vom Lager in die Produktion gesteuert und protokolliert wird. In diesem Abschnitt lernen Sie die verfügbaren Bereitstellungsarten und die dazu notwendigen Stammdaten kennen. Zudem sehen Sie anhand eines Systembeispiels, wie eine Produktionsversorgung abläuft.

Bereitstellungsarten der Produktionsversorgung über die WM/PP-Schnittstelle

Die Produktionsversorgung über die WM/PP-Schnittstelle stellt Ihnen dabei folgende Bereitstellungsarten zur Verfügung, die Sie pro Materialkomponente und Produktionsbereich einstellen können:

- **Kommissionierteil**
  Mit der Bereitstellungsart *Kommissionierteil* führen Sie eine auftragsabhängige Bereitstellung der WM-verwalteten Auftragskomponenten durch. Die bereitgestellten Komponenten haben demnach einen direkten Bezug zum Produktionsauftrag.
- **Abrufteil**
  Abrufteile erlauben eine auftragsübergreifende Bereitstellung für freigegebene Produktionsaufträge. Sie stoßen dabei eine Bereitstellung für einen sogenannten *Produktionsversorgungsbereich* in der Produktion an, von dem aus verschiedene Aufträge mit Komponenten versorgt werden können.
- **Kistenteil**
  Die Bereitstellung von als Kistenteil gekennzeichneten Komponenten erfolgt nicht aufgrund von Bedarfen, die aus Produktionsaufträgen resultieren. Sie stoßen den Nachschub dieser Komponenten ähnlich wie beim Kanban-Prinzip manuell an. Zum Beispiel fordern Sie Nachschub aus dem Lager an, sobald ein Behälter der Komponente auf dem Produktionslagerplatz leer ist.
- **Manuelle Bereitstellung**
  Bei der manuellen Bereitstellung unterstützt Sie das System nicht bei der Planung der internen Warenbewegungen vom Lager in die Produktion. Sie sorgen in diesem Fall selbst dafür, dass die Komponenten zum richtigen Zeitpunkt an den richtigen Produktionslagerplatz umgelagert werden, z. B. indem Sie dazu manuell Transportaufträge anlegen.

Im Folgenden sehen Sie nun, wie Sie die gewünschte Bereitstellungsart für jede Materialkomponente einstellen können.

Erforderliche Stammdaten für die Produktionsversorgung

Die Materialbereitstellung steuern Sie über die in Abbildung 3.46 beschriebenen Stammdatenobjekte *Produktionsversorgungsbereich* und *Regelkreis*.

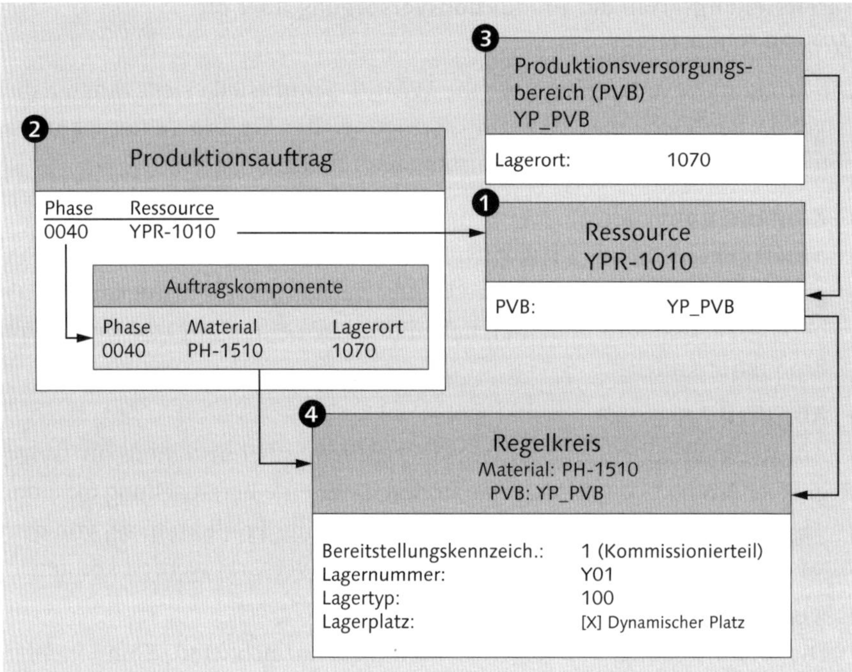

Abbildung 3.46 Stammdaten für die Produktionsversorgung über die WM/PP-Schnittstelle

Der Produktionsversorgungsbereich (PVB) beschreibt dabei einen Bereich in der Produktion, in dem Materialien aus dem Lager für laufende Aufträge bereitgestellt werden. Diesen weisen Sie der Ressource zu, wie im Beispiel in Abbildung 3.46 den PVB YP_PVB zur Ressource YPR-1010 ❶.

Sobald Sie einen Produktionsauftrag freigeben, ermittelt das System für jede Komponente die relevante Ressource über die Komponentenzuordnung zu einer Phase. Im Beispiel in Abbildung 3.46 wird so für die Komponente PH-1510, die der Phase 0040 zugeordnet ist, die Ressource YPR-1010 ermittelt ❷.

Dadurch kann das System den für die Komponente gültigen PVB YP_PVB finden, der den Entnahmelagerort 1070 für die Komponente enthält ❸. Das SAP-System liest dann den Regelkreis, den Sie für die Kombination Material, Produktionsversorgungsbereich und Werk definiert haben ❹.

Im Regelkreis definieren Sie, wie eine Komponente in einem bestimmten PVB bereitgestellt wird. Hier ist die Bereitstellungsart über das Bereitstellungskennzeichen hinterlegt, in diesem Fall das Kennzeichen 1 (Kommissionierteil). Der Lagertyp und der Lagerplatz im Regelkreis beschreiben zudem den Ziellagerplatz, auch *Produktionslagerplatz* genannt, an dem die Komponente bereitgestellt werden soll. Im Regelkreis in Abbildung 3.46 wird die Komponente allerdings nicht an einem fixen Platz bereitgestellt. Stattdessen wurde im Regelkreis über das Kennzeichen DYNAMISCHER PLATZ festgelegt, dass für die Bereitstellung ein dynamischer Platz generiert wird, der die Prozessauftragsnummer beinhaltet.

Prozess der Produktionsversorgung im SAP-System

Wie im vorigen Abschnitt beschrieben, ist ein PVB als Bereich in der Produktion zu verstehen, dem Sie über materialspezifische Regelkreise einen oder mehrere Lagerplätze logisch zuordnen, auf denen Auftragskomponenten bereitgestellt werden. Die Materialbereitstellung selbst stoßen Sie dann für einen PVB oder einen Auftrag an. Am Beispiel der Bereitstellungsart *Kommissionierteil* zeigen wir Ihnen jetzt den Ablauf der Bereitstellung im SAP-System. Hierbei nehmen wir an, dass die bereitzustellende Komponente chargengeführt ist; die Bereitstellung funktioniert jedoch natürlich genauso für nicht chargenpflichtige Materialien.

In unserem Beispiel haben wir im Prozessauftrag bereits eine Chargenfindung durchgeführt (siehe Abschnitt 3.5.2, »Chargenfindung«), um dem Lager genau vorzugeben, welche Charge der Komponente für den Auftrag bereitzustellen ist. In der Vorgangsübersicht des Auftrags zeigen wir dazu über den Menüpfad VORGANG • MATERIALZUORDNUNGEN die Materialien zum Vorgang an (siehe Abbildung 3.47).

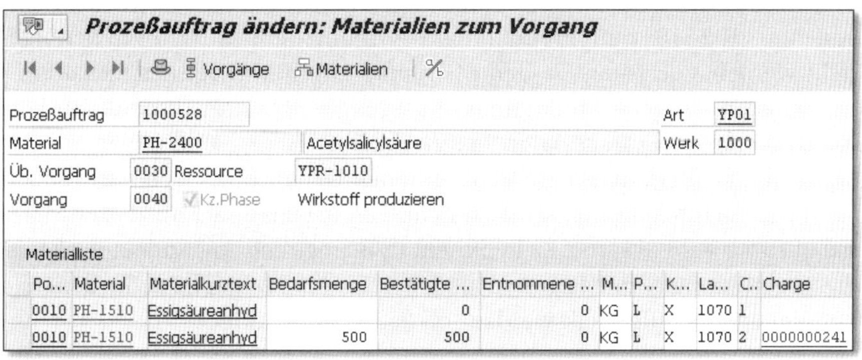

Abbildung 3.47 Materialzuordnungen zum Vorgang im Prozessauftrag

Sie sehen, dass das Material der Phase 0040 zugeordnet ist, die auf der Ressource YPR-1010 ausgeführt wird. Die Charge 0000000241 soll nun mit einer Menge von 500 KG zu diesem Auftrag aus dem Lager bereitgestellt werden.

[»]

Zeitpunkt der Chargenfindung

Eine Chargenfindung im Prozessauftrag ist nicht notwendig für die Materialbereitstellung. Genauso können Sie die Charge im Prozessauftrag leer lassen, dann wird ein Transportbedarf ohne Chargeninformation erstellt. Die Charge wird dann im Rahmen der Chargenfindung in der Komponente Lagerverwaltung (WM) während der Transportauftragserstellung ermittelt.

Über einen Doppelklick auf die Ressource gelangen Sie zur Anzeige des Ressourcenstammsatzes, in dem der PVB YP_PVB hinterlegt ist (siehe Abbildung 3.48).

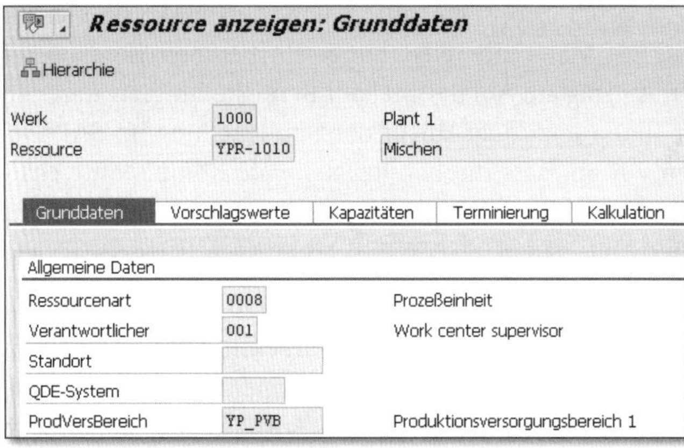

Abbildung 3.48 Ressourcenstammsatz mit zugeordnetem PVB anzeigen

Um sich nun den Regelkreis anzuschauen, in dem festgelegt ist, wie die Komponente PH-1510 zum Produktionsversorgungsbereich YP_PVB bereitgestellt werden soll, rufen Sie den Menüpfad Logistik • Logistics Execution • Stammdaten • Lager • Produktionsversorgung • Regelkreis Produktionsversorgung • Ändern (Transaktion LPK2) auf. Im Einstiegsbild geben Sie das Material, das Werk und den PVB ein. In den Details des Regelkreises sehen Sie im Bereich Nachlagerplatz, welche Bereitstellungsart für dieses Material über das Feld Bereitst.Kz in diesem PVB eingestellt ist. Zudem wird hier die Lagernummer, der Lagertyp und der Lagerplatz gepflegt, in dem die Komponente bereitgestellt werden soll (siehe Abbildung 3.49).

Nach der Freigabe des Prozessauftrags können Sie nun die Materialbereitstellung anstoßen, um Transportbedarfe zu generieren. Dazu wählen Sie folgenden Menüpfad: Logistik • Produktion Prozess • Prozessauftrag • Werkzeuge • WM-Bereitstellung • Zum Auftrag (Transaktion LP10). Im Einstiegsbild geben Sie nun die Prozessauftragsnummer ein, da für die Komponente die auftragsabhängige Bereitstellungsart *Kommissionierteil* im Regelkreis eingestellt wurde (siehe Abbildung 3.50).

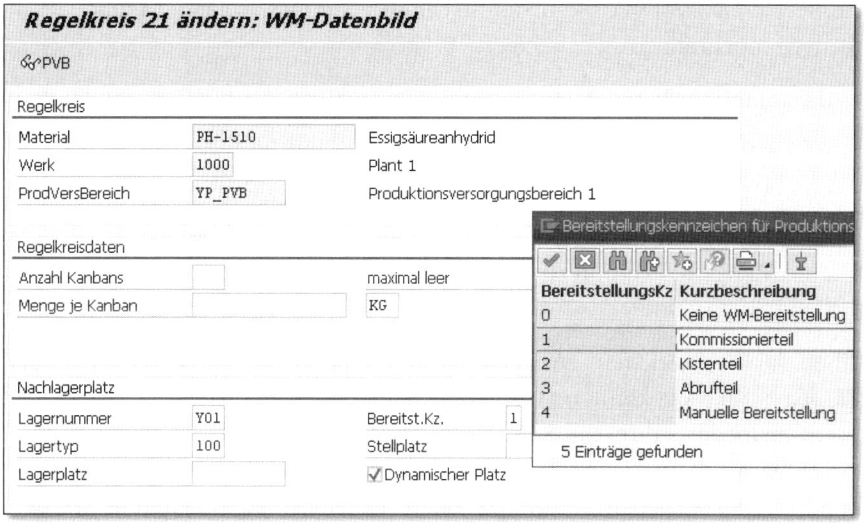

Abbildung 3.49 Regelkreis zum Material und PVB pflegen

Abbildung 3.50 WM-Bereitstellung zum Prozessauftrag anstoßen

Im Bereich MENGENVORSCHLAG entscheiden Sie nun, welche Menge Sie anfordern möchten:

- die komplette Bedarfsmenge für den Auftrag (Radiobutton REST ANFORDERN)
- eine individuell einzugebende Menge (Radiobutton EINZELANFORD.)
- eine Menge prozentual zur Gesamtbedarfsmenge (Radiobutton und Feld GESAMTMENGE)
- eine Menge in Relation zu einer manuell eingegebenen Produktionsmenge (Feld SOLLMENGE)

Über das Kennzeichen TA-ERSTELLUNG im Bereich ZUSATZINFOS FÜR DEN TRANSPORTBEDARF können Sie die im Rahmen der Bereitstellung generierten Transportbedarfe direkt in Transportaufträge umsetzen. Das Kennzeichen TB VOLLSTÄNDIG steuert, dass für die Komponenten, die einem Vorgang im Prozessauftrag zugeordnet sind, nur dann Transportbedarfe erstellt werden, wenn für alle Komponenten die Transportbedarfserstellung möglich ist. Falls Sie das Kennzeichen BESTÄTIGTE MNG setzen, werden Transportbedarfe nur für die im Rahmen der ATP-Prüfung bestätigten Mengen erzeugt. Damit verhindern Sie mögliche Fehler bei der Transportbedarfsumsetzung in Transportaufträge, falls die Bedarfsmengen nicht komplett verfügbar sind.

Zudem können Sie im Bereich WEITERE SELEKTION die Auswahl der bereitzustellenden Komponenten einschränken, indem Sie eine bestimmte Ressource im Feld ARBEITSPLATZ oder eine bestimmte Phase im Feld VORGANG eingeben. Sobald Sie nun auf den Button WM-BEREITSTELLUNG klicken, gelangen Sie in den Bereitstellungsdialog (siehe Abbildung 3.51).

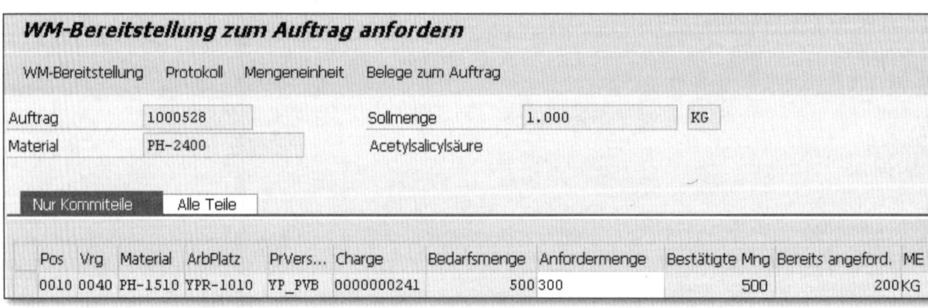

Abbildung 3.51 Dialog zur WM-Bereitstellung zum Prozessauftrag

Für jede selektierte Komponente und PVB sehen Sie nun die aus dem Auftrag resultierende Bedarfsmenge, die bestätigte Menge aus der ATP-Prüfung, die bereits angeforderte Menge und die Anfordermenge, für die nun ein Transportbedarf erzeugt wird. Im Beispiel in Abbildung 3.51 sehen Sie, dass bereits 200 KG angefordert wurden. Dadurch steht für die Bedarfsmenge 500 KG nun noch eine Anfordermenge von 300 KG aus, die das System hier automatisch vorschlägt. Sobald Sie nun auf den Button WM-Bereitstellung klicken und danach sichern, wird der Transportbedarf erzeugt.

Im nächsten Schritt setzen Sie den Transportbedarf in einen Transportauftrag um. Dazu wählen Sie den Menüpfad Logistik • Logistics Execution • Lagerinterne Prozesse • Transportbedarf • Anzeigen • Zum Bedarf (LB13). Im Einstiegsbild geben Sie die Lagernummer im Feld Lagernummer, den Bedarfstyp P für »Produktionsversorgung« im Feld Bedarfstyp und die Prozessauftragsnummer im Feld Bedarfsnummer ein. Wenn Sie nun die Taste [↵] drücken, wird eine Liste der offenen Transportbedarfe zur Bereitstellung für diesen Prozessauftrag angezeigt (siehe Abbildung 3.52).

S	TB-Nummer	KS	Pr	T	BWA	Bezeichnung	B	BedarfsNr	Von	Nach	AnzPs
✓	0000000239			A	319	Nachschub Produktion	P	1000528		100	1

Abbildung 3.52 Transportbedarfe zur Bereitstellung anzeigen

Sie markieren den Transportbedarf und klicken auf den Button TA dunkel; dadurch wird im Hintergrund aus dem Transportbedarf ein Transportauftrag erzeugt. Den Transportauftrag können Sie sich nun über den Menüpfad Logistik • Logistics Execution • Lagerinterne Prozesse • Umlagerung • Transportbedarf anzeigen • Zum Material (LT24) anzeigen lassen. Im Einstiegsbild geben Sie hier die Lagernummer und die Materialnummer ein. Nach Ausführen des Reports werden alle offenen Transportaufträge zum Material angezeigt (siehe Abbildung 3.53).

Abbildung 3.53 Offene Transportaufträge zum Material anzeigen

In der Übersicht können Sie die Details zu jedem Transportauftrag ablesen, wie Material und Charge, die zu transportierende Menge (Feld SOLLMENGE), den Von- und Nachlagerplatz (Felder VONPLATZ und NACHPLATZ) sowie den ursprünglichen Transportbedarf (Feld TB-NUMMER) und die Bedarfsnummer (Feld BEDARFSNR). Wenn Sie auf die Transportauftragsnummer im Feld TA-NUMMER klicken, gelangen Sie zur Anzeige des Transportauftrags, wo Sie nochmals alle Details zum anstehenden Transport vom Lager in die Produktion sehen können.

Im Beispiel in Abbildung 3.54 sollen 300 KG von der Charge 0000000241 des Materials PH-1510 vom Lagerplatz D-01-02 im Lagertyp 001 (Hochregallager) zum Lagerplatz 0001000528 des Produktionslagertyps 100 transportiert werden. Da im Regelkreis das Kennzeichen DYNAMISCHER PLATZ gesetzt war, wird hier ein dynamischer Produktionslagerplatz mit der Prozessauftragsnummer generiert.

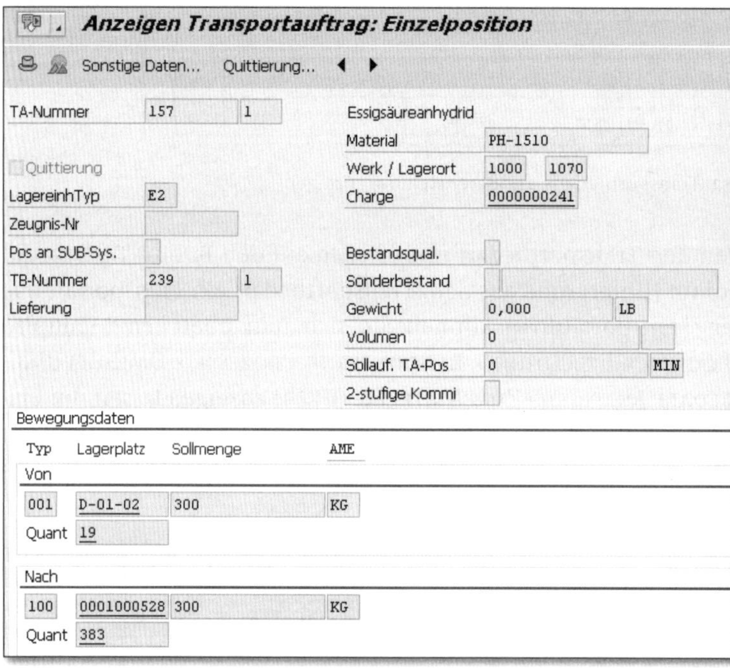

Abbildung 3.54 Transportauftrag anzeigen

Den Transportauftrag quittieren Sie nun über den Menüpfad LOGISTIK • LOGISTICS EXECUTION • LAGERINTERNE PROZESSE • UMLAGERUNG • TRANSPORTBEDARF QUITTIEREN • EINZELBELEG • IN EINEM SCHRITT (LT12). Wenn Sie sich nach dem Quittieren des Transportauftrags den Lagerbestand des Materials anschauen, sehen Sie, dass insgesamt 500 KG für den Prozessauftrag bereitgestellt wurden und sich nun auf dem dynamischen Lagerplatz 0001000528 befinden (siehe Abbildung 3.55). Zur Anzeige des Lagerbestands des Materials wählen Sie den Menüpfad LOGISTIK • LOGISTICS EXECUTION • LAGERINTERNE PROZESSE • PLÄTZE UND BESTÄNDE • ANZEIGEN • PLATZBESTÄNDE PRO MATERIAL (LS24).

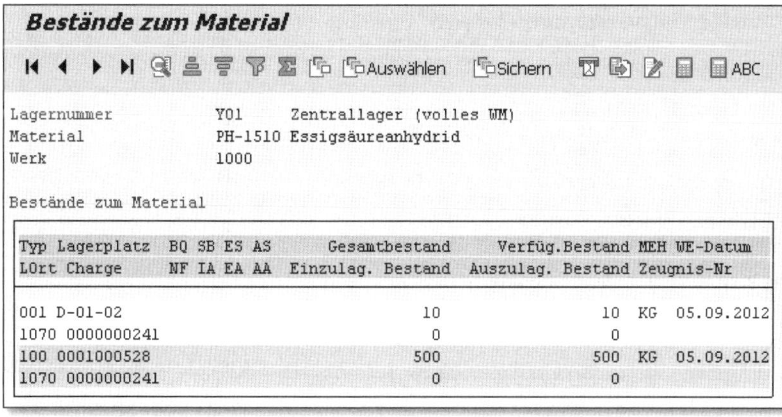

Abbildung 3.55 Platzbestände zum Material anzeigen

Sobald Sie nun einen Warenausgang der Komponente zum Prozessauftrag mit Bezug zur Reservierung buchen, reduziert das System automatisch den Bestand auf diesem dynamischen Lagerplatz 0001000528.

Automatische Erzeugung von Transportbedarfen oder Transportaufträgen für die Produktionsversorgung [«]

Im Falle der Bereitstellungsart *Kommissionierteil* haben Sie die Möglichkeit, die Erzeugung der Transportbedarfe oder sogar direkt der Transportaufträge automatisch bei Prozessauftragsfreigabe anzustoßen. Dazu setzen Sie das Kennzeichen WM-ANFORDERUNG im Fertigungssteuerungsprofil entsprechend (siehe Abbildung 3.11 in Abschnitt 3.3.2, »Fertigungssteuerer und Fertigungssteuerungsprofil«).

3.6.3 Ermittlung des Entnahmelagerorts

Bei der Auftragseröffnung wird für jede Komponente aus der Prozessauftragsstückliste ein Entnahmelagerort vorgeschlagen. Dazu wird zunächst geschaut, ob die Ressource des Vorgangs bzw. der Phase, der die Komponente zugeordnet ist, einen PVB eingetragen hat (siehe Abbildung 3.48 in Abschnitt 3.6.2, »Bereitstellung über die Lagerverwaltung«). In diesem Fall wird immer der Lagerort als Entnahmeort für die Komponente vorgeschlagen, der im PVB gepflegt ist, falls das Materialstamm-Lagerortsegment für die Komponente angelegt ist. Die Einstellungen im PVB können Sie nachprüfen über den Menüpfad Logistik • Logistics Execution • Stammdaten • Lager • Produktionsversorgung • Produktionsversorgungsbereich • Anzeigen (PK06). Hier ist dem werksspezifischen PVB ein Lagerort zugeordnet (siehe Abbildung 3.56).

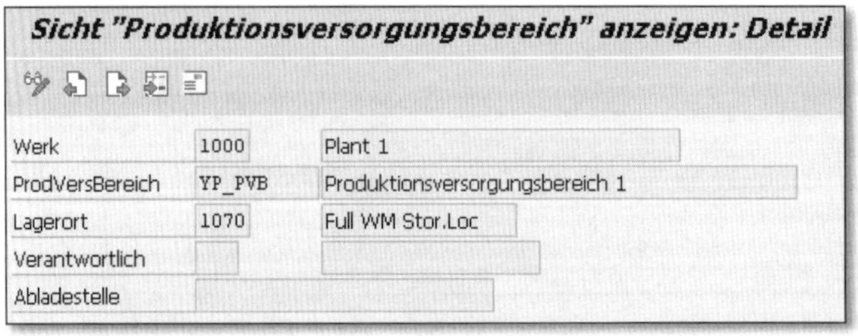

Abbildung 3.56 Produktionsversorgungsbereich anzeigen

[+]

Logik zur Ermittlung des Produktionsversorgungsbereichs

Neben dem PVB in der Ressource können Sie zudem einen PVB in der Stücklistenposition (Feld ProdVersorgBereich auf dem Reiter Status/Langtext) und im Materialstamm (Feld Vorschlags-PVB auf dem Reiter Disposition 2) pflegen. Im Standard werden diese beiden Einstellungen allerdings nicht mehr berücksichtigt, sobald Sie in der Ressource einen PVB zugeordnet haben. Diese Logik können Sie mithilfe einer Modifikation anpassen, die im SAP-Hinweis 126881 beschrieben ist. Dadurch wird priorisiert der PVB aus der Stückliste, dann der PVB aus dem Materialstamm und zuletzt der PVB aus der Ressource herangezogen.

Falls Sie ohne PVB arbeiten bzw. die WM/PP-Bereitstellung nicht im Einsatz haben, wird folgende Logik angewandt:

1. Zunächst wird in der Stücklistenposition geschaut, ob hier ein Produktionslagerort für die Einsatzkomponente gepflegt ist. Diesen können Sie in der Stückliste auf Positionsebene auf dem Reiter Status/Langtext im Feld Produktionslagerort eintragen.
2. Falls in der Stücklistenposition kein Eintrag gefunden wird, wird der Produktionslagerort aus dem Materialstamm gezogen, den Sie dort auf der Sicht Disposition 2 im Feld Produktionslagerort pflegen.
3. Falls auch im Materialstamm kein Lagerort gefunden werden kann, wird untersucht, ob dem Materialstamm in der Sicht Disposition 1 eine Dispositionsgruppe zugeordnet ist. In den Customizing-Einstellungen zur Dispositionsgruppe steuern Sie über den Parameter Produktionslagerortermittlung, ob ein Lagerort aus der Fertigungsversion berücksichtigt werden soll. Falls hier im Feld PLSel der Wert 2, 3 oder 4 eingestellt ist

(siehe Abbildung 3.57), sucht das System in der Fertigungsversion des zu produzierenden Materials nach einem Entnahmelagerort. Falls dieser in der Fertigungsversion nicht gepflegt ist, wird nach dem empfangenden Lagerort im Feld EMPFANG. LAGERORT geschaut und dieser als Entnahmelagerort für die Komponenten verwendet.

Logik zur Ermittlung des Entnahmelagerorts anpassen [+]

Die oben beschriebene Logik können Sie mithilfe der Erweiterung PPCO0005 (Lagerort/retrograde Entnahme bei Auftragseröffnung) über den Customer-Exit EXIT_SAPLCOSD_001 Ihren Anforderungen entsprechend anpassen.

Falls gemäß dieser Logik kein Entnahmelagerort für die Komponente ermittelt werden kann, bleibt das Feld LAGERORT in der Materialliste leer, und Sie müssen den Entnahmelagerort bei der Warenausgangsbuchung manuell eingeben.

Das Customizing zur Dispositionsgruppe stellen Sie, wie in Abbildung 3.57 beschrieben, über folgenden Menüpfad ein: IMG • PRODUKTION • BEDARFSPLANUNG • DISPOSITIONSGRUPPEN • GESAMTPFLEGE DER DISPOSITIONSGRUPPEN DURCHFÜHREN (Transaktion OPPR).

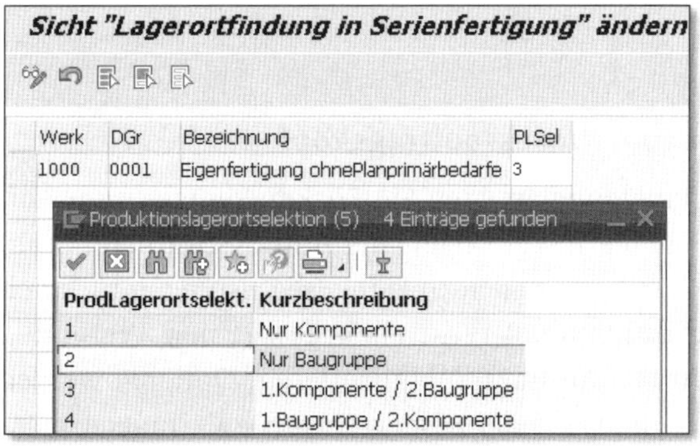

Abbildung 3.57 Steuerung der Lagerortfindung pro Dispositionsgruppe im Customizing

Lagerortfindung in Serienfertigung [«]

Obwohl die Einstellungen zur Lagerortfindung in der Dispositionsgruppe in der Komponente Serienfertigung (PP-REM) zum Einsatz kommen, werden diese auch im Rahmen der Prozessauftragsabwicklung berücksichtigt. Die Customizing-Einstellung aus Abbildung 3.57 wird relevant, falls nach der oben beschriebenen Logik kein Lagerort gefunden werden kann, Sie jedoch dem zu produzierenden Material eine Dispositionsgruppe zugeordnet haben.

3.7 Rückmeldung von Prozessaufträgen

Über die Rückmeldungen zum Prozessauftrag dokumentieren und verfolgen Sie den aktuellen Bearbeitungsstand eines Prozessauftrags. Sie melden dabei Leistungen wie Maschinen- und Personalzeit zurück. Dadurch werden die Ist-Kosten des Auftrags und Auftragsdaten wie Mengen, Zeiten, Status und Leistungen fortgeschrieben. Zudem werden durch eine Auftragsrückmeldung die Kapazitätsbedarfe des Auftrags abgebaut, sodass die Kapazitäten wieder für andere Aufträge zur Verfügung stehen.

Sie erfahren in diesem Abschnitt, welche Rückmeldeverfahren es in SAP ERP gibt und wie Sie Materialbewegungen im Rahmen der Rückmeldung erfassen können. Weiterhin lernen Sie neben den wichtigsten Einstellungen im Customizing zusätzliche Funktionen wie die Meilensteinrückmeldung und die Fehlernachbearbeitung kennen. Neben den hier gezeigten Möglichkeiten, die Rückmeldungen direkt im SAP-ERP-System zu buchen, können Sie Rückmeldedaten zudem in einem an das SAP-System angebundenen Fremdsystem, z. B. einem Manufacturing Execution System (MES), erfassen; dazu erfahren Sie mehr in Kapitel 8, »Integration«. Weiterhin können Sie die Auftragsrückmeldungen auch über eine interaktive Herstellanweisung im Rahmen der Prozesskoordination anstoßen, was in Abschnitt 5.6, »SAP-Herstellanweisungen«, behandelt wird.

3.7.1 Rückmeldungen zum Prozessauftragskopf

Als einfachste Art der Rückmeldung erfassen Sie Rückmeldungen zum Auftragskopf. Falls Sie keine detaillierte Verfolgung der Auftragsbearbeitung auf Ebene der Arbeitsschritte benötigen und auch keine Ist-Leistungen rückmelden möchten, können Sie dadurch auf recht einfache Art und Weise den mengenmäßigen Fortschritt des Auftrags dokumentieren. Optional werden dabei Leistungen zu Phasen und Sekundärressourcen sowie Verbrauchsmengen zu den Materialkomponenten im Rahmen der retrograden Entnahme proportional zur rückgemeldeten Menge auf den Auftrag gebucht.

Erfassung der Rückmeldedaten

Zum Erfassen einer Rückmeldung zum gesamten Auftrag wählen Sie den Menüpfad Logistik • Produktion Prozess • Prozessauftrag • Rückmeldung • Erfassen zum Auftrag (Transaktion CORK). Nachdem Sie die Prozessauftragsnummer eingegeben haben, gelangen Sie in das Bild zur Erfassung der Rückmeldedaten (siehe Abbildung 3.58).

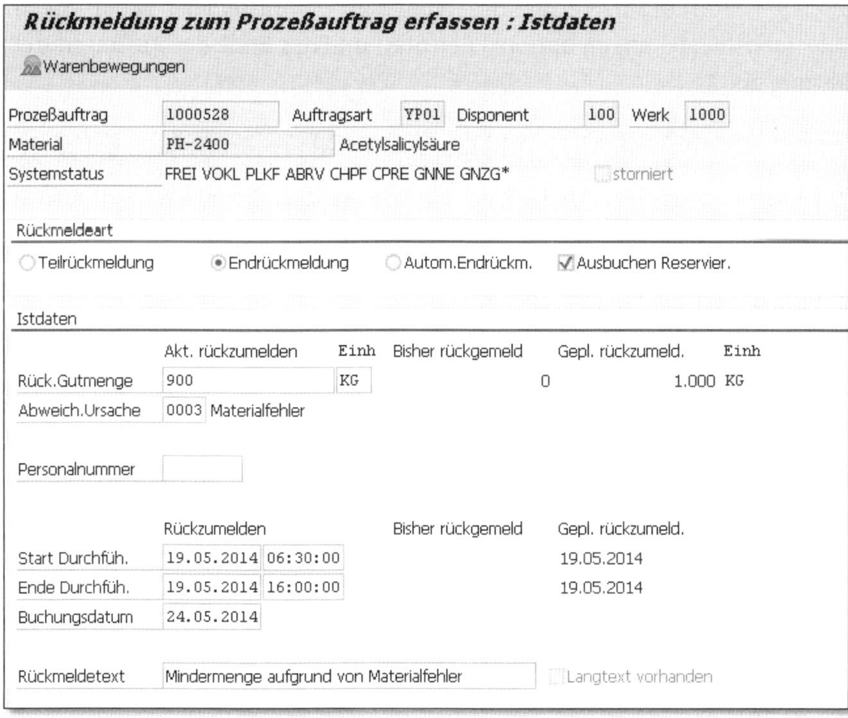

Abbildung 3.58 Rückmeldung zum Auftragskopf erfassen

Hier wählen Sie zunächst über einen Radiobutton die RÜCKMELDEART aus. Selektieren Sie die Rückmeldeart TEILRÜCKMELDUNG, falls Sie danach noch weitere Rückmeldungen erfassen möchten. Alternativ führen Sie eine ENDRÜCKMELDUNG durch oder eine automatische Endrückmeldung (Radiobutton AUTOMAT.ENDRÜCKM.). Im letzteren Falle wird eine Endrückmeldung durchgeführt, falls die Rückmeldemenge gleich oder größer der geplanten Rückmeldemenge ist, ansonsten wird eine Teilrückmeldung erfasst. Der Auftragsstatus wird dann entsprechend auf TRÜC (Teilrückgemeldet) oder RÜCK (Rückgemeldet) gesetzt.

Über das Kennzeichen AUSBUCHEN RESERVIER. im Zusammenhang mit einer Endrückmeldung werden eventuell offene Reservierungen der Materialkomponenten gelöscht, sodass diese nicht mehr benötigten Mengen für andere Aufträge wieder zur Verfügung stehen.

Im Feld RÜCK.GUTMENGE geben Sie die Rückmeldemenge ein. Falls diese von der geplanten Rückmeldemenge abweicht, können Sie zur Dokumentation einen Abweichungsgrund im Feld ABWEICH.URSACHE auswählen. In den im

Bereich Istdaten zur Verfügung stehenden Datumsfeldern geben Sie im Falle von Abweichungen optional den Start und das Ende der Auftragsdurchführung an.

[»]

Vorgeschlagene Rückmeldeart

Die Rückmeldeart und auch das Kennzeichen Ausbuchen Reservier. werden dabei aus den Customizing-Einstellungen der Rückmeldeparameter pro Werk und Auftragsart gelesen (siehe Abbildung 3.59). Dies steuern Sie im Feld Rückmeldeart bzw. über das Kennzeichen Ausbuchen offener Reservierungen im Bereich Rückmeldefunktion ausser Einbilderfassung auf dem Reiter Einzelerfassung allgemein. Die Einstellung nehmen Sie unter folgendem IMG-Pfad vor: Produktionsplanung Prozessindustrie • Prozessauftrag • Vorgänge • Rückmeldung • Rückmeldeparameter festlegen (Transaktion OPK4).

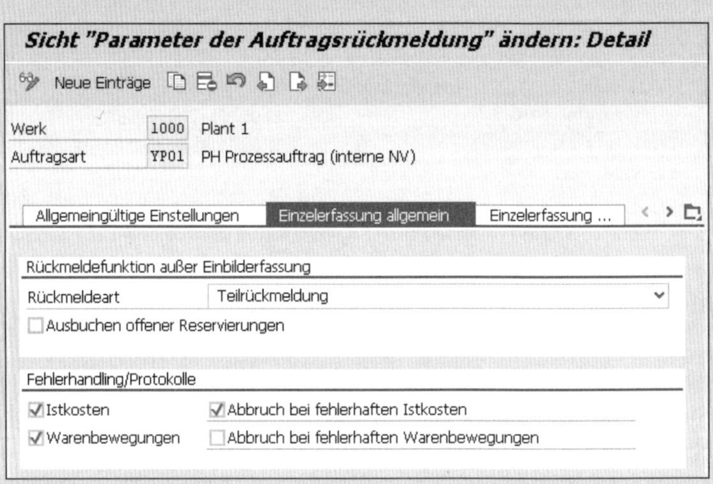

Abbildung 3.59 Parameter der Auftragsrückmeldung – Einzelerfassung

Retrograde Entnahme

Unter der *retrograden Entnahme* versteht man die automatische Verbrauchsbuchung von Materialkomponenten eines Prozessauftrags bei der Rückmeldung. Hierbei werden geplante Mengen der Materialien proportional zur Rückmeldemenge aus dem Lager auf den Auftrag entnommen. Eine Übersicht dieser geplanten Entnahmebuchungen erhalten Sie, wenn Sie in der Rückmeldung auf den Button Warenbewegungen klicken. Sie gelangen so auf die Übersicht der anstehenden Verbrauchsbuchungen, wie in Abbildung 3.60 dargestellt.

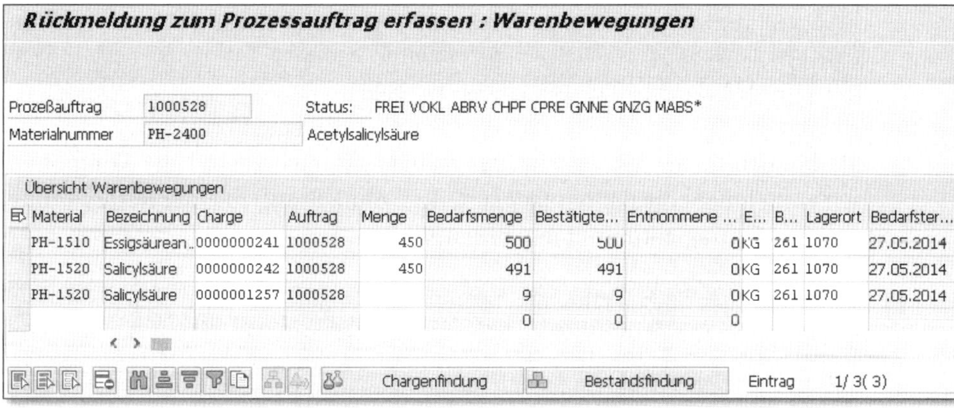

Abbildung 3.60 Warenbewegungen zur Auftragsrückmeldung bearbeiten

Hier werden alle Komponenten aus dem Prozessauftrag aufgelistet, die retrograd entnommen werden sollen. Im Feld BEDARFSMENGE wird die gesamte geplante Entnahmemenge angezeigt. Die zu buchende Menge im Feld MENGE wird nun proportional zur Rückmeldemenge berechnet. Im Beispiel in Abbildung 3.60 sollen von Komponente PH-1510 450 KG entnommen werden. Dies lässt sich über folgende Formel berechnen:

tatsächliche Entnahmemenge 450 KG = geplante Entnahmemenge (Bedarfsmenge) 500 KG × Rückmeldemenge 900 KG ÷ Auftragsmenge 1000 KG

Sie können die Mengen natürlich entsprechend den tatsächlich entnommenen Mengen anpassen.

Retrograde Entnahme für eine Komponente aktivieren [«]

Ausschlaggebend dafür, ob eine Komponente retrograd entnommen wird, ist das Kennzeichen RETROGRADE ENTNAHME in der Materialliste im Prozessauftrag. Dies wird nach folgender Logik automatisch gesetzt:

- Zunächst wird geprüft, ob die Komponente im Planungsrezept mit dem Kennzeichen RETROGRADE ENTNAHME versehen ist. Dies pflegen Sie auf dem Reiter MATERIALIEN, indem Sie eine Komponente mit Phasenzuordnung markieren und in den Details dieses Kennzeichen setzen.
- Falls das Kennzeichen im Planungsrezept nicht gesetzt ist, wird der Materialstamm der Komponente geprüft. Falls hier auf der Sicht DISPOSITION 2 das Feld RETROGR. ENTNAHME den Wert 1 (GRUNDSÄTZLICH RETROGRAD ENTNEHMEN) besitzt, wird die Komponente grundsätzlich retrograd entnommen.
- Falls im Materialstamm der Wert 2 (ARBEITSPLATZ ENTSCHEIDET, OB RETROGRADE ENTNAHME) eingetragen ist, wird die Einstellung auf retrograde Entnahme in den Grunddaten des Ressourcenstammsatzes geprüft (siehe Abbildung 2.8 in Abschnitt 2.2.2, »Ressourcenstamm anlegen«). Dabei ist die Ressource ausschlaggebend, die in der Phase steht, der die Komponente zugeordnet ist.

Das Kennzeichen wird nach der beschriebenen Logik im Prozessauftrag gesetzt, Sie können es allerdings manuell im Prozessauftrag anpassen, solange Sie noch keinen Warenausgang zur Komponente gebucht haben.

Sie können in der Warenbewegungsübersicht auch zusätzliche Komponenten aufnehmen, die dann ungeplant, d. h. ohne Bezug zu einer Reservierung, auf den Auftrag entnommen werden.

[!] **Alle Auftragskomponenten in der Warenbewegungsübersicht anzeigen und bearbeiten**

Sie können neben den retrograden Komponenten auch die übrigen Komponenten des Prozessauftrags in der Warenbewegungsübersicht anzeigen und bearbeiten. Dazu setzen Sie das Kennzeichen Alle Komponenten im Bereich Warenbewegungen auf dem Reiter Allgemeingültige Einstellungen im Customizing der Rückmeldeparameter pro Werk und Auftragsart. Diese Einstellung nehmen Sie unter folgendem IMG-Pfad vor: Produktionsplanung Prozessindustrie • Prozessauftrag • Vorgänge • Rückmeldung • Rückmeldeparameter festlegen (Transaktion OPK4).

Allerdings müssen Sie dabei Folgendes beachten:

- Falls Sie die Warenbewegungsübersicht während der Rückmeldung *nicht* aufrufen, wird nur der Verbrauch der retrograden Komponenten gebucht.
- Falls Sie jedoch in die Warenbewegungsübersicht gehen, um die Komponenten zu bearbeiten, werden *alle* Komponenten des Auftrags angezeigt, und beim Sichern der Rückmeldung wird der Verbrauch aller Komponenten gebucht.

Fehlerhandling beim Sichern der Rückmeldung

Beim Sichern der Rückmeldung werden Prüfungen bei der Ist-Kosten-Ermittlung sowie bei der retrograden Entnahmebuchung von Komponenten durchgeführt. Im Customizing der Rückmeldeparameter pro Werk und Auftragsart legen Sie fest, ob im Falle eines Fehlers eine Meldung beim Sichern ausgegeben wird und ob ohne eine Korrektur des Fehlers ein Sichern der Rückmeldung möglich ist (siehe Abbildung 3.59).

Über die Kennzeichen Istkosten und Warenbewegungen steuern Sie, dass im Falle eines Buchungsfehlers ein entsprechendes Pop-up mit einer Warnungsmeldung erscheint. Der Benutzer kann dann bei fehlerhaften Warenbewegungen entweder die Rückmeldung abbrechen oder in die Rückmeldedaten zurückkehren und die Fehler eventuell korrigieren. Dies kann z. B. eine fehlende Chargenangabe oder ein fehlender Lagerort sein. Im Falle eines Fehlers bei der Ist-Kosten-Ermittlung ist allerdings keine Korrektur möglich.

Über die Kennzeichen ABBRUCH BEI FEHLERHAFTEN ISTKOSTEN bzw. ABBRUCH BEI FEHLERHAFTEN WARENBEWEGUNGEN verhindern Sie eine Verbuchung der Rückmeldung ohne eine Korrektur des Fehlers. Falls die Fehler nicht korrigiert werden können und ein Sichern erlaubt ist, müssen diese im Rahmen der Fehlernachbearbeitung korrigiert werden (siehe Abschnitt 3.7.3, »Weitere Funktionen der Auftragsrückmeldung«).

Aktualisierung des Prozessauftrags

Nachdem Sie nun die Rückmeldung gesichert haben, werden die Leistungen zu den Phasen und Sekundärressourcen proportional zur Rückmeldemenge verbucht und die Komponenten aus der Warenbewegungsübersicht auf den Auftrag entnommen. Weiterhin werden folgende Aktualisierungen im Prozessauftrag vorgenommen:

- Der Status im Auftragskopf wird abhängig von der Rückmeldeart auf TRÜC (Teilrückgemeldet) bzw. RÜCK (Rückgemeldet) gesetzt.
- Der Status der Vorgänge, Phasen und Sekundärressourcen wird entsprechend dem Status im Auftragskopf gesetzt.
- Termine und Mengen werden im Auftragskopf, in Vorgängen, Phasen und Sekundärressourcen aktualisiert.
- Die Ist-Kosten werden aktualisiert.
- Die Kapazitätsbedarfe werden angepasst.
- Die entnommenen Komponentenmengen werden in der Materialliste aktualisiert (siehe Abbildung 3.61).

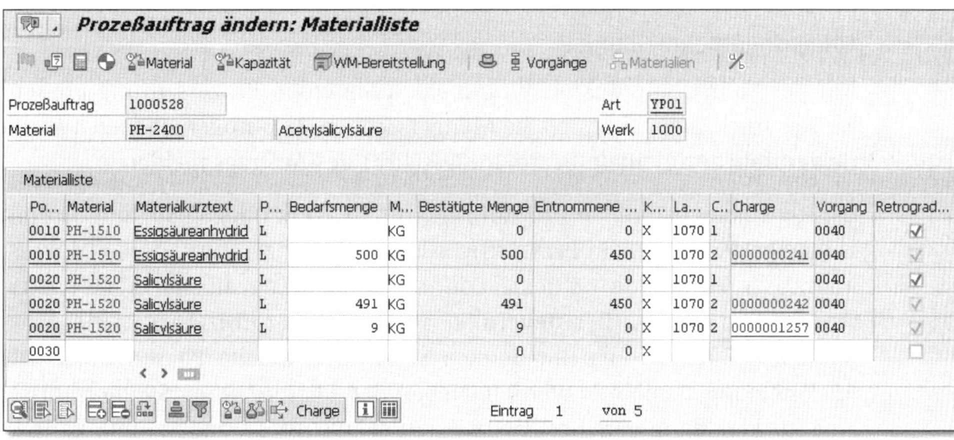

Abbildung 3.61 Materialliste im Prozessauftrag nach der Rückmeldung

3.7.2 Rückmeldungen auf Phasenebene

Anstatt Rückmeldungen auf Auftragskopfebene durchzuführen, können Sie auch die einzelnen Phasen zurückmelden. Diese Rückmeldeebene ermöglicht Ihnen eine detaillierte Verfolgung und Dokumentation aller Bearbeitungsschritte eines Prozessauftrags. Sie haben nur hier die Möglichkeit, Ist-Mengen zu Leistungen zurückzumelden, dies geht bei einer Auftragskopfrückmeldung nicht. Eine Rückmeldung auf Vorgangsebene ist allerdings nicht möglich, der Rückmeldestatus der Vorgänge orientiert sich dabei an den Rückmeldestatus der untergeordneten Phasen.

Bei den Rückmeldungen zur Phase wird zwischen zwei Rückmeldeverfahren unterschieden: der *Lohnscheinrückmeldung* und der *Zeitereignisrückmeldung*. Die Lohnscheinrückmeldung werden Sie normalerweise nutzen, wenn Sie Rückmeldungen eventuell auch retrospektiv im Dialog erfassen. Die Rückmeldung von Zeitereignissen kommt vorzugsweise dann zum Einsatz, wenn Sie Rückmeldedaten automatisiert über Subsysteme oder auch über interaktive Herstellanweisungen in Echtzeit erfassen, wobei auch die Zeitereignisrückmeldung im Dialog möglich ist. Weiterhin haben Sie die Möglichkeit, im Rahmen einer Sammelrückmeldung Rückmeldedaten für mehrere Aufträge gleichzeitig in Tabellensicht zu erfassen.

[!] **Wechsel der Rückmeldeebene**

Sobald Sie eine Kopfrückmeldung für einen Auftrag durchgeführt haben, können Sie keine Rückmeldung auf Phasenebene mehr anstoßen (und vice versa). Die einzige Möglichkeit ist, alle bereits gebuchten Rückmeldungen zu stornieren, dann ist ein Wechsel von der einen auf die andere Rückmeldeebene möglich.

Lohnscheinrückmeldung

Mit der Lohnscheinrückmeldung melden Sie einen Prozessauftrag phasenweise zurück. Dabei können Sie Mengen, Zeiten, Leistungen und auch Materialverbräuche zu einem Bearbeitungsschritt des Auftrags melden.

Die Rückmeldeparameter pro Auftragsart und Werk pflegen Sie im Customizing über den IMG-Pfad Produktionsplanung Prozessindustrie • Prozessauftrag • Vorgänge • Rückmeldung • Rückmeldeparameter festlegen (Transaktion OPK4). Hier steuern Sie auf dem Reiter Einzelerfassung Vorgang mit Einstiegsbild im Bereich Selektion, welche Phasen Ihnen zur Rückmeldung angeboten werden. Neben den Phasen, deren Steuerschlüssel eine Rückmeldung verlangt (Wert 2 – Rückmeldung vorgesehen), können Sie über das Kennzeichen Auch rückmeldefähige Vorgänge zudem Phasen mit dem Wert »blank« (Rückmeldung möglich, aber nicht notwendig) im

Steuerschlüssel bei der Rückmeldung vorschlagen lassen. Falls zusätzlich auch bereits endrückgemeldete Phasen bei der Rückmeldung vorgeschlagen werden sollen, setzen Sie das Kennzeichen AUCH ENDRÜCKGEMELDETE VORGÄNGE (siehe Abbildung 3.62).

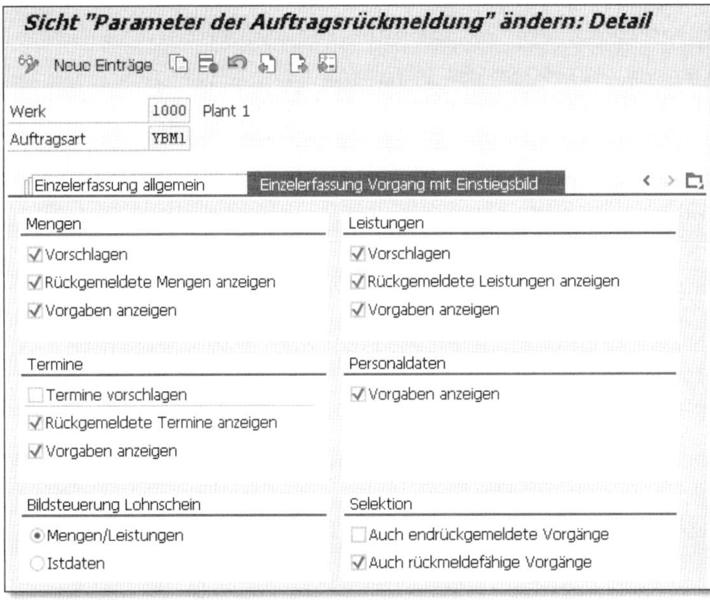

Abbildung 3.62 Parameter der Auftragsrückmeldung – Einzelerfassung Vorgang mit Einstiegsbild

Weitere Customizing-Einstellungen auf dem Reiter »Einzelerfassung Vorgang mit Einstiegsbild« [!]

Die Einstellungen in allen anderen Bereichen außer dem Bereich SELEKTION sind für die hier behandelte Lohnscheinrückmeldung nicht relevant. Sie steuern lediglich die Rückmeldung über die veraltete Transaktion zur Lohnscheinrückmeldung COR6 (Rückmeldung zum Prozessauftrag erfassen), auf die hier nicht weiter eingegangen wird.

Das Layout des Rückmeldebildschirms definieren Sie im Customizing über den IMG-Pfad PRODUKTIONSPLANUNG PROZESSINDUSTRIE • PROZESSAUFTRAG • VORGÄNGE • RÜCKMELDUNG • EINBILDERFASSUNG • EINBILDERFASSUNG DEFINIEREN (Transaktion OPK1). Hier pflegen Sie Rückmeldeprofile, von denen Sie eines als Standardprofil für die Einbilderfassung und eines als Standardprofil für die Nachbearbeitung über ein gleichnamiges Kennzeichen markieren. Diese werden dann als Standard bei der Lohnscheinrückmeldung bzw. bei der Nachbearbeitung verwendet.

[»] **Verwendung unterschiedlicher Rückmeldeprofile**

Falls Sie unterschiedliche Rückmeldeprofile verwenden möchten, können Sie jedem Benutzer ein vom Standardprofil abweichendes Rückmeldeprofil über den Benutzerparameter CORUPROF zuweisen. Da die Rückmeldeprofile nicht werks- und auftragsartabhängig, sondern übergreifend definiert werden, ist dies die einzige Möglichkeit, unterschiedliche Rückmeldeprofile einzusetzen.

Im Reiter BEREICHSAUSWAHL steuern Sie über den Parameter KOPFBEREICH, über welche Schlüsselfelder eine Rückmeldung zur Bearbeitung ausgewählt werden kann, z. B. Auftrag, Phase und Sekundärressource (siehe Abbildung 3.63).

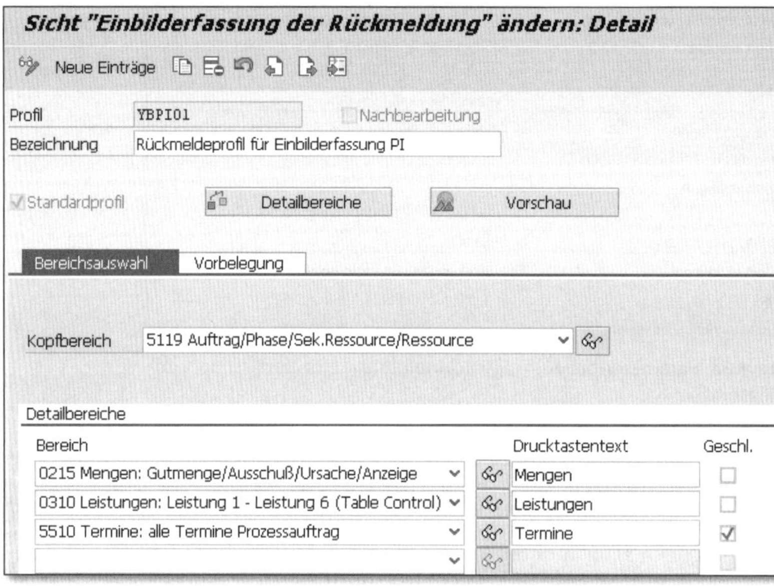

Abbildung 3.63 Einbilderfassung im Customizing definieren – Bereiche auswählen

Im Bereich DETAILBEREICHE stellen Sie dann aus vorgegebenen Bildbereichen eine Reihenfolge zusammen und definieren so das Layout der Rückmeldung, das Sie über den Button 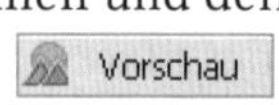 testen können.

[+] **Eigene Detailbilder definieren**

Mit der Kundenerweiterung CONFPP07 und den darin enthaltenen Customer-Exits können Sie eigene Detailbilder für die Einbilderfassung mit beliebigen Feldern definieren.

Im Reiter VORBELEGUNG legen Sie fest, welche Rückmeldeart automatisch vorgeschlagen wird und ob das Kennzeichen AUSBUCHEN OFFENER RESERVIERUNGEN standardmäßig vorbelegt wird (siehe Abbildung 3.64). Weiterhin legen Sie im Bereich VORSCHLAG über die Felder MENGEN und LEISTUNGEN fest, ob die geplanten Werte für die rückgemeldete Menge und die Leistungen vorgeschlagen werden oder nicht. Über die Einstellung 2 (VORSCHLAGEN BEIM SICHERN) werden die geplanten Werte automatisch bei Sichern gebucht, falls der Benutzer keine Daten eingegeben hat. Im Bereich LEISTUNGEN können Sie zudem einzelne Leistungsarten ausblenden und alternative Texte pflegen.

Abbildung 3.64 Einbilderfassung im Customizing definieren – Vorbelegung definieren

Eine Lohnscheinrückmeldung rufen Sie auf über den Menüpfad LOGISTIK • PRODUKTION PROZESS • PROZESSAUFTRAG • RÜCKMELDUNG • ERFASSEN ZUR PHASE • LOHN-RÜCKMELDESCHEIN (Transaktion COR6N). Hier geben Sie zunächst die Auftragsnummer in das Feld AUFTRAG ein, die rückzumeldende Phase können Sie über die F4-Hilfe auswählen. Bei dieser Auswahl werden Ihnen die rückmeldepflichtigen bzw. rückmeldefähigen Phasen inklusive der bereits rückgemeldeten Mengen angezeigt (siehe Abbildung 3.65).

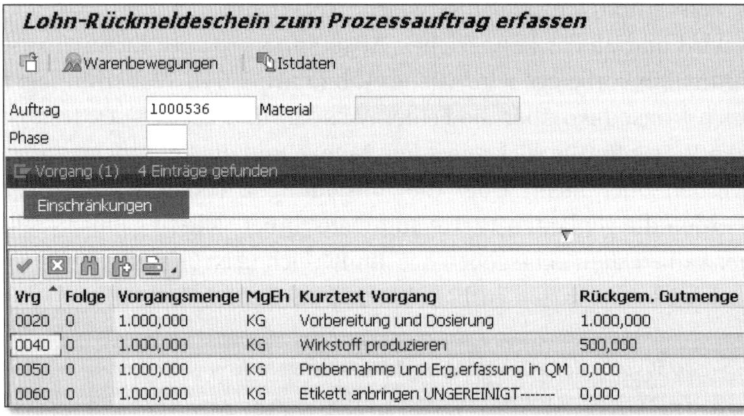

Abbildung 3.65 Lohnscheinrückmeldung erfassen – Auswahl von Auftrag und Phase

Nachdem Sie die rückzumeldende Phase ausgewählt haben, gelangen Sie in das Bild zur Erfassung der Rückmeldedaten (siehe Abbildung 3.66). Hier können Sie nun, falls gewünscht, die Rückmeldeart anpassen und die Mengen und Leistungen angeben bzw. die vorgeschlagenen Werte überschreiben.

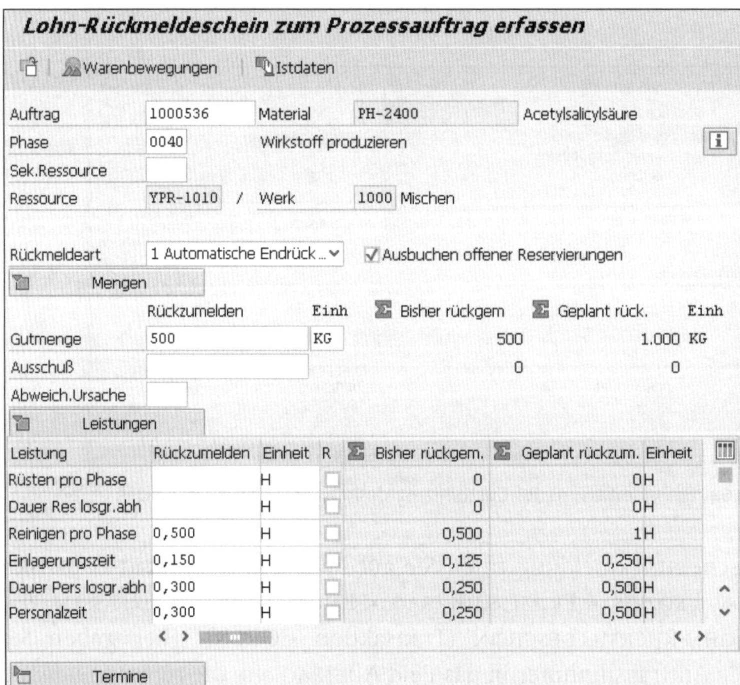

Abbildung 3.66 Lohnscheinrückmeldung erfassen – Ist-Daten erfassen

Wenn Sie auf den Button Istdaten klicken, werden alle Planwerte als Ist-Daten vorgeschlagen. Wie auch im Falle der Kopfrückmeldung können Sie über den Button Warenbewegungen in die Übersicht der Warenbewegungen verzweigen und dort die retrograden Warenbewegungen bearbeiten (siehe Abschnitt 3.7.1, »Rückmeldungen zum Prozessauftragskopf«). Dabei werden alle retrograd zu entnehmenden Auftragskomponenten aufgelistet, die der Phase zugeordnet sind, die Sie gerade rückmelden.

Anzeige von Vorschlägen für Leistungen [!]

Vorschläge für Leistungen können nur dann angezeigt werden, wenn für die Vorgabewerte in der Kalkulationssicht der Ressource Formeln zugeordnet wurden. Kosten werden nur dann berechnet, wenn dort Leistungsarten mit dahinterliegenden Tarifen und einer Kostenstellenplanung eingetragen sind.

Nach dem Sichern der Rückmeldung werden die Vorgangs- und Phasenstatus und gegebenenfalls der Auftragsstatus aktualisiert und die gebuchten Leistungen und Komponentenmengen auf den Auftrag belastet. Im Auftrag wird dann der Status RÜCK (Rückgemeldet) gesetzt, wenn alle rückmeldefähigen Phasen den Status RÜCK haben. Ansonsten wir der Status TRÜC (Teilrückgemeldet) gesetzt.

Sammelrückmeldungen

Mithilfe der Sammelerfassung können Sie Lohnscheinrückmeldungen zu mehreren Phasen, Sekundärressourcen und Aufträgen gleichzeitig durchführen. Sie starten dies über den Menüpfad Logistik • Produktion Prozess • Prozessauftrag • Rückmeldung • Erfassen zur Phase • Sammelerfassen (Transaktion CORR). Nach dem Aufruf der Transaktion geben Sie die Rückmeldenummern der rückzumeldenden Phasen und Sekundärressourcen ein oder klicken auf den Button Andere Sicht, um die Eingabe von Auftragsnummern zu ermöglichen. Dort geben Sie im Bereich Rückmeldungen zur Identifikation einer Rückmeldung Auftragsnummer, Phase und gegebenenfalls die Nummer der Sekundärressource an. Über den Button Istdaten vorschlagen werden die Planwerte aus den Aufträgen eingelesen und vorgeschlagen (siehe Abbildung 3.67).

Auch die Navigation in die Übersicht der Warenbewegungen zu einer Phase ist wie bei anderen Rückmeldearten über den Button Warenbewegungen möglich.

Abbildung 3.67 Sammelerfassung von Rückmeldungen durchführen

Sie können auch hier im Customizing neben der Identifizierung einer Rückmeldung beim Einstieg (Radiobuttons Rückmeldenummer oder Auftrag/Vorgang) steuern, ob Vorschlagswerte für Mengen und Leistungen automatisch beim Einstieg in die Transaktion angezeigt werden sollen. Dies legen Sie über den IMG-Pfad Produktionsplanung Prozessindustrie • Prozessauftrag • Vorgänge • Rückmeldung • Rückmeldeparameter Sammelrückmeldung (Transaktion OPKU) in den Einstellungen zur Kategorie 1 (Sammelerfassung) (siehe Abbildung 3.68) fest.

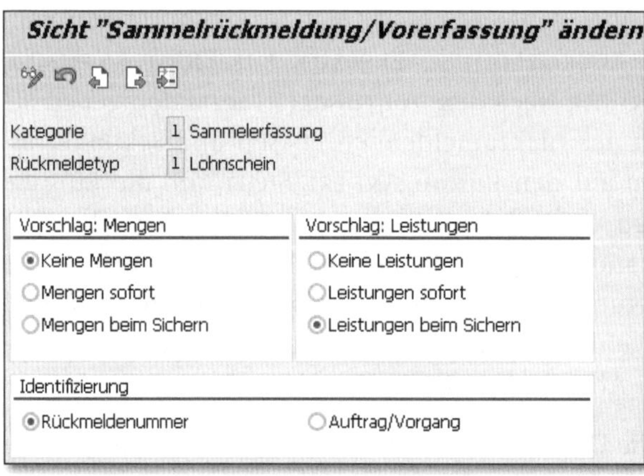

Abbildung 3.68 Customizing-Parameter zur Steuerung der Sammelrückmeldung

Zeitereignisrückmeldung

Im Rahmen der Zeitereignisrückmeldung führen Sie eine Rückmeldung mit einer sogenannten *Satzart* durch. Die Satzart bezeichnet das Ereignis, das rückgemeldet wird. Folgende Zeitereignisse können Sie hierbei melden:

- B10 – Start Bearbeiten
- B20 – Teilende Bearbeiten
- B30 – Unterbrechen Bearbeiten
- B40 – Ende Bearbeiten

Darüber hinaus können Sie über folgende Satzarten auch direkt Leistungen rückmelden:

- V20 – Teilende variable Leistung
- V40 – Ende variable Leistung

Rückmeldung von Leistungen im Rahmen der Zeitereignisrückmeldung [!]

Falls Sie bei einer Zeitereignisrückmeldung auch Leistungen zurückmelden möchten, müssen Sie in den Kalkulationsdaten der Ressource bei den Leistungsarten im Feld SATZARTGRUPPE den Wert 2, BEARBEITEN, eingetragen haben.

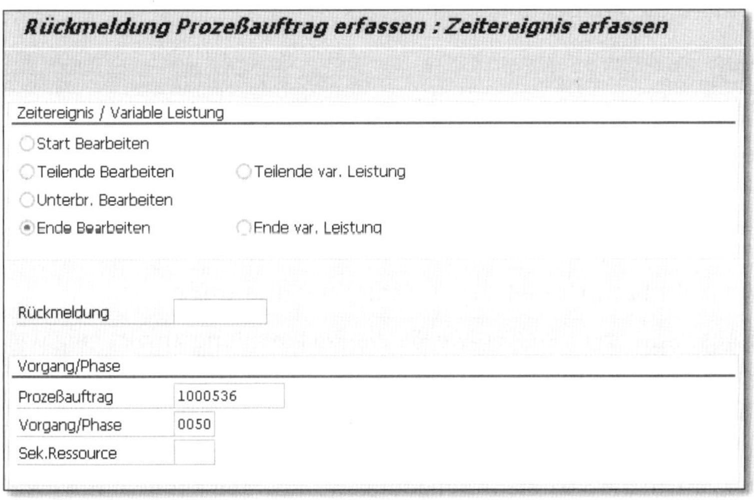

Abbildung 3.69 Zeitereignis oder variable Leistung zum Prozessauftrag rückmelden

Die Rückmeldung von Zeitereignissen und variablen Leistungen rufen Sie über folgenden Menüpfad auf: LOGISTIK • PRODUKTION PROZESS • PROZESSAUFTRAG • RÜCKMELDUNG • ERFASSEN ZUR PHASE • ZEITEREIGNIS (Transaktion

CORZ). Hier wählen Sie das Zeitereignis oder das Teilende bzw. Ende der variablen Leistung aus und geben die Prozessauftragsnummer, Phase und eventuell Sekundärressource ein, zu der Sie die Rückmeldedaten erfassen möchten (siehe Abbildung 3.69).

Nachdem Sie die Parameter auf dem Selektionsbildschirm eingegeben haben, drücken Sie die Taste [↵] und gelangen so in den Rückmeldebildschirm, in dem Sie dann Datum und Zeit des Ereignisses angeben. Zudem können Sie – falls erforderlich – eine abweichende Ressource und einen Abweichungsgrund angeben. In die Übersicht zu den Warenbewegungen können Sie ebenfalls verzweigen.

Rückmeldung anzeigen und stornieren

Falls Sie bereits erfasste Rückmeldungen anzeigen möchten, nutzen Sie dazu den Menüpfad Logistik • Produktion Prozess • Prozessauftrag • Rückmeldung • Anzeigen (Transaktion CORT). Auch die Stornierung einer Rückmeldung ist möglich über den Menüpfad Logistik • Produktion Prozess • Prozessauftrag • Rückmeldung • Stornieren (Transaktion CORS). In beiden Transaktionen können Sie über die Prozessauftragsnummer einsteigen. Im Falle von Lohnscheinrückmeldungen finden Sie im Prozessauftrag in den Vorgangsdetails im Reiter Allgemeine Daten eine Rückmeldenummer, über die Sie ebenfalls die Transaktionen aufrufen können.

[!] **Storno von retrograden Entnahmen**

Warenbewegungen aus retrograder Entnahme können nicht über die Bestandsführung storniert werden, dazu muss immer die Rückmeldung storniert werden, über die die retrograde Entnahmebuchung erfolgt ist.

3.7.3 Weitere Funktionen der Auftragsrückmeldung

In diesem Abschnitt erfahren Sie, wie Sie die Rückmeldungsabwicklung weiter automatisieren und für den Benutzer vereinfachen können. Dazu zählen die Meilensteinrückmeldung, der automatische Wareneingang und die integrierte Bestands- und Chargenfindung. Darüber hinaus lernen Sie mögliche Prüfungen kennen, die Sie bei Rückmeldungen aktivieren können, sowie die Transaktionen zur Nachbearbeitung von Fehlern, die im Rahmen einer Rückmeldung auftreten können. Weiterhin zeigen wir Ihnen, wie Sie die sogenannten vorgemerkten Rückmeldeprozesse zur Verbesserung der Performance von Rückmeldungen einsetzen können.

Prüfungen bei Rückmeldungen

In den Customizing-Einstellungen zu den Rückmeldeparametern können Sie pro Auftragsart und Werk gewisse Prüfungen aktivieren (siehe Abbildung 3.70). Dies pflegen Sie im Customizing über den IMG-Pfad PRODUKTIONSPLANUNG PROZESSINDUSTRIE • PROZESSAUFTRAG • VORGÄNGE • RÜCKMELDUNG • RÜCKMELDEPARAMETER FESTLEGEN (Transaktion OPK4).

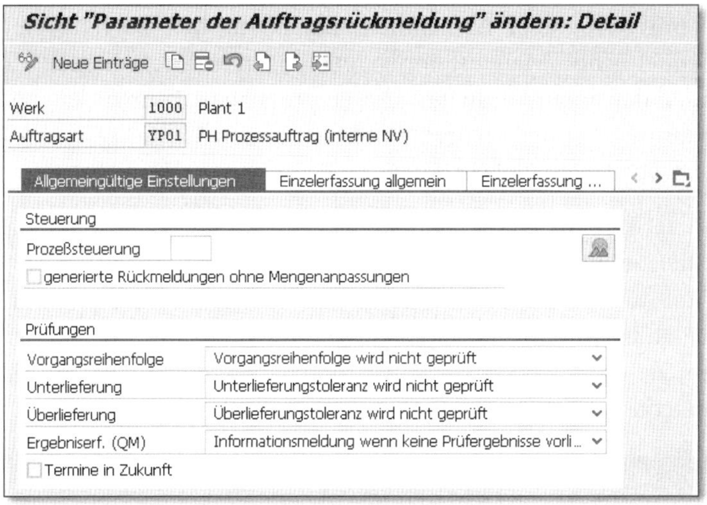

Abbildung 3.70 Parameter der Auftragsrückmeldung – Allgemeingültige Einstellungen

Über das Feld VORGANGSREIHENFOLGE steuern Sie, ob und wie eine Prüfung der Vorgangs- bzw. Phasenreihenfolge stattfinden soll. Im Falle einer Nichteinhaltung der Reihenfolge kann dann z. B. eine Information, eine Warnung oder ein Fehler ausgegeben werden.

Über die Felder UNTERLIEFERUNG und ÜBERLIEFERUNG aktivieren Sie eine Prüfung der rückgemeldeten Menge auf die Toleranzen aus dem Prozessauftrag hin, die Sie im Auftragskopf auf dem Reiter WARENEINGANG finden. Im Falle der Verletzung einer Toleranz können Sie dann eine Warnung oder einen Fehler ausgeben.

Das Feld ERGEBNISERF. (QM) steuert das Systemverhalten, falls Sie eine Phase rückmelden möchten, die eine Ergebniserfassung in der Komponente QM im Rahmen einer In-Prozess-Kontrolle vorsieht (siehe Abschnitt 8.1.2, »Produktionsbegleitende Prüfung«). Falls diese noch nicht erfolgt ist, kann eine Information, eine Warnung oder ein Fehler ausgegeben werden. Für eine mögliche Eingabe von Terminen in der Zukunft setzen Sie das Kennzeichen TERMINE IN ZUKUNFT.

Meilensteinrückmeldungen

Meilensteinrückmeldungen ermöglichen es Ihnen, mehrere Phasen auf einmal zurückzumelden. Dabei definieren Sie ausgewählte Phasen in Ihrem Planungsrezept als Meilenstein. Sobald Sie eine als Meilenstein markierte Phase zurückmelden, werden alle freigegebenen vorgelagerten Phasen bis zum vorherigen Meilenstein proportional zur rückgemeldeten Menge ebenfalls automatisch zurückgemeldet. Dabei wird auch der Verbrauch der Materialkomponenten mit retrograder Entnahme gebucht, die den vorgelagerten Phasen zugeordnet sind. Meilensteinrückmeldungen melden immer geplante Leistungen der untergeordneten Phasen proportional zur rückgemeldeten Menge zurück. Auf der Meilensteinphase können Sie die Leistungen allerdings wie gewohnt variabel eingeben.

Um eine Phase als Meilenstein zu markieren, weisen Sie der Phase im Planungsrezept einen Steuerschlüssel zu, der im Feld RÜCKMELDUNG den Wert 1 (MEILENSTEINRÜCKMELDUNG (NICHT PS/PM)) hat. Weiterhin ist es wichtig, dass Sie im Planungsrezept die Anordnungsbeziehungen Ihrer Phasen gepflegt haben, da das SAP-System sonst keine Reihenfolge der Phasen erkennen kann – die reine Vorgangsnummerierung reicht dazu nicht aus.

[!] **Verwendung von Meilensteinen**

Bei der Verwendung von Meilensteinen müssen Sie Folgendes beachten:

- Falls Sie mehrere Meilensteine im Rezept definiert haben, müssen Sie zuerst die vorgelagerten Meilensteine rückmelden – zumindest mithilfe einer Teilrückmeldung –, bevor Sie einen nachgelagerten Meilenstein rückmelden können.
- Falls Sie bei einem Meilenstein einen Ausschuss rückmelden, werden die vorgelagerten Phasen mit der Summe der aktuellen Gut- und Ausschussmenge als Gutmenge zurückgemeldet.
- Sobald eine untergeordnete Phase einmal manuell rückgemeldet wurde, die eigentlich über die übergeordnete Meilensteinphase rückgemeldet werden soll, erfolgt für diese Phase keine weitere Meilensteinrückmeldung mehr.

Automatischer Wareneingang

Neben der retrograden Entnahme von Materialkomponenten können Sie auch den Wareneingang zum Prozessauftrag implizit und automatisch über eine Rückmeldung buchen. Dies ist z. B. bei Rückmeldungen zu Prozessaufträgen von Siloware sinnvoll. Dazu weisen Sie genau einer Phase im Planungsrezept einen Steuerschlüssel zu, bei dem das Kennzeichen AUT. WARENEINGANG gesetzt ist. Bei der Rückmeldung dieser Phase wird dann für das zu fertigende Produkt mit der rückgemeldeten Gutmenge ein Wareneingang gebucht. Wie auch die retrograd zu entnehmenden Komponenten können Sie diese Wareneingangsposition in der Warenbewegungsübersicht in der Rückmeldung bearbeiten.

Automatischer Wareneingang – Überlegungen und Einschränkungen [!]

Falls Sie die automatische Wareneingangsbuchung im Rahmen der Rückmeldung nutzen, müssen Sie sicherstellen, dass die rückgemeldete Menge auch der gefertigten Menge entspricht.

Falls Sie Wareneingänge über ein Subsystem oder eine interaktive Herstellanweisung buchen, dürfen Sie den automatischen Wareneingang bei der Rückmeldung nicht aktivieren.

Beim Einsatz des Handling Unit Managements (HUM) funktioniert der automatische Wareneingang nicht, da hier keine Verpackungsfunktion vorhanden ist.

Integrierte Bestands- und Chargenfindung für retrograd entnommene Komponenten

Die integrierte Bestands- und Chargenfindung ermöglicht es Ihnen im Falle von retrograder Entnahme der Komponenten, automatisch sowohl die Bestandsart als auch die Komponentencharge zu ermitteln, die Sie für einen Prozessauftrag verbrauchen. Die Funktion vereint die in der Materialwirtschaftskomponente MM angesiedelte Bestandsfindung mit der Chargenfindung. Sie finden die Einstellungen dazu im Customizing über den IMG-Pfad Produktionsplanung Prozessindustrie • Prozessauftrag • Vorgänge • Bestands- und Chargenfindung in der Warenbewegung (Transaktion OPJ2).

Hier weisen Sie pro Werk, Auftragsart und Vorgang (retrograde Entnahme oder Kommissionierung) eine Bestandsfindungsregel zu oder deaktivieren die Bestandsfindung über das Kennzeichen Keine BF. Weiterhin können Sie über das Kennzeichen CF die automatische Chargenfindung aktivieren (siehe Abbildung 3.71).

Über die optionale Bestandsfindung legen Sie die Reihenfolge fest, aus welchem Lagerort und aus welcher Bestandsart (Konsignationsbestand und freier Bestand) die Komponenten entnommen werden sollen. Voraussetzung für eine automatische Chargenfindung bei der retrograden Entnahme ist dann die Zuordnung eines Chargensuchschemas zur Bewegungsart 261 (WA für Auftrag), was Sie im Customizing der Bewegungsarten über den IMG-Pfad Materialwirtschaft • Bestandsführung und Inventur • Bewegungsarten • Bewegungsarten kopieren, ändern (Transaktion OMJJ) vornehmen.

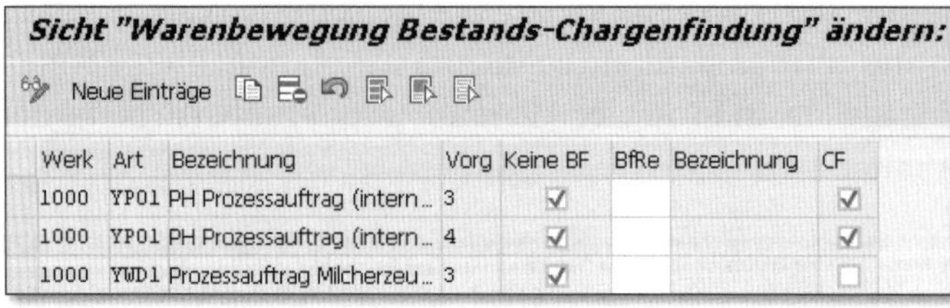

Werk	Art	Bezeichnung	Vorg	Keine BF	BfRe	Bezeichnung	CF
1000	YP01	PH Prozessauftrag (intern...	3	☑			☑
1000	YP01	PH Prozessauftrag (intern...	4	☑			☑
1000	YWD1	Prozessauftrag Milcherzeu...	3	☑			☐

Abbildung 3.71 Integrierte Bestands- und Chargenfindung bei Warenbewegungen

Sobald Sie die notwendigen Einstellungen im Customizing und in den Stammdaten wie beschrieben vorgenommen haben, wird die Chargenfindung bei der Rückmeldung für retrograd zu entnehmende Komponenten automatisch angestoßen. Die ermittelten Chargen werden dabei in der Warenbewegungsübersicht eingetragen. Für einen zusätzlichen manuellen Anstoß in der Rückmeldung steht Ihnen in der Warenbewegungsübersicht der Button Chargenfindung zur Verfügung.

Fehlernachbearbeitung

Falls eine Rückmeldung mit Fehlern bei der Ist-Kosten-Ermittlung oder bei der retrograden Entnahmebuchung von Komponenten gebucht wird, werden dazu Fehlersätze erzeugt. Diese Fehler sollten Sie auf jeden Fall nachbearbeiten. Dadurch gewährleisten Sie, dass der Prozessauftrag korrekt mit Ist-Kosten und Materialverbrauchsbuchungen belastet wird und dass die Bestände auf einem aktuellen Stand gehalten werden.

Fehlerhafte Warenbewegungen

Fehlerhafte Warenbewegungen von retrograd entnommenen Komponenten oder einem automatischen Wareneingang bearbeiten Sie über den Menüpfad Logistik • Produktion Prozess • Prozessauftrag • Umfeld • Materialbewegung • Nachbearb.Warenbeweg. (Transaktion COGI).

Im Selektionsbild haben Sie umfangreiche Möglichkeiten, die zu bearbeitenden Fehlersätze auszuwählen. Neben Werk, Lagerort, Materialkomponente und Bewegungsart können Sie z. B. auch über Prozessauftrag, das zu produzierende Material oder den Fertigungssteuerer selektieren. Nach dem Ausführen der Selektion gelangen Sie in die Listanzeige der Fehlersätze (siehe Abbildung 3.72). Hier finden Sie zu jedem Fehlersatz eine Angabe zum Fehler in der Spalte Fehlertext.

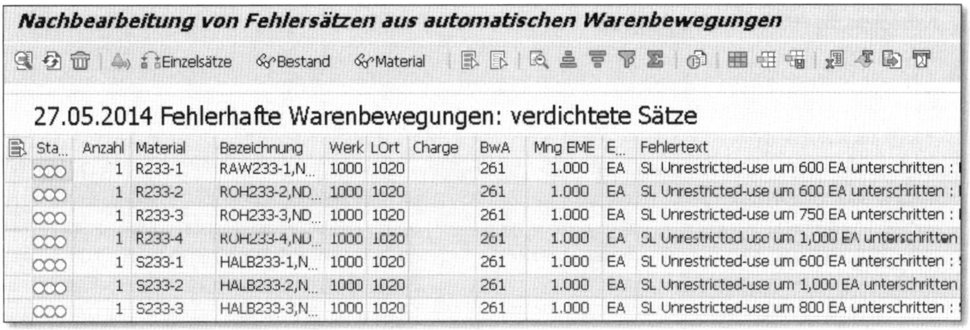

Sta...	Anzahl	Material	Bezeichnung	Werk	LOrt	Charge	BwA	Mng EME	E...	Fehlertext
OOO	1	R233-1	RAW233-1,N...	1000	1020		261	1.000	EA	SL Unrestricted-use um 600 EA unterschritten :
OOO	1	R233-2	ROH233-2,ND...	1000	1020		261	1.000	EA	SL Unrestricted-use um 600 EA unterschritten :
OOO	1	R233-3	ROH233-3,ND...	1000	1020		261	1.000	EA	SL Unrestricted-use um 750 EA unterschritten :
OOO	1	R233-4	ROH233-4,ND...	1000	1020		261	1.000	EA	SL Unrestricted-use um 1,000 EA unterschritten
OOO	1	S233-1	HALB233-1,N...	1000	1020		261	1.000	EA	SL Unrestricted-use um 600 EA unterschritten :
OOO	1	S233-2	HALB233-2,N...	1000	1020		261	1.000	EA	SL Unrestricted-use um 1,000 EA unterschritten
OOO	1	S233-3	HALB233-3,N...	1000	1020		261	1.000	EA	SL Unrestricted-use um 800 EA unterschritten :

Abbildung 3.72 Nachbearbeitung fehlerhafter Warenbewegungen – verdichtete Sätze

Gründe zur Entstehung von Fehlersätzen bei retrograden Materialverbrauchsbuchungen im Rahmen der Rückmeldung [«]

Die häufigste Fehlerursache ist fehlender Bestand zum Zeitpunkt der Buchung. Grund dafür kann eine Inkonsistenz zwischen tatsächlichem physischen Bestand und dem Bestand im SAP-System sein, vor allem, wenn die Bestände auf Chargenebene geführt werden. Deshalb müssen Sie in vielen Fällen eine Inventur der Produktionsbestände durchführen und die Bestände im System korrigieren. Erst danach können Sie Fehlersätze korrigieren.

Ein weiterer Grund für einen Fehlersatz kann eine Sperre des Materials zum Zeitpunkt der Buchung sein, z. B. wenn ein anderer Benutzer parallel zur Rückmeldung gerade den Materialstamm bearbeitet.

In der verdichteten Ansicht werden alle Fehlersätze pro Material, Charge und Auftrag zusammengefasst, die Anzahl der Sätze wird in der Spalte ANZAHL angezeigt. Zum Wechseln in die Einzelsatz-Anzeige klicken Sie auf den Button Einzelsätze.

Zum Bearbeiten der Fehlersätze markieren Sie die Sätze und klicken auf den Button (ÄNDERN DETAIL). In der Bearbeitungssicht können Sie nun – falls nötig – gewisse Angaben wie Werk, Lagerort, Charge und Buchungsdatum korrigieren (siehe Abbildung 3.73). Zudem steht Ihnen hier wie auch bei der Rückmeldung die Bestands- und die Chargenfindung zur Verfügung.

Nach erfolgter Korrektur markieren Sie die korrigierten Fehlersätze und stoßen eine erneute Buchung über den Button (BUCHEN) an. Falls zum Zeitpunkt der Rückmeldung lediglich kein Bestand vorhanden war und die Bestandssituation zwischenzeitlich korrigiert wurde, können Sie die Fehlersätze einfach markieren und buchen.

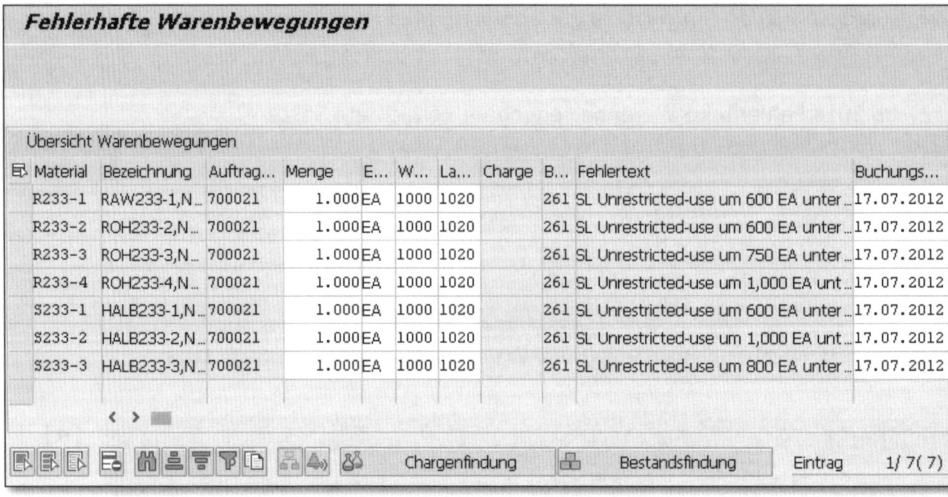

Fehlerhafte Warenbewegungen

Übersicht Warenbewegungen

Material	Bezeichnung	Auftrag...	Menge	E...	W...	La...	Charge	B...	Fehlertext	Buchungs...
R233-1	RAW233-1,N...	700021	1.000	EA	1000	1020		261	SL Unrestricted-use um 600 EA unter...	17.07.2012
R233-2	ROH233-2,N...	700021	1.000	EA	1000	1020		261	SL Unrestricted-use um 600 EA unter...	17.07.2012
R233-3	ROH233-3,N...	700021	1.000	EA	1000	1020		261	SL Unrestricted-use um 750 EA unter...	17.07.2012
R233-4	ROH233-4,N...	700021	1.000	EA	1000	1020		261	SL Unrestricted-use um 1,000 EA unt...	17.07.2012
S233-1	HALB233-1,N...	700021	1.000	EA	1000	1020		261	SL Unrestricted-use um 600 EA unter...	17.07.2012
S233-2	HALB233-2,N...	700021	1.000	EA	1000	1020		261	SL Unrestricted-use um 1,000 EA unt...	17.07.2012
S233-3	HALB233-3,N...	700021	1.000	EA	1000	1020		261	SL Unrestricted-use um 800 EA unter...	17.07.2012

Chargenfindung | Bestandsfindung | Eintrag 1/ 7(7)

Abbildung 3.73 Fehlerhafte Warenbewegungen korrigieren

[!] **Löschen von Fehlersätzen**

Sie haben hier die Möglichkeit, Fehlersätze zu löschen. Dies sollten Sie allerdings nur dann tun, wenn die noch ausstehenden Buchungen anderweitig vorgenommen wurden oder die hier als Fehler aufgelisteten Buchungen physisch nicht stattgefunden haben.

Fehler bei der Ist-Kosten-Ermittlung

Fehler bei der Ist-Kosten-Ermittlung können Sie ebenfalls nachbearbeiten. Dazu wählen Sie den Menüpfad Logistik • Produktion Prozess • Prozessauftrag • Rückmeldung • Nachbearb.Istkosten (Transaktion COFC). Im Selektionsbild selektieren Sie z. B. nach Prozessauftragsnummern zum Auftragstyp 40 (Prozessauftrag) und Datum. Nachdem Sie die Selektion ausgeführt haben, gelangen Sie in die Fehlerliste (siehe Abbildung 3.74).

Nachbearbeitung von Rückmeldungen mit Fehlern bei Istkostenermittlung

Auftrag | Rückmeldung | Arbeitsplatz

27.05.2014 Fehlersätze Istkostenermittlung

Auftrag	Rückmeld.	Zähler	Erstellt am	Uhrzeit	Angel.von	Typ
1000381	2312	1	14.01.2014	04:15:49	RAHMANM	40
1000512	3346	1	01.04.2014	10:18:41	D049339	40

Abbildung 3.74 Nachbearbeitung von Fehlern bei der Ist-Kosten-Ermittlung

Über den Button (FEHLERPROTOKOLL) können Sie sich das Fehlerprotokoll anzeigen lassen. Mögliche Fehler sind hier z. B. fehlende Tarife oder fehlende Leistungsplanungen zu Leistungsarten. Nach einer erfolgten Korrektur der Stamm- bzw. Auftragsdaten markieren Sie die Fehlersätze und stoßen die erneute Verbuchung über den Button (SICHERN) an.

Vorgemerkte Rückmeldeprozesse

Um die Performance der Rückmeldungen zu verbessern, können Sie das Verbuchen von Ist-Kosten, retrograden Entnahmen und automatischen Wareneingängen auch für eine Hintergrundverarbeitung vorsehen. Dadurch erfolgt beim Sichern der Rückmeldung eine Zwischenspeicherung, die tatsächliche Verbuchung findet entkoppelt von der Rückmeldung im Hintergrund statt. Dazu definieren Sie im Customizing zunächst einen sogenannten *Prozesssteuerschlüssel*, in dem Sie die relevanten Prozesse für die Entkopplung auswählen. Diese Einstellung nehmen Sie unter folgendem IMG-Pfad vor: PRODUKTIONSPLANUNG PROZESSINDUSTRIE • PROZESSAUFTRAG • VORGÄNGE • RÜCKMELDUNG • DURCHFÜHRUNGSZEITPUNKT DER RÜCKMELDEPROZESSE FESTLEGEN (Transaktion OPKC). Zum Auftragstyp 40 (Prozessauftrag) definieren Sie z. B. einen Prozesssteuerschlüssel SAP1 wie in Abbildung 3.75.

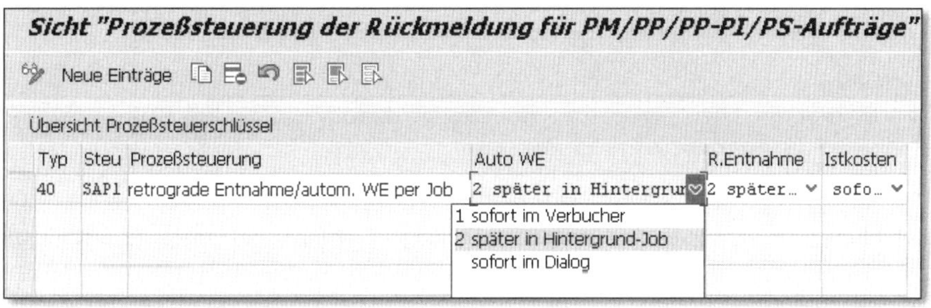

Abbildung 3.75 Prozesssteuerschlüssel definieren

Nun definieren Sie für die Rückmeldeprozesse AUTOMATISCHER WARENEINGANG, RETROGRADE ENTNAHME und ISTKOSTEN ERMITTELN jeweils den Verarbeitungsmodus. Hier haben Sie folgende Möglichkeiten:

- »blank« – SOFORT IM DIALOG: Dies ist die Standardeinstellung, d. h., der Rückmeldeprozess wird sofort beim Sichern der Rückmeldung verbucht. Im Falle eines Fehlers wird gegebenenfalls eine Meldung ausgegeben und ein Fehlersatz erstellt.

- 1 – Sofort im Verbucher: Der Rückmeldeprozess wird zwar bei der Rückmeldung verbucht, allerdings entkoppelt, sodass dem Benutzer im Fehlerfall keine Meldung ausgegeben werden kann.
- 2 – Später in Hintergrund-Job: Die Verbuchung des Rückmeldeprozesses wird vorgemerkt und muss manuell oder über einen Report angestoßen werden.

Zudem müssen Sie über den IMG-Pfad die Parallelisierungsart der Rückmeldeprozesse festlegen, indem Sie die Anzahl maximal möglicher Work-Prozesse und gegebenenfalls eine Logon/Server-Gruppe für die Lastverteilung angeben. Diese Einstellungen nehmen Sie unter folgendem IMG-Pfad vor: Produktionsplanung Prozessindustrie • Prozessauftrag • Vorgänge • Rückmeldung • Parallelisierungsart der Rückmeldeprozesse festlegen (Transaktion OPKB). Zuletzt weisen Sie den Prozesssteuerschlüssel den Rückmeldeparametern pro Auftragsart und Werk zu (siehe Abbildung 3.76).

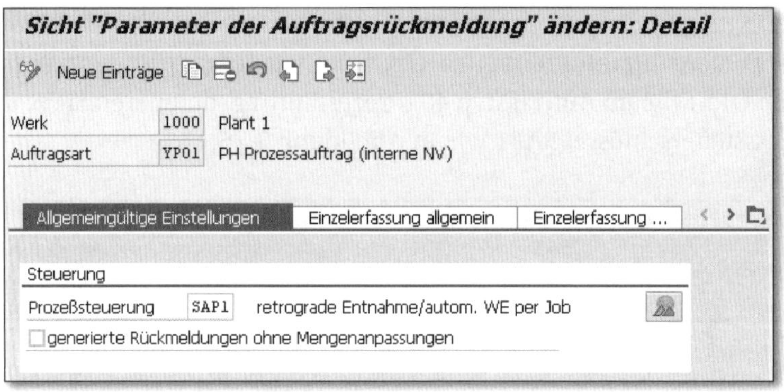

Abbildung 3.76 Parameter der Auftragsrückmeldung – Zuordnung des Prozesssteuerschlüssels

Die Verbuchung der vorgemerkten Rückmeldeprozesse planen Sie über den Report CORUPROC periodisch ein. Zudem können Sie die Verbuchung über folgenden Menüpfad manuell anstoßen: Logistik • Produktion Prozess • Prozessauftrag • Rückmeldung • Vorgemerkte Prozesse (Transaktion CO1P).

[!]

Automatische Entkopplung der Rückmeldeprozesse bei Sammelerfassungs- und Storno-Transaktion

Für gewisse Transaktionen werden die Rückmeldeprozesse immer im Verarbeitungsmodus Sofort im Verbucher ausgeführt, auch wenn Sie Sofort im Dialog eingestellt haben. Es handelt sich hierbei um die Sammelerfassung (Transaktion CORR) und das Stornieren einer Rückmeldung (Transaktion CORS). Dadurch wird im Falle einer Sperrsituation zwischen dem Rückmeldungs-Dialogprozess und dem entkoppelten Verbuchungsprozess der Warenbewegungen kein Fehlersatz aus automatischen Warenbewegungen erzeugt, sondern ein Vormerksatz, den Sie nur über den Report CORUPROC oder die Transaktion CO1P verbuchen können.

3.8 Warenbewegungen zum Prozessauftrag

In diesem Abschnitt lernen Sie das Buchen der Warenbewegungen zu einem Prozessauftrag im SAP-ERP-System kennen. Dazu zählen zum einen die Verbrauchsbuchungen der Komponenten im Rahmen der Materialentnahme und zum anderen der Wareneingang des zu produzierenden Materials. Voraussetzung für beide Vorgänge ist ein freigegebener Prozessauftrag.

In beiden Fällen wird ein sogenannter *Materialbeleg* erstellt, der die Warenbewegung aus logistischer Sicht dokumentiert und eine Fortschreibung der Bestände zur Folge hat. Falls das Material zudem wertmäßig geführt wird, wird zusätzlich ein Buchhaltungsbeleg erzeugt, der die Wertveränderungen auf den entsprechenden Konten der Finanzbuchhaltung dokumentiert. Dabei wird der Auftrag im Falle eines Warenausgangs belastet und bei einem Wareneingang entlastet.

Neben den beschriebenen Möglichkeiten, die Warenbewegungen zum Prozessauftrag manuell im SAP-ERP-System anzustoßen, können diese auch in einem Fremdsystem gebucht und an das SAP-System übertragen werden (siehe Kapitel 8, »Integration«). Eine weitere Möglichkeit ist, die Warenbewegungen im Rahmen der Prozesskoordination über eine interaktive Herstellanweisung zu buchen (siehe Abschnitt 5.6, »SAP-Herstellanweisungen«).

3.8.1 Customizing-Einstellungen

Die für die Warenbewegungen verwendeten Bewegungsarten aus den Bestandsarten pflegen Sie dabei im Customizing über den IMG-Pfad Produktionsplanung Prozessindustrie • Prozessauftrag • Integration • Bewegungsarten festlegen (Transaktion OPKA) (siehe Abbildung 3.77).

Hier ordnen Sie dem Paket CO die entsprechenden Bewegungsarten für alle Warenbewegungen zu Produktionsaufträgen (Fertigungsaufträge und Prozessaufträge) zu. In der Regel können Sie hier die Standardeinstellungen von SAP verwenden.

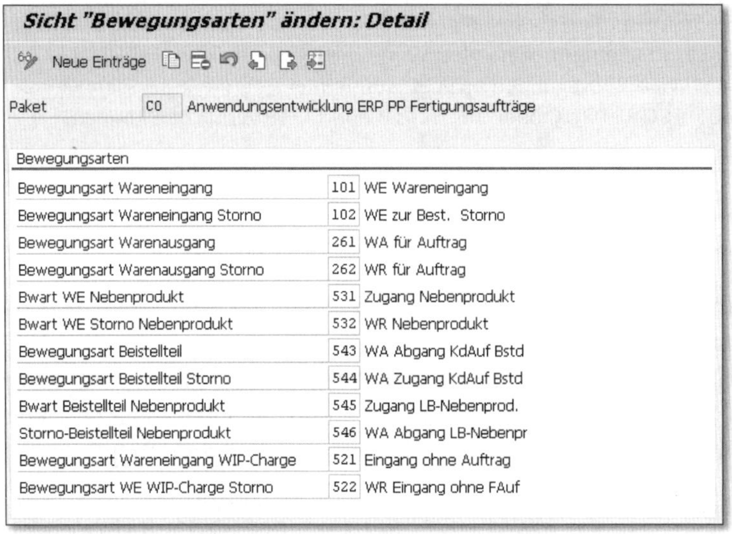

Abbildung 3.77 Customizing der Bewegungsarten zu Produktionsaufträgen einstellen

3.8.2 Warenausgang

In diesem Abschnitt gehen wir auf die Buchung des Warenausgangs der Auftragskomponenten ein. Dafür stehen Ihnen zwei verschiedene Möglichkeiten zur Verfügung. Zum einen können Sie für Komponenten einen Warenausgang buchen, die Teil der Materialliste des Prozessauftrags sind. In diesem Fall wird auf die Reservierung Bezug genommen, und es handelt sich um einen geplanten Verbrauch. Zum anderen haben Sie auch die Möglichkeit, im Rahmen von ungeplanten Entnahmen Komponenten auf den Auftrag zu entnehmen, die nicht Bestandteil der Materialliste sind. Beide Fälle lernen Sie in diesem Abschnitt kennen.

Geplanter Verbrauch mit Bezug zur Reservierung

Für eine manuelle Verbrauchsbuchung der Prozessauftragskomponenten in SAP ERP mit Bezug zur Reservierung stehen Ihnen folgende Möglichkeiten zur Verfügung:

- Bereitstellung der Komponenten mithilfe von Kommissionierlisten mit gleichzeitiger Warenausgangsbuchung zum Prozessauftrag (siehe Abschnitt 3.6.1, »Kommissionierliste«).
- Warenausgang im Rahmen der retrograden Entnahme bei der Rückmeldung (siehe Unterabschnitt »Retrograde Entnahme« in Abschnitt 3.7.1).
- Warenausgangsbuchung über die Bestandsführung

Tipps zu Verbrauchsbuchungen [+]

Falls es sich um Silo- oder Bulkmaterialien handelt, die lediglich auf Lagerortebene verwaltet sind, bietet sich die Bereitstellung und Warenausgangsbuchung über die Kommissionierlisten an. Alternativ ist hier auch ein Warenausgang über die retrograde Entnahme im Rahmen der Auftragsrückmeldung sinnvoll.

Falls der Materialentnahme eine Materialbereitstellung vorausgegangen ist und Sie die Komponente über die WM/PP Schnittstelle bereitgestellt haben (siehe Abschnitt 3.6.2, »Bereitstellung über die Lagerverwaltung«), buchen Sie den Warenausgang am besten über die Bestandsführung oder über die retrograde Entnahme.

Für eine Warenausgangsbuchung in der Bestandsführung wählen Sie den Menüpfad Logistik • Materialwirtschaft • Bestandsführung • Warenbewegung • Warenbewegung (MIGO) (Transaktion MIGO). Hier wählen Sie die Aktion A07 Warenausgang zum Referenzbeleg R08 Auftrag; zudem geben Sie die Auftragsnummer ein (siehe Abbildung 3.78). Hierbei wird automatisch die Bewegungsart 261 (WA für Auftrag) herangezogen.

Abbildung 3.78 Aktion wählen und Beleginfo beim Warenausgang eingeben

Nachdem Sie die Taste [↵] gedrückt haben, wird die Reservierung zum Auftrag gelesen, und alle offenen Verbrauchsmengen zu den Auftragskomponenten werden zur Bearbeitung angeboten. Sie können hier – falls erforderlich – zu jeder Position die Menge und den Lagerort anpassen (siehe Abbildung 3.79).

Endausfassungskennzeichen [«]

Sobald Sie zu einer Position die volle Bedarfsmenge entnommen haben oder manuell das Kennzeichen Endausgefasst gesetzt haben, wird die Position bei einem erneuten Warenausgang zur Reservierung nicht mehr angeboten. Sie können die Position in einem solchen Fall aber trotzdem mit einer Nullmenge erneut einlesen, indem Sie das Kennzeichen Alle Positionen vorschlagen über den Menüpfad Einstellungen • Vorschlagswerte setzen.

Nun setzen Sie für jede Komponente, die Sie buchen möchten, das Kennzeichen OK in der Positionsübersicht bzw. Position OK unterhalb der Positionsdetail-Reiter und buchen den Beleg mit dem Button (Buchen). Nach einer erfolgreichen Buchung werden der Material- und gegebenenfalls der

Buchhaltungsbeleg erzeugt sowie die Reservierung abgebaut. Im Auftragskopf wird zudem nach dem ersten Warenausgang der Status WABE (Warenbewegung erfolgt) gesetzt. In der Materialliste des Auftrags werden die gebuchten Mengen zu jeder Position einer Materialkomponente im Feld ENTNOMMENE MENGE fortgeschrieben.

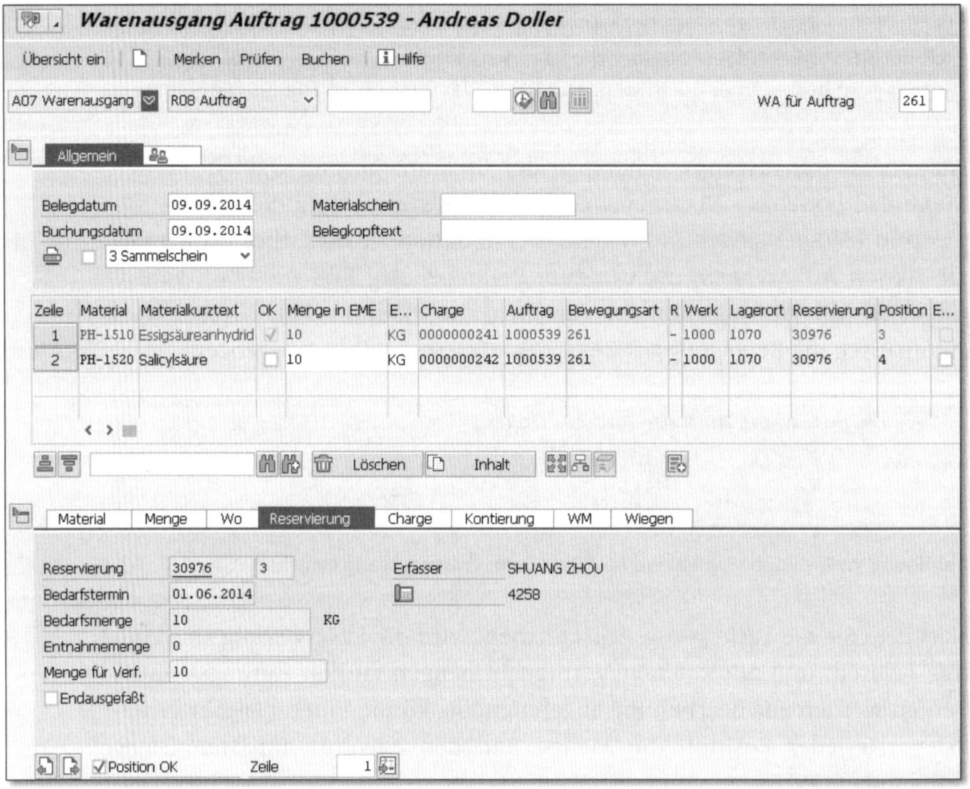

Abbildung 3.79 Details zum Warenausgang einer Komponente erfassen

[!]

Warenausgangsbuchung retrograd entnommener Komponenten

Falls eine Komponente für die retrograde Entnahme vorgesehen ist, können Sie über die Bestandsführungstransaktion MIGO keinen Warenausgang zum Auftrag mit Bezug zur Reservierung buchen. Die einzige Möglichkeit einer Entnahmebuchung ist in diesem Fall über die Auftragsrückmeldung.

Ungeplanter Verbrauch

Sobald Sie einen Warenausgang mit Bezug zu einer Auftragsreservierung buchen, findet eine geplante Entnahme statt; die Reservierung wird abgebaut, und die entnommene Menge wird in der Komponentenübersicht fortgeschrieben. Für ungeplante Entnahmen werden im Gegensatz dazu lediglich die Kosten fortgeschrieben.

Eine ungeplante Entnahme führen Sie in der Bestandsführung über die Transaktion MIGO (Warenbewegung) durch. Hier wählen Sie die Aktion A07 WARENAUSGANG zum Referenzbeleg R08 AUFTRAG und klicken dann auf den Button (NEUE POSITIONEN). Nun geben Sie die Details des Materials, das Sie auf den Auftrag entnehmen möchten, und die Auftragsnummer im Reiter KONTIERUNG an und buchen den Beleg.

Alternativ können Sie auch in der Warenbewegungsübersicht im Rahmen einer Rückmeldung eine ungeplante Entnahme buchen. In der Komponentenübersicht werden ungeplante Entnahmen nicht fortgeschrieben. Um sich diese im Prozessauftrag anzeigen zu lassen, wählen Sie den Menüpfad SPRINGEN • LISTEN • DOKUMENTIERTE WARENBEWEGUNGEN. Hier werden die geplanten Entnahmen mit dem Warenbewegungskennzeichen 1 (WARENAUSGANG GEPLANT) und die ungeplanten Entnahmen mit dem Warenbewegungskennzeichen 2 (WARENAUSGANG UNGEPLANT) gekennzeichnet (siehe Abbildung 3.80).

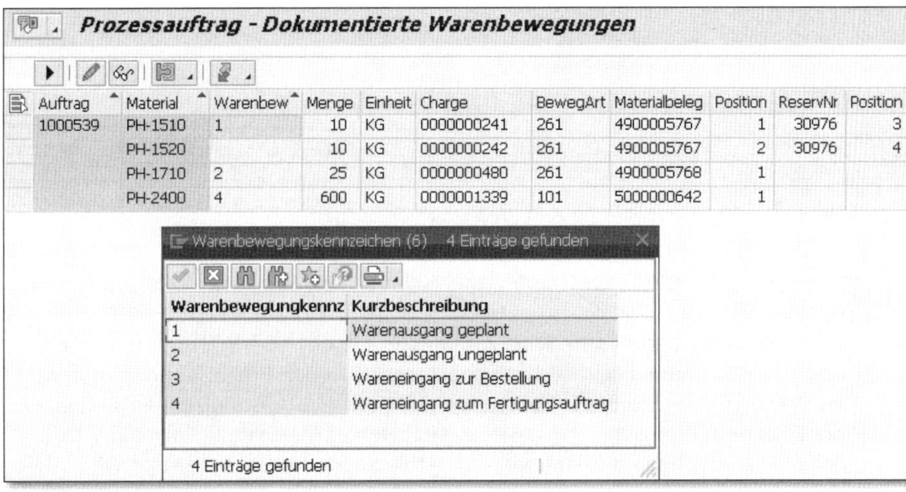

Abbildung 3.80 Dokumentierte Warenbewegungen zum Prozessauftrag anzeigen

Aktivieren dokumentierter Warenbewegungen im Prozessauftrag [!]

Die dokumentierten Warenbewegungen werden nur dann im Prozessauftrag fortgeschrieben, wenn Sie dies im Customizing der Auftragsart entsprechend aktiviert haben (siehe Abbildung 3.9).

3.8.3 Wareneingang

Mit dem Wareneingang buchen Sie den Lagerzugang des produzierten Produkts. Für eine manuelle Wareneingangsbuchung in SAP ERP mit Bezug zum Auftrag stehen Ihnen folgende Möglichkeiten zur Verfügung:

- Automatischer Wareneingang im Rahmen der Rückmeldung (siehe Unterabschnitt »Automatischer Wareneingang« in Abschnitt 3.7.3)
- Wareneingangsbuchung über die Bestandsführung

Für eine Wareneingangsbuchung über die Bestandsführung nutzen Sie wie auch für den Warenausgang die Transaktion MIGO (Warenbewegung). Sie wählen die Aktion A01 Wareneingang zum Referenzbeleg R08 Auftrag und geben die Auftragsnummer ein. Die Details zum Wareneingang des gefertigten Produkts sowie die Bewegungsart 101 (WE Wareneingang) werden automatisch herangezogen (siehe Abbildung 3.81).

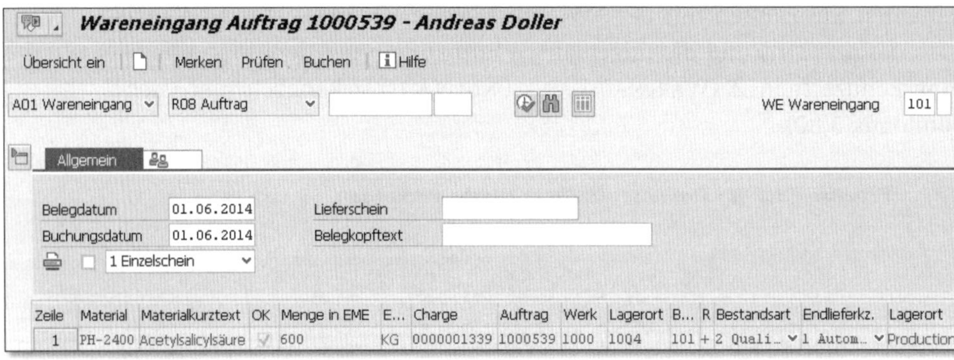

Abbildung 3.81 Wareneingang zum Prozessauftrag buchen

[»]

Endlieferkennzeichen und Unterlieferungstoleranz

Die Unterlieferungstoleranz wird zusammen mit der Überlieferungstoleranz aus dem Materialstamm (Sicht Arbeitsvorbereitung) in den Prozessauftragskopf (Reiter Wareneingang) kopiert. Sie können nun über eine Customizing-Einstellung in der Bestandsführung steuern, dass das Endlieferkennzeichen im Falle einer Unterlieferung im Rahmen der Unterlieferungstoleranz automatisch gesetzt wird. Dies aktivieren Sie pro Werk über den IMG-Pfad Materialwirtschaft • Bestandsführung und Inventur • Wareneingang • Endlieferungskennzeichen setzen (Transaktion SPRO).

Im Auftragskopf wird nach dem ersten Wareneingang der Auftragsstatus entsprechend auf TGLI (Teilgeliefert) bzw. GLFT (Geliefert) gesetzt. Im Feld Geliefert wird die Menge aus den bisherigen Wareneingangsbuchungen fortgeschrieben (siehe Abbildung 3.82).

Abbildung 3.82 Prozessauftragskopf nach Wareneingangsbuchung

Im Feld MIND/MEHRZUGANG wird die Diskrepanz zwischen einer eventuell erfolgten Endrückmeldung des Auftrags und der geplanten Auftragsmenge dokumentiert. Dadurch wird die erwartete Zugangsmenge angepasst, die auch in der ATP-Prüfung berücksichtigt wird.

Minder-/Mehrzugang im Prozessauftrag [zB]

Im Beispiel in Abbildung 3.82 war die geplante Auftragsmenge 1.000 KG, und ein Wareneingang über 600 KG ist bereits erfolgt. Da allerdings im Rahmen einer Endrückmeldung lediglich 900 KG gemeldet wurden, wird ein Minderzugang in Höhe von –100 KG ausgewiesen. Dadurch beträgt die noch offene erwartete Wareneingangsmenge zu dem Auftrag 300 KG anstatt 400 KG. Dies können Sie z. B. in der aktuellen Bedarfs-/Bestandsliste erkennen (siehe Abbildung 3.83).

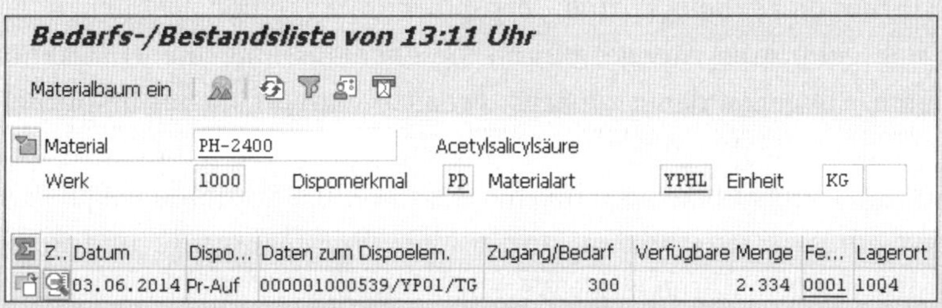

Abbildung 3.83 Bedarfs-/Bestandsliste – Auftrag mit erwartetem Minderzugang

Ausschalten der Berechnung der Minder- oder Mehrzugänge [+]

Falls Sie diese ATP-relevante Berechnung der Minder- oder Mehrzugänge ausschalten möchten, können Sie dies über die Kennzeichen KEINE FORTSCHREIBUNG MEHRZUGANG und KEINE FORTSCHREIBUNG MINDERZUGANG im Fertigungssteuerungsprofil tun (siehe Abbildung 3.11).

3.8.4 Warenbewegungen stornieren

Falls Sie eine Warenbewegung zu einem Auftrag stornieren möchten, haben Sie mehrere Möglichkeiten. Eine komplette Stornierung des gesamten Materialbelegs nehmen Sie über die Transaktion MIGO (Warenbewegung) vor. Hierzu wählen Sie die Aktion A03 STORNO zum Referenzbeleg R02 MATERIALBELEG und geben die Materialbelegnummer an, die Sie z. B. über die dokumentierten Warenbewegungen im Prozessauftrag herausgefunden haben. Da es sich um ein Belegstorno handelt, können Sie außer den Datumsangaben und dem Belegkopf- sowie Positionstext keine Daten ändern (siehe Abbildung 3.84).

Abbildung 3.84 Materialbeleg stornieren

Ein Teilstorno eines Belegs, d. h. die Stornierung einer Teilmenge der ursprünglich gebuchten Menge, führen Sie ebenfalls über die Transaktion MIGO durch. Sie gehen dabei zunächst genauso vor wie bei der ursprünglichen Buchung (siehe Abschnitt 3.8.2, »Warenausgang«, und 3.8.3, »Wareneingang«). Allerdings nutzen Sie hierfür die jeweilige Storno-Bewegungsart (z. B. Bewegungsart 262 für den Storno eines Warenausgangs und Bewegungsart 102 für den Storno eines Wareneingangs).

Eine Warenbewegung, die aufgrund einer retrograden Entnahme oder eines automatischen Wareneingangs erfolgt ist, können Sie allerdings nicht über die Bestandsführung stornieren. In diesem Falle müssen Sie die gesamte Rückmeldung stornieren, mit der die Warenbewegung angestoßen wurde (siehe Unterabschnitt »Rückmeldung anzeigen und stornieren« in Abschnitt 3.7.2).

3.9 Auftragspapiere drucken

Nach der Freigabe des Auftrags können Sie den Druck der Auftragspapiere anstoßen: Sie haben die Möglichkeit, pro Auftrag bis zu 20 verschiedene Listen auszugeben. Zu den von SAP im Standard angebotenen Listen zählen übergreifende Listen wie die Objektübersicht mit den Auftragskopfdaten und die Steuer- bzw. Laufkarte mit allen Arbeitsvorgängen. Weiterhin stehen Ihnen vorgangsbezogene Listen wie ein Lohn- oder Rückmeldeschein sowie komponentenbezogene Listen wie die Materialbereitstellliste und der Warenentnahmeschein zur Verfügung. Zudem können Sie eine Liste mit Prüfmerkmalsinformationen für die In-Prozess-Kontrolle ausgeben.

Umfang der erforderlichen Auftragspapiere [+]

Viele Unternehmen fassen Objektübersicht und Steuer- bzw. Laufkarte in einem Auftragspapier zusammen. Darauf werden die wichtigsten Informationen zum Auftrag in komprimierter Form ausgegeben, wie die Auftragskopfdaten und die Vorgangs- und Komponentendaten. Oft ist dies die einzige Liste, die zum Auftrag ausgegeben wird.

Falls die Produktionsmitarbeiter die Rückmeldedaten zum Auftrag direkt online im System erfassen oder die Daten von einem Subsystem kommen, können Sie auf den Ausdruck von Lohn- und Rückmeldescheinen verzichten. Auf die Materialbereitstellliste bzw. den Warenentnahmeschein können Sie zudem verzichten, wenn Sie Ihre Auftragskomponenten über die Komponente WM anfordern, da in diesem Fall diese Informationen über den Druck von Transportaufträgen abgedeckt sind.

Zu allen verfügbaren Listen existieren SAP-Standard-Druckreports mit den entsprechenden Formularen, z. B. für die Materialbereitstellliste (LK01) der Druckreport PPPIMBRL und das Formular PPPI_PICK-LIST. Diese Druckreporte bereiten die für den Druck erforderlichen Daten auf, das Layout der Listen definieren Sie dabei über die SAPscript- oder PDF-basierten Formulare. Zudem können Sie weitere Listen selbst definieren und entsprechende Druckprogramme und Formulare entwickeln. In diesem Abschnitt erfahren Sie, welche Einstellungen im Customizing und in den Stammdaten erforderlich sind und welche Möglichkeiten Sie für den Druck der Listen haben.

3.9.1 Customizing-Einstellungen

Im Customizing der Drucksteuerung legen Sie fest, welche Listen generell zum Druck angeboten werden. Jeder Liste ordnen Sie dann abhängig von Auftragsart und Werk ein Formular und ein auftragsartspezifisches Druckprogramm zu. Zudem können Sie in Abhängigkeit von Werk, Disponent und Transaktion steuern, welche Listen mit welcher Anzahl von Ausdrucken ausgegeben werden sollen. Weiterhin bestimmen Sie, auf welchem Drucker die Ausgabe erfolgen soll. Hier können Sie für jede Liste feste Drucker pro Disponent oder pro Benutzer vorgeben oder den Drucker aus dem Benutzerstamm oder dem Ressourcenstammsatz verwenden.

Die komplette Drucksteuerung stellen Sie unter einem zentralen Customizing-Eintrag ein. Dazu wählen Sie den IMG-Pfad Produktionsplanung Prozessindustrie • Prozessauftrag • Vorgänge • Drucksteuerung festlegen (Transaktion CB85).

Auszugebende Listen definieren

Im ersten Schritt prüfen Sie unter dem Punkt Bezeichnungen der Listen die Bezeichnungen der Listen bzw. passen diese an oder erweitern sie, indem Sie neue Listen hinzufügen. Hier stehen Ihnen bis zu 20 Listen zur Verfügung (siehe Abbildung 3.85).

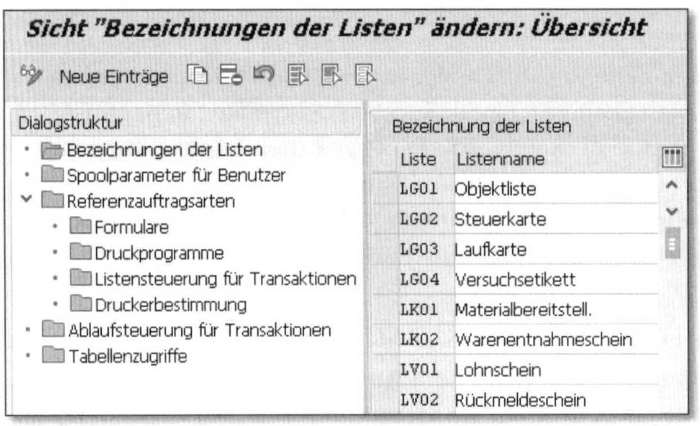

Abbildung 3.85 Drucklisten definieren und Listbezeichnungen pflegen

Referenzauftragsarten definieren

Im nächsten Schritt legen Sie unter dem Punkt Referenzauftragsarten eine oder mehrere Referenzauftragsarten fest, zu denen Sie im weiteren Verlauf die Einstellungen zur Drucksteuerung vornehmen. Diesen Referenzauftragsarten weisen Sie Ihre Auftragsarten zu. Dies erleichtert Ihnen die Pflege der Drucksteuerung, da Sie so nicht für jede einzelne Auftragsart die erforderlichen Parameter pflegen müssen. Sie können hierbei auch mit maskierten Eingaben arbeiten, um mehrere Auftragsarten zu einem Eintrag zusammenzufassen bzw. einer Referenzauftragsart zuzuordnen (z. B. »*« für alle Auftragsarten), wie in Abbildung 3.86 dargestellt. Dadurch werden für alle Auftragsarten die Einstellungen zur Referenzauftragsart PI01 angewandt.

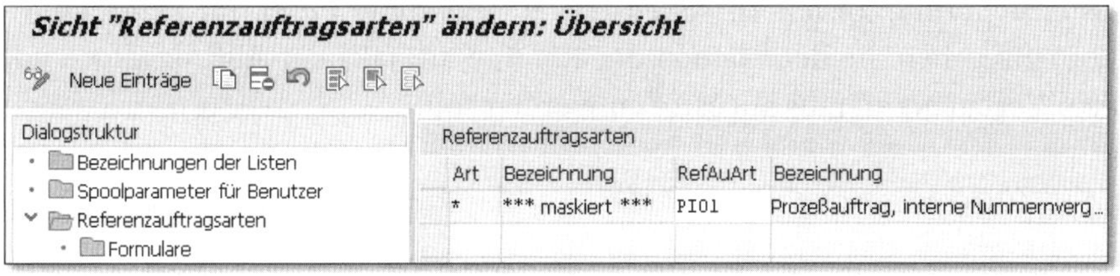

Abbildung 3.86 Referenzauftragsarten definieren

Formulare zuweisen

Zur Kombination aus Referenzauftragsart, Werk und Ausgabegerät legen Sie nun unter dem Punkt FORMULARE pro Liste fest, welches Formular für den Druck verwendet werden soll. In Abbildung 3.87 sehen Sie dazu ein Beispiel zur Materialbereitstellliste. Abhängig davon, ob Sie über das Druckprogramm ein SAPscript-basiertes oder ein PDF-basiertes Formular zugrunde legen, geben Sie das Formular im entsprechenden Feld an.

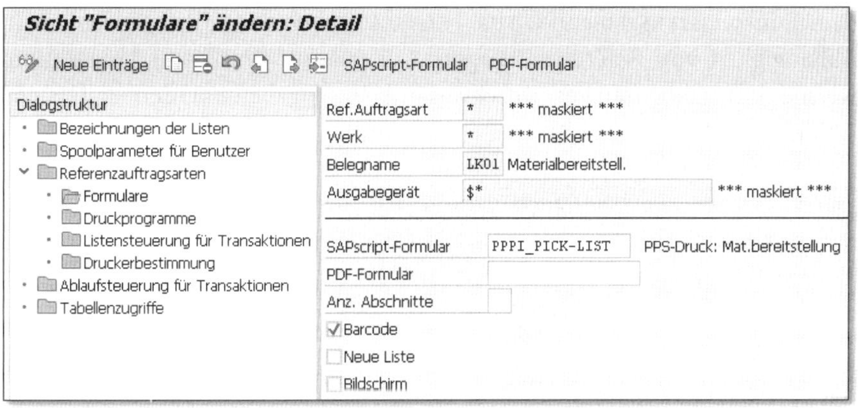

Abbildung 3.87 Druckformular der Liste zuweisen

Über verschiedene Kennzeichen steuern Sie zudem, ob die Ausgabe von Barcodes möglich ist (BARCODE), ob pro auszudruckender Liste eine neue Liste im Spool erzeugt werden soll (NEUE LISTE) und ob vor dem Ausdruck eine Vorschau angezeigt wird (BILDSCHIRM).

Druckprogramme zuweisen

Unter dem Punkt DRUCKPROGRAMME ordnen Sie jeder Liste pro Referenzauftragsart den Druckreport zu. Dabei können Sie mehrere Druckvarianten definieren, mit denen sich unterschiedliche Druckprogramme im Rahmen der

Listensteuerung ansteuern lassen (siehe Abbildung 3.88). Im Feld FORM-ROUTINE geben Sie den Namen der Routine an, falls der Auftragsdruck aus dem Verbucher heraus angestoßen werden soll.

Abbildung 3.88 Druckprogramm der Liste zuweisen

Ausgabe der Listen über die Listensteuerung definieren

Nachdem Sie Formular und Druckprogramm zugeordnet haben, legen Sie nun fest, welche Listen ausgegeben werden sollen. Dies nehmen Sie unter dem Punkt LISTENSTEUERUNG FÜR TRANSAKTIONEN vor. Hier steuern Sie in Abhängigkeit von Referenzauftragsart, Disponent, Werk und Transaktion, welche Liste mit welcher Druckvariante ausgegeben werden soll (siehe Abbildung 3.89).

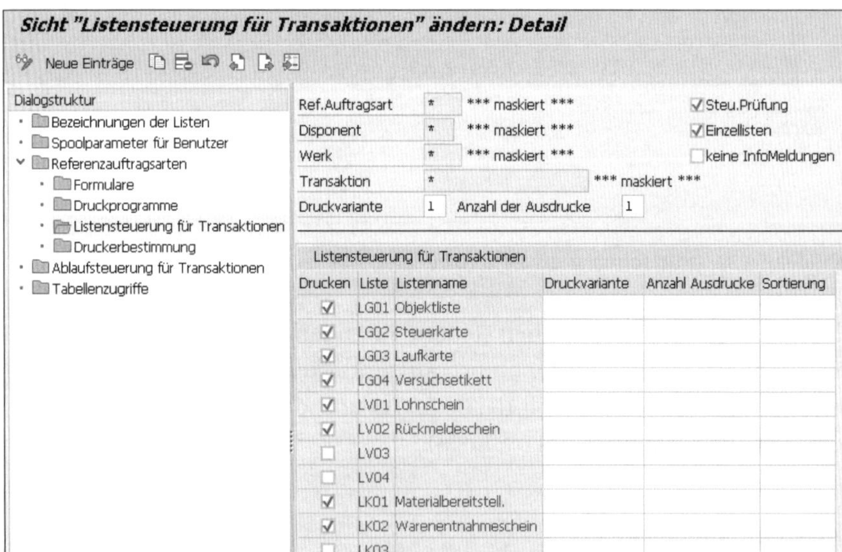

Abbildung 3.89 Listensteuerung definieren

Über das Kennzeichen STEU.PRÜFUNG aktivieren Sie die Prüfung der Steuerschlüssel der Phasen. Nur falls der Steuerschlüssel ein Drucken vorsieht, wird für die Phase z. B. ein Rückmeldeschein gedruckt (siehe dazu auch Abschnitt 3.9.3, »Druck der Listen anstoßen«). Über das Kennzeichen EINZELLISTEN steuern Sie, ob für jede auszugebende Liste ein eigener Spoolauftrag angelegt wird (z. B. falls diese auf verschiedenen Druckern ausgegeben werden) oder ob alle Listen in einem Sammel-Spoolauftrag ausgegeben werden.

In den Feldern DRUCKVARIANTE und ANZAHL DER AUSDRUCKE geben Sie die Standardwerte für diese beiden Parameter an, die Sie allerdings pro Liste in den entsprechenden Tabelleneinträgen im unteren Bereich übersteuern können.

Umfang der ausgedruckten Listen [!]

Es können generell gemäß den hier angegebenen Kriterien wie Referenzauftragsart, Werk etc. grundsätzlich nur die Listen ausgegeben werden, die hier über das Kennzeichen DRUCKEN zur Ausgabe markiert sind. Dies gilt auch für den Fall, wenn pro Benutzer ein erweiterter Umfang von Listen gepflegt ist.

Druckerbestimmung einstellen

Unter dem Punkt DRUCKERBESTIMMUNG steuern Sie, auf welche Art der Drucker ermittelt werden soll, auf dem eine Liste ausgegeben wird (siehe Abbildung 3.90). Sie können diesen im Benutzerstammsatz, in den benutzer- oder disponentenspezifischen Customizing-Einstellungen oder im Ressourcenstammsatz pflegen.

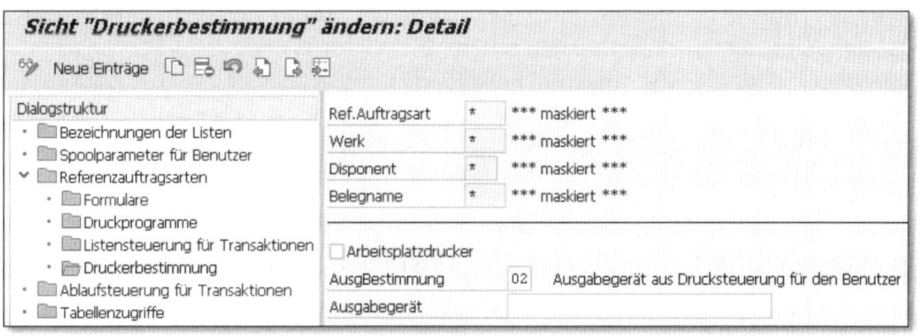

Abbildung 3.90 Druckerbestimmung einstellen

Im Feld AUSGBESTIMMUNG legen Sie die Herkunft des Druckers für die Kombination Referenzauftragsart, Werk, Disponent und Liste fest:

- Wert 01: Der Drucker wird aus dem Benutzerstamm des Benutzers gezogen, der den Druck anstößt.

[!] **Kein Drucker im Benutzerstamm gepflegt**

Falls Sie diese Einstellung verwenden, aber im Benutzerstammsatz kein Drucker gepflegt ist, bricht der Druck mit einer Fehlermeldung ab.

- Wert 02: Der Drucker wird aus der Drucksteuerung für den Benutzer ermittelt (siehe nachfolgenden Unterabschnitt »Benutzerspezifische Spoolparameter einstellen«).
- Wert 03: Der Drucker kommt aus der Druckerbestimmung für den Disponenten. In diesem Fall legen Sie einen neuen Eintrag unter Angabe eines Disponenten im entsprechenden Feld an, setzen das Feld AusgBestimmung auf den Wert 03 und geben den Drucker im Feld Ausgabegerät ein.

[+] **Listendruck auf dem Drucker aus dem Ressourcenstammsatz**

Oft wird gewünscht, den Drucker aus dem Stammsatz der Ressource für den Listendruck heranzuziehen, der dort auf dem Reiter der Vorschlagswerte gepflegt werden kann. Allerdings ist dieses Feld im Standard ausgeblendet und muss über die Feldauswahl für die Ressourcenart (z. B. 0008 Prozesseinheit) eingeblendet werden. Diese Einstellung nehmen Sie über folgenden IMG-Pfad vor: Produktionsplanung Prozessindustrie • Stammdaten • Ressource • Allgemeine Daten • Feldauswahl festlegen (Transaktion OPFA).

Hier selektieren Sie in der Bildgruppe Vorschlagswerte das modifizierbare Feld Drucker Werkstattp. und ändern für den Eintrag 0008 im Feld Beeinfluss.Wert die Einstellung von Ausbl (Feld wird ausgeblendet) auf den Radiobutton Eing (Feld ist eingabebereit).

Um den Drucker aus der Ressource heranzuziehen, setzen Sie nun in der Druckerbestimmung der Drucksteuerung das Kennzeichen Arbeitsplatzdrucker. Beachten Sie dabei, dass dies die Angabe übersteuert, die Sie über das Feld AusgBestimmung vorgenommen haben. Darüber hinaus müssen Sie sicherstellen, dass der Drucker aus der Ressource auch im Druckreport berücksichtigt wird.

Benutzerspezifische Spoolparameter einstellen

Falls Sie in den Einstellungen zur Druckerbestimmung im vorherigen Unterabschnitt eingestellt haben, dass die Drucker aus der Drucksteuerung für den Benutzer ermittelt werden sollen, stellen Sie diese unter dem Punkt Spoolparameter für Benutzer ein (siehe Abbildung 3.91).

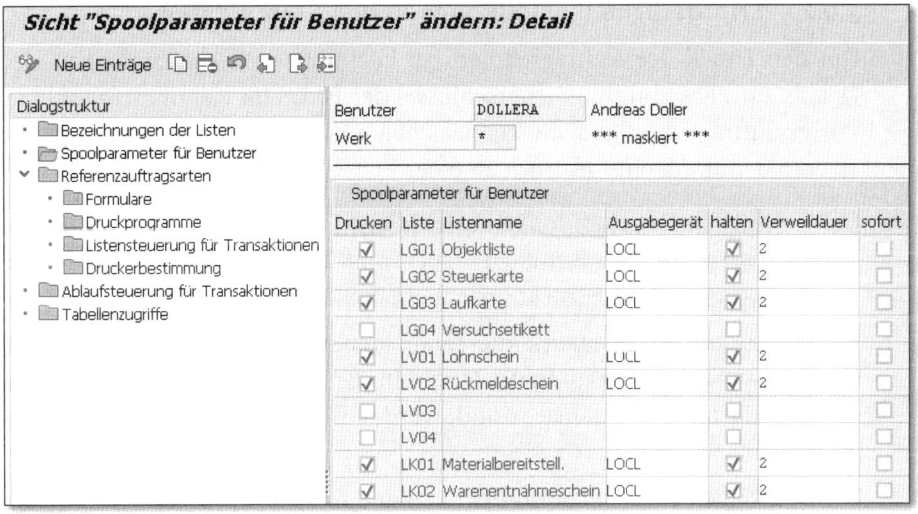

Abbildung 3.91 Benutzerspezifische Spoolparameter pflegen

Pro Benutzer und Werk selektieren Sie mithilfe des Kennzeichens DRUCKEN die Listen, die ausgegeben werden sollen. Sie können auch hier für beide Felder mit maskierten Eingaben arbeiten. Im Feld AUSGABEGERÄT geben Sie den Drucker an. Die Sofortausgabe nach dem Druckanstoß steuern Sie über das Kennzeichen SOFORT. Falls der Spoolauftrag in der Spool gehalten werden soll, setzen Sie das Kennzeichen HALTEN und geben die Verweildauer des Spoolauftrags im Feld VERWEILDAUER in Tagen an.

Weitere Steuerparameter zur Drucksteuerung

Über den Eintrag ABLAUFSTEUERUNG FÜR TRANSAKTIONEN legen Sie den Vorschlagswert der Verarbeitung des Ausdrucks fest: im Dialog, im Hintergrund oder im Verbucher über das im Bereich DRUCKPROGRAMME im Feld FORM-ROUTINE angegebene Programm.

In den Einstellungen TABELLENZUGRIFFE haben Sie die Möglichkeit, weitere Zusatzinformationen aus dem Auftrag auszuwählen, die in den Auftragspapieren nicht enthalten sind, ohne das Druckprogramm ändern zu müssen. Auf die hier angegebenen Tabellenfelder können Sie in der Formulargestaltung zugreifen, die somit direkt für die Ausgabe auf dem Ausdruck zur Verfügung stehen.

3.9.2 Erforderliche Einstellungen in den Stammdaten

Um den Druck der Auftragspapiere zu beeinflussen, stehen Ihnen in den Details zur Phase und im Steuerschlüssel der Phase im Planungsrezept bzw. Prozessauftrag verschiedene Kennzeichen und Felder zur Verfügung. Sie steuern damit, ob ein Ausdruck zu einer Phase erfolgen soll:

- Kennzeichen Drucken im Steuerschlüssel: Die Phase ist generell für den Druck vorgesehen (z. B. auf der Steuer- oder Laufkarte) und erhält dadurch den Status DRUC (Gedruckt), nachdem der Auftrag gedruckt wurde.
- Kennzeichen Lohnschein drucken im Steuerschlüssel und Anzahl Lohnscheine im Reiter Allgemeine Daten in den Details zur Phase: Nur wenn diese Einstellungen gemacht sind, werden für die Phase Lohnscheine ausgegeben.
- Kennzeichen Rückmeldung drucken und Anzahl Rückmeldescheine im Reiter Allgemeine Daten in den Details zur Phase: Für eine rückmeldepflichtige Phase werden dadurch Rückmeldescheine ausgegeben.

Die Prüfung auf die Kennzeichen für die Druckrelevanz im Steuerschlüssel der Phase können Sie allerdings auch über eine Einstellung im Customizing ausschalten (siehe Unterabschnitt »Ausgabe der Listen über die Listensteuerung definieren« in Abschnitt 3.9.1.

3.9.3 Druck der Listen anstoßen

Den Druck der Auftragspapiere können Sie über verschiedene Arten anstoßen:

- manuell im Änderungsmodus des Prozessauftrags
- automatisch bei der Freigabe des Auftrags über das Kennzeichen Druck durchführen im Fertigungssteuerungsprofil
- über eine Sammeltransaktion für mehrere Aufträge gleichzeitig (COPI)
- über die Hintergrundverarbeitung

In diesem Abschnitt lernen Sie nun die verschiedenen Möglichkeiten kennen. Sie können zum Auftragsdruck zudem auch die Massenbearbeitung zu Prozessaufträgen nutzen, die wir Ihnen in Abschnitt 7.2, »Massenbearbeitung«, vorstellen werden.

Druck der Auftragspapiere manuell im Prozessauftrag anstoßen

In der Prozessauftragsbearbeitung können Sie nach der Freigabe des Auftrags über den Button (Drucken) den Ausdruck der Auftragspapiere anstoßen. Nach dem Sichern werden die Listen entsprechend den eingestellten Parametern ausgegeben. Falls es sich dabei um den Originaldruck, also den Erstdruck handelt, erhält der Auftrag den Status DRUC (Gedruckt). Die Ausgabe der erzeugten Listen können Sie sich über den Pfad SYSTEM • EIGENE SPOOLAUFTRÄGE (Transaktion SP02) anschauen.

Die für die Druckausgabe relevanten Parameter können Sie anzeigen und zum Teil auch noch ändern: Den aus dem Customizing der Drucksteuerung (Punkt ABLAUFSTEUERUNG FÜR TRANSAKTIONEN) vorgeschlagenen Druckmodus (Dialog, Verbucher oder Hintergrund) ändern Sie über den Menüpfad PROZESSAUFTRAG • EINSTELLUNGEN • DRUCKMODUS.

Über den Menüpfad PROZESSAUFTRAG • EINSTELLUNGEN • LISTENSTEUERUNG sehen Sie, welche Listen auf welchen Ausgabegeräten zum Ausdruck anstehen; eine Abwahl von Drucklisten oder ein Ändern des Druckers ist hier möglich. Zudem können Sie über den Menüpfad PROZESSAUFTRAG • EINSTELLUNGEN • DRUCKINFO die Druckparameter analysieren. Es werden alle Informationen aus der Drucksteuerung wie Druckreport, Formular sowie alle anderen für den Druck relevanten Parameter ausgegeben (siehe Abbildung 3.92). Falls der Ausdruck nicht Ihren Erwartungen entspricht, bekommen Sie hier einen Hinweis auf eventuell nicht korrekte Einstellungen im Customizing.

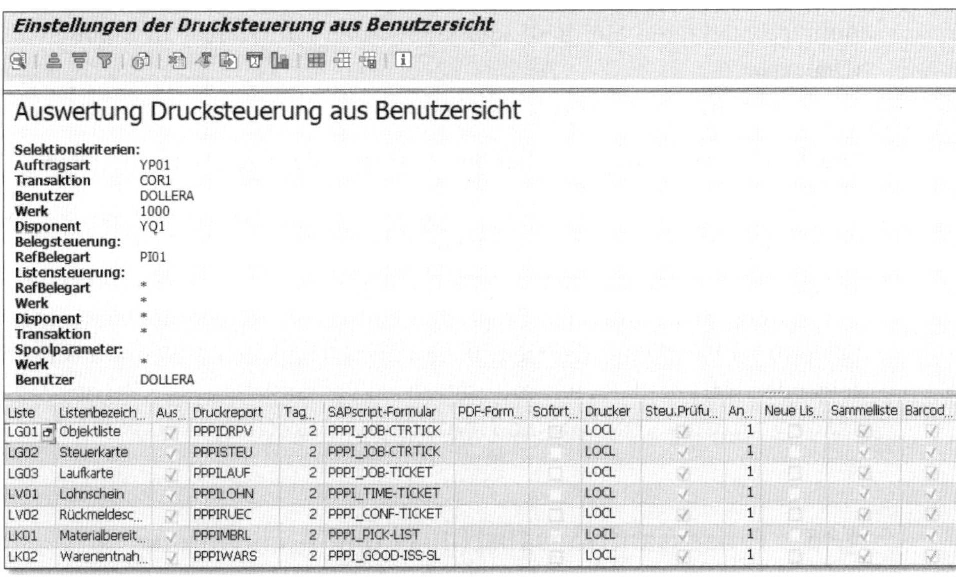
Einstellungen der Drucksteuerung aus Benutzersicht

Auswertung Drucksteuerung aus Benutzersicht

Selektionskriterien:
Auftragsart YP01
Transaktion COR1
Benutzer DOLLERA
Werk 1000
Disponent YQ1
Belegsteuerung:
RefBelegart PI01
Listensteuerung:
RefBelegart *
Werk *
Disponent *
Transaktion *
Spoolparameter:
Werk *
Benutzer DOLLERA

Liste	Listenbezeich...	Aus...	Druckreport	Tag...	SAPscript-Formular	PDF-Form...	Sofort...	Drucker	Steu.Prüfu...	An...	Neue Lis...	Sammelliste	Barcod...
LG01	Objektliste	✓	PPPIDRPV	2	PPPI_JOB-CTRTICK			LOCL	✓	1		✓	✓
LG02	Steuerkarte	✓	PPPISTEU	2	PPPI_JOB-CTRTICK			LOCL	✓	1		✓	✓
LG03	Laufkarte	✓	PPPILAUF	2	PPPI_JOB-TICKET			LOCL	✓	1		✓	✓
LV01	Lohnschein	✓	PPPILOHN	2	PPPI_TIME-TICKET			LOCL	✓	1		✓	✓
LV02	Rückmeldesc...	✓	PPPIRUEC	2	PPPI_CONF-TICKET			LOCL	✓	1		✓	✓
LK01	Materialbereit...	✓	PPPIMBRL	2	PPPI_PICK-LIST			LOCL	✓	1		✓	✓
LK02	Warenentnah...	✓	PPPIWARS	2	PPPI_GOOD-ISS-SL			LOCL	✓	1		✓	✓

Abbildung 3.92 Auswertung der Drucksteuerung

[»] **Auswertung der Drucksteuerung**

Die für ein Werk, einen Benutzer und eine Transaktion gültigen Tabelleneinstellungen können Sie auch mit dem Report PPCO85EI analysieren.

Automatischer Druck der Auftragspapiere über das Fertigungssteuerungsprofil

Über das Kennzeichen DRUCK DURCHFÜHREN im Fertigungssteuerungsprofil können Sie den automatischen Druck der Auftragspapiere bei der Freigabe des Auftrags anstoßen (siehe Abbildung 3.10).

Druck der Auftragspapiere für mehrere Aufträge gleichzeitig anstoßen

Falls Sie den Druck der Auftragspapiere für mehrere Aufträge anstoßen möchten, nutzen Sie den Menüpfad LOGISTIK • PRODUKTION PROZESS • PROZESSAUFTRAG • PROZESSAUFTRAG • DRUCKEN (Transaktion COPI). Hier wählen Sie entweder einen Original- oder einen Nachdruck aus und selektieren auf Basis verschiedener Kriterien die relevanten Aufträge. Als Selektionskriterien stehen Ihnen unter anderem Werk, Disponent, Fertigungssteuerer, Prozessauftragsnummer und Material sowie verschiedene Terminangaben und ein Statusselektionsschema zur Verfügung. Nach Ermittlung der relevanten Aufträge markieren Sie diese und stoßen den Druck über den Button (DRUCKEN) an.

Druck der Auftragspapiere über die Hintergrundverarbeitung anstoßen

Falls Sie den Druck über die Hintergrundverarbeitung eingestellt haben, wird beim Anstoß des Drucks für einen Prozessauftrag eine Druckvormerkung erstellt, die abgearbeitet werden muss. Zum Druck dieser vorgemerkten Aufträge steht Ihnen das Programm PPPRBTCH (Batchdruck Fertigungspapiere) zur Verfügung, das Sie z. B. periodisch einplanen. Hierzu wählen Sie folgenden IMG-Pfad: PRODUKTIONSPLANUNG PROZESSINDUSTRIE • PROZESSAUFTRAG • VORGÄNGE • EINPLANUNG HINTERGRUND-JOBS (Transaktion SM36).

3.10 Prozessauftragsabschluss und Archivierung

Wenn Sie alle Lagerzugänge und Komponentenverbräuche gebucht und alle Leistungen auf den Auftrag rückgemeldet haben, können Sie ihn aus logistischer Sicht abschließen. Von Ihrer Controlling-Abteilung wird danach die

Auftragsabrechnung durchgeführt. Dadurch bringen Sie den Auftragssaldo auf null und leiten die Differenz zwischen der vorläufigen Bestandsbewertung beim Wareneingang und den tatsächlich angefallenen Ist-Kosten an den Bestand weiter. Nach einer erfolgreichen Auftragsabrechnung können Sie den Auftrag auch aus buchhalterischer Sicht abschließen. Über die Archivierung wird er danach aus dem SAP-ERP-System gelöscht. Die einzelnen Schritte zum Auftragsabschluss und zur Archivierung erläutern wir Ihnen nun in diesem Abschnitt.

3.10.1 Prozessauftrag technisch abschließen

Indem Sie einen Prozessauftrag technisch abschließen, kennzeichnen Sie ihn aus logistischer Sicht als beendet. Danach ist er aus dispositiver Sicht nicht mehr relevant. Das bedeutet, dass eventuell noch ausstehende Warenbewegungen wie Lagerzugänge oder Verbräuche von Komponenten nicht mehr dispositiv berücksichtigt werden. Ein Prozessauftrag mit einer noch offenen Zugangsmenge verschwindet dadurch z. B. aus der aktuellen Bedarfs-/Bestandsliste. In diesem Zusammenhang werden zudem die noch offenen Materialreservierungen und Kapazitätsbedarfe gelöscht.

Hinweise zum technischen Abschließen von Prozessaufträgen [«]

Sie sollten Aufträge, die nicht bearbeitet oder abgesagt wurden, auf die also keine Buchungen erfolgt sind, so bald wie möglich technisch abschließen. Dadurch verhindern Sie, dass diese fälschlicherweise weiterhin dispositiv berücksichtigt werden.

Weiterhin sollten tatsächlich abgearbeitete Aufträge den Status »endgeliefert« haben (GLFT), bevor sie technisch abgeschlossen werden. Dies ist die Voraussetzung für die darauffolgende Abrechnung.

Um einen Prozessauftrag technisch abzuschließen, gehen Sie in den Änderungsmodus des Auftrags und wählen den Menüpfad Prozessauftrag • Funktionen • Bearbeitung einschränken • Technisch abschliessen; danach sichern Sie den Auftrag. Der Auftrag erhält nun den Status TABG (Technisch abgeschlossen). Nach dem technischen Abschluss können die Auftragsdaten nicht mehr geändert werden, Rückmeldungen zum Auftrag sind auch nicht mehr möglich, Warenbewegungen können Sie allerdings noch durchführen. Sie können den technischen Abschluss übrigens über den Menüpfad Prozessauftrag • Funktionen • Bearbeitung einschränken • Rücknahme Technisch abschliessen auch wieder zurücknehmen.

Folgende Voraussetzungen sind erforderlich, damit Sie einen Prozessauftrag technisch abschließen können:

- Falls Sie im Rahmen der Prozesskoordination ein Fremdsystem wie ein MES angebunden haben oder mit interaktiven Herstellanweisungen arbeiten, dürfen dazu keine Steuerrezepte mehr in Bearbeitung sein. Diese müssen alle entweder abgeschlossen, abgebrochen oder verworfen sein (siehe Kapitel 5, »Prozesskoordination«).
- Falls Sie eine fertigungsbegleitende Prüfung aktiviert haben, muss für das Prüflos der Herkunft 03 (Produktion) der Verwendungsentscheid getroffen sein (siehe Abschnitt 8.1.2, »Produktionsbegleitende Prüfung«).

Indem Sie den Prozessauftrag technisch abschließen, übergeben Sie ihn an das Controlling, das den Auftrag nun abrechnen und aus buchhalterischer Sicht abschließen kann.

3.10.2 Prozessauftragsabrechnung

Vor der Auftragsabrechnung werden im Controlling die Gemeinkostenzuschläge berechnet und die Abweichungen ermittelt, wodurch im Auftrag automatisch der Status ABWE (Abweichungen ermittelt) gesetzt wird. Mit der Abrechnung wird der Auftrag dann von noch vorhandenen Ist-Kosten entlastet, sodass der Saldo des Auftrags auf null gebracht wird. In der Regel werden diese Aktionen monatlich über Hintergrundjobs ausgeführt. Die Auftragsabrechnung bzw. ein Saldo von null ist die Voraussetzung für das Archivieren und Löschen des Auftrags.

3.10.3 Prozessauftrag abschließen

Nach der erfolgten Abrechnung des Auftrags am Ende der Periode werden keine weiteren Kosten auf dem Auftrag mehr erwartet. Sie können nun den Auftrag auch aus buchhalterischer Sicht abschließen. Dazu gehen Sie in den Änderungsmodus des Auftrags, wählen den Menüpfad Prozessauftrag • Funktionen • Bearbeitung einschränken • Abschliessen und sichern den Auftrag, der dadurch den Status ABGS (Abgeschlossen) erhält. Folgende Voraussetzungen müssen dazu erfüllt sein:

- Der Auftrag muss abgerechnet sein bzw. einen Saldo von null haben.
- Der Auftrag muss den Status FREI (Freigegeben) oder TABG (Technisch abgeschlossen) haben.

- Es darf kein offenes Prüflos ohne Verwendungsentscheid zu einer In-Prozess-Kontrolle, also zur Prüflosherkunft 03 (Produktion), existieren.
- Es darf kein offenes Prüflos der Prüflosherkunft 04 (Wareneingang aus Produktion) bzw. 05 (Sonstiger Wareneingang) für Nebenprodukte existieren, das nicht bestandsentlastet ist. Das heißt, der Verwendungsentscheid muss nicht notwendigerweise getroffen sein, aber es darf sich kein Bestand mehr im Qualitätsprüfbestand befinden.
- Es dürfen keine Fehlersätze aus automatischen Warenbewegungen im Rahmen der retrograden Entnahme oder des automatischen Wareneingangs existieren.
- Es darf kein Steuerrezept mehr in Bearbeitung sein.

Falls eine der Voraussetzungen nicht erfüllt ist, erhalten Sie beim Versuch, den Auftrag abzuschließen, ein Pop-up mit der Fehlermeldung, dass der betriebswirtschaftliche Vorgang nicht durchgeführt werden kann. Indem Sie auf den Button Statusinformation klicken, erhalten Sie weitere Informationen dazu, weshalb der Auftrag nicht abgeschlossen werden kann. Im Beispiel von Abbildung 3.93 ist der Saldo des Auftrags noch nicht null, zudem existiert ein offenes Prüflos der Herkunft 03.

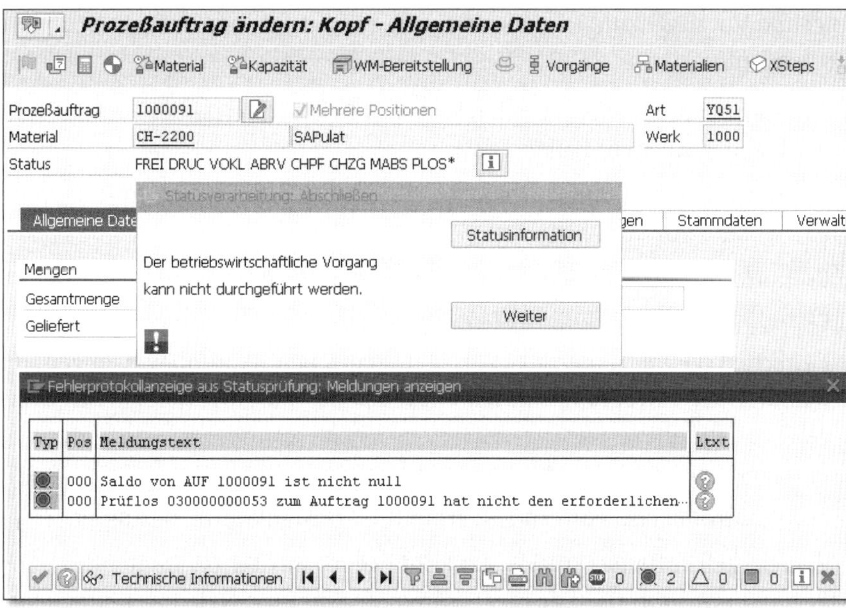

Abbildung 3.93 Fehlermeldung beim Abschließen eines Prozessauftrags

Nach dem Abschluss können Sie keine weiteren Buchungen auf den Auftrag durchführen. Allerdings können Sie auch hier den Status noch einmal zurücknehmen, falls doch noch weitere Aktionen zum Auftrag erforderlich sind. Dazu wählen Sie den Menüpfad PROZESSAUFTRAG • FUNKTIONEN • BEARBEITUNG EINSCHRÄNKEN • RÜCKNAHME ABSCHLIESSEN.

[+] **Prozessaufträge über Massenbearbeitung abschließen**

Da das buchhalterische Abschließen eines Auftrags eventuell im Sammelgang kurz vor dem Monatsabschluss gemacht werden soll, können Sie dazu auch die Massenbearbeitung nutzen. Details dazu erfahren Sie in Abschnitt 7.2, »Massenbearbeitung«.

3.10.4 Prozessauftrag archivieren

Nach der vollständigen Abrechnung können Sie nach Ablauf verschiedener Fristen, sogenannter *Residenzzeiten*, einen Prozessauftrag archivieren und aus dem SAP-ERP-System löschen, um das ständig ansteigende Datenvolumen Ihrer Datenbank zu vermindern. Dabei werden die zentralen Archivierungswerkzeuge des SAP-ERP-Systems verwendet. Dadurch haben Sie die Möglichkeit, verschiedenste Archivsysteme anzubinden.

Folgende Voraussetzungen müssen erfüllt sein, damit ein Auftrag archiviert werden kann:

- Der Auftrag muss entweder den Status GLFT (Geliefert) oder TABG (Technisch abgeschlossen) haben.
- Die Auftragsabrechnung muss stattgefunden haben bzw. der Auftrag muss einen Saldo von null haben.
- Es dürfen keine offenen Verbindlichkeiten (z. B. Bestellungen für die Fremdbearbeitung) zum Auftrag existieren.
- Es dürfen keine Fehlersätze aus automatischen Warenbewegungen im Rahmen der retrograden Entnahme oder des automatischen Wareneingangs existieren.
- Es darf kein offenes Prüflos ohne Verwendungsentscheid zu einer In-Prozess-Kontrolle, also zur Prüflosherkunft 03 (Produktion), existieren.
- Es darf kein offenes Prüflos der Prüflosherkunft 04 (Wareneingang aus Produktion) bzw. 05 (Sonstiger Wareneingang) für Nebenprodukte existieren, das nicht bestandsentlastet ist. Das heißt, der Verwendungsentscheid muss nicht notwendigerweise getroffen sein, aber es darf sich kein Bestand mehr im Qualitätsprüfbestand befinden.

- Es darf kein Steuerrezept mehr in Bearbeitung sein.
- Abhängig von den Einstellungen zur Prozessdatendokumentation in der Auftragsart (siehe Abbildung 3.7) muss eventuell das Auftrags- oder das Chargenprotokoll archiviert sein, bevor der Auftrag archiviert werden kann.

Um die Archivierung und das Löschen des Auftrags vorzunehmen, sind mehrere Schritte erforderlich. Dazu führen Sie folgende Aktivitäten durch:

1. Sie setzen manuell oder über einen Hintergrundjob die Löschvormerkung für Aufträge, deren Wareneingangsdatum eine vorgegebene Anzahl Kalendertage in der Vergangenheit liegt. Der Auftrag erhält dadurch den Status LÖVM (Löschvormerkung). Diese Löschvormerkung können Sie auch wieder zurücknehmen.
2. Nach Ablauf der Residenzzeit 1 wird durch einen Hintergrundlauf im Auftrag das Löschkennzeichen gesetzt. Hierbei prüft das System die Residenzzeit 1 aus den Customizing-Parametern der Auftragsart (siehe Abbildung 3.6). Erst wenn diese nach dem Setzen der Löschvormerkung überschritten ist, kann das Löschkennzeichen gesetzt werden, und der Auftrag erhält den Status LÖKZ (Löschkennzeichen). Beachten Sie, dass das Löschkennzeichen nicht mehr zurückgenommen werden kann.
3. Nach Ablauf der Residenzzeit 2 wird der Auftrag durch einen Hintergrundlauf in eine Archivdatei geschrieben und aus dem SAP-System gelöscht. Hierbei prüft das System die Residenzzeit 2 aus den Customizing-Parametern der Auftragsart. Erst wenn diese nach dem Setzen des Löschkennzeichens überschritten ist, kann der Auftrag archiviert und gelöscht werden.

Die Hintergrundläufe planen und führen Sie über folgenden Menüpfad aus: LOGISTIK • PRODUKTION PROZESS • PROZESSAUFTRAG • WERKZEUGE • DB-ARCHIVIERUNG • PROZESSAUFTRAG (Transaktion COAC). Über Selektionsvarianten können Sie die relevanten Aufträge selektieren und die jeweilige Aktion anstoßen, z. B. das Setzen der Löschvormerkung, das Setzen des Löschkennzeichens oder die Archivierung und Löschung des Auftrags. Im Falle von Fehlern erhalten Sie detaillierte Protokolle, in denen detaillierte Fehlermeldungen pro Auftrag ausgegeben werden (siehe Abbildung 3.94).

Sie können die Löschvormerkung auch manuell im Auftrag setzen. Dazu gehen Sie in den Änderungsmodus des Auftrags und wählen den Menüpfad PROZESSAUFTRAG • FUNKTIONEN • LÖSCHVORMERKUNG • SETZEN. Der Auftrag wird dann im Prozessauftragsinformationssystem (siehe Abschnitt 7.1, »Prozessauftragsinformationssystem«) nicht mehr angezeigt, Sie können ihn aber weiterhin mit der Transaktion COR2 (Prozessauftrag ändern) bearbeiten. Dort können Sie über den Menüpfad PROZESSAUFTRAG • FUNKTIONEN • LÖSCHVORMERKUNG • LÖSCHEN die Löschvormerkung zudem auch wieder zurücknehmen.

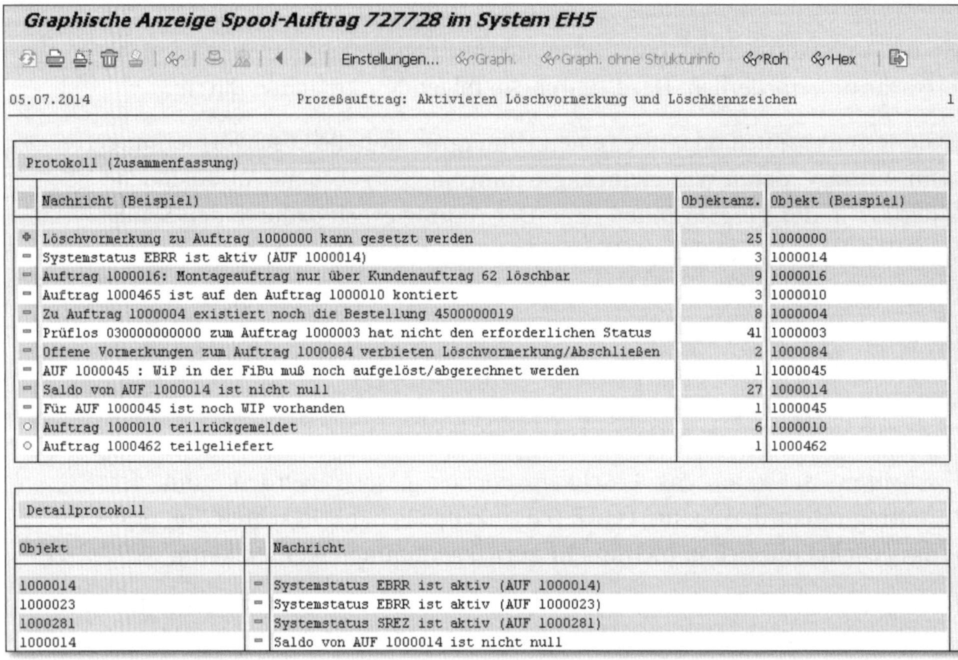

Graphische Anzeige Spool-Auftrag 727728 im System EH5

Einstellungen... Graph. Graph. ohne Strukturinfo Roh Hex

05.07.2014 Prozeßauftrag: Aktivieren Löschvormerkung und Löschkennzeichen 1

Protokoll (Zusammenfassung)

	Nachricht (Beispiel)	Objektanz.	Objekt (Beispiel)
	Löschvormerkung zu Auftrag 1000000 kann gesetzt werden	25	1000000
	Systemstatus EBRR ist aktiv (AUF 1000014)	3	1000014
	Auftrag 1000016: Montageauftrag nur über Kundenauftrag 62 löschbar	9	1000016
	Auftrag 1000465 ist auf den Auftrag 1000010 kontiert	3	1000010
	Zu Auftrag 1000004 existiert noch die Bestellung 4500000019	8	1000004
	Prüflos 030000000000 zum Auftrag 1000003 hat nicht den erforderlichen Status	41	1000003
	Offene Vormerkungen zum Auftrag 1000084 verbieten Löschvormerkung/Abschließen	2	1000084
	AUF 1000045 : WiP in der FiBu muß noch aufgelöst/abgerechnet werden	1	1000045
	Saldo von AUF 1000014 ist nicht null	27	1000014
	Für AUF 1000045 ist noch WIP vorhanden	1	1000045
	Auftrag 1000010 teilrückgemeldet	6	1000010
	Auftrag 1000462 teilgeliefert	1	1000462

Detailprotokoll

Objekt		Nachricht
1000014		Systemstatus EBRR ist aktiv (AUF 1000014)
1000023		Systemstatus EBRR ist aktiv (AUF 1000023)
1000281		Systemstatus SREZ ist aktiv (AUF 1000281)
1000014		Saldo von AUF 1000014 ist nicht null

Abbildung 3.94 Protokoll zum Setzen der Löschvormerkung

Sobald ein Auftrag archiviert und gelöscht ist, können Sie ihn über die in der Transaktion COAC (Auftragsarchivierung) enthaltene Retrieval-Funktion im SAP-ERP-System anzeigen.

3.11 Zusammenfassung

In diesem Kapitel haben Sie erfahren, wie Sie Ihre Produktion mithilfe von Prozessaufträgen verwalten und steuern können. Sie haben gesehen, welche Funktionen in den einzelnen Phasen eines Auftrags existieren und wie Sie den Ablauf mithilfe der vorhandenen Einstellungen im Customizing beeinflussen können. Zudem haben wir Ihnen eine integrierte Sicht auf die Prozesse der Produktion mit den beteiligten Bereichen Produktionsplanung, Bestandsführung, Lagerverwaltung, Chargenverwaltung und Controlling gegeben.

In diesem Kapitel werden die Funktionen zur Berücksichtigung von Schichten sowie die periodische Verteilung von Bestandsdifferenzen in der Produktion vorgestellt.

4 Erweiterte Funktionen für die Produktionsabwicklung

Neben der Rückmeldung von Produktionsdaten mit Bezug zu einem Auftrag gibt es auch oft die Anforderung, schichtbezogene Daten aus der Produktion rückzumelden. Dies ermöglicht Ihnen, Auswertungen auf Schichtbasis durchzuführen, z. B. bezüglich produzierter Mengen und Ausschüsse. Weiterhin können Sie Schichtnotizen zu Ressourcen erfassen und einen Schichtbericht erstellen, der die Übergabe einer Schicht zwischen den Schichtverantwortlichen in der Produktion vereinfacht.

Ein weiterer Aspekt dieses Kapitels ist die periodische Verteilung von Bestandsdifferenzen von Komponenten auf einem Produktionslagerort. Solche Bestandsdifferenzen entstehen, wenn Sie Komponenten retrograd entnehmen, d. h. den Warenausgang der Komponenten mit geplanten Mengen anstatt mit den tatsächlich verbrauchten Mengen zu den Prozessaufträgen buchen (siehe Unterabschnitt »Retrograde Entnahme« in Abschnitt 3.7.1, »Rückmeldungen zum Prozessauftragskopf«). Diese Bestandsdifferenzen einer Komponentencharge können Sie auf die Prozessaufträge verteilen, die während des Betrachtungszeitraums produziert wurden und diese Charge verbraucht haben.

4.1 Berücksichtigung von Schichten

Schichten werden in der Komponente PP (Produktionsplanung) im Rahmen der Kapazitätsplanung verwendet, um das Kapazitätsangebot einer Ressource zu pflegen und die Terminierung darauf auszurichten. Im Rahmen der Auftragsdurchführung existieren zudem weitere Funktionen:

- Berücksichtigung von Schichten in der Prozessauftragsrückmeldung
- Erfassung von Schichtnotizen
- Erstellung von Schichtberichten

Dies ermöglicht Ihnen, nicht nur auftragsbezogene Daten, sondern zudem auftragsübergreifende und ressourcenbezogene Informationen zu erfassen und auszuwerten. Oft besteht diese Anforderung, um z. B. relevante Informationen im Rahmen einer Schichtübergabe bereitzustellen und auch schichtbezogene Auswertungen über Ausbeuten und Ausschussmengen durchzuführen. In diesem Abschnitt erfahren Sie, welche Einstellungen dafür erforderlich sind und wie Sie diese Daten im System erfassen und analysieren können.

[»]

Aktivierung der Business Functions LOG_PP_SRN_CONF (Schichtbericht/Schichtnotizen, Rückmeldung) und LOG_PP_SRN_02 (Schichtnotiz)

Wenn Sie diese erweiterten Funktionen einsetzen möchten, müssen Sie zuvor im Customizing die dazu vorgesehenen Business Functions aktivieren. Dies erledigen Sie über die IMG-Aktivität Business Function aktivieren (Transaktion SFW5). Im Ordner ENTERPRISE_BUSINESS_FUNCTIONS finden Sie die Business Functions `LOG_PP_SRN_CONF` (Schichtbericht/Schichtnotizen, Rückmeldung) und `LOG_PP_SRN_02` (Schichtnotiz (neu)). Um eine Business Function zu aktivieren, markieren Sie zuerst das Kennzeichen Geplanter Zustand und klicken dann auf den Button Änderungen aktivieren. Erst nach Aktivierung dieser Business Functions stehen Ihnen die Funktionen und das zugehörige Customizing zur Verfügung.

4.1.1 Schichtbasierte Rückmeldungen

Sie können Rückmeldungen zu Prozessaufträgen mit Angabe einer Schicht erfassen. Die Schicht können Sie auch vom System vorschlagen lassen und gegebenenfalls korrigieren. Diese Information nutzen Sie später, um z. B. Ausbringungs- und Ausschussmengen im Schichtvergleich auszuwerten. Im Folgenden zeigen wir Ihnen, welche Einstellungen im Customizing Sie dazu vornehmen müssen, welche Auswirkungen diese auf die Auftragsrückmeldung haben und wie Sie die Daten anschließend auswerten können.

Customizing-Einstellungen

Die Schichtdefinition nehmen Sie im Rahmen der Festlegung des Kapazitätsangebots einer Ressource über den folgenden IMG-Pfad vor: Produktionsplanung Prozessindustrie • Stammdaten • Ressource • Kapazitätsplanung • Kapazitätsangebot • Schichtprogramm definieren (Transaktion OP4A).

Hier definieren Sie die verschiedenen Schichten mit den jeweiligen Zeiten (siehe Abbildung 4.1). Die Gruppierung, unter der Sie die Schichtdefinition anlegen, weisen Sie dann im Kapazitätsangebot der Ressource zu.

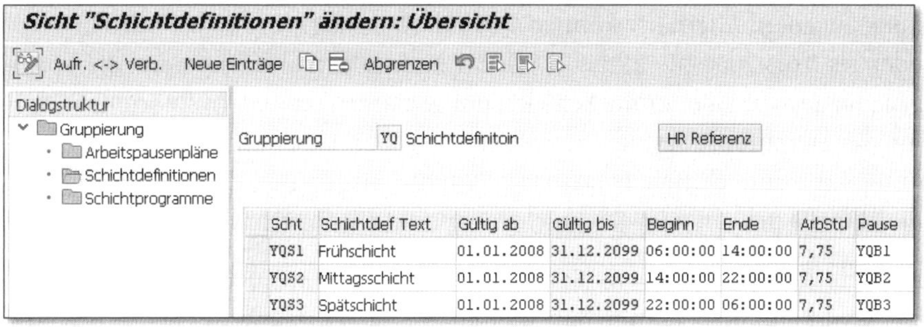

Abbildung 4.1 Schichtprogramm definieren

Im nächsten Schritt aktivieren Sie die mögliche Eingabe einer Schicht bei der Rückmeldung in den Rückmeldeparametern pro Werk und Auftragsart. Diese Einstellung nehmen Sie über folgenden IMG-Pfad vor: PRODUKTIONSPLANUNG PROZESSINDUSTRIE • PROZESSAUFTRAG • VORGÄNGE • RÜCKMELDUNG • RÜCKMELDEPARAMETER FESTLEGEN (Transaktion OPK4). Hier stehen Ihnen im Bereich SCHICHT auf dem Reiter EINZELERFASSUNG ALLGEMEIN das Feld VORSCHLAG und das Kennzeichen SCHICHT BEI KOPFRÜCKMELDUNG zur Verfügung (siehe Abbildung 4.2).

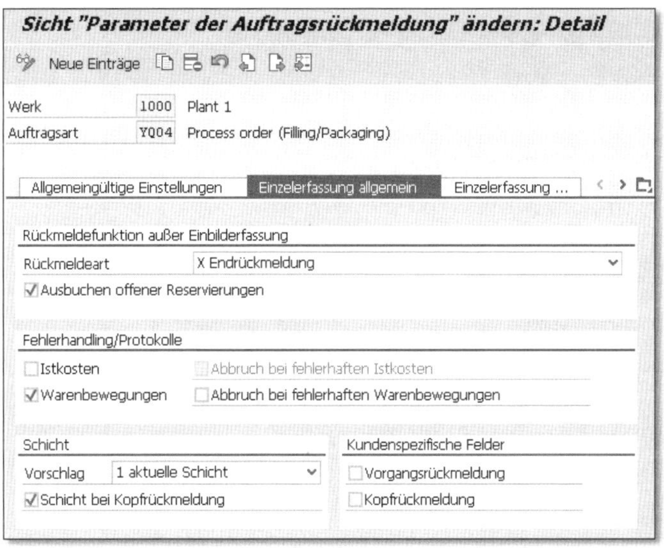

Abbildung 4.2 Einstellungen zur Schicht in den Rückmeldeparametern vornehmen

Über das Feld VORSCHLAG steuern Sie, ob das Feld SCHICHT in den Rückmeldetransaktionen eingeblendet und ob dazu ein Vorschlagswert vom System ermittelt und ausgegeben wird. Falls Sie dieses Feld auf den Wert »blank« (SCHICHT WIRD NICHT VERWENDET) setzen, können Sie keine Schicht bei der Rückmeldung angeben. Alternativ können Sie den Vorschlag einer Schicht deaktivieren oder als Vorschlag die aktuelle Schicht zum Rückmeldezeitpunkt, die vorangegangene Schicht oder die Schicht zum geplanten (bzw. terminierten) Termin für das Durchführungsende der Phase ausgeben lassen. Im Beispiel in Abbildung 4.2 ist die Option 1 AKTUELLE SCHICHT ausgewählt, d. h., es wird immer die aktuelle Schicht zum Rückmeldezeitpunkt automatisch vorgeschlagen.

Mithilfe des Kennzeichens SCHICHT BEI KOPFRÜCKMELDUNG steuern Sie, ob das Feld SCHICHT bei einer Rückmeldung zum Auftragskopf (siehe Abschnitt 3.7.1, »Rückmeldungen zum Prozessauftragskopf«) eingeblendet wird. Auch in diesem Fall wird ein Vorschlagswert für die Schicht entsprechend der Einstellung des Feldes VORSCHLAG ermittelt.

Falls Sie die Auftragsrückmeldungen auf Phasenebene durchführen (siehe Abschnitt 3.7.2, »Rückmeldungen auf Phasenebene«), nehmen Sie zudem folgende Einstellung über den IMG-Pfad PRODUKTIONSPLANUNG PROZESSINDUSTRIE • PROZESSAUFTRAG • VORGÄNGE • RÜCKMELDUNG • EINBILDERFASSUNG • EINBILDERFASSUNG DEFINIEREN (Transaktion OPK1) vor: Wählen Sie zunächst im Reiter BEREICHSAUSWAHL den Detailbereich 0430 PERSONAL: SCHICHT in Ihrem Rückmeldeprofil aus (siehe Abbildung 4.3).

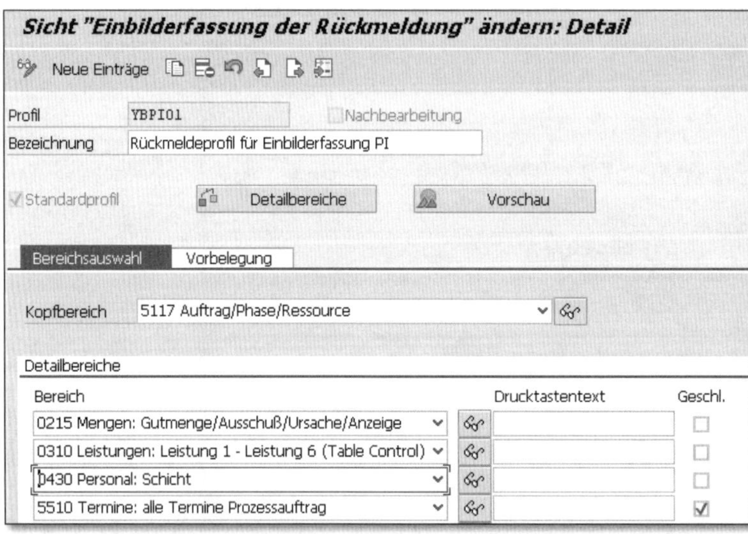

Abbildung 4.3 Detailbereich für die Schichteingabe bei der Rückmeldung aktivieren

Zudem steuern Sie im Reiter VORBELEGUNG, welche Schichtdefinitionen dem Benutzer als Eingabemöglichkeit bei der Rückmeldung zur Verfügung stehen (siehe Abbildung 4.4).

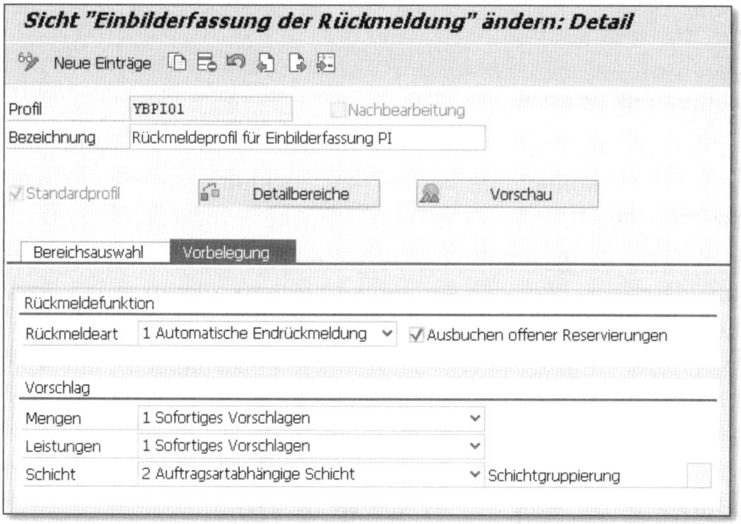

Abbildung 4.4 Steuerung der bei der Rückmeldung verfügbaren Schichten einstellen

Hierzu stehen Ihnen im Feld SCHICHT zwei Einstellungen zur Verfügung:

- **1 (Feste Schichtgruppierung)**
  Wählen Sie Option 1, falls Sie eine fixe Schichtdefinition unabhängig vom rückzumeldenden Auftrag verwenden möchten. Wenn Sie diese Option wählen, müssen Sie im Feld SCHICHTGRUPPIERUNG ein im Customizing vordefiniertes Schichtprogramm angeben.
- **2 (Auftragsartabhängige Schicht)**
  Wählen Sie Option 2, falls Sie die Schichtdefinition dynamisch aus der Ressource des Auftrags lesen möchten, auf der die rückzumeldende Phase ausgeführt wird.

Weitere Funktionen in der Rückmeldung [«]

Neben der Möglichkeit, die Schicht bei der Rückmeldung anzugeben, stehen Ihnen im Rahmen der Business Function LOG_PP_SRN_CONF (Schichtbericht/Schichtnotizen, Rückmeldung) weitere Funktionen in der Rückmeldung zur Verfügung:

- Die Mengenfelder GUTMENGE und AUSSCHUSS können in weitere Felder unterteilt werden, um z. B. den Ausschuss weiter zu differenzieren.

- Sie können die Rückmeldung um kundenspezifische Felder erweitern und dadurch weitere Informationen bei der Rückmeldung erfassen.
- Sie können im Falle einer Rückmeldung von Ausschuss automatisch eine Qualitätsmeldung dazu anlegen lassen.

Auftragsrückmeldung erfassen

Nachdem Sie die Customizing-Einstellungen aus dem vorigen Unterabschnitt vorgenommen haben, können Sie bei der Rückmeldung nun eine Schicht erfassen bzw. die vom SAP-System vorgeschlagene Schicht ändern. Dazu rufen Sie die Rückmeldung zum Prozessauftrag auf, z. B. die Erfassung eines Lohn-/Rückmeldescheins über den Menüpfad LOGISTIK • PRODUKTION PROZESS • PROZESSAUFTRAG • RÜCKMELDUNG • ERFASSEN ZUR PHASE • LOHN-RÜCKMELDESCHEIN (Transaktion COR6N). Gemäß den Einstellungen zum Vorschlag einer Schicht wird die ermittelte Schicht direkt angezeigt und kann von Ihnen geändert werden (siehe Abbildung 4.5).

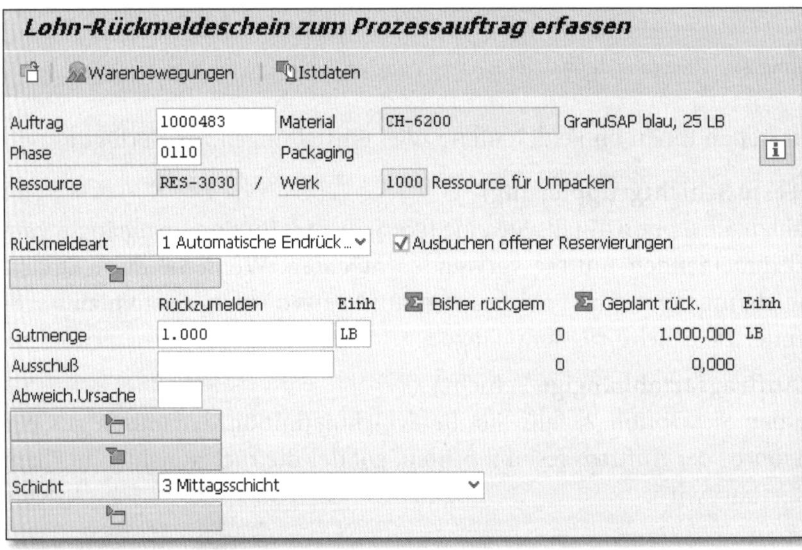

Abbildung 4.5 Schichtdaten bei der Auftragsrückmeldung erfassen

Die Eingabe der Schicht ist darüber hinaus ebenfalls in der Rückmeldung zum Auftragskopf möglich (Transaktion CORK). Ebenso wird die Schichtinformation bei der Anzeige einer Rückmeldung (Transaktion CORT) und bei der Stornierung einer Rückmeldung (Transaktion CORS) angezeigt.

Daten auswerten

Eine Auswertung der schichtbezogenen Rückmeldung können Sie über das Prozessauftragsinformationssystem vornehmen. Dazu wählen Sie den Menüpfad Logistik • Produktion Prozess • Prozessauftrag • Auswertungen • Auftragsinfosystem • Prozessauftragsinformationssystem (Transaktion COOISPI). Hier sehen Sie in Abhängigkeit vom Layout z. B. die produzierten Mengen (Feld Gutmenge) pro Schicht und Ressource, wie in Abbildung 4.6 dargestellt.

Ressource	Schicht	Auftrag	E.Durchf.	Istende	Vorgang	Σ Gutmenge	Einheit	Σ Ausschuß	MgEh.Rck
RES-3030	YQS1	1000483	11.07.2014	08:00:00	0110	100	LB	0	LB
		1000483		10:00:00	0110	150	LB	0	LB
	YQS1					• 250	LB	• 0	LB
	YQS2	1000483	11.07.2014	16:00:00	0110	150	LB	0	LB
		1000483		18:00:00	0110	200	LB	0	LB
	YQS2					• 350	LB	• 0	LB
						•• 600	LB	•• 0	LB

Abbildung 4.6 Auswertung der Mengen pro Ressource und Schicht

Weitere Informationen zum Prozessauftragsinformationssystem erhalten Sie in Abschnitt 7.1, »Prozessauftragsinformationssystem«.

4.1.2 Schichtnotizen und Schichtbericht

Mithilfe von Schichtnotizen kommentieren Sie Ereignisse zu einer Ressource, die nicht notwendigerweise einen Auftragsbezug haben, wie eine Bemerkung zu einer Ressource, Probleme mit einer Einsatzcharge oder den Wechsel einer Materialkomponente. Sie sammeln dadurch Informationen und Kommentare, die Sie zu einem Schichtbericht aggregieren. Diesen wiederum können Sie nutzen, um wichtige Ereignisse einer Schicht zu dokumentieren und damit den Schichtwechsel zu unterstützen.

Integration in die Komponente Instandhaltung (PM) [«]

Sie können Schichtnotizen und Schichtberichte auch zu den technischen Objekten der Instandhaltung erfassen. Es stehen Ihnen hier dieselben Funktionen zur Verfügung.

Schichtnotiz

Bevor Sie die Schichtnotizen nutzen, sollten Sie die Customizing-Einstellungen dazu kontrollieren. Technisch basieren die Schichtnotizen auf dem Meldungswesen des SAP-Systems, das auch für Qualitätsmeldungen und Instandhaltungsmeldungen verwendet wird. Im Standard sind Schichtnotizen unter der Meldungsart SN (Schichtnotiz) mit dem Meldungstyp 05 (Allgemeine Meldung) und der Meldungsherkunft G1 (Allgemeine Meldung) definiert. Neben der Meldungsart selbst können Sie unter dem IMG-Pfad Logistik allgemein • Einstellungen für Schichtnotizen festlegen alle meldungsrelevanten Einstellungen zu Nummernkreisen, Prioritäten und Katalogen pflegen.

Die Detaileinstellungen zur Meldungsart SN, die auch Schichtnotizart genannt wird, nehmen Sie dabei unter folgendem IMG-Pfad vor: Logistik allgemein • Einstellungen für Schichtnotizen festlegen • Einstellungen für Schichtnotizart festlegen (Transaktion SPRO). In den Einstellungen zur Schichtnotizart steuern Sie, welche Informationen während der Bearbeitung einer Schichtnotiz angezeigt werden (siehe Abbildung 4.7). Indem Sie das Kennzeichen Herkunft setzen, wird z. B. die betroffene Ressource angezeigt, und über die Einstellungen zum Kennzeichen Ereignis geben Sie an, welchen Zeitbezug die Schichtnotiz haben kann und wie dieser angezeigt wird. Weiterhin kann der Benutzer beim Pflegen einer Schichtnotiz eine Kategorie auswählen, falls Sie dies über das Kennzeichen Kategorie aktiviert haben. Die möglichen Einträge werden dabei aus einer hinterlegten Codegruppe der ausgewählten Katalogart gelesen. Der Benutzer kann zudem ein Bezugsobjekt in der Schichtnotiz angeben, falls Sie dies mit dem Kennzeichen Bezugsobjekt aktiviert und dafür im Bereich Bezugsobjekte festgelegt haben, welche Objekte als Bezug möglich sind, z. B. ein Material, eine Charge oder ein Prozessauftrag.

Um zu einer Ressource Schichtnotizen erstellen zu können, müssen Sie anschließend im Ressourcenstammsatz die Schichtnotizart auf dem Reiter Grunddaten zuweisen (siehe Abbildung 4.8). Hier können Sie auch einen Schichtberichtstyp zuweisen. Auf Schichtberichte gehen wir im folgenden Unterabschnitt näher ein.

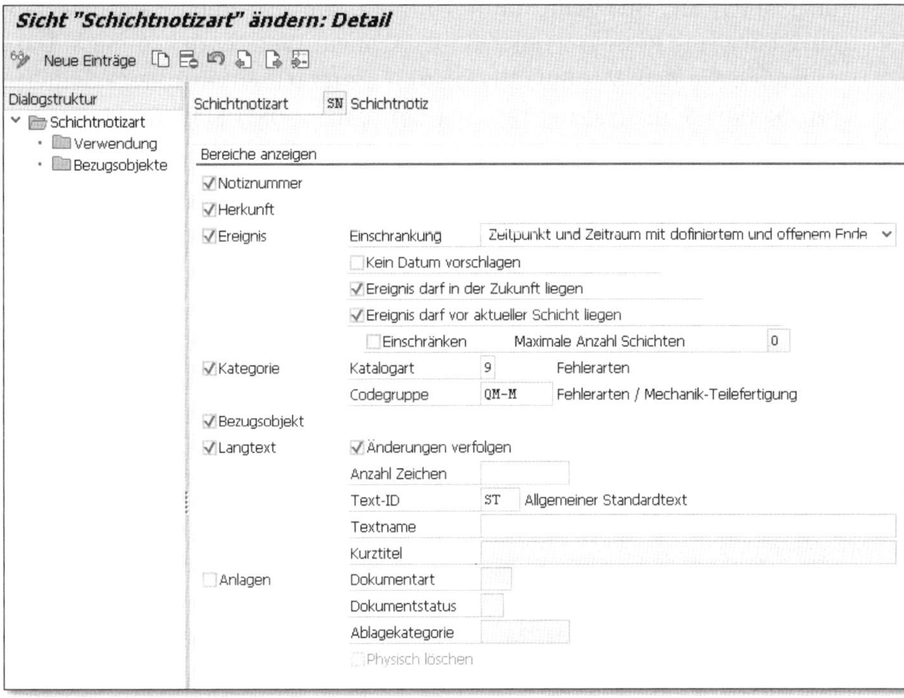

Abbildung 4.7 Einstellungen zur Schichtnotizart vornehmen

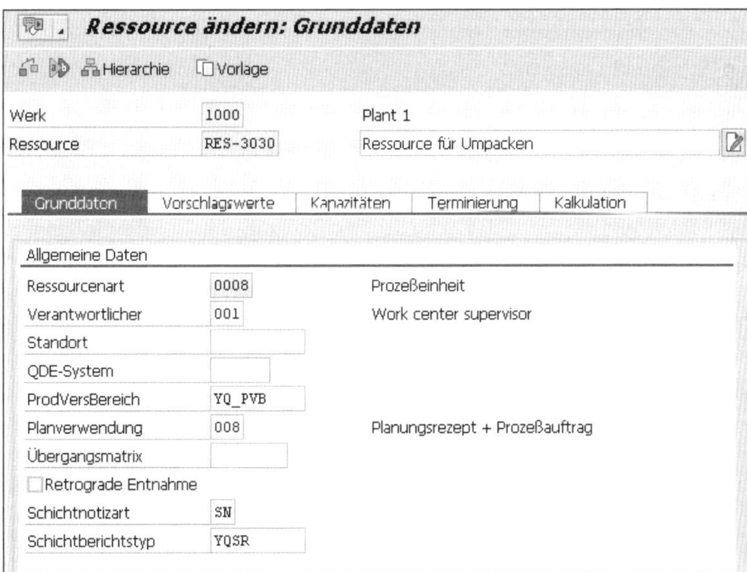

Abbildung 4.8 Einstellungen zur Schichtnotiz und zum Schichtbericht in der Ressource vornehmen

Nun können Sie eine Schichtnotiz anlegen, die sich immer auf eine Ressource oder eine Ressourcenhierarchie in einem Werk beziehen muss. Dazu verwenden Sie den Menüpfad Logistik • Zentrale Funktionen • Schichtnotizen und Schichtberichte • Schichtnotizen und Schichtberichte zu Arbeitsplätzen • Schichtnotiz • Anlegen (Transaktion SHN1).

Gemäß Ihren Einstellungen zur Schichtnotizart erscheinen die dort ausgewählten Bereiche, und Sie können neben Datum und Uhrzeit z. B. eine Kategorie auswählen und ein Bezugsobjekt wie z. B. einen Prozessauftrag eingeben (siehe Abbildung 4.9).

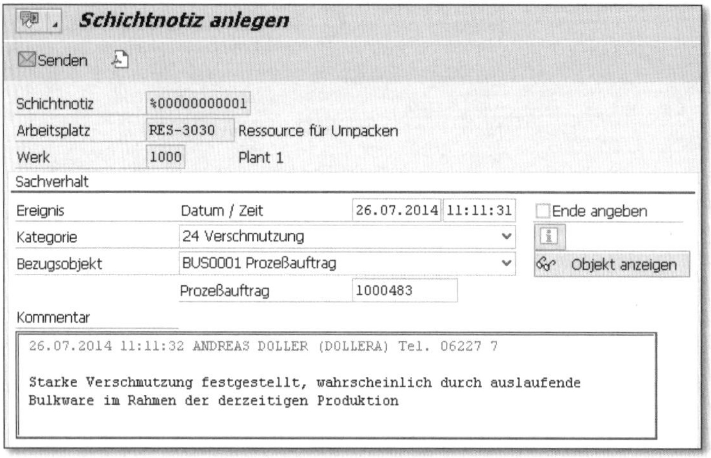

Abbildung 4.9 Schichtnotiz anlegen

[»] **Weitere Funktionen zu Schichtnotizen**

Zur Suche und Sammelbearbeitung von Schichtnotizen verwenden Sie die Listanzeige von Schichtnotizen oder das Schichtnotiz-Cockpit, die Sie über folgende Menüpfade erreichen: Logistik • Zentrale Funktionen • Schichtnotizen und Schichtberichte • Schichtnotizen und Schichtberichte zu Arbeitsplätzen • Schichtnotiz • Listbearbeitung (Transaktion SHN4) und Schichtnotiz-Cockpit (Transaktion SHN5).

Neben dem manuellen Anlegen von Schichtnotizen stehen Ihnen zudem RFC-fähige Funktionsbausteine zur Verfügung, mit denen Sie z. B. Schichtnotizen von Subsystemen wie SAP Manufacturing Integration and Intelligence (MII) oder einem Manufacturing Execution System (MES) erstellen und bearbeiten lassen können. Weiterhin können Sie Schichtnotizen auch über Prozessmeldungen in der Prozesskoordination anlegen. Dazu können Sie die Prozessmeldungsart PI_SNOTE (Schichtnotiz anlegen) mit dem Meldungsempfänger SNOT (Schichtnotiz anlegen) verwenden. Weitere Informationen zur Prozesskoordination erhalten Sie in Kapitel 5, »Prozesskoordination«.

Schichtbericht

In einem Schichtbericht werden bestimmte vorgegebene Typen von Informationen und Ereignissen in einem PDF-Dokument zusammengefasst. Einen solchen Bericht erstellen Sie für eine Schicht oder auch schichtübergreifend für einen vorgegebenen Zeitraum. Der Schichtbericht besteht aus folgenden optionalen Elementen, die Sie im Customizing über das Layout für einen Schichtberichtstyp jeweils aktivieren können:

- Deckblatt
- Liste der Schichtnotizen (diese lassen sich gruppieren nach Ressource, Kategorie und/oder Referenzobjekt)
- Liste der Rückmeldungen mit aggregierten rückgemeldeten Mengen, Leistungen und Warenbewegungen
- Liste der Instandhaltungsmeldungen
- Liste der Qualitätsmeldungen
- Kundeneigene Daten und grafische Auswertungen

In den Customizing-Einstellungen zum Schichtberichtstyp legen Sie das Formular fest, auf dessen Basis der Schichtbericht erzeugt wird, sowie die bereits erwähnten Einstellungen zum Layout mit der Auswahl der enthaltenen Elemente. Diese Einstellungen nehmen Sie unter dem IMG-Pfad LOGISTIK ALLGEMEIN • EINSTELLUNGEN FÜR SCHICHTBERICHTE FESTLEGEN • SCHICHTBERICHTSTYPEN FESTLEGEN (Transaktion SPRO) vor.

Dort steuern Sie außerdem, ob der Schichtbericht mit einer digitalen Signatur signiert und abgeschlossen werden soll. Hier können Sie über eine sogenannte *Signaturstrategie* auch ein Zwei- oder Mehr-Augen-Prinzip einrichten. Weiterhin legen Sie fest, ob die Schichtberichte lückenlos erstellt werden müssen, sodass alle Zeiträume in einem Schichtbericht erfasst werden. Sie können zudem die erzeugten PDF-Dokumente verschlüsseln, um diese vor Änderungen zu schützen. Darüber hinaus aktivieren Sie hier auch die Funktion zum Versenden des Schichtberichts per E-Mail über einen Button während der Bearbeitung des Schichtberichts.

Da Sie Schichtberichte immer zu einer Ressource oder einer Ressourcenhierarchie anlegen, legen Sie im Ressourcenstammsatz fest, welcher SCHICHTBERICHTSTYP zur Erstellung eines Schichtberichts herangezogen wird (siehe Abbildung 4.8).

Um einen Schichtbericht zu erzeugen, verwenden Sie folgenden Menüpfad: LOGISTIK • ZENTRALE FUNKTIONEN • SCHICHTNOTIZEN UND SCHICHTBERICHTE • SCHICHTNOTIZEN UND SCHICHTBERICHTE ZU ARBEITSPLÄTZEN • SCHICHTBERICHT • ANLEGEN (Transaktion SHR1). Hier haben Sie die Möglichkeit, eine Vorschau auf den Schichtbericht zu erhalten, wie in Abbildung 4.10 dargestellt, oder den Schichtbericht direkt als PDF-Dokument zu erzeugen und gegebenenfalls mit einer digitalen Signatur zu versehen.

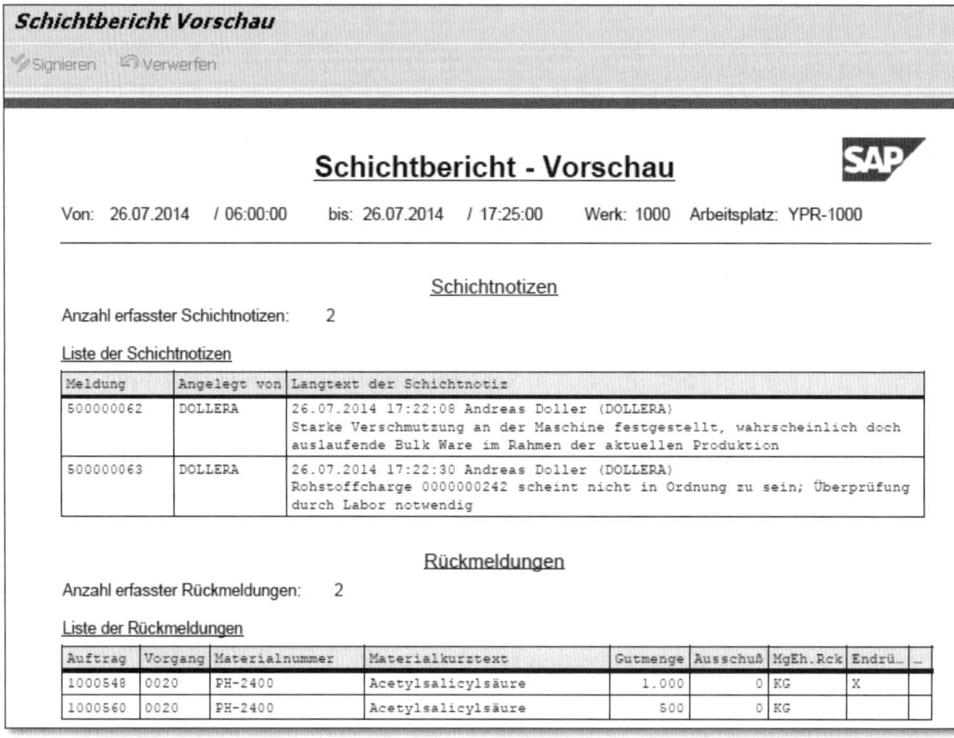

Schichtbericht Vorschau

Signieren Verwerfen

Schichtbericht - Vorschau

Von: 26.07.2014 / 06:00:00 bis: 26.07.2014 / 17:25:00 Werk: 1000 Arbeitsplatz: YPR-1000

Schichtnotizen

Anzahl erfasster Schichtnotizen: 2

Liste der Schichtnotizen

Meldung	Angelegt von	Langtext der Schichtnotiz
500000062	DOLLERA	26.07.2014 17:22:08 Andreas Doller (DOLLERA) Starke Verschmutzung an der Maschine festgestellt, wahrscheinlich doch auslaufende Bulk Ware im Rahmen der aktuellen Produktion
500000063	DOLLERA	26.07.2014 17:22:30 Andreas Doller (DOLLERA) Rohstoffcharge 0000000242 scheint nicht in Ordnung zu sein; Überprüfung durch Labor notwendig

Rückmeldungen

Anzahl erfasster Rückmeldungen: 2

Liste der Rückmeldungen

Auftrag	Vorgang	Materialnummer	Materialkurztext	Gutmenge	Ausschuß	MgEh.Rck	Endrü...	...
1000548	0020	PH-2400	Acetylsalicylsäure	1.000	0	KG	X	
1000560	0020	PH-2400	Acetylsalicylsäure	500	0	KG		

Abbildung 4.10 Vorschau des Schichtberichts erzeugen

[»] **Erweiterungsfunktionen über BAdIs**

Mithilfe von BAdIs stehen Ihnen weitere Funktionen für Schichtberichte zur Verfügung. So können Sie dadurch auf die im Schichtbericht erscheinenden Rückmeldungen und Schichtnotizen Einfluss nehmen, indem Sie z. B. bestimmte Daten herausfiltern. Weiterhin können Sie erweiterte Berechtigungsprüfungen und automatische Folgeaktionen einrichten, über die Sie z. B. den Versand des Schichtberichts per E-Mail anstoßen. Sie können darüber hinaus eigene Texte und Tabellen in den Schichtbericht aufnehmen, wie z. B. eine Liste der Prozessaufträge, die in der Schicht gelaufen sind.

4.2 Verteilung von Materialdifferenzen aus der Produktion

Vor allem in der Chemie-, der Konsumgüter- und der Lebensmittelindustrie wird oft die retrograde Entnahme von Komponenten in der Produktion im Rahmen der Auftragsrückmeldung verwendet (siehe Unterabschnitt »Retrograde Entnahme« in Abschnitt 3.7.1, »Rückmeldungen zum Prozessauftragskopf«). Dadurch werden nicht die tatsächlich verbrauchten Mengen auf den Auftrag entnommen, sondern die geplanten Mengen der Komponenten proportional zur Rückmeldemenge. Falls Sie z. B. 50 KG einer Komponente für die Produktion von 100 KG des Kopfmaterials benötigen, werden bei einer Rückmeldung von 50 KG über die retrograde Entnahme automatisch 25 KG dieser Komponente aus dem Lager entnommen.

Infolgedessen wird einerseits der Buchungsaufwand für die Komponentenentnahmen erheblich reduziert. Jedoch entstehen andererseits Abweichungen zwischen den Systembeständen und den tatsächlichen physischen Beständen, da geplante anstatt der tatsächlichen Mengen gebucht werden. Dies wiederum erfordert eine periodische Inventur und Korrektur der Komponentenbestände in der Produktion. Um die dabei festgestellten Mengenabweichungen aufwandsgerecht nachträglich zu verbuchen, gibt es die Funktion der Verteilung von Materialdifferenzen, die Sie in diesem Abschnitt kennenlernen werden.

4.2.1 Grundlagen und erforderliche Einstellungen

Um die Korrektheit Ihrer Bestände im SAP-System sowie eine aufwandsgerechte Nachbelastung der Prozessaufträge zu gewährleisten, sollten Sie vor jedem Periodenabschluss eine Inventur Ihrer Komponentenbestände in der Produktion durchführen und die Verteilung der Materialdifferenzen anstoßen. Dadurch wird eine festgestellte Bestandsdifferenz einer Komponentencharge auf alle Prozessaufträge nachbelastet, in denen diese Komponentencharge in der Betrachtungsperiode eingesetzt wurde.

Voraussetzung Chargenpflicht [!]

Sie können lediglich die Bestandsdifferenzen chargengeführter Komponenten verteilen. Deshalb muss auch die Inventur, die der Verteilung vorausgeht, auf Chargenbasis durchgeführt werden.

Die Voraussetzung zur Nutzung dieser Funktion ist zunächst, dass der Material-Ledger und die Ist-Kalkulation aktiv sind. Zur Aktivierung der Differenzenverteilung pro Werk und Lagerort wählen Sie folgenden IMG-Pfad: Mate-

RIALWIRTSCHAFT • BESTANDSFÜHRUNG UND INVENTUR • INVENTUR • VERTEILUNG VON VERBRAUCHSMENGENDIFFERENZEN AKTIVIEREN (Transaktion SPRO).

Hier legen Sie für jede relevante Kombination aus Werk und Lagerort einen Eintrag an und setzen das Kennzeichen VERTEILUNG AKTIV. Sie können zudem das Feld VORSCHLAG VT.KZ auf den Wert 1 setzen, um beim Erfassen eines Inventurbelegs für diesen Lagerort automatisch das Kennzeichen für die Berücksichtigung des Inventurbelegs für die Verteilung von Verbrauchsdifferenzen vorzuschlagen (siehe Abbildung 4.11).

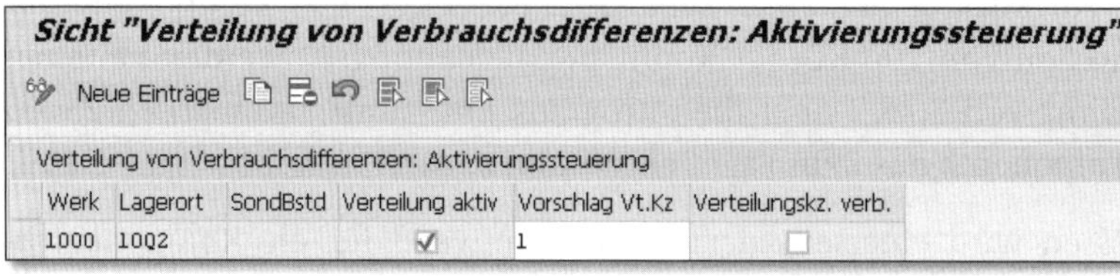

Abbildung 4.11 Verteilung von Verbrauchsdifferenzen aktivieren

[!] **Erforderliche Bewegungsarten einrichten**

Sie müssen die für die Differenzenverteilung benötigten Bewegungsarten selbst anlegen. Dabei handelt es sich um folgende Bewegungsarten:

- Z11 – Storno der Inventur (Kopie der Bewegungsart 711)
- Z12 – Storno der Inventur (Kopie der Bewegungsart 712)
- Z61 – Verteilung der Verbrauchsdifferenzen – Warenausgang für Auftrag (Kopie der Bewegungsart 261)
- Z62 – Verteilung der Verbrauchsdifferenzen – Storno des WA für Auftrag (Kopie der Bewegungsart 262)

Beachten Sie dazu den SAP-Hinweis 645739, der wichtige Informationen über die relevanten Einstellungen in den Bewegungsarten enthält. Darüber hinaus müssen Sie die Bewegungsarten in Tabelle TDUVN156 pflegen. Details hierzu erfahren Sie im SAP-Hinweis 1030289, der auch Hinweise für die Verteilung von Bestandsdifferenzen von Nebenprodukten enthält.

4.2.2 Differenzenverteilung durchführen

Bevor Sie die Differenzenverteilung für eine Komponentencharge durchführen können, müssen Sie einen Inventurbeleg anlegen und eine Zählung vornehmen, um den aktuellen Lagerortbestand zu erfassen und den Bestand der Komponentencharge im SAP-System zu korrigieren. Es empfiehlt sich, vor dem Periodenabschluss die in der letzten Periode angefallenen Differenzen zunächst zu erfassen und die Bestände im System zu korrigieren. Danach können Sie die Differenzen auf die relevanten Prozessaufträge der laufenden Periode verteilen.

Verteilung von Materialdifferenzen mit der Komponente Lagerverwaltung (WM) [«]

Im nachfolgenden Beispiel wird eine Inventur in der Komponente Materialwirtschaft Bestandsführung (MM-IM) gezeigt. Sie können die Differenzenverteilung aber auch einsetzen, wenn Sie die Komponente Lagerverwaltung (WM) nutzen. In diesem Fall verwenden Sie die entsprechenden Inventur-Transaktionen aus der Lagerverwaltung.

Um einen Inventurbeleg anzulegen, wählen Sie den Menüpfad LOGISTIK • MATERIALWIRTSCHAFT • INVENTUR • INVENTURBELEG • ANLEGEN (Transaktion MI01). Hier müssen Sie darauf achten, dass das Kennzeichen VD (Verteilung von Inventurdifferenzen) für die Position mit der Komponentencharge gesetzt ist, deren Bestandsdifferenz Sie verteilen möchten (siehe Abbildung 4.12).

Abbildung 4.12 Inventurbeleg für Komponentencharge anlegen

Im nächsten Schritt führen Sie eine Zählung durch, deren Ergebnis Sie über den Menüpfad LOGISTIK • MATERIALWIRTSCHAFT • INVENTUR • ZÄHLUNG • ERFASSEN (Transaktion MI04) erfassen. Am Kennzeichen VD (Verteilung von Inventurdifferenzen) können Sie erkennen, dass die Inventurzählung für die Verteilung der Bestandsdifferenzen relevant ist (siehe Abbildung 4.13).

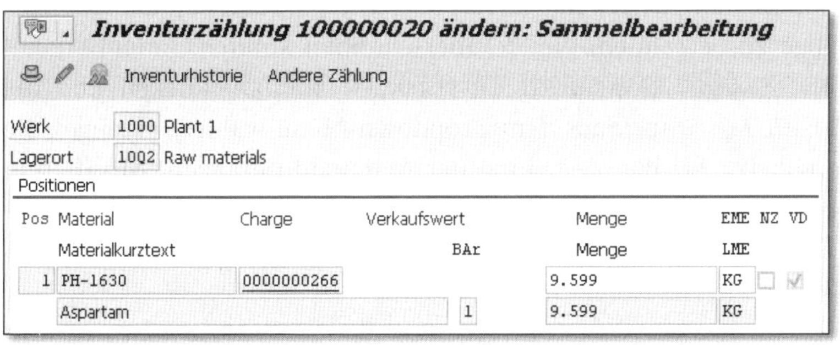

Abbildung 4.13 Inventurzählung für eine Komponentencharge erfassen

Danach verbuchen Sie die Differenz für den Inventurbeleg über den Menüpfad Logistik • Materialwirtschaft • Inventur • Differenz • Buchen (Transaktion MI07). Diese Buchung erzeugt einen Materialbeleg, über den der Bestand im SAP-System wieder dem tatsächlichen physischen Bestand angepasst wird. Allerdings wird mit dieser Verbuchung die Differenz zunächst auf ein Bestandsdifferenzenkonto gebucht, ohne sie auf die relevanten Prozessaufträge der laufenden Periode zu verteilen.

Über die nachfolgende Verteilung der Materialdifferenzen wird nun dieser Inventurbeleg bzw. der dazu erzeugte Materialbeleg storniert, und die darin gebuchten Mengen werden proportional zu den retrograd entnommenen Verbrauchsmengen auf die Aufträge verteilt. Die Verteilung stoßen Sie über den folgenden Menüpfad an: Logistik • Produktion Prozess • Stammdaten • Materialstamm • Umfeld • Material-Ledger • Istkalkulation • Verteilung von Verbrauchsmengendifferenzen • Verteilung von Materialdifferenzen (Transaktion CKMDUVMAT).

Im Selektionsbereich oben geben Sie Buchungskreis, Werk, Lagerort und das Buchungsdatum ein, bis zu dem Inventurbuchungen einbezogen werden sollen. Nachdem Sie [↵] gedrückt haben, werden alle relevanten Inventurbuchungen im Bereich Selektierte Differenzen aufgelistet. Nun selektieren Sie eine Zeile mit einer Komponentencharge, klicken auf den Button [Verteilen] (Markierte Differenzen verteilen) und wählen die Option Online ausführen • Verteilen -> Auftrag aus dem Dropdown-Menü aus. Klicken Sie anschließend auf den Button [Details] (Vorschlagsverteilung anzeigen); daraufhin erscheint im unteren Bereich die Vorschlagsverteilung der Inventurdifferenz (siehe Abbildung 4.14).

Im Beispiel in Abbildung 4.14 wurde die Differenzenmenge in Höhe von 30 KG auf alle Aufträge verteilt, in denen die Komponentencharge im Betrachtungszeitraum eingesetzt wurde. Dabei ist die entnommene Menge dieser Komponentencharge auf jeden Auftrag entscheidend, um die Vorschlagsmenge zu berechnen, die Sie überschreiben können. Indem Sie auf den Button [Buchen] (Markierte Differenzen buchen) klicken und die Option Online ausführen aus dem Dropdown-Menü wählen, erzeugen Sie den Materialbeleg für die Verteilung der Materialdifferenzen. Mit diesem Beleg wird der ursprüngliche Materialbeleg aus der Inventurdifferenzenbuchung storniert, und die Mengen werden als Verbräuche auf die Prozessaufträge gebucht (siehe Abbildung 4.15).

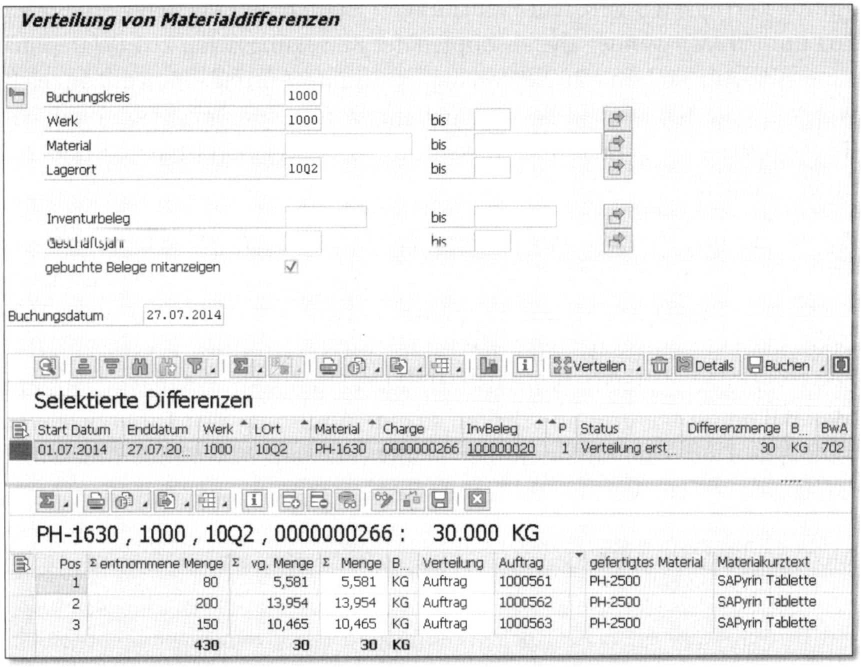

Abbildung 4.14 Verteilung von Materialdifferenzen durchführen

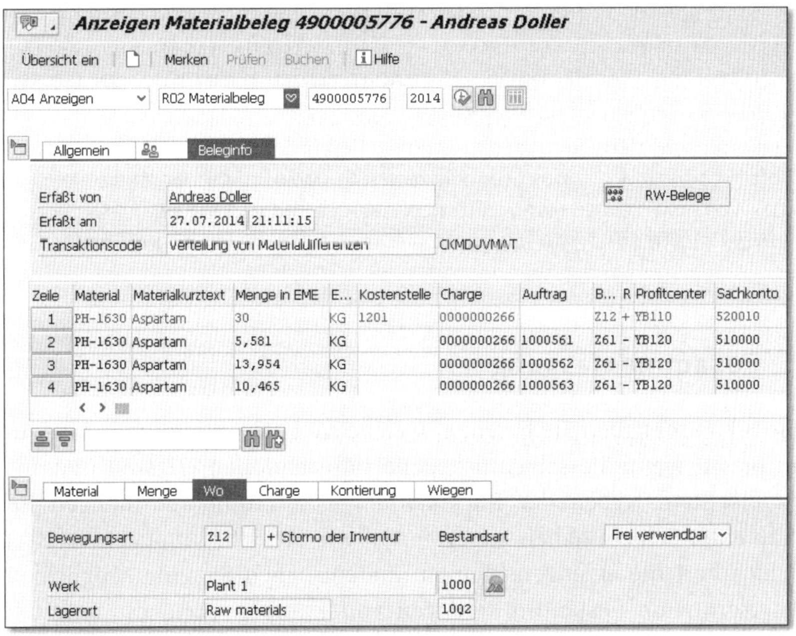

Abbildung 4.15 Materialbeleg der Differenzenverteilung anzeigen

Für die korrigierten Verbrauchsbuchungen werden hier die Bewegungsarten Z61 und Z62 verwendet, die als Kopien der Bewegungsarten 261 (Warenausgang zum Auftrag) und 262 (Warenausgang zum Auftrag – Storno) angelegt wurden. Dadurch können Sie die Buchungen der Differenzenverteilung von den regulären Verbrauchsbuchungen mit den Bewegungsarten 261 und 262 unterscheiden.

Zur Suche und Anzeige von Differenzenverteilungen verwenden Sie den Menüpfad Logistik • Produktion Prozess • Stammdaten • Materialstamm • Umfeld • Material-Ledger • Istkalkulation • Verteilung von Verbrauchsmengendifferenzen • Material- und Leistungsdifferenzen anzeigen (Transaktion CKMDUVSHOW). Hier selektieren Sie z. B. nach Zeitraum, Material oder Lagerort und erhalten so eine Auflistung aller Differenzenverteilungen. Dort können Sie in die Details verzweigen, wo Ihnen dieselben Informationen zur Verfügung stehen wie bei der Verteilung selbst.

[»] **Verteilung von Leistungsdifferenzen**

Eine nachträgliche Verteilung von Leistungsdifferenzenist ebenfalls möglich. Dies ist sinnvoll, wenn Sie eine manuelle Leistungserfassung vornehmen und dadurch Differenzen im Vergleich zu den automatisch bei der Auftragsrückmeldung verbuchten Leistungen entstehen. Auch diese Differenzen können Sie nachträglich analog zu den Materialdifferenzen verteilen.

Zur Erfassung von Ist-Leistungen wählen Sie den Menüpfad Logistik • Produktion Prozess • Stammdaten • Materialstamm • Umfeld • Material-Ledger • Istkalkulation • Verteilung von Verbrauchsmengendifferenzen • Erfassen von Istleistungsmengen (Transaktion CKMDUVREC).

Die Funktion zur Verteilung der Leistungsdifferenzen erreichen Sie über den Menüpfad Logistik • Produktion Prozess • Stammdaten • Materialstamm • Umfeld • Material-Ledger • Istkalkulation • Verteilung von Verbrauchsmengendifferenzen • Verteilung von Leistungsdifferenzen (Transaktion CKMDUVACT).

4.3 Zusammenfassung

In diesem Kapitel haben Sie gesehen, welche Möglichkeiten Ihnen das SAP-System bietet, wenn Sie schichtbezogene Informationen erfassen und auswerten möchten. Neben der Rückmeldung von Produktionsmengen mit Bezug zu einer Schicht haben Sie erfahren, wie Sie Schichtnotizen erfassen und Schichtberichte erzeugen können. Zudem haben Sie eine Möglichkeit kennengelernt, um Bestandsdifferenzen von Komponenten, die aufgrund von retrograden Entnahmen entstanden sind, im Rahmen der Periodenabschlussarbeiten aufwandsgerecht auf Prozessaufträge zu verteilen.

Die Prozesskoordination ist das zentrale Bindeglied zwischen SAP PP-PI und der operationalen Ebene in der Produktion. Sie ermöglicht die Anbindung von Fremdsystemen an SAP sowie die Erstellung von elektronischen SAP-Herstellanweisungen.

5 Prozesskoordination

In diesem Kapitel zeigen wir Ihnen die Funktion, die Elemente sowie die Möglichkeiten der Prozesskoordination in SAP. Im Rahmen der Prozesskoordination wird die Kommunikation zwischen SAP ERP und Fremdsystemen oder elektronischen SAP-Herstellanweisungen festgelegt und konfiguriert. Ziel ist es, den Austausch von produktionsrelevanten Daten zwischen SAP ERP und einer unabhängigen Produktionsebene zu koordinieren.

Die Prozesskoordination ist damit Teil der sogenannten *vertikalen Integration* in der Produktion und verbindet das ERP-System mit dem Produktionssteuerungssystem und damit mit der Steuerung einzelner Anlagen und Anlageteile. Abbildung 5.1 gibt einen schematischen Überblick über die unterschiedlichen Ebenen der vertikalen Integration.

Üblicherweise handelt es sich bei den Fremdsystemen um Manufacturing Execution Systems (MES) unterschiedlichster Anbieterfirmen. Ein MES übernimmt entweder direkt die Steuerung einzelner Anlagen oder führt den Bediener mithilfe eines elektronischen Herstellungsprotokolls durch die einzelnen Herstellungsschritte und die mit der Herstellung verbundenen Tätigkeiten.

Bei den *elektronischen SAP-Herstellanweisungen* handelt es sich um eine im SAP PP-PI ausführbare Funktion. Auch hier wird der Bediener je nach Detaillierungsgrad der SAP-Herstellanweisungen durch die einzelnen Herstellungsschritte geführt. So besteht beispielsweise die Möglichkeit, aus der elektronischen SAP-Herstellanweisung Verbrauchsbuchungen von Prozessauftragskomponenten anzustoßen.

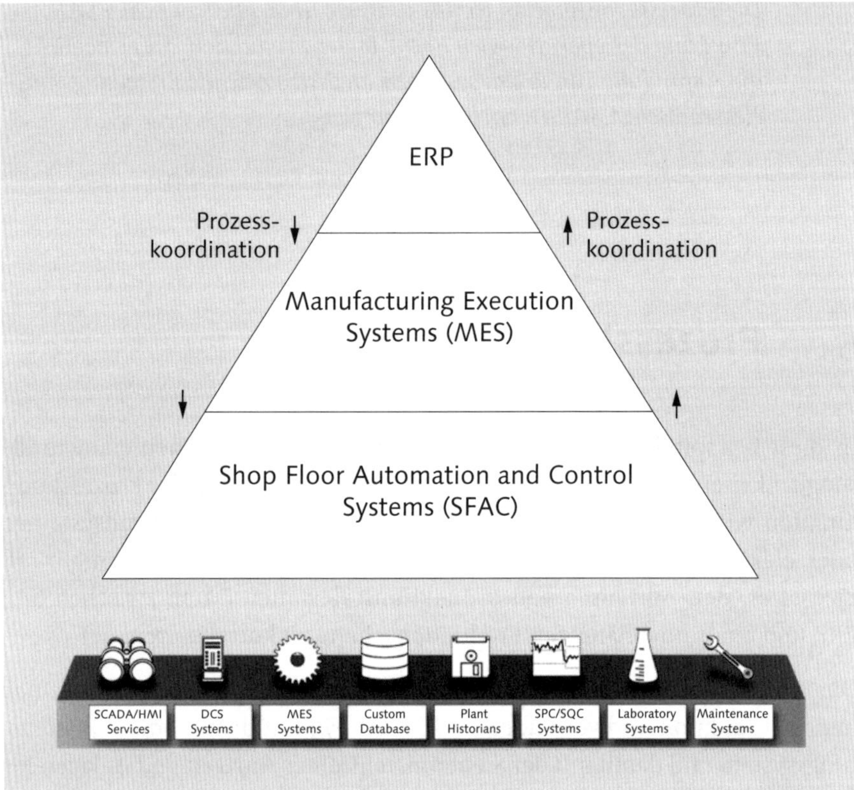

Abbildung 5.1 Vertikale Integration in der Produktion

Bei der Kommunikation mit Fremdsystemen kommt die Schnittstelle SAP PI-PCS zum Einsatz (siehe Abschnitt 8.4, »Anbindung von Fremdsystemen mit der PI-PCS-Schnittstelle«), die die Übertragung sowie den Empfang von prozessauftragsbezogenen Daten ermöglich.

5.1 Elemente und Funktionsweise der Prozesskoordination

Wie zu Beginn des Kapitels erläutert, erlaubt die Prozesskoordination den Austausch von Daten zwischen der Prozessplanung – in SAP PP-PI über den Prozessauftrag – und der tatsächlichen Ausführungsebene der Produktion, der Prozesssteuerung. Abbildung 5.2 zeigt schematisch den Datenfluss und die beteiligten Ebenen.

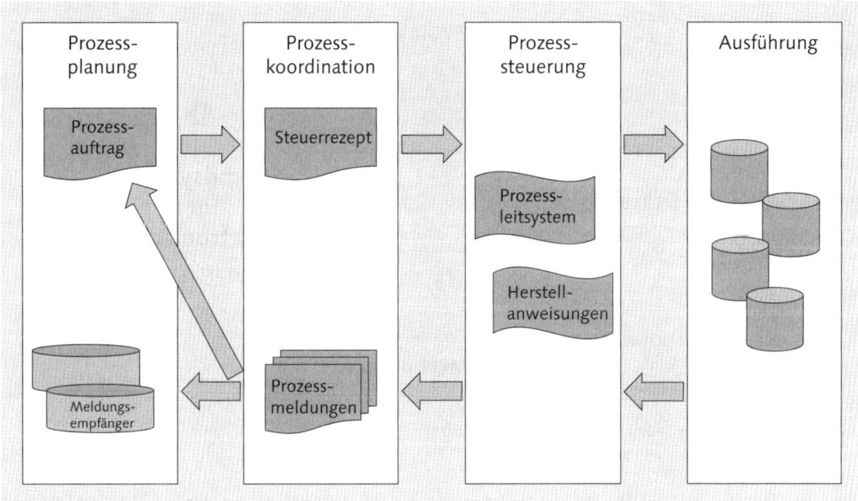

Abbildung 5.2 Prozesskoordination als Verbindungsglied zwischen Prozessplanung und -steuerung

Um Daten mit einem Fremdsystem auszutauschen oder an elektronische SAP-Herstellanweisungen zu übermitteln, muss geklärt werden, welche Daten von SAP an welche Empfänger versendet und wie die von Empfängern an SAP gesendeten Daten verarbeitet werden sollen. Daraus ergeben sich die folgenden zentralen Fragen für die Prozesskoordination:

- Wer empfängt Daten von SAP?
- Welche Daten werden übertragen?
- Welche Daten werden zurück an das SAP-System übertragen und wie werden diese dort verarbeitet?

In einem ersten Schritt wird festgelegt, an welche Empfänger Daten versendet werden (siehe ❶ in Abbildung 5.3). In SAP wird dies als *Steuerrezeptempfänger* bezeichnet. Als Empfänger kann dabei ein Fremdsystem oder die SAP-Herstellanweisung (siehe Abschnitt 5.6, »SAP-Herstellanweisungen«) fungieren.

Im zweiten Schritt erfolgt die Definition der zu übertragenden Dateninhalte (❷). Dabei muss der Inhalt der Daten, aber auch die Struktur, d. h. die Abfolge der Dateninhalte, definiert werden. Dies wird in SAP mithilfe von *Prozessvorgaben* festgelegt. Prozessvorgaben können z. B. im Customizing definiert und dem jeweiligen Steuerrezeptempfänger zugeordnet werden, oder die Definition erfolgt über XSteps bei der Pflege des Planungsrezepts.

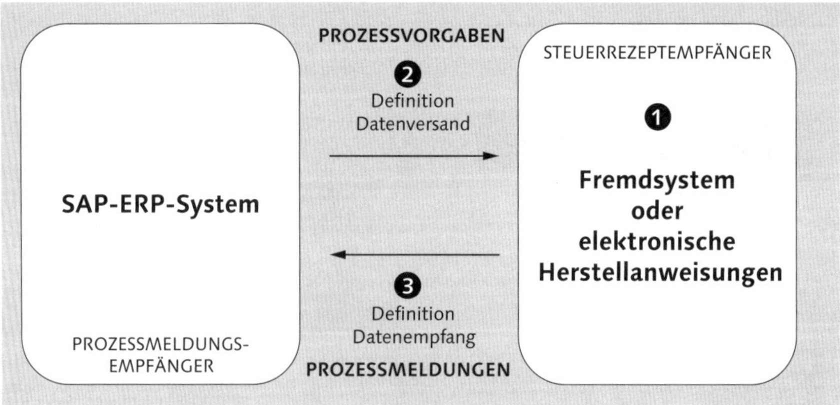

Abbildung 5.3 Elemente der Prozesskoordination

Im dritten Schritt wird festgelegt, welche Dateninhalte von SAP empfangen und wie diese verarbeitet werden sollen (❸). In SAP wird dies als *Prozessmeldung* bezeichnet. Mithilfe von *Prozessmeldungsmerkmalen* werden ähnlich wie bei den Prozessvorgaben die einzelnen Dateninhalte definiert und diese zu *Prozessmeldungsarten* zusammengeführt. Um die Verbuchung von Prozessmeldungen in Verbindung mit der Prozessauftragsabwicklung sicherzustellen, werden den einzelnen Meldungen ein oder mehrere *Prozessmeldungsempfänger* zugeordnet.

[»]

Zentrale Begriffe der Prozesskoordination

Im Folgenden fassen wir die zentralen Begriffe der Prozesskoordination noch einmal für Sie zusammen:

- **Steuerrezeptempfänger – Wer?**
  Empfänger der durch die Prozesskoordination versendeten Daten. SAP bezeichnet diese Daten als *Steuerrezept*.
- **Prozessvorgaben – Welche Daten werden versendet?**
  Von SAP an den Steuerrezeptempfänger versendete Daten. Prozessvorgaben definieren die Datenstruktur und den Inhalt der von der Prozesskoordination an den Steuerrezeptempfänger gesendeten Daten.
- **Prozessmeldungen – Welche Daten werden empfangen und wie werden sie verarbeitet?**
  Vom Empfänger des Steuerrezepts (Subsystem oder SAP-Herstellanweisung) an SAP versendete Nachrichten. Prozessmeldungen enthalten eine definierte Datenstruktur und werden von *Prozessmeldungsempfängern* verarbeitet.

Nach erfolgreicher Konfiguration und entsprechender Pflege der Stammdaten wird bei der Prozessauftragsfreigabe ein *Steuerrezept* erzeugt. Dieses

Steuerrezept besteht aus einem Set von Prozessvorgaben und den zugeordneten Prozessvorgabemerkmalen, die nun mit den prozessauftragsspezifischen Daten wie Materialnummer, Auftragsnummer, Chargennummer, Auftragsmenge usw. bewertet worden sind.

Das Steuerrezept wird an das Fremdsystem oder eine elektronische SAP-Herstellanweisung versendet und dort verarbeitet. Abbildung 5.4 gibt den schematischen Ablauf wieder.

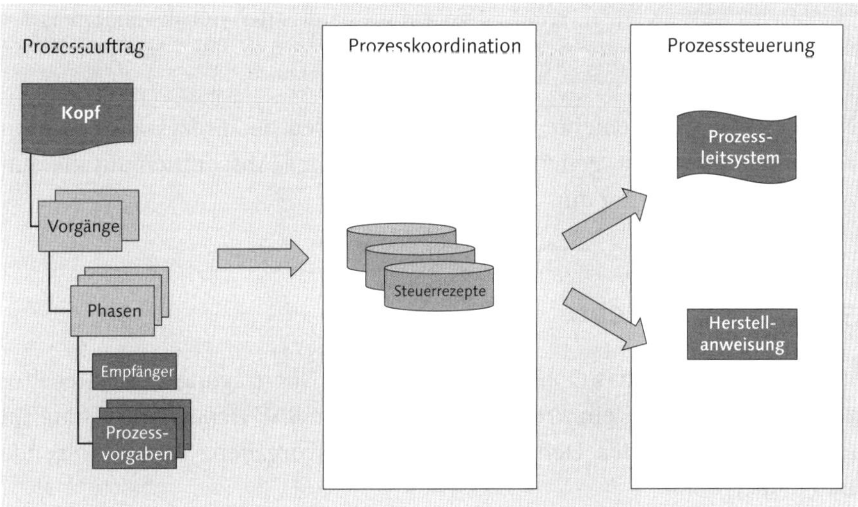

Abbildung 5.4 Schematischer Ablauf von Erzeugung und Versand des Steuerrezepts

Im Rahmen der Auftragsbearbeitung im Fremdsystem werden bestimmte Ereignisse in definierter Form – der *Prozessmeldung* – erzeugt und an SAP gesendet. Dabei kann es sich z. B. um die Meldung des Auftragsstartes, die Entnahme von Auftragskomponenten oder die Zugangsbuchung des Fertigprodukts handeln.

In SAP werden diese Prozessmeldungen angelegt und dann an den *Prozessmeldungsempfänger* gesendet. Dieser verbucht die Meldungen zum entsprechenden Prozessauftrag in SAP.

Prozessvorgaben versus XSteps [«]

Neben den beschriebenen Prozessvorgaben, die im Customizing des SAP-Systems festgelegt und einzelnen Steuerrezeptempfängern zugeordnet werden, bietet SAP mit der XSteps-Technologie die Möglichkeit, Prozessvorgaben dynamisch in Form von Stammdaten zu pflegen. Die Pflege erfolgt in diesem Fall im Rahmen der Planungsrezeptbearbeitung.

Dies bietet insbesondere beim Aufbau individueller, auf den jeweiligen Produktionsablauf einzelner Materialien abgestimmter SAP-Herstellanweisungen erhebliche Vorteile: SAP-Herstellanweisungen können so durch den Anwender materialspezifisch bzw. planungsrezeptspezifisch gestaltet werden, während man sich bei der Gestaltung von Herstellanweisungen über die klassischen im Customizing definierten Prozessvorgaben in einem deutlich starreren Gerüst bewegt. Nähere Informationen zu XSteps erhalten Sie in Abschnitt 5.5.

Beachten Sie dabei, dass bei der Anbindung von Fremdsystemen eine durch Stammdaten beeinflussbare Flexibilität zumeist nicht gewünscht ist, da auf der Empfängerseite, also dem Fremdsystem, ein standardisierter Aufbau von Datensätzen erwartet wird.

Nachdem Sie die Elemente und Funktionsweisen der Prozesskoordination kennengelernt haben, gehen wir in den folgenden Abschnitten auf die einzelnen Elemente näher ein.

5.2 Steuerrezepte

Im SAP PP-PI dient das Objekt *Steuerrezept* zur Übertragung relevanter Prozessauftragsdaten an ein Fremdsystem oder die SAP-Herstellanweisung. In Abhängigkeit von der Definition der Prozessvorgaben werden folgende Daten übergeben:

- Prozess- und Steuerungsparameter
- Informationen über Prozessmeldungen, die an PP-PI zurückzusenden sind
- Textuelle Anweisungen für den Anlagenfahrer in teilautomatisierten oder voll manuell bedienten Anlagen

Bei der Erzeugung und dem Versand des Steuerrezepts werden in SAP die folgenden Schritte durchlaufen:

1. Prozessauftrag freigeben
2. Funktion »Steuerrezept erzeugen« aufrufen
3. Bewertung der automatisch generierten Prozessvorgabemerkmale
4. Steuerrezept anlegen
5. Steuerrezept versenden

Dabei können die Schritte 2 und 5 durch entsprechende Customizing-Einstellungen sowie die Anlage eines Hintergrundjobs automatisiert werden.

Die Schritte 2 bis 4 laufen automatisiert im Hintergrund ab, sobald die Funktion STEUERREZEPT ERZEUGEN aufgerufen worden ist. Abbildung 5.5 stellt den Zusammenhang zwischen Prozessauftragsfreigabe und Steuerrezepterzeugung und -versand schematisch dar

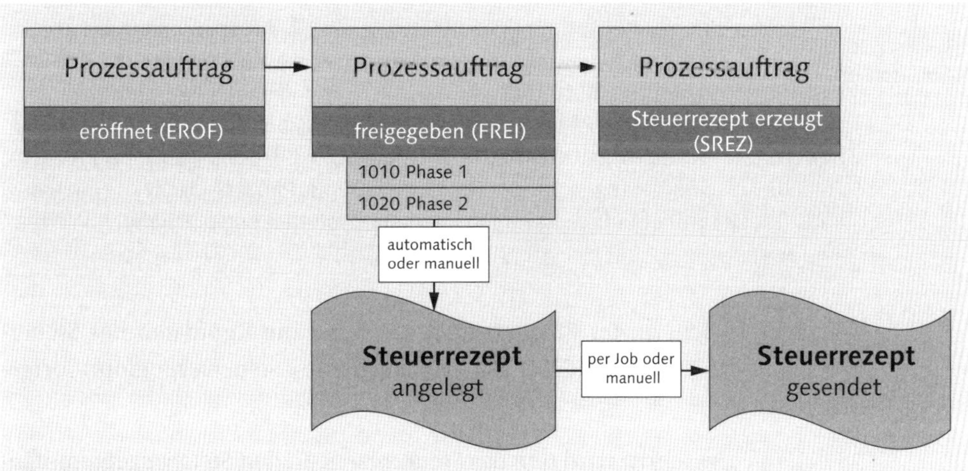

Abbildung 5.5 Steuerrezepterzeugung und -versand

Mit der Freigabe des Prozessauftrags ist die Generierung eines Steuerrezepts möglich. Die Erzeugung erfolgt automatisch mit der Freigabe, sobald ein *Fertigungssteuerungsprofil* mit entsprechenden Einstellungen verwendet wurde (siehe Abschnitt 3.3.2, »Fertigungssteuerer und Fertigungssteuerungsprofil«). Um ein Steuerrezept manuell zu erzeugen, klicken Sie in der Prozessauftragsbearbeitung (Transaktion COR2 – Prozessauftrag bearbeiten) auf den Button (STEUERREZEPT ERZEUGEN).

Für jeden im Prozessauftrag festgelegten Steuerrezeptempfänger wird ein eigenes Steuerrezept erzeugt. So ist für einen Prozessauftrag die gleichzeitige Erzeugung eines Steuerrezepts für ein Fremdsystem sowie für eine elektronische SAP-Herstellanweisung möglich.

Die entsprechenden Steuerrezeptempfänger werden entweder einzeln den Phasen des Prozessauftrags zugeordnet – hier kann einer Phase nur ein Steuerrezeptempfänger zugeordnet werden –, oder die Zuordnung erfolgt bei der Bearbeitung der zugehörigen XSteps. Die Zuordnung wird im Regelfall bei der Prozessauftragsanlage aus dem zugrunde liegenden Planungsrezept übernommen.

Mit der Erzeugung des Steuerrezepts erfolgt die Bewertung der automatisch bewerteten Prozessvorgabemerkmale im Prozessauftrag. Der Prozessauftrag erhält den Status SREZ (Steuerrezept erzeugt).

[»] **Bewertete Prozessvorgabemerkmale im Prozessauftrag**

Sie können sich die Bewertung in den Vorgangsdetails des Prozessauftrags anzeigen lassen. Markieren Sie dazu in der Vorgangsübersicht ein oder mehrere Phasen, und klicken Sie auf den Button Prozeßvorgaben. Im folgenden Bildschirm werden die zu der ausgewählten Phase erzeugten Prozessvorgabearten dargestellt. Um die bewerteten Prozessvorgabemerkmale anzuzeigen, wählen Sie nun eine Prozessvorgabe aus, und betätigen Sie den Button (Detail Prozessvorgabe). Nun werden alle zugeordneten Prozessvorgabemerkmale mit den entsprechenden Werten angezeigt.

Mit dem Speichern des Prozessauftrags werden die Kopfdaten des Steuerrezepts in die Tabelle COCH (Batch Management – Steuerrezeptkopf) fortgeschrieben.

In einem Folgeschritt wird nun das Steuerrezept an den Steuerrezeptempfänger versendet. Dies kann durch einen Hintergrundjob oder manuell erfolgen. Zur Überwachung des Steuerrezeptversands wird der *Steuerrezeptmonitor* verwendet (siehe Abschnitt 5.2.3, »Steuerrezeptmonitor«).

5.2.1 Anlage von Steuerrezepten im Testmodus

Bei der manuellen Erzeugung von Steuerrezepten im Prozessauftrag besteht die Möglichkeit, Steuerrezepte im Testmodus zu erzeugen. Im Testmodus werden die gleichen Verarbeitungsschritte bei der Erzeugung und dem Versand eines Steuerrezepts durchlaufen. Die Erzeugung von Steuerrezepten zum Test ist bereits bei einem eröffneten Prozessauftrag möglich. Diese Funktion kann z. B. sinnvoll sein, um die automatische Generierung und Bewertung von Vorgabemerkmalen zu überprüfen oder um Steuerrezepte zum Test an ein produktives Prozessleitsystem zu übertragen und so eindeutig beim Empfänger zu kennzeichnen.

Sie können im Prozessauftrag Steuerrezepte im Testmodus über die Funktion Steuerrezept erzeugen für Test anlegen. Gehen Sie dazu in die Vorgangsübersicht, und wählen Sie im Menu über Vorgang • Funktionen zum Steuerrezeptempfänger • Steuerrezept erzeugen für Test... die Funktion aus (siehe Abbildung 5.6).

Abbildung 5.6 Steuerrezept erzeugen für Test

5.2.2 Steuerrezeptempfänger

Der *Steuerrezeptempfänger* gibt an, an welche Adresse das Steuerrezept versendet wird. Bei der Anbindung eines Fremdsystems kann z. B. hinter dem Steuerrezeptempfänger eine bestimmte RFC-Verbindung stehen, während beim Versand an die SAP-Herstellanweisung die entsprechenden Funktionsbausteine zur Erzeugung der SAP-Herstellanweisung in SAP angesprochen werden.

Zuordnung des Steuerrezeptempfängers in den Stammdaten

Die Zuordnung des Steuerrezeptempfängers erfolgt im Planungsrezept. Bei der Verwendung von »klassischen«, im Customizing definierten Prozessvorgaben erfolgt die Zuordnung in der Phase, während bei der Verwendung von XSteps die Zuordnung zu bestimmten Parametern im XStep erfolgt. Sie finden das Feld STEUERREZEPTEMPFÄNGER in den Vorgangsdaten des Planungsrezepts (siehe Abschnitt 2.4.2, »Vorgänge und Phasen«).

Steuerrezeptempfänger im Planungsrezept [!]

Das Feld STEUERREZEPTEMPFÄNGER ist im Planungsrezept ein Pflichtfeld. Achten Sie daher bei der Konfiguration von Steuerrezeptempfängern darauf, auch einen Eintrag anzulegen, bei dem kein Steuerrezept erzeugt wird (Dummy-Eintrag). Dieser Eintrag kann dann Phasen zugeordnet werden, zu denen kein Steuerrezept erzeugt werden soll.

Customizing des Steuerrezeptempfängers

Die Definition der Steuerrezeptempfänger pflegen Sie im Customizing über den IMG-Pfad PROZESSPLANUNG PROZESSINDUSTRIE • PROZESSKOORDINATION •

Steuerrezept SAP-Herstellanweisung • Steuerrezeptempfänger • Steuerrezeptempfänger definieren und einstellen. Die Customizing-Einstellungen sind werkspezifisch. Nach Aufruf des Customizing-Punktes geben Sie im folgenden Pop-up das Werk ein und bestätigen die Eingabe mit [↵].

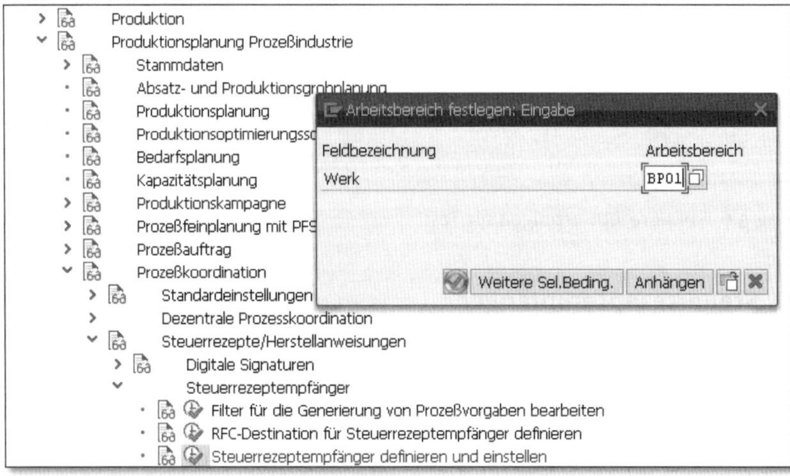

Abbildung 5.7 Aufruf der Customizing-Einstellungen für die Steuerrezeptempfänger

Im folgenden Bildschirm können Sie durch Drücken des Buttons Neue Einträge neue Steuerrezeptempfänger hinzufügen oder durch Drücken des Buttons (Kopieren als...) einen bereits bestehenden Eintrag kopieren.

Bei der Anlage eines neuen Steuerrezeptempfängers sind die folgenden Eingaben erforderlich:

- **Feld »SteRezEmpfänger«**
  Geben Sie in das erste Feld hinter SteRezEmpfänger den identifizierenden Schlüssel ein. Dieser Schlüssel kann dann im Planungsrezept bzw. im XStep ausgewählt werden. Das Feld ist zweistellig und alphanumerisch.
- **Bezeichnung des Steuerrezeptempfängers**
  In das zweite Feld hinter SteRezEmpfänger geben Sie eine Bezeichnung für den Steuerrezeptempfänger ein. Achten Sie auf eine sprechende Beschreibung, die die Auswahl des richtigen Schlüssels bei der Pflege des Planungsrezepts erleichtert.
- **Feld »Empfängertyp«**
  In dem Feld Empfängertyp legen Sie fest, ob der Empfänger eine PP-PI-Herstellanweisung (Unterscheidung zwischen der ABAP-Liste, Typ 1, und

der browserbasierten SAP-Herstellanweisung, Typ 4) oder ein Fremdsystem ist (Unterscheidung zwischen Versand des Steuerrezepts durch SAP (»push«), Typ 2, oder Abholen des Steuerrezepts durch das Fremdsystem (»pull«), Typ 3).

- **Feld »Adresse«**
  In das Feld Adresse geben Sie die RFC-Verbindung bei Fremdsystemen oder die Bezeichnung von z. B. Anlagengruppen oder Bearbeitergruppen bei der SAP-Herstellanweisung ein.

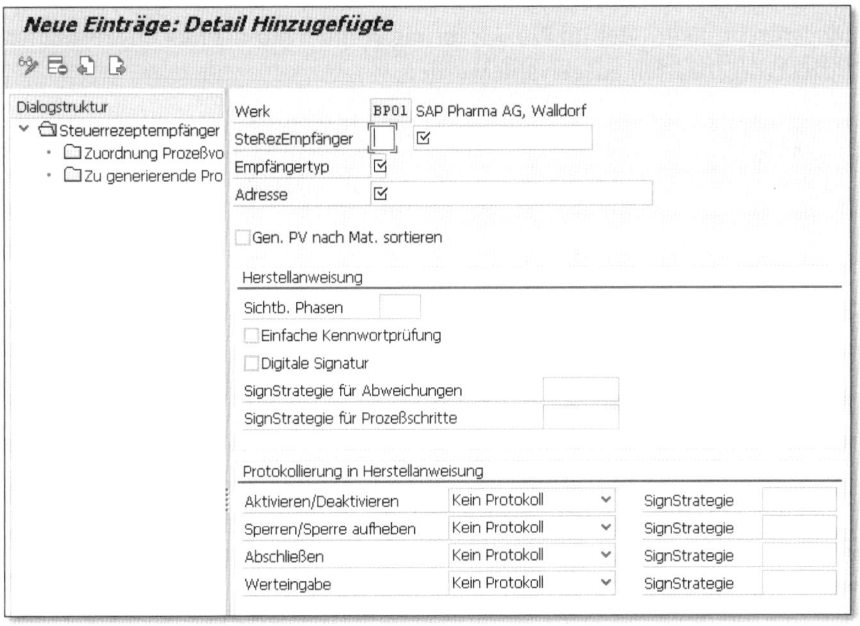

Abbildung 5.8 Pflege der Details zum Steuerrezeptempfänger

Pflege der Adresse von Fremdsystemen [«]

Bei der Pflege der Details zum Steuerrezeptempfänger eines Fremdsystems ist die Eingabe der RFC-Verbindung erforderlich. Die Konfiguration der RFC-Verbindung erfolgt üblicherweise durch die SAP-Basisadministration über die Transaktion SM59 (Konfiguration der RFC-Verbindungen).

Die Pflege der weiteren Eingabefelder ist nur bei der Verwendung von digitalen Signaturen bzw. einer einfachen Kennwortprüfung innerhalb der SAP-Herstellanweisung erforderlich. Hier können Sie jeweils für die einzelnen Funktionen zu verwendende Signaturstrategien zuordnen.

Zuordnung von Prozessvorgabearten

Ist der Empfänger des Steuerrezepts ein Fremdsystem, so ist die Zuordnung von Prozessvorgabearten sinnvoll. Klicken Sie dazu in der Pflege des Steuerrezeptempfängers doppelt auf den Eintrag ZUORDNUNG PROZESSVORGABEARTEN im Bereich DIALOGSTRUKTUR auf der linken Seite (siehe Abbildung 5.8). Hier können Sie nun alle Prozessvorgabearten (siehe Abschnitt 5.4.2, »Prozessvorgabearten«) zuordnen, die bei der Kommunikation mit dem Fremdsystem verwendet werden dürfen.

Bei der manuellen Zuordnung von Prozessvorgabearten im Rahmen der Planungsrezeptpflege oder im Prozessauftrag können nur die hier zugeordneten Prozessvorgabearten ausgewählt werden.

[»] **Zuordnung von Prozessvorgabearten nur bei Fremdsystemen**

Ist eine SAP-Herstellanweisung der Steuerrezeptempfänger sind an dieser Stelle keine Eingaben im Customizing möglich.

Zu generierende Prozessvorgabearten

Bei der weiteren Pflege des Steuerrezeptempfängers gelangen Sie durch Doppelklick auf ZU GENERIERENDE PROZESSVORGABEN im Bereich DIALOGSTRUKTUR zur Pflege der automatisch zu generierenden Prozessvorgabearten. Diese Funktion erlaubt, im Customizing eindeutig zu definieren, welche Dateninhalte und -strukturen erzeugt werden sollen, ohne dass weitere Eingaben bei der Stammdatenpflege erforderlich sind. Bei der Steuerrezepterzeugung werden dann diese Einstellungen berücksichtigt und führen zur automatisierten Bewertung der Prozessvorgaben im Prozessauftrag.

Abbildung 5.9 zeigt die Eingabemaske zur Pflege der zu generierenden Prozessvorgabearten.

[»] **Automatisch generierte Prozessvorgabearten im Planungsrezept**

Automatisch generierte Prozessvorgabearten sind bei der Pflege des Planungsrezepts sowie bei der Prozessauftragsanlage nicht sichtbar. Erst mit der Generierung des Steuerrezepts werden die entsprechenden Einträge im Prozessauftrag fortgeschrieben und die Prozessvorgabemerkmale mit Prozessauftragsdaten bewertet.

Bei der Pflege legen Sie fest, welche Prozessvorgabearten in welcher Reihenfolge erzeugt werden sollen. Dies ist insbesondere bei der Gestaltung von SAP-Herstellanweisungen wichtig, da so auch die Struktur der elektronischen SAP-Herstellanweisung festgelegt wird.

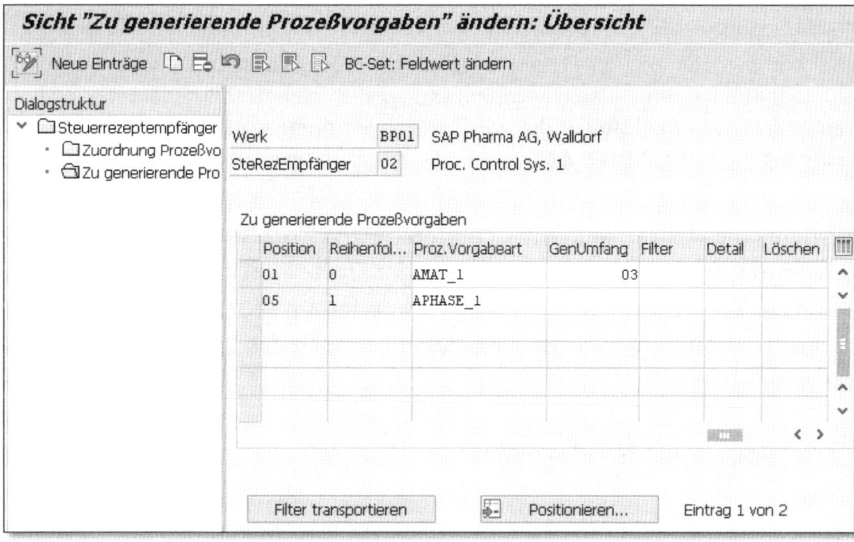

Abbildung 5.9 Pflege der zu generierenden Prozessvorgabearten

Unter dem Punkt GenUmfang (Generierungsumfang) legen Sie fest, für welche Objekte die Prozessvorgabe generiert werden soll. Folgende Einträge stehen an dieser Stelle zur Verfügung:

- 00 – nur eine Prozessvorgabe
- 01 – für alle Reservierungen
- 02 – für alle Auftragspositionen
- 03 – für alle Reservierungen und Auftragspositionen
- 04 – für alle Prüfmerkmale
- 05 – für alle Vorgänger
- 06 – für alle Nachfolger
- 07 – für alle Vorgabewerte
- 08 – für alle variablen Leistungen von Phasen

Bei der Auswahl des Eintrags »01« werden z. B. Prozessvorgaben für alle Reservierungen erzeugt, die der entsprechenden Phase zugeordnet wurden. Dies ist sinnvoll, wenn alle Prozessauftragskomponenten an ein Fremdsystem übertragen werden sollen.

[»] **Prozessvorgaben für Prozessauftragskomponenten**

Bei der Generierung von Prozessvorgaben für Prozessauftragskomponenten wird für jede Komponente eine eigene Prozessvorgabe erzeugt. Das bedeutet, dass bei einer Komponentenliste mit drei zur Phase zugeordneten Materialien die Prozessvorgabe dreimal mit jeweils abweichenden Inhalten wiederholt wird.

Mithilfe eines Filters kann die Generierung von Prozessvorgaben weiter eingeschränkt werden. Dazu können Sie in der Spalte FILTER eine Programmvariante zum Programm RCOCRPVG (Filter Generierung Prozessvorgaben) hinterlegen. In Abbildung 5.10 ist die Selektionsmaske des Programms RCOCRPVG wiedergegeben.

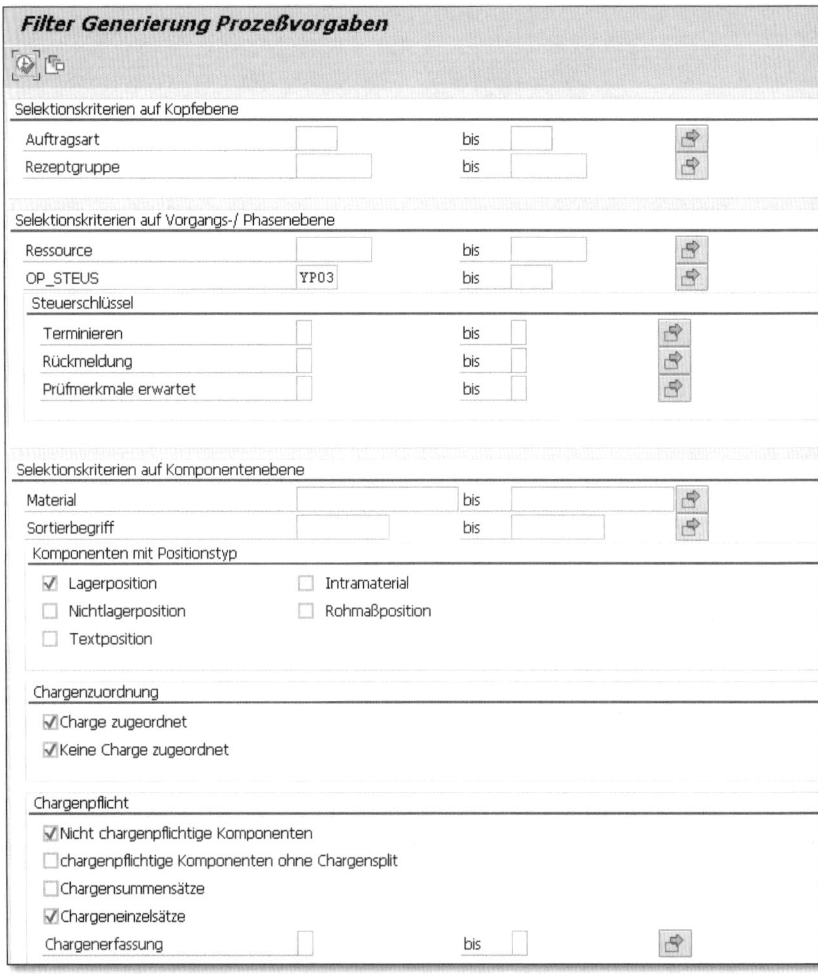

Abbildung 5.10 Variantenpflege für den Umfang der automatischen Generierung

Wenn Sie z. B. die Selektionsmöglichkeiten im Bereich SELEKTIONSKRITERIEN AUF KOMPONENTENEBENE betrachten, ist durch entsprechende Aktivierung des Kennzeichens LAGERPOSITION die Erzeugung von Prozessvorgaben ausschließlich für Lagerpositionen (Stücklistenpositionstyp »L«) möglich, auch wenn Nichtlagerpositionen (Stücklistenpositionstyp »N«) der Phase zugeordnet worden sind.

Filtern von Stücklistenpositionstypen [!]

Beachten Sie, dass bei der Konfiguration des Filters nur auf Stücklistenpositionstypen aus dem SAP-Standard zurückgegriffen werden kann. Eine Einschränkung auf kundeneigene Positionstypen ist an dieser Stelle nicht möglich.

Kopie von Steuerrezeptempfängern zwischen unterschiedlichen Werken

Sollten Sie in unterschiedlichen Werken die gleichen Einstellungen für die Steuerrezeptempfänger benötigen, können Sie diese mithilfe der Funktion EINSTELLUNG KOPIEREN ZWISCHEN WERKEN (Transaktion O20C) durchführen. Sie finden die Funktion unter dem IMG-Pfad PRODUKTIONSPLANUNG PROZESSINDUSTRIE • PROZESSKOORDINATION • WERKZEUGE • EINSTELLUNGEN KOPIEREN ZWISCHEN WERKEN.

5.2.3 Steuerrezeptmonitor

Mithilfe des Steuerrezeptmonitors können Sie die Übertragung von Steuerrezepten der Prozesskoordination überwachen. Er bietet Ihnen Informationen über:

- existierende Steuerrezepte und den Bearbeitungsstand
- das Protokoll zum Versand einzelner Steuerrezepte

Außerdem ermöglicht er Ihnen die Bearbeitung von Steuerrezepten. Sie können folgende Bearbeitungsschritte auswählen:

- Steuerrezept versenden
- Steuerrezept löschen

Der Aufruf des Steuerrezeptmonitors erfolgt über die Transaktion CO53XT (Steuerrezeptmonitor) oder über den Menüpfad LOGISTIK • PRODUKTION PROZESS • PROZESSKOORDINATION • STEUERREZEPT • STEUERREZEPTMONITOR. Abbildung 5.11 zeigt das Selektionsbild des Steuerrezeptmonitors.

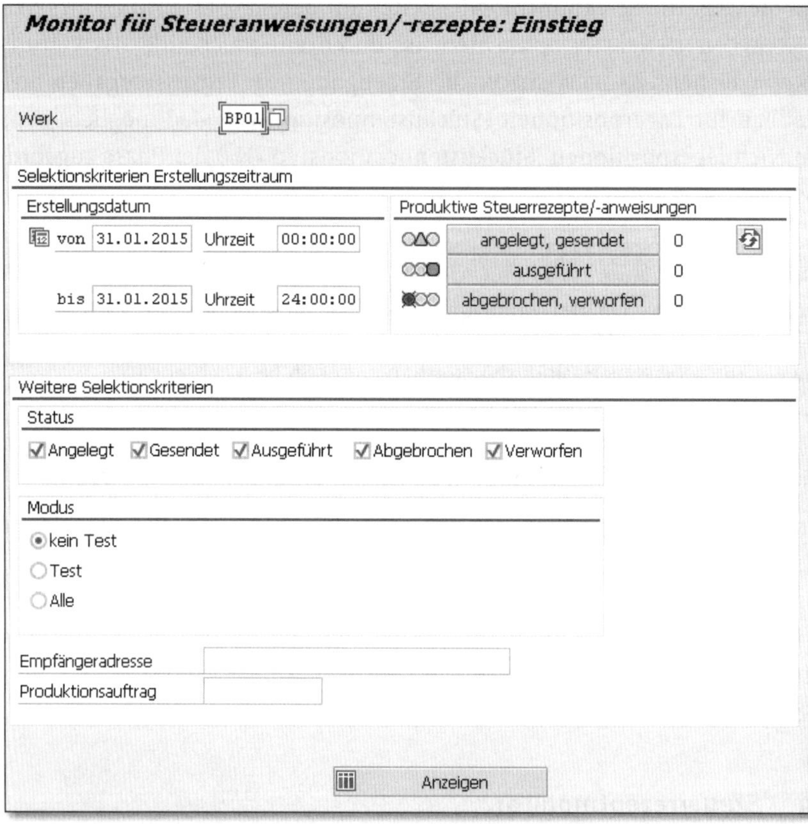

Abbildung 5.11 Selektionsmaske des Steuerrezeptmonitors

Im Steuerrezeptmonitor ist die Selektion von Steuerrezepten für ein Werk möglich, die

- im Selektionszeitraum angelegt wurden.
  Achtung: Hier ist das ERSTELLUNGSDATUM des Steuerrezepts maßgeblich für die Selektion, nicht das terminierte Startdatum des Prozessauftrags.
- einen bestimmten STATUS besitzen.
  Es kann zwischen den Status ANGELEGT, GESENDET, AUSGEFÜHRT, ABGEBROCHEN und VERWORFEN ausgewählt werden. Mehrfachselektionen sind möglich.
- in einem bestimmten MODUS angelegt wurden.
  An dieser Stelle können Sie z. B. Steuerrezepte ausschließen, die zu Testzwecken angelegt wurden.

- an eine bestimmte EMPFÄNGERADRESSE versendet wurden.
  So können Steuerrezepte gezielt selektiert werden, die z. B. an ein bestimmtes Fremdsystem versendet werden.
- zu einem bestimmten PRODUKTIONSAUFTRAG angelegt wurden.
  Durch die Eingabe einer Prozessauftragsnummer werden nur Steuerrezepte angezeigt, die zu diesem Prozessauftrag erzeugt wurden.

Vorbelegung von Selektionsfeldern [«]

Wenn Sie zuvor den Prozessauftrag bearbeitet haben und dann den Steuerrezeptmonitor aufrufen, wird im Selektionsfeld PRODUKTIONSAUFTRAG die Auftragsnummer des zuletzt bearbeiteten Prozessauftrags angezeigt.

In der Selektionsmaske ist die Eingabe eines Werks sowie des Selektionszeitraums erforderlich. Die Angabe einer Empfängeradresse oder einer Prozessauftragsnummer ist optional.

Im Bereich PRODUKTIVE STEUERREZEPTE/-ANWEISUNG wird nach Eingabe der Selektionsdaten die Anzahl der selektierten Steuerrezepte im jeweiligen Status angezeigt. Durch Klicken auf die Buttons ANGELEGT, GESENDET, AUSGEFÜHRT oder ABGEBROCHEN, VERWORFEN können Sie gezielt Steuerrezepte im entsprechenden Bearbeitungsstatus anzeigen.

Durch Klicken auf einen Button im Bereich PRODUKTIVE STEUERREZEPTE/-ANWEISUNGEN oder auf den Button Anzeigen gelangen Sie in die Ergebnisliste des Steuerrezeptmonitors (siehe Abbildung 5.12).

Abbildung 5.12 Steuerrezeptmonitor – Übersicht

Neben Informationen zum Status des Steuerrezepts sind auch Details wie Prozessauftragsnummer, Steuerrezeptnummer, Materialnummer und -bezeichnung sowie der Steuerrezeptempfänger ersichtlich.

Der Bearbeitungsstand der unterschiedlichen Steuerrezepte wird in der Ergebnisliste farblich hervorgehoben: Abgebrochene oder verworfene Steuerrezepte erscheinen rot, während abgeschlossene Steuerrezepte grün angezeigt werden. Die Button-Leiste oberhalb der Ergebnisliste erlaubt die folgenden Funktionen:

- – MARKIEREN NACH STATUS
  Selektion von mehreren Steuerrezepten in der Liste auf Basis des Steuerrezeptstatus.
- Senden – SENDEN
  Manueller Versand von Steuerrezepten. Zuvor müssen Sie ein oder mehrere Steuerrezepte markieren.
- – LÖSCHEN
  Löschen von markierten Steuerrezepten. Steuerrezepte im Status *angelegt* oder *gesendet* können nicht gelöscht werden.
- i – SENDEPROTOKOLL
  Anzeige des detaillierten Protokolls zum Steuerrezeptversand. Die Details werden in einem Pop-up angezeigt.
- – AKTUALISIEREN
  Auffrischen der Ergebnisliste, z. B. nachdem Steuerrezepte aus der Liste versendet worden sind.
- – WEITERE FUNKTIONEN
  Hier verbergen sich die innerhalb einer ALV-Liste üblichen Funktionen wie Sortieren, Drucken, Anpassen des Layouts usw.

Mit dem Button Sendejob starten oberhalb der Ergebnisliste wird der Hintergrundjob `RCOCB006` (Versenden erstellter Steuerrezepte) manuell gestartet. Diese Funktion stößt den Versand aller Steuerrezepte im Status *angelegt* an.

Über den Button Protokoll tRFC kann das Protokoll zum transaktionalen RFC aufgerufen werden, um im Fall einer asynchronen Verbuchung den Bearbeitungsstand anzuzeigen.

5.2.4 Status von Steuerrezepten

Im Normalfall durchläuft ein Steuerrezept die Status *angelegt*, gefolgt von *versendet* und zum Ende *ausgeführt*. Abbildung 5.13 gibt einen Überblick zu der Statusabfolge von Steuerrezepten.

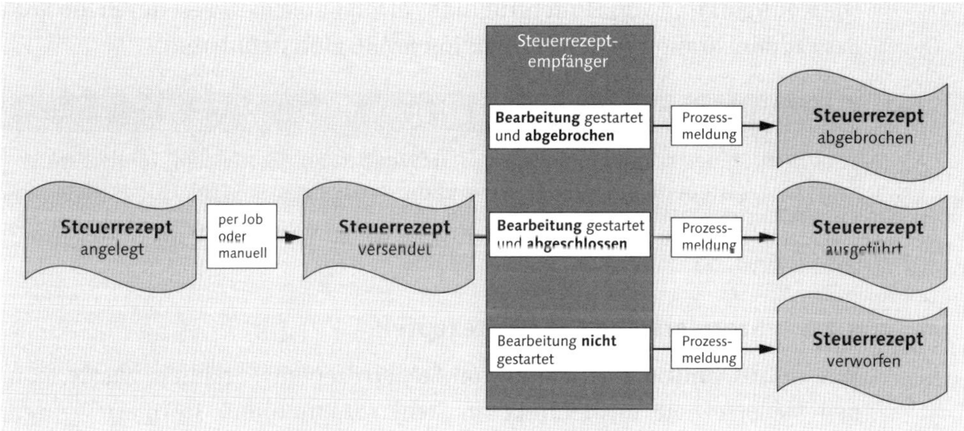

Abbildung 5.13 Steuerrezeptstatus

Das Steuerrezept erhält mit der Anlage den Status *angelegt*. Der Status *versendet* wird gesetzt, sobald das Steuerrezept erfolgreich an den Steuerrezeptempfänger übertragen wurde (siehe auch folgenden Abschnitt »Versand von Steuerrezepten«). Nach Bearbeitung und Abschluss des Steuerrezepts durch den Empfänger erhält das Steuerrezept den Status *ausgeführt*. Um diesen Status zu setzen, muss vom Steuerrezeptempfänger eine entsprechende Prozessmeldung an SAP gesendet werden (siehe Abschnitt 5.3, »Prozessmeldungen«). Dies kann beispielsweise die in der SAP-Standardauslieferung bereits bereitgestellte Prozessmeldungsart PI_CRST (Meldung zum Steuerrezeptstatus) sein.

Die beiden Status *abgebrochen* und *verworfen* müssen ebenfalls über eine Prozessmeldung gesetzt werden. Der Status *abgebrochen* bedeutet, dass die Bearbeitung des Steuerrezepts bereits gestartet wurde, aber abgebrochen werden musste. Dagegen wird der Status *verworfen* vergeben, wenn ein Steuerrezept zwar an den Empfänger versendet wurde, dort aber die Bearbeitung nicht gestartet wurde.

5.2.5 Versand von Steuerrezepten

Neben dem oben beschriebenen manuellen Versand von Steuerrezepten ist auch der Versand über einen periodischen oder ereignisgesteuerten Hintergrundjob möglich. Dabei wird das Programm `RCOCB006` (Versenden erstellter Steuerrezepte) verwendet. Die Ausführung des Jobs sollte ereignisgesteuert nach dem Event `SAP_NEW_CONTROL_RECIPES` erfolgen.

Die Konfiguration von Hintergrundjobs erfolgt üblicherweise durch die SAP-Basisadministration in der Transaktion SM36 (Job definieren).

[»] **Download initiiert durch den Steuerrezeptempfänger**

Bei dem Steuerrezeptempfängertyp 3 (Download an ext. System, initiiert durch ext. Prozesssteuerung) wird der Versand durch das externe System angestoßen. In diesem Fall muss kein Job zum Versand von Steuerrezepten eingeplant werden.

5.2.6 Stornieren von Steuerrezepten

Wie in Abschnitt 5.2.4, »Status von Steuerrezepten«, erläutert wurde, können Steuerrezepte nicht direkt im Steuerrezeptmonitor storniert werden, sondern der Status *verworfen* muss durch die Prozessmeldung PI_CRST gesetzt werden. Dies kann z. B. der Fall sein, wenn Änderungen im Prozessauftrag erforderlich sind, nachdem das Steuerrezept erzeugt wurde, die in einem neuen Steuerrezept an den Empfänger übertragen werden sollen.

Ein neues Steuerrezept kann erst dann erzeugt werden, wenn das zuvor versendete den Status *verworfen* oder *abgebrochen* erhalten hat. Der Steuerrezeptstatus spiegelt sich im Prozessauftragsstatus SRvw (Steuerrezept verworfen) wider. Bei aktivem Prozessauftragsstatus SREZ (Steuerrezept erzeugt) ist hingegen die Generierung eines neuen Steuerrezepts nicht möglich.

[!] **Erzeugen eines neuen Steuerrezepts**

Bitte beachten Sie, dass durch Verwerfen des Steuerrezepts zwar ein neues Steuerrezept angelegt werden kann, die bereits bewerteten Prozessvorgabemerkmale werden allerdings nicht neu bewertet. Um sicherzugehen, dass die geänderten Prozessauftragsinformationen vollständig in das neue Steuerrezept einfließen, sollten Sie daher vor der Erzeugung des Steuerrezepts die automatisch generierten Prozessvorgaben manuell löschen.

Markieren Sie zu diesem Zweck die Phasen des Prozessauftrags in der Vorgangssicht, und betätigen Sie den Button Prozeßvorgaben. Markieren Sie im folgenden Bildschirm alle automatisch generierten Prozessvorgabearten, und löschen Sie sie, indem Sie auf den Button (Prozessvorgabe löschen) klicken.

Nachdem Sie alle relevanten Prozessvorgaben gelöscht haben, können Sie erneut das Steuerrezept generieren.

5.2.7 Löschen von Steuerrezepten

Das Löschen von Steuerrezepten ist wie zuvor in diesem Abschnitt beschrieben manuell über die entsprechende Funktion im Steuerrezeptmonitor möglich. Beachten Sie, dass nur Steuerrezepte im Status *abgeschlossen*, *verworfen* oder *abgebrochen* gelöscht werden können.

Durch den Löschvorgang werden nur die Steuerrezeptdaten innerhalb der Prozesskoordination gelöscht. Da dieselben Daten auch im Prozessauftrag enthalten sind und mit diesem zusammen archiviert werden, hat das Löschen von Steuerrezepten keine Auswirkung auf die Archivierung.

5.3 Prozessmeldungen

In diesem Abschnitt gehen wir näher auf Prozessmeldungen ein und zeigen Ihnen, wie Sie diese in SAP verwenden. Wie Sie zu Beginn des Kapitels bereits erfahren haben, werden mithilfe von *Prozessmeldungen* Informationen von einem Fremdsystem oder der SAP-Herstellanweisung an SAP gesendet. Wenn ein Prozessauftrag ausgeführt wird, müssen Prozessdaten rückgemeldet und betriebswirtschaftliche Vorgänge ausgelöst werden, um sicherzustellen, dass die Daten der Prozesssteuerung und der verschiedenen beteiligten Komponenten des SAP-Systems konsistent sind.

Prozessmeldungen setzen sich aus den folgenden Elementen zusammen:

- **Prozessmeldungsart**
  Die Prozessmeldungsart definiert die Struktur der Prozessmeldung sowie die Zuordnung der einzelnen Daten innerhalb der Meldung zu einem Prozessmeldungsempfänger.
- **Prozessmeldungsmerkmal**
  Das Prozessmeldungsmerkmal definiert einzelne Datenfelder innerhalb der Prozessmeldung.
- **Prozessmeldungsempfänger**
  Der Prozessmeldungsempfänger empfängt und verarbeitet die Prozessmeldung in SAP.

Die Informationen, die in einer Prozessmeldung enthalten sind, können ganz unterschiedlicher Natur sein: Es kann sich um die Meldung eines Materialverbrauchs handeln, um die Rückmeldung eines Prozessparameters, die Buchung des Wareneingangs oder die Statusänderung eines Steuerrezepts. Für jeden Meldungstyp muss in SAP eine eigene Meldungsart angelegt werden.

Dies bringt uns wieder zurück zu den eingangs erwähnten drei grundsätzlichen Fragen. Im Fall der Prozessmeldung lautet die Frage: »Welche Daten werden zurück an das SAP-System übertragen und wie werden diese dort verarbeitet?« Bei der Konzeption der Prozesskoordination müssen Sie daher zum einen die erwarteten Rückmeldungen aus einem Fremdsystem bestimmen und zum anderen festlegen, wie diese Informationen im SAP-System verbucht werden sollen.

Üblicherweise kommen für die Grundfunktionen der Prozesskoordination die folgenden bereits in der SAP-Standardauslieferung bereitgestellten Prozessmeldungen zum Einsatz:

- PI_CRST – Meldung zum Steuerrezeptstatus
- PI_CONS – Materialverbrauchsmeldung
- PI_PROD – Materialzugangsmeldung
- PI_PHACT – Meldung zu Leistungen
- PI_ORDCO – Rückmeldung Prozessauftrag

Darüber hinaus werden je nach Art der Implementierung weitere Prozessmeldungen verwendet oder die im SAP-Standard ausgelieferten Prozessmeldungen erweitert.

Die Standardauslieferung des SAP-Systems enthält eine Reihe von vordefinierten *Prozessmeldungsempfängern* (z. B. Funktionsbausteine) und Prozessmeldungen, die sowohl die Integration mit PP, MM und QM ermöglichen als auch die Statusverwaltung für Prozessaufträge und Steuerrezepte. Die einzelnen Vorgänge werden ausgelöst, wenn bei dem entsprechenden Meldungsempfänger eine Meldung der zugehörigen Meldungsart eingeht.

Die Verbuchung der Prozessmeldungen wird wie beim Steuerrezept über einen entsprechenden Monitor überwacht. Hier findet der Prozessmeldungsmonitor (Transaktion CO54XT) Verwendung (siehe Abschnitt 5.3.5, »Prozessmeldungsmonitor«).

Der Aufbau von Prozessmeldungen ist modular: Zwischen den einzelnen Systemen erfolgt der Austausch von *Prozessmeldungsarten*. Der Prozessmeldungsart sind *Prozessmeldungsmerkmale* sowie *Prozessmeldungsempfänger* zugeordnet. Während die Prozessmeldungsmerkmale die relevanten Informationen in strukturierter Form tragen, sorgt der Prozessmeldungsempfänger für die Verbuchung im SAP-System. Abbildung 5.14 zeigt schematisch die Verarbeitung von Prozessmeldungen in SAP.

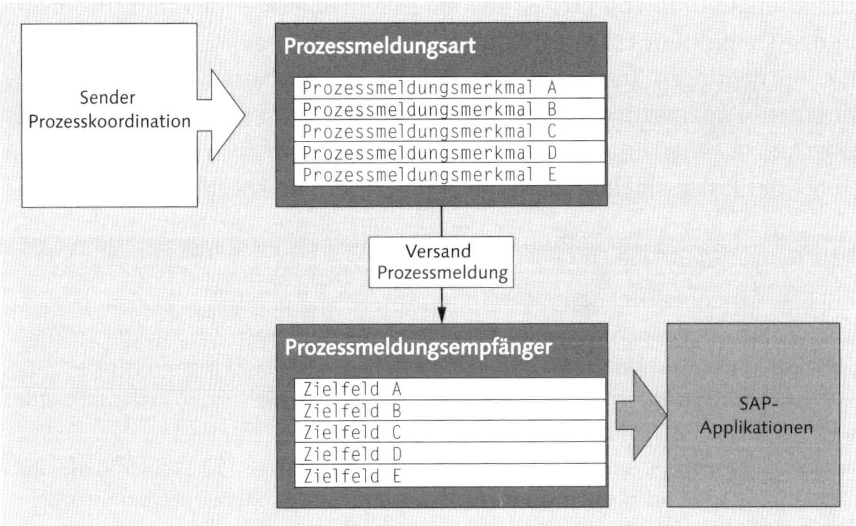

Abbildung 5.14 Verarbeitung von Prozessmeldungen

5.3.1 Prozessmeldungsempfänger

Prozessmeldungsempfänger können Anwendungen, Benutzergruppen oder weitere Fremdsysteme sein, die über die Bearbeitung eines Prozessauftrags in Form von Prozessmeldungen informiert werden sollen. Abbildung 5.15 zeigt schematisch die Vielfalt der möglichen Prozessmeldungsempfänger.

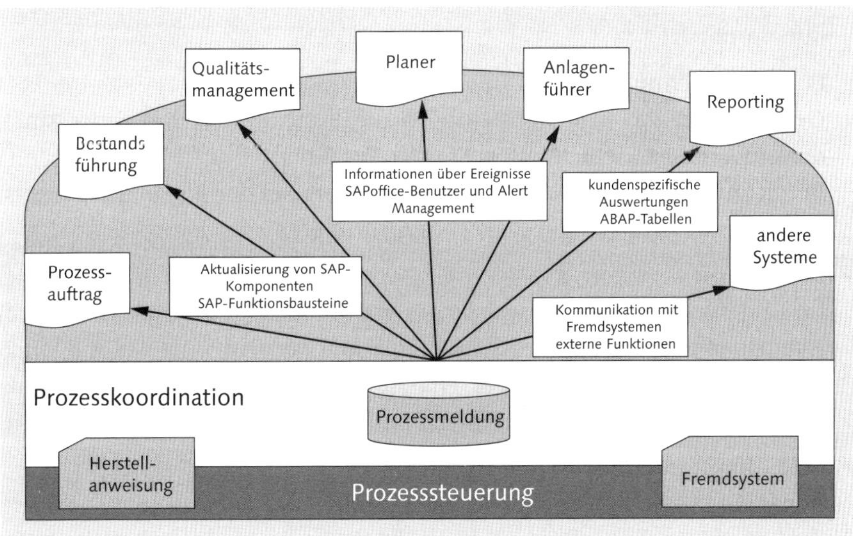

Abbildung 5.15 Unterschiedliche Prozessmeldungsempfänger der Prozesskoordination

Die Konfiguration von Prozessmeldungsempfängern erfolgt im Customizing in der Transaktion O03C (Meldungsempfänger anlegen/ändern). Sie finden die Einstellungen über den IMG-Pfad Produktionsplanung Prozessindustrie • Prozesskoordination • Prozessmeldungen • Prozessmeldungsempfänger • Meldungsempfänger definieren und einstellen. Die Definition eines Prozessmeldungsempfängers erfolgt werkspezifisch.

[»] **Übernahme von Standardeinstellungen und Werkskopie**

Die im SAP-Standard ausgelieferten Prozessmeldungsempfänger können mithilfe der Funktion Vordefinierte Meldungsarten übernehmen (Transaktion O24C, IMG-Pfad Produktionsplanung Prozessindustrie • Prozesskoordination • Standardeinstellungen • Vordefinierte Meldungsarten übernehmen) in das relevante Zielwerk übernommen werden.

Zudem können Sie die Einstellungen zwischen einzelnen Werken mithilfe der Funktion kopieren, die wir Ihnen in Abschnitt 5.2.2, »Steuerrezeptempfänger«, vorgestellt haben.

Zur Anlage eines neuen Prozessmeldungsempfängers klicken Sie nach Eingabe des Werks auf den Button Neue Einträge. Im nächsten Schritt ist die Eingabe der folgenden Felder erforderlich (siehe Abbildung 5.16):

- **Feld »Empf«**
  Geben Sie in das Feld Empf den vierstelligen, alphanumerischen Schlüssel des Prozessmeldungsempfängers ein. Bei der Pflege der Prozessmeldungsart wird dieser Schlüssel zugeordnet (siehe Abschnitt 5.3.3, »Prozessmeldungsarten«).
- **Feld »Bezeichnung«**
  Geben Sie in das Feld Bezeichnung die Beschreibung des Prozessmeldungsempfängers ein. Achten Sie bei der Eingabe auf eine sprechende Bezeichnung, da die Auswahl des Empfängers bei der Pflege der Prozessmeldungsart auf Basis der Bezeichnung erfolgt.
- **Feld »Typ«**
  Im Feld Typ geben Sie an, welche Art von Empfänger angesprochen wird. Handelt es sich um einen SAP-ERP-Funktionsbaustein, eine externe Funktion, einen SAPoffice-Empfänger, eine ABAP/4-Tabelle oder eine Alert-Funktion. Wir werden auf die einzelnen Optionen im Anschluss noch eingehen.
- **Feld »Empfängeradresse«**
  In das Feld Empfängeradresse geben Sie die Adresse des Empfängers ein, d. h. einen Funktionsbaustein, einen SAP-Benutzer oder Ähnliches. Die Adresse wird abhängig von Ihrer Auswahl im Feld Typ hinterlegt.

Des Weiteren kann über das Kennzeichen EINZ. festgelegt werden, ob der Empfänger jede Meldung einzeln verarbeitet. Üblicherweise wird dieses Kennzeichen bei der Verarbeitung der Meldung durch einen Funktionsbaustein gesetzt, da hier zumeist komplexere Verarbeitungen angestoßen werden. Aus Performance-Gründen sollten Sie dieses Kennzeichen nicht für Empfänger vom Typ SAPOFFICE-BENUTZER, ABAP-TABELLE und EXTERNE FUNKTION setzen.

Abbildung 5.16 Pflege von Prozessmeldungsempfängern

Folgende Empfängertypen stehen Ihnen im Feld TYP zur Auswahl:

- **01 – SAP-Funktionsbaustein als Prozessmeldungsempfänger**
  Bei der Verwendung eines Funktionsbausteins als Prozessmeldungsempfänger (Typ 01) wird bei der Konfiguration des Prozessmeldungsempfängers der entsprechende Funktionsbaustein hinterlegt. Hier können sowohl SAP-Standardfunktionsbausteine als auch kundenspezifische Bausteine hinterlegt werden. Die Verwendung von SAP-Standardfunktionsbausteinen als Meldungsempfänger stellt bei der Implementierung der Prozesskoordination die häufigste Verwendung dar.
- **02 – Externe Funktion als Prozessmeldungsempfänger**
  Bei der Verwendung eines externen Systems als Prozessmeldungsempfänger (Typ 02) wird bei der Konfiguration des Prozessmeldungsempfängers die RFC-Destination des externen Funktionsbausteins hinterlegt. Dafür ist in einem vorherigen Schritt die Konfiguration der entsprechenden RFC-Verbindung erforderlich. Die Konfiguration der RFC-Verbindung wird üblicherweise durch die SAP-Basisadministration durchgeführt.
- **03 – SAPoffice-Nutzer als Prozessmeldungsempfänger**
  Wird ein SAPoffice-Empfänger (Typ 03) definiert, ist die Pflege von Zielfeldern nicht erforderlich. Der hinterlegte Benutzer erhält in diesem Fall

eine SAP-Mail mit dem Betreff »*Bezeichnung der Prozessmeldung*« und die ausgeprägten Merkmale der Meldung als Meldungstext.

- **04 – ABAP/4-Tabelle als Prozessmeldungsempfänger**
  Für die Übertragung von Daten in eine kundeneigene Tabelle wird der Prozessmeldungsempfänger ABAP/4-Tabelle (Typ 04) verwendet. Dabei ist in einem ersten Schritt eine kundeneigene Tabelle anzulegen. Bitte achten Sie darauf, dass sowohl Mandant als auch die ID der Prozessmeldung (Felder MANDT und MSID) als Schlüsselfelder der empfangenden Tabelle definiert werden. Alle weiteren Felder können frei definiert werden, d. h., es können auch neue kundenspezifische Datenelemente in der Tabelle verwendet werden. Bei der Verarbeitung von Prozessmeldungen an diesen Prozessmeldungsempfänger werden die Werte der Prozessmeldungsmerkmale – sofern sie vollständig mit den Feldern der Tabelle verknüpft wurden – in die kundeneigene Tabelle fortgeschrieben.
- **05 – SAP Alert Management als Prozessmeldungsempfänger**
  Bei der Übertragung von Daten an das SAP Alert Management (Typ 05) kann ein Alert an einen bestimmten Benutzer oder an eine Benutzergruppe ausgelöst werden. Dabei kann es sich z. B. um eine Meldung bei Überschreitung von bestimmten Grenzwerten handeln. Der Alert kann dann z. B. als SMS oder E-Mail an den Prozessmeldungsempfänger gesendet werden. Die Beschreibung der Konfiguration von SAP Alert Managements ist nicht Bestandteil dieses Buches.

Nachdem Sie die Kopfdaten des Prozessmeldungsempfängers festgelegt haben, erfolgt die Definition der Zielfelder. Die Zielfelder werden bei der Pflege der Prozessmeldungsart den einzelnen Merkmalen der Prozessmeldung zugeordnet. Wenn Sie einen Funktionsbaustein als Prozessmeldungsempfänger verwenden, entsprechen die Zielfelder den Eingabeparametern.

Klicken Sie zur Pflege der Zielfelder auf der linken Seite auf den Punkt ZIELFELDER/MELDUNGSEMPFÄNGER. Um neue Einträge zu erfassen, klicken Sie auf den Button NEUE EINTRÄGE. Geben Sie in der Eingabemaske das Zielfeld in das Feld EMPF.SPEZ.ZIELFELD sowie die BEZEICHNUNG des Zielfeldes ein (siehe Abbildung 5.17).

Achten Sie darauf, dass die eingegebenen Zielfelder den Inputparametern der Empfänger entsprechen. Nur so kann die Weiterverarbeitung sichergestellt werden.

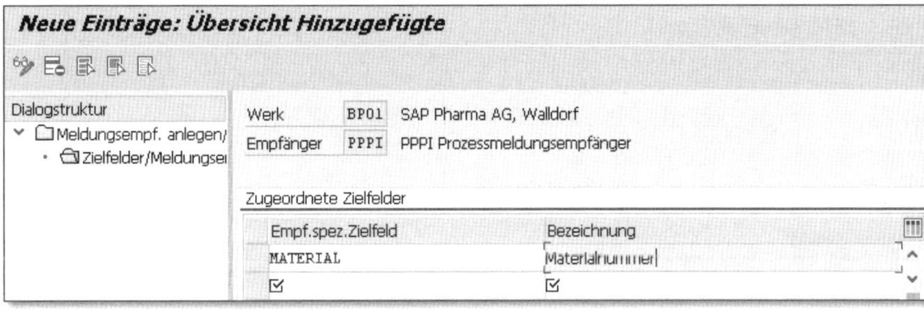

Abbildung 5.17 Pflege der Zielfelder eines Prozessmeldungsempfängers

5.3.2 Prozessmeldungsmerkmale

Prozessmeldungsmerkmale entsprechen in ihrem Aufbau den aus der SAP-Klassifizierung bekannten Merkmalen. Mithilfe von Prozessmeldungsmerkmalen legen Sie den Typ und das Format der zu übertragenden Dateninhalte fest. Durch die Zuordnung der Prozessmeldungsmerkmale zu Zielfeldern der Prozessmeldungsempfänger wird die strukturierte Übergabe der Feldinhalte sichergestellt.

Zusätzlich bieten Prozessmeldungsmerkmale die Möglichkeit, Zusatzdaten für Prozessmeldungen und -vorgaben zu pflegen. Dies können Vorgaben hinsichtlich Format, die Definition von Set-/Get-Parametern oder die Zuordnung von automatischen Bewertungsfunktionen sein.

Übernahme von vordefinierten Merkmalen [«]

Im SAP-Standard wird bereits eine große Zahl an vordefinierten Prozessmeldungsmerkmalen ausgeliefert. Sie können diese mithilfe der Funktion VORDEFINIERTE MERKMALE ÜBERNEHMEN (Transaktion O23C, IMG-Pfad PRODUKTIONSPLANUNG PROZESSINDUSTRIE • PROZESSKOORDINATION • STANDARDEINSTELLUNGEN • VORDEFINIERTE MERKMALE ÜBERNEHMEN) in das Zielsystem übernehmen.

Die Konfiguration eigener Prozessmeldungsmerkmale erfolgt über die Funktion MERKMALE FÜR PROZESSMELDUNGEN DEFINIEREN (Transaktion O25C, IMG-Pfad PRODUKTIONSPLANUNG PROZESSINDUSTRIE • PROZESSKOORDINATION • PROZESSMELDUNGEN • PROZESSMELDUNGSMERKMALE • MERKMALE FÜR PROZESSMELDUNGEN DEFINIEREN).

Wählen Sie, nachdem Sie die Funktion aufgerufen haben, im Pop-up die Aktivität MERKMAL FÜR PROZESSMELDUNGEN ANLEGEN aus. Bei der Neuanlage von Prozessmeldungsmerkmalen vergeben Sie als Erstes einen Schlüssel im Kundennamensraum, und bestätigen Sie Ihre Eingabe mit [↵]. Nun sind auch die weiteren Felder eingabebereit (siehe Abbildung 5.18).

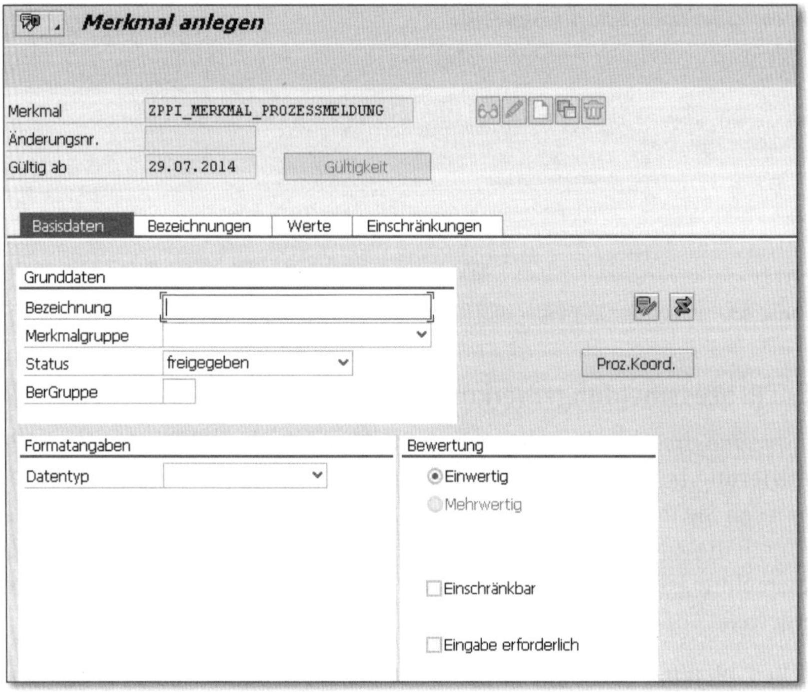

Abbildung 5.18 Neuanlage von Prozessmeldungsmerkmalen

Folgende Felder müssen bei der Anlage eines Prozessmeldungsmerkmals gepflegt werden:

- **Feld »Bezeichnung«**
  Kurzbeschreibung des Merkmals. Bitte achten Sie auch hier auf eine sprechende Bezeichnung, um die Auswahl des richtigen Merkmals bei der Prozessmeldungsartenpflege zu erleichtern. Auf dem Reiter BEZEICHNUNGEN ist optional die Pflege der Bezeichnung in weiteren Sprachen möglich.
- **Feld »Merkmalgruppe«**
  Die Merkmalgruppe dient zur Gruppierung von Prozessmerkmalen und erleichtert die Suche bei der Pflege von Prozessmeldungsarten.
- **Feld »Status«**
  Prozessmeldungsmerkmale sind mit der Anlage normalerweise direkt freigegeben, da diese Merkmale im Unterschied zu Klassenmerkmalen ausschließlich im Rahmen der Prozesskoordination verwendet werden. Eine Statusverwaltung ist aufgrund der begrenzten Anzahl der Anwender und des eingegrenzten Anwendungsbereichs nicht sinnvoll.

- **Feld »BerGruppe«**
  Dieses Feld zur Festlegung der Berechtigungsgruppe wird bei Prozessmeldungsmerkmalen in der Regel nicht verwendet.
- **Feld »Datentyp«**
  Wie bei Klassenmerkmalen wählen Sie im Feld DATENTYP den Datentyp (Zeichen, Zahl, Datum, Zeit, Währung) und in den folgenden Feldern die Anzahl der Stellen aus.

Über den Button PROZ. KOORD. gelangen Sie in die Pflege der ZUSATZDATEN FÜR PROZESSVORGABEN UND -MELDUNGEN. Die Eingabemaske ist in Abbildung 5.19 wiedergegeben. In den Zusatzdaten können Sie u. a. eigene Wertehilfen zum Prozessmeldungsmerkmal hinterlegen sowie eine Bewertungsfunktion für die automatische Bewertung des Prozessmeldungsmerkmals bei der Steuerrezepterzeugung definieren. Letzteres ist vor allem für Prozessvorgabemerkmale relevant.

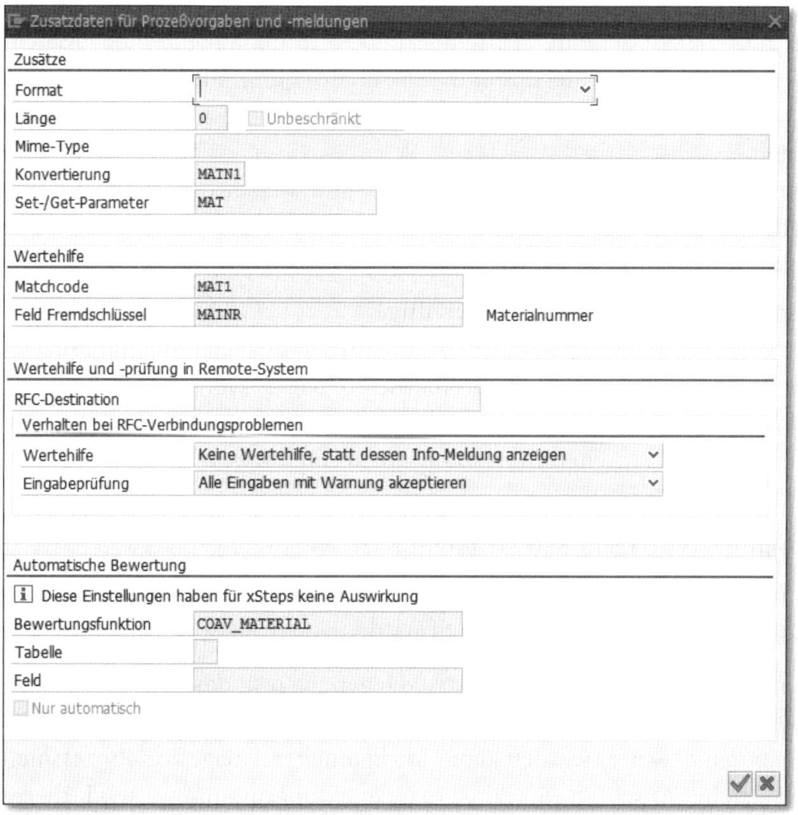

Abbildung 5.19 Zusatzdaten für Prozessvorgaben und -meldungen

Im Folgenden stellen wir Ihnen die wichtigsten Einstellungen vor:

- **Feld »Format«**
  Mit dem Kennzeichen BEWERTUNG MIT LANGTEXT können Sie festlegen, dass das Prozessmeldungsmerkmal in Prozessvorgaben und Prozessmeldungen mit einem Langtext (Textlänge ist größer als 30 Zeichen) bewertet wird. Die Formatangaben auf dem Reiter BASISDATEN werden in diesem Fall nicht berücksichtigt.
- **Feld »Konvertierung«**
  Im Feld KONVERTIERUNG können Sie eine Konvertierungsroutine eingeben, mit der die Umsetzung zwischen interner Darstellung und Bildschirmdarstellung des Merkmalswertes erfolgt. Dieses Feld wird in erster Linie bei den von SAP vordefinierten Prozessmeldungsmerkmalen benötigt, die auf bereits im System vorhandene Objekte (z. B. Materialnummer) Bezug nehmen.
- **Abschnitt »Wertehilfe«**
  Hier hinterlegen Sie eine Wertehilfe und -prüfung anhand eines Matchcodes oder anhand einer Fremdschlüsselbeziehung, die Abhängigkeiten zwischen Werten unterschiedlicher Prozessmeldungsmerkmale berücksichtigt.
  Damit Einstellungen zu Fremdschlüssel und Matchcode berücksichtigt werden, müssen Sie auf dem Reiter WERTE die Werteprüfung über den Funktionsbaustein `COC1_PPPI_CHAR_VALUES` definieren.
- **Abschnitt »Automatische Bewertung«**
  Hier können Sie festlegen, dass das Prozessmeldungsmerkmal im Prozessauftrag bzw. im Steuerrezept automatisch bewertet werden soll, sofern es nicht zuvor manuell bewertet wurde. Dabei stehen Ihnen die folgenden Arten der automatischen Bewertung zur Verfügung:
  - Eingabe eines SAP-Funktionsbausteins, mit dem der Merkmalswert ermittelt wird (Feld BEWERTUNGSFUNKTION)
  - Eingabe einer SAP-Tabelle sowie des zugehörigen Tabellenfeldes, aus dem der Merkmalswert ermittelt wird

Mit dem Kennzeichen NUR AUTOMATISCH legen Sie fest, dass das Prozessmeldungsmerkmal in Prozessvorgaben (siehe Abschnitt 5.4, »Prozessvorgaben«) nicht manuell bewertet werden kann. Bei manueller Anlage von Prozessmeldungen (siehe Abschnitt 5.3.5, »Prozessmeldungsmonitor«) wird dieses Kennzeichen ignoriert.

Transport von Prozessmeldungsmerkmalen

Der Transport von Prozessmeldungsmerkmalen im Rahmen des Transportmanagements von System zu System ist leider nicht möglich. Stattdessen muss die Pflege entweder manuell in den Zielsystemen erfolgen, oder die Prozessmeldungsmerkmale werden über ALE-Verteilungsszenarien in die Zielsysteme übertragen.

Einschränkungen im Customizing von Prozessmeldungsmerkmalen [«]

Beachten Sie, dass die Pflege von Merkmalen der Prozesskoordination nur über die entsprechenden Funktionen im Customizing möglich ist. Merkmale, die über die Funktionen des Klassensystems angelegt werden, können in der Prozesskoordination nicht verwendet werden.

5.3.3 Prozessmeldungsarten

Im Element *Prozessmeldungsart* erfolgt die Verknüpfung der *Prozessmeldungsmerkmale* mit dem *Prozessmeldungsempfänger*. Die Prozessmeldungsart definiert jeweils die zu empfangenden Dateninhalte sowie die Art und Weise der Weiterverarbeitung in SAP.

Wie bereits in Abschnitt 5.3.1, »Prozessmeldungsempfänger«, beschrieben, stehen auch hier vordefinierte Prozessmeldungsarten zur Verfügung. Die Übernahme der Prozessmeldungsarten erfolgt über die Funktion VORDEFINIERTE MELDUNGSARTEN ÜBERNEHMEN (Transaktion O24C). Auch die Kopie von Prozessmeldungsarten ist mithilfe der Funktion EINSTELLUNG KOPIEREN ZWISCHEN WERKEN (Transaktion O20C) möglich.

Tabelle 5.1 enthält eine Auflistung der Vorgänge, die angestoßen werden können. Zudem sind die zugehörigen Prozessmeldungsarten und ihre Prozessmeldungsempfänger aufgelistet.

Betriebswirtschaftlicher Vorgang	Prozessmeldungsart	Prozessmeldungsempfänger
Buchen eines Warenausgangs	PI_CONS	PI04
Buchen eines Wareneingangs	PI_PROD	PI03
Anlegen von Chargen	PI_BT_CR	PI14
Bewerten von Chargenmerkmalen	PI_BT_CL	PI14
Rückmelden von Prüfergebnissen an das Qualitätsmanagement	PI_QMSMR	PI06

Tabelle 5.1 Prozessmeldungsarten und -meldungsempfänger

Betriebswirtschaftlicher Vorgang	Prozessmeldungsart	Prozessmeldungs-empfänger
Rückmelden von Zeitereignissen zu den Phasen eines Prozessauftrags	PI_PHST, PI_PHACT	PI05, PI11
Rückmelden von Zeitereignissen zu den Sekundärressourcen eines Prozessauftrags	PI_SRST, PI_SRACT	PI05, PI11
Aktualisieren des Benutzerstatus eines Vorgangs oder einer Phase im Prozessauftrag	PI_OPUST, PI_PHUST	PI10
Aktualisierung des Steuerrezeptstatus	PI_CRST	PI02
Aktualisieren der Auftragsstatus gemäß dem Steuerrezeptstatus	PI_CRST	PI09
Lohnscheinrückmeldung zu den Phasen eines Prozessauftrags	PI_PHCON	PI15
Lohnscheinrückmeldung zu den Sekundärressourcen eines Prozessauftrags	PI_SRCON	PI15
Rückmelden von Instandhaltungsdaten an die Instandhaltung	PI_PMMD	PI16
Buchen von Materialflüssen zwischen Prozessaufträgen	PI_MFLOW	PI12

Tabelle 5.1 Prozessmeldungsarten und -meldungsempfänger (Forts.)

Die in Tabelle 5.1 aufgeführten von SAP vordefinierten Meldungsarten enthalten in Form von Merkmalen alle Informationen, die erforderlich sind, um den jeweiligen Vorgang auszuführen.

Anlegen einer Prozessmeldungsart

Die Konfiguration von Prozessmeldungsarten erfolgt im Customizing unter dem Punkt Prozessmeldungsarten definieren und einstellen (Transaktion O13C, IMG-Pfad Produktionsplanung Prozessindustrie • Prozesskoordination • Prozessmeldungen • Prozessmeldungsarten definieren und einstellen). Nach Eingabe des Werks können Sie durch einen Klick auf den Button Neue Einträge eine neue Prozessmeldungsart hinzufügen (siehe Abbildung 5.20).

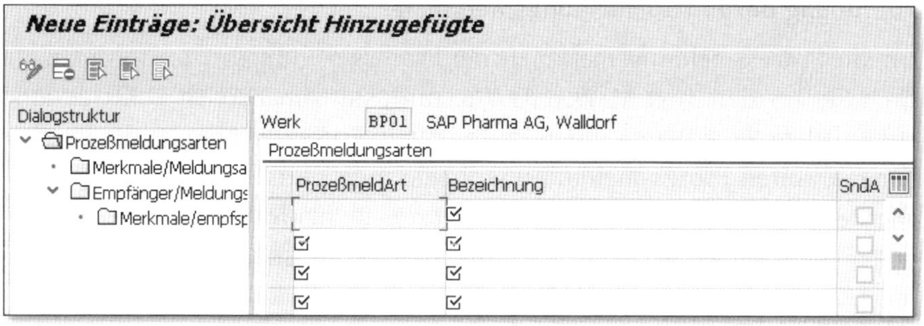

Abbildung 5.20 Anlegen einer neuen Prozessmeldungsart

Pflege der Kopfdaten

In einem ersten Schritt geben Sie den vierstelligen, alphanumerischen Schlüssel der neuen Prozessmeldungsart im Feld ProzessmeldArt ein. Auch wenn SAP an dieser Stelle nicht darauf hinweist, achten Sie darauf, dass nach Möglichkeit ein Schlüssel innerhalb des Kundennamensraums gewählt wird.

Neben der Eingabe des Schlüssels erfolgt die Eingabe der Bezeichnung. Wie bei den vorherigen Einstellungen ist auch an dieser Stelle darauf zu achten, dass die Bezeichnung sprechend gewählt wird, um die spätere Suche und Verwendung der Prozessmeldungsart zu erleichtern.

Sollten Sie der Prozessmeldungsart mehr als einen Prozessmeldungsempfänger zuordnen, kann es sinnvoll sein, das Kennzeichen Meldung an alle Empfänger senden oder an keinen (Spaltenbezeichnung SndA) zu setzen. Mit diesem Kennzeichen legen Sie fest, wie eine Meldung behandelt wird,

- wenn sie von einem ihrer Empfänger nicht verarbeitet werden kann (Meldungsstatus *Abbruch beim Empfänger*)
- wenn einer ihrer Empfänger vorübergehend gesperrt ist (Meldungsstatus *Teilversendet*)

Wenn Sie das Kennzeichen aktivieren, wird die Meldung an keinen Empfänger gesendet, sobald einer der oben beschriebenen Fehler auftritt. Ist das Kennzeichen nicht gesetzt, wird die Meldung an alle Empfänger gesendet, von denen sie verarbeitet werden kann, auch wenn bei einem anderen Empfänger ein Fehler aufgetreten ist.

Zuordnung der Prozessmeldungsmerkmale

Um die Prozessmeldungsmerkmale der Prozessmeldungsart zuzuordnen, klicken Sie auf den Text MERKMALE/MELDUNGSART im Bereich DIALOGSTRUKTUR. Klicken Sie erneut auf den Button NEUE EINTRÄGE. Nun ist die Eingabe der relevanten Prozessmeldungsmerkmale möglich (siehe Abbildung 5.21). Die Reihenfolge der Eingabe entspricht der Reihenfolge der Merkmale bei der manuellen Anlage von Prozessmeldungen. Ansonsten hat die Reihenfolge der Prozessmerkmale keinerlei Auswirkungen.

Abbildung 5.21 Zuordnung der Prozessmeldungsmerkmale

Nach der Auswahl des Prozessmeldungsmerkmals wird automatisch die Bezeichnung des Merkmals in die Anzeige übernommen.

Mithilfe des Kennzeichens MERKMAL OBLIGATORISCH (Spaltenbezeichnung OB) legen Sie fest, ob die Bewertung des Merkmals bei der Anlage der Prozessmeldung erforderlich oder optional möglich ist.

Zuordnung der Prozessmeldungsempfänger

Nach der Zuordnung der Prozessmeldungsmerkmale erfolgt im nächsten Schritt die Zuordnung der Prozessmeldungsempfänger. Klicken Sie zu diesem Zweck auf den Text EMPFÄNGER/MELDUNGSARTEN im Bereich DIALOGSTRUKTUR.

Wie in den vorherigen Schritten können Sie neue Prozessmeldungsempfänger hinterlegen, nachdem Sie auf den Button NEUE EINTRÄGE geklickt haben (siehe Abbildung 5.22).

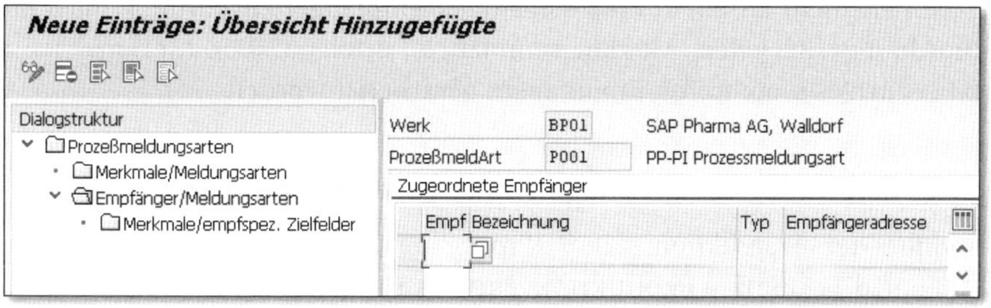

Abbildung 5.22 Zuordnung der Meldungsempfänger

Selektieren Sie einen der zuvor konfigurierten oder einen in SAP vordefinierten Empfänger. Die Werte für die Felder BEZEICHNUNG, TYP und EMPFÄNGERADRESSE werden nach Auswahl des Empfängers automatisch in die Anzeige übernommen.

Zuordnung der Prozessmeldungsmerkmale zu den empfängerspezifischen Zielfeldern

Im letzten Schritt ordnen Sie die Prozessmeldungsmerkmale den Zielfeldern des Prozessmeldungsempfängers zu. Klicken Sie zu diesem Zweck auf MERKMALE/EMPFSPEZ. ZIELFELDER im Bereich DIALOGSTRUKTUR. Wie in den vorherigen Schritten können Sie neue Zuordnungen hinterlegen, nachdem Sie auf den Button NEUE EINTRÄGE geklickt haben.

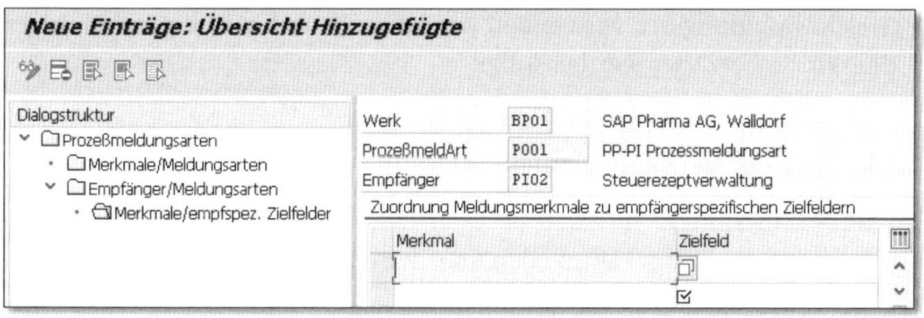

Abbildung 5.23 Zuordnung der Merkmale zu den Zielfeldern

Nun ordnen Sie schrittweise den Prozessmeldungsmerkmalen, die Sie zuvor der Prozessmeldungsart zugeordnet haben, jeweils ein Zielfeld zu (siehe Abbildung 5.23). Bitte beachten Sie, dass nur Prozessmeldungsmerkmale ausgewählt werden können, die Sie zuvor der Prozessmeldungsart zugeordnet haben. Des Weiteren können selbstverständlich auch nur Zielfelder zugeordnet werden, die dem Prozessmeldungsempfänger zugeordnet wurden.

Haben Sie mehr als einen Prozessmeldungsempfänger zugeordnet, muss die Zuordnung für jeden Meldungsempfänger erfolgen. Ein Merkmal kann dabei auch von mehreren Empfängern verarbeitet werden.

5.3.4 Automatisches Anlegen von Prozessmeldungen

Mithilfe der Transaktion CO69 (Prozessmeldungen automatisch anlegen, Menüpfad Logistik • Produktion Prozess • Prozesskoordination • Meldung • Automatisch anlegen) können Sie Prozessmeldungen in bestimmten Zeitintervallen oder nach dem Auftreten bestimmter (Manufacturing-)Ereignisse automatisch durch das SAP-System anlegen lassen.

Das kann z. B. sinnvoll sein, wenn Sie Prozessmeldungen zu einem Ereignis erzeugen lassen möchten, auch wenn die zugehörige SAP-Herstellanweisung noch nicht bearbeitet worden ist. Durch Manufacturing-Ereignisse können Sie Meldungen automatisch anlegen lassen, wenn z. B. die Temperatur einer Anlage über einen bestimmten Grenzwert angestiegen ist.

Für die Verwendung von Manufacturing-Ereignissen der Services OPC-Alarms/Events-Subskription (OAE) und OPC-Data-Access-Subskription (ODA) müssen Sie diese im Customizing entsprechend aktiviert haben.

Für automatische Prozessmeldungen legen Sie pro Meldungsart eine eigene Variante an und prägen aus,

- ob es sich um eine periodische oder ereignisgesteuerte Meldung handelt
- welche Meldungsart verwendet werden soll und wie die zugehörigen Merkmale bewertet werden sollen
- wer als Absender der Meldung erscheinen soll
- ob ein Protokoll erstellt werden soll

Anschließend starten Sie aus der Übersichtstransaktion die automatische Prozessmeldungsanlage. Durch den Start wird automatisch ein entsprechender Hintergrundjob angelegt.

5.3.5 Prozessmeldungsmonitor

Damit die von Fremdsystemen und SAP-Herstellanweisungen gesendeten Informationen tatsächlich zuverlässig verarbeitet werden, müssen alle angelegten Prozessmeldungen auch zu ihren Empfängern gelangen. Mit dem Prozessmeldungsmonitor können Sie alle Prozessmeldungen anzeigen, deren

Verarbeitungsstatus prüfen und eventuell aufgetretene Fehler korrigieren. Er bietet Ihnen Informationen über:

- existierende Meldungen und den Bearbeitungsstand
- Struktur und Inhalt einzelner Meldungen
- ausführliche Protokolle zur Verarbeitung einzelner Meldungen

Außerdem bietet er Ihnen Möglichkeiten zur Bearbeitung von Meldungen. Folgende Möglichkeiten stehen Ihnen zur Verfügung:

- Meldung ändern
- Meldung versenden
- Meldung löschen

Der Aufruf des Prozessmeldungsmonitors erfolgt über die Transaktion CO54XT (Prozessmeldungsmonitor) oder über den Menüpfad LOGISTIK • PRODUKTION PROZESS • PROZESSKOORDINATION • MELDUNG • MELDUNGSMONITOR (siehe Abbildung 5.24).

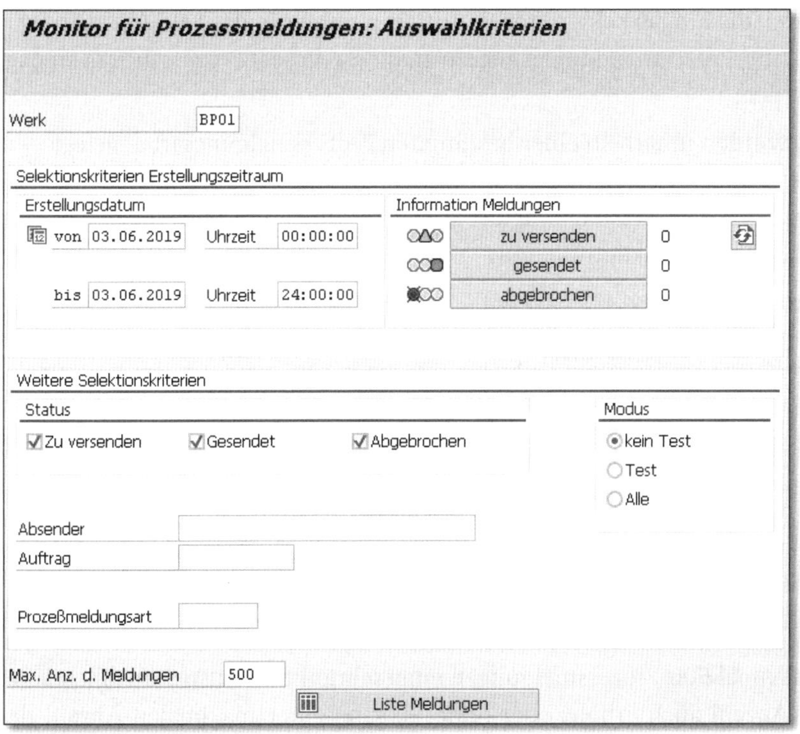

Abbildung 5.24 Selektionsmaske des Prozessmeldungsmonitors

Im Prozessmeldungsmonitor ist die Selektion von Prozessmeldungen für ein Werk möglich, die folgende Voraussetzungen erfüllen:

- Sie wurden im Selektionszeitraum angelegt.
  Achtung: Hier ist das ERSTELLUNGSDATUM der Prozessmeldung ausschlaggebend für die Selektion, nicht z. B. das rückgemeldete Datum innerhalb einer Prozessmeldung.
- Sie besitzen einen bestimmten STATUS.
  Es kann zwischen den Status *Zu versenden*, *Gesendet* und *Abgebrochen* ausgewählt werden. Mehrfachselektionen sind möglich.
- Sie wurden in einem bestimmten MODUS angelegt.
  An dieser Stelle können Sie z. B. Prozessmeldungen ausschließen, die zu Testzwecken angelegt wurden.
- Sie wurden von einem bestimmten ABSENDER gesendet.
  So können Prozessmeldungen gezielt selektiert werden, die z. B. von einem bestimmten Fremdsystem gesendet wurden.
- Sie wurden zu einem bestimmten Prozessauftrag angelegt.
  Durch die Eingabe einer Prozessauftragsnummer in das Feld AUFTRAG werden nur Prozessmeldungen angezeigt, die zu diesem Prozessauftrag erzeugt wurden.
- Sie wurden innerhalb einer bestimmten Prozessmeldungsart angelegt.
  Dies ermöglicht z. B. die ausschließliche Selektion von Entnahmebuchungen mit der Prozessmeldungsart PI_CONS, um die Verbuchung der Warenbewegungen zu kontrollieren.

[»] **Vorbelegung von Selektionsfeldern**

Wenn Sie zuvor den Prozessauftrag bearbeitet haben und dann den Prozessmeldungsmonitor aufrufen, wird im Selektionsfeld Prozessauftrag die Auftragsnummer des zuletzt bearbeiteten Prozessauftrags angezeigt.

Die Eingabe eines Werks sowie des Selektionszeitraums ist zwingend erforderlich. Die Angabe eines Absenders, einer Prozessauftragsnummer oder einer Prozessmeldungsart kann optional geschehen.

In der Selektionsmaske ist aus Gründen der Systemperformance die Auswahl auf maximal 500 Prozessmeldungen eingeschränkt. In Ausnahmefällen kann diese Anzahl auch erhöht oder ohne Eingabe einer maximalen Anzahl der Meldungen selektiert werden.

Im Bereich INFORMATION MELDUNGEN wird nach Eingabe der Selektionsdaten die Anzahl der selektierten Prozessmeldungen im jeweiligen Status angezeigt. Durch Klicken auf den Button ZU VERSENDEN, GESENDET oder ABGEBROCHEN können Sie sich gezielt Prozessmeldungen im entsprechenden Bearbeitungsstatus anzeigen lassen. In die vollständige Liste der selektierten Prozessmeldungen gelangen Sie, indem Sie auf den Button Liste Meldungen klicken.

Abbildung 5.25 zeigt die Ergebnisliste des Prozessmeldungsmonitors. Neben Informationen zum Status der Prozessmeldung sind auch Details wie Nummer der Prozessmeldung, Prozessmeldungsart und Absender der Meldung ersichtlich. Der Bearbeitungsstand der unterschiedlichen Prozessmeldungen wird in der Ergebnisliste farblich hervorgehoben: Abgebrochene Prozessmeldungen sind mit gekennzeichnet, während gesendete Prozessmeldungen mit angezeigt werden. Meldungen, die noch zum Versand anstehen, werden durch △ gekennzeichnet.

Abbildung 5.25 Ergebnisliste des Prozessmeldungsmonitors

Die Button-Leiste oberhalb der Ergebnisliste erlaubt die folgenden Funktionen:

- 6ô – MELDUNG ANZEIGEN
  Absprung in die Detailanzeige einer Prozessmeldung. Meldungsinhalte können auch durch Doppelklick auf die betreffende Zeile in der Ergebnisliste angezeigt werden.
- – MELDUNG BEARBEITEN
  Aufruf der Funktion zur Bearbeitung einer Prozessmeldung. Über diese Funktion können Sie gezielt Meldungsinhalte anpassen oder ergänzen. Diese Funktion steht nur für Meldungen zur Verfügung, die noch nicht gesendet wurden (Status *zu versenden*).

- Meldung senden
  Manueller Versand von Prozessmeldungen. Zuvor müssen Sie eine oder mehrere Prozessmeldungen markieren.
- – MELDUNG LÖSCHEN
  Löschen von markierten Prozessmeldungen. Beachten Sie, dass auch Prozessmeldungen im Status *zu versenden* gelöscht werden können.
- – SENDEPROTOKOLL ZUR MELDUNG
  Anzeige des detaillierten Protokolls zum Prozessmeldungsversand. Die Details werden in einem Pop-up angezeigt.
- – ANZEIGE AKTUALISIEREN
  Auffrischen der Ergebnisliste, z. B. nachdem Prozessmeldungen aus der Liste versendet worden sind.
- – WEITERE FUNKTIONEN
  Hier verbergen sich die innerhalb einer ALV-Liste üblichen Funktionen wie Sortieren, Drucken, Anpassen des Layouts usw.

Mit dem Button Sendejob starten oberhalb der Ergebnisliste wird der Hintergrundjob `RCOCB004` (Senden Prozessmeldungen (werksabhängig)) manuell gestartet. Diese Funktion stößt den Versand aller Prozessmeldungen im Status *zu versenden* an.

Über den Button Protokoll tRFC kann das Protokoll zum transaktionalen RFC aufgerufen werden, um im Fall einer asynchronen Verbuchung den Bearbeitungsstand anzuzeigen.

[!]

Berechtigung zur Änderung von Prozessmeldungen

Die Berechtigung bestehender Prozessmeldungen zu verändern, sollte in einem produktiven System nur sehr ausgewählten Anwendern zugeordnet werden, und die Funktionalität sollte nur im Fehlerfall genutzt werden. Die Berechtigung erlaubt die Manipulation von aus Fremdsystemen oder SAP-Herstellanweisungen versendeten Daten.

5.3.6 Manuelle Anlage von Prozessmeldungen

Für den Test einzelner Funktionen oder die Bereinigung eines Fehlerfalls kann es erforderlich sein, Prozessmeldungen manuell anzulegen. Zu diesem Zweck können Sie die Transaktion CO57 (Meldung manuell anlegen, Menüpfad LOGISTIK • PRODUKTION PROZESS • PROZESSKOORDINATION • MELDUNG • MANUELL ANLEGEN) nutzen (siehe Abbildung 5.26).

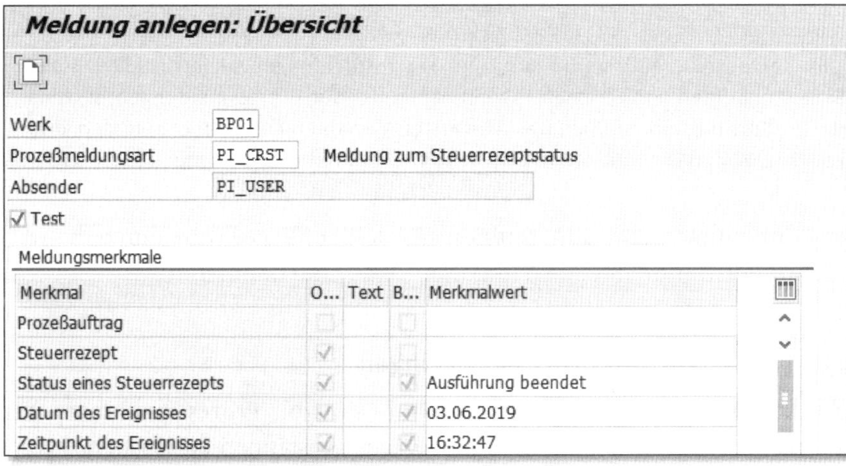

Abbildung 5.26 Manuelle Anlage von Prozessmeldungen

Innerhalb der Funktion geben Sie zuerst das WERK und die anzulegende PROZESSMELDUNGSART ein. Nach Bestätigung mit [↵] sind die Merkmale der Prozessmeldung eingabebereit. Ordnen Sie allen Merkmalen, die zwingend eine Bewertung erfordern (»Muss-Merkmale«), sowie den hier relevanten optionalen Merkmalen einen Wert zu, und speichern Sie Ihre Eingaben. Die so angelegte Prozessmeldung wird nun im Prozessmeldungsmonitor angezeigt und kann versendet werden.

Kennzeichen »Test« [«]

Über die Bewertung der Merkmale hinaus kann die manuell angelegte Prozessmeldung auch mit dem Kennzeichen TEST angelegt werden. Dieses Kennzeichen bewirkt, dass die Prozessmeldung zwar prozessiert werden kann, eine Verbuchung durch den Prozessmeldungsempfänger findet hingegen nicht statt.

5.3.7 Versand von Prozessmeldungen

Neben dem oben beschriebenen manuellen Versand von Steuerrezepten ist auch der Versand über einen periodischen oder ereignisgesteuerten Hintergrundjob möglich. Dabei kann entweder das Programm `RCOCB004` (werksabhängiger Versand von Prozessmeldungen) oder `RCOCB002` (werksunabhängiger Versand von Prozessmeldungen) verwendet werden. Während beim erstgenannten Programm die Selektion eines bestimmten Werks erforderlich ist, versendet das Programm `RCOCB002` alle im Mandanten angelegten Prozessmeldungen. Die Ausführung des Jobs sollte ereignisgesteuert nach dem Event `SAP_NEW_PROCESS_MESSAGE` erfolgen.

[»] **Periodischer Versand aller Prozessmeldungen**

Um die vollständige Verarbeitung aller Prozessmeldungen sicherzustellen, sollten Sie zudem einen periodischen Job einplanen, um für Prozessmeldungen nochmals die Verbuchung anzustoßen, die beim ersten Versand nicht verbucht werden konnten, weil z. B. das empfangene Objekt zum Zeitpunkt der Buchung gesperrt war.

Die Konfiguration von Hintergrundjobs erfolgt üblicherweise durch die SAP-Basisadministration in der Transaktion SM36 (Job definieren).

5.3.8 Löschen von Prozessmeldungen

Aus Gründen der Systemperformance ist es sinnvoll, Prozessmeldungen und Prozessmeldungsprotokolle in regelmäßigen Abständen zu löschen. In der Prozesskoordination stehen Ihnen die folgenden Möglichkeiten zur Verfügung, um Prozessmeldungen zu löschen:

- manuelles Löschen ausgewählter Prozessmeldungen im Prozessmeldungsmonitor
- Löschen über die Transaktion CO62 (Löschen, Menüpfad LOGISTIK • PRODUKTION PROZESS • PROZESSKOORDINATION • MELDUNG • LÖSCHEN)
- Löschen per Hintergrundjob

Das Löschen einzelner Prozessmeldungen wurde bereits im vorherigen Abschnitt 5.3.5, »Prozessmeldungsmonitor«, beschrieben. Bitte beachten Sie, dass durch die Löschfunktion die Meldungen nur innerhalb der Prozesskoordination gelöscht werden, beim Meldungsempfänger hingegen nicht. Bei einer Meldung, die an das Prozessereignisprotokoll (Empfänger PI01) versendet wurde, können die Langtexte und die für die Prozessmeldung angelegten Protokolle nicht gelöscht werden. So wird gewährleistet, dass diese auch dann noch für die Archivierung und für Auswertungen zur Verfügung stehen, wenn die Meldung gelöscht wurde. Im Folgenden stellen wir Ihnen nun die weiteren Arten vor, mit denen Prozessmeldungen gelöscht werden können.

Löschen über die Transaktion CO62 (Meldungen löschen)

Über die Transaktion CO62 (Meldungen löschen) haben Sie die Möglichkeit, Prozessmeldungen in Abhängigkeit von Alter (Meldung älter als x Tage), Werkszuordnung und Bearbeitungszustand zu löschen. Abbildung 5.27 gibt den Selektionsbildschirm der Transaktion wieder.

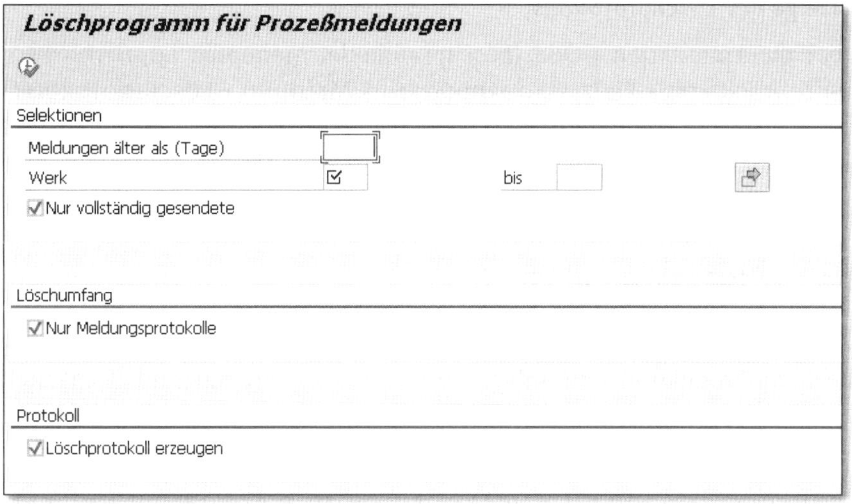

Abbildung 5.27 Löschen von Meldungen

Durch die Aktivierung des Kennzeichens NUR VOLLSTÄNDIG GESENDETE können Sie sicherstellen, dass tatsächlich nur Meldungen gelöscht werden, die erfolgreich von allen relevanten Meldungsempfängern verarbeitet wurden.

Im Bereich LÖSCHUMFANG können Sie die Löschfunktion auf die Meldungsprotokolle beschränken. Das bedeutet, dass die Meldung selbst nach wie vor z. B. im Meldungsmonitor angezeigt werden kann, das Verarbeitungsprotokoll hingegen nicht mehr für Auswertungen zur Verfügung steht.

Wenn für den Löschvorgang ein Protokoll erzeugt werden soll, das über die Transaktion CO63 (Anzeige Löschprotokolle) aufgerufen werden kann, aktivieren Sie das Kennzeichen LÖSCHPROTOKOLL ERZEUGEN im Bereich PROTOKOLL. Bitte beachten Sie, dass die Erzeugung von Löschprotokollen die Laufzeit der Funktion erhöht.

Löschen per Hintergrundjob

Für das periodische Löschen von Prozessmeldungen im Hintergrund wird das Programm `RCOCB009` mit den entsprechenden Selektionsvorgaben als Job eingeplant. Die Selektionsmöglichkeiten entsprechen denen der Transaktion CO62. Die Konfiguration von Hintergrundjobs erfolgt üblicherweise durch die SAP-Basisadministration in der Transaktion SM36 (Job definieren).

Anzeige des Löschprotokolls

Über die Transaktion CO63 (Löschprotokolle, Menüpfad Logistik • Produktion Prozess • Prozesskoordination • Meldung • Löschprotokolle) können Sie die Protokolle zu einzelnen Löschvorgängen selektieren und auswerten.

5.4 Prozessvorgaben

Mithilfe von *Prozessvorgaben* können Sie Verarbeitungsschritte definieren, die in der Produktion vom Anlagenfahrer an einer Fertigungsanlage manuell oder vom Prozessleitsystem automatisch ausgeführt werden sollen.

Grundsätzlich kann bei der Anlage von Prozessvorgaben zwischen zwei Vorgehensweisen unterschieden werden. *Merkmalbasierte Prozessvorgaben* werden ähnlich wie Prozessmeldungen mithilfe von Merkmalen und ihren Merkmalswerten definiert. Die Zuordnung erfolgt in der jeweiligen Phase. *XStep-Prozessvorgaben* werden im XStep-Editor definiert. XStep-Prozessvorgaben basieren zwar ebenfalls auf Merkmalen, sie werden jedoch ohne Kenntnisse der Merkmalstruktur über das Kontextmenü angelegt. Die Anlage der XSteps-Prozessvorgaben erfolgt unabhängig von einer Phase, vielmehr erfolgt die Phasenzuordnung über die Zuordnung des Kontexts.

Prozessvorgaben setzen sich aus folgenden Elementen zusammen:

- **Prozessvorgabetyp**
  Der Prozessvorgabetyp definiert Funktion und Art der Prozessvorgabe.
- **Prozessvorgabeart**
  Die Prozessvorgabeart definiert die Struktur und den Inhalt der Prozessvorgabe sowie die Zuordnung zu einem *Prozessvorgabetyp*.
- **Prozessvorgabemerkmal**
  Das Prozessvorgabemerkmal definiert einzelne Datenfelder innerhalb der Prozessvorgabe.

Für jede unterschiedliche strukturelle Ausprägung einer Vorgabe muss in SAP eine eigene *Vorgabeart* angelegt werden. Dies bringt uns wieder zurück zu den eingangs erwähnten drei grundsätzlichen Fragen der Prozesskoordination. Im Fall der Prozessvorgabe lautet die Frage: »Welche Daten werden übertragen?« Bei der Konzeption der Prozesskoordination muss daher festgelegt werden, welche Informationen und Anweisungen an ein externes System oder die SAP-Herstellanweisung übertragen und wie diese strukturiert werden sollen.

Die Zuordnung von Prozessvorgaben erfolgt im Planungsrezept und im Prozessauftrag. Automatisch generierte Prozessvorgaben werden durch die Zuordnung des Steuerrezeptempfängers in der Planungsrezeptphase bzw. in der Prozessauftragsphase zugeordnet (siehe dazu Abschnitt 5.2.2, »Steuerrezeptempfänger«).

Wie bei der Prozessauftragsbearbeitung üblich, werden die Prozessvorgaben aus dem Planungsrezept in den Prozessauftrag bei der Anlage übernommen. Sie können im Prozessauftrag aber auch Prozessvorgaben hinzufügen oder anpassen.

5.4.1 Prozessvorgabetypen

Prozessvorgaben werden je nach ihrer Funktion bzw. nach der Art der übermittelten Informationen in verschiedene Typen eingeteilt. Abbildung 5.28 gibt einen Überblick über die unterschiedlichen Typen.

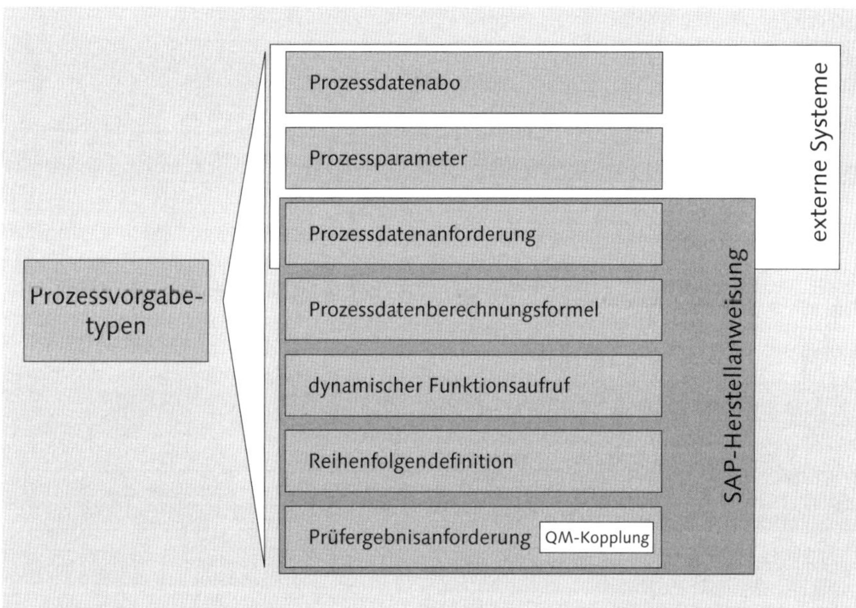

Abbildung 5.28 Prozessvorgabetypen

In Steuerrezepten für Fremdsysteme können Sie die folgenden Typen verwenden:

- Prozessparameter
- Prozessdatenanforderungen
- Prozessdatenabos

Bei der Verwendung von Prozessvorgaben für SAP-Herstellanweisungen stehen Ihnen zusätzliche Prozessvorgabetypen zur Verfügung:

- Prozessparameter
- Prozessdatenanforderungen
- Prozessdatenberechnungsformeln
- Prüfergebnisanforderungen
- dynamische Funktionsaufrufe
- Reihenfolgedefinitionen

Abbildung 5.29 zeigt schematisch die unterschiedlichen Funktionen der Prozessvorgabetypen.

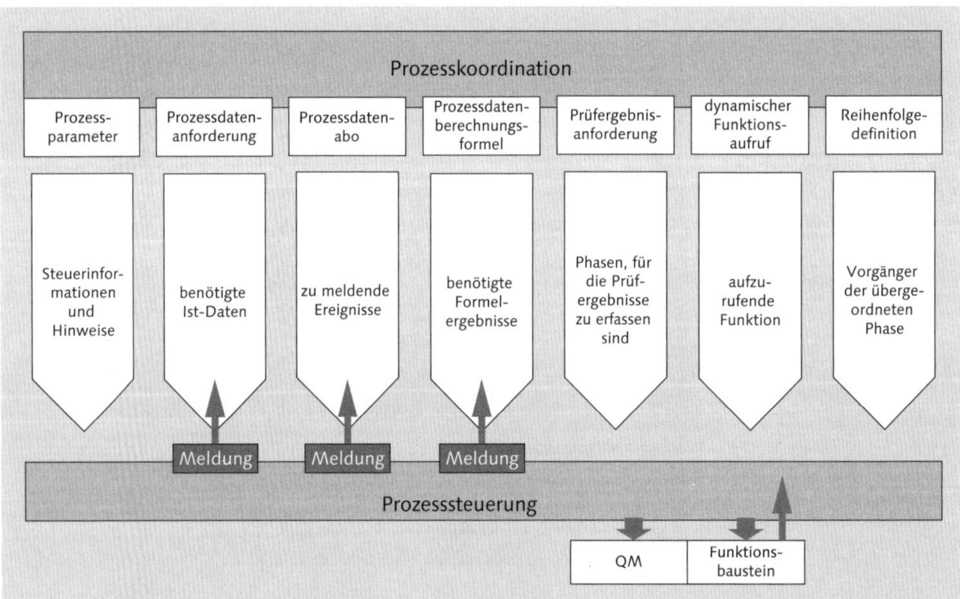

Abbildung 5.29 Funktionen der unterschiedlichen Prozessvorgabetypen

Die unterschiedlichen Prozessvorgabetypen sind wie folgt charakterisiert:

- **Typ 1: Prozessparameter**
  Mit *Prozessparametern* werden Informationen an die Prozesssteuerung oder die SAP-Herstellanweisung übermittelt. Im Fall einer manuellen Steuerung sind dies Steueranweisungen in Textform.
- **Typ 2: Prozessdatenanforderung**
  Prozessdatenanforderungen verwenden Sie, wenn die Prozesssteuerung eine Prozessmeldung mit Ist-Daten zu einem Prozessschritt versenden soll. Mit der Prozessdatenanforderung wird festgelegt, welche Prozessmeldungsart zu verwenden ist und welche Informationen in der Prozessmeldung übergeben werden sollen.
- **Typ 3: Prozessdatenabo**
  In einem *Prozessdatenabo* legen Sie fest, dass die Prozesssteuerung immer dann eine Prozessmeldung versenden soll, wenn ein bestimmtes Ereignis wie z. B. eine Verbrauchsbuchung auftritt. Auch hier definieren Sie, welche Prozessmeldungsart verwendet werden soll und welche Informationen in der Prozessmeldung erhalten sind. Prozessdatenabos können in SAP-Herstellanweisungen nicht verwendet werden.
- **Typ 4: Prozessdatenberechnungsformel**
  Mithilfe einer *Prozessdatenberechnungsformel* legen Sie fest, dass in der SAP-Herstellanweisung ein Wert berechnet und mit einer Prozessmeldung an das SAP-System übergeben wird. Dabei wird zum einen definiert, welcher Wert mithilfe welcher Formel berechnet werden soll, und zum anderen, welche Meldungsart verwendet wird.
- **Typ 5: Prüfergebnisanforderung**
  Sollen bei der Ausführung eines Prozessauftrags Prüfergebnisse zu einem oder mehreren Vorgängen bzw. Phasen erfasst werden, können Sie die *Prüfergebnisanforderung* verwenden. Die Funktion zum Erfassen von Prüfergebnissen kann direkt aus der SAP-Herstellanweisung in QM aufgerufen werden.
- **Typ 6: Dynamischer Funktionsaufruf**
  Ein *dynamischer Funktionsaufruf* ermöglicht es dem Anlagenfahrer, beim Bearbeiten der SAP-Herstellanweisung einen SAP-ERP-Funktionsbaustein aufzurufen. Die Funktion wird dabei über eine Drucktaste in der SAP-Herstellanweisung ausgeführt. Je nach Funktionsbaustein kann so z. B. die Auftragsrückmeldung, die Materialmengenberechnung, die SAP-ERP-Dokumentenverwaltung oder eine benutzerdefinierte Funktion gestartet werden.

- **Typ 7: Reihenfolgedefinition**
  Mit einer *Reihenfolgedefinition* legen Sie zu Beginn einer Phase fest, dass diese in der SAP-Herstellanweisung erst bearbeitet werden darf, nachdem eine andere Phase abgeschlossen ist. Die Prozessvorgaben der Phase, die die Reihenfolgedefinition enthalten, sind in der SAP-Herstellanweisung so lange inaktiv, bis zu den Prozessvorgaben der Vorgängerphase alle Meldungen angelegt worden sind.

  Die Funktion der automatischen Generierung von Reihenfolgedefinitionen erlaubt Ihnen, die im Prozessauftrag gepflegten Anordnungsbeziehungen in die SAP-Herstellanweisung zu übernehmen.

5.4.2 Prozessvorgabearten

Bei einer *Prozessvorgabeart* handelt es sich um ein strukturiertes Objekt, mit dem Daten bzw. Anweisungen von der Prozesskoordination an die Prozesssteuerung übergeben werden. Wie zu Beginn dieses Abschnitts erwähnt, werden sie den Phasen des Planungsrezepts zugeordnet und bei Auftragsanlage in den Prozessauftrag übernommen.

Der Aufbau von Prozessvorgabearten ist vergleichbar mit dem Aufbau der in Abschnitt 5.3.3 beschriebenen Prozessmeldungsarten. Eine Prozessvorgabeart besteht aus Kopfinformationen, in denen Schlüssel und Typ der Vorgabe zugeordnet werden, sowie zugeordneten Merkmalen, die bei der Übertragung dann die jeweiligen Merkmalswerte tragen. Zusätzlich zur Prozessmeldung werden die Vorgabemerkmale mit einer Sortiernummer versehen. Diese Sortierung sorgt dafür, dass die Merkmalswerte in SAP-Herstellanweisungen in der definierten Reihenfolge dargestellt werden. Abbildung 5.30 zeigt schematisch den Aufbau einer Prozessvorgabeart.

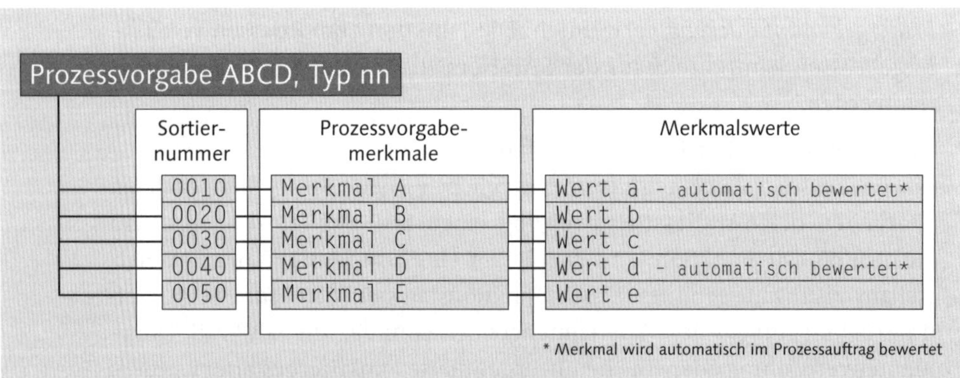

Abbildung 5.30 Aufbau einer Prozessvorgabe

In der Standardauslieferung des SAP-Systems finden Sie eine Reihe von Standard-Prozessvorgabearten, die Sie verwenden oder zur Definition eigener Prozessvorgabearten kopieren können. Die Übernahme der vordefinierten Prozessvorgabearten erfolgt wie bei den Prozessmeldungsarten (siehe Abschnitt 5.3.3, »Prozessmeldungsarten«) über die Transaktion O24C (Vordefinierte Meldungsarten übernehmen). Auch die Kopie von Vorgabearten ist mithilfe der Transaktion O20C (Einstellung kopieren zwischen Werken) möglich.

Wie bei der Konfiguration von Prozessmeldungsarten müssen bei der Anlage neuer Prozessvorgabearten die folgenden Schritte eingehalten werden:

1. Anlage der zu verwendenden Merkmale als Merkmale der Prozesskoordination (1.3 in Abbildung 5.31). Die in der folgenden Abbildung aufgeführte Anlage (1.1) und Freigabe einer Merkmalsgruppe (1.2) sowie die Zuordnung der Merkmale zu der Merkmalsgruppe (1.4) kann optional erfolgen. Mithilfe einer Merkmalsgruppe können Sie eine Gruppe von Merkmalen zusammenfassen. Dies erleichtert z. B. die Selektion der Merkmale bei der Definition einer Prozessvorgabeart.
2. Anlage Prozessvorgabeart (2) und Zuordnung der entsprechenden Merkmale (3)

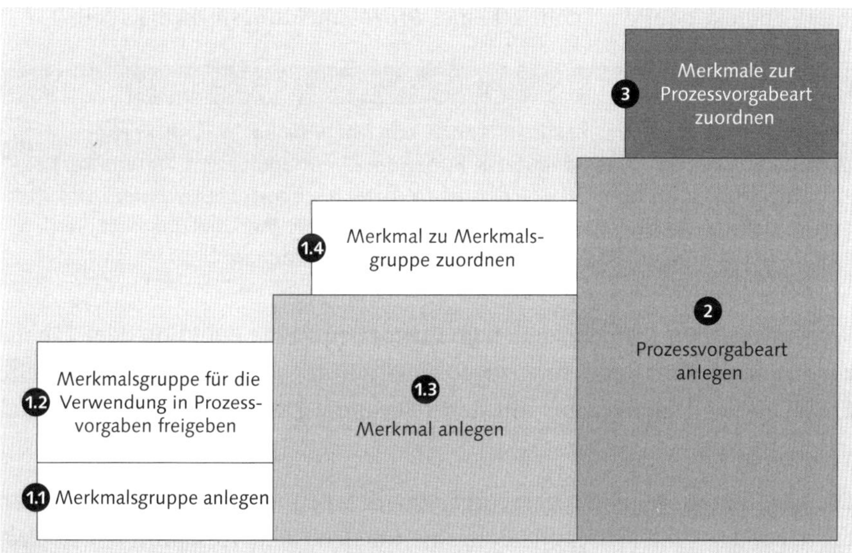

Abbildung 5.31 Schrittweises Vorgehen zur Anlage einer Prozessvorgabe

Durch Zuordnung entsprechender Merkmale bzw. Merkmalswerte bestimmen Sie, welche Informationen in einer Prozessvorgabe übermittelt oder angefordert werden (z. B. die Auftragsnummer, eine Steueranweisung oder

Prozessparameter) und wie die angeforderten Daten verarbeitet werden (z. B. dass ein bestimmter Wert von der Prozesssteuerung rückgemeldet und welche Meldungsart verwendet werden soll). Ein Merkmal darf in einer Prozessvorgabe mehrmals verwendet werden.

In der Regel sind Prozessvorgabearten keine spezifischen Merkmalswerte zugeordnet, sondern die Bewertung erfolgt automatisch oder manuell im Prozessauftrag bzw. dem Planungsrezept. Sie dienen als Vorlage für die *merkmalbasierten Prozessvorgaben*. Neben merkmalbasierten Prozessvorgaben gibt es auch *XStep-Prozessvorgaben*, die Sie im XStep-Editor definieren (siehe Abschnitt 5.5.4, »XSteps anlegen«).

Merkmalbasierte Prozessvorgabearten können Sie im Planungsrezept oder Prozessauftrag nur verwenden, wenn diese zuvor im Customizing definiert wurden.

5.4.3 Prozessvorgabemerkmale

Die Prozessvorgabemerkmale sowie deren Format und Wertebereich werden im Customizing definiert. Je nach Format kann der Merkmalwert ein Datum, eine Uhrzeit, ein numerischer oder alphanumerischer Schlüssel, ein Kurz- oder Langtext oder der Schlüssel eines Prozessmeldungsmerkmals sein.

[»] **Kurztexte von Merkmalen**

Beachten Sie, dass die maximale Länge von Merkmalen im SAP-Klassensystem 30 Zeichen beträgt. Das bedeutet z. B. bei der Übertragung von Materialkurztexten, dass nur die ersten 30 Zeichen des Kurztextes übertragen werden. Um den vollständigen Kurztext zu übertragen, muss ein zweites Merkmal angelegt werden, mit dem die übrigen 10 Zeichen übertragen werden können.

Prozessvorgabemerkmale, denen im Customizing eine Funktion oder Tabelle zur automatischen Bewertung zugeordnet wurde, werden automatisch beim Erzeugen des Steuerrezepts mit den relevanten Daten aus dem Prozessauftrag bewertet.

Die Konfiguration von Prozessvorgabemerkmalen entspricht dem Vorgehen bei der Anlage von Prozessmeldungsmerkmalen (siehe Abschnitt 5.3.2, »Prozessmeldungsmerkmale«). Im Customizing rufen Sie die Funktion Merkmale für Prozessvorgaben definieren über den IMG-Pfad Produktionsplanung Prozessindustrie • Prozesskoordination • Prozessvorgaben • Prozessvorgabemerkmale • Merkmale für Prozessvorgaben definieren (Transaktion O25C) auf.

Um die Zuordnung von automatischen Bewertungsfunktionen zu überprüfen oder eigene Funktionen zu hinterlegen, klicken Sie innerhalb der Merkmalsbearbeitung auf den Button PROZ. KOORD.

Im Bereich AUTOMATISCHE BEWERTUNG können Sie dort eine Bewertungsfunktion im Feld BEWERTUNGSFUNKTION oder eine Tabelle und ein Feld in den entsprechenden Eingabefeldern hinterlegen. Als Bewertungsfunktion können Sie in SAP vordefinierte oder kundenindividuelle Funktionsbausteine zuordnen.

Implementierung kundeneigener Bewertungsfunktionen [«]

Um eigene Bewertungsfunktionen in Prozessvorgabemerkmalen hinterlegen zu können, bietet SAP den Funktionsbaustein COAV_CUSTOMER_EXIT_001 an, der entsprechend kundenindividuell ausgestaltet werden kann (SAP-Erweiterung SAPLCOAV).

Sollen mehrere unterschiedliche Merkmale mithilfe einer kundenindividuellen Bewertungsfunktion bewertet werden, verwenden Sie den gleichen Baustein und prägen in der Programmierung entsprechende Abschnitte für die Bewertung der einzelnen Merkmale aus.

Transport von Prozessvorgabemerkmalen

Der Transport von Prozessvorgabemerkmalen im Rahmen des SAP-Transportmanagements von System zu System ist leider nicht möglich. Stattdessen muss die Pflege entweder manuell in den Zielsystemen erfolgen, oder die Prozessvorgabemerkmale werden über ALE-Verteilungsszenarien in die Zielsysteme übertragen.

Pflege von Prozessvorgabemerkmalen nur im Customizing [«]

Beachten Sie, dass die Pflege von Prozessvorgabemerkmalen der Prozesskoordination nur über die entsprechenden Funktionen im Customizing möglich ist. Prozessvorgabemerkmale, die über die Funktionen des Klassensystems angelegt werden, können in der Prozesskoordination nicht verwendet werden.

5.4.4 Anlegen einer Prozessvorgabeart

Die Konfiguration von Prozessvorgabearten erfolgt im Customizing unter dem Punkt PROZESSVORGABEARTEN DEFINIEREN UND EINSTELLEN (Transaktion O12C, IMG-Pfad PRODUKTIONSPLANUNG PROZESSINDUSTRIE • PROZESSKOORDINATION • PROZESSVORGABE • PROZESSVORGABEARTEN DEFINIEREN UND EINSTELLEN).

Klicken Sie nach Eingabe des Werks auf den Button NEUE EINTRÄGE, um eine neue Prozessvorgabeart hinzuzufügen. Abbildung 5.32 zeigt die Eingabemaske zur Pflege einer Prozessvorgabeart.

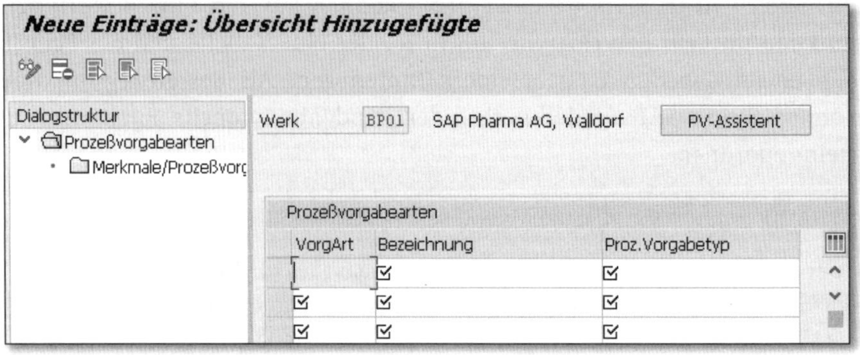

Abbildung 5.32 Anlegen einer Prozessvorgabeart – Kopfdaten

Pflege der Kopfdaten

Geben Sie als Erstes den achtstelligen, alphanumerischen Schlüssel der neuen Prozessvorgabeart in das Feld VORGART ein. Auch wenn SAP an dieser Stelle nicht darauf hinweist, verwenden Sie nach Möglichkeit einen Schlüssel innerhalb des Kundennamensraums. Neben der Eingabe des Schlüssels erfolgt die Eingabe der BEZEICHNUNG. Auch an dieser Stelle ist darauf zu achten, dass die Bezeichnung sprechend gewählt wird, um die spätere Suche und Verwendung der Prozessvorgabeart zu erleichtern. Abschließend wählen Sie im Feld PROZ.VORGABETYP aus, um welchen *Prozessvorgabetyp* es sich handeln soll (siehe Abschnitt 5.4.1, »Prozessvorgabetypen«).

[»]

Schlüssel und Typ können nachträglich nicht geändert werden

Nach dem Speichern der neuen Prozessvorgabeart können Schlüssel und Typ nicht mehr verändert werden. Sind Änderungen erforderlich, müssen Sie eine neue Vorgabeart konfigurieren. Dabei können Sie gegebenenfalls die Kopierfunktion nutzen (Button KOPIEREN ALS...).

Zuordnung der Merkmale

Um die Prozessvorgabemerkmale der Prozessvorgabeart zuzuordnen, klicken Sie auf MERKMALE/PROZESSVORGABEART im Bereich DIALOGSTRUKTUR. Klicken Sie erneut auf den Button NEUE EINTRÄGE. Nun ist die Eingabe der relevanten Prozessvorgabemerkmale möglich (siehe Abbildung 5.33).

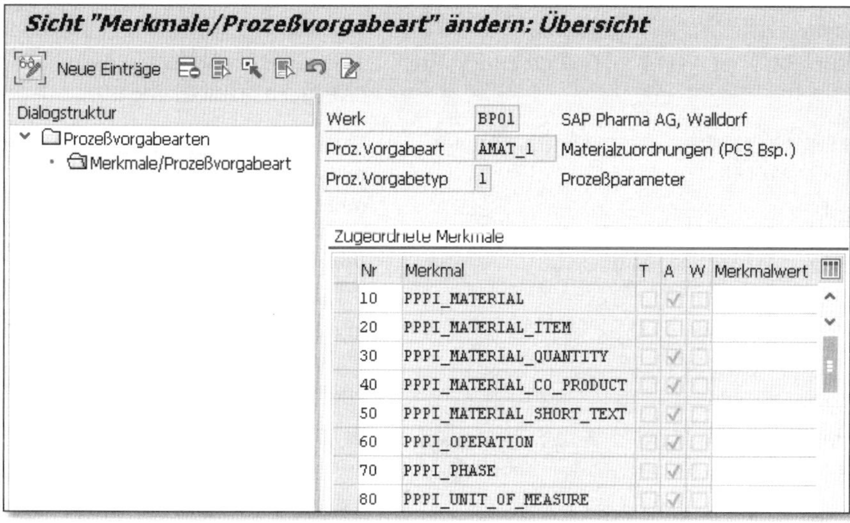

Abbildung 5.33 Zuordnung von Merkmalen zur Vorgabeart

Beachten Sie, dass bei automatisch bewerteten Merkmalen, wie in Abbildung 5.33 dargestellt, keine Bewertung der Merkmale im Customizing erfolgen darf. Diese Merkmale werden bei der Steuerrezepterzeugung mit den Daten aus dem Prozessauftrag bewertet.

Werden hingegen Merkmale verwendet, um Daten anzufordern (vom externen System oder aus der SAP-Herstellanweisung), erfolgt die Bewertung im Customizing oder spätestens bevor Sie das Steuerrezept erzeugen. Im SAP-Standard ist dies z. B. bei den Merkmalen der Fall, die Sie in Tabelle 5.2 sehen.

Merkmal	Bezeichnung	Verwendung
PPPI_MESSAGE_CATEGORY	Meldungsart	Erwartete Meldungsart
PPPI_REQUESTED_VALUE	Eingabewert (Datenanforderung)	Erwartete Merkmale in einer Rückmeldung bzw. Prozessmeldung
PPPI_DATA_REQUEST_TYPE	Typ der Prozessdatenanforderung	Einfache oder wiederholte Anforderung von Daten. Zum Beispiel Anforderung der periodischen Eingabe von Messwerten in der SAP-Herstellanweisung
PPPI_FUNCTION_NAME	Funktionsname	Eingabe einer Funktion

Tabelle 5.2 Überblick automatisch bewerteter Prozessvorgabemerkmale

Merkmal	Bezeichnung	Verwendung
PPPI_BUTTON_TEXT	Text für Drucktaste	Text einer Drucktaste in der SAP-Herstellanweisung
PPPI_EXPORT_PARAMETER	Exportparameter	Parameter einer Funktion. Parameter wird mit dieser Bezeichnung in der Funktion verwendet. Diesem Merkmal folgt direkt das Merkmal PPPI_DATE_VARIABLE (oder TIME, FLOAT, STRING je nach Datentyp), in dem die Bewertung des Merkmals vor Ausführung der Funktion erwartet wird.
PPPI_INSTRUCTION	Steueranweisung	Eingabe einer Arbeitsanweisung. Um den Langtext zum Merkmal einzugeben, klicken Sie auf den Button (Langtext pflegen), und geben Sie im folgenden Bildschirm den entsprechenden Text ein.

Tabelle 5.2 Überblick automatisch bewerteter Prozessvorgabemerkmale (Forts.)

Prozessvorgabe-Assistent

Neben der manuellen Pflege von Vorgabearten steht Ihnen die Funktion des *Prozessvorgabe-Assistenten* zur Verfügung. Diese Funktion ist insbesondere dann sinnvoll, wenn Sie Vorgabearten für eine SAP-Herstellanweisung anlegen möchten.

Der Assistent stellt für jeden Prozessvorgabetyp spezifische Auswahlbilder und Abfragen bereit, anhand derer Sie gezielt durch die Definition einer Prozessvorgabe geführt werden. Zudem können Sie die vorgenommenen Einstellungen aus dem Assistenten als simulierte SAP-Herstellanweisung zur Anzeige bringen.

Die Angaben im Prozessvorgabe-Assistenten sind weitestgehend inhaltlich und erfordern geringfügige Kenntnisse der Prozessvorgabemerkmale und ihrer Verwendung. Die Merkmalstruktur der Prozessvorgabe wird beim Verlassen des Assistenten automatisch vom System erzeugt.

Sie können die Prozessvorgabe-Assistenten über den IMG-Pfad Produktionsplanung Prozessindustrie • Prozesskoordination • Prozessvorgabe • PV-Arten für SAP-Herstellanweisung definieren mit PV-Assistent (Transaktion O12C) aufrufen. Klicken Sie nach Eingabe des Werks im folgenden Bildschirm auf den Button PV-Assistent, um den Assistenten zu starten.

5.4.5 Übernahme von Prozessvorgaben in das Steuerrezept

Die dem Steuerrezept zugrunde liegenden Prozessvorgaben können auf unterschiedlichen Wegen angelegt, kopiert und generiert werden (siehe Abbildung 5.34). Wie oben beschrieben, ist im Fall von *merkmalbasierten Prozessvorgaben* ein entsprechendes Customizing nötig, um die Prozessvorgabeart verwenden zu können.

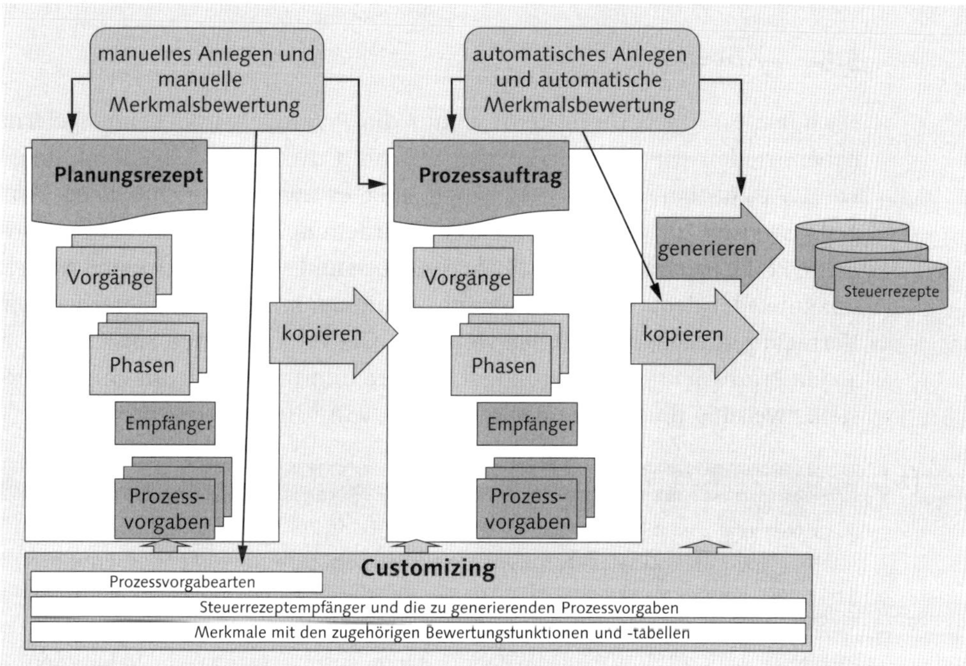

Abbildung 5.34 Pflege von Prozessvorgaben im Überblick

Sie haben die Möglichkeit, in den einzelnen Phasen eines Planungsrezepts manuell Prozessvorgaben zuzuordnen und die zugehörigen Vorgabemerkmale manuell zu pflegen.

Außerdem kann die zugeordnete Prozessvorgabe Merkmale enthalten, die entweder bereits im Customizing bewertet wurden oder automatisch im Prozessauftrag bewertet werden.

Indem Sie jeder Phase einen Steuerrezeptempfänger zuordnen, zu dem automatisch generierte Vorgabearten im Customizing hinterlegt sein können (siehe Abschnitt 5.2.2, »Steuerrezeptempfänger«), werden bei Anlage des Steuerrezepts weitere Prozessvorgaben erzeugt. Die Bewertung der entsprechenden Merkmale sollte bereits im Customizing vorgenommen worden sein oder automatisch erfolgen.

Die im Planungsrezept hinterlegten Prozessvorgaben und Merkmalsbewertungen werden mit Prozessauftragsanlage kopiert. Sie können die Merkmale jedoch ändern oder löschen und ihnen prozessspezifische Werte zuordnen. Auf diese Weise können Sie Ihre Prozessvorgaben an die spezifischen Erfordernisse des jeweiligen Prozessauftrags anpassen.

5.5 XSteps

Nachdem Sie im vorherigen Abschnitt die *Prozessvorgaben* kennengelernt haben, stellen wir Ihnen in diesem Abschnitt die *XSteps* (Execution Steps) vor. Wie Sie bereits erfahren haben, gibt es zwei unterschiedliche Vorgehensweisen zur Beschreibung von Verarbeitungsschritten in der Komponente PP-PI: *merkmalsbasierte Prozessvorgaben* und *XSteps*. Beides sind Mittel, um entweder dem Anlagenfahrer Informationen in elektronischer Form zur Verfügung zu stellen (Herstellanweisung) oder Informationen zur Steuerung an ein Prozessleitsystem zu senden. Weitere Informationen zum Thema Herstellanweisung finden Sie in Abschnitt 5.6, »SAP-Herstellanweisungen«.

[»] **Aktivierung von Business Functions für die Verwendung von XSteps**

Zur Nutzung der XSteps muss die Enterprise Extension EA-SCM (SCM Extension) aktiviert werden. Zusätzlich sollten Sie prüfen, ob auch die folgenden Enterprise Business Functions aktiviert sind, damit Ihnen alle Funktionen im Rahmen der XSteps und Herstellanweisung zur Verfügung stehen:

- `LOG_PP_XS_01` (Werksübergreifendes und mehrsprachiges XSteps-Repository)
- `LOG_PP_PI_PMA_01` (Archivierung von Herstell- und Arbeitsanweisungen)
- `LOG_A_PMC` (PI Sheet)

Falls Sie planen, XSteps auch im PP-Umfeld zu nutzen, müssen Sie die Enterprise Business Function `LOG_PP_XS_RTG_PO` (XSteps for Routing and PO) aktivieren.

Die Aktivierung und Prüfung der Business Functions erfolgt mit der Transaktion SFWA. Die Verfügbarkeit der einzelnen Funktionen ist abhängig von Ihrem aktuellen Releasestand. Über die folgende URL können Sie sich über die aktuell verfügbaren Business Functions informieren: *https://websmp205.sap-ag.de/~form/handler?_APP=00200682500000002672&_EVENT=DISPLAY&_SCENARIO=01100035870000000122&_HIER_KEY=501100035870000016962&_HIER_KEY=601100035870000215177&_HIER_KEY=601100035870000240956&.*

5.5.1 XSteps-Konzept

Mithilfe von XSteps können wiederkehrende Produktionsschritte in Form von Bausteinen angelegt und verschiedenen Planungsrezepten als Referenz zugeordnet werden. Grundsätzlich muss man zwischen anwendungsbezogenen XSteps und anwendungsunabhängigen XSteps, den sogenannten *Standard-XSteps* unterscheiden. Die Anlage und Verwaltung von Standard-XSteps erfolgt im Standard-XSteps-Repository (SXS-Repository) mit der Transaktion CMXSV. Standard-XSteps werden in Versionen verwaltet. Wenn eine Version korrekt und getestet ist, können Sie diese für die Produktion freigeben. Wenn eine Referenz auf einen Standard-XStep (SXS-Referenz) angelegt und im Prozessauftrag aufgelöst wird, dann kopiert das System eine gültige Version des referenzierten Standard-XSteps. Die Originale im SXS-Repository bleiben unverändert. XSteps können hierarchisch geschachtelt werden, das bedeutet, dass man einem XStep mehrere XSteps zuordnen kann. Durch diese Schachtelung können einzelne Prozessschritte gruppiert werden, die einen *XStep-Baum* bilden. In Abbildung 5.35 werden die Zusammenhänge noch einmal dargestellt.

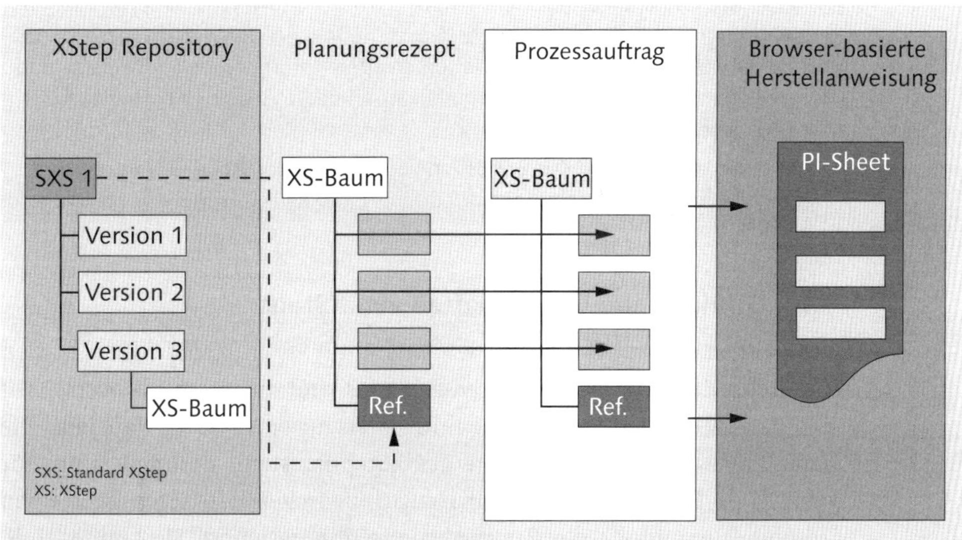

Abbildung 5.35 XSteps-Referenzmodell

Im *Planungsrezept* können Standard-XSteps referenziert und XSteps angelegt werden. Voraussetzung für die Zuordnung und Anlage von XSteps im Planungsrezept ist die Verwendung des Rezeptprofils PI01_XS bei der Planungsrezeptanlage. Weitere Informationen zur Anlage von Planungsrezepten finden Sie in Abschnitt 2.4, »Struktur und Pflege von Planungsrezepten«. Für rein auftragsbezogene Schritte können Sie auch XSteps im Prozessauftrag anlegen. Folgende Vorteile sind mit der Verwendung von XSteps im Gegensatz zu Prozessvorgaben verbunden:

- Sie können mit flexiblen wiederverwendbaren Bausteinen arbeiten (Standard-XSteps).
- Sie können Herstellanweisungen im SXS-Repository simulieren.
- Sie können auf Änderungen im Produktionsablauf reagieren, indem Sie mehrere XStep-Bäume je Planungsrezept und Prozessauftrag verwenden.
- Sie können mit Generierungsumfängen arbeiten, die dem XStep zugeordnet werden.
- Sie können Arbeitsprozesse durch die Verwendung von Standard-XSteps standardisieren.

[»] **Einschränkungen bei der Verwendung von XSteps**

Bei der Verwendung von XSteps gibt es einige Einschränkungen zu beachten:

- Steuerrezeptempfänger mit dem Empfängertyp 1 (ABAP-List-basierte Herstellanweisung) und 3 (Download an ext. System, initiiert durch ext. Prozesssteuerung) können nicht verwendet werden. Weitere Informationen zur Anlage und Verwendung des Steuerrezeptempfängers finden Sie in Abschnitt 5.2.2, »Steuerrezeptempfänger«.
- Die Funktion PPPI_PREDECESSOR zur Festlegung der Abarbeitungsreihenfolgen von Phasen wird nicht unterstützt.

5.5.2 Struktur und Eigenschaften von XSteps

Im folgenden Abschnitt erklären wir Ihnen die Struktur und Eigenschaften von XSteps. Zentraler Bestandteil von XSteps sind die *XStep-Parameter*. Mit XStep-Parametern modellieren Sie Ihre Daten für einen XStep-Baustein. Die Parameter beschreiben die Inhalte des XStep-Bausteins und gelten nur für diesen XStep-Baustein. Der Datenaustausch zwischen den XStep-Bausteinen wird ebenfalls mithilfe der Parameterdefinition gesteuert. Sie können z. B. gleichlautende Variablennamen oder Prüfformeln konfliktfrei in verschiedenen XSteps eines XStep-Baums verwenden. Auf der Grundlage von XStep-Parametern werden automatische Bewertungen und Generierungen durchgeführt. Im folgenden Unterabschnitt »XStep-Parameter« finden Sie weitere Informationen.

Zu jedem XStep können Sie Eigenschaften definieren, die den XStep genauer spezifizieren. Es stehen Ihnen die folgenden Reiter für die Definition zur Verfügung:

- **Allgemeine Informationen**
  Auf dem Reiter ALLGEMEIN können Sie im Feld BEZEICHNUNG einen Text für die Beschreibung des XSteps eingeben. Darüber hinaus finden Sie hier weitere Informationen zum zugeordneten Empfängertyp und Empfänger, zum Status des Steuerrezepts und zu den Verwaltungsdaten. Der Status des Steuerrezepts wird erst im Prozessauftrag vom System gesetzt (siehe Abbildung 5.36). Der Reiter ist sowohl bei der Anlage von XSteps als auch von Standard-XSteps verfügbar.

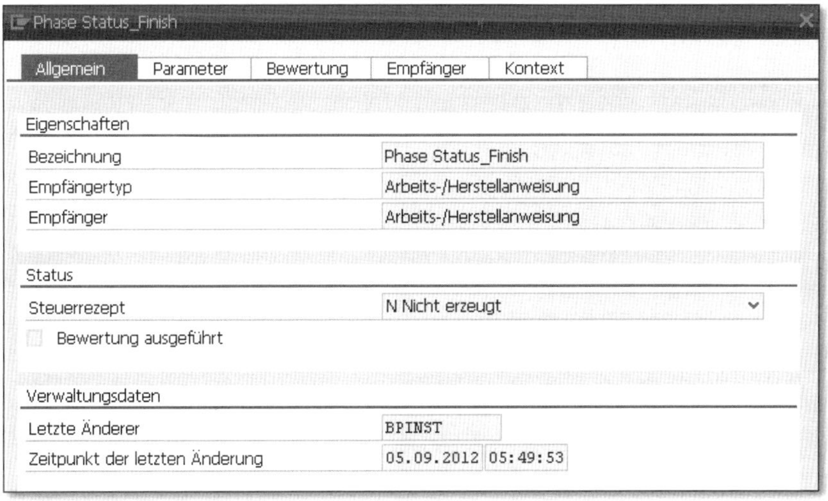

Abbildung 5.36 Reiter »Allgemein«

- **Parameter**
  Auf dem Reiter PARAMETER legen Sie XStep-Parameter zum XStep an. Im folgenden Unterabschnitt »XStep-Parameter« erklären wir Ihnen, wie Sie Parameter im XStep verwenden können. Der Reiter ist sowohl bei der Anlage von XSteps als auch von Standard-XSteps verfügbar.

- **Bewertung**
  Auf dem Reiter BEWERTUNG legen Sie fest, ob und wie Parameter bewertet werden. Auch hierauf gehen wir im folgenden Unterabschnitt »XStep-Parameter« näher ein. Dort erfahren Sie, welche Bewertungsmöglichkeiten zur Verfügung stehen. Der Reiter ist sowohl bei der Anlage von XSteps und als auch von Standard-XSteps verfügbar.

- **Generierungsumfang**
  Der Reiter GENERIERUNG wird nur für XSteps und nicht für Standard-XSteps angezeigt (siehe Abbildung 5.37). Sie können hier festlegen, für welche Objekte die Generierung der XSteps erfolgen soll. Für die Ausgabe aller Komponenten mit Reservierungen auf der Herstellanweisung legen Sie z. B. einen XStep mit den Feldern an, die ausgegeben werden sollen, und ordnen die Generierung FÜR ALLE RESERVIERUNGSPOSITIONEN zu. Das System generiert daraufhin im Prozessauftrag auf Basis dieser Regel einen XStep für jede Reservierungsposition.

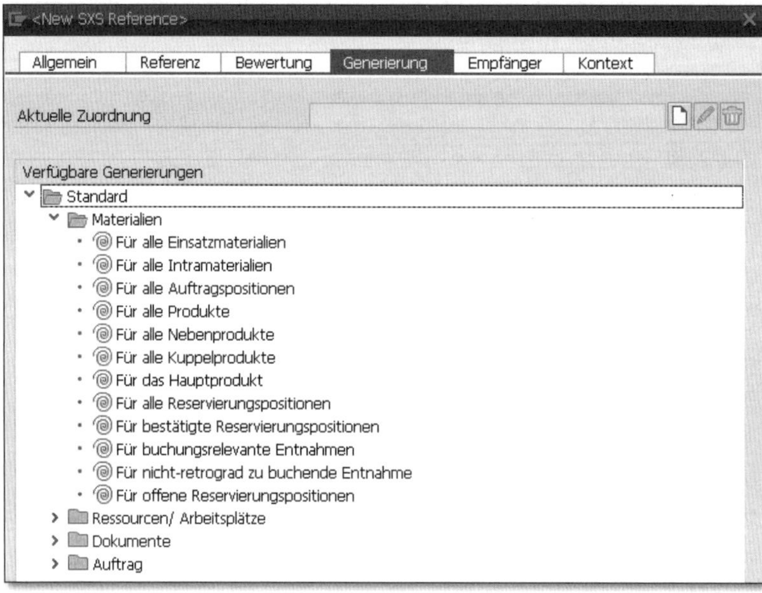

Abbildung 5.37 Reiter »Generierung«

- **Empfänger**
  Auf dem Reiter EMPFÄNGER ordnen Sie dem XStep einen Empfängertyp (externe Systeme oder Herstellanweisung) oder einen konkreten Steuerrezeptempfänger zu (siehe Abbildung 5.38). Der Empfänger gibt vor, auf welcher Herstellanweisung die Ausgabe des XSteps erfolgt bzw. an welches Prozessleitsystem der XStep versendet werden soll. Bitte beachten Sie, dass Sie bei der Anlage eines Standard-XSteps noch keinen konkreten Empfänger zuordnen können, Sie müssen aber einen Empfängertyp zuordnen. Der Empfänger wird entlang des XStep-Baums von oben nach unten so lange weitervererbt, bis ein neuer konkreter Empfänger gefunden wird. Ab diesem konkreten Empfänger beginnt die Vererbungshierarchie von neuem.

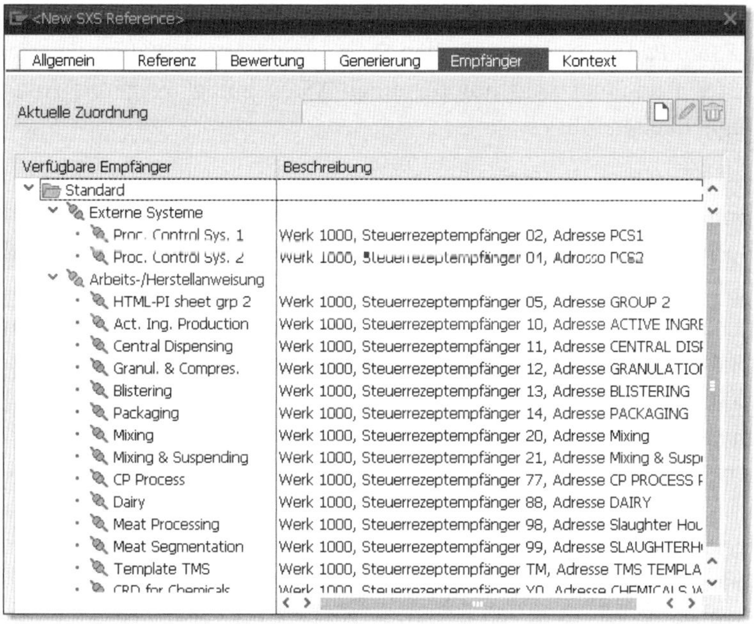

Abbildung 5.38 Reiter »Empfänger«

- **Anwendungskontext**
  Der Reiter Kontext wird nur im Planungsrezept oder Prozessauftrag angezeigt (siehe Abbildung 5.39). Hier legen Sie fest, ob der XStep für eine bestimmte Phase, einen bestimmten Vorgang oder für den gesamten Auftrag gelten soll. Das System benötigt den XStep-Kontext u. a. bei der Generierung und bei der automatischen Bewertung. Wie beim Empfänger wird der Kontext entlang des XStep-Baums von oben nach unten so lange vererbt, bis ein neuer Kontext gefunden wird. Ab diesem neuen Kontext beginnt die Vererbungshierarchie von neuem.

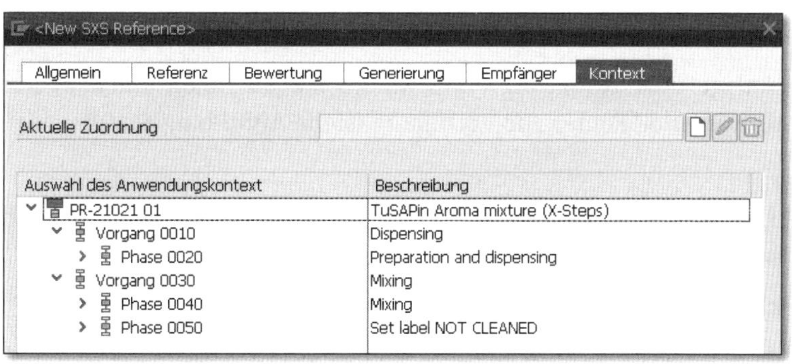

Abbildung 5.39 XStep-Reiter »Kontext«

XStep-Parameter

Mit den *XStep-Parametern* beschreiben Sie die Inhalte eines XSteps. Die angelegten XStep-Parameter sind nur für einen XStep gültig. Folgende Anwendungsmöglichkeiten gibt es:

- **XStep-Parameter als Variable**
  Sie können für bestimmte Inhalte wie z. B. Materialnummer oder Materialbezeichnung XStep-Parameter definieren, die Sie später innerhalb desselben XStep-Baums als Variablen verwenden. Durch die Möglichkeit der automatischen Bewertung können Sie z. B. in einem Langtext eine Variable verwenden. Die Bewertung der Variablen erfolgt mit der Generierung der XSteps im Prozessauftrag. Bei der Ausgabe des Langtextes in der Herstellanweisung wird die Variable automatisch durch den Wert ersetzt. Zur Nutzung dieser Funktion verwenden Sie die folgende Syntax im Langtext: `&<Parameter>&`. Variablen können Sie auch für Vorschlagswerte in Eingabefeldern, Berechnungen, zur Bewertung von Funktionsbausteinparametern oder zur Beschriftung von Ein- und Ausgabefeldern nutzen.
- **Zum Datenaustausch zwischen XSteps eines XStep-Baums**
  Um Daten zwischen XSteps eines XStep-Baums auszutauschen, müssen Sie Parameterreferenzen definieren. So kann z. B. ein XStep-Parameter an einem hierarchisch untergeordneten XStep mit dem Wert des XStep-Parameters aus dem übergeordneten XStep bewertet werden.
- **Zur Parametrisierung von SXS-Referenzen**
  Sie können im Planungsrezept oder Prozessauftrag auf Standard-XSteps referenzieren, die im SXS-Repository abgelegt sind. In der Anwendung können Sie die XStep-Parameter an der Schnittstelle der SXS-Referenz entsprechend den Bedürfnissen des jeweiligen Planungsrezepts oder Prozessauftrags individuell bewerten.

XStep-Parameter erfassen

Bei der Anlage oder Änderung eines XSteps stehen Ihnen auf dem Reiter Parameter folgende Felder zur Verfügung (siehe Abbildung 5.40):

- **Name**
  Geben Sie in das Feld Name den Namen des Parameters ein. Verwenden Sie Namen, die auf den Inhalt des Parameters schließen lassen.
- **Bezeichnung**
  Geben Sie in das Feld Bezeichnung einen Text zur Bezeichnung des Parameters ein.

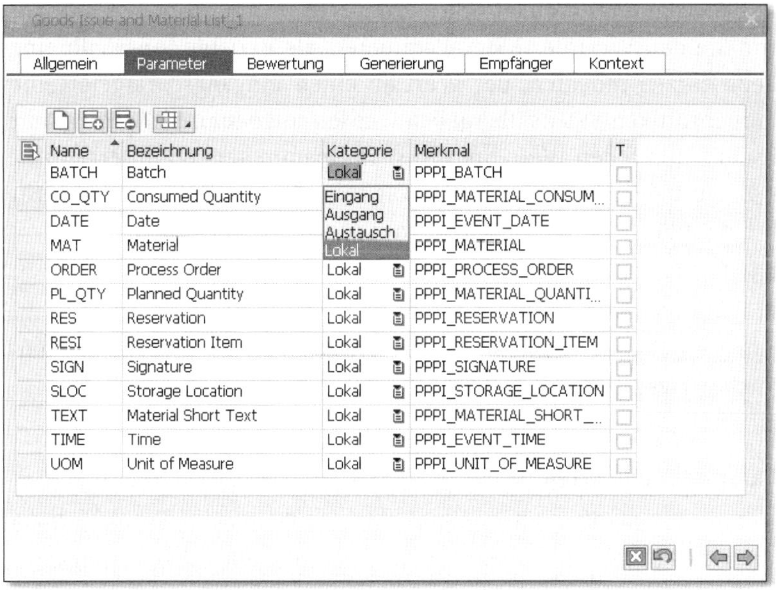

Abbildung 5.40 Reiter »Parameter« im XStep

- **Kategorie**
  Im Feld KATEGORIE stehen Ihnen folgende Eingabemöglichkeiten zur Verfügung:
  - *Eingang*: Sie definieren einen XStep-Parameter mit der Kategorie EINGANG dann, wenn Sie diesen XStep-Parameter mit einem Wert aus einem übergeordneten XStep bewerten wollen. Folgende Bewertungen sind zulässig: Automatisch, mit einem Festwert, mit einem Referenzparameter oder ohne Bewertung. Eingangsparameter können Sie auch in der Prozessvorgabe ausgeben, definieren dazu eine Prozessvorgabe vom Typ *Ausgabe Parameterwert*.
  - *Ausgang*: Sie definieren einen XStep-Parameter mit der Kategorie AUSGANG dann, wenn Sie den Wert dieses XStep-Parameters an den unmittelbar übergeordneten XStep übergeben wollen. Folgende Bewertungen sind zulässig: Mit einem Referenzparameter oder ohne Bewertung. Ausgangsparameter können Sie auch in der Prozessvorgabe erfassen. Definieren Sie hierfür eine Prozessvorgabe vom Typ *Eingabe Parameterwert*.
  - *Austausch*: Die Kategorie AUSTAUSCH stellt eine Kombination aus Eingang und Ausgang dar. Der XStep-Parameter soll einen Wert bekommen und ihn zugleich weitergeben.

- *Lokal*: Sie definieren einen XStep-Parameter mit der Kategorie LOKAL, wenn Sie den Wert des XStep-Parameters als Variable innerhalb eines XSteps nutzen möchten, der Wert an einen Eingangsparameter eines untergeordneten XSteps übergeben werden soll oder der XStep-Parameter selbst durch den Wert eines Ausgangsparameters im untergeordneten XStep bewertet werden soll. Folgende Bewertungen sind zulässig: mit einem Festwert oder ohne Bewertung.

- **Merkmal**
  Jedem XStep-Parameter müssen Sie ein Merkmal zuordnen. Das Merkmal gibt nur den Datentyp des XStep-Parameters vor. Es kann daher auch mehrfach verwendet werden.

XStep-Parameter bewerten

Nach der Eingabe des XStep-Parameters können Sie diesem auf dem Reiter BEWERTUNG in der gleichnamigen Spalte die folgenden Bewertungsarten zuordnen (siehe Abbildung 5.41):

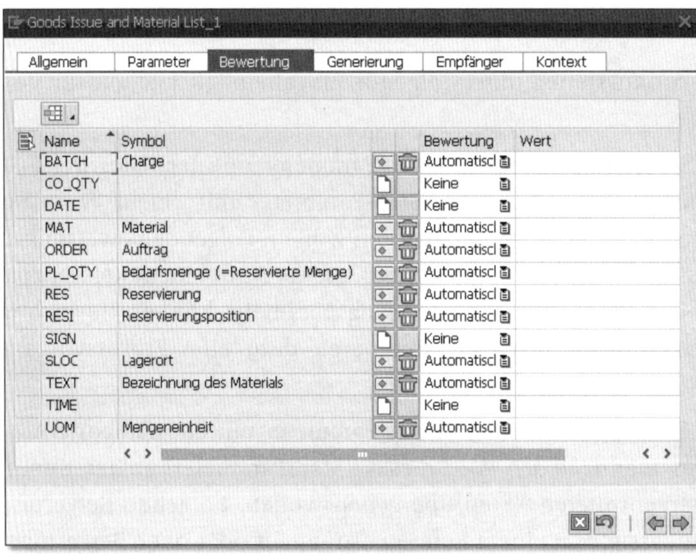

Abbildung 5.41 Reiter »Bewertung« im XStep

- **Keine**
  Der XStep-Parameter soll nicht oder erst später in der Herstellanweisung bewertet werden.

- **Automatisch**
  Der Wert des XStep-Parameters soll bei Erzeugung eines Steuerrezepts automatisch vom System ermittelt werden. Zusätzlich müssen Sie ein Bewertungssymbol angeben. Die Bewertungssymbole werden von der Anwendung abhängig vom aktuellen Anwendungskontext automatisch durch konkrete Werte ersetzt. Klicken Sie auf den Button , um ein Bewertungssymbol zuzuordnen. Der Text des Symbols wird automatisch im Feld Symbol angezeigt. Über den Button können Sie das Bewertungssymbol wieder löschen.
- **Festwert**
  Definieren Sie einen beliebigen festen Wert im Feld Wert.
- **Referenz**
  Hierbei bewerten Sie einen XStep-Parameter mit dem Wert eines anderen XStep-Parameters. Dabei können Sie nur auf XStep-Parameter referenzieren, die Sie zuvor in dem übergeordneten XStep definiert haben. Sie geben als Bewertung einen XStep-Parameter aus dem übergeordneten XStep an, dessen Wert in den aktuellen XStep-Parameter übernommen werden soll.

Erweiterung zur Definition der Bewertungssymbole [«]

Über das BAdI CMX_XS_SRV_SYM (BAdI: Definition von Bewertungssymbolen für XSteps) haben Sie die Möglichkeit, eigene Bewertungssymbole zu definieren. In der Praxis ist es oft notwendig, Bewertungssymbole z. B. für kundenspezifische Materialstammfelder zu erstellen.

XStep-Prozessvorgaben

Nach der Anlage des XSteps legen Sie eine XStep-Prozessvorgabe zum XStep an. Mit XStep-Prozessvorgaben definieren Sie den konkreten Inhalt eines XSteps und damit die Daten, die in der Herstellanweisung angezeigt werden oder an ein externes System gesendet werden sollen. Die in diesem Abschnitt vorgestellten XSteps-Prozessvorgaben können nur für Herstellanweisungen verwendet werden.

- **Ausgabe**
  Mit der Funktion Ausgabe können Sie verschiedene Datenformate auf eine Herstellanweisung ausgeben. In Abbildung 5.42 werden Ihnen die verschiedenen Möglichkeiten angezeigt.

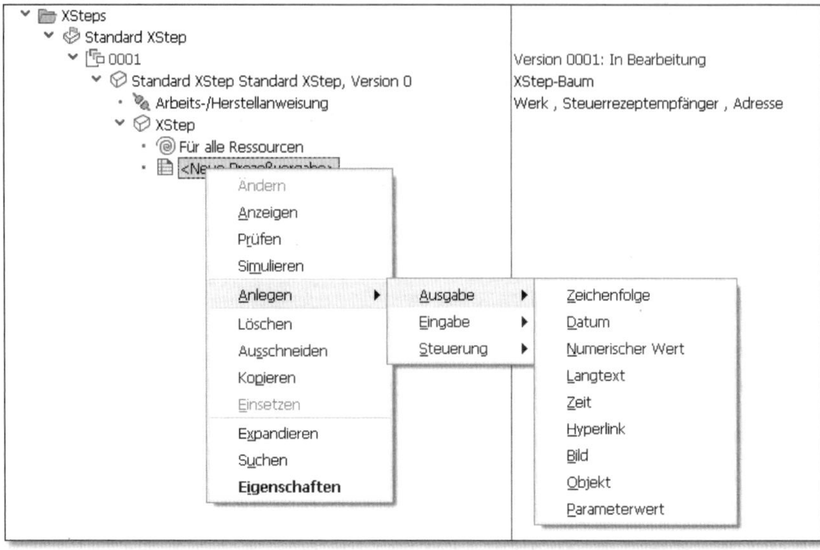

Abbildung 5.42 XStep-Prozessvorgabe »Ausgabe«

- **Eingabe**
  Über Eingabefelder können Sie in der Herstellanweisung z. B. Ist-Werte oder Unterschriften erfassen. Abbildung 5.43 zeigt Ihnen die verschiedenen Möglichkeiten.

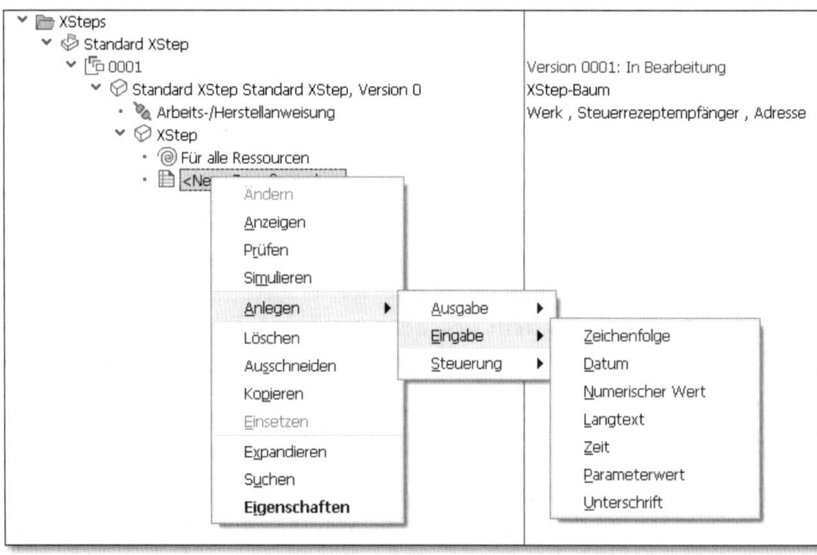

Abbildung 5.43 XStep-Prozessvorgabe »Eingabe«

- **Steuerung**
  Über die Funktion STEUERUNG können Sie z. B. Berechnungen durchführen oder Daten mit der Funktion MANUFACTURING DATA ACCESS von einer Waage übernehmen, die über die OPC-Schnittstelle angebunden ist. Besonders wichtig sind die Prozessmeldungen, über die Daten in der Herstellanweisung erfasst und an verschiedene ERP-Komponenten zur Weiterverarbeitung gesendet werden. Wareneingangsbuchungen werden z. B. über Prozessmeldungen durchgeführt. Weitere Informationen zum Thema Prozessmeldungen finden Sie in Abschnitt 5.6, »SAP-Herstellanweisungen«. In Abbildung 5.44 sehen Sie die verschiedenen Möglichkeiten, die Ihnen zur Verfügung stehen.

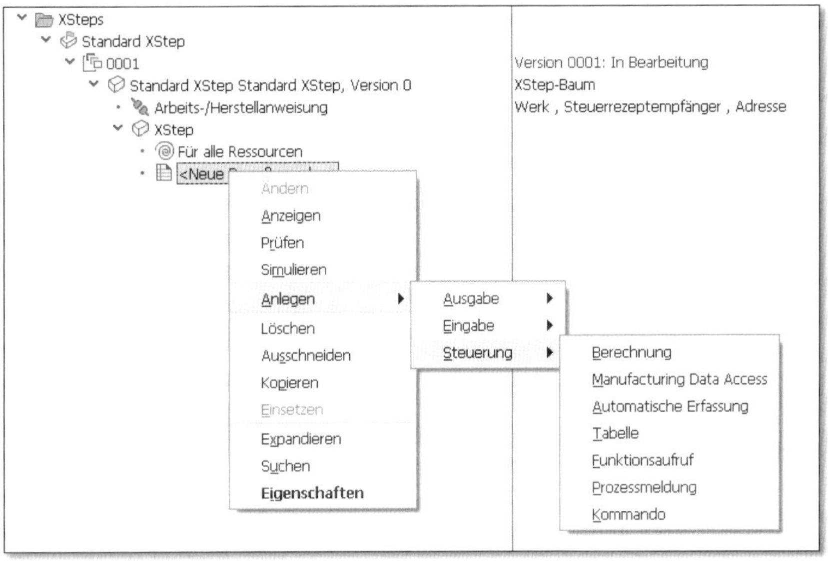

Abbildung 5.44 XStep-Prozessvorgabe »Steuerung«

5.5.3 SXS-Repository

Zum Aufruf des SXS-Repositorys wählen Sie den Menüpfad LOGISTIK • PRODUKTION PROZESS • STAMMDATEN • STANDARD-XSTEP-REPOSITORY (Transaktion CMXSV). Nach dem Aufruf der Transaktion wird Ihnen das SXS-Repository angezeigt (siehe Abbildung 5.45). Bitte beachten Sie, dass es eine separate Transaktion für das werksübergreifende Repository gibt. Weitere Informationen erhalten Sie im Unterabschnitt »Werksübergreifendes SXS-Repository« weiter unten in diesem Abschnitt.

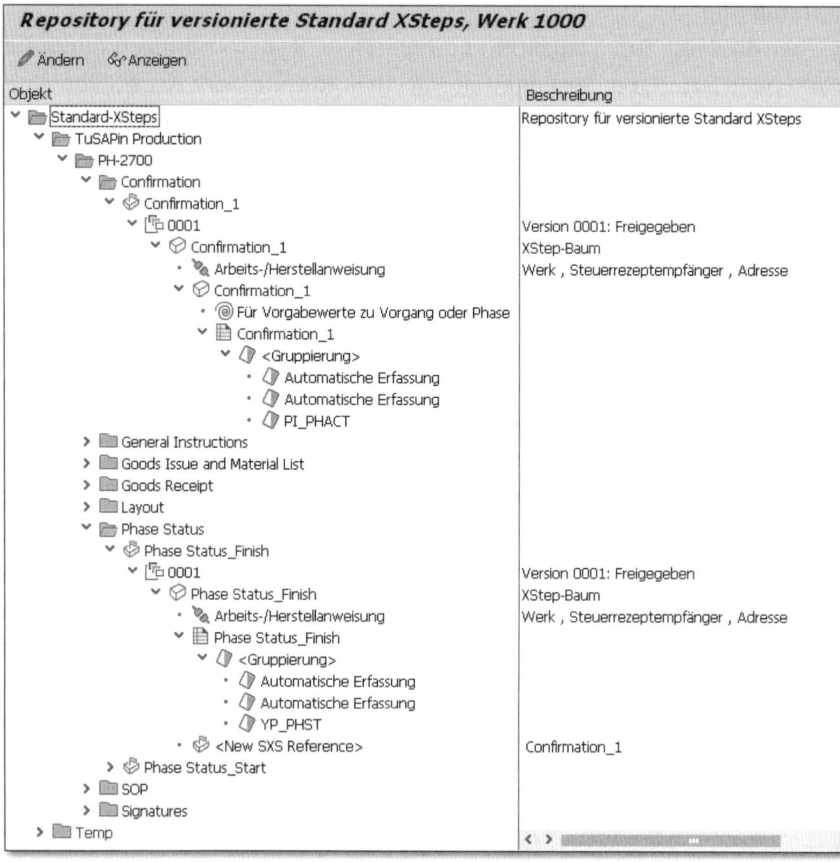

Abbildung 5.45 SXS-Repository

[»]

Einstellung zum SXS-Repository

Die Einstellung des SXS-Repositorys rufen Sie über die Transaktion CMX21 auf. Die Einstellungen sind werksabhängig und müssen nur vorgenommen werden, wenn Sie eine der folgenden Funktionen aktivieren möchten:

- SXS-Version – Berechnung Gültig-bis-Datum
  Mit diesem Kennzeichen aktivieren Sie die automatische Berechnung des Gültig-bis-Datums von Standard-XStep-Versionen.
- SXS-Version – Automatische Nummerierung
  Wenn Sie dieses Kennzeichen setzen, nummeriert das System automatisch die Versionen eines Standard-XSteps. Wenn noch keine Version existiert, vergibt das System für die Version die Nummer 1. Alle weiteren Versionen werden fortlaufend nummeriert.
- SXS-Version – Genehmigungsverfahren aktiv
  Mit diesem Kennzeichen aktivieren Sie, dass für die Freigabe einer neuen XSteps-Version eine digitale Signatur notwendig ist. In den Feldern Version

GENEHMIGEN und VERSION VERWERFEN ordnen Sie die relevanten Signaturstrategien zu. Die Definition von Signaturstrategien erfolgte über den IMG-Pfad ANWENDUNGSÜBERGREIFENDE KOMPONENTEN • ALLGEMEINE ANWENDUNGSFUNKTIONEN • DIGITALE SIGNATUR • SIGNATURSTRATEGIE • SIGNATURSTRATEGIEN DEFINIEREN.

Im SXS-Repository können Sie Ordner anlegen, um die Ablage der Standard-XSteps besser zu organisieren. Navigieren Sie zum Anlegen von neuen Ordnern auf den gewünschten Knoten, und drücken Sie die rechte Maustaste (siehe Abbildung 5.46).

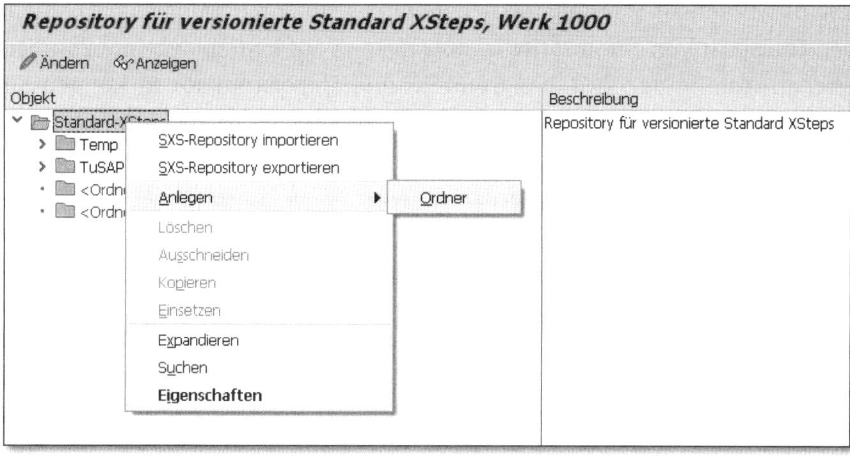

Abbildung 5.46 Anlage eines neuen Ordners im SXS-Repository

Wenn Sie nun den Menüpunkt ORDNER aus dem Kontextmenü auswählen, wird anschließend ein neuer Ordner erzeugt. Zur Eingabe einer Bezeichnung führen Sie einen Doppelklick auf den neuen Ordner aus. Es wird jetzt ein Pop-up zur Eingabe einer Bezeichnung ausgegeben (siehe Abbildung 5.47).

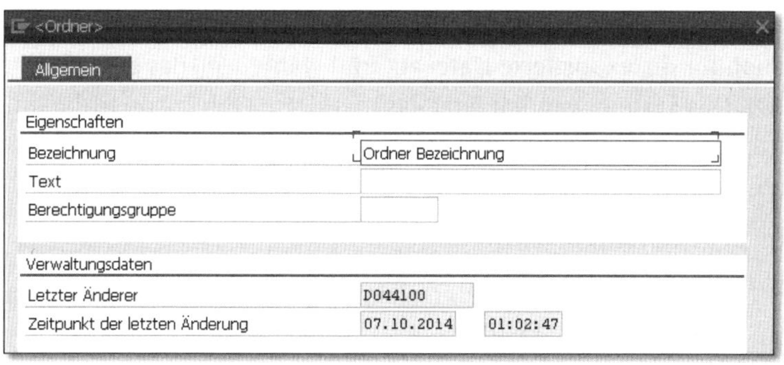

Abbildung 5.47 Eingabe der Bezeichnung eines Ordners

Wenn Sie im Feld TEXT auch etwas eingeben, wird dieser Text im Bildschirmabschnitt BESCHREIBUNG des Repositorys ausgegeben. Im Feld BERECHTIGUNGSGRUPPE können Sie eine Berechtigungsgruppe zuordnen. Berechtigungsgruppen erstellen Sie im Customizing über den IMG-Pfad PRODUKTIONSPLANUNG PROZESSINDUSTRIE • PROZESSKOORDINATION • EXECUTION STEPS (XSTEPS) • STANDARD-XSTEP-REPOSITORY • BERECHTIGUNGSGRUPPEN FÜR STANDARD-XSTEP-REPOSITORY DEFINIEREN.

XSteps importieren und exportieren

XSteps werden als Stammdaten behandelt; es gibt keine Möglichkeit, XSteps per Transport von Ihrem Entwicklungssystem auf andere Systeme zu übertragen. Mithilfe der XML-basierten Ex- und Importfunktionen können Sie Inhalte von einem XStep-Repository in ein anderes XStep-Repository transferieren. Sie können folgende Objekte eines Standard-XSteps exportieren, lokal sichern und wieder importieren:

- Standard-XStep-Ordner
- Standard-XStep
- Standard-XStep-Version

Öffnen Sie für den Export das SXS-Repository mit der Transaktion CMXSV, und führen Sie die folgenden Schritte aus:

1. Markieren Sie das gewünschte Objekt, und öffnen Sie das Kontextmenü, indem Sie es mit der rechten Maustaste anklicken.
2. Wählen Sie im Kontextmenü die Option SXS-ORDNER EXPORTIEREN aus (siehe Abbildung 5.48). Beachten Sie, dass der Text des angezeigten Kontextmenüs abhängig vom gewählten Objekt ist. Wenn Sie z. B. den obersten Knoten auswählen, können Sie das gesamte Repository exportieren.
3. Sie gelangen in das Dialogfenster SXS-OBJEKT EXPORTIEREN. Geben Sie einen Namen für die exportierte Datei an, und wählen Sie das gewünschte Verzeichnis. Das System wandelt jetzt das markierte Objekt sowie die ihm untergeordnete Hierarchiestruktur (SXS-Repository-Teilbaum) in eine XML-Datei um.
4. Klicken Sie auf den Button SICHERN.

Das System legt im angegebenen Verzeichnis eine XML-Datei mit dem exportierten Standard-XSteps-Objekt an.

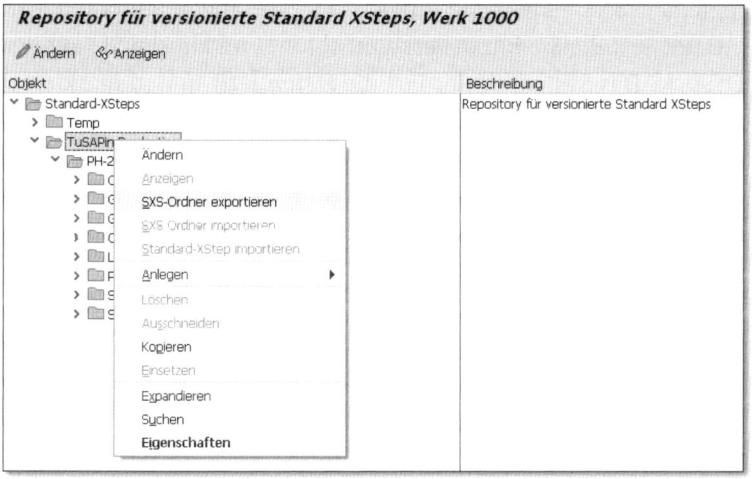

Abbildung 5.48 Export von XSteps-Ordnern

Öffnen Sie für den *Import* das SXS-Repository mit der Transaktion CMXSV, und führen Sie die folgenden Schritte aus:

1. Markieren Sie den gewünschte Ordner, der die neuen Objekte enthalten soll, und öffnen Sie das Kontextmenü mit der rechten Maustaste.
2. Wählen Sie die Option SXS-ORDNER IMPORTIEREN aus dem Kontextmenü aus (siehe Abbildung 5.49). In unserem Beispiel importieren wir einen SXS-Ordner in einen bestehenden Ordner.

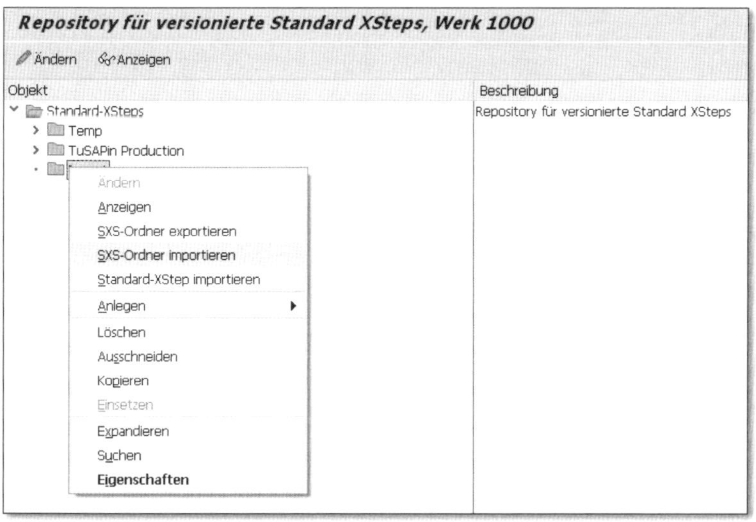

Abbildung 5.49 Import von XSteps-Ordnern

3. Das Dialogfenster SXS-OBJEKT IMPORTIEREN wir jetzt angezeigt. Wählen Sie die XML-Datei aus, die Sie importieren möchten, und klicken Sie auf den Button ÖFFNEN. Das System importiert die Daten jetzt in den markierten Ordner.

Verwendungsnachweis

Da die angelegten Standard-XSteps später als Referenz im Planungsrezept zugeordnet werden, ist es wichtig, vor einer Änderung die Verwendung zu prüfen. Zum Aufruf des Verwendungsnachweises öffnen Sie wieder das SXS-Repository mit der Transaktion CMXSV. Markieren Sie einen Standard-XStep, und drücken Sie die rechte Maustaste. Wählen Sie im Kontextmenü den Eintrag VERWENDUNGSNACHWEIS SXS aus (siehe Abbildung 5.50).

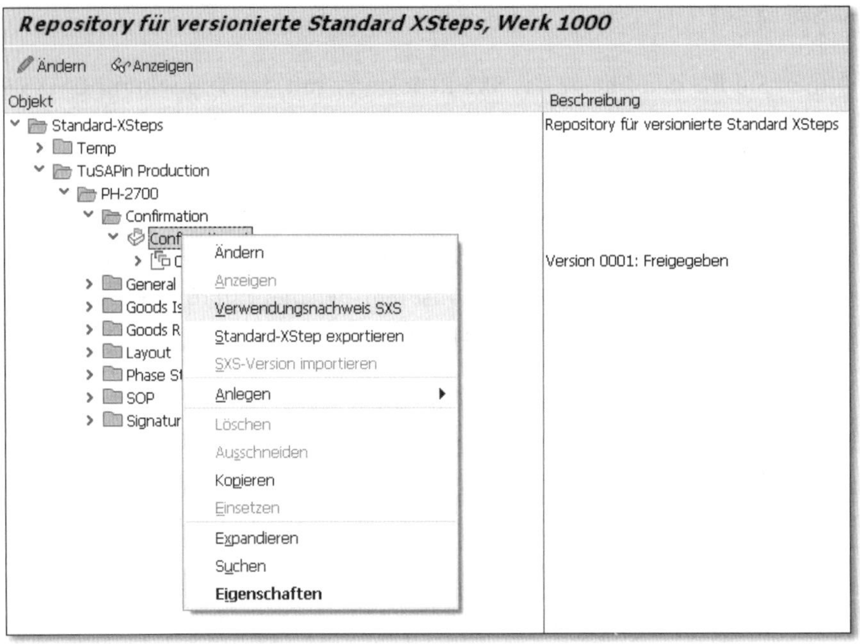

Abbildung 5.50 Aufruf des SXS-Verwendungsnachweises

Im unteren Bereich des SXS-Repositorys wird Ihnen jetzt der Verwendungsnachweis angezeigt (siehe Abbildung 5.51).

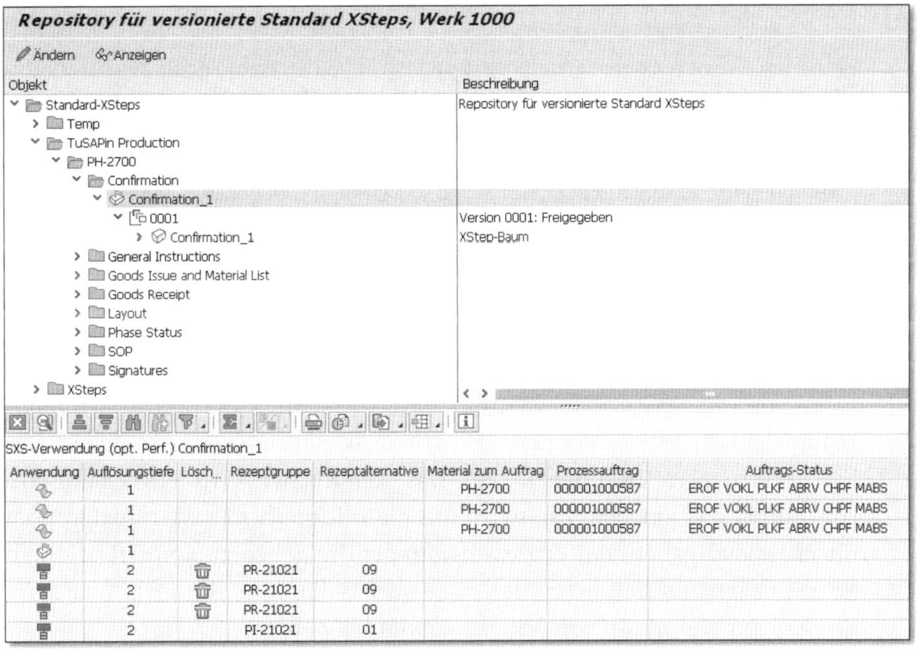

Abbildung 5.51 Verwendungsnachweis eines Standard-XSteps

Anhand der Symbole in der ersten Spalte können Sie erkennen, in welchem Objekt der Standard-XStep verwendet wird. Das Symbol (Prozessauftrag) wird für ein Prozessauftrag und das Symbol (Planungsrezept) für ein Planungsrezept verwendet. Bei Prozessaufträgen werden Ihnen darüber hinaus die Felder Material zum Auftrag, Prozessauftragsnummer und der Auftrags-Status angezeigt; beim Planungsrezept die Felder Rezeptgruppe und Rezeptalternative. Am Symbol (XStep-Baum des Rezeptes wurde zum Löschen vorgemerkt) können Sie erkennen, dass die Referenz im Planungsrezept gelöscht wurde.

Werksübergreifendes SXS-Repository

Über das werksübergreifende SXS-Repository haben Sie die Möglichkeit, Standard-XSteps für verschiedene Werke in einem Repository anzulegen. Zusätzlich können Sie Ihre Standard-XSteps übersetzen, sodass ein Einsatz in verschiedenen Werken und Sprachen möglich ist. Vor der Nutzung des werksübergreifenden Repositorys muss allerdings die Enterprise Business Function `LOG_PP_XS_01` (Werksübergreifendes und mehrsprachiges XSteps-Repository) aktiviert werden. Weitere Informationen finden Sie auch im Hinweiskasten am Anfang dieses Kapitels.

[»] **Nutzung des werksübergreifenden Repositorys**

Mit der Aktivierung der Enterprise Business Function steht Ihnen zusätzlich zur Transaktion CMXSV (Standard-XStep-Repository) die Transaktion CMXSVN (Werksübergreifendes Standard-XStep-Repository) zur Anlage von Standard-XSteps zur Verfügung. Die bisher im *werksbezogenen Repository* angelegten Standard-XSteps werden nicht automatisch in das *werksübergreifende Repository* übertragen. Zur Übertragung verwenden Sie bitte die Export- und Importfunktion. Nach der Aktivierung sollten Sie nur noch das werksübergreifende Repository verwenden.

Vor der Nutzung müssen Sie im Customizing ein Referenzwerk hinterlegen. Rufen Sie die Tabelle über den IMG-Pfad Produktionsplanung Prozessindustrie • Prozesskoordination • Execution Steps (XSteps) • Standard-XStep-Repository • Referenzwerk für werksübergreifendes Standard-XStep-Repository definieren auf. Das Referenzwerk ist ein technisches Hilfsmittel, das nur benötigt wird, um die erforderlichen Merkmalgruppen für Prozessvorgaben und Prozessmeldungen freigeben zu können. Im Referenzwerk müssen sämtliche Merkmale vorhanden sein, die auch in anderen Werken zur Definition von XSteps verwendet werden.

Über den IMG-Pfad Produktionsplanung Prozessindustrie • Prozesskoordination • Execution Steps (XSteps) • Standard-XStep-Repository • Übersetzbare Prozessvorgabemerkmale definieren hinterlegen Sie die Prozessvorgabemerkmale, die übersetzbar sein sollen. Weitere Informationen zum Thema Prozessvorgabemerkmale und Prozessvorgaben erhalten Sie in Abschnitt 5.4.3, »Prozessvorgabemerkmale«, und Abschnitt 5.4.4, »Anlegen einer Prozessvorgabeart«. Über den IMG-Pfad Produktionsplanung Prozessindustrie • Prozesskoordination • Execution Steps (XSteps) • Standard-XStep-Repository • Bevorzugte Standardsprache festlegen können Sie die Standardsprache hinterlegen, die verwendet wird, wenn keine Übersetzung zu einem Standard-XStep in der Anmeldesprache vorhanden ist.

Sie haben die Möglichkeit, eine Übersetzung im werksübergreifenden SXS-Repository zu definieren. Rufen Sie dazu das werksübergreifende Repository über den Menüpfad Logistik • Produktion Prozess • Stammdaten • Werksübergreifendes Standard-XStep-Repository (Transaktion CMXSVN) in der Zielsprache auf. Wenn Sie anschließend den XStep im Änderungsmodus aufrufen, werden Ihnen die Texte in der Standardsprache angezeigt. Überschreiben Sie die Texte, und sichern Sie anschließend die Änderungen mit dem Button .

Das System sichert Ihre Eingaben als Übersetzung, d. h., die Texte des XSteps liegen einmal in der Originalsprache und einmal in der Übersetzung vor. Um sich die Übersetzung zu einem Element anzeigen zu lassen, markieren Sie dieses und drücken dann die rechte Maustaste. Wählen Sie jetzt ÜBERSETZUNGEN ANZEIGEN aus dem Kontextmenü aus. Im unteren Bildschirmbereich werden jetzt die Texte mit dem jeweiligen Länderkürzel ausgegeben (siehe Abbildung 5.52).

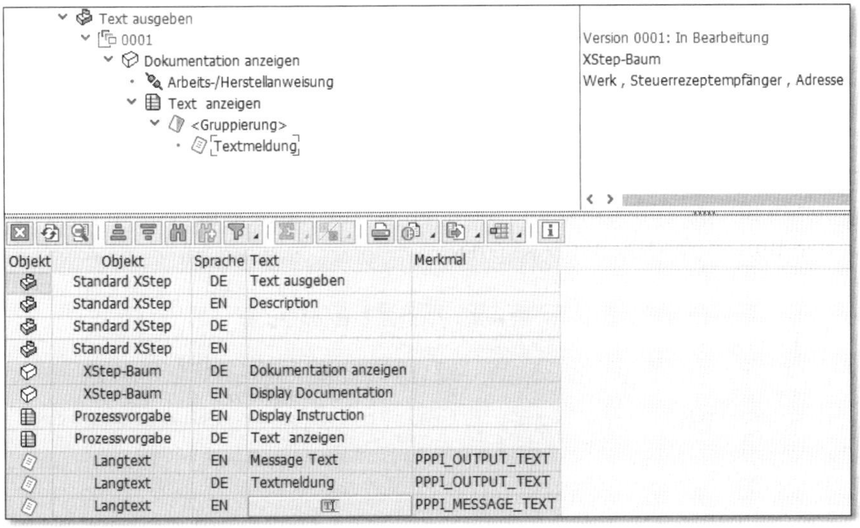

Objekt	Objekt	Sprache	Text	Merkmal
	Standard XStep	DE	Text ausgeben	
	Standard XStep	EN	Description	
	Standard XStep	DE		
	Standard XStep	EN		
	XStep-Baum	DE	Dokumentation anzeigen	
	XStep-Baum	EN	Display Documentation	
	Prozessvorgabe	EN	Display Instruction	
	Prozessvorgabe	DE	Text anzeigen	
	Langtext	EN	Message Text	PPPI_OUTPUT_TEXT
	Langtext	DE	Textmeldung	PPPI_OUTPUT_TEXT
	Langtext	EN		PPPI_MESSAGE_TEXT

Abbildung 5.52 Übersetzungen zum XStep

5.5.4 XSteps anlegen

XSteps können sehr unterschiedliche Inhalte haben und z. B. der Ausgabe eines Textes dienen oder eine PP-PI-Rückmeldetransaktion aufrufen. In diesem Abschnitt lernen Sie die Schritte zur Anlage von XSteps und Standard-XSteps kennen. Standard-XSteps können Sie über die Transaktion CMXSV (SXS-Repository) oder über die Transaktion CMXSVN (werksübergreifendes SXS-Repository) anlegen. XSteps können Sie im Planungsrezept oder Prozessauftrag definieren. Weitere Informationen zum Thema SXS-Repository erhalten Sie in Abschnitt 5.5.3, »SXS-Repository«.

Im Folgenden zeigen wir Ihnen Schritt für Schritt, wie Sie zur Anlage von XSteps und Standard-XSteps vorgehen müssen. Einige der folgenden Schritte sind nur für Standard-XSteps relevant. Wir haben diese Schritte jeweils gekennzeichnet, damit Sie sich leichter zurechtfinden:

1. **Ordner anlegen (nur relevant für Standard-XSteps)**
   Die Anlage eines Ordners erfolgt nur im SXS-Repository. Einem Ordner können Sie beliebig viele Standard-XSteps zuordnen. Der Ordner unterstützt Sie bei der Ablage der Standard-XSteps. Sie haben die Möglichkeit, XSteps nach der Anlage noch von einem Ordner in einen anderen zu verschieben.

2. **Standard-XStep anlegen (nur relevant für Standard-XSteps)**
   Standard-XSteps können nur im SXS-Repository angelegt werden. Standard-XSteps werden als Referenz einem Planungsrezept zugeordnet. Klicken Sie mit der rechten Maustaste auf den Ordner, in dem Sie den Standard-XStep anlegen möchten, und wählen Sie ANLEGEN • STANDARD XSTEP aus dem Kontextmenü aus (siehe Abbildung 5.53). Klicken Sie anschließend doppelt auf das Element <Standard XStep>, und geben Sie in das Feld BEZEICHNUNG einen Text ein. Beenden Sie die Eingabe mit einem Klick auf den Button (NÄCHSTER KNOTEN).

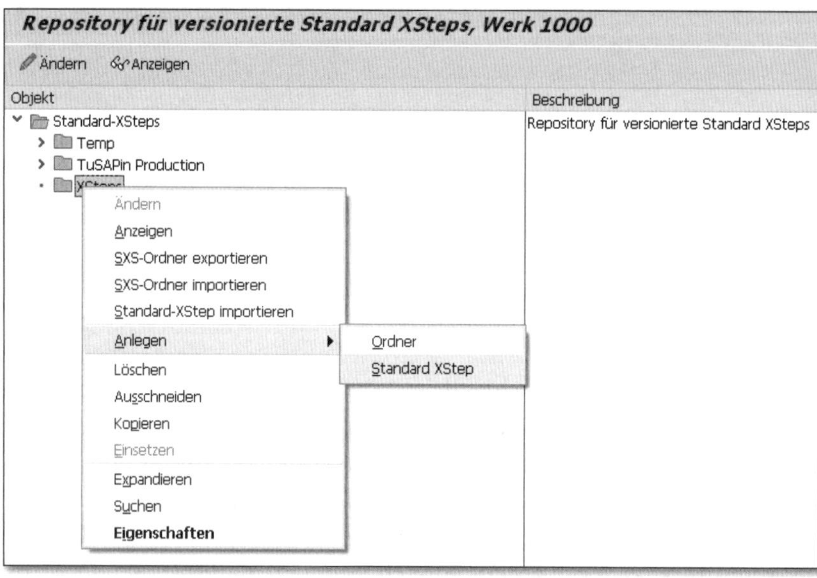

Abbildung 5.53 Kontextmenü zur Anlage eines Standard-XSteps

3. **Standard-XStep-Version (nur relevant für Standard-XSteps)**
   Im nächsten Schritt vergeben Sie im Feld VERSION eine vierstellige Versionsnummer (siehe Abbildung 5.54). Die Nummerierung sollte mit 0001 beginnen. Klicken sie anschließend auf den Button (NÄCHSTER KNOTEN). Bitte beachten Sie zur Vergabe von Versionsnummern den Hinweis in Abschnitt 5.5.3, »SXS-Repository«.

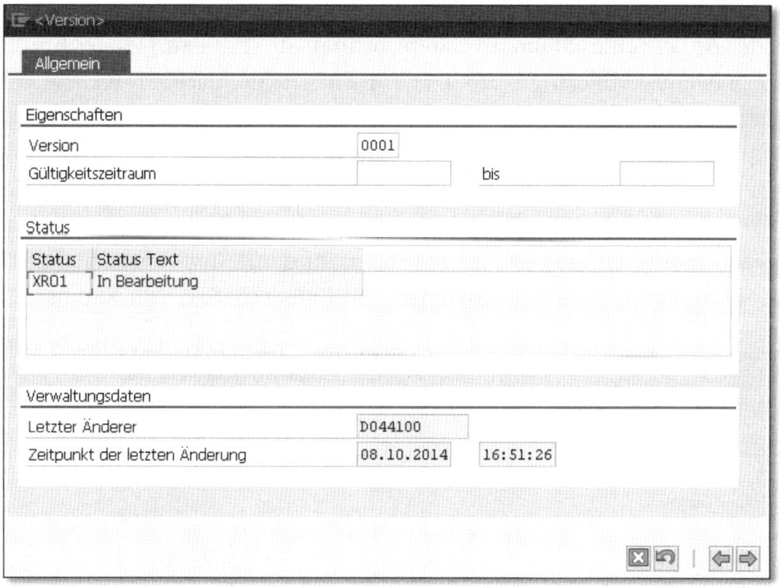

Abbildung 5.54 Eingabe der Standard-XStep-Version

4. **XStep anlegen**
   Im nächsten Schritt geben Sie in das Feld BEZEICHNUNG eine Beschreibung ein (siehe Abbildung 5.55). Wechseln Sie anschließend zum Reiter EMPFÄNGER. Der Reiter GENERIERUNG wird erst angezeigt, wenn Sie zum erstellten XStep einen zweiten XStep anlegen (nächste Hierarchieebene).

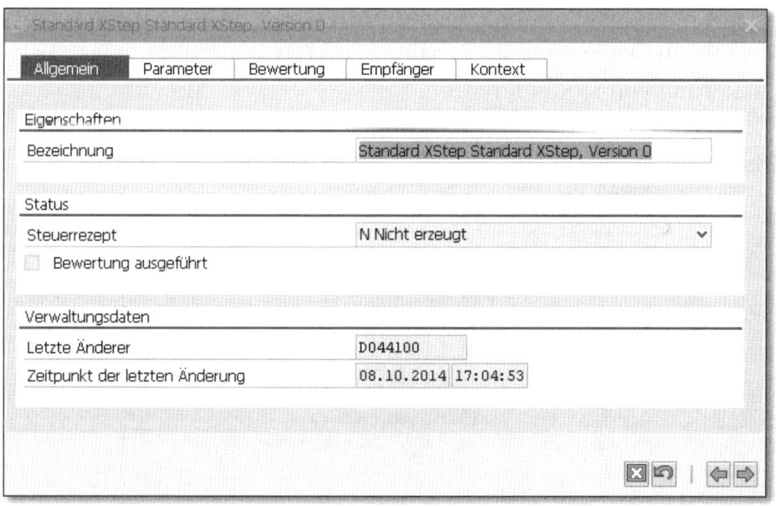

Abbildung 5.55 Zuordnung der XStep-Eigenschaften

5. **Steuerrezeptempfänger zuordnen**
   Bei der Anlage eines Standard-XSteps ordnen Sie jetzt den Typ des Empfängers zu (siehe Abbildung 5.56). Der Typ entscheidet darüber, welche Funktionen Ihnen bei der Anlage des XSteps angeboten werden und ob Sie den XStep auf einer Herstellanweisung (Eintrag ARBEITS-/HERSTELLANWEISUNG) ausgeben oder an ein PLS-System (Eintrag EXTERNE SYSTEME) versenden wollen. In unserem Beispiel soll der XStep auf einer Herstellanweisung ausgegeben werden. Weitere Informationen zu den XStep-Eigenschaften finden Sie in Abschnitt 5.5.2, »Struktur und Eigenschaften von XSteps«.

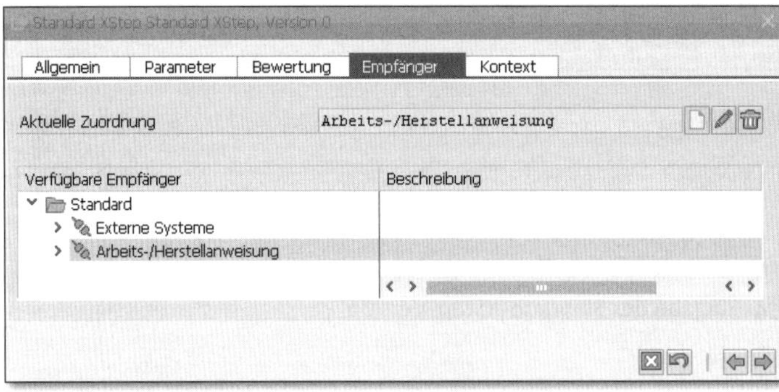

Abbildung 5.56 Zuordnung eines Empfängers

6. **Parameter und Bewertung anlegen (optional)**
   Auf den Reitern PARAMETER und BEWERTUNG legen Sie die für den XSteps notwendigen Parameter an (siehe Abbildung 5.57). Wie Sie in Abschnitt 5.5.2, »Struktur und Eigenschaften von XSteps«, gelernt haben, nutzen Sie die Parameter als Variable, zum Datenaustausch oder zur Parametrisierung von SXS-Referenzen.

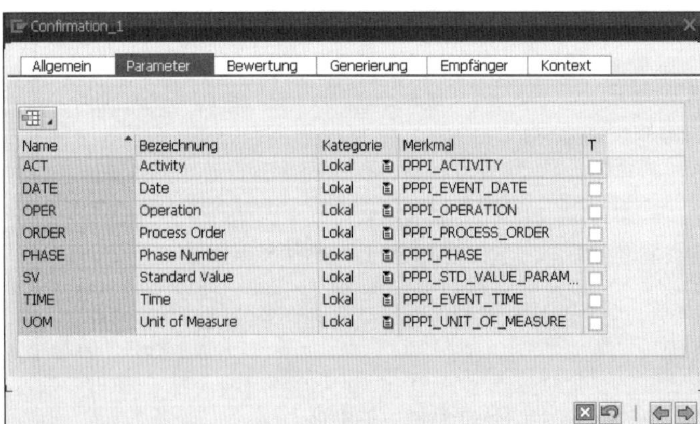

Abbildung 5.57 Reiter zur Anlage der Parameter im XStep

7. **Generierungsumfang festlegen (optional)**
   Auf diesem optional zu pflegenden Reiter GENERIERUNG ordnen Sie bei Bedarf die gewünschte Regel zu (siehe Abbildung 5.58). Beachten Sie, dass dieser Reiter erst angezeigt wird, wenn Sie einen zweiten XStep anlegen (nächste Hierarchieebene).

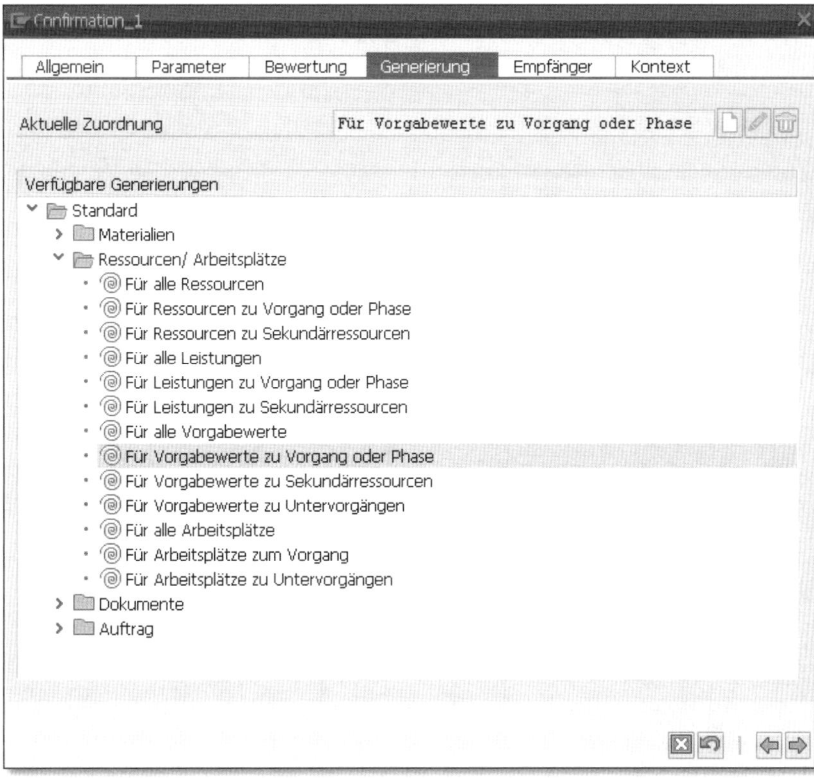

Abbildung 5.58 Zuordnung der Generierung zum XStep

8. **Kontext festlegen (optional)**
   Der Reiter KONTEXT wird nur im Planungsrezept oder Prozessauftrag angezeigt, da nur hier die Strukturelemente Vorgänge und Phasen zur Verfügung stehen (siehe Abbildung 5.59). Über den Kontext stellen Sie die Verbindung zu den Strukturelementen her, um z. B. Informationen zum Vorgang im XStep zur Verfügung zu stellen. Wie beim Empfänger wird der Kontext entlang des XStep-Baums von oben nach unten so lange vererbt, bis ein neuer Kontext gefunden wird. Ab diesem neuen Kontext beginnt die Vererbungshierarchie von neuem.

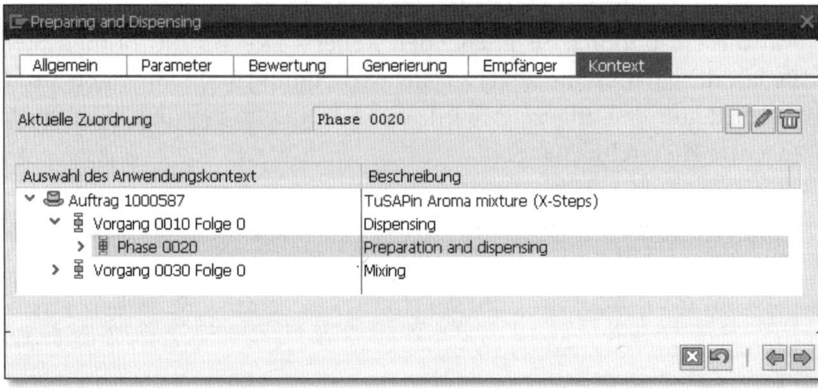

Abbildung 5.59 Zuordnung des Kontexts zum XStep

9. **Prozessvorgaben anlegen**
   Im nächsten Schritt legen Sie die XStep-Prozessvorgabe an (siehe Abbildung 5.60). In der Prozessvorgabe definieren Sie den konkreten Inhalt eines XSteps, also z. B., welche Daten in der Herstellanweisung angezeigt und eingegeben werden sollen (siehe Abbildung 5.61). XStep-Prozessvorgaben legen Sie zu einem XStep oder Standard-XStep an. Weitere Informationen zum Thema XStep-Prozessvorgaben finden Sie in Abschnitt 5.5.2, »Struktur und Eigenschaften von XSteps«.

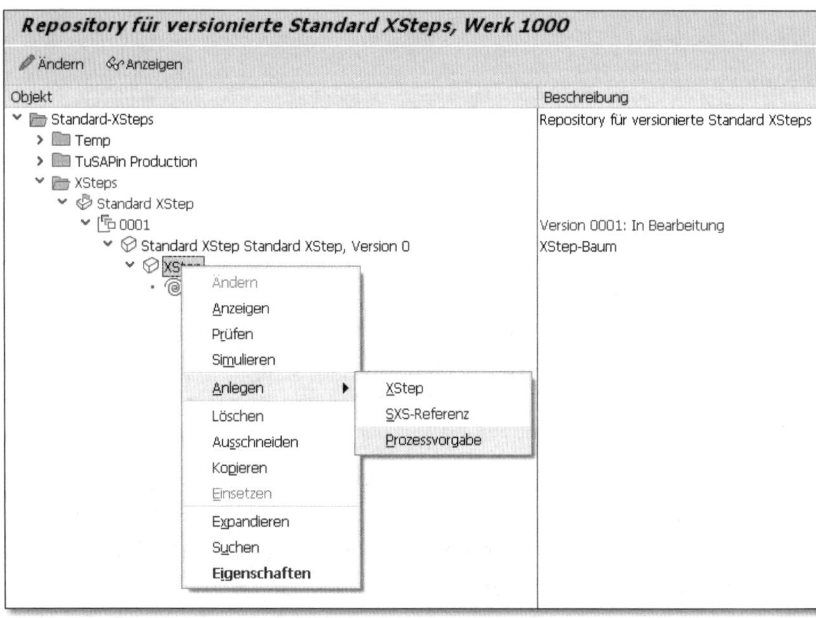

Abbildung 5.60 Kontextmenü zur Anlage der XStep-Prozessvorgabe

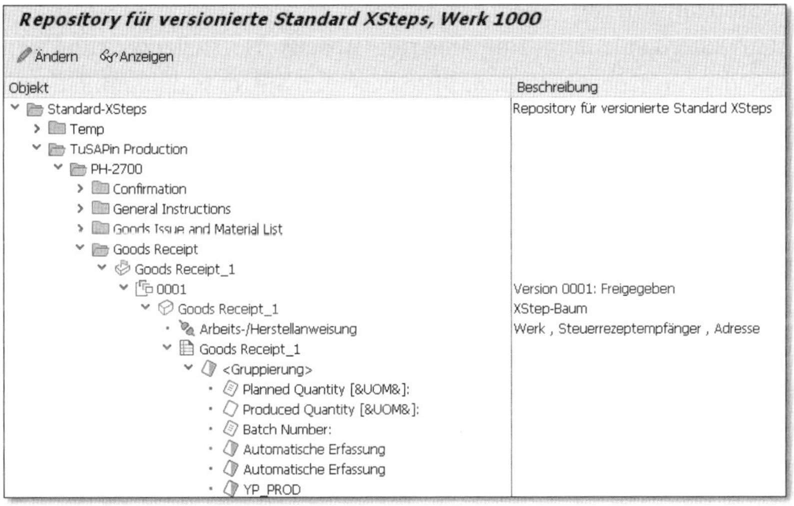

Abbildung 5.61 XStep-Prozessvorgabe

10. **XStep prüfen**
Nach der Anlage des XSteps können Sie eine Konsistenzprüfung durchführen. Klicken Sie dazu mit der rechten Maustaste auf den XStep, und wählen Sie PRÜFEN aus dem Kontextmenü aus (siehe Abbildung 5.62).

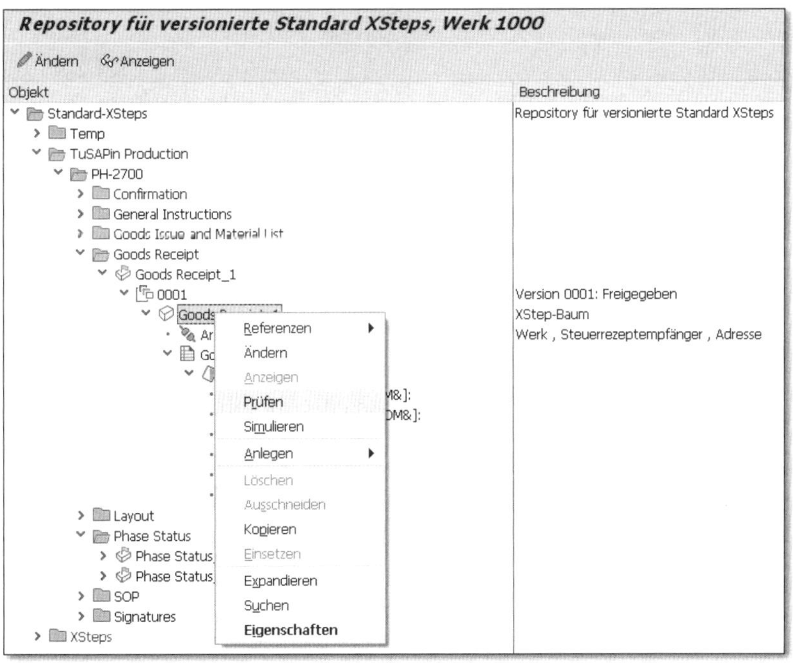

Abbildung 5.62 Kontextmenü zur Prüfung des XSteps

11. **XStep simulieren**
Für XSteps mit dem Empfängertyp Arbeits-/Herstellanweisung können Sie die Ausgabe simulieren. Bitte beachten Sie, dass die Simulation nicht zu 100 Prozent der späteren Ausgabe in der Herstellanweisung entspricht. Zum Aufruf der Simulation klicken Sie mit der rechten Maustaste auf den XStep und wählen SIMULIEREN aus dem Kontextmenü aus. Auf der rechten Seite des Bildschirms wird daraufhin die Simulation angezeigt (siehe Abbildung 5.63). Über den Button ☒ (SCHLIESSEN) können Sie das Fenster wieder schließen.

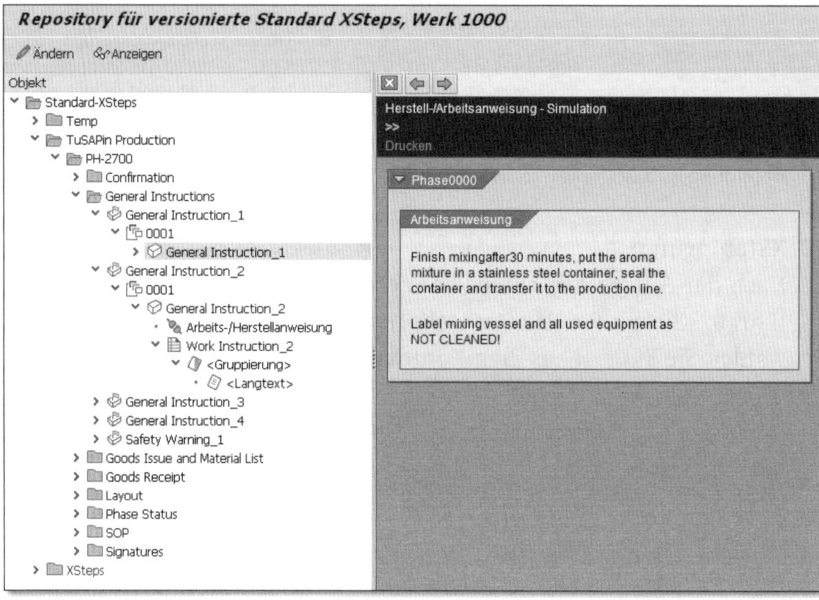

Abbildung 5.63 Simulation eines XSteps

12. **XStep-Version freigeben (nur relevant für Standard-XSteps)**
Die Freigabe von XStep-Versionen ist nur für Standard-XSteps notwendig. Wenn Sie einen Doppelklick auf die XStep-Version ausführen, wird Ihnen der aktuelle Status angezeigt (siehe Abbildung 5.64).

Um den Status zu ändern, klicken Sie mit der rechten Maustaste auf die XStep-Version und wählen STATUS ÄNDERN aus dem Kontextmenü aus (siehe Abbildung 5.65). Abhängig vom aktuellen Status können Sie jetzt den neuen Status auswählen.

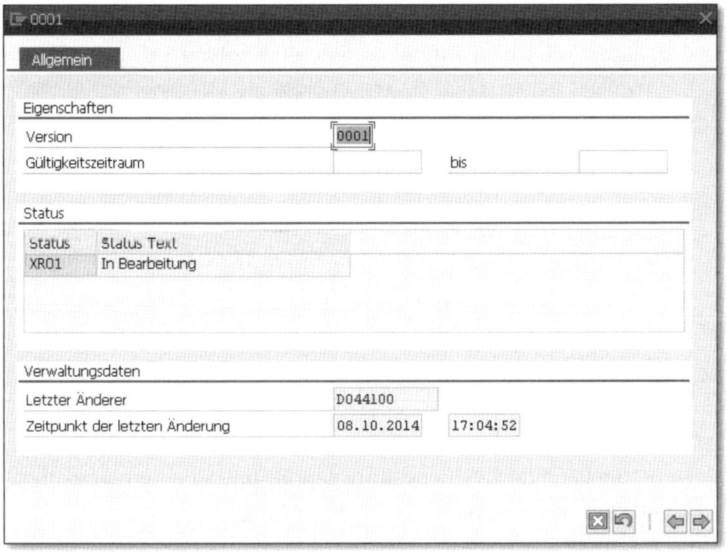

Abbildung 5.64 Status zum Standard-XStep

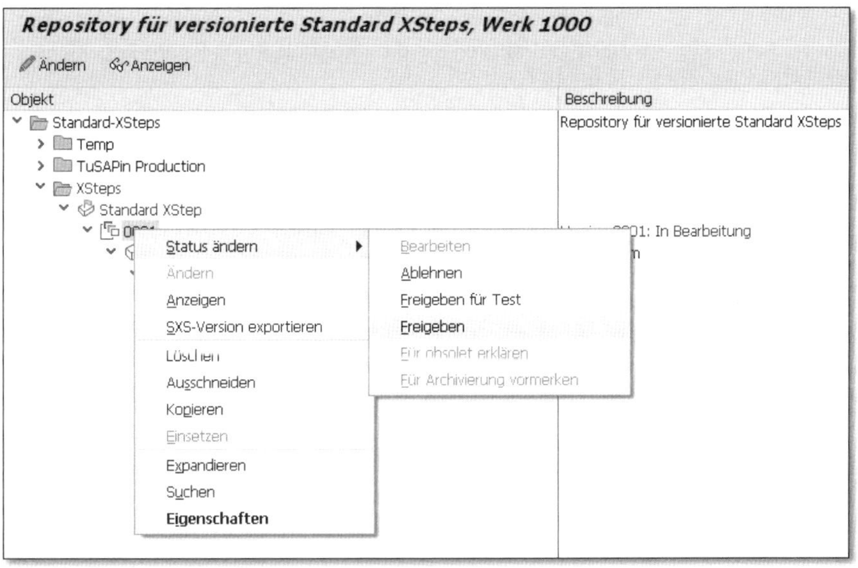

Abbildung 5.65 Status ändern

In Tabelle 5.3 werden alle Möglichkeiten der einfachen Statusverwaltung aufgeführt. Informationen zum Genehmigungsverfahren mit Signatur finden Sie im Hinweiskasten in Abschnitt 5.5.3, »SXS-Repository«.

Status	Bedeutung
In Bearbeitung	Dieser Status wird automatisch gesetzt, sobald Sie eine Version angelegt haben. Für die Version eines Standard-XSteps im Status *In Bearbeitung* gilt Folgendes: ▸ Sie darf geändert werden, z. B. können neue XStep-Parameter hinzugefügt oder bestehende geändert werden. ▸ Sie kann nicht referenziert werden. ▸ Sie kann im SXS-Repository geprüft und simuliert werden.
Abgelehnt	Sie setzen für eine SXS-Version den Status *Abgelehnt*, wenn sich z. B. bei der Prüfung Fehler ergeben haben und Sie die SXS-Version korrigieren wollen. Für die Version eines Standard-XSteps im Status *Abgelehnt* gilt Folgendes: ▸ Sie darf nicht geändert werden. ▸ Sie kann im SXS-Repository geprüft und simuliert werden. ▸ Sie kann archiviert oder gelöscht werden.
Für Test freigegeben	Für die Version eines Standard-XSteps im Status *Für Test freigegeben* gilt Folgendes: ▸ Sie darf nur eingeschränkt geändert werden, wenn bereits eine freigegebene und für den Test freigegebene Version existiert; z. B. dürfen Sie die Kategorie eines Parameters nicht mehr ändern. ▸ Sie kann im SXS-Repository geprüft und simuliert werden. ▸ Sie kann bei bestehender Referenz nur in Test-Steuerrezepten aufgelöst werden. ▸ Sie kann im Planungsrezept simuliert werden.
Freigegeben	Sie setzen für eine SXS-Version den Status *Freigegeben*, wenn diese in der Produktion eingesetzt werden kann. Für die Version eines Standard-XSteps im Status *Feigegeben* gilt Folgendes: ▸ Sie kann bei bestehender Referenz aufgelöst werden. ▸ Sie darf nur eingeschränkt geändert werden, d. h., Sie dürfen z. B. die Kategorie eines XStep-Parameters nicht mehr ändern. ▸ Sie darf nicht mehr in den Status *In Bearbeitung* gesetzt werden. ▸ Sie kann im SXS-Repository geprüft und simuliert werden.

Tabelle 5.3 Statusverwaltung von Standard-XSteps

Status	Bedeutung
Obsolet	Sie setzen für eine SXS-Version den Status *Obsolet*, wenn diese nicht mehr in der Produktion eingesetzt werden darf. Für die Version eines Standard-XSteps im Status *Obsolet* gilt Folgendes: ▶ Sie kann nicht geändert werden. ▶ Sie kann im SXS-Repository geprüft und simuliert werden. ▶ Sie kann archiviert oder gelöscht werden.
Zur Archivierung vorgemerkt	Für die Version eines Standard-XSteps im Status *Zur Archivierung vorgemerkt* gilt Folgendes: ▶ Sie kann archiviert werden. ▶ Sie kann nicht mehr geändert werden. ▶ Sie kann im SXS-Repository geprüft und simuliert werden.
Archiviert	Wenn Sie eine SXS-Version archiviert haben, erhält sie den Status *Archiviert*. Für die Version eines Standard-XSteps im Status *Archiviert* gilt Folgendes: ▶ Sie bleibt im SXS-Repository sichtbar. ▶ Sie kann nicht mehr geändert werden. ▶ Sie kann im SXS-Repository geprüft und simuliert werden.

Tabelle 5.3 Statusverwaltung von Standard-XSteps (Forts.)

Sie haben in diesem Abschnitt die Schritte zur Anlage von XSteps und Standard-XSteps kennengelernt. In Abbildung 5.66 ist die Gesamtstruktur eines Standard-XSteps noch einmal dargestellt.

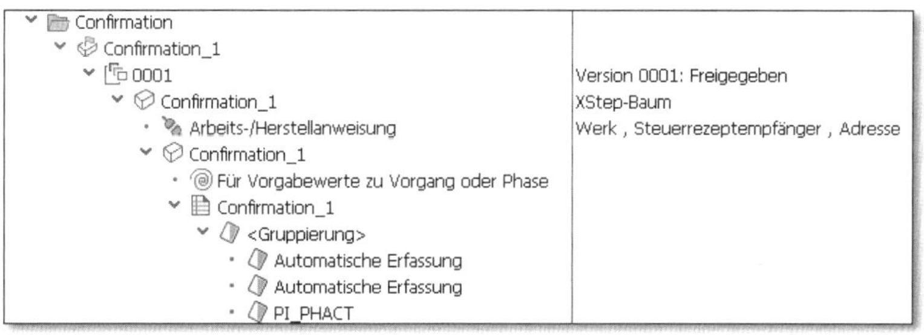

Abbildung 5.66 Struktur eines Standard-XSteps

5.5.5 XSteps im Planungsrezept und Prozessauftrag zuordnen und anlegen

In diesem Beispiel stellen wir Ihnen die Zuordnung von Standard-XSteps und die Anlage von XSteps in einem Planungsrezept vor. Legen Sie mit der Transaktion C201 ein neues Planungsrezept an, oder ändern Sie ein bestehendes mit der Transaktion C202. Damit Sie XSteps im Planungsrezept bearbeiten können, müssen Sie das Profil PI01_XS zur Anlage verwenden. Weitere Informationen zur Anlage von Planungsrezepten entnehmen Sie Abschnitt 2.4, »Struktur und Pflege von Planungsrezepten«. Nach dem Aufruf der Transaktion wird Ihnen der folgende Bildschirm angezeigt (siehe Abbildung 5.67).

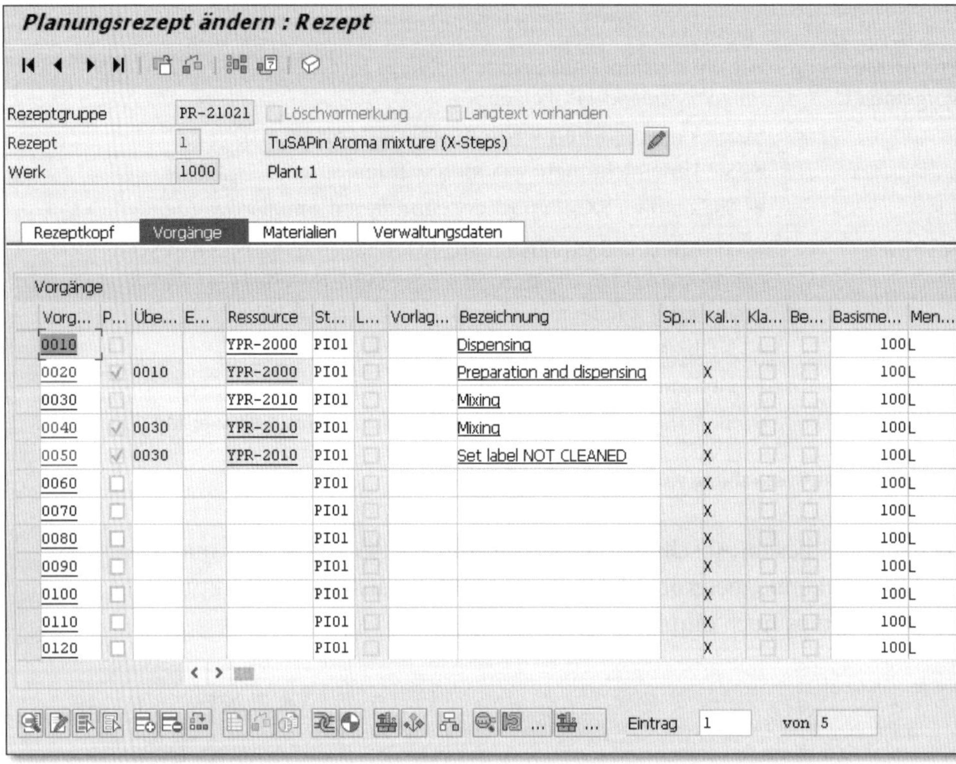

Abbildung 5.67 Planungsrezept ändern

Klicken Sie jetzt auf den Button (XSTEPS), um zum XStep-Editor zu gelangen (siehe Abbildung 5.68).

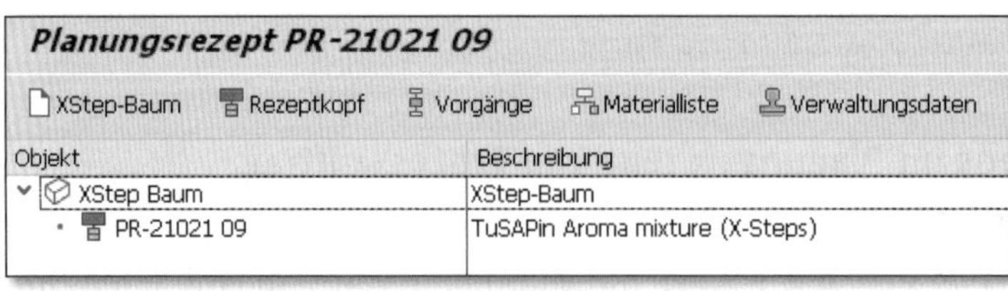

Abbildung 5.68 XStep-Editor

Klicken Sie doppelt auf den obersten Knoten. Klicken Sie jetzt auf den Reiter EMPFÄNGER, und wählen Sie einen Empfänger aus. Der ausgewählte Empfänger wird entlang des XStep-Baums von oben nach unten so lange vererbt, bis ein neuer Empfänger gefunden wird. Ab diesem neuen Empfänger beginnt die Vererbungshierarchie von neuem. Schließen Sie den Bildschirm nach der Zuordnung wieder. Im XStep-Editor wird der zugeordnete Empfänger jetzt angezeigt (siehe Abbildung 5.69).

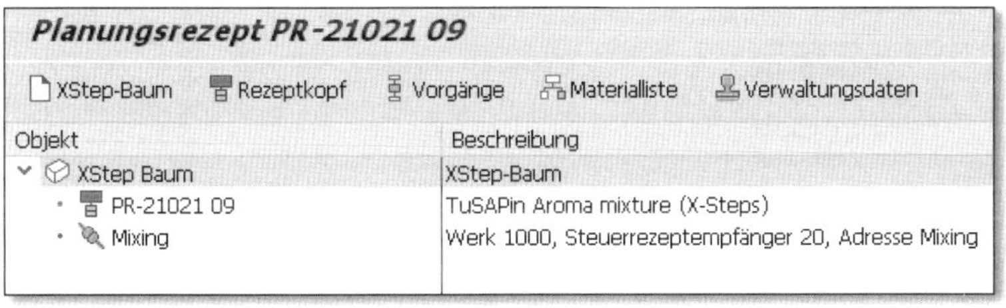

Abbildung 5.69 XStep-Baum mit Empfänger

Im nächsten Schritt legen Sie XSteps an oder ordnen SXS-Referenzen zu. Da Sie die Anlage eines XSteps bereits in Abschnitt 5.5.4, »XSteps anlegen«, kennengelernt haben, stellen wir Ihnen jetzt die Anlage einer SXS-Referenz vor.

Klicken Sie zunächst mit der rechten Maustaste auf den obersten Knoten. Wählen Sie im angezeigten Kontextmenü ANLEGEN • SXS-REFERENZ aus. Im XStep-Editor wird jetzt eine neue SXS-Referenz angelegt (siehe Abbildung 5.70).

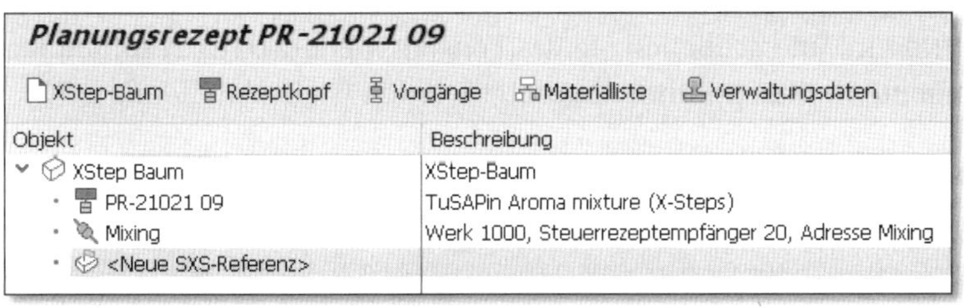

Abbildung 5.70 Anlage einer neuen SXS-Referenz

Klicken Sie nun doppelt auf die neue SXS-Referenz (<Neue SXS-Referenz>), und klicken Sie dann auf den Reiter REFERENZ. Ihnen wird jetzt ein Verzeichnis der verfügbaren Standard-XSteps angezeigt (siehe Abbildung 5.71).

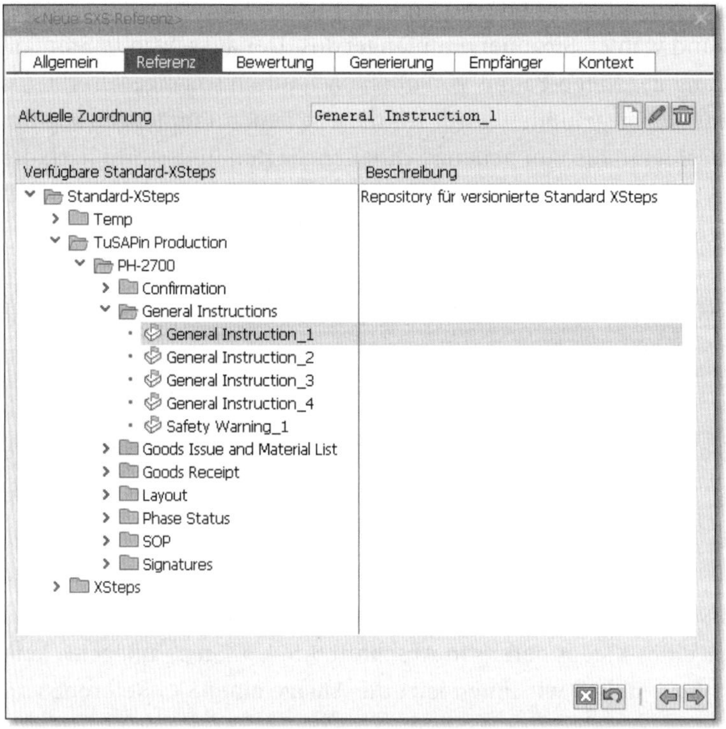

Abbildung 5.71 Verzeichnis der Standard-XSteps

Klicken Sie doppelt auf den Standard-XStep, den Sie referenzieren möchten. Wechseln Sie jetzt zum Reiter ALLGEMEIN, geben Sie einen Text in das Feld BEZEICHNUNG ein, und schließen Sie das Fenster wieder. Danach sollten folgende Elemente im XStep-Editor angezeigt werden (siehe Abbildung 5.72).

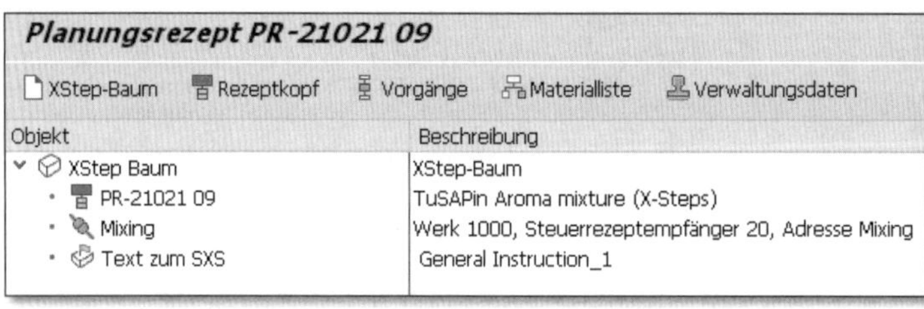

Abbildung 5.72 SXS-Referenz

Auf diese Art und Weise können Sie weitere SXS-Referenzen anlegen. Über den Button XStep-Baum können Sie einen zweiten XStep-Baum anlegen. Das ist notwendig, wenn Sie Steuerrezepte zu unterschiedlichen Zeitpunkten in einem Prozessauftrag erzeugen möchten.

5.5.6 Beispiele für XSteps nutzen

Aufgrund der hohen Variantenvielfalt und der vielen möglichen Funktionen der XSteps können wir Ihnen in diesem Buch nur die Funktionen *Anlage* und *Verwaltung* vorstellen. Wenn Sie sich näher mit den Möglichkeiten von XSteps auseinandersetzen möchten, dann sollten Sie die von SAP zur Verfügung gestellte SXS-Library über die Importfunktion laden. In diesem Repository werden Ihnen die wichtigsten Funktionen in Form von Beispielen erklärt (siehe Abbildung 5.73).

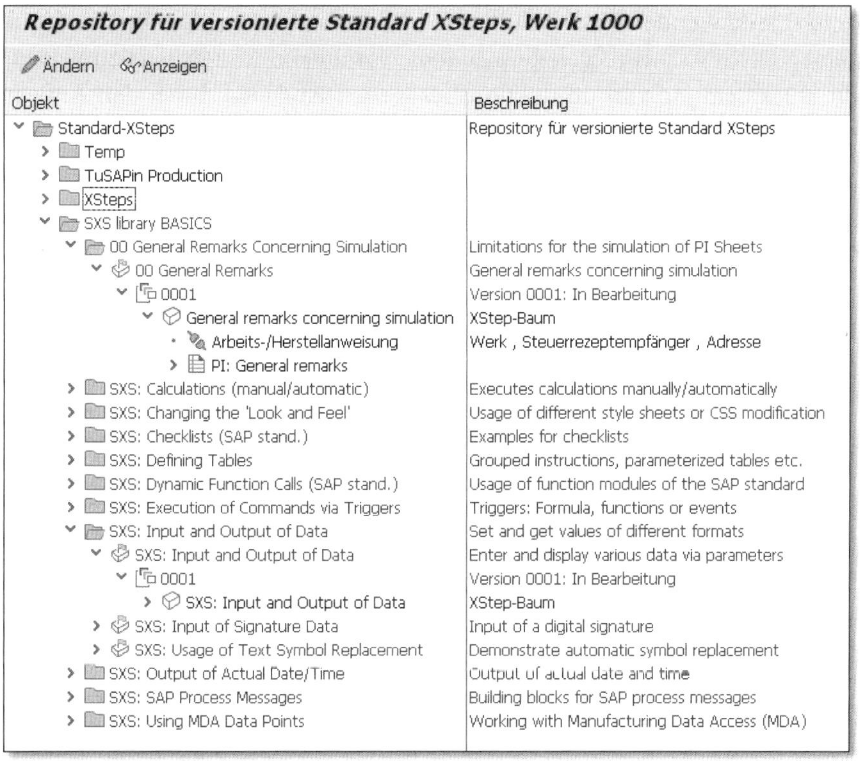

Abbildung 5.73 SXS library BASICS

SXS-Library [«]

Die SXS-Library ist in dem Paket *SCN SAP Core Manufacturing Sample Application and Best Practices* enthalten, das Sie über den Link *https://store.sap.com/sap/cpa/ui/resources/store/html/SolutionDetails.html?pid=0000000339* beziehen können. Nach Eingabe Ihrer Daten und Ihrer E-Mail-Adresse wird Ihnen ein Link zum Download zugesendet. Bitte beachten Sie, dass sich der Link durch Umstrukturierungen der Internetseite verändern kann.

5.6 SAP-Herstellanweisungen

Mit der *SAP-Herstellanweisung* können Sie Daten zur Steuerung von Anlagen oder zusätzliche Informationen für den Anlagenfahrer in elektronischer Form zur Verfügung stellen. Die SAP-Herstellanweisung wird in Textform am Bildschirm aufbereitet und dient dort dem Anlagenfahrer als Arbeitsanweisung.

So können in einer SAP-Herstellanweisung der vollständige Fertigungsprozess eines Produkts oder nur Teile des Produktionsablaufs dargestellt werden. Der Anwender wird mithilfe der SAP-Herstellanweisung durch die einzelnen Prozessschritte geleitet. Zudem erlaubt die SAP-Herstellanweisung die Rückmeldung von produktionsbezogenen Ist-Daten durch den Anwender, die an das SAP-System übermittelt werden. Neben der Rückmeldung von Daten an den Prozessauftrag ermöglicht die SAP-Herstellanweisung auch die Integration zum Qualitätsmanagement, der Bestandsführung, der Chargenverwaltung sowie der Instandhaltung.

Bei der Gestaltung einer SAP-Herstellanweisung sind Sie nicht an das übliche Erscheinungsbild von SAP-Transaktionen gebunden, sondern Sie können weitestgehend frei bereits im SAP-Standard ausgelieferte Bausteine zusammenfügen oder diese kundenspezifisch ausprägen. Die Gestaltung von SAP-Herstellanweisungen erfordert keine Programmierkenntnisse, sondern sie erfolgt mithilfe von im Customizing definierten Prozessvorgaben oder mit XSteps.

[»] **Papierlose Fertigung mithilfe von SAP-Herstellanweisungen**

Ein Ziel bei der Implementierung von SAP-Herstellanweisungen in der Produktion ist die Reduktion von Papierdokumenten.

Darüber hinaus können durch die elektronische Bearbeitung der Arbeitsanweisung Fehleingaben verhindert werden, da durch Prüffunktionen die korrekte und vollständige Eingabe von Daten innerhalb vorgegebener Grenzen sichergestellt wird. Dies kann z. B. in der pharmazeutischen Fertigung den Prüfaufwand der Fertigungsdokumentation durch Mitarbeiter der Qualitätssicherung deutlich reduzieren. Voraussetzung ist dabei selbstverständlich die sorgsame Gestaltung einer SAP-Herstellanweisung, die den Bedürfnissen aller Beteiligten – von der Qualitätssicherung bis hin zum Anwender – gerecht wird. Daher sollten bei der Entwicklung von SAP-Herstellanweisungen alle im Prozess beteiligten Abteilungen eingebunden werden.

Müssen aus rechtlichen Gründen der Produktionsdokumentation Papierbelege wie Wiegeprotokolle oder Druckmuster beigelegt werden, stößt die Umsetzung der papierlosen Fertigung selbstverständlich an Grenzen.

Neben Steuerungsinformationen können Sie in der SAP-Herstellanweisung z. B. Buttons für den Aufruf von SAP-Transaktionen, Eingabefelder für die Erfassung von Ist-Daten sowie Felder für die Eingabe von Kommentaren vorsehen. Zudem haben Sie die Möglichkeit, einzelne Eingaben mit einer elektronischen Signatur zu bestätigen und abzuschließen.

Materialverbrauch und Qualitätsprüfung [zB]

Sie können Felder definieren, in denen der Anwender die Mengen der verbrauchten Materialkomponenten in einer Phase eingeben soll. Die Materialentnahmen werden dann als Warenausgang in der Bestandsführung mithilfe von Prozessmeldungen automatisch gebucht.

Für die fertigungsbegleitende Qualitätsprüfung können Sie Buttons vorsehen, mit denen der Anwender in die Ergebniserfassung gelangt, die Prüfergebnisse eingibt und dann wieder in die SAP-Herstellanweisung zurückkehrt.

Erfolgt die Bearbeitung eines Prozessauftrags durch unterschiedliche Bereiche in der Fertigung, können die entsprechenden Teile einer SAP-Herstellanweisung gezielt an verschiedene *Steuerrezeptempfänger* versendet werden. So können Sie z. B. in einer SAP-Herstellanweisung die Schritte zur Bereitstellung von Komponenten beschreiben und dokumentieren, während die SAP-Herstellanweisung der Fertigung die einzelnen Produktionsschritte beschreibt und die Eingabe von Produktionsparametern angefordert wird.

In SAP können Sie grundsätzlich zwei Arten von SAP-Herstellanweisungen erzeugen:

- die ABAP-List-basierte SAP-Herstellanweisung
- die browserbasierte SAP-Herstellanweisung

Funktionen der SAP-Herstellanweisung

Folgende Funktionen stehen Ihnen in der SAP-Herstellanweisung zur Verfügung:

- Anzeige von Steuerinformationen (z. B. Anweisung zur Durchführung der Fertigungsschritte für den Anlagenfahrer)
- Anzeige von zusätzlichen Hinweisen und Bildern (z. B. Hinweise zur Einhaltung besonderer Verhaltensregeln aufgrund gefährlicher Stoffe)
- Rückmeldung von aktuellen Prozessdaten aus der Fertigung an den Auftrag mithilfe von Prozessmeldungen (z. B. Wareneingänge und -ausgänge buchen, Lohnscheininformationen rückmelden)

- Aufruf anderer SAP-Anwendungen außerhalb von PP-PI mithilfe von dynamischen Funktionsaufrufen (z. B. Aufruf der QM-Ergebniserfassung, Eingabe der Daten und Rückkehr in die SAP-Herstellanweisung)
- Anzeige von Dokumenten aus dem Dokumentenverwaltungssystem
- Durchführung von Berechnungen (z. B. Summierung der Mengen über Teilrückmeldungen)
- Abfrage von Daten aus internen oder externen Anwendungen mithilfe von benutzerdefinierten Funktionsbausteinen

Aus der SAP-Herstellanweisung können mithilfe von Prozessmeldungen (siehe Abschnitt 5.3, »Prozessmeldungen«) eine Vielzahl von betriebswirtschaftlichen Vorgängen ausgelöst und Prozessdaten zurückgemeldet werden.

Betriebswirtschaftliche Vorgänge	SAP-Standardprozessmeldung
Buchen von Warenausgängen	PI_CONS
Buchen von Wareneingängen	PI_PROD
Anlegen von Chargen	PI_BT_CR
Bewerten von Chargenmerkmalen	PI_BT_CL
Rückmelden von Zeitereignissen zu den Phasen eines Auftrags	PI_PHACT
Rückmelden von Zeitereignissen zu den Sekundärressourcen eines Auftrags	PI_SRST
Aktualisieren des Benutzerstatus eines Vorgangs oder einer Phase	PI_OPUST, PI_PHUST
Aktualisieren des Steuerrezeptstatus sowie Auftragsstatus	PI_CRST, PI_CRST2
Lohnscheinrückmeldung zu den Phasen eines Auftrags	PI_PHCON
Lohnscheinrückmeldung zu den Sekundärressourcen eines Auftrags	PI_SRCON
Rückmelden von Instandhaltungsdaten an die Instandhaltung	PI_PMMD
Buchen von Materialflüssen zwischen Prozessaufträgen	PI_MFLOW

Tabelle 5.4 Überblick SAP-Standardprozessmeldungen und zugehörige betriebswirtschaftliche Vorgänge

Dynamische Funktionsaufrufe erlauben es Ihnen, SAP-Funktionen aufzurufen und Berechnungen durchzuführen. Die folgende Liste gibt einen beispielhaften Überblick über mögliche Aufgaben, die Sie über dynamische Funktionsaufrufe erledigen können:

- Aufrufen einer beliebigen SAP-Transaktion
- Erfassen von Prüfergebnissen zu Prüfpunkten
- Aufrufen der Auftragsrückmeldung zu Phasen
- Anzeigen der Materialmengenberechnung zu einem Auftrag
- Anzeigen von Dokumenten aus dem SAP-Dokumentenmanagementsystem
- Anlegen von Probendatensätzen für produktionsbegleitende Qualitätsprüfungen
- Bearbeiten von Proben (z. B. Freigeben, Sichern)
- Berechnung der Dauer von Zeitintervallen

Aufbau von SAP-Herstellanweisungen

Eine SAP-Herstellanweisung besteht aus einem Kopf sowie einer Reihe von Elementen, die durch das Steuerrezept oder bei der Pflege der SAP-Herstellanweisung dynamisch durch den Anwender definiert werden.

Der Kopf einer SAP-Herstellanweisung befindet sich im oberen Abschnitt. Er enthält Informationen über den Status der SAP-Herstellanweisung, den zugehörigen Prozessauftrag, das zu produzierende Material sowie die für die Pflege der SAP-Herstellanweisung zuständige Bearbeitergruppe bzw. den Bearbeiter. Der Bearbeiter wird dabei über den Steuerrezeptempfänger im Customizing festgelegt (siehe Abschnitt 5.2.2, »Steuerrezeptempfänger«).

Der untere Teil einer SAP-Herstellanweisung besteht aus Phasen, die in Abhängigkeit vom Inhalt der Prozessvorgaben (siehe Abschnitt 5.4, »Prozessvorgaben«) unterschiedliche Inhalte haben können:

- **Steuerinformationen**
  Steuerinformationen geben dem Bearbeiter der SAP-Herstellanweisung zusätzliche Informationen zum Produktionsprozess. Dabei kann es sich um Hinweise in Textform, um Parametervorgaben für einen Prozessschritt oder auch um die Auflistung der Auftragskomponenten handeln.

  Für Steuerinformationen werden Prozessvorgaben vom Typ 1 (*Prozessparameter*) verwendet. Die Anzeige der Steuerinformationen erfolgt zur jeweiligen Phase im Prozessauftrag.

- **Kommentare**
  Die Funktion der Kommentare erlaubt es dem Anwender, phasenbezogen oder für die gesamte SAP-Herstellanweisung Anmerkungen zu hinterlegen und abzuspeichern. So können produktionsbegleitend Informationen im System dokumentiert werden, die dann für spätere Analysen zur Verfügung stehen.

  Zum Beispiel ist die Dokumentation von Produktionsabweichungen in Kommentarfeldern möglich und erlaubt so die papierlose Weitergabe von Informationen an betroffene Abteilungen (z. B. die Qualitätssicherung). Kommentare können als Prozessmeldung versendet oder in der SAP-Herstellanweisung gespeichert werden.

  Zur SAP-Herstellanweisung angelegte Kommentare können in einem Detailbild angezeigt werden, während Kommentare zu Phasen und Arbeitsschritten in Kommentarfeldern innerhalb der SAP-Herstellanweisung angezeigt werden.

- **Eingabewerte**
  Die SAP-Herstellanweisung fordert an bestimmten Stellen des Prozesses die Eingabe von Ist-Daten an, die dann als Prozessmeldung an den definierten Empfänger versendet werden. Dabei kann es sich z. B. um rückzumeldende Daten wie verwendete Chargen, Verbrauchsmengen, Durchführungszeiten oder Prozessparameter wie Temperatur und Gewicht handeln. Für Eingabewerte werden Prozessvorgaben vom Typ 2 (*Prozessdatenanforderungen*) verwendet.

  Wird nur ein Eingabewert angefordert, erscheint das Eingabefeld auf der rechten Seite der SAP-Herstellanweisung. Bei mehrfacher Datenanforderung zu einem Typ erfolgt die Eingabe der Ist-Daten in einer Tabelle.

- **Unterschrift**
  Bei der Unterschrift handelt es sich um eine bestimmte Art der Prozessdatenanforderung. Dementsprechend wird auch hier eine Prozessvorgabe des Typs 2 (*Prozessdatenanforderung*) verwendet.

  Mit der Unterschrift bestätigt der Bearbeiter die eingegebenen oder berechneten Daten oder schließt einen Bearbeitungsschritt ab. Je nach Systemeinstellung kann die Eingabe des Benutzernamens, die Eingabe des Benutzernamens mit Kennworteingabe oder eine digitale Signatur angefordert werden.

- **Zu berechnende Werte**
  Zu berechnende Werte werden in der SAP-Herstellanweisung auf der rechten Seite unterhalb der einzugebenden Daten dargestellt. Ist die Berechnung noch nicht erfolgt, wird in dem Feld ein Fragezeichen angezeigt (»?«). Für zu berechnende Werte verwenden Sie eine Prozessvorgabe des Typs 4 (*Prozessdatenberechnungsformel*).
- **Prüfergebnisse**
  Um Prüfergebnisse bei der Bearbeitung einer SAP-Herstellanweisung zu erfassen, binden Sie mithilfe einer Prozessvorgabe des Typs 5 (*Prüfergebnisanforderung*) den Absprung in die QM-Prüfergebniserfassung ein. In der SAP-Herstellanweisung erscheint an der entsprechenden Stelle eine Drucktaste, mit der in die Funktionen des QM verzweigt werden kann.
- **Dynamische Funktionsaufrufe**
  Wenn aus der SAP-Herstellanweisung andere Funktionen aufgerufen werden sollen oder wenn auf das Ergebnis eines SAP-Funktionsbausteins zurückgegriffen werden soll, verwenden Sie den Prozessvorgabentyp *dynamischer Funktionsaufruf* (Typ 6). Sie können so z. B. das Ergebnis der Materialmengenberechnung auf Basis der Eingabewerte anfordern oder den Druck eines Etiketts anstoßen.

Nachdem Sie sich nun mit dem grundsätzlichen Aufbau von SAP-Herstellanweisungen vertraut gemacht haben, stellen wir Ihnen in den folgenden Abschnitten die ABAP-List-basierte SAP-Herstellanweisung und die HTML-basierte SAP-Herstellanweisung im Detail vor.

5.6.1 ABAP-List-basierte SAP-Herstellanweisung

Bei der *ABAP-List-basierten SAP-Herstellanweisung* handelt es sich um die erste von SAP entwickelte Version der SAP-Herstellanweisung mit den entsprechenden Funktionalitäten. ABAP-List-basierte SAP-Herstellanweisungen erzeugen Sie, indem Sie dem Steuerrezeptempfänger den Empfängertyp 1 zuordnen.

Das Layout erinnert an einfache, in ABAP erstellte Bildschirmreports. In Abbildung 5.74 ist exemplarisch eine entsprechende SAP-Herstellanweisung dargestellt. Grundsätzlich sind auch in der ABAP-List-basierten SAP-Herstellanweisung die oben beschriebenen Funktionalitäten verfügbar.

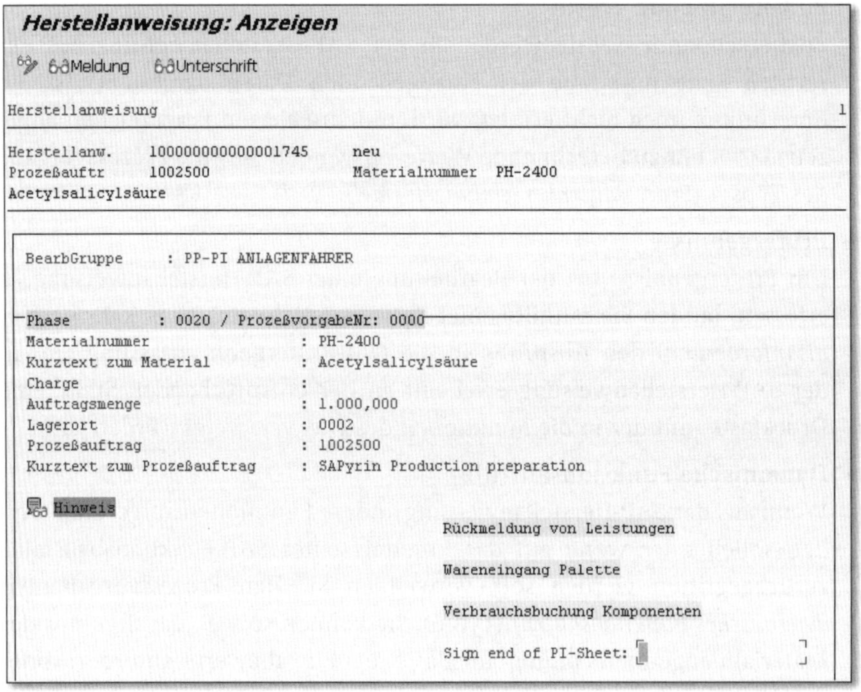

Abbildung 5.74 Beispielhafte Darstellung einer ABAP-List-basierten SAP-Herstellanweisung

Für einfache Anwendungen wie z. B. die Zusammenstellung der relevanten Rückmeldetransaktionen für eine Anwendergruppe, angereichert um Informationen aus dem Prozessauftrag, erfüllt die ABAP-List-basierte SAP-Herstellanweisung ihren Zweck. Sobald allerdings komplexere Dateninhalte und -abfragen in der SAP-Herstellanweisung angezeigt und verwendet werden sollen, bietet die browserbasierte SAP-Herstellanweisung aufgrund der einfacheren Bedienbarkeit deutliche Vorteile. Insbesondere wenn die Ablösung von umfangreichen Papierdokumenten das Ziel ist, erfüllt diese die heutigen Ansprüche der Anwender hinsichtlich Übersicht und Anwenderfreundlichkeit (»Usability«) und stellt eine schnelle Akzeptanz durch die Fachbereiche sicher. Wir gehen im folgenden Abschnitt auf die browserbasierte SAP-Herstellanweisung näher ein.

5.6.2 Browserbasierte SAP-Herstellanweisung

Die *browserbasierte SAP-Herstellanweisung* ist eine Weiterentwicklung der ABAP-List-basierten SAP-Herstellanweisung. Sie ermöglicht die Erzeugung von SAP-Herstellanweisungen im HTML-Layout. Diese Funktion steht ab SAP-Release 4.6C zur Verfügung. Aufgrund der neuen Oberfläche ist die browserbasierte SAP-Herstellanweisung deutlich einfacher und intuitiver zu bedienen. Abbildung 5.75 zeigt beispielhaft eine browserbasierte SAP-Herstellanweisung. Die Inhalte der SAP-Herstellanweisung entsprechen den Vorgaben der ABAP-List-basierten SAP-Herstellanweisung aus Abbildung 5.74.

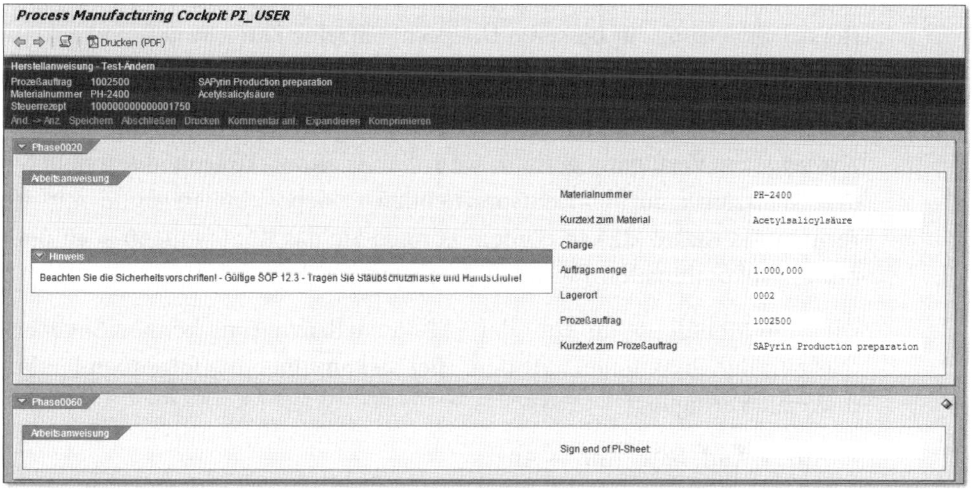

Abbildung 5.75 Beispielhafte Darstellung einer browserbasierten SAP-Herstellanweisung

Browserbasierte SAP-Herstellanweisungen erzeugen Sie, indem Sie dem Steuerrezeptempfänger den Empfängertyp 4 zuordnen.

Voraussetzung zur Verwendung der browserbasierten SAP-Herstellanweisung [«]

Um die browserbasierte SAP-Herstellanweisung korrekt anwenden zu können, müssen Sie den Webbrowser Internet Explorer von Microsoft in der Version 5 oder höher installiert haben und einige Sicherheitseinstellungen am Internet Explorer vornehmen. Aktivieren Sie die folgenden Sicherheitseinstellungen in Ihrem Internet Explorer:

- Signierte ActiveX-Steuerelemente herunterladen
- Programme und Dateien in einem IFRAME starten
- Fenster und Frames zwischen verschiedenen Domänen bewegen

Browserbasierte SAP-Herstellanweisungen funktionieren nicht mit dem SAP GUI for Java.

Beachten Sie, dass alle Einstellungen, die Sie im Internet Explorer vornehmen, automatisch auch bei der Anzeige von SAP-Herstellanweisungen wirksam werden.

Beim Aufruf des Kontextmenüs in der SAP-Herstellanweisung können vereinzelt Fehler auftreten. Folgen Sie in diesem Fall bitte der Beschreibung im SAP-Hinweis 566692 (Kontextmenü in der SAP-Herstellanweisung).

Struktur der browserbasierten SAP-Herstellanweisung

Wie die ABAP-List-basierte SAP-Herstellanweisung besteht auch die browserbasierte SAP-Herstellanweisung aus einem Kopf und dem Abschnitt mit den unterschiedlichen Phasen des Prozessauftrags. Im Unterschied zur ABAP-List-basierten SAP-Herstellanweisung lassen sich bei der browserbasierten SAP-Herstellanweisung zur besseren Übersicht einzelne Bereiche auf- und zuklappen (expandieren und komprimieren).

Innerhalb der SAP-Herstellanweisung werden alle Funktionen über das *Kontextmenü* zur Verfügung gestellt. Sie rufen das Kontextmenü auf, indem Sie den Mauszeiger auf dem entsprechenden Feld positionieren und mit der rechten Maustaste klicken. Zudem können Sie das Kontextmenü auch über die Tastenkombination [⇧] + [F10] aufrufen.

Über die Menüleiste im Kopf der SAP-Herstellanweisung können Sie ebenfalls einzelne Funktionen aufrufen. Hier stehen Ihnen die folgenden Funktionen zur Verfügung:

- **Anz. – Änd. bzw. Änd. – Anz.**
  Mit dieser Funktion können Sie zwischen dem Anzeige- und dem Bearbeitungsmodus hin- und herschalten.
- **Speichern**
  Mit dieser Funktion sichern Sie die bislang eingegebenen Daten. Die SAP-Herstellanweisung wird nach Ausführen der Funktion SPEICHERN nicht verlassen.
- **Abschließen**
  Mit dieser Funktion schließen Sie die Bearbeitung der SAP-Herstellanweisung ab. Nach dem Abschluss sind keine weiteren Eingaben in der SAP-Herstellanweisung möglich. Das Abschließen einer SAP-Herstellanweisung ist nur möglich, wenn Muss-Eingaben, z. B. einzelne Unterschriften oder Ist-Daten, erfolgt sind (siehe Abschnitt 5.6.6, »Abschließen von SAP-Herstellanweisungen«).
- **Drucken**
  Mit dieser Funktion können Sie die SAP-Herstellanweisung als Papierdokument auf dem Arbeitsplatzdrucker ausgeben (kein SAP-Drucker).
- **Kommentar anl.**
  Mit dieser Funktion können Sie einen Kommentar zur SAP-Herstellanweisung anlegen. Mit dem Abschließen des Kommentars durch Klicken auf den Button (ABSCHLIESSEN UND SENDEN) wird eine Prozessmeldung

PI_COMM angelegt. Der Kommentar kann, nachdem Sie die Eingabe bestätigt haben, nicht mehr verändert oder gelöscht werden. Es lassen sich mehrere Kommentare anlegen.

- **Kommentar anzeigen**
  Diese Funktion steht erst zur Verfügung, wenn ein Kommentar angelegt wurde. Die einzelnen Kommentare werden in einem separaten Dialogfenster inklusive der administrativen Daten wie Datum und Uhrzeit sowie SAP-User angezeigt.
- **Expandieren**
  Mit dieser Funktion können Sie alle Detailinformationen der SAP-Herstellanweisung aufklappen.
- **Komprimieren**
  Mit dieser Funktion können Sie alle Detailinformationen der SAP-Herstellanweisung zuklappen.

Der Kopf der SAP-Herstellanweisung enthält neben dem Status der SAP-Herstellanweisung (Test oder aktiv), der Nummer des Steuerrezepts und der Nummer des Prozessauftrags auch Informationen wie Materialnummer und Materialbezeichnung des zu produzierenden Materials, die Nummer der zu produzierenden Charge (bei chargengeführten Materialien) und die Nummer des QM-Prüfloses, sofern In-Prozess-Kontrollen vorgesehen sind. Durch Klicken auf die Kopfzeile der SAP-Herstellanweisung werden diese detaillierten Kopfdaten angezeigt.

Der untere Teil der SAP-Herstellanweisung enthält die Phasen des Prozessauftrags, die jeweils ein oder mehrere Elemente aus den im Unterabschnitt »Aufbau von SAP-Herstellanweisungen« in Abschnitt 5.6 beschriebenen Funktionen enthalten können. Zudem stehen Ihnen in der browserbasierten SAP-Herstellanweisung eine Reihe von Oberflächenelementen zur Verfügung, mit denen Funktionen innerhalb der SAP-Herstellanweisung aufgerufen werden können.

- – Aufklappen bzw. Einklappen von Detailinformationen
  Diese Symbole erscheinen an der Phasennummer, bei Hinweisen oder zur Signaturanzeige zu Eingabefeldern. Mit einem Klick auf die Symbole können Sie die jeweiligen Informationen auf- und einklappen.
- – Berechnung von Daten
  Das Symbol wird neben dem Feld angezeigt, in dem der zu berechnende Wert angezeigt werden soll. Nachdem Sie den Button betätigt haben, wird die Berechnung angestoßen und der berechnete Wert im Feld ausgegeben.

- – Tabellenzeilen hinzufügen
  Bei der tabellarischen Eingabe von Werten kann durch Klicken auf dieses Symbol eine weitere Tabellenzeile hinzugefügt werden. Das kann z. B. bei der periodischen Prüfung von Gewichten und der Eingabe der Werte in der SAP-Herstellanweisung sinnvoll sein.
- – Abweichungen
  Eingegebene Werte können gegen einen erlaubten Wertebereich geprüft werden. Weicht der eingegebene Wert ab, wird das Symbol angezeigt. Um Informationen über einzelne Abweichungen zu erhalten, klicken Sie auf das Symbol. Neben Wertebereich und eingegebenem Wert erscheint auch der SAP-Benutzername sowie Datum und Uhrzeit der Eingabe.
- – Kommentare
  Innerhalb der SAP-Herstellanweisung wird das Symbol z. B. neben einem Feld oder einer Tabellenanzeige angezeigt, zu dem bzw. der Kommentare erfasst werden können. Durch Klicken auf das Symbol wird die Detaileingabemaske zur Anzeige oder Anlage eines Kommentars aufgerufen.
- – Signaturanzeige in Tabellen
  Erfolgt eine Signatur innerhalb einer Tabelle, wird diese nicht direkt angezeigt, sondern die Signaturdetails können durch Klicken auf das Symbol aufgerufen werden.

Neben den oben beschriebenen Symbolen stehen zudem noch die folgenden Elemente zur Verfügung:

- Obligatorische Eingabe
  Eine Muss-Eingabe wird dadurch gekennzeichnet, dass der beschreibende Text neben dem Eingabefeld am Ende mit einem Sternchen versehen ist.
- Drucktaste
  Aufruf von dynamischen Funktionsaufrufen. Die Bezeichnung des Aufrufs erscheint als Text auf dem Button. Mit einem Klick auf den Button wird die Funktion aufgerufen (siehe auch Abbildung 5.76).
- Eingabefeld
  Feld, in dem eine Eingabe durch den Anwender erwartet wird. Bei Verwendung von geeigneten Feldern steht in den Eingabefeldern wie gewohnt eine Wertehilfe zur Verfügung. Sind zum Eingabewert Festwerte definiert, können diese in Form einer Dropdown-Liste ausgewählt werden. Vorschlagswerte, die durch die entsprechende Prozessvorgabe defi-

niert werden, erscheinen in der Anzeige in blauer Schrift und können bei der Bearbeitung durch den Anwender bestätigt oder entsprechend angepasst werden.

Abbildung 5.76 Beispiele für Eingabefeld und Drucktaste

Verzögerter Aufruf der SAP-Herstellanweisungen [«]

Beachten Sie, dass die browserbasierte SAP-Herstellanweisung jeweils beim Start gemäß den zugrunde liegenden HTML-Codes aufgebaut wird. Je nach Komplexität oder Länge der SAP-Herstellanweisung kann der Start des Dokuments eine gewisse Zeit in Anspruch nehmen.

Es kann daher bei längeren SAP-Herstellanweisungen durchaus sinnvoll sein, einzelne Daten über dynamische Funktionsaufrufe bei der Bearbeitung der SAP-Herstellanweisung nachzulesen und so die Zeiten zum Aufbau der SAP-Herstellanweisung zu verteilen. Vorteil bei dieser Methode ist, dass die initiale Wartezeit beim Aufruf der SAP-Herstellanweisung minimiert wird, während dynamische Aufrufe im Rahmen der Bearbeitung für den Anwender kaum spürbare Wartezeiten mit sich bringen.

Layout

Das Layout der browserbasierten SAP-Herstellanweisung können Sie frei definieren. Voraussetzung dafür ist, dass Sie ein eigenes XSL-Stylesheet erstellen und dieses im Business Document Service des SAP-ERP-Systems abgelegt haben. Um ein eigenes Layout zu verwenden, definieren Sie in einer Prozessvorgabe des Typs 0 am Anfang des Steuerrezepts mit dem Merkmal PPPI_LAYOUT eine XML-Definition.

Im Folgenden finden Sie beispielhaft die entsprechende Anweisung:

```
<?xml version="1.0"?>
<LAYOUT>
<STYLE>SAPR3-BDS-POC_TEMPLATE-OT-S
AP-PMC_STY_SIMPLEX.XSL</STYLE>
</LAYOUT>
```

Wenn Sie kein eigenes Layout definieren, wird das SAP-Standardlayout PMC_STY_DEFAULTX.XSL verwendet.

Sie finden die Stylesheets der Standardlayouts im Business Document Service in der Klasse `POC_Template` unter dem Objektschlüssel bzw. der Objekt-ID SAP. Diese können als Kopiervorlage für eigene Stylesheets verwendet werden.

[»] **Layout bei der Archivierung von SAP-Herstellanweisungen**

Bei der Archivierung von SAP-Herstellanweisungen im Chargenprotokoll wird im SAP-Standard ein eigenes Archivierungslayout verwendet (PMC_STY_A_DEFAULTX.XSL). Wenn Sie zu diesem Zweck ein eigenes Archivierungslayout verwenden wollen, müssen Sie das entsprechende XSL-Stylesheet im Tag `<LAYOUT>/<ARCHIVE>/<STYLE>` angeben.

5.6.3 Selektion von SAP-Herstellanweisungen

Um SAP-Herstellanweisungen in SAP zu selektieren, stehen Ihnen mehrere Transaktionen zur Verfügung. Sie finden alle Transaktion im SAP-Menü unter Logistik • Produktion Prozess • Prozesskoordination • SAP-Herstellanweisungen. Die verschiedenen Transaktionen rufen im Hintergrund immer das gleiche SAP-Programm auf; allerdings werden unterschiedliche Selektionsvarianten verwendet, um die gezielte Selektion von SAP-Herstellanweisung innerhalb des Bearbeitungsprozesses zu ermöglichen:

- **Transaktion CO60 und Transaktion CO60XT (Suchen Herstell-/Arbeitsanweisung)**
  Diese Transaktionen erlauben die Selektion von SAP-Herstellanweisungen nach einer Vielzahl von Selektionsparametern. In den folgenden Beispielen werden wir ausschließlich diese Transaktionen stellvertretend für die weiteren aufgeführten Transaktionen verwenden.
- **Transaktion CO55 (Arbeitsvorrat – Bearbeiten)**
  Diese Transaktion ermöglicht eine Selektion von SAP-Herstellanweisungen für eine bestimmte Benutzergruppe im Status *neu* oder *in Bearbeitung*. Zudem ist auch eine erweiterte Selektion nach Datum (geplant für die nächsten x Stunden) sowie Ressource und Material möglich. Diese Trans-

aktion kann z. B. vom Anlagenfahrer zur Selektion der relevanten SAP-Herstellanweisungen genutzt werden.

- **Transaktion CO64 (Arbeitsvorrat – Abschließen)**
  Diese Transaktion ermöglicht eine Selektion von SAP-Herstellanweisungen für eine bestimmte Benutzergruppe im Status *abzuschließen*. Zudem ist eine erweiterte Selektion nach Ressource und Material möglich. Diese Transaktion kann z. B. vom Schichtführer zur Selektion der relevanten SAP-Herstellanweisungen genutzt werden, um diese zu prüfen und final abzuschließen.
- **Transaktion CO67 (Arbeitsvorrat – Prüfen)**
  Diese Transaktion ermöglicht eine Selektion von SAP-Herstellanweisungen für eine bestimmte Benutzergruppe im Status *neu*, *in Bearbeitung* und/oder *abzuschließen*. Sie ist eine Kombination aus den beiden zuvor beschriebenen Transaktionen.

Nachdem Sie die verschiedenen Transaktionen kennengelernt haben, zeigen wir Ihnen im Folgenden, wie ein Selektionsbildschirm und eine Ergebnisliste beispielsweise aussehen können.

Selektionsbildschirm

Mithilfe der Transaktion CO60XT zur Suche von SAP-Herstellanweisungen können SAP-Herstellanweisungen nach einer Vielzahl von Parametern selektiert werden. So kann nach Kopfdaten, Modus der SAP-Herstellanweisung, Status, Produktionsauftragsdetails sowie Material und Prüflos selektiert werden (siehe Abbildung 5.77).

Im Bildschirmbereich ARBEITSANWEISUNGEN erfolgt die Eingabe der Selektionsparameter auf Kopfebene der SAP-Herstellanweisung. Die Eingabe des Werks ist obligatorisch. Beachten Sie, dass die maximale Anzeige im Feld MAX. ANZ. D. ARBEITSANW. auf 500 SAP-Herstellanweisungen beschränkt ist, um die Laufzeit bei der Selektion gering zu halten. Diese Selektionsvorgabe kann überschrieben, aber nicht auf initial gesetzt werden. Dann wird automatisch wieder der Defaultwert 500 für die Selektion verwendet.

Im Bereich MODUS können z. B. nur SAP-Herstellanweisungen im Testmodus selektiert werden. Das ist insbesondere dann hilfreich, wenn Sie beim Aufbau einer neuen SAP-Herstellanweisung mehrfach Steuerrezepte im Testmodus erzeugen und sich nur diese als Selektionsergebnis anzeigen lassen möchten.

Im Bereich STATUS ist die Selektion von SAP-Herstellanweisungen in einem bestimmten Bearbeitungsstatus möglich. Mehrfachselektionen verschiedener Status sind hier möglich. Zudem können durch die Eingabe eines Wertes in das Feld GEPLANT FÜR DIE NÄCHSTEN STUNDEN dezidiert nur die SAP-Herstellanweisungen selektiert werden, die innerhalb der nächsten Stunden zu bearbeiten sind. Das ist insbesondere für Anlagenfahrer sinnvoll, die so z. B. ihren Arbeitsvorrat für die anstehende Schicht selektieren können.

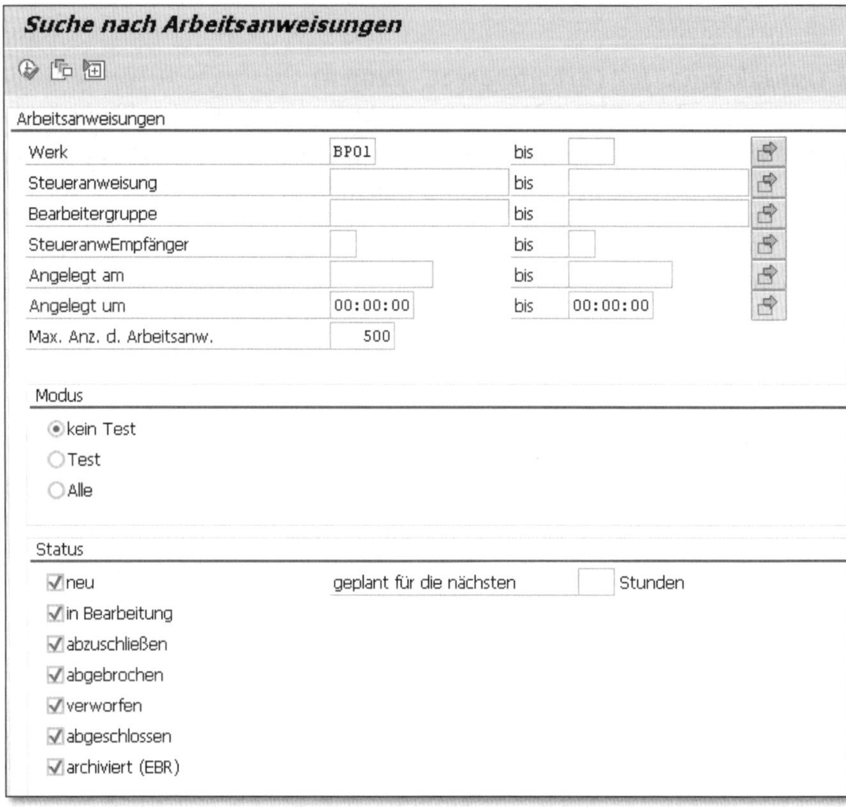

Abbildung 5.77 Suche nach SAP-Herstellanweisungen – Teil 1

Der Bildschirmbereich PRODUKTIONSAUFTRAG erlaubt die Selektion von SAP-Herstellanweisungen, die z. B. auf einer bestimmten Ressource gefertigt werden, oder aller SAP-Herstellanweisungen, die zu einem Prozessauftrag angelegt wurden (siehe Abbildung 5.78). Das kann hilfreich sein, wenn SAP-Herstellanweisungen von unterschiedlichen Bearbeitergruppen bearbeitet werden und der Anwender eine Übersicht hinsichtlich des gegenwärtigen Arbeitsstandes erhalten möchte.

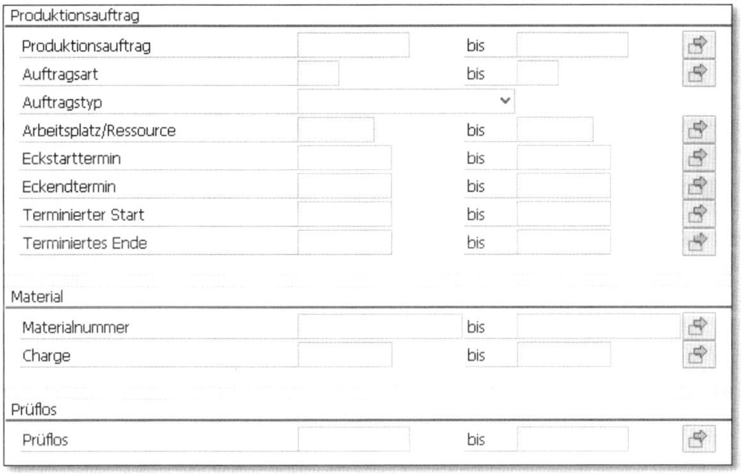

Abbildung 5.78 Suche nach SAP-Herstellanweisungen – Teil 2

[«]

Erweiterte Möglichkeiten in Transaktion CO60XT

Im Unterschied zur Transaktion CO60 erlaubt die neue Transaktion CO60XT auch die Selektion nach Auftragsart und Auftragstyp. Dies ermöglicht nun auch die Selektion des Auftragstyps *Fertigungsauftrag*, für den mithilfe von XSteps ebenfalls SAP-Herstellanweisungen erzeugt werden können.

In den Bildschirmbereichen MATERIAL und PRÜFLOS kann die Selektion nach bestimmten gefertigten Materialien, nach Chargen (produzierte Charge des Prozessauftragskopfmaterials) sowie Prüflosen eingeschränkt werden.

Wie bereits in der tabellarischen Auflistung der einzelnen Transaktionen zur Suche von SAP-Herstellanweisungen ausgeführt, wird in den durch den Bearbeitungsprozess gekennzeichneten Selektionen der größte Teil der möglichen Selektionsfelder ausgeblendet. Aber auch hier können Sie durch Klicken auf den Button (ALLE SELEKTIONEN) wieder alle Selektionsfelder anzeigen und so z. B. eigene Varianten nach Bedarf einzelner Anwendergruppen definieren.

Ergebnisliste

Nachdem Sie Ihre Selektionsvorgaben eingegeben und die Selektion gestartet haben, gelangen Sie in die Ergebnisliste. In der Ergebnisliste werden alle selektierten SAP-Herstellanweisungen tabellarisch dargestellt. Das Layout der Ergebnisliste kann wie gewohnt an die individuellen Bedürfnisse angepasst werden (siehe Abbildung 5.79).

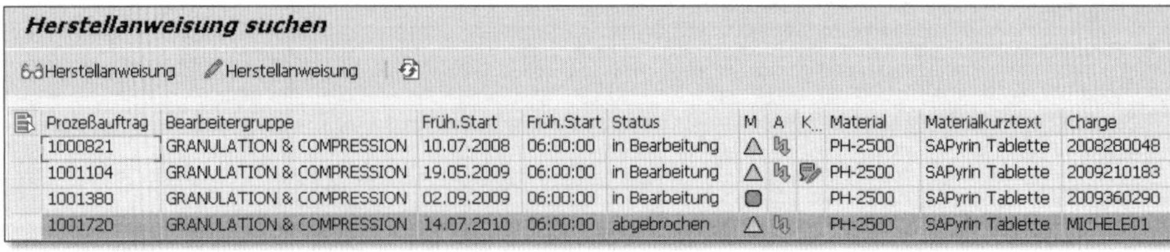

Abbildung 5.79 Ergebnisliste der SAP-Herstellanweisungen

Neben Daten wie Prozessauftragsnummer, Material, Charge oder Bearbeitergruppe werden auch der Bearbeitungsstatus von erzeugten Prozessmeldungen sowie die Existenz von Abweichungen oder Kommentaren angezeigt. Dies erlaubt die zielgerichtete Bearbeitung und Überprüfung von SAP-Herstellanweisungen.

Der Status von SAP-Herstellanweisungen wird durch farbliches Hervorheben der einzelnen Zeilen zusätzlich visualisiert: Abgeschlossene SAP-Herstellanweisungen erscheinen grün, abzuschließende Anweisungen gelb und abgebrochene bzw. verworfene Anweisungen rot.

Der Status der erzeugten Prozessmeldungen wird durch ein einfaches Ampelprinzip in der Spalte M (Meldungen) visualisiert. ▢ bedeutet, alle erzeugten Meldungen wurden erfolgreich verbucht, △ heißt, dass Meldungen erzeugt, aber noch nicht gesendet wurden, und ● zeigt an, dass eine oder mehrere Meldungen nicht verarbeitet werden konnten. Über den Menüpfad Umfeld • Meldungsmonitor gelangen Sie zudem aus der Ergebnisliste in den Prozessmeldungsmonitor. Außerdem können Sie über diesen Menüpunkt auch den Steuerrezeptmonitor und einzelne Prozessaufträge aufrufen.

Das Symbol in Spalte A (Abweichungen) zeigt an, dass bei der Bearbeitung der SAP-Herstellanweisung Abweichungen erfasst worden sind. In der Spalte Kommentar bedeutet das Symbol, dass ein Kommentar zur SAP-Herstellanweisung erfasst wurde.

Über die beiden Buttons oberhalb der Ergebnisliste kann die selektierte SAP-Herstellanweisung zur Anzeige (Button Herstellanweisung) oder zur Bearbeitung (Button Herstellanweisung) aufgerufen werden. Zudem können Sie eine SAP-Herstellanweisung durch Doppelklick auf die entsprechende Zeile starten.

Status von SAP-Herstellanweisungen

SAP-Herstellanweisungen durchlaufen eine Reihe von Status, die den jeweiligen Bearbeitungszustand wiedergeben. Einzelne Statusänderungen werden durch eine Prozessmeldung an den Prozessauftrag gemeldet und sorgen auch dort für eine Änderung des Auftragsstatus. Abbildung 5.80 gibt einen Überblick über die Status der SAP-Herstellanweisungen und deren Zusammenspiel mit dem Prozessauftragsstatus.

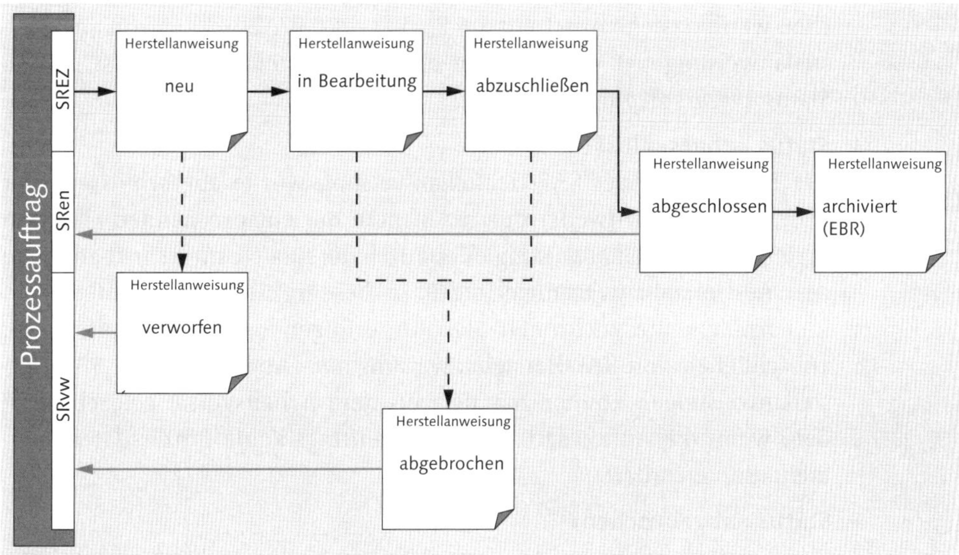

Abbildung 5.80 Status von SAP-Herstellanweisungen und das Zusammenspiel mit dem Prozessauftrag

Im Folgenden gehen wir auf die einzelnen Status näher ein:

- **Status »neu«**
  Eine neu angelegte SAP-Herstellanweisung wird im Status *neu* angelegt. Sie wurde noch nicht bearbeitet. SAP-Herstellanweisungen im Status *neu* können verworfen werden (siehe Abschnitt 5.6.7, »Verwerfen/Abbrechen von SAP-Herstellanweisungen«). Das Löschen der SAP-Herstellanweisung ist nur im Status *verworfen* möglich.
- **Status »in Bearbeitung«**
  Beim Status *in Bearbeitung* wurden bereits Eingaben oder Berechnungen in der SAP-Herstellanweisung vorgenommen. Bezogen auf die Status des Prozessauftrags kann man diesen Status mit dem Status *teilrückgemeldet* vergleichen. SAP-Herstellanweisungen im Status *in Bearbeitung* können abgebrochen werden (siehe Abschnitt 5.6.7, »Verwerfen/Abbrechen von

SAP-Herstellanweisungen«). Das Löschen der SAP-Herstellanweisung ist nur im Status *abgebrochen* möglich.

- **Status »abzuschließen«**
  Die Bearbeitung der SAP-Herstellanweisung wurde vollständig durchgeführt. Alle obligatorischen Eingaben und Berechnungen sind erfolgt, und alle erforderlichen Prozessmeldungen wurden erzeugt. In einem Folgeschritt kann die SAP-Herstellanweisung nun abgeschlossen werden. SAP-Herstellanweisungen im Status *abzuschließen* können ebenfalls abgebrochen werden (siehe Abschnitt 5.6.7, »Verwerfen/Abbrechen von SAP-Herstellanweisungen«). Das Löschen der SAP-Herstellanweisung ist nur im Status *abgebrochen* möglich.
- **Status »abgeschlossen«**
  Die Bearbeitung der SAP-Herstellanweisung wurde abgeschlossen. Der Abschluss kann entweder durch Aufrufen der entsprechenden Funktion in der SAP-Herstellanweisung oder durch die finale Unterschrift am Ende der SAP-Herstellanweisung erfolgen. In diesem Fall muss die Unterschrift in Form einer asynchronen Signatur erfolgen (siehe Abschnitt 5.6.6, »Abschließen von SAP-Herstellanweisungen«). Abgeschlossene SAP-Herstellanweisungen können manuell aus dem Arbeitsvorrat gelöscht werden, wenn die Auftragsart des Prozessauftrags keine Prozessdatendokumentation erfordert.
- **Status »abgebrochen«**
  Eine bereits bearbeitete SAP-Herstellanweisung wurde durch die Funktion VERWERFEN/ABBRECHEN abgebrochen (siehe Abschnitt 5.6.7, »Verwerfen/Abbrechen von SAP-Herstellanweisungen«). Abgebrochene SAP-Herstellanweisungen können manuell aus dem Arbeitsvorrat gelöscht werden, wenn die Auftragsart des Prozessauftrags keine Prozessdatendokumentation erfordert.
- **Status »verworfen«**
  Eine SAP-Herstellanweisung wurde verworfen, bevor mit der Bearbeitung begonnen wurde (siehe Abschnitt 5.6.7, »Verwerfen/Abbrechen von SAP-Herstellanweisungen«). Verworfene SAP-Herstellanweisungen können manuell aus dem Arbeitsvorrat gelöscht werden, wenn die Auftragsart des Prozessauftrags keine Prozessdatendokumentation erfordert.
- **Status »archiviert (EBR)«**
  Zu der SAP-Herstellanweisung wurde ein Chargenprotokoll archiviert. Archivierte SAP-Herstellanweisungen können manuell aus dem Arbeitsvorrat gelöscht werden.

5.6.4 Funktionen in der browserbasierten SAP-Herstellanweisung

In der SAP-Herstellanweisung stehen dem Anwender eine Reihe von Funktionen bei der Bearbeitung oder Anzeige zur Verfügung. Die Funktionen können Sie entweder über das Menü im Kopf der SAP-Herstellanweisung oder über das Kontextmenü aufrufen. Zudem stehen die in Abschnitt 5.6.2, »Browserbasierte SAP-Herstellanweisung«, beschriebenen Symbole sowie selbst definierte Buttons zur Verfügung.

- **Eigenschaften anzeigen**
  Die Funktion erlaubt für jedes Eingabefeld die Anzeige der Eigenschaften in einem eigenen Dialogfenster. Dabei können Sie neben der Position (diese entspricht der Nummer der Phase) und der Prozessvorgabe aus dem Prozessauftrag auch das Protokoll zum Feld anzeigen lassen. Dies ist nur dann relevant, wenn Sie die Protokollierung aktiviert haben (siehe Abschnitt 5.6.5, »Protokollierung in browserbasierten SAP-Herstellanweisungen«). Diese Funktion steht im Arbeitsbereich der SAP-Herstellanweisung sowohl im Anzeige- als auch im Änderungsmodus zur Verfügung.
- **Meldung anzeigen**
  Mit dieser Funktion können Sie Meldungen anzeigen lassen, mit denen berechnete oder eingegebene Werte rückgemeldet werden sollen. Diese Funktion steht im Arbeitsbereich der SAP-Herstellanweisung sowohl im Anzeige- als auch im Änderungsmodus zur Verfügung.
- **Kommentar anzeigen und anlegen**
  Kommentare können für die gesamte SAP-Herstellanweisung oder für einzelne Arbeitsschritte und Tabellen angelegt werden. Nach Eingabe eines Kommentars und dem Versenden über die Funktion (Abschliessen und Senden) wird eine Prozessmeldung der Meldungsart PI_COMM erzeugt. Der Kommentar kann dann nicht mehr verändert oder gelöscht werden. Es kann allerdings immer ein weiterer Kommentar erfasst werden. Kommentare anzeigen können Sie innerhalb der SAP-Herstellanweisung an der jeweiligen Stelle durch Betätigen des Icons (Kommentar anzeigen). Es werden alle Kommentare sowie Erfassungsdatum/-uhrzeit und Erfasser angezeigt.
- **Deaktivieren und Aktivieren**
  Mit dieser Funktion können Sie einzelne Arbeitsschritte, Prozessvorgaben oder auch Tabellenzeilen und ganze Tabellen für Eingaben deaktivieren. Das kann sinnvoll sein, wenn einzelne Abschnitte der SAP-Herstellanweisung nur fallweise bearbeitet werden müssen. Das Abschließen einer SAP-Herstellanweisung ist nur möglich, wenn alle Eingaben erfolgt sind. Deaktivierte Abschnitte werden bei dieser Prüfung nicht berücksichtigt.

- **Sperren und Sperre aufheben**
  Mit dieser Funktion können Sie einzelne Arbeitsschritte, Prozessvorgaben oder auch Tabellenzeilen und ganze Tabellen für Eingaben sperren. Gesperrte Eingabebereiche sind nicht mehr eingabebereit oder ausführbar. Solange Arbeitsschritte in einer SAP-Herstellanweisung gesperrt sind, kann diese nicht abgeschlossen werden.
- **Zwischenstand rückmelden**
  Diese Funktion erlaubt es, alle Prozessvorgaben, die bis zu diesem Zeitpunkt bearbeitet oder erzeugt wurden, zurückzumelden.
- **Abschließen**
  Mit dieser Funktion können Sie einzelne Prozessvorgaben, Tabellenzeilen und ganze Tabellen oder auch das gesamte Dokument abschließen. Alle Prozessmeldungen, die zu dem jeweiligen Arbeitsschritt gehören, werden automatisch angelegt. Wird das gesamte Dokument abgeschlossen, so wird eine Prozessmeldung der Meldungsart PI_CRST erzeugt (siehe Abschnitt 5.6.6, »Abschließen von SAP-Herstellanweisungen«).

5.6.5 Protokollierung in browserbasierten SAP-Herstellanweisungen

In der Konfiguration des Steuerrezeptempfängers können Sie definieren, welche Ereignisse durch SAP protokolliert werden sollen. Sie können die Protokollierung für folgende Funktionen innerhalb der SAP-Herstellanweisung aktivieren:

- Aktivieren/Deaktivieren
- Sperren/Sperre aufheben
- Abschließen
- Werteingabe

Dabei können Sie wählen, ob die Aktivitäten protokolliert werden sollen oder ob ein Protokoll ohne Unterschrift, mit einfacher Unterschrift oder mit digitaler Signatur erstellt werden soll.

Sie können die Konfiguration des Steuerrezeptempfängers prüfen und durchführen, indem Sie im Customizing dem IMG-Pfad Produktionsplanung Prozessindustrie • Prozesskoordination • Steuerrezept SAP-Herstellanweisung • Steuerrezeptempfänger • Steuerrezeptempfänger definieren und einstellen folgen.

Ist die Protokollierung aktiv, schreibt das SAP-System alle erfassten Werte, Datum und Uhrzeit sowie Terminal-Nummer und Benutzer-ID des angemeldeten Benutzers fort.

Sie können das Protokoll zu einzelnen Eingabefeldern über das Kontextmenü aufrufen. Wählen Sie dazu EIGENSCHAFTEN ANZEIGEN und dann den Reiter PROTOKOLL.

5.6.6 Abschließen von SAP-Herstellanweisungen

Es stehen Ihnen zwei Möglichkeiten zur Verfügung, SAP-Herstellanweisungen abzuschließen: Zum einen können Sie die Funktion manuell im Rahmen der Bearbeitung einer SAP-Herstellanweisung über den Menüpunkt ABSCHLIESSEN im Kopf der SAP-Herstellanweisung ausführen. Zum anderen können Sie die SAP-Herstellanweisung durch die letzte Unterschrift am Ende des Dokuments abschließen. Voraussetzung ist in beiden Fällen, dass Sie alle obligatorischen Eingabefelder bewertet haben, dass alle Berechnungen erfolgreich durchgeführt und alle erforderlichen Prozessmeldungen erzeugt wurden.

Durch die Funktion ABSCHLIESSEN wird eine Prozessmeldung der Meldungsart PI_CRST erzeugt. Außerdem Prozessmeldungsmerkmal PPPI_CONTROL_RECIPE_STATUS wird das mit dem Wert 00005 (Ausführung beendet) bewertet und der empfangene Prozessauftrag erhält den Status SRen (Steuerrezept beendet).

Um eine SAP-Herstellanweisung durch eine Unterschrift abzuschließen, muss im Customizing des Steuerrezeptempfängers ein asynchroner Signaturprozess hinterlegt werden. Das bedeutet, dass bei Verwendung eines Signaturnetzes zwischen den erforderlichen Einzelsignaturen auch andere Funktionen ausgeführt werden können. Bei einem synchronen Signaturprozess müssen die Einzelsignaturen unmittelbar nacheinander geleistet werden.

Die Prozessvorgabe, mit der die letzte Unterschrift in der SAP-Herstellanweisung definiert wird, muss das Prozessvorgabemerkmal PPPI_SIGNATURE_MODE mit dem Wert A (asynchrone Unterschrift) enthalten.

5.6.7 Verwerfen/Abbrechen von SAP-Herstellanweisungen

Um SAP-Herstellanweisungen abzubrechen oder zu verwerfen, rufen Sie aus der Selektionsliste der SAP-Herstellanweisung (Transaktion CO60XT, Transaktion CO60) über das Menü die Funktion SAP-HERSTELLANWEISUNG • VERWERFEN/ABBRECHEN auf.

Es können nur SAP-Herstellanweisungen im Status *neu* verworfen werden. SAP-Herstellanweisungen im Status *in Bearbeitung* oder *abzuschließen* können abgebrochen werden (siehe auch Unterabschnitt, »Status von SAP-Herstellanweisungen« in Abschnitt 5.6.3). Für SAP-Herstellanweisungen in anderen Status steht diese Funktion nicht zur Verfügung.

Indem Sie die Funktion VERWERFEN/ABBRECHEN ausführen, wird eine Prozessmeldung der Meldungsart PI_CRST erzeugt, und die Informationen werden so an den Prozessauftrag übertragen. Im Kopf des Prozessauftrags wird der Status SRvw (Steuerrezept verworfen) gesetzt. Eine Bearbeitung der betroffenen SAP-Herstellanweisung ist nicht mehr möglich. Allerdings kann nun zu dem Prozessauftrag ein neues Steuerrezept erzeugt werden.

[»] **Verhalten bei der Verwendung von Chargenprotokollen**

Ist in der Auftragsart das Kennzeichen CHARGENPROTOKOLL ERFORDERLICH gesetzt, werden verworfene oder abgebrochene SAP-Herstellanweisungen mit dem Chargenprotokoll archiviert. Wird der Prozessauftrag gelöscht, werden automatisch zugehörige verworfene oder abgebrochene SAP-Herstellanweisungen ebenfalls gelöscht.

5.7 Zusammenfassung

Nachdem Sie nun die wichtigsten Bereiche und Funktionen der Prozesskoordination näher kennengelernt haben, stellen wir Ihnen im folgenden Kapitel einige Prozesse vor, die üblicherweise in der Prozessindustrie zum Einsatz kommen.

In diesem Kapitel stellen wir Ihnen einige Produktionsprozesse vor, die für die Prozessindustrie wichtig sind. Dabei gehen wir auch immer wieder auf Funktionen ein, die Sie in den vorigen Kapiteln kennengelernt haben, und zeigen Ihnen, wie diese in den einzelnen Prozessen eingesetzt werden.

6 Produktionsprozesse mit PP-PI

Die Standardisierung von Geschäftsprozessen in Unternehmen ist immer noch ein wichtiges Thema, um Implementierungszeiten zu reduzieren und die Wartung zu vereinfachen. Im Rahmen der SAP-Best-Practices-Initiative hat SAP generische und industriespezifische Prozesse als vorkonfigurierte Lösungen zur Verfügung gestellt. Viele Funktionen der Komponente PP-PI haben wir Ihnen auf Grundlage der *SAP Best Practices for Chemical* und *SAP Best Practices for Pharmaceuticals* vorgestellt. In diesem Kapitel stellen wir Ihnen nun die folgenden Prozesse vor:

- zweistufige prozessindustriespezifische Herstellung
- Kuppel- und Nebenproduktion
- regulierte Produktion

SAP Best Practices [«]

Die aktuell verfügbare Dokumentation zu den SAP Best Practices finden Sie unter *http://help.sap.com/bestpractices*. SAP Best Practices stehen zu verschiedenen Releaseständen und Sprachversionen zur Verfügung. Innerhalb der Dokumentation finden Sie eine Übersicht der verfügbaren Szenarien. Je Szenario gibt es eine Übersichtsbeschreibung, den *Process Overview*, und eine detaillierte Prozessbeschreibung, die *Business-Process-Dokumentation*. Zusätzlich finden Sie dort auch Konfigurationsbeschreibungen. Schließlich steht Ihnen neben der vorkonfigurierten Lösung auch eine spezielle Einführungsmethodik, das sogenannte *ASAP Focus*, zur Verfügung.

6.1 Zweistufige prozessindustriespezifische Herstellung

Unter der zweistufigen Herstellung in der Prozessindustrie wird die Fertigung einer losen Ware (*Bulk Ware*) und der anschließende Verpackungsprozess in unterschiedliche Gebindegrößen oder Länderaufmachungen verstanden. Als Beispiel für die folgenden Erläuterungen dient das Szenario *Solid Dosage Forms* (Szenario P50) aus den *SAP Best Practices for Pharmaceuticals*. Dieses Szenario bildet die Herstellung einer Tablette (SAPyrin) als lose Ware sowie die anschließende Konfektionierung in unterschiedlichen Packungsgrößen (20 St., 50 St., 10 × 50 St.).

6.1.1 Szenarioübersicht

Abbildung 6.1 gibt einen Überblick über die einzelnen Fertigungsstufen des Szenarios *Solid Dosage Forms*.

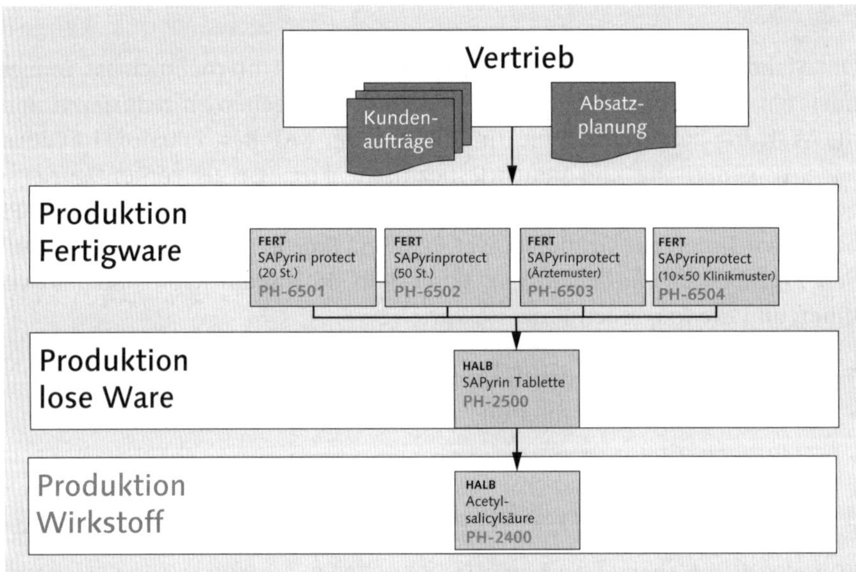

Abbildung 6.1 Überblick des Produktionsszenarios »Solid Dosage Forms«

Um den unterschiedlichen Anforderungen der einzelnen Fertigungsstufen gerecht zu werden, werden für die einzelnen Zwischenprodukte häufig entsprechend konfigurierte Auftragsarten verwendet. Dies bietet Ihnen neben der Steuerung von automatisierten Aktionen, wie der Erzeugung eines Steuerrezepts oder dem Druck der Auftragsdokumente bei Auftragsfreigabe, auch die Möglichkeit, die einzelnen Fertigungsstufen anhand der Auftragsart unter Verwendung des Auftragsinformationssystems auszuwerten.

6.1.2 Bedarfsübergabe in der Produktionsplanung

Wir wollen nun den ersten Schritt aus Sicht der Produktionsplanung betrachten. Da die verpackten Materialien die verkaufsfähigen Waren darstellen, werden auf Ebene dieser Artikel Kundenaufträge oder geplante Absatzmengen erfasst, sogenannte *Primärbedarfe*. Die Materialbedarfsplanung (Material Requirements Planning, MRP) erzeugt auf Basis der Primärbedarfe *Planaufträge* für die Fertigung der verpackten Fertigware. Aufgrund der Stücklistenauflösung innerhalb des Planauftrags werden nun *Sekundärbedarfe* für die zu verwendenden Komponenten erzeugt.

Im Fall der losen Ware (Tablette SAPyrin) führt dies wiederum zu der Erzeugung von Planaufträgen für diese Fertigungsstufe. Abbildung 6.2 gibt die Übergabe der Bedarfe an die einzelnen Fertigungsstufen wieder. Wie eingangs erwähnt, löst auch der Planauftrag der losen Ware Sekundärbedarfe auf Stufe der Wirkstoffherstellung aus. Diese wollen wir an dieser Stelle nicht weiter betrachten.

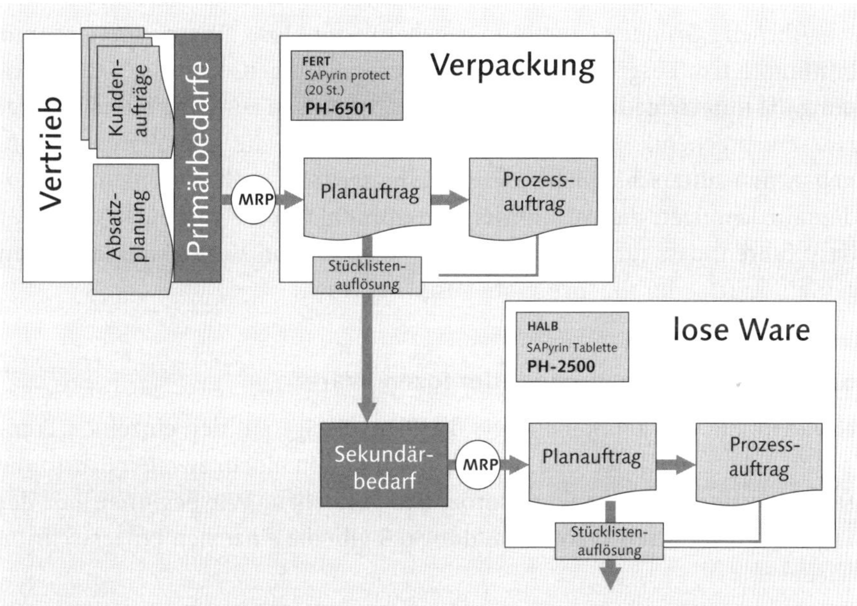

Abbildung 6.2 Bedarfsübergabe und Planauftragserzeugung

Selbstverständlich werden neben den Sekundärbedarfen für die eigengefertigten Waren auch Bedarfe für fremdbeschaffte Artikel ausgelöst. Diese führen bei der Durchführung der Materialbedarfsplanung zu der Erzeugung von Bestellanforderungen für die Fremdbeschaffung.

[»] **Produktion von Zwischenstufen**

Im Szenario P50 ist zusätzlich zur losen Ware auch noch die geblisterte Ware als Zwischenstufe abgebildet. Dieser Zwischenschritt ist nur erforderlich, wenn die geblisterte Ware tatsächlich gelagert wird. In der pharmazeutischen Industrie findet man allerdings häufig In-Line-Verpackungsanlagen vor, bei denen die Verblisterung in einem Schritt mit der Verpackung in die entsprechenden Faltschachteln erfolgt. Hier ist die Abbildung der Zwischenstufe *geblisterte Ware* als eigener Prozessauftrag nicht sinnvoll.

Im Gegensatz dazu kann ein entsprechender Produktionsschritt durchaus erforderlich sein, wenn beispielsweise ein Abfüllprozess einer flüssigen Ware in eine Ampulle erfolgt und diese vor der Verpackung gesichtet werden muss, um fehlerhaft abgeschmolzene Ampullen auszusortieren. Dieser Sichtungsprozess kann je nach Konstruktion der Anlagen ebenfalls inline mit der Abfüllung erfolgen, häufig ist es jedoch ein separater Prozess auf einer eigenen Fertigungslinie.

Da im Gegensatz zu Verpackungsaufträgen, die in den meisten Fällen in flexiblen oder zumindest in eingeschränkt flexiblen Auftragsgrößen produziert werden können (Mindestlosgrößen sind selbstverständlich aus betriebswirtschaftlichen Gründen zumeist gegeben), für lose Ware zumeist nur bestimmte fixe Losgrößen produziert werden können, fasst die Bedarfsplanung die unterschiedlichen Bedarfe der Fertigwaren zusammen und erzeugt eine entsprechende Anzahl von Planaufträgen für die lose Ware. Da z. B. neben den unterschiedlichen Verpackungsgrößen auch verschiedene Länderaufmachungen die Anzahl der Fertigprodukte vervielfacht, kann dieses dazu führen, dass für die Bedarfe einer Vielzahl von Verpackungsaufträgen nur ein Auftrag für die lose Ware ausgelöst wird.

6.1.3 Produktionsprozess der losen Ware

Nachdem Sie gesehen haben, wie die Planaufträge auf den einzelnen Fertigungsstufen erzeugt werden, wollen wir Ihnen in einem zweiten Schritt die Durchführung des Produktionsprozesses vorstellen. Wir beginnen mit der Produktion der losen Ware. Abbildung 6.3 gibt die einzelnen Prozessschritte wieder.

Während in der pharmazeutischen Industrie üblicherweise das Szenario der regulierten Fertigung (Abschnitt 6.3, »Regulierte Produktion«) zum Einsatz kommt, wird der Prozess in der chemischen Industrie zumeist in einer vereinfachten Form ohne Genehmigung von Stammdaten und Prozessaufträgen abgebildet.

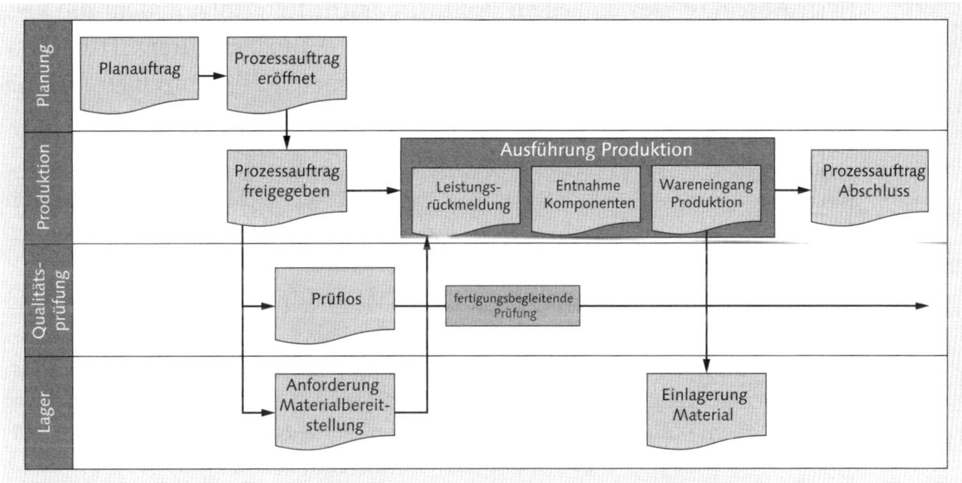

Abbildung 6.3 Schematische Darstellung der einzelnen Prozessschritte

Die Anlage des Prozessauftrags erfolgt durch die Umsetzung des durch die Bedarfsplanung erzeugten Planauftrags in einen Prozessauftrag. Dabei werden alle Daten des Planauftrags wie Auftragsmenge, Auftragstermine und verwendete Stammdaten in den Prozessauftrag übernommen. Zudem wird die zu verwendende Auftragsart aus dem Fertigungssteuerungsprofil ermittelt, das im Materialstamm der losen Ware hinterlegt ist. Nach der optionalen Zuordnung von Komponentenchargen – z. B. bei der Verwendung von Komponenten mit variablem Wirkstoffgehalt – erfolgt die Freigabe des Prozessauftrags. Mit der Freigabe wird die Charge für die lose Ware und das zugehörige Prüflos (bei früherer Prüfloseröffnung) erzeugt. Zudem wird der Druck der erforderlichen Auftragspapiere und optional die Erzeugung des Steuerrezepts angestoßen. Als Nächstes werden die erforderlichen Komponenten auf Basis der erzeugten Auftragsreservierung für die Produktion bereitgestellt. Dies geschieht üblicherweise durch Mitarbeiter der internen Logistik oder durch Mitarbeiter der Produktion. Nach der Vorbereitung der Anlagen – unter Umständen sind vor dem Start der Fertigung Reinigungs- und Rüstarbeiten erforderlich – kann mit der physischen Fertigung der losen Ware begonnen werden. Im einfachsten Fall erfolgt die Dokumentation des Fertigungsprozesses außerhalb von SAP in Papierform, oder der Fertigungsprozess wird mithilfe der SAP-Herstellanweisung dokumentiert.

Im Verlauf der Fertigung werden die einzelnen Materialentnahmen im SAP-System gebucht. Spätestens zum Zeitpunkt der Buchung muss bei chargenverwalteten Materialien neben der entnommenen Menge und dem Entnahmelagerort auch die verwendete Chargennummer eingegeben werden.

Nach Abschluss der einzelnen Produktionsschritte erfolgt zudem die Leistungsrückmeldung zu den einzelnen Phasen des Prozessauftrags. Dabei werden neben der Vorgangsmenge auch die Ist-Zeiten für die einzelnen Tätigkeiten erfasst.

[»] **Rückgemeldete Vorgangsmenge und gelieferte Menge**

Beachten Sie, dass die Vorgangsmenge in der Leistungsrückmeldung nicht zwingend mit der am Ende tatsächlich gelieferten Menge übereinstimmen muss.

Im SAP-System handelt es sich hierbei um zwei unterschiedliche Datenfelder: Während die rückgemeldete Vorgangsmenge in der Leistungsrückmeldung unter anderem die Basis für die Berechnung von Vorschlagszeiten für die Rückmeldung sowie für die Berechnung der Verbrauchsmengen bei der retrograden Entnahme von Komponenten bildet, entspricht die gelieferte Menge der tatsächlich auf Bestand gebuchten Menge der produzierten Ware.

Mit der abschließenden Buchung des Wareneingangs der produzierten losen Ware wird das Material in den Bestand gebucht. Je nach Einstellung in den Prüfdaten zum Material kann dabei die Buchung in den freien Bestand oder in den Qualitätsprüfbestand erfolgen.

[»] **Verpacken »on risk«**

Da sich der Verpackungsprozess häufig direkt an die Produktion der losen Waren anschließt, erfolgt die Konfektionierung in vielen Fällen *on risk*. Das bedeutet, dass bei der Fertigung der losen Ware durch die fertigungsbegleitenden Qualitätsprüfungen bereits weitestgehend sichergestellt werden kann, dass die Ware in Ordnung ist.

Für die endgültige Freigabe sind allerdings auch Prüfungen von Langzeitmerkmalen wie der Anzahl von Keimen erforderlich. Da auf diese Prüfergebnisse vor dem Start des Verpackungsprozesses nicht gewartet werden kann, erfolgt die Verpackung *on risk*, denn es bleibt ein Restrisiko, dass die Ware nicht in den Verkehr gebracht werden kann.

Die verpackte Fertigware bleibt hingegen so lange im Qualitätsprüfbestand, bis die Auswertung von Langzeitprüfungen abgeschlossen ist.

6.1.4 Produktionsprozess der verpackten Ware

Die Prozessschritte bei der Produktion der verpackten Ware entsprechen den Schritten bei der losen Ware (siehe Abbildung 6.3). Bei der Anlage des Prozessauftrags erfolgt allerdings üblicherweise die Zuordnung der zu verwendenden Charge der losen Ware. Abbildung 6.4 zeigt die Komponentenliste des Verpackungsauftrags. Hier wurde die Charge der losen Ware bereits zugeordnet.

Abbildung 6.4 Komponentenliste des Verpackungsauftrags

Vererbung des Produktionsdatums

[«]

In der pharmazeutischen, aber auch der chemischen Industrie dient das Produktionsdatum der losen Ware – oder auch das Mischdatum, das ist das Datum, an dem die Komponenten zum ersten Mal ineinander vermischt werden – üblicherweise als Basisdatum zur Berechnung des Mindesthaltbarkeitsdatums der verpackten Ware. In SAP kann hier die Funktion der Merkmalsvererbung verwendet werden, um eine automatisierte Berechnung des Mindesthaltbarkeitsdatums zu ermöglichen. Dabei wird z. B. mit der Freigabe des Prozessauftrags das Produktionsdatum der zugeordneten Charge der losen Ware in die neu angelegte Charge der verpackten Ware kopiert. In der Fertigwarencharge erfolgt dann auf Basis des vererbten Produktionsdatums die Berechnung des Mindesthaltbarkeitsdatums gemäß den Einstellungen im Materialstamm.

Durch einen Klick auf den Button auf dem Reiter Wareneingang des Prozessauftrags kann die Vererbung von Chargenmerkmalen manuell angestoßen werden.

Üblicherweise muss mit den Vorbereitungen für den Verpackungs- bzw. Konfektionierungsprozess bereits begonnen werden, bevor die lose Ware auf Bestand gebracht wird. Das bedeutet, dass auch beim Prozessauftrag für die Verpackung bereits alle Prozessschritte inklusive der Freigabe des Prozessauftrags durchlaufen werden müssen, um z. B. sicherzustellen, dass die Bereitstellung der Packmittel an die Linie rechtzeitig erfolgt.

Da sich die lose Ware aber noch nicht auf Bestand befindet, wird üblicherweise bei der Verfügbarkeitsprüfung zum Zeitpunkt der Freigabe eine Fehlteilmeldung für die lose Ware erhalten. Diese Meldung kann umgangen werden, indem auch das Zugangselement Prozessauftrag in der Prüfung als verfügbarer Bestand berücksichtigt wird. Dies birgt aber die Gefahr in sich, dass das System die vollständige Verfügbarkeit der Komponenten bestätigt, obwohl es tatsächlich zu Verzögerungen bei der Fertigung der losen Ware gekommen ist, die in den entsprechenden Auftragsterminen noch nicht reflektiert worden sind.

Um diese Gefahr zu reduzieren, wird in der Praxis an dieser Stelle häufig in Kauf genommen, dass die lose Ware als Fehlteil ausgewiesen wird. Bei der Auftragsfreigabe wird der Anwender durch eine entsprechende Meldung auf das fehlende Material hingewiesen und so dafür sensibilisiert, organisatorisch sicherzustellen, dass das Material tatsächlich zum geplanten Auftragsstartzeitpunkt zur Verfügung steht. Abbildung 6.5 zeigt die Meldung bei fehlender Materialverfügbarkeit.

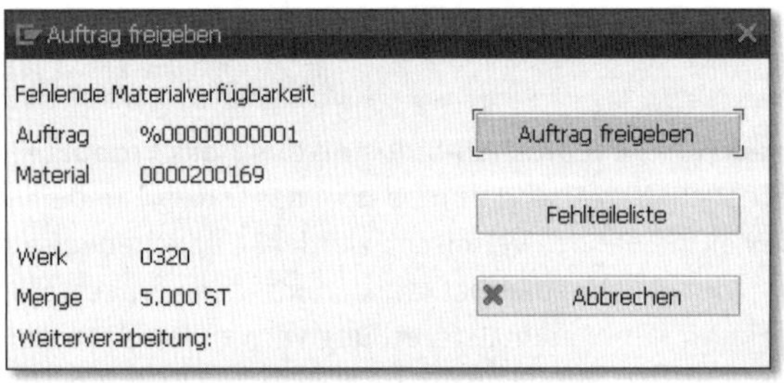

Abbildung 6.5 Meldung bei fehlender Materialverfügbarkeit

Mit Bestätigung der Meldung ist die Freigabe und somit der Anstoß der vorbereitenden Tätigkeiten in der Fertigung dann möglich.

Der weitere Ablauf der Prozessauftragsbearbeitung entspricht den zuvor beschriebenen Schritten und soll an dieser Stelle nicht erneut ausgeführt werden. Stattdessen wenden wir uns im folgenden Abschnitt einem weiteren Spezialfall der Prozessindustrie zu: der Behandlung von anfallenden Nebenprodukten sowie der Abgrenzung zwischen Kuppel- und Nebenprodukten in SAP.

6.2 Kuppel- und Nebenprodukte

In diesem Abschnitt stellen wir Ihnen das Szenario *Process Order with Co-Product and QM* (Szenario 993) aus den *SAP Best Practices for Chemicals* vor. In diesem Szenario fallen bei der Herstellung einer losen Ware Kuppel- und Nebenprodukte an. In beiden Fällen werden neben dem Hauptprodukt weitere Produkte hergestellt, die entweder als Fertigprodukt verkauft oder in weiteren Stufen als Komponente wieder eingesetzt werden. Die Unterscheidung zwischen Kuppel- und Nebenprodukt findet über die Aufteilung der Herstellkosten statt: Während bei Kuppelprodukten eine Aufteilung stattfindet, ist dies bei Nebenprodukte nicht der Fall. Zur Aufteilung der Herstellkosten zwischen Haupt- und Kuppelprodukten muss ein sogenanntes *Aufteilungsschema* im Materialstamm zugeordnet werden. Weitere Details zur Anlage eines Aufteilungsschemas finden Sie in Abschnitt 2.4.6, »Sonderthemen«.

6.2.1 Szenarioübersicht

In Abbildung 6.6 wird der Prozessablauf dargestellt. Bitte beachten Sie, dass in dieser Abbildung nicht alle Detailschritte abgebildet werden.

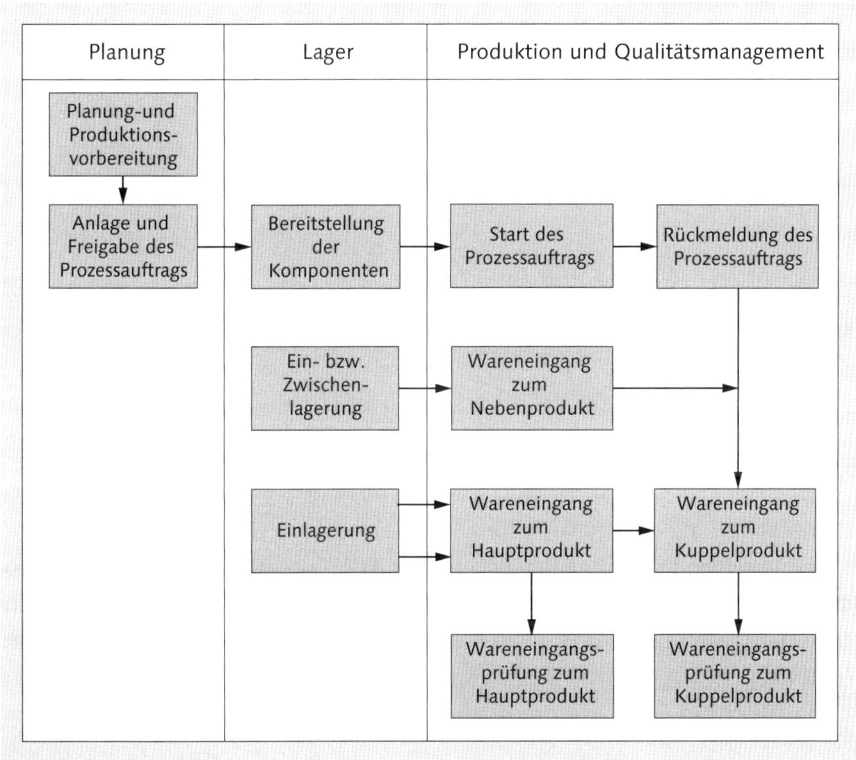

Abbildung 6.6 Gesamtprozessübersicht »Kuppelproduktion«

6.2.2 Stammdaten zu Kuppel- und Nebenprodukten

In unserem Szenario soll ein Haupt-, ein Kuppel- und ein Nebenprodukt produziert werden. Eine Voraussetzung ist, dass das Kuppel- und Nebenprodukt als Komponente mit einem negativen Vorzeichen angelegt wird (siehe Abbildung 6.7).

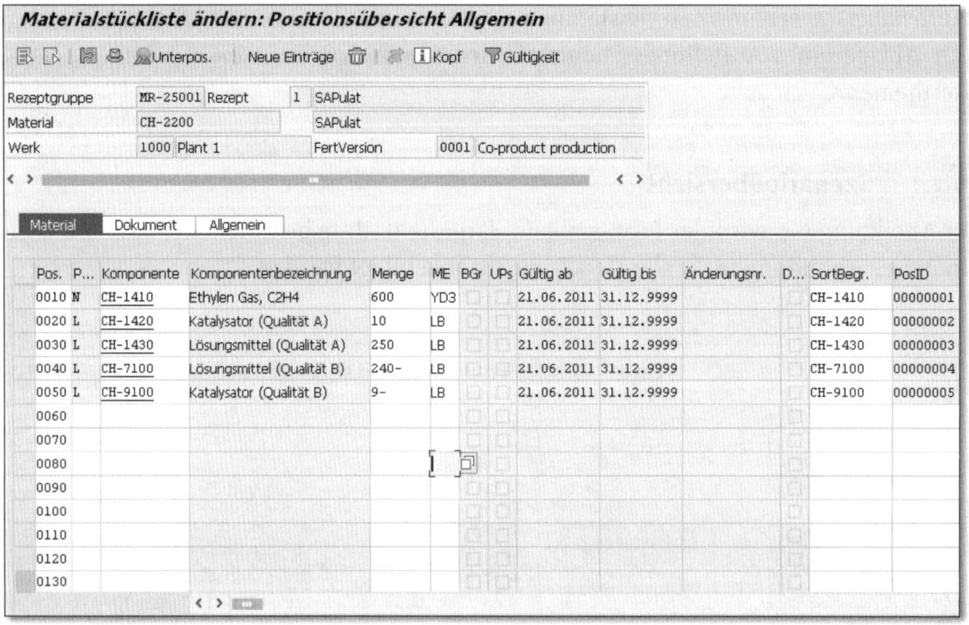

Abbildung 6.7 Kuppel- und Nebenprodukte in der Materialstückliste des Planungsrezepts

Für das Kuppelprodukt muss zusätzlich auf der Positionsdetailsicht das Kennzeichen Kuppelprodukt gesetzt werden (siehe Abbildung 6.8). In unserem Fall ist das die Komponente CH-9100 (Katalysator (Qualität B)).

Damit später auch eine Aufteilung der Herstellkosten zwischen dem Haupt- und Kuppelprodukt möglich ist, muss das Aufteilungsschema zum Hauptprodukt in der Materialsicht Disposition 2 angelegt werden. Zusätzlich muss im Materialstamm des Kuppelprodukts das Kennzeichen Kuppelprodukt in der Materialsicht Disposition 2 aktiviert werden. Weitere Details hierzu finden Sie in Abschnitt 2.4.6, »Sonderthemen«.

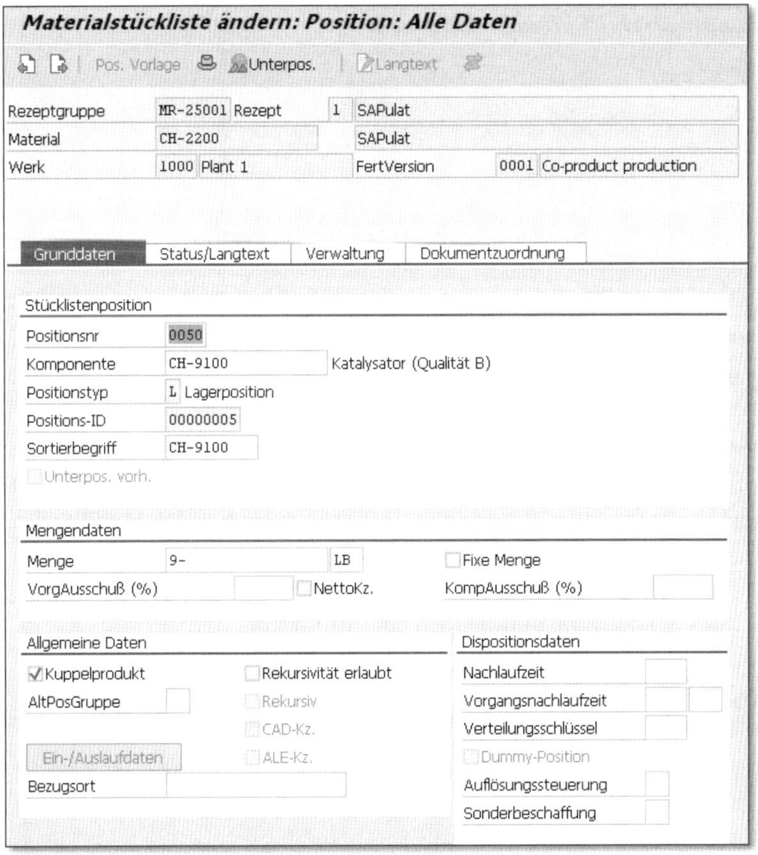

Abbildung 6.8 Kennzeichnung einer Komponente als Kuppelprodukt in der Materialstückliste

6.2.3 Prozessschritte zum Szenario der Kuppel- und Nebenprodukte

Da wir Ihnen hauptsächlich das Thema Kuppel- und Nebenprodukte vorstellen möchten, starten wir mit der Prozessauftragsanlage. Die Anlage des Prozessauftrags erfolgt mit der Transaktion COR1. Zur Anzeige der Abrechnungsvorschrift wählen Sie im Menü Kopf den Punkt Abrechnungsvorschrift aus. Die Abrechnungsvorschrift gibt das Objekt und die Regel für die spätere Abrechnung des Prozessauftrags im Rahmen des monatlichen Periodenabschlusses vor. In Abbildung 6.9 können Sie erkennen, dass für das Hauptprodukt (CH-2200) und das Kuppelprodukt (CH-9100) jeweils eine Position vorhanden ist.

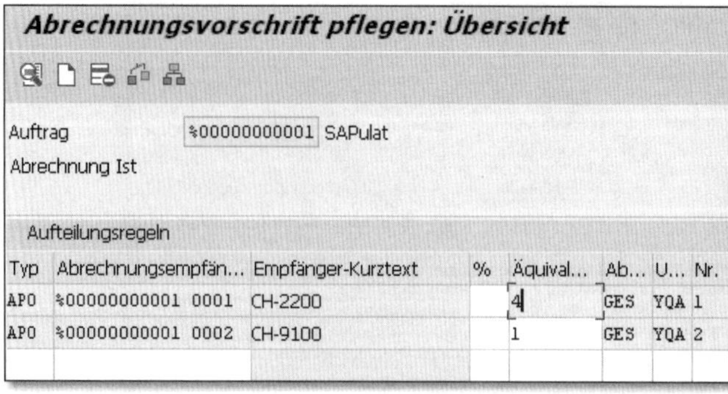

Typ	Abrechnungsempfän...	Empfänger-Kurztext	%	Äquival...	Ab...	U...	Nr.
APO	%00000000001 0001	CH-2200		4	GES	YQA	1
APO	%00000000001 0002	CH-9100		1	GES	YQA	2

Abbildung 6.9 Abrechnungsvorschrift zum Prozessauftrag

Über die Äquivalenzziffer wird das Verhältnis der Herstellkostenaufteilung gesteuert. Bereits nach der Auftragsanlage können Sie sich die Plankosten anzeigen lassen. Rufen Sie zur Anzeige der Plankosten über das Menü SPRINGEN • KOSTEN die Funktion ANALYSE auf. Wechseln Sie zur Anzeige der Plankosten das Layout über den Button (LAYOUT AUSWÄHLEN). Wählen Sie das Layout für die Kostenentwicklung aus (siehe Abbildung 6.10).

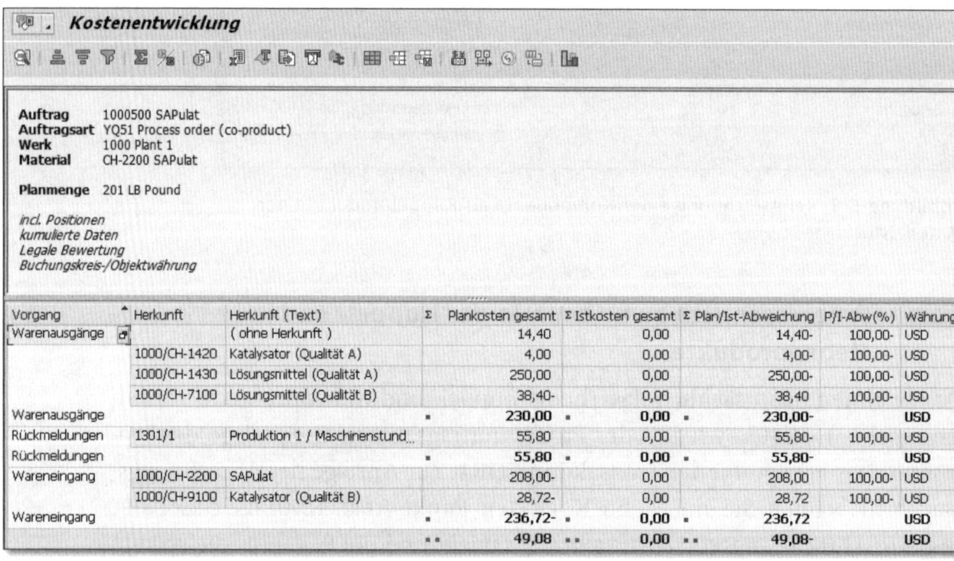

Vorgang	Herkunft	Herkunft (Text)	Σ	Plankosten gesamt	Σ Istkosten gesamt	Σ Plan/Ist-Abweichung	P/I-Abw(%)	Währung
Warenausgänge		(ohne Herkunft)		14,40	0,00	14,40-	100,00-	USD
	1000/CH-1420	Katalysator (Qualität A)		4,00	0,00	4,00-	100,00-	USD
	1000/CH-1430	Lösungsmittel (Qualität A)		250,00	0,00	250,00-	100,00-	USD
	1000/CH-7100	Lösungsmittel (Qualität B)		38,40-	0,00	38,40	100,00-	USD
Warenausgänge			▪	**230,00**	▪ **0,00**	▪ **230,00-**		**USD**
Rückmeldungen	1301/1	Produktion 1 / Maschinenstund...		55,80	0,00	55,80-	100,00-	USD
Rückmeldungen			▪	**55,80**	▪ **0,00**	▪ **55,80-**		**USD**
Wareneingang	1000/CH-2200	SAPulat		208,00-	0,00	208,00	100,00-	USD
	1000/CH-9100	Katalysator (Qualität B)		28,72-	0,00	28,72	100,00-	USD
Wareneingang			▪	**236,72-**	▪ **0,00**	▪ **236,72**		**USD**
			▪▪	**49,08**	▪▪ **0,00**	▪▪ **49,08-**		**USD**

Abbildung 6.10 Anzeige der Kostenentwicklung zum Prozessauftrag

Hier können Sie erkennen, dass zum Vorgang WARENEINGANG das Haupt- und das Kuppelprodukt angezeigt werden. Das Nebenprodukt (CH-7100)

wird unter dem Vorgang WARENAUSGANG mit einem negativen Wert angezeigt. Weitere Informationen zur Prozessauftragsanlage finden Sie in Abschnitt 3.4, »Eröffnung eines Prozessauftrags«.

Nach der Anlage und Freigabe des Prozessauftrags erfolgen die Bereitstellung der Komponenten und der Produktionsstart. Je nach Prozessdefinition können die Zeit- und Mengenrückmeldungen einzeln, kombiniert zum Auftragskopf oder zur Phase durchgeführt werden. In unserem Beispiel erfolgt die Auftragsrückmeldung zum Auftragskopf mit der Transaktion CORK und die Wareneingangsbuchung mit der Transaktion MIGO.

Im ersten Schritt gehen wir auf die Auftragsrückmeldung ein. Nach dem Aufruf der Transaktion CORK müssen Sie auf den Button Warenbewegungen klicken. Ihnen wird jetzt die Übersicht der Warenentnahmen und der Wareneingang zum Nebenprodukt (Material CH-7100) angezeigt. Im Feld BEWEGUNGSART können Sie die Bewegungsart 531 erkennen, die für Nebenprodukte verwendet wird (siehe Abbildung 6.11).

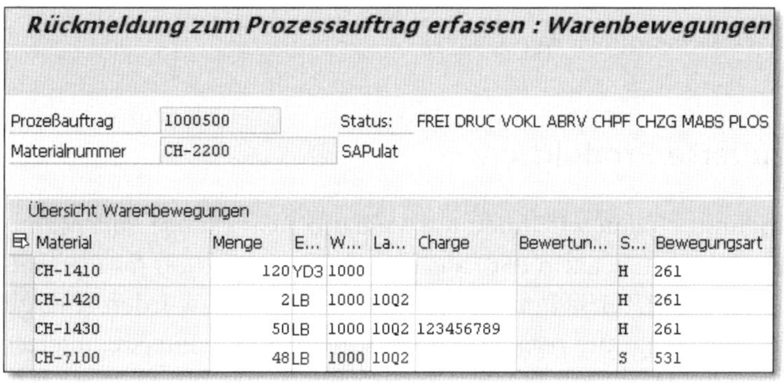

Rückmeldung zum Prozessauftrag erfassen : Warenbewegungen

Prozeßauftrag 1000500 Status: FREI DRUC VOKL ABRV CHPF CHZG MABS PLOS
Materialnummer CH-2200 SAPulat

Übersicht Warenbewegungen

Material	Menge	E...	W...	La...	Charge	Bewertun...	S...	Bewegungsart
CH-1410	120	YD3	1000				H	261
CH-1420	2	LB	1000	1002			H	261
CH-1430	50	LB	1000	1002	123456789		H	261
CH-7100	48	LB	1000	1002			S	531

Abbildung 6.11 Rückmeldung zum Prozessauftrag mit Nebenprodukt

Im nächsten Schritt rufen wir die Transaktion MIGO für die Buchung des Wareneingangs auf (siehe Abbildung 6.12). Hier sehen Sie, dass für das Hauptprodukt Material CH-2200 (SAPulat) und das Kuppelprodukt Material CH-9100 (Katalysator (Qualität B)) jeweils eine Zeile zur Buchung des Wareneingangs angezeigt wird. Nach der Buchung wird für das Haupt- und Kuppelprodukt jeweils ein Prüflos zur Durchführung einer Wareneingangsprüfung generiert. Weitere Informationen zur Rückmeldung von Prozessaufträgen finden Sie in Abschnitt 3.7 und zur Rückmeldung von Warenbewegungen in Abschnitt 3.8.

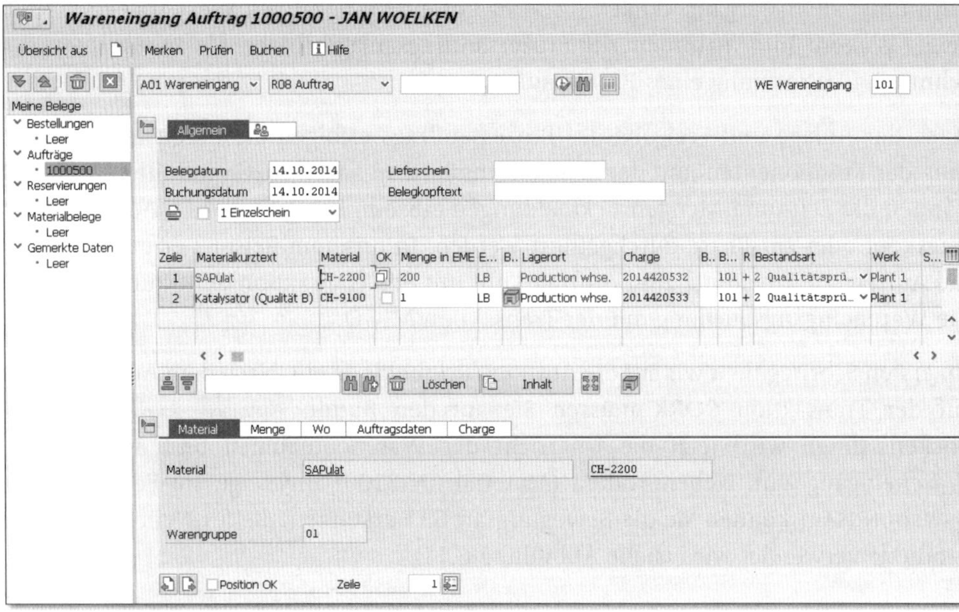

Abbildung 6.12 Wareneingang zum Prozessauftrag

6.3 Regulierte Produktion

In diesem Abschnitt stellen wir Ihnen das Szenario *Solid Dosage Bulk Manufacturing with PI sheets* (Szenario P50) aus den *SAP Best Practices for Pharmaceuticals vor*. In den *SAP Best Practices for Pharmaceuticals* wurden speziell Szenarien für die sogenannte *regulierte Produktion* erstellt. Unter regulierter Produktion versteht man die Fertigung von Produkten auf Basis der *GMP-Richtlinien* (Good Manufacturing Practice).

In diesem Szenario werden z. B. Tabletten oder Kapseln bis zur Bulk-Stufe hergestellt. Die Bulk-Stufe beschreibt die fertige Herstellung der Tablette bis zur eigentlichen Verpackung in eine verkaufsfähige Form. Diese zweistufige Abbildung ist typisch für die Prozessindustrie. Für die Bulk- und Fertigwarenstufe wird mindestens jeweils ein Materialstamm im SAP-System angelegt. Weitere Informationen zur zweistufigen Herstellung finden Sie in Abschnitt 6.1, »Zweistufige prozessindustriespezifische Herstellung«.

In diesem Szenario lernen Sie noch einmal folgende Funktionen kennen, die für die regulierte Produktion wichtig sind:

- Prozessauftrag auf Basis von genehmigten Stammdaten
- Elektronische Herstellanweisung
- Elektronisches Chargenprotokoll

6.3.1 Szenarioübersicht

In Abbildung 6.13 ist der Gesamtprozess dargestellt, auf den wir im Folgenden eingehen werden. Beachten Sie, dass in dieser Abbildung nicht alle Detailschritte abgebildet werden.

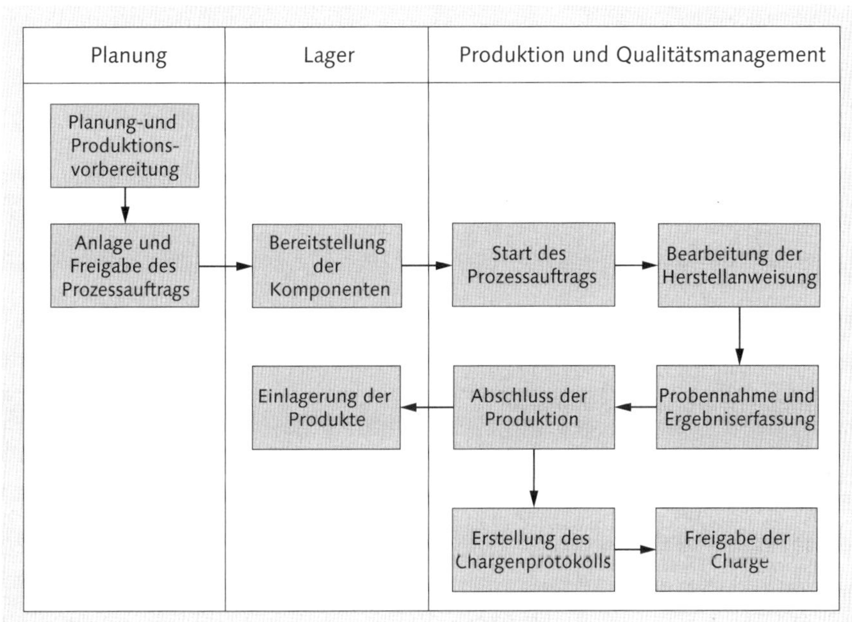

Abbildung 6.13 Gesamtprozessübersicht »regulierte Produktion«

6.3.2 Genehmigte Stammdaten

In Abschnitt 2.4.6, »Sonderthemen«, haben Sie die Schritte zur Anlage eines Planungsrezepts mit Änderungsvorschrift kennengelernt. Planungsrezepte mit hinterlegter Änderungsvorschrift (siehe Abbildung 6.14) dürfen nur mit einer Änderungsnummer verändert werden. In der Massenpflege zur Fertigungsversion Transaktion C223 können Sie den Unterschied sehr gut erkennen (siehe Abbildung 6.15).

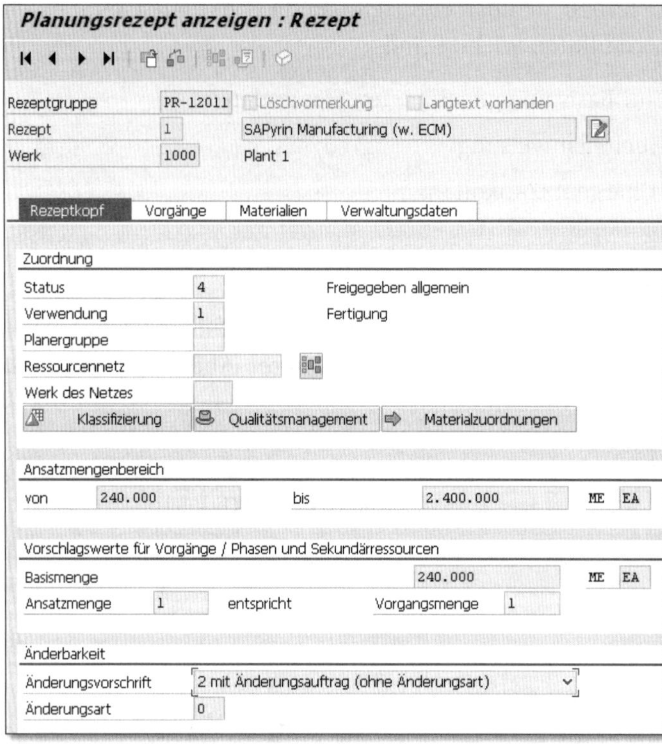

Abbildung 6.14 Planungsrezept mit Änderungsvorschrift

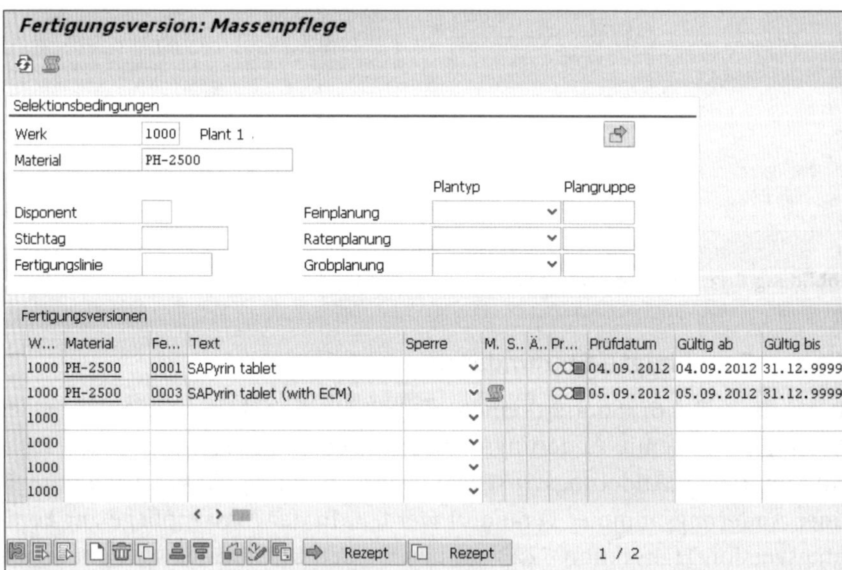

Abbildung 6.15 Übersicht der Fertigungsversionen

Die Fertigungsversion 0003 wurde mit Änderungsnummer bearbeitet, Fertigungsversion 0001 hingegen nicht. Weitere Informationen zum Thema Fertigungsversion finden Sie in Abschnitt 2.3.2, »Massenpflege von Fertigungsversionen«. Die Verwendung von genehmigten Stammdaten bzw. die Verwendung der Funktion *genehmigungspflichtige Prozessaufträge* ist eine Voraussetzung für die Erstellung eines *elektronischen Chargenprotokolls* zur hergestellten Charge.

6.3.3 Prozessschritte zum Szenario der regulierten Produktion

Da wir uns in diesem Buch auf die Komponente PP-PI konzentrieren, gehen wir nicht näher auf die planungsrelevanten Themen ein und beginnen direkt mit der Prozessauftragsanlage. Wir legen den Prozessauftrag direkt mit der Transaktion COR1 an. Bei der Anlage wählen wir die Fertigungsversion 0003 aus. Da wir ein genehmigtes Planungsrezept verwenden, wird im Auftragskopf im Feld STATUS GNE (Genehmigung erteilt) und GNRZ (genehmigtes Rezept liegt zugrunde) angezeigt (sieh Abbildung 6.16).

Abbildung 6.16 Prozessauftrag mit Genehmigungspflicht

Im Gegensatz zu Aufträgen ohne Genehmigungspflicht können wir die Vorgänge und Phasen sowie die Materialien nicht verändern. Eine grundlegende Vorgabe in der regulierten Produktion ist, dass Stammdaten, die Einfluss auf die Qualität und Sicherheit haben, vor der Verwendung genehmigt werden. Die Komponente PP-PI unterstützt diese Anforderungen durch diese Funktion und verringert im täglichen Arbeitsablauf den Aufwand für manuelle Prüfungen. Weitere Details zur Prozessauftragsanlage finden Sie in Abschnitt 3.4, »Eröffnung eines Prozessauftrags«.

Im nächsten Schritt erfolgt die Prozessauftragsfreigabe. Mit der Freigabe führt das System in unserem Beispiel die folgenden Hintergrundfunktionen aus:

- **Verfügbarkeitsprüfung**
  Alle Komponenten werden auf Grundlage der im Customizing zur Auftragsart hinterlegten Regeln geprüft, vorausgesetzt, im Materialstamm der Komponente (Sicht Disposition 3) wurde im Feld Verfügbarkeitsprüf. nicht die Prüfgruppe KP (Keine Prüfung) hinterlegt.
- **Chargenvergabe und Anlage des Chargenstammsatzes für das zu fertigende Produkt**
  Die automatisch vergebene Charge wird auf dem Reiter Wareneingang im Feld Charge angezeigt (siehe Abbildung 6.17). Die automatische Chargennummernvergabe bei Auftragsfreigabe ist typisch in der regulierten Produktion zur Gewährleistung der Rückverfolgbarkeit. Die automatische Chargenvergabe stellen Sie im Fertigungssteuerungsprofil ein. Weitere Informationen zum Fertigungssteuerungsprofil finden Sie in Abschnitt 3.3.2, »Fertigungssteuerer und Fertigungssteuerungsprofil«.
- **Chargenfindung für die Komponenten der Materialliste**
  In unserem Beispiel wurden die Chargen automatisch mit der Funktion *Automatische Chargenfindung* zugeordnet (siehe Abbildung 6.18). In der regulierten Produktion wird die Chargenfindung häufig eingesetzt, um z. B. sicherzustellen, dass nur Chargen mit einer bestimmten Qualität oder einem bestimmten Wirkstoffgehalt eingesetzt werden. In Abschnitt 3.5.2, »Chargenfindung«, finden Sie weitere Details zu diesem Thema.
- **Generierung der Steuerrezepte**
  Mit der Freigabe werden in diesem Szenario auch die Steuerrezepte für die Herstellanweisungen automatisch erstellt. Sie finden die Steuerrezeptnummern und den aktuellen Status zum Steuerrezept, wenn Sie im Prozessauftrag über das Menü Springen • Listen die Übersicht der Steuerrezepte aufrufen (siehe Abbildung 6.19).

Abbildung 6.17 Zugeordnete Charge im Prozessauftragskopf

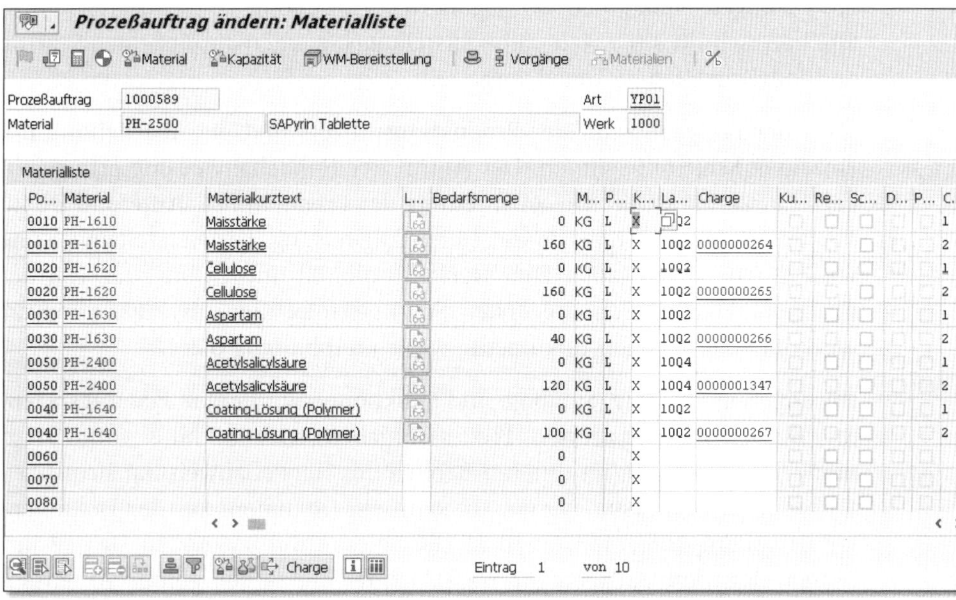

Abbildung 6.18 Chargenzuordnung im Prozessauftrag

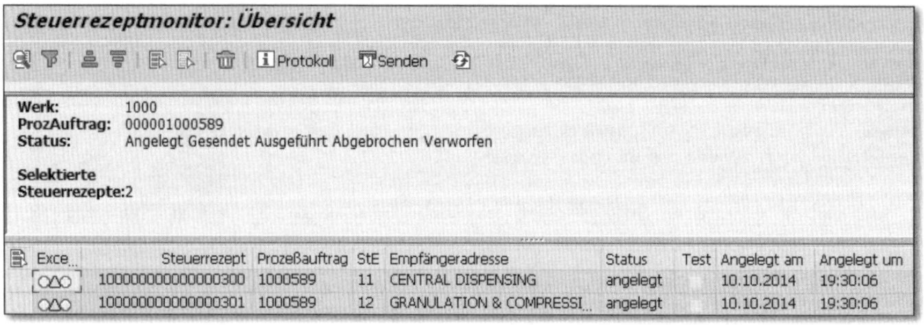

Abbildung 6.19 Übersicht der Steuerrezepte zum Prozessauftrag

Die Einstellung zur automatischen Generierung nehmen Sie auch im Fertigungssteuerungsprofil vor. Weitere Informationen zum Fertigungssteuerungsprofil finden Sie in Abschnitt 3.3.2, »Fertigungssteuerer und Fertigungssteuerungsprofil«. In einem laufenden System erfolgt das Versenden des Steuerrezepts im Hintergrund. In unserem Beispiel werden mit dem Versenden zwei Herstellanweisungen erzeugt. Weitere Informationen zum Steuerrezept und der Herstellanweisung finden Sie in Abschnitt 5.2, »Steuerrezepte«, und Abschnitt 5.6 »SAP-Herstellanweisungen«.

Auf den Schritt der Bereitstellung gehen wir nicht näher ein, da wir uns auf die wichtigen Funktionen der regulierten Produktion konzentrieren möchten. In Abschnitt 3.6, »Materialbereitstellung«, werden die einzelnen Schritte und Möglichkeiten im Detail vorgestellt.

Nach der Freigabe kann der Produktionsprozess und die Abarbeitung der einzelnen Schritte beginnen. Der Aufruf der Herstellanweisung erfolgt mit der Transaktion CO60. Die Abarbeitung der Produktionsschritte und Dokumentation erfolgt parallel in der Herstellanweisung. Die Herstellanweisung wird durch die Eingaben zum Herstellprotokoll und damit zum Teil der Chargendokumentation. Im ersten Schritt erfolgt die Einwaage, der Start wird mit einer Signatur dokumentiert (siehe Abbildung 6.20).

Die angezeigten Texte, Symbole und Funktionen wurden im Planungsrezept mit den merkmalsbasierten Prozessvorgaben oder mithilfe von XSteps modelliert. Über den im unteren Bereich der Herstellanweisung sichtbaren Button SOP: DISPENSING MATERIALS kann ein Dokument aus der Dokumentenverwaltung aufgerufen werden. Über diesen Aufruf können Sie gewährleisten, dass dem Anlagenfahrer z. B. immer die aktuell gültige Arbeitsanweisung vorliegt. Im nächsten Schritt wird eine Handling Unit für die spätere Identifikation der eingewogenen Komponente angelegt (siehe Abbildung 6.21). Im Feld OBERE HU wird die Nummer der Handling Unit angezeigt.

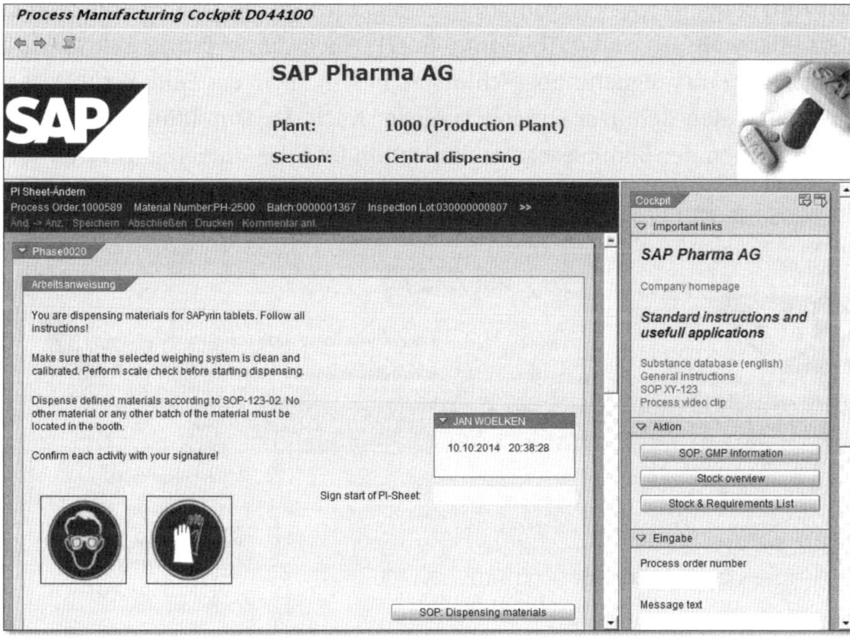

Abbildung 6.20 Herstellanweisung mit Signatur

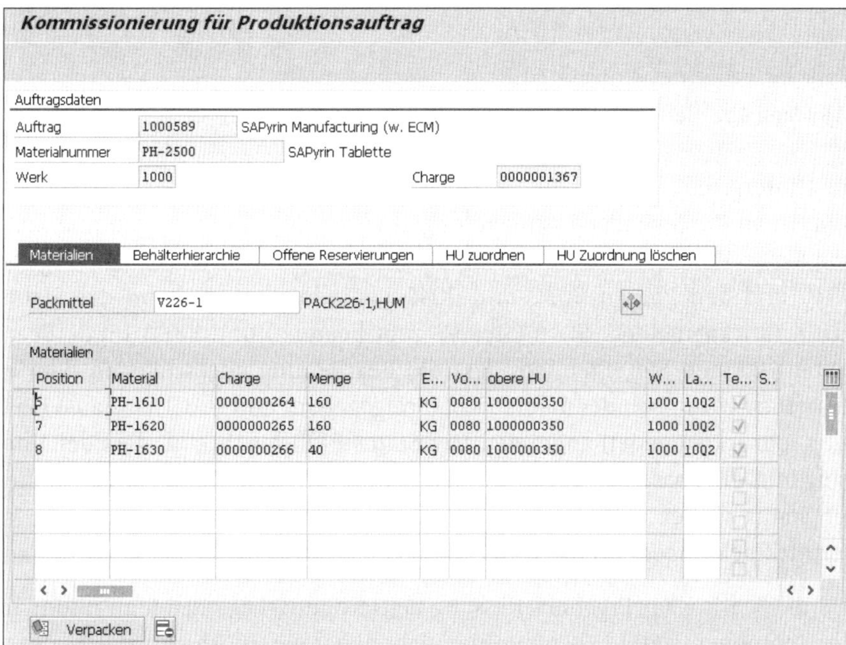

Abbildung 6.21 Bildung einer Handling Unit

Der Aufruf der Verpackungsfunktion erfolgt über den Button PICKING auf der Herstellanweisung (siehe Abbildung 6.22). Auch dieser Prozessschritt wird wieder mit einer Signatur abgeschlossen, indem Sie in das Feld ACTIVITY PERFORMED BY den Benutzernamen eintragen. Nach der Durchführung der Signatur werden der Benutzername, das Datum und die Uhrzeit angezeigt.

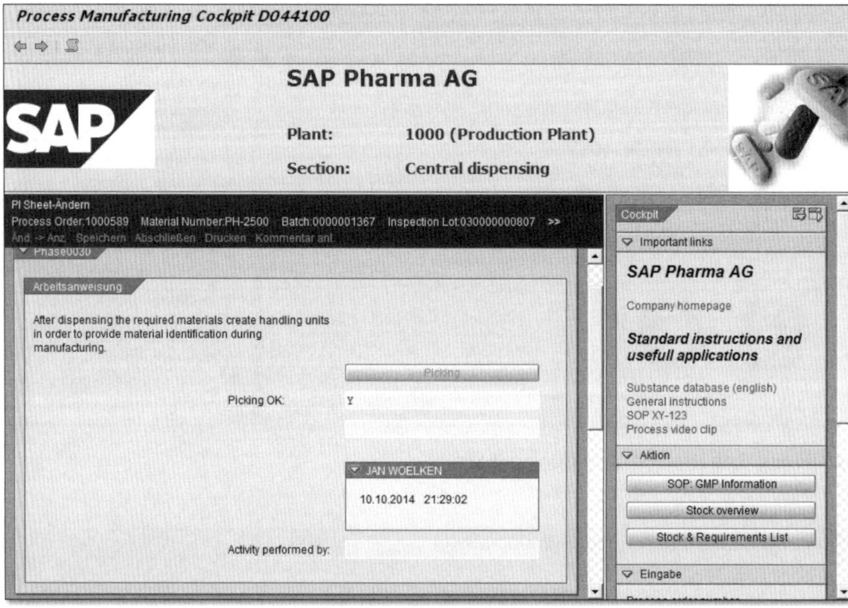

Abbildung 6.22 Herstellanweisung nach Bildung der Handling Unit

Im Hintergrund werden die durchgeführten Aktivitäten über Prozessmeldungen an die jeweiligen Anwendungen versendet. Im Prozessauftrag können Sie erkennen (siehe Abbildung 6.23), dass sich der Status zum Vorgang 0010 und den Phasen 0030 und 0040 verändert hat. Anhand der Status RÜCK (Rückgemeldet), SRen (Steuerrezept beendet) und EBEA (Ende Bearbeiten) können Sie erkennen, dass die Bearbeitung abgeschlossen wurde. Zusätzlich wird noch der Status FREI (Freigegeben) und VACT (variable Leistung teilrückgemeldet) angezeigt. Der Status FREI beschreibt, dass der Vorgang und die Phase bearbeitet werden kann. Nach der Rückmeldung ist dieser Status weiter aktiv. Der Status VACT zeigt an, dass Leistungen (z. B. Zeitrückmeldungen) erfolgt sind.

Auf die Schritte zur Ergebniserfassung der fertigungsbegleitenden Prüfung in der Komponente QM gehen wir hier nicht näher ein. In Abschnitt 8.1, »Integration mit QM«, finden Sie weitere Informationen zur QM-Integration.

Abbildung 6.23 Statusveränderung der Vorgänge und Phasen im Prozessauftrag

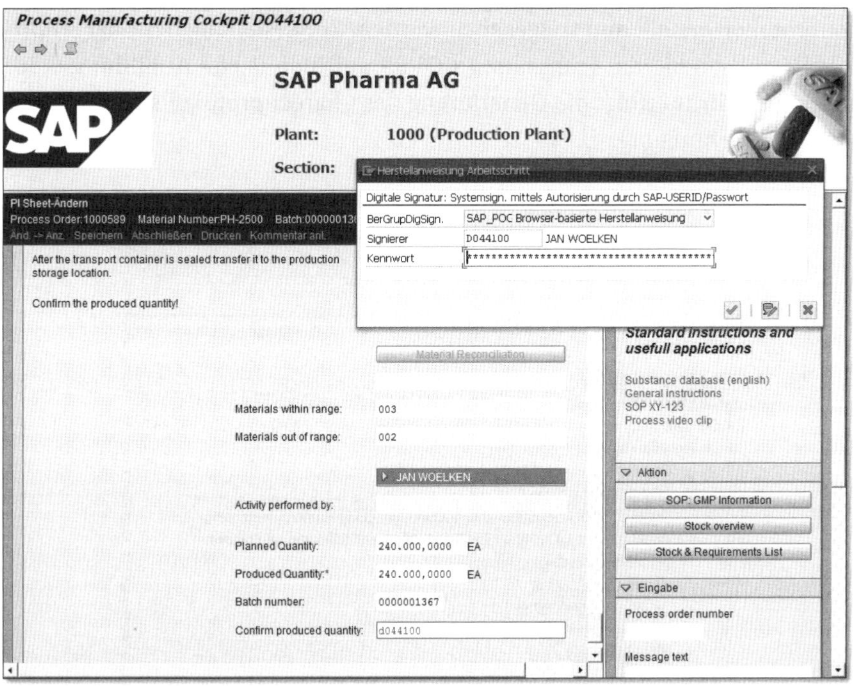

Abbildung 6.24 Abschluss der Herstellanweisung

Nach Abarbeitung aller Schritte wird die Herstellanweisung mit der letzten Signatur abgeschlossen, und die Wareneingangsbuchung findet statt (siehe Abbildung 6.24).

Beachten Sie, dass es sich bei den vorgestellten Funktionen nur um Beispiele handelt. Die Definition der angezeigten Funktionen der Herstellanweisung erfolgt im Planungsrezept. Nach dem Abschluss werden die Herstellanweisungen mit dem Status ABGESCHLOSSEN in der Transaktion CO60 angezeigt (siehe Abbildung 6.25).

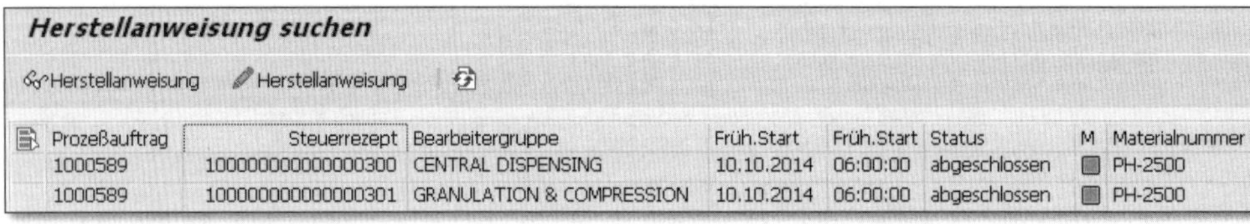

Abbildung 6.25 Übersicht der abgeschlossenen Herstellanweisungen

Nach Abschluss der Produktion muss vor der Freigabe der Charge das Chargenprotokoll erstellt und freigegeben werden. Zur Erstellung des Chargenprotokolls müssen Sie die Transaktion COEBR aufrufen (siehe Abbildung 6.26). Im ersten Schritt erfolgt die Generierung des Chargenprotokolls und im zweiten die Genehmigung.

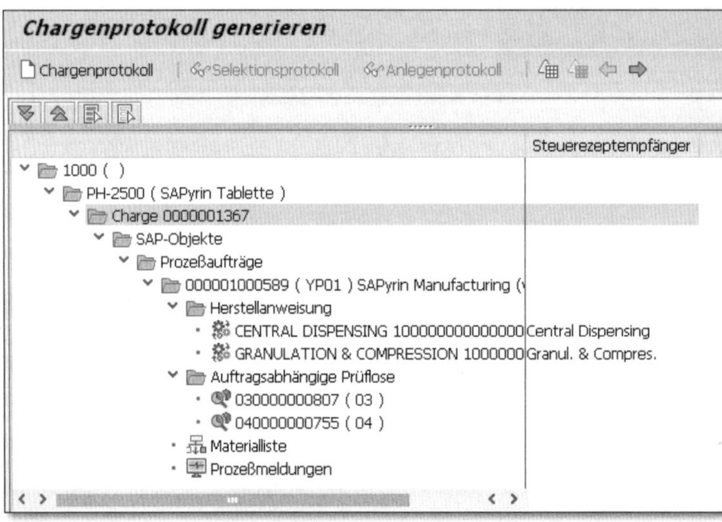

Abbildung 6.26 Anlage des Chargenprotokolls

Beim Aufruf der Transaktion müssen Sie die Chargennummer und die Materialnummer des produzierten Produkts eingeben. Um ein Chargenprotokoll anzulegen, klicken Sie auf den Button CHARGENPROTOKOLL (Chargenprotokoll anlegen).

In der Übersicht werden Ihnen alle relevanten SAP-Objekte noch einmal angezeigt (Prozessauftrag, Herstellanweisungen und Prüflose). Vor der Genehmigung haben Sie noch die Möglichkeit, zusätzliche Dokumente wie z. B. Messprotokolle von Laborgeräten über die Erstellung einer Anlage hinzuzufügen (siehe Abbildung 6.27).

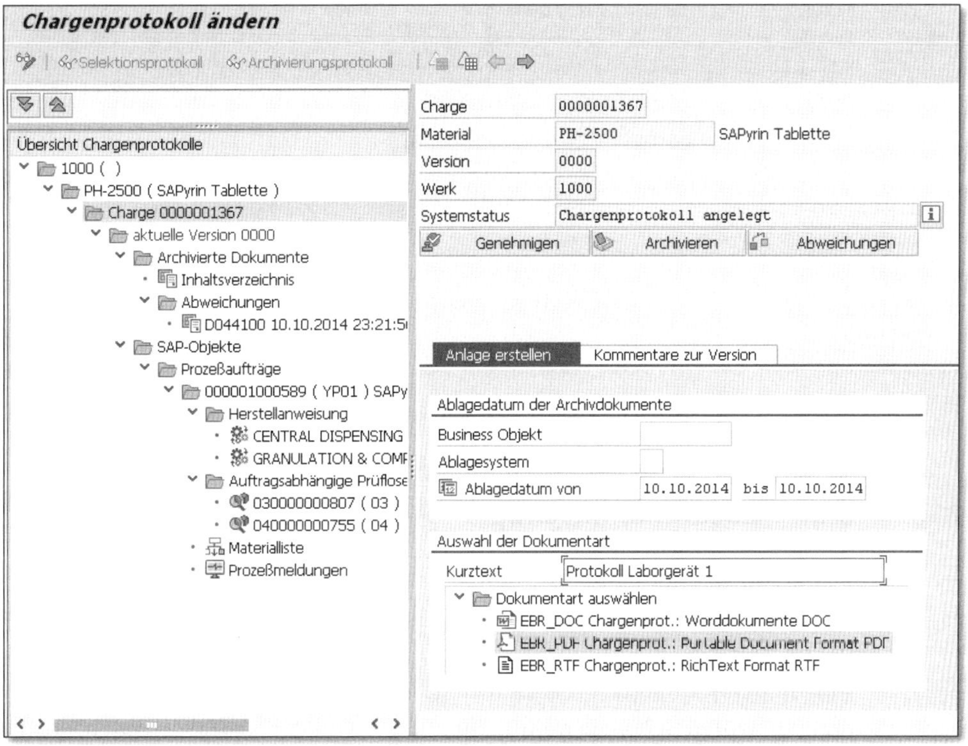

Abbildung 6.27 Speichern von Anlagen zum Chargenprotokoll

Nach der Archivierung kann die Genehmigung des Chargenprotokolls durchgeführt werden. Im letzten Schritt muss die Freigabe und Umbuchung der Charge vom Qualitätsprüfbestand in den freien Bestand mit der Transaktion QA11 durchgeführt werden (siehe Abbildung 6.28).

Abbildung 6.28 Durchführung des Verwendungsentscheids in der QM-Komponente

6.4 Zusammenfassung

In diesem Kapitel haben Sie einige wichtige Produktionsprozesse der SAP-Prozessindustrie kennengelernt. Dabei haben Sie erfahren, wie wichtige Funktionen wie z. B. die Kuppelproduktion und die elektronische Herstellanweisung in den jeweiligen Prozessen eingesetzt werden. Wie in der Einleitung zu diesem Kapitel schon erwähnt, finden Sie weitere Prozessbeispiele in der Dokumentation der *SAP Best Practices for Chemicals* und *Pharmaceuticals*.

Ein verlässliches Reporting ist unabdingbar für eine erfolgreiche Planung und Steuerung der Produktion. In diesem Kapitel stellen wir Ihnen die im SAP-System verfügbaren Werkzeuge dazu vor.

7 Reporting

Damit Sie Ihre Produktion detailliert überwachen und steuern können, stehen Ihnen im SAP-System umfangreiche Auswertungsmöglichkeiten zur Verfügung. Mit dem Prozessauftragsinformationssystem haben Sie immer einen Überblick über den aktuellen Stand Ihrer Prozessaufträge. Auf allen Ebenen der Aufträge können Sie Analysen fahren und die Plan- mit den Ist-Daten vergleichen. So können Sie z. B. die produzierten Mengen, die in jedem Arbeitsschritt rückgemeldeten Mengen, Komponentenverbräuche und Leistungen jederzeit und aktuell im Plan und Ist analysieren und so den Arbeitsfortschritt überwachen.

Über die Massenbearbeitung, eine interaktive Variante des Auftragsinformationssystems, führen Sie Funktionen zu mehreren Aufträgen gleichzeitig aus. Hiermit prüfen Sie z. B. komfortabel gleichzeitig für mehrere Aufträge die Verfügbarkeit, geben Aufträge gleichzeitig frei, schließen Aufträge ab oder melden sie sogar zurück, was den Bearbeitungsaufwand erheblich reduziert.

Darüber hinaus lernen Sie in diesem Kapitel weitere Reports zur Analyse von produktionsrelevanten Daten kennen, wie das Fehlteileinformationssystem, die Rückstandsbearbeitung, das Fertigungsinformationssystem, das Batch Information Cockpit sowie Reports aus der Lagerverwaltung zur Materialbereitstellungssituation.

7.1 Prozessauftragsinformationssystem

Das Prozessauftragsinformationssystem bietet eine Vielzahl von Auswertungsmöglichkeiten und ermöglicht Ihnen so, die Auftragslage in der Produktion zu überwachen. In diesem Abschnitt sehen Sie, welche Selektionsmöglichkeiten Sie haben, wie Sie in den Ergebnislisten navigieren und welche Auswertungen Ihnen das Infosystem bietet.

7.1.1 Auswahl der Analyse und Selektionsparameter

Zur Auswahl der zu betrachtenden Aufträge stehen Ihnen umfangreiche Selektionsmöglichkeiten zur Verfügung. Über den folgenden Menüpfad gelangen Sie zum Einstiegsbildschirm mit den Selektionsparametern: LOGISTIK • PRODUKTION PROZESS • PROZESSAUFTRAG • AUSWERTUNGEN • AUFTRAGSINFOSYSTEM • PROZESSAUFTRAGSINFORMATIONSSYSTEM (Transaktion COOISPI). Nach dem Aufruf der Transaktion erscheint der Selektionsbildschirm, auf dem Sie zunächst über die Kennzeichen PROZESSAUFTRÄGE und PLANAUFTRÄGE den Umfang der Auswertung festlegen (siehe Abbildung 7.1).

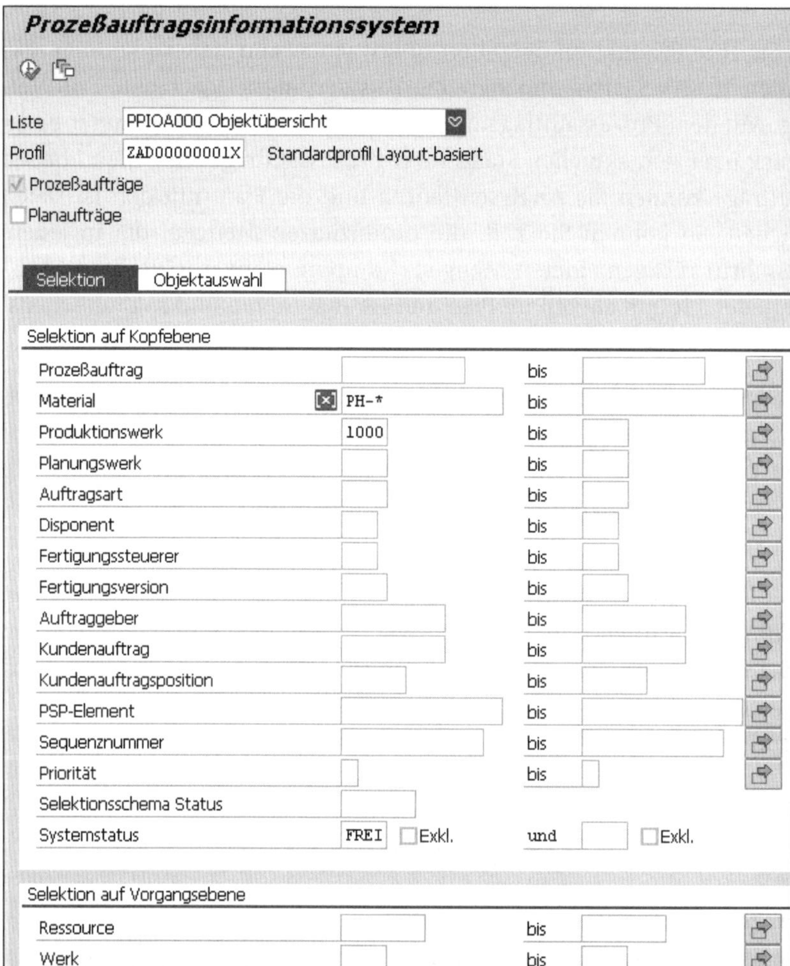

Abbildung 7.1 Selektionsbild des Prozessauftragsinformationssystems

Analyse von Planaufträgen [!]

Falls Sie Planaufträge miteinbeziehen, stehen Ihnen lediglich eine eingeschränkte Auswahl von Auswertungen sowie begrenzte Selektionskriterien zur Verfügung. Zur Überwachung der Produktion empfehlen wir deshalb, hier auf die Auswahl von Planaufträgen zu verzichten.

Nun wählen Sie im Feld LISTE die Auswertung aus, die Sie starten möchten. Das kann z. B. die Objektübersicht sein oder aber eine Objekteinzelliste wie die Liste der Auftragsköpfe oder der Auftragskomponenten. Alle verfügbaren Auswertungen stellen wir Ihnen in den folgenden Unterabschnitten vor. Danach geben Sie optional ein Profil, in dem das Layout der Ergebnisanzeige definiert ist, sowie die Selektionskriterien zur Auswahl der Prozessaufträge an. Im Beispiel von Abbildung 7.1 werden alle Aufträge für Materialnummern beginnend mit »PH-« im Werk 1000 selektiert, die den Auftragsstatus FREI haben.

Neben Informationen zum gefertigten Material im Bereich SELEKTION AUF KOPFEBENE stehen Ihnen weitere Selektionskriterien in den Bereichen SELEKTION AUF VORGANGSEBENE und SELEKTION AUF KOMPONENTENEBENE zur Verfügung, wie z. B. Vorgangsressource, Materialkomponente und Entnahmelagerort. Zudem können Sie in den Bereichen ABSOLUTE und RELATIVE TERMINE AUF KOPFEBENE die Aufträge nach sämtlichen Auftragsterminen, wie Ecktermine, terminierte Termine, sowie rückgemeldete Ist-Termine, selektieren. Im Bereich OPTIONEN nehmen Sie über verschiedene Performance-Schalter Einfluss auf die Auftragsselektion und schränken so z. B. die maximale Anzahl der zu lesenden Aufträge ein. Dadurch lassen sich auch Aufträge mit Löschvormerkung oder Löschkennzeichen mit berücksichtigen.

Beantwortung möglicher Fragestellungen mit dem Prozessauftragsinformationssystem [zB]

Mithilfe der Kombination von Selektionskriterien können Sie Aufträge auswählen, die beispielsweise folgende Fragestellungen beantworten:

- Welche Prozessaufträge werden in der laufenden Woche auf einer bestimmten Ressource produziert und welche produzierten Mengen wurden bisher bereits im Lager abgeliefert?
- Wie sieht mein Produktionsprogramm in den nächsten zwei Wochen aus, sortiert nach Produktionsstufe (abgebildet über den Disponenten oder Fertigungssteuerer), Ressource und Starttermin des Auftrags?
- Welche Rohstoff- oder Verpackungskomponenten(-chargen) wurden in welchen Mengen im letzten Monat auf Prozessaufträge verbraucht?
- Welche Maschinen- und Personalleistungen wurden in diesem Monat bisher pro Ressource auf die Prozessaufträge rückgemeldet?

Die verschiedenen Auswertungen sowie die Darstellungs- und Navigationsmöglichkeiten lernen Sie nun in den folgenden Unterabschnitten kennen.

7.1.2 Navigation in den Ergebnislisten

Sobald Sie sich in einer Ergebnisliste befinden, stehen Ihnen in jeder Liste umfangreiche Möglichkeiten zur Verfügung, das Layout der Liste zu verändern und in die darin enthaltenen Objekte zu navigieren. Wenn Sie auf den Button  (STANDARD-ALV-FUNKTIONEN EIN) klicken, öffnet sich eine Buttonleiste mit allen Funktionen, die in der Standard-ALV-Listansicht zur Verfügung stehen (siehe Abbildung 7.2).

Abbildung 7.2 ALV-Buttonleiste

Tabelle 7.1 gibt Ihnen einen Überblick über die wichtigsten Buttons und ihre Funktionen.

Button	Bearbeitungsmodus
	Anzeige der Details eines Prozessauftrags in einem Pop-up
	Markierte Spalte(n) aufsteigend sortieren
	Markierte Spalte(n) absteigend sortieren
	In der Ergebnisliste suchen
	Nächstes Element suchen
	Summe bilden bzw. Mittelwert, Minimum oder Maximum bestimmen
	Zwischensumme bilden
	Ergebnisliste drucken
	Ansicht auswählen (Excel-Ansicht, ABAP-Liste oder ALV-Grid)
	Liste exportieren
	Layout auswählen, ändern, sichern oder verwalten
	Umfeldanzeige wie z. B. Vorgangs- oder Komponentenübersicht, Bestandsübersicht oder aktuelle Bedarfs-/Bestandsliste

Tabelle 7.1 Bearbeitungsmodi in den Ergebnislisten

Zudem navigieren Sie über die Buttons (OBJEKT ANZEIGEN) und (OBJEKT ÄNDERN) direkt in den Anzeige- bzw. Änderungsmodus eines markierten Prozessauftrags. Darüber hinaus können Sie in der Ergebnisliste mit einem Doppelklick auf ein Feld wie z. B. Material, Prozessauftrag, Charge, Reservierung oder Materialbeleg direkt in die Anzeige des Objekts abspringen.

7.1.3 Auftragsdetailübersicht

Mithilfe der Auswertung OBJEKTÜBERSICHT (PPIOA000) erhalten Sie einen umfassenden Blick auf ausgewählte Detailebenen der selektierten Prozessaufträge. Hier betrachten Sie nicht nur eine Ebene bzw. ein Objekt der Aufträge wie z. B. den Auftragskopf, die Vorgangsebene oder die Auftragskomponenten. Stattdessen erhalten Sie eine Ergebnisausgabe mit mehreren Bildbereichen, die jeweils eine Auftragsebene darstellen. Im Folgenden erfahren Sie zunächst, welche Einstellungsmöglichkeiten Sie im Customizing haben, und danach sehen Sie, wie sich Ihnen das Ergebnis der Auswertung präsentiert.

Customizing-Einstellungen

Mithilfe von Profilen legen Sie im Customizing fest, welche Auftragsebenen bzw. Objekte Sie in Ihrer Auswertung mit einbeziehen möchten. Dies stellen Sie über folgenden IMG-Pfad ein: PRODUKTIONSPLANUNG PROZESSINDUSTRIE • PROZESSAUFTRAG • INFORMATIONSSYSTEM • PROFILE FÜR ALV-LAYOUTBASIERTE OBJEKTÜBERSICHT DEFINIEREN (Transaktion COISN). Hier legen Sie fest, welche Objekte zu den Prozessaufträgen in der Objektübersicht verfügbar sein sollen (siehe Abbildung 7.3). Indem Sie für ein Objekt das Kennzeichen in Spalte S (Datenbank Selektion) setzen, werden die zugehörigen Daten des Objekts bei der Ausführung des Reports gelesen. Im Feld POSITION geben Sie an, in welcher Reihenfolge die Darstellung der Bildbereiche erfolgen soll. Wenn Sie das Kennzeichen AUSBL. ankreuzen, wird das Objekt in der Übersicht zunächst nicht angezeigt, Sie können es jedoch jederzeit einblenden. Zudem können Sie zu jedem Objekt im Feld LAYOUT ein Layout vorgeben, in dem die angezeigten Felder, die Reihenfolge der Felder, eine mögliche Sortierung, Filterkriterien und weitere Steuerparameter zur Darstellung definiert sind.

Anpassung der Objektauswahl [«]

Wenn Sie die Auswertung OBJEKTÜBERSICHT auswählen, können Sie im Selektionsbild im Reiter OBJEKTAUSWAHL (siehe Abbildung 7.1) die gesamten Objekteinstellungen des Gesamtprofils aus dem Customizing manuell für Ihre aktuelle Auswertung anpassen.

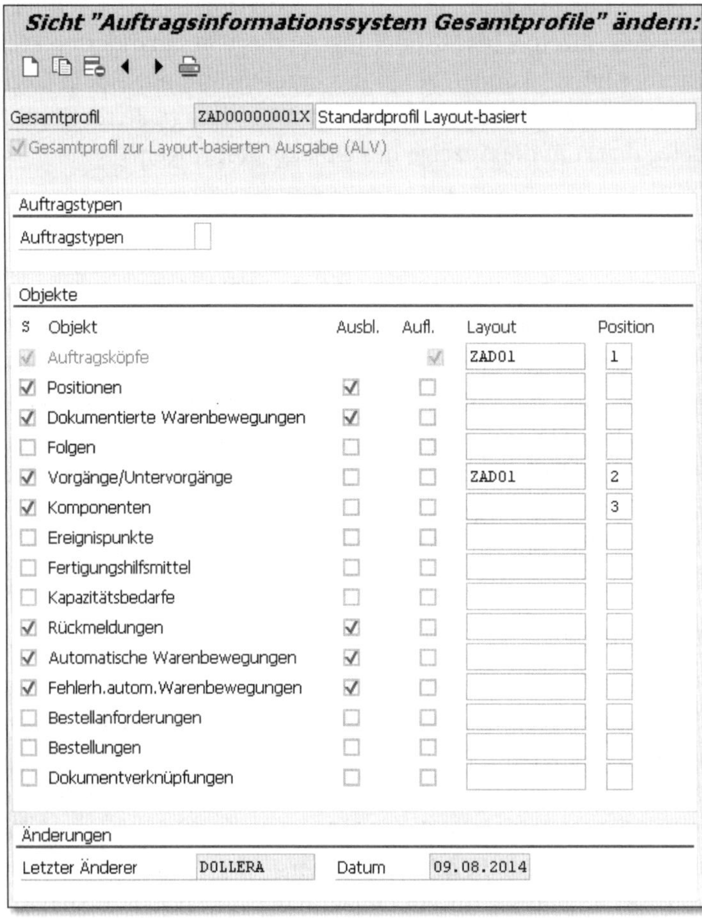

Abbildung 7.3 Gesamtprofil für die Objektübersicht des Prozessauftragsinformationssystems einstellen

Darstellung der Auswertungsergebnisse

Sobald Sie die Auswertung gestartet haben, werden die Auftragsdaten gelesen, und das Ergebnis wird dargestellt. Im linken Bildschirmbereich werden nun alle gelesenen Aufträge in Form einer Hierarchieliste ausgegeben. Über das Aufklappen der Baumstruktur unterhalb eines Prozessauftrags können Sie auf alle Objektebenen des jeweiligen Auftrags verzweigen. Über einen Doppelklick werden auf der rechten Bildschirmseite die Details der im Gesamtprofil vorgegebenen Objekte angezeigt, wie in Abbildung 7.4 der Auftragskopf, die Vorgänge/Phasen und die Komponenten.

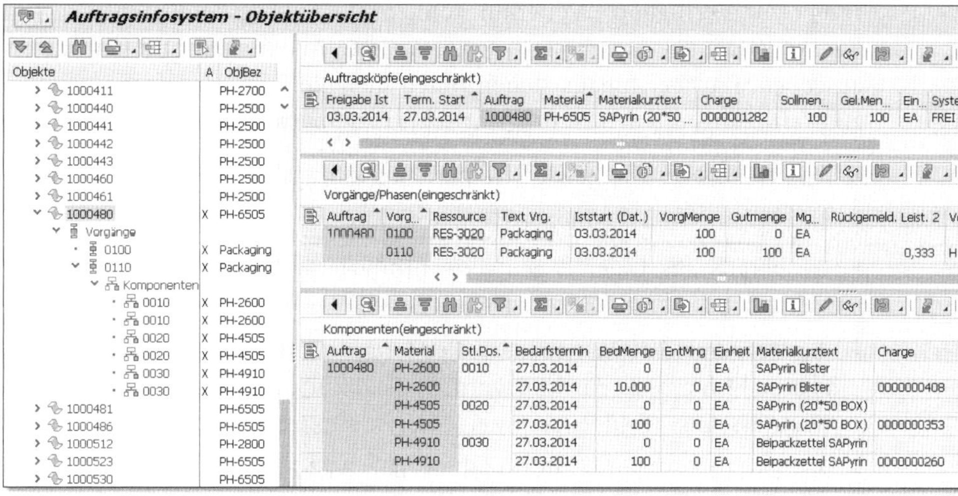

Abbildung 7.4 Objektübersicht im Prozessauftragsinformationssystem

Über den Button [Schließen-Symbol] (SCHLIESSEN) schließen Sie den Anzeigebereich eines Objekts, und über den Menüpfad EINSTELLUNGEN • EINZELLISTENAUSWAHL blenden Sie zuvor geschlossene oder ausgeblendete Objekte wieder ein.

Verwendung der Objektübersicht [«]

Diese Ansicht eignet sich weniger als Übersicht über mehrere Aufträge, sondern eher dazu, um einen Überblick über den Fortschritt eines einzelnen Auftrags auf allen Ebenen bzw. Objekten zu bekommen.

7.1.4 Auftragsüberblick

Mithilfe der Objekteinzelliste AUFTRAGSKÖPFE (PPIOH000) erhalten Sie eine Übersicht über Ihren Produktionsplan, mit der Sie zudem den Arbeitsfortschritt verfolgen können.

Selektion nach Produktionslinie (Ressource) [+]

Zwar werden in dieser Auswertung die Ressourcen nicht angezeigt, trotzdem können Sie auf dem Selektionsbildschirm die Prozessaufträge in Abhängigkeit von der Vorgangsressource selektieren. Falls Sie Ihre Ressourcen nicht über den Disponenten oder den Fertigungssteuerer gruppiert haben, können Sie dadurch auch diese Auswertung ressourcenbezogen ausführen.

In der Auswertung der Auftragsköpfe stehen Ihnen alle wichtigen Stammdaten zum Auftrag wie Fertigungssteuerer, Fertigungsversion und Planungsrezept zur Verfügung. Weiterhin können Sie Auftragskopfdaten wie Auftragskopftermine, Auftragsstatus, produzierte Materialien und Auftragsart ausgeben. Darüber hinaus stehen Ihnen hier die folgenden Informationen zur Verfügung, um den Auftragsfortschritt zu überwachen:

- die produzierte Charge (sofern diese im Auftragskopf vorgegeben wurde)
- die geplante Auftragsmenge (Feld SOLLMENGE)
- die bereits ans Lager abgelieferte produzierte Menge (Feld GELIEFERTE MENGE)
- die rückgemeldete Menge (d. h. die Menge, mit der alle rückzumeldenden Phasen bisher rückgemeldet wurden) (Feld RÜCKGEMELDETE MENGE) inklusive Ausschuss (Feld RÜCKGEMELDETER AUSSCHUSS)
- die bestätigte Menge als Ergebnis der ATP-Prüfung (Feld BESTÄTIGTE MENGE)

Indem Sie die Liste entsprechend sortieren und Summenspalten für die Mengenfelder definieren, erhalten Sie eine chronologische Auflistung der anstehenden und laufenden Prozessaufträge inklusive der Plan- und Ist-Mengen auf Auftrags- und aggregierter Ebene (siehe Abbildung 7.5).

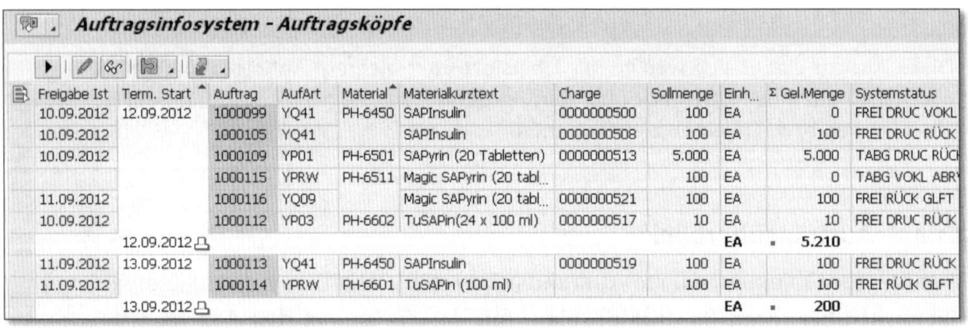

Auftragsinfosystem - Auftragsköpfe

Freigabe Ist	Term. Start	Auftrag	AufArt	Material	Materialkurztext	Charge	Sollmenge	Einh...	Σ Gel.Menge	Systemstatus
10.09.2012	12.09.2012	1000099	YQ41	PH-6450	SAPInsulin	0000000500	100	EA	0	FREI DRUC VOKL
10.09.2012		1000105	YQ41		SAPInsulin	0000000508	100	EA	100	FREI DRUC RÜCK
10.09.2012		1000109	YP01	PH-6501	SAPyrin (20 Tabletten)	0000000513	5.000	EA	5.000	TABG DRUC RÜC
		1000115	YPRW	PH-6511	Magic SAPyrin (20 tabl...		100	EA	0	TABG VOKL ABR
11.09.2012		1000116	YQ09		Magic SAPyrin (20 tabl...	0000000521	100	EA	100	FREI RÜCK GLFT
10.09.2012		1000112	YP03	PH-6602	TuSAPin(24 x 100 ml)	0000000517	10	EA	10	FREI DRUC RÜCK
	12.09.2012							**EA**	▪ **5.210**	
11.09.2012	13.09.2012	1000113	YQ41	PH-6450	SAPInsulin	0000000519	100	EA	100	FREI DRUC RÜCK
11.09.2012		1000114	YPRW	PH-6601	TuSAPin (100 ml)		100	EA	100	FREI RÜCK GLFT
	13.09.2012							**EA**	▪ **200**	

Abbildung 7.5 Analyse der Auftragsköpfe

[zB]

Sinnvolle Selektionen zur Abgrenzung von Prozessaufträgen

Sie können z. B. eine bestimmte Ressource als Selektionskriterium angeben, um sich alle Aufträge auf einer Produktionslinie anzeigen zu lassen. Oder aber Sie selektieren nach dem Feld DISPONENT oder FERTIGUNGSSTEUERER, falls diese Objekte dazu genutzt wurden, Materialien z. B. nach Produktfamilien oder Produktionsstufen zu gruppieren. Weiterhin können Sie auch nach der Auftragsart selektieren, um z. B. Wiederaufarbeitungsaufträge zu analysieren, die Sie mit einer eigenen Auftragsart abgebildet haben.

7.1.5 Rückmeldungen zu Aufträgen

Die Objekteinzelliste Rückmeldungen (PPIOR000) gibt Ihnen Aufschluss darüber, welche Mengen und Leistungen rückgemeldet wurden. Sie können damit z. B. eine Analyse über die Rückmeldungen zu Ressourcen über einen bestimmten Zeitraum fahren. Dadurch erhalten Sie einen Überblick über rückgemeldete Gutmengen, Ausschuss und Leistungen wie Personal und Maschinenzeit, wie in Abbildung 7.6 dargestellt.

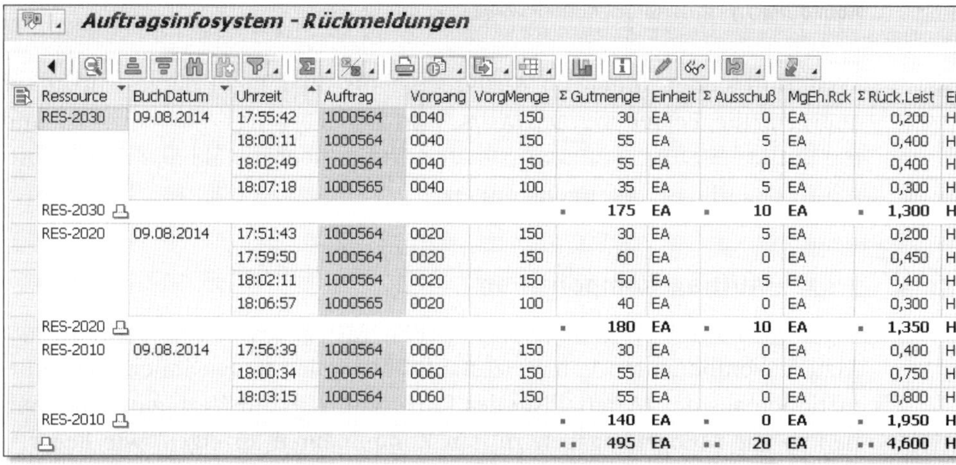

Auftragsinfosystem - Rückmeldungen

Ressource	BuchDatum	Uhrzeit	Auftrag	Vorgang	VorgMenge	Σ Gutmenge	Einheit	Σ Ausschuß	MgEh.Rck	Σ Rück.Leist	Ei
RES-2030	09.08.2014	17:55:42	1000564	0040	150	30	EA	0	EA	0,200	H
		18:00:11	1000564	0040	150	55	EA	5	EA	0,400	H
		18:02:49	1000564	0040	150	55	EA	0	EA	0,400	H
		18:07:18	1000565	0040	100	35	EA	5	EA	0,300	H
RES-2030						▪ **175**	**EA**	▪ **10**	**EA**	▪ **1,300**	**H**
RES-2020	09.08.2014	17:51:43	1000564	0020	150	30	EA	5	EA	0,200	H
		17:59:50	1000564	0020	150	60	EA	0	EA	0,450	H
		18:02:11	1000564	0020	150	50	EA	5	EA	0,400	H
		18:06:57	1000565	0020	100	40	EA	0	EA	0,300	H
RES-2020						▪ **180**	**EA**	▪ **10**	**EA**	▪ **1,350**	**H**
RES-2010	09.08.2014	17:56:39	1000564	0060	150	30	EA	0	EA	0,400	H
		18:00:34	1000564	0060	150	55	EA	0	EA	0,750	H
		18:03:15	1000564	0060	150	55	EA	0	EA	0,800	H
RES-2010						▪ **140**	**EA**	▪ **0**	**EA**	▪ **1,950**	**H**
						▪▪ **495**	**EA**	▪▪ **20**	**EA**	▪▪ **4,600**	**H**

Abbildung 7.6 Analyse der Auftragsrückmeldungen

Auch hier können Sie das Layout mithilfe der Standard-ALV-Funktionen beliebig verändern, indem Sie zusätzliche Felder einblenden, Sortierungen festlegen, Summen und Zwischensummen hinzufügen sowie Filter einsetzen.

7.1.6 Übersicht der Vorgänge und Phasen

Mit der Objekteinzelliste Vorgänge/Phasen (PPIOO000) analysieren Sie den Auftragsfortschritt auf Ebene der Vorgänge bzw. Phasen und Sekundärressourcen. Dadurch sehen Sie, welche Mengen und Leistungen pro Phase und Sekundärressource im Vergleich zu den geplanten Werten rückgemeldet wurden, inklusive des rückgemeldeten Ausschusses (siehe Abbildung 7.7). So können Sie Abweichungen bei der Auftragsabarbeitung schnell erkennen.

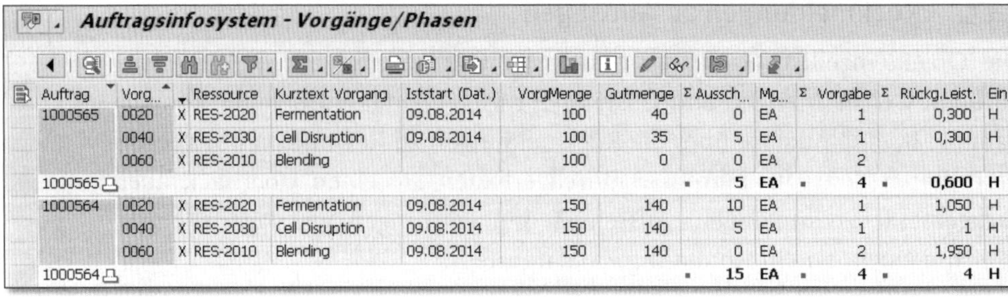

Auftragsinfosystem - Vorgänge/Phasen

Auftrag	Vorg...		Ressource	Kurztext Vorgang	Iststart (Dat.)	VorgMenge	Gutmenge	Σ Aussch...	Mg...	Σ Vorgabe	Σ Rückg.Leist.	Ein
1000565	0020	X	RES-2020	Fermentation	09.08.2014	100	40	0	EA	1	0,300	H
	0040	X	RES-2030	Cell Disruption	09.08.2014	100	35	5	EA	1	0,300	H
	0060	X	RES-2010	Blending		100	0	0	EA	2		
1000565								**5**	**EA**	**4**	**0,600**	**H**
1000564	0020	X	RES-2020	Fermentation	09.08.2014	150	140	10	EA	1	1,050	H
	0040	X	RES-2030	Cell Disruption	09.08.2014	150	140	5	EA	1	1	H
	0060	X	RES-2010	Blending	09.08.2014	150	140	0	EA	2	1,950	H
1000564								**15**	**EA**	**4**	**4**	**H**

Abbildung 7.7 Analyse der Auftragsvorgänge und -phasen

Weiterhin stehen Ihnen im Analyseergebnis (hier nicht dargestellt) unter anderem die Felder SYSTEMSTATUS, also der Vorgangs-/Phasenstatus, und ISTENDDATUM DURCHFÜHRUNG zur Verfügung, über die Sie den Arbeitsfortschritt einer Phase erkennen können.

7.1.7 Auftragskomponenten

Die Objekteinzelliste KOMPONENTEN (PPIOM000) liefert eine Sicht auf die Materialkomponenten von Prozessaufträgen. Hier stehen Ihnen alle Informationen aus der Materialliste des Prozessauftrags zur Verfügung. Sie können so alle Mengenangaben zu den Komponenten anzeigen, wie Bedarfsmenge, bestätigte Menge, Fehlmenge, entnommene Menge und die noch offene Menge (siehe Abbildung 7.8).

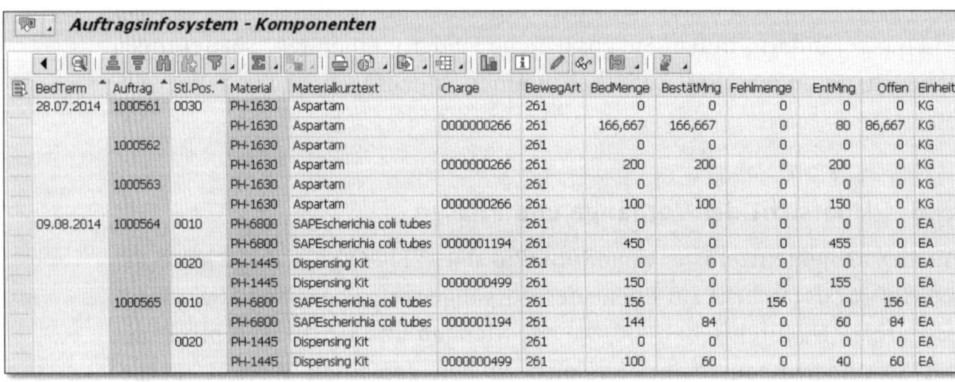

Auftragsinfosystem - Komponenten

BedTerm	Auftrag	Stl.Pos.	Material	Materialkurztext	Charge	BewegArt	BedMenge	BestätMng	Fehlmenge	EntMng	Offen	Einheit
28.07.2014	1000561	0030	PH-1630	Aspartam		261	0	0	0	0	0	KG
			PH-1630	Aspartam	0000000266	261	166,667	166,667	0	80	86,667	KG
	1000562		PH-1630	Aspartam		261	0	0	0	0	0	KG
			PH-1630	Aspartam	0000000266	261	200	200	0	200	0	KG
	1000563		PH-1630	Aspartam		261	0	0	0	0	0	KG
			PH-1630	Aspartam	0000000266	261	100	100	0	150	0	KG
09.08.2014	1000564	0010	PH-6800	SAPEscherichia coli tubes		261	0	0	0	0	0	EA
			PH-6800	SAPEscherichia coli tubes	0000001194	261	450	0	0	455	0	EA
		0020	PH-1445	Dispensing Kit		261	0	0	0	0	0	EA
			PH-1445	Dispensing Kit	0000000499	261	150	0	0	155	0	EA
	1000565	0010	PH-6800	SAPEscherichia coli tubes		261	156	0	156	0	156	EA
			PH-6800	SAPEscherichia coli tubes	0000001194	261	144	84	0	60	84	EA
		0020	PH-1445	Dispensing Kit		261	0	0	0	0	0	EA
			PH-1445	Dispensing Kit	0000000499	261	100	60	0	40	60	EA

Abbildung 7.8 Analyse der Auftragskomponenten

Über entsprechende Sortierungen und Filter können Sie so Komponenten identifizieren, für die aufgrund der ATP-Prüfung Fehlmengen existieren oder die offene Mengen haben, d. h., deren Warenausgang auf den Prozessauftrag noch aussteht und eventuell vergessen wurde. Dadurch ist diese Auswertung eine wertvolle Hilfe im Rahmen des Auftragsabschlusses aus Sicht der Produktion, um unvollständig bearbeitete Aufträge mit noch ausstehenden Buchungen zu identifizieren.

7.1.8 Materialbewegungen zu Aufträgen

Mithilfe der Objekteinzelliste Dokumentierte Warenbewegungen erhalten Sie einen Überblick über sämtliche Materialbewegungen zu Prozessaufträgen. Dazu steht Ihnen eine Vielzahl von Feldern aus dem Materialbeleg zur Verfügung, wie z. B. Bewegungsart, Materialbelegnummer, Reservierung, Beleg- und Buchungsdatum (siehe Abbildung 7.9). Sie können so für einen vorgegebenen Zeitraum analysieren, welche Chargen der Haupt- und Nebenprodukte in welchen Mengen produziert wurden und welche Komponentenchargen geplant und ungeplant auf Prozessaufträge verbraucht wurden.

Auftragsinfosystem - Dokumentierte Warenbewegungen

Material	Material-Text	BewegArt	Buch.dat.	Warenbew	Auftrag	Σ	Menge	Ein...	Charge	Lagerort	Materialbeleg	ReservNr
PH-6450	SAPInsulin	101	11.09.2012	4	1000105		100	EA	0000000508	10Q5	4900002709	
	SAPInsulin		12.09.2012	4	1000113		100	EA	0000000519	10Q5	4900002724	
	SAPInsulin		20.08.2013	4	1000345		70	EA	0000001195	10Q5	4900005550	
	SAPInsulin			4			30	EA	0000001195	10Q5	4900005551	
	SAPInsulin		09.08.2014	4	1000564		30	EA	0000001353	10Q5	4900005778	
	SAPInsulin			4			55	EA	0000001353	10Q5	4900005780	
	SAPInsulin			4			55	EA	0000001353	10Q5	4900005782	
PH-6450						▪	**440**	**EA**				
PH-1710	Menthol	261	10.09.2012	1	1000110		40	KG	0000000243	1070	4900002697	8158
	Menthol		16.09.2013	1	1000360		39	KG	0000001189	1070	4900005575	30383
	Menthol			1			1	KG	0000001189	1070	4900005576	30383
	Menthol		31.05.2014	2	1000539		25	KG	0000000480	1070	4900005768	
PH-1710						▪	**105**	**KG**				
PH-1720	Anis-Öl		10.09.2012	1	1000110		60	KG	0000000244	1070	4900002697	8158
	Anis-Öl		16.09.2013	1	1000360		50	KG	0000000244	1070	4900005574	30383
	Anis-Öl			1			10	KG	0000000244	1070	4900005576	30383
PH-1720						▪	**120**	**KG**				

Abbildung 7.9 Analyse der dokumentierten Warenbewegungen

Aktivierung der dokumentierten Warenbewegungen [!]

Die Auswertung der dokumentierten Warenbewegungen liefert nur dann ein Ergebnis, wenn Sie die Kennzeichen Geplanter Warenausgang, Ungeplanter Warenausgang, Wareneingang zum Prozessauftrag und Wareneingang zur Bestellung im Bereich Dokumentation von Warenbewegungen im Customizing der auftragsartabhängigen Parameter gesetzt haben (siehe Abbildung 3.9 in Abschnitt 3.3.1, »Auftragsarten«).

7.1.9 Automatische Warenbewegungen

In das Ergebnis der Objekteinzelliste AUTOMATISCHE WARENBEWEGUNGEN (PPIOG000) fließen alle Materialbewegungen ein, die während einer Auftragsrückmeldung angestoßen wurden (siehe Unterabschnitt »Retrograde Entnahme« in Abschnitt 3.7.1, »Rückmeldungen zum Prozessauftragskopf« und Unterabschnitt »Automatischer Wareneingang« in Abschnitt 3.7.3., »Weitere Funktionen der Auftragsrückmeldung«). Dies gibt Ihnen die Möglichkeit, z. B. alle retrograden Entnahmen und automatischen Wareneingänge zu Prozessaufträgen chronologisch zu analysieren, inklusive der Lagerplatzdaten der bereitgestellten Auftragskomponenten, wie in Abbildung 7.10 dargestellt.

Auftragsinfosystem - Automatische Warenbewegungen

Erfasst am	Uhrzeit	Auftrag	Material	Charge	Herstelldatum	BewegArt	BestArt	Menge	Einheit	Lagerort	BerKz	Lagerplatz
20.08.2013	19:41:54	1000345	PH-6800	0000001194	06.08.2013	261		201	EA	10Q5		
		1000345	PH-8000	1000345-A		521	S	100	EA	10Q7		
	19:49:39	1000345	PH-8000	1000345-A		522	S	100	EA	10Q7		
		1000345	PH-8000	1000345-B		521	S	70	EA	10Q7		
		1000345	PH-8000	1000345-C		521	S	30	EA	10Q7		
	19:56:44	1000345	PH-6450	0000001195		101		70	EA	10Q5		
		1000345	PH-8000	1000345-B		522	S	70	EA	10Q7		
		1000345	PH-8000	1000345-C		522	S	30	EA	10Q7		
	19:57:16	1000345	PH-6450	0000001195		101		30	EA	10Q5		
03.03.2014	13:47:00	1000480	PH-6505	0000001282	03.03.2014	101	X	100	EA	10Q5		
05.03.2014	08:37:50	1000481	PH-6505	0000001283	05.03.2014	101	X	10	EA	10Q5		
07.03.2014	11:40:22	1000486	PH-6505	0000001288	07.03.2014	101	X	10	EA	10Q5		
24.05.2014	13:28:18	1000528	PH-1510	0000000241	05.11.2013	261		450	KG	1070	1	0001000528
		1000528	PH-1520	0000000242	05.09.2012	261		450	KG	1070	1	0001000528
	15:43:58	1000528	PH-1510	0000000241	05.11.2013	262		450	KG	1070	1	0001000528
		1000528	PH-1520	0000000242	05.09.2012	262		450	KG	1070	1	0001000528

Abbildung 7.10 Analyse der automatischen Warenbewegungen

Mithilfe der Sortiermöglichkeiten können Sie das Ergebnis entsprechend Ihrer Fragestellung darstellen:

- Sie können sich eine chronologische Sicht auf die Warenbewegungen eines bestimmten Materials bzw. einer Charge anzeigen lassen.
- Sie können sich die Materialbewegungen zu einem bestimmten Auftrag anzeigen lassen.
- Sie können sich eine Auswertung nach Bewegungsart, z. B. alle Verbräuche mit Bewegungsart 261, anzeigen lassen.

Darüber hinaus stehen Ihnen im Analyseergebnis u. a. die Materialbelegnummer, die Rückmeldenummer und der Benutzername aus dem Materialbeleg zur Verfügung.

7.1.10 Produktionsliste

Die Objekteinzelliste PRODUKTIONSLISTE (PPIOP000) verbindet die Daten aus den Auftragsköpfen mit aktuellen Daten aus der Disposition. So werden z. B. die verfügbare Menge sowie die frei verwendbare Menge, also der aktuelle Werksbestand, in der Ergebnisliste angezeigt (siehe Abbildung 7.11).

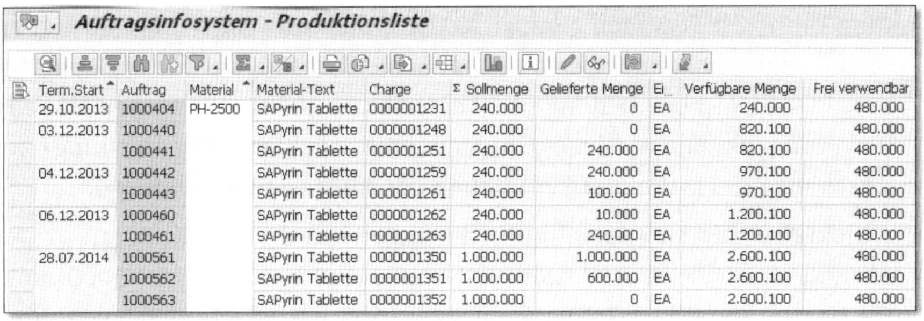
Auftragsinfosystem - Produktionsliste

Term.Start	Auftrag	Material	Material-Text	Charge	Σ Sollmenge	Gelieferte Menge	Ei...	Verfügbare Menge	Frei verwendbar
29.10.2013	1000404	PH-2500	SAPyrin Tablette	0000001231	240.000	0	EA	240.000	480.000
03.12.2013	1000440		SAPyrin Tablette	0000001248	240.000	0	EA	820.100	480.000
	1000441		SAPyrin Tablette	0000001251	240.000	240.000	EA	820.100	480.000
04.12.2013	1000442		SAPyrin Tablette	0000001259	240.000	240.000	EA	970.100	480.000
	1000443		SAPyrin Tablette	0000001261	240.000	100.000	EA	970.100	480.000
06.12.2013	1000460		SAPyrin Tablette	0000001262	240.000	10.000	EA	1.200.100	480.000
	1000461		SAPyrin Tablette	0000001263	240.000	240.000	EA	1.200.100	480.000
28.07.2014	1000561		SAPyrin Tablette	0000001350	1.000.000	1.000.000	EA	2.600.100	480.000
	1000562		SAPyrin Tablette	0000001351	1.000.000	600.000	EA	2.600.100	480.000
	1000563		SAPyrin Tablette	0000001352	1.000.000	0	EA	2.600.100	480.000

Abbildung 7.11 Auswertung »Produktionsliste«

Zudem können Sie Reichweiten-Informationen einblenden, die angeben, wie viele Tage die Bedarfe in der aktuellen Situation noch gedeckt werden können. Dadurch können Sie die Ergebnisliste filtern und sortieren und sich in Ihrer Analyse auf bestandskritische Aufträge konzentrieren.

Aktivierung der Business Function LOG_PP_MIS (Manufacturing Information System: Order Info System and Planning Evaluations) [!]

Wenn Sie die Objekteinzelliste PRODUKTIONSLISTE verwenden möchten, müssen Sie zuvor im Customizing die dazu vorgesehene Business Function aktivieren. Dies erledigen Sie über die IMG-Aktivität BUSINESS FUNCTION AKTIVIEREN (Transaktion SFW5). Im Ordner ENTERPRISE_BUSINESS_FUNCTIONS finden Sie die Business Function LOG_PP_MIS (Manufacturing Information System: Order Info System and Planning Evaluations). Um die Business Function zu aktivieren, markieren Sie zuerst das Kennzeichen GEPLANTER ZUSTAND und klicken dann auf den Button Änderungen aktivieren. Erst nach Aktivierung dieser Business Function steht Ihnen die Funktion zur Verfügung.

7.1.11 Weitere Listauswertungen

Neben den bereits vorgestellten Listen stehen Ihnen weitere Objekteinzellisten zur Verfügung:

- **Objekteinzelliste »Positionen«**
  Die Objekteinzelliste POSITIONEN (PPIOI000) ist ähnlich zur Objekteinzelliste AUFTRAGSKÖPFE (PPIOH000), allerdings werden hier alle Auftrags-

positionen angezeigt. Dadurch eignet sich diese Anzeige besonders im Falle einer Kuppelproduktion.

- **Objekteinzelliste »Fehlerhafte Warenbewegungen«**
  Die Objekteinzelliste FEHLERHAFTE WARENBEWEGUNGEN (PPIOW000) gibt Ihnen einen Überblick über fehlerhafte Warenbewegungen im Rahmen der retrograden Entnahme und automatischer Wareneingänge. Diese Auswertung kann von Personen genutzt werden, die zwar einen Überblick über solche Fehler bekommen sollen, aber keine Berechtigung für die Transaktion COGI (Nachbearbeitung von Fehlersätzen aus automatischen Warenbewegungen) haben (siehe Unterabschnitt »Fehlernachbearbeitung« in Abschnitt 3.7.3, »Weitere Funktionen der Auftragsrückmeldung«).
- **Objekteinzellisten »Bestellanforderungen« und »Bestellungen«**
  Mithilfe der Objekteinzellisten BESTELLANFORDERUNGEN (PPIOQ000) und BESTELLUNGEN (PPIOT000) analysieren Sie Bestellanforderungen und Bestellungen für direktbeschaffte Komponenten und fremdbearbeitete Phasen.
- **Objekteinzelliste »Kapazitäten«**
  Mit der Objekteinzelliste KAPAZITÄTEN (PPIOK000) werten Sie Terminierungs- und Kapazitätsdaten auf Phasen- und Vorgangsebene aus. Sie erhalten dadurch z. B. einen Überblick über die noch offenen Kapazitätsbedarfe in einer Betrachtungsperiode.

Nun haben Sie alle Auswertungsmöglichkeiten des Prozessauftragsinformationssystems kennengelernt. Im folgenden Abschnitt stellen wir Ihnen die Massenbearbeitung vor, die das Prozessauftragsinformationssystem um verschiedene Bearbeitungsfunktionen erweitert, die Sie gleichzeitig für vorselektierte Prozessaufträge anstoßen können.

7.2 Massenbearbeitung

Die Funktion der Massenbearbeitung basiert auf dem Prozessauftragsinformationssystem. Sie wählen dabei Prozessaufträge nach denselben Selektionskriterien aus und zeigen dieselben Objektlisten an. In den Ergebnislisten selektieren Sie dann die gewünschten Prozessaufträge, wählen eine Massenbearbeitungsfunktion und führen diese für die selektierten Prozessaufträge aus. In der nachfolgenden Protokollausgabe können Sie dann den Status der ausgeführten Funktion für jeden Auftrag überprüfen, um eventuelle Fehler zu korrigieren. In diesem Abschnitt zeigen wir Ihnen die Eingabemöglichkeiten auf dem Selektionsbildschirm und stellen Ihnen die Funktionen der Massenbearbeitung ausführlich vor.

7.2.1 Selektionsbildschirm

Sie rufen die Massenbearbeitung über folgenden Menüpfad auf: Logistik • Produktion Prozess • Prozessauftrag • Werkzeuge • Massenbearbeitung (Transaktion COHVPI). Im Selektionsbildschirm finden Sie alle Möglichkeiten zur Auswahl der anzuzeigenden Liste und zum Profil sowie alle Selektionsparameter wieder, die Sie vom Prozessauftragsinformationssystem kennen (siehe Abschnitt 7.1, »Prozessauftragsinformationssystem«). Allerdings steht Ihnen hier der zusätzliche Reiter Massenbearbeitung zur Verfügung, mit dem Sie optional bereits die Vorbereitungen für die anstehende Massenbearbeitung treffen können. Die Bezeichnung des Reiters passt sich dabei an die Funktion an, die Sie für die Massenbearbeitung gewählt haben, wie am Reitertext Massenbearbeitung – Freigabe in Abbildung 7.12 ersichtlich.

Abbildung 7.12 Massenbearbeitungsfunktion im Selektionsbildschirm vorbereiten

Über das Feld Funktion wählen Sie zunächst über ein Dropdown-Menü aus, welche Aktion zu den ausgewählten Aufträgen ausgeführt werden soll, wie z. B. Auftrag freigeben, technisch abschließen oder rückmelden.

Im Feld FUNKTIONSAUSFÜHRUNG wählen Sie über ein Dropdown-Menü die Bearbeitungsart aus. Einige Funktionen wie KOMMISSIONIEREN und PROTOKOLLANZEIGE können Sie nur über die Option FUNKTION MIT DIALOG AUSFÜHREN (D) starten. Bei den übrigen Funktionen haben Sie darüber hinaus folgende Auswahlmöglichkeiten:

- **E – Funktion sofort ausführen**
  Dies wählen Sie, wenn Sie eine überschaubare Anzahl von Aufträgen selektiert haben. Beachten Sie, dass eine große Anzahl von Aufträgen zusammen mit einer aufwendigen Funktion wie der WM-Bereitstellung hier zu langen Bearbeitungszeiten führen kann.
- **R – Funktionsvormerkung erzeugen**
  Bei dieser Option werden lediglich Vormerkungen erzeugt. Diese Vormerkungen arbeiten Sie dann ab, indem Sie den Report COWORKDISPATCHNEW entweder online mit der Transaktion SE38 oder als Hintergrundjob starten.
- **B – Funktion im Hintergrund ausführen**
  Auch hier werden zunächst Vormerkungen erzeugt, allerdings erfolgt die Abarbeitung sofort im Anschluss im Hintergrund. Somit eignet sich diese Bearbeitungsart für eine große Anzahl von Aufträgen.

Über das Feld BEARBEITUNGSMODUS wählen Sie aus, ob Sie die Funktionen sofort im Änderungsmodus oder zunächst im Testmodus ohne Änderungen auf der Datenbank ausführen möchten.

[!] **Testmodus ist nicht für alle Funktionen verfügbar**

Für den Druck der Auftragspapiere, die Protokollanzeige, die Prüfung der Verfügbarkeit der Materialkomponenten, die Rückmeldung und die Kommissionierung steht Ihnen kein Testmodus zur Verfügung.

Im Feld MAX. ANZAHL PROZESSE geben Sie die maximale Anzahl zu verwendender Prozesse an und können dadurch die Performance verbessern, wenn Sie die Parallelverarbeitung aktiviert haben. Im Pulldown-Menü des Feldes PROTOKOLL SPEICHERN wählen Sie aus, ab welchem Meldungstyp ein Protokolleintrag für einen Auftrag erzeugt werden soll, z. B. erst ab einer Warnung. Indem Sie das Kennzeichen PROTOKOLLE AUSGEBEN markieren, springen Sie direkt nach der Bearbeitung in die Protokollanzeige, ohne diese explizit aufrufen zu müssen. Zudem können Sie über das Kennzeichen DRUCKTASTENLEISTE ANZEIGEN eine Buttonleiste in der Ergebnisliste aktivieren, über die Sie direkt alle Funktionen der Massenbearbeitung aufrufen können, anstatt über das Menü zu gehen. Indem Sie eine Drucktaste anklicken, aktivieren Sie diese zur Anzeige in der Ergebnisliste.

Massenbearbeitung aus der Ergebnisliste anstoßen [«]

Sie haben zudem ebenfalls die Möglichkeit, die Funktion für die Massenbearbeitung von der Ergebnisliste aus auszuwählen (siehe Abschnitt 7.2.3, »Massenbearbeitung anstoßen«).

7.2.2 Verfügbare Funktionen in der Massenbearbeitung

In der Transaktion der Massenbearbeitung steht Ihnen über das Feld Funktion im Reiter Massenbearbeitung (siehe Abbildung 7.12) eine Vielzahl von Funktionen zur Massenbearbeitung von Prozessaufträgen und auch Planaufträgen zur Verfügung, auf die hier allerdings nicht eingegangen wird. In Tabelle 7.2 sehen Sie, welche Funktionen Sie in den jeweiligen Listen anstoßen können.

Liste Funktion	Objekt-übersicht	Auftragsköpfe/ Produktions-liste	Komponenten	Vorgänge/ Phasen
Terminierung (110)	X	X	–	–
Freigabe (130)	X	X	–	X
Steuerrezept erzeugen (135)	X	X	–	X
Kapazitätsbedarfe aufbauen (170)	X	X	–	–
Kalkulation (120)	X	X	–	–
WM-Materialbereitstellung (180)	X	X		–
Technisch abschließen (220)	X	X	–	–
Abschließen (230)	X	X	–	–
Druck von Auftragspapieren (140)	X	X	X	X
Protokollanzeige (150)	X	X	X	X
Materialverfügbarkeitsprüfung (160)	X	X	–	–
Rückmeldung (200)	X	X	–	X

Tabelle 7.2 Objektlisten mit Funktionen der Massenbearbeitung

Liste Funktion	Objekt-übersicht	Auftragsköpfe/ Produktions-liste	Komponenten	Vorgänge/ Phasen
Kommissionieren (240)	X	X	X	X
Anwenderstatus setzen/löschen (250)	X	X	–	X

Tabelle 7.2 Objektlisten mit Funktionen der Massenbearbeitung (Forts.)

Im Folgenden erfahren Sie, welche Besonderheiten bei einigen Funktionen zu beachten sind.

Materialverfügbarkeitsprüfung

Mithilfe der Materialverfügbarkeitsprüfung können Sie für mehrere Aufträge gleichzeitig die Verfügbarkeit der Komponenten prüfen. Über den Funktionsparameter VERFÜGBARKEITSDATEN ZURÜCKSETZEN werden die bisherigen bestätigten Mengen und Termine zurückgesetzt. Diesen Parameter setzen Sie auf dem Reiter MASSENBEARBEITUNG – MATERIALVERFÜGBARKEITSPRÜFUNG im Bereich UMFANG DER BEARBEITUNG, nachdem Sie die Funktion MATERIALVERFÜGBARKEITSPRÜFUNG (160) ausgewählt haben (siehe Abbildung 7.13).

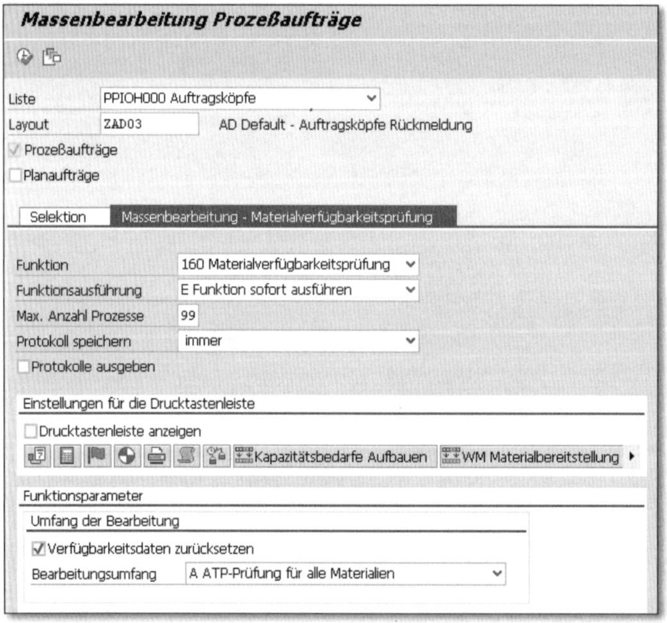

Abbildung 7.13 Materialverfügbarkeitsprüfung in der Massenbearbeitung einstellen

Über den Parameter BEARBEITUNGSUMFANG legen Sie fest, welche Art von Prüfung erfolgen soll (siehe dazu auch Abschnitt 3.5.1, »Materialverfügbarkeitsprüfung«):

- **blank – Keine Prüfung**
  Wählen Sie die Option KEINE PRÜFUNG, falls Sie im Zusammenhang mit dem Kennzeichen VERFÜGBARKEITSDATEN ZURÜCKSETZEN lediglich die Verfügbarkeitsdaten ohne eine erneute Prüfung zurücksetzen möchten.
- **I – Individuelle Prüfung je Material gemäß Prüfgruppe**
  Mit der Einstellung INDIVIDUELLE PRÜFUNG JE MATERIAL GEMÄSS PRÜFGRUPPE prüfen Sie die Verfügbarkeit wie in der Prüfgruppe und der Prüfungssteuerung vorgesehen, z. B. als ATP-Prüfung oder als Prüfung gegen die Vorplanung.
- **A – ATP-Prüfung für alle Materialien**
  Mit der Einstellung ATP-PRÜFUNG FÜR ALLE MATERIALIEN führen Sie für alle Materialien eine ATP-Prüfung durch.
- **P – Prüfung für alle Materialien gegen die Vorplanung**
  Mit der Einstellung PRÜFUNG FÜR ALLE MATERIALIEN GEGEN DIE VORPLANUNG führen Sie für alle Materialien eine Prüfung gegen die Vorplanung durch, es sei denn, die Prüfung gegen Vorplanung ist in der Prüfgruppe deaktiviert.

Terminierung

Über die Funktion TERMINIERUNG (110) können Sie die selektierten Aufträge komplett neu terminieren. Dabei wählen Sie die Terminierungsart, z. B. VORWÄRTS, RÜCKWÄRTS oder TAGESDATUM. Im Falle einer Vorwärts- oder Rückwärtsterminierung geben Sie einen neuen Ecktermin an oder verschieben einen Ecktermin um eine vorgegebene Zeitspanne, z. B. um einen Tag. Alternativ können Sie auch den Gesamtbestätigungstermin aus der Verfügbarkeitsprüfung als Endtermin übernehmen und dann eine Rückwärtsterminierung durchführen, um so die Realisierung aus Komponentenverfügbarkeitssicht sicherzustellen.

Freigabe

Wenn Sie die Liste VORGÄNGE/PHASEN (PPIOO000) wählen, können Sie die Freigabe auf Vorgangs- oder Phasenebene durchführen. Zudem wählen Sie über den Funktionsparameter FREIGABESTEUERUNG VORGANG aus, ob Sie lediglich die selektierten Phasen bzw. alle untergeordneten Phasen (Einstellung FREIGABE EINZELNER VORGANG (1)) der selektierten Vorgänge oder den gesamten Auftrag (Einstellung AUFTRAGSFREIGABE (2)) freigeben möchten (siehe Abbildung 7.14).

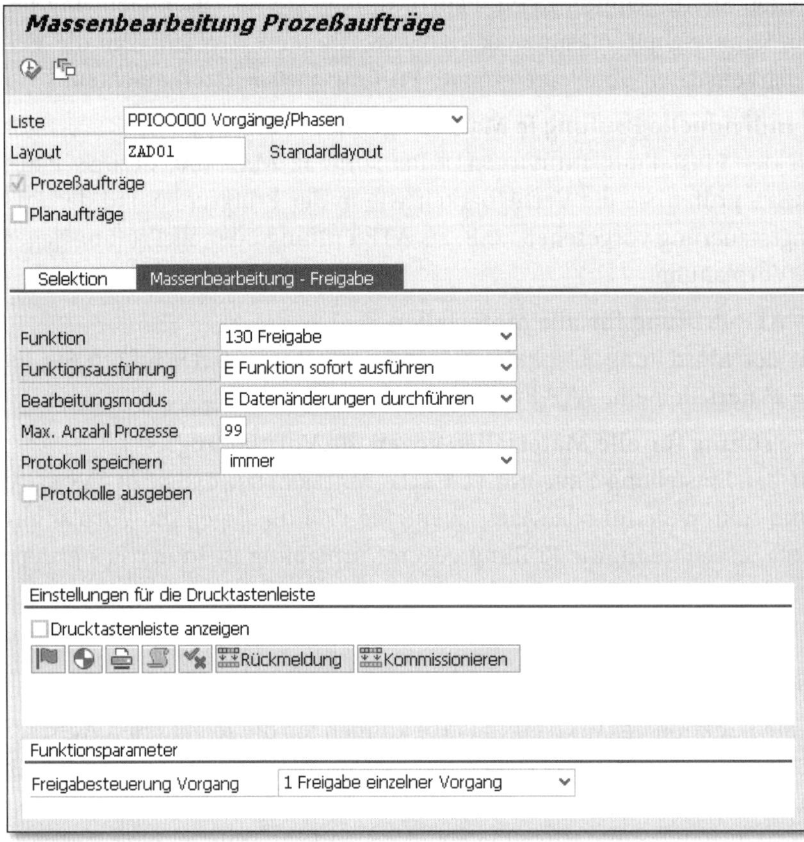

Abbildung 7.14 Auftragsfreigabe in der Massenbearbeitung einstellen

Druck von Auftragspapieren

Beim Druck der Auftragspapiere wählen Sie über den Funktionsparameter DRUCKMODUS zwischen den Einstellungen ORIGINALDRUCK (O) (falls ein Auftrag noch nicht gedruckt oder lediglich teilgedruckt ist) oder NACHDRUCK (N) (falls ein Auftrag bereits gedruckt wurde) aus (siehe Abbildung 7.15).

Abbildung 7.15 Auftragsdruck in der Massenbearbeitung einstellen

Kommissionieren

Die Kommissionierung zu einem Auftrag entspricht der Kommissionierliste, die Sie bereits in Abschnitt 3.6.1, »Kommissionierliste«, kennengelernt haben. Über den Funktionsparameter VERARBEITUNGSMODUS wählen Sie aus, ob Sie die Kommissionierung im Dialog oder im Hintergrund durchführen möchten (siehe Abbildung 7.16).

Im Dialog (Einstellung WARENBEWEGUNGEN IN DIALOG DURCHFÜHREN (D)) werden die Warenbewegungen sofort verbucht. Falls Sie die Hintergrundverarbeitung wählen (Einstellung WARENBEWEGUNGEN IM BATCHBETRIEB DURCHFÜHREN (B)), werden Vormerksätze geschrieben, die Sie dann über die Transaktion CO1P verbuchen können (siehe dazu Unterabschnitt »Vorgemerkte Rückmeldeprozesse« in Abschnitt 3.7.3, »Weitere Funktionen der Auftragsrückmeldung«).

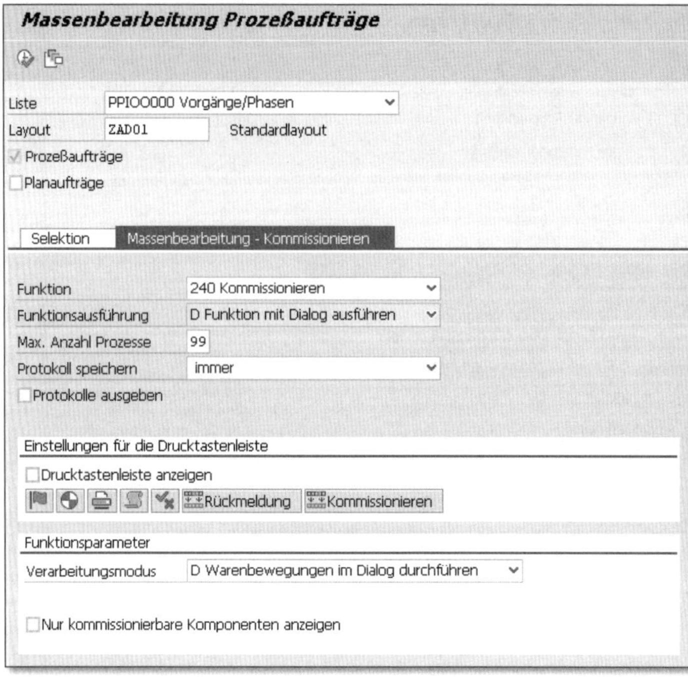

Abbildung 7.16 Kommissionieren in der Massenbearbeitung einstellen

Rückmeldung

Für eine Auftragsrückmeldung bietet die Massenverarbeitung unterschiedliche Möglichkeiten, auf die wir in Abschnitt 7.2.4, »Aufträge über die Massenbearbeitung rückmelden«, näher eingehen.

7.2.3 Massenbearbeitung anstoßen

Sobald Sie Ihre Selektion ausgeführt haben, erscheint die Ergebnisliste mit den ausgewählten Aufträgen. Indem Sie nun einen oder mehrere Prozessaufträge markieren und den entsprechenden Button einer Massenbearbeitungsfunktion drücken, wie z. B. den Button Technisch Abschließen, wird diese angestoßen. Alternativ markieren Sie die Aufträge und wählen dann den Menüpfad Massenbearbeitung • Einstellungen, wie in Abbildung 7.17 dargestellt.

Sie können nun Ihre Einstellungen mit dem Button Übernehmen übernehmen und dann die Massenbearbeitung über den Menüpfad Massenbearbeitung • Ausführen anstoßen. Alternativ starten Sie die Massenbearbeitung direkt über den Button .

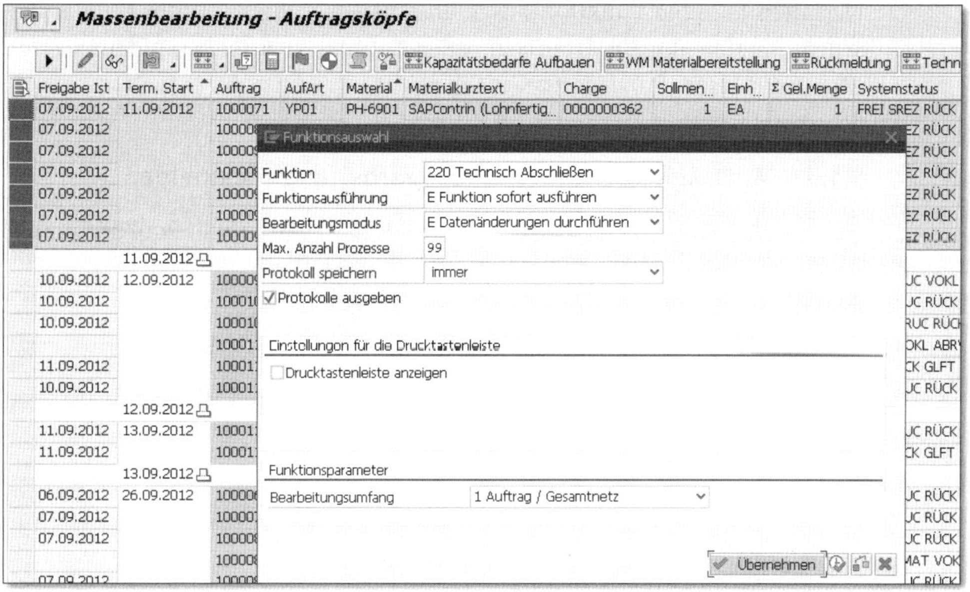

Abbildung 7.17 Funktion der Massenbearbeitung auswählen

Nach der Ausführung springen Sie je nach Einstellung direkt in die Protokollanzeige oder rufen diese über den Menüpfad MASSENBEARBEITUNG • PROTOKOLL LETZTE MB auf. Hier werden für jeden Prozessauftrag der Status der ausgeführten Funktion und die Details im Falle eines Fehlers angezeigt (siehe Abbildung 7.18).

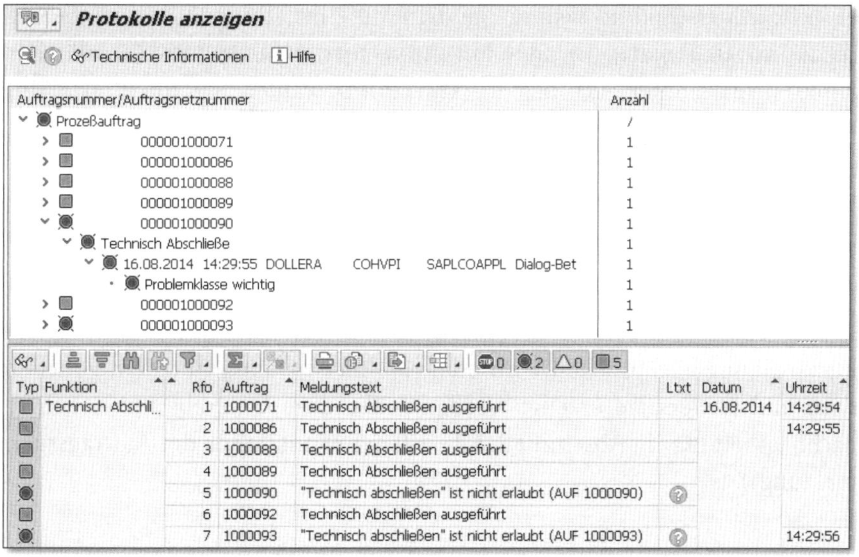

Abbildung 7.18 Fehlerprotokoll der Massenbearbeitung anzeigen

Nachdem Sie eine Funktion ausgeführt haben, sollten Sie die Liste auffrischen, um den aktualisierten Status der Aufträge anzuzeigen, indem Sie den Menüpfad LISTE • AUFFRISCHEN wählen.

7.2.4 Aufträge über die Massenbearbeitung rückmelden

Die Massenbearbeitung bietet Ihnen vielfältige Möglichkeiten, mehrere Aufträge gleichzeitig rückzumelden, um so den Bearbeitungsaufwand zu reduzieren:

- Auswahl der Rückmeldungsebene (Kopf- oder Phasenebene)
- Rückmeldung von geplanten Mengen, Leistungen und Warenbewegungen im Hintergrund
- Rückmeldung von Ist-Daten im Dialog über den Absprung in die Rückmeldetransaktion oder über eine integrierte Eingabe von Rückmeldedaten in die Ergebnisliste der Massenbearbeitung

Im Folgenden lernen Sie die Details zur Rückmeldung von geplanten und von Ist-Daten kennen.

Geplante Daten rückmelden

Um geplante Daten rückzumelden, wählen Sie die Funktion RÜCKMELDUNG, entweder bereits im Selektionsbild auf dem Reiter MASSENBEARBEITUNG oder über den Menüpfad MASSENBEARBEITUNG • EINSTELLUNGEN. Im Feld FUNKTIONSAUSFÜHRUNG wählen Sie dann die Einstellung FUNKTION IM HINTERGRUND AUSFÜHREN (B) oder FUNKTION SOFORT AUSFÜHREN (E). Für den Funktionsparameter ART DER RÜCKMELDUNG wählen Sie die Einstellung RÜCKMELDUNG ZUM AUFTRAG ERFASSEN (1), falls Sie Kopfrückmeldungen erfassen möchten, oder die Einstellung LOHN-RÜCKMELDESCHEIN ERFASSEN (2), falls Sie Rückmeldungen auf Phasenebene erfassen möchten (siehe Abbildung 7.19).

Über den Funktionsparameter INSERT IN FEHLERTABELLE legen Sie darüber hinaus fest, ob im Falle von Fehlern, z. B. bei einer Warenbewegung, die Rückmeldung abgebrochen wird oder die Rückmeldung trotzdem gesichert wird und Fehlersätze erzeugt werden (siehe dazu Unterabschnitt »Fehlernachbearbeitung« in Abschnitt 3.7.3, »Weitere Funktionen der Auftragsrückmeldung«).

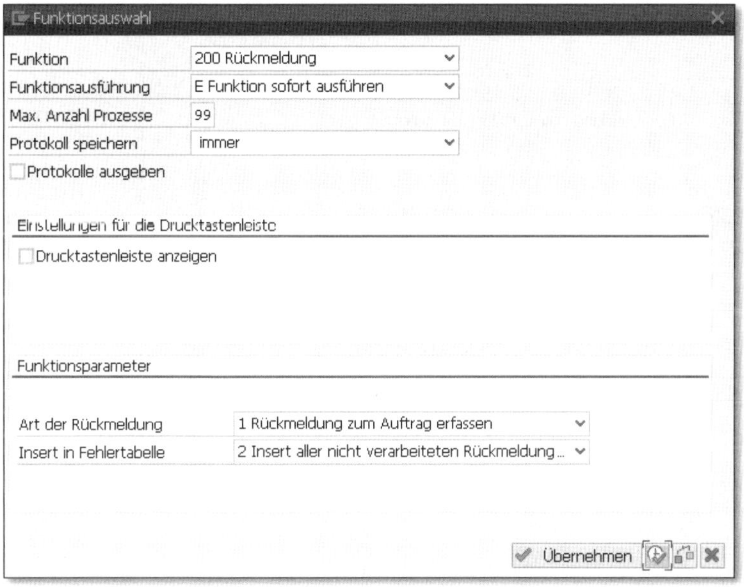

Abbildung 7.19 Funktion für die Massenbearbeitung auswählen

Falls Sie die Aufträge, zu denen Sie die geplanten Mengen, Leistungen und Warenbewegungen als Ist-Daten zurückmelden möchten, bereits markiert haben, stoßen Sie die Massenbearbeitung über den Button (Ausführen) an. Ansonsten können Sie die Massenbearbeitung für markierte Aufträge auch über den Menüpfad Massenbearbeitung • Ausführen starten. Es werden dann die Auftragsmenge entsprechend als Gutmenge auf Auftragskopf- oder Phasenebene sowie alle geplanten Leistungen und automatischen Warenbewegungen wie retrograde Entnahmen im Hintergrund gebucht.

Erforderliches Customizing für die Rückmeldung von geplanten Daten aus der Massenbearbeitung heraus [!]

Damit nicht nur die geplanten Mengen auf Auftragskopf- und Phasenebene, sondern auch die geplanten Leistungen und die retrograden Entnahmen von Materialkomponenten im Rahmen der Rückmeldung verbucht werden, müssen Sie dies im Customizing aktiviert haben. Diese Einstellung nehmen Sie über folgenden IMG-Pfad vor: Produktionsplanung Prozessindustrie • Prozessauftrag • Vorgänge • Rückmeldung • Rückmeldeparameter Sammelrückmeldung (Transaktion OPKU). Hier stellen Sie für die Kategorie 3 (Rückmeldung aus Auftragsinfosystem) mithilfe der Radiobuttons Mengen sofort oder Mengen beim Sichern bzw. Leistungen sofort oder Leistungen beim Sichern ein, dass die geplanten Vorschlagswerte für Mengen und Leistungen automatisch für die Massenbearbeitung im Hintergrund herangezogen werden sollen (siehe Abbildung 7.20).

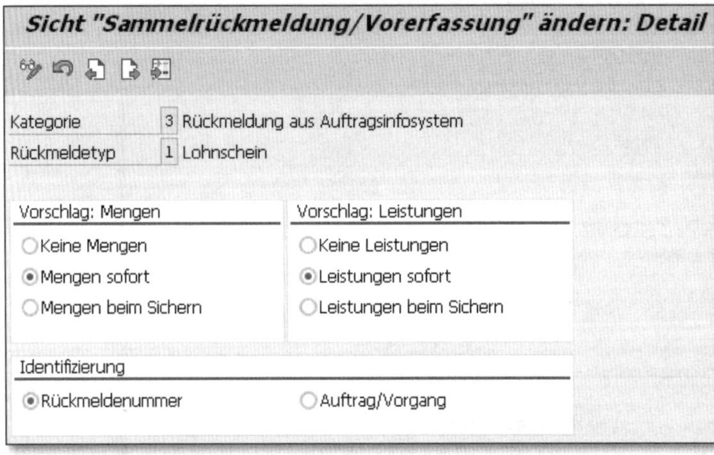

Abbildung 7.20 Einstellungen zur Rückmeldung von Planmengen in der Massenbearbeitung

Ist-Daten rückmelden

Zusätzlich zum Rückmelden der Aufträge auf Basis der Plandaten können Sie im Rahmen der Massenbearbeitung auch Ist-Daten rückmelden. Dies realisieren Sie entweder über den Absprung in eine Rückmeldetransaktion oder über eine interaktive Ergebnisliste.

Für den Absprung in eine Rückmeldetransaktion wählen Sie im Feld Funktionsausführung die Einstellung Funktion mit Dialog ausführen (D) aus und haben dann in den angegebenen Objektlisten folgende Möglichkeiten:

- **Objekteinzellisten »Auftragsköpfe« und »Produktionsliste«**
  Für die Objekteinzellisten Auftragsköpfe (PPIOH000) und Produktionsliste (PPIOP000) können Sie die Auftragskopfrückmeldung in der Massenbearbeitung verwenden. Nachdem Sie die Rückmeldung über die Massenbearbeitung angestoßen haben, springen Sie für alle selektierten Aufträge nacheinander in die Auftragskopfrückmeldung ab und geben dort Ihre Rückmeldedaten ein (siehe Abschnitt 3.7.1, »Rückmeldungen zum Prozessauftragskopf«). Dazu stellen Sie den Funktionsparameter Art der Rückmeldung auf Rückmeldung zum Auftrag erfassen (1) (siehe Abbildung 7.21).

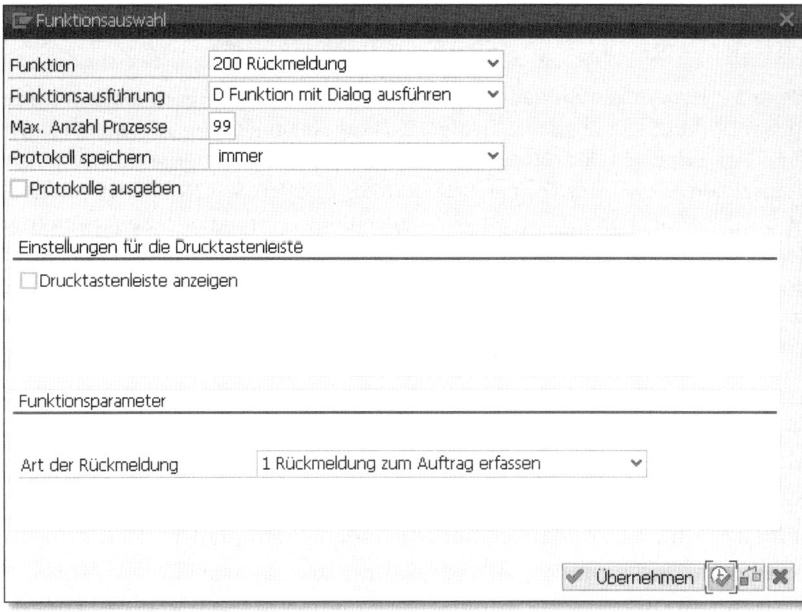

Abbildung 7.21 Einstellungen für Rückmeldung im Dialog vornehmen

- **Objekteinzelliste »Vorgänge/Phasen«**
  Für die Objekteinzelliste VORGÄNGE/PHASEN (PPIOO000) stehen Ihnen folgende Möglichkeiten für die Massenbearbeitung zur Verfügung:
  - *Sammelrückmeldung*
    Mit der Sammelrückmeldung können Sie für alle selektierten Phasen in die Transaktion zur Sammelrückmeldung abspringen und dort die Rückmeldedaten in tabellarischer Form eingeben (siehe Unterabschnitt »Sammelrückmeldungen« in Abschnitt 3.7.2, »Rückmeldungen auf Phasenebene«). Dazu stellen Sie den Funktionsparameter ART DER RÜCKMELDUNG auf LOHN-RÜCKMELDESCHEIN ERFASSEN (2).
  - *Zeitereignisrückmeldung*
    Weiterhin können Sie mithilfe der Zeitereignisrückmeldung für selektierte Phasen nacheinander Zeitereignisse erfassen (siehe Unterabschnitt »Zeitereignisrückmeldung« in Abschnitt 3.7.2, »Rückmeldungen auf Phasenebene«). Dazu stellen Sie den Funktionsparameter ART DER RÜCKMELDUNG auf ZEITEREIGNIS ERFASSEN (3).

Darüber hinaus haben Sie die Möglichkeit, direkt in den Ergebnislisten der Massenbearbeitung Ihre Ist-Rückmeldedaten einzugeben.

[!] **Aktivierung der Business Function LOG_PP_MIS (Manufacturing Information System: Order Info System and Planning Evaluations)**

Wenn Sie Ist-Mengen im Rahmen der Massenbearbeitung rückmelden möchten, müssen Sie zuvor im Customizing die dazu vorgesehene Business Function aktivieren. Dies erledigen Sie über die IMG-Aktivität Business Function aktivieren (Transaktion SFW5). Im Ordner ENTERPRISE_BUSINESS_FUNCTIONS finden Sie die Business Function `LOG_PP_MIS` (Manufacturing Information System: Order Info System and Planning Evaluations). Um die Business Function zu aktivieren, markieren Sie zuerst das Kennzeichen Geplanter Zustand und klicken dann auf den Button Änderungen aktivieren. Erst nach Aktivierung dieser Business Function stehen Ihnen die Funktion und das zugehörige Customizing zur Verfügung.

Zunächst stellen Sie sicher, dass die Felder, zu denen Sie Ist-Daten zurückmelden möchten, auch eingabebereit sind. Diese Einstellungen für die Listen bzw. Strukturen Auftragsköpfe, Produktionsliste und Vorgänge/Phasen nehmen Sie im Customizing über folgenden Menüpfad vor: Produktionsplanung Prozessindustrie • Prozessauftrag • Informationssystem • Darstellung der Detaillisten ändern (Transaktion COISF). Hier wählen Sie die Sicht Expertensicht, denn nur mit dieser Sicht können Sie neben dem Ausblenden von Feldern und der sprachenabhängigen Anpassung von Spaltentexten auch Felder als eingabebereit definieren (siehe Abbildung 7.22).

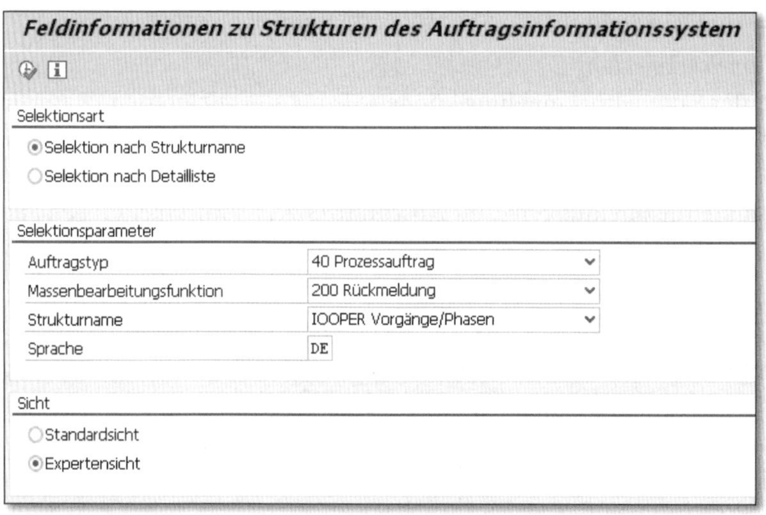

Abbildung 7.22 Detailliste zur Bearbeitung der Darstellung

In der Liste der verfügbaren Felder setzen Sie für alle Felder, für die Sie Ist-Daten erfassen möchten, das Kennzeichen Feld ist eingabebereit, wie z. B. für die Felder Rückzumeldende Gutmenge und Rückmeldeart (siehe Abbildung 7.23). Darüber hinaus können Sie die Texte der Felder Ihren Wünschen entsprechend anpassen, z. B. in der Spalte Feldbezeichner lang. Zudem lassen sich die Texte auch in den Spalten Feldbezeichner kurz und Feldbezeichner mittel anpassen, die allerdings hier aus Platzgründen nicht dargestellt werden.

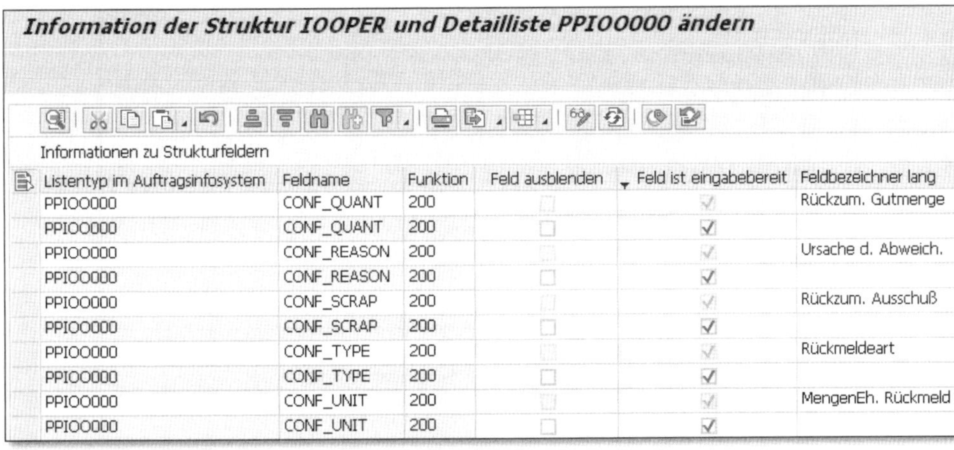

Listentyp im Auftragsinfosystem	Feldname	Funktion	Feld ausblenden	Feld ist eingabebereit	Feldbezeichner lang
PPIO0000	CONF_QUANT	200	☐	☑	Rückzum. Gutmenge
PPIO0000	CONF_QUANT	200	☐	☑	
PPIO0000	CONF_REASON	200	☐	☑	Ursache d. Abweich.
PPIO0000	CONF_REASON	200	☐	☑	
PPIO0000	CONF_SCRAP	200	☐	☑	Rückzum. Ausschuß
PPIO0000	CONF_SCRAP	200	☐	☑	
PPIO0000	CONF_TYPE	200	☐	☑	Rückmeldeart
PPIO0000	CONF_TYPE	200	☐	☑	
PPIO0000	CONF_UNIT	200	☐	☑	MengenEh. Rückmeld
PPIO0000	CONF_UNIT	200	☐	☑	

Abbildung 7.23 Darstellung der Detailliste »Vorgänge/Phasen« ändern

Um die Rückmeldung der Ist-Daten in den Ergebnislisten zu ermöglichen, wählen Sie zunächst auf dem Einstiegsbild im Reiter Massenbearbeitung die Funktion Rückmeldung (200) und setzen das Feld Funktionsausführung auf den Wert Funktion sofort ausführen (E) (siehe Abbildung 7.24). Abhängig von der ausgewählten Objekteinzelliste setzen Sie den Funktionsparameter Art der Rückmeldung auf folgenden Wert:

- Für die Objekteinzellisten Auftragsköpfe (PPIOH000) oder Produktionsliste (PPIOP000) wählen Sie die Einstellung Rückmeldung zum Auftrag erfassen (1).
- Für die Objekteinzelliste Vorgänge/Phasen (PPIO0000) wie in Abbildung 7.24 wählen Sie die Einstellung Lohn-Rückmeldeschein erfassen (2).

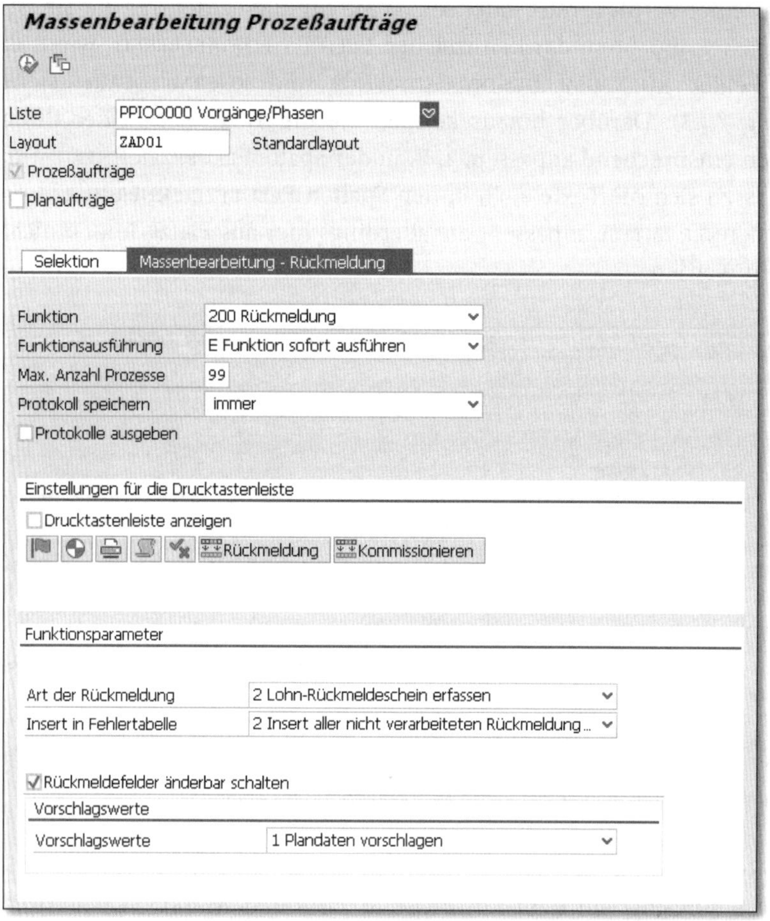

Abbildung 7.24 Funktionsparameter zur Rückmeldung in der Massenbearbeitung einstellen

Nun setzen Sie das Kennzeichen RÜCKMELDEFELDER ÄNDERBAR SCHALTEN, wie in Abbildung 7.24 dargestellt. Sie können sich darüber hinaus die Rückmeldefelder mit Vorschlagswerten vorbelegen lassen. Hierzu stellen Sie das Feld VORSCHLAGSWERTE entsprechend ein:

- Mit der Einstellung PLANDATEN VORSCHLAGEN (1) wird die geplante Menge, also die Auftrags- oder Phasensollmenge, vorgeschlagen.
- Falls Sie die Einstellung FESTWERTE VORSCHLAGEN (2) wählen, können Sie zudem Werte für die Felder RÜCKMELDEART, GUTMENGE, AUSSCHUSSMENGE und MENGENEINHEIT angeben, die dann für alle Aufträge bzw. Phasen vorgeschlagen werden.

- Alternativ wählen Sie die Einstellung Keine Vorschlagswerte (blank), falls Sie keine Vorschlagswerte wünschen.

Sobald Sie Ihre Selektion nun ausführen, gelangen Sie in die Ergebnisliste mit den zuvor definierten eingebbaren Rückmeldefeldern. In Abbildung 7.25 sehen Sie ein Beispiel einer interaktiven Ergebnisliste zur Objektliste Vorgänge/Phasen (PPIOO000). Hier geben Sie nun zu jeder Phase z. B. die Rückmeldeart sowie die Rückmeldemengen ein.

Massenbearbeitung - Vorgänge/Phasen

Auftrag	Vorgang	Ressource	Kurztext Vrg.	VorgM...	Gutmenge	Mg...	Rückmeldeart	Gutmenge	Ausschuß	M...	Ursache	Beschreibung
1000099	0020	RES-2020	Fermentation	100	0	EA	Teilrückmeldı	50	10	EA	0003	Materialfehler
1000099	0040	RES-2030	Cell Disruption	100	0	EA	Teilrückmeldı	50	0	EA		
1000099	0060	RES-2010	Blending	100	0	EA	Teilrückmeldı	50	0	EA		
1000105	0020	RES-2020	Fermentation	100	100	EA	Endrückmeld	0	0	EA		
1000105	0040	RES-2030	Cell Disruption	100	100	EA	Endrückmeld	0	0	EA		
1000105	0060	RES-2010	Blending	100	100	EA	Endrückmeld	0	0	EA		
1000113	0020	RES-2020	Fermentation	100	0	EA	Endrückmeld	100	0	EA		
1000113	0040	RES-2030	Cell Disruption	100	100	EA	Endrückmeld	0	0	EA		
1000113	0060	RES-2010	Blending	100	0	EA	Endrückmeld	100	0	EA		

Abbildung 7.25 Ist-Daten zu Phasen rückmelden

Analog ist auch eine Rückmeldung zu den Auftragsköpfen möglich, ein Beispiel hierzu sehen Sie in Abbildung 7.26. Hier stehen Ihnen unter anderem auch die Materialdaten und die zu produzierende Charge zur Anzeige zur Verfügung.

Massenbearbeitung - Auftragsköpfe

Auftrag	Material	Charge	Sollmen...	Gel.Menge	Rück.Mng	Einh...	Rückmeldeart	Gutmenge	Ausschuß	MgEh.Rck	Ursache
1000099	PH-6450	0000000500	100	0	0	EA	Endrückmeldung	80	20	EA	0002
1000105	PH-6450	0000000508	100	100	100	EA	Teilrückmeldung				
1000113	PH-6450	0000000519	100	100	0	EA	Endrückmeldung	100			
1000320	PH-6450	0000001181	100	0	0	EA	Automatische End	100	0	EA	
1000345	PH-6450	0000001195	100	100	130	EA	Teilrückmeldung				
1000564	PH-6450	0000001353	150	140	140	EA	Teilrückmeldung				
1000565	PH-6450	0000001354	100	0	0	EA	Teilrückmeldung				

Abbildung 7.26 Ist-Daten zu Auftragsköpfen rückmelden

Nun kennen Sie die Möglichkeiten, die Ihnen die Funktion der Massenbearbeitung bietet. Im letzten Abschnitt dieses Kapitels stellen wir Ihnen weitere Werkzeuge vor, die Ihnen bei Fragestellungen im Produktionsumfeld hilfreich sein können.

7.3 Weitere Berichte aus dem Produktionsumfeld

Neben dem Prozessauftragsinformationssystem gibt es eine Vielzahl weiterer Berichte und Werkzeuge, mit denen Sie produktionsrelevante Daten analysieren und Problemsituationen überwachen können. Dazu zählen das Fehlteileinformationssystem, die Rückstandsbearbeitung, das Fertigungsinformationssystem, das Batch Information Cockpit sowie Reports aus der Lagerverwaltung, die Sie in diesem Abschnitt kennenlernen werden.

7.3.1 Fehlteileinformationssystem

Mithilfe des Fehlteileinformationssystems verschaffen Sie sich einen Überblick über alle Materialien, die im Rahmen der Verfügbarkeitsprüfung als Fehlteile ausgewiesen wurden. Das Fehlteileinformationssystem können Sie über folgenden Menüpfad aufrufen: LOGISTIK • PRODUKTION PROZESS • PROZESSAUFTRAG • AUSWERTUNGEN • FEHLTEILINFOSYSTEM (Transaktion CO24). Im Selektionsbildschirm geben Sie Ihre Daten zur Selektion ein und wählen das gewünschte Layout im Feld LAYOUT aus. Über das Standardlayout AUFTRAGSSICHT erhalten Sie dann z. B. eine Übersicht von Aufträgen mit Fehlmaterialien, über das Standardlayout MATERIALSICHT eine Auflistung von Fehlmaterialien mit den zugehörigen Aufträgen und den jeweiligen bestätigten und Fehlmengen (siehe Abbildung 7.27).

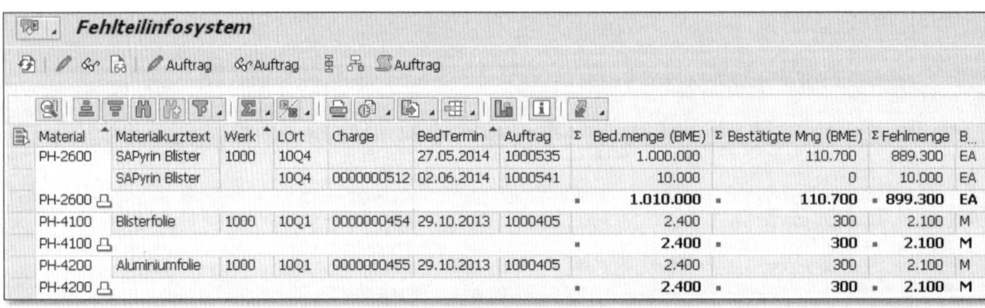

Material	Materialkurztext	Werk	LOrt	Charge	BedTermin	Auftrag	Σ Bed.menge (BME)	Σ Bestätigte Mng (BME)	Σ Fehlmenge	B...
PH-2600	SAPyrin Blister	1000	10Q4		27.05.2014	1000535	1.000.000	110.700	889.300	EA
	SAPyrin Blister		10Q4	0000000512	02.06.2014	1000541	10.000	0	10.000	EA
PH-2600							**1.010.000**	**110.700**	**899.300**	**EA**
PH-4100	Blisterfolie	1000	10Q1	0000000454	29.10.2013	1000405	2.400	300	2.100	M
PH-4100							**2.400**	**300**	**2.100**	**M**
PH-4200	Aluminiumfolie	1000	10Q1	0000000455	29.10.2013	1000405	2.400	300	2.100	M
PH-4200							**2.400**	**300**	**2.100**	**M**

Abbildung 7.27 Fehlteileinformationen anzeigen

Zur Listbearbeitung stehen Ihnen die Standard-ALV-Funktionen zur Verfügung (siehe Abschnitt 7.1.2, »Navigation in den Ergebnislisten«). Weiterhin können Sie über entsprechende Buttons jederzeit in den Anzeige- oder den Änderungsmodus eines Auftrags verzweigen. Zudem haben Sie über den Menüpunkt UMFELD die Möglichkeit, in weitere angrenzende Berichte zu einem Material, wie die Bestandsübersicht oder die aktuelle Bedarfs-/Bestandsliste, abzuspringen.

7.3.2 Rückstandsbearbeitung

Die Rückstandsbearbeitung ermöglicht es Ihnen, die Verfügbarkeitssituation eines Materials zu analysieren und manuell anzupassen. So können Sie z. B. eine bereits bestätigte Menge einer Materialreservierung nachträglich von einem Auftrag auf einen anderen umhängen, der für Sie eine wichtigere Priorität hat. Um die Rückstandsbearbeitung aufzurufen, wählen Sie den Menüpfad Logistik • Produktion Prozess • Prozessauftrag • Auswertungen • Rückstandsbearb. • Material (Transaktion CO06). Im Einstiegsbild geben Sie die zu bearbeitende Materialkomponente, das Werk und eine Prüfregel an. Als Prüfregel sollten Sie diejenige verwenden, die Sie im Customizing der Verfügbarkeitsprüfung der Auftragsart zugewiesen haben. Weitere Informationen zur Verfügbarkeitsprüfung erhalten Sie in Abschnitt 3.5.1, »Materialverfügbarkeitsprüfung«.

Im Beispiel in Abbildung 7.28 wird folgendes Szenario beschrieben: Es soll die Menge der Reservierung für Material PH-1610 und Charge 0000000264 auf dem Lagerort 10Q2 vom 29.10.2013 nachträglich von 50 KG auf die volle Bedarfsmenge in Höhe von 160 KG angepasst werden. Zuvor haben Sie die reservierte Menge für eine andere Reservierung zurückgesetzt. Um eine bestätigte Menge einer Reservierung (Dispositionselement AR-Res) zu ändern, setzen Sie den Cursor auf eine bestätigte Menge einer Reservierung auf der untersten Bestätigungsebene (z. B. auf der Chargenebene CharLg) und klicken dann auf den Button Bestätigung ändern. Die jeweils unterste Bestätigungsebene ist durch blaue Schrift in der Spalte Bestätigt hervorgehoben.

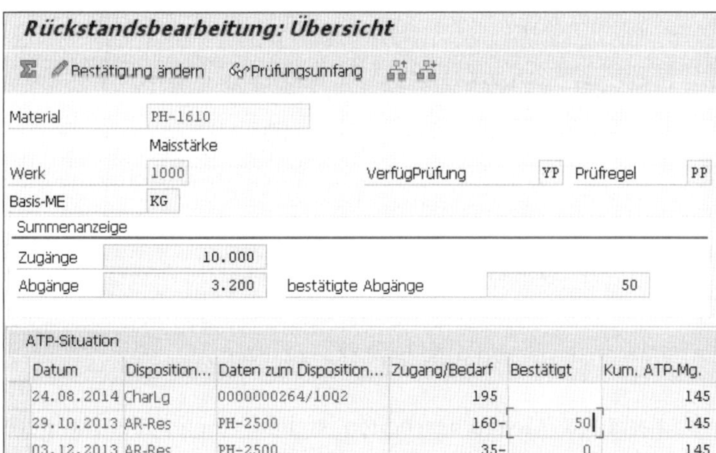

Abbildung 7.28 Rückstandsbearbeitung – Übersicht

Im unteren Bildschirmbereich erscheint nun der Bereich AUFTRAGSRESERVIERUNG, in dem Sie die bestätigte Menge für die Reservierung im Feld BESTÄTIGT anpassen können. Im Beispiel von Abbildung 7.29 soll die bestätigte Menge von 50 KG auf 160 KG erhöht werden. Beim Anpassen der Menge können Sie immer nur die maximal zur Verfügung stehende Menge verwenden, die Sie im Feld ATP-MENGE erkennen können. Dazu tragen Sie im Feld BESTÄTIGT die neue bestätigte Menge manuell ein und klicken auf den Button (ÜBERNEHMEN). Die Änderungen werden dadurch übernommen, und Sie springen automatisch auf die Übersicht zurück.

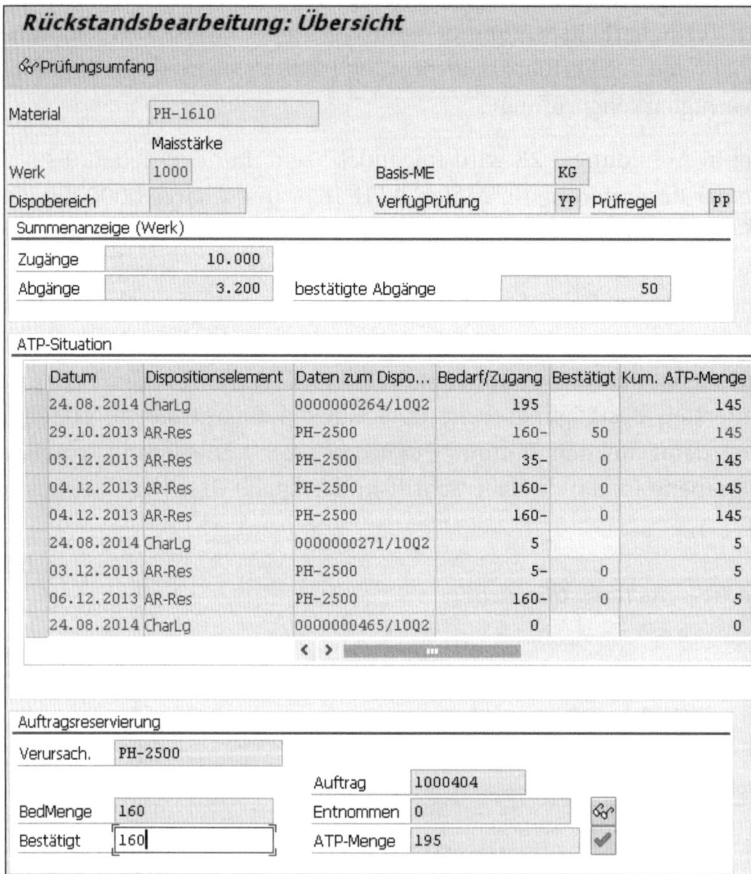

Abbildung 7.29 ATP-Mengen in der Rückstandsbearbeitung ändern

Während Sie die bestätigte Menge bearbeiten, stehen Ihnen zudem weitere Informationen zur Verfügung: der Auftrag, für den diese Menge benötigt wird (Feld AUFTRAG), das Kopfmaterial des Auftrags (Feld VERURSACH.), die

Bedarfsmenge (Feld BEDMENGE) sowie die bereits entnommene Menge (Feld ENTNOMMEN), wie in Abbildung 7.29 dargestellt.

7.3.3 Fertigungsinformationssystem

Das Fertigungsinformationssystem ist ein Werkzeug, das zur Komponente Logistikinformationssystem (LIS) gehört. Damit lassen sich in sogenannten *Infostrukturen* fortgeschriebene Daten zunächst aggregiert betrachten, um dann mithilfe eines sogenannten *Drilldowns* die darunterliegenden Ebenen zu analysieren. Unter anderem stehen Ihnen hier Auswertungen zur Verfügung, um die Durchlaufzeiten, die Produktkosten oder die Materialverbräuche zu betrachten.

Beispielhaft zeigen wir Ihnen hier die Materialverbrauchsanalyse, die Sie über folgenden Menüpfad aufrufen: LOGISTIK • PRODUKTION PROZESS • PROZESSAUFTRAG • AUSWERTUNGEN • FERTIGUNGSINFOSYSTEM • MATERIALVERBRAUCH (Transaktion MCRX). Im Selektionsbild können Sie die Analyse mithilfe der Selektionsmerkmale WERK, MATERIAL, KOMPONENTE, AUFTRAG sowie eines Analysezeitraums eingrenzen. Nachdem Sie die Selektion ausgeführt haben, wird das Ergebnis in Form eines sogenannten *Aufrisses* dargestellt. Über einen Doppelklick auf einen Merkmalswert wie z. B. ein Werk stoßen Sie einen Drilldown an und gelangen so in die nächste Aufrissstufe, z. B. auf die Merkmalsebene MATERIAL (siehe Abbildung 7.30).

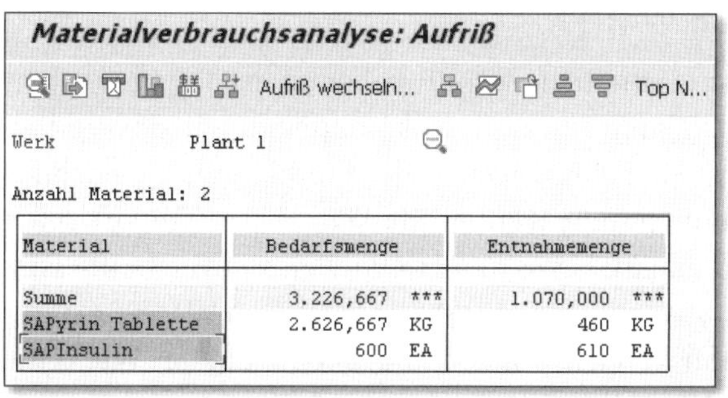

Abbildung 7.30 Materialverbrauchsanalyse – Aufriss Material

In jeder Aufrissstufe werden zu den Merkmalswerten die Kennzahlen wie z. B. in diesem Falle BEDARFSMENGE und ENTNAHMEMENGE dargestellt. Indem Sie erneut auf einen Merkmalswert doppelklicken, wie z. B. auf das Material SAPINSULIN in Abbildung 7.30, gelangen Sie in die nächste Aufrissstufe KOMPONENTE, wie in Abbildung 7.31 gezeigt. Nun werden die Kennzahlen zu allen Komponenten des zuvor ausgewählten Kopfmaterials angezeigt.

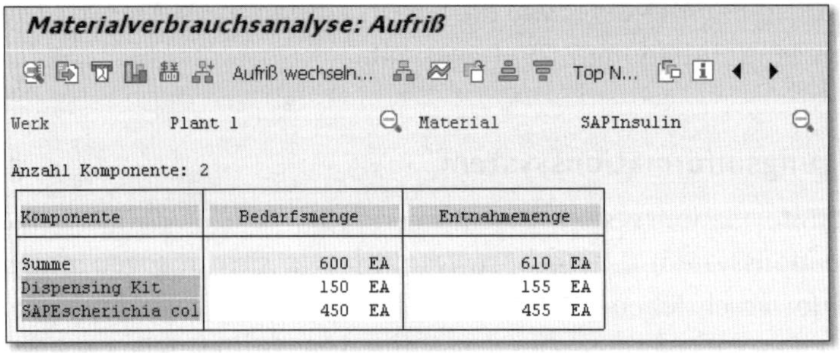

Abbildung 7.31 Materialverbrauchsanalyse – Aufriss Komponente

Sie können den Aufriss nachträglich ändern; dazu klicken Sie auf der gewünschten Stufe auf das Icon (EINGABEMÖGLICHKEITEN) und wählen einen anderen Merkmalswert aus.

[+] **Eigene Analysen definieren**

Neben den vorhandenen Standardanalysen können Sie mithilfe der sogenannten *flexiblen Analysen* eigene Analysen definieren und diese mit Merkmalen, Kennzeichen und Aufrissen entsprechend Ihren Anforderungen ausprägen. Weitere Informationen hierzu erhalten Sie in der Online-Hilfe unter der Rubrik SAP ERP CENTRAL COMPONENT • LOGISTIK ALLGEMEIN (LO) • LOGISTIK INFORMATIONSSYSTEM (LO-LIS) • FLEXIBLE ANALYSEN: ÜBERBLICK.

7.3.4 Materialsituation WM-PP

Mithilfe des Reports *Materialsituation WM-PP* bekommen Sie einen Überblick zum Status der Bereitstellung von Auftragskomponenten in die Produktion. Dadurch identifizieren Sie Fehlmengen in der Produktion, die noch für die laufenden Aufträge bereitgestellt werden müssen. Diesen Report rufen Sie über folgenden Menüpfad auf: LOGISTIK • LOGISTICS EXECUTION • INFOSYSTEM • LAGER • PRODUKTIONSVERSORGUNG • MATERIALSITUATION WM-PP (Transaktion LPIN). Im Selektionsbereich wählen Sie neben einem Werk die gewünschte Sicht auf die Materialbereitstellungssituation über einen der folgenden Radiobuttons und geben dazu einen Wert an (siehe Abbildung 7.32):

- **Auftrag (Radiobutton »Auftrag«)**
  Mit dieser Einstellung betrachten Sie alle Komponenten auf allen Ressourcen und Produktionsversorgungsbereichen (PVB) für genau einen Auftrag.
- **Produktionsversorgungsbereich (Radiobutton »PVB«)**
  Über diese Einstellung analysieren Sie alle Auftragskomponenten, die auf einem PVB bereitgestellt werden.

- **Ressource (Radiobutton »Arbeitsplatz«)**
  Diese Einstellung wählen Sie, falls Sie einen PVB zur Gruppierung von mehreren Ressourcen verwenden und die Betrachtung auf eine Ressource einschränken möchten.
- **Komponente (Radiobutton »Rohmaterial«)**
  Diese Einstellung ist sinnvoll, falls Sie die Situation einer Auftragskomponente prozessauftrags- und PVB-übergreifend betrachten möchten.

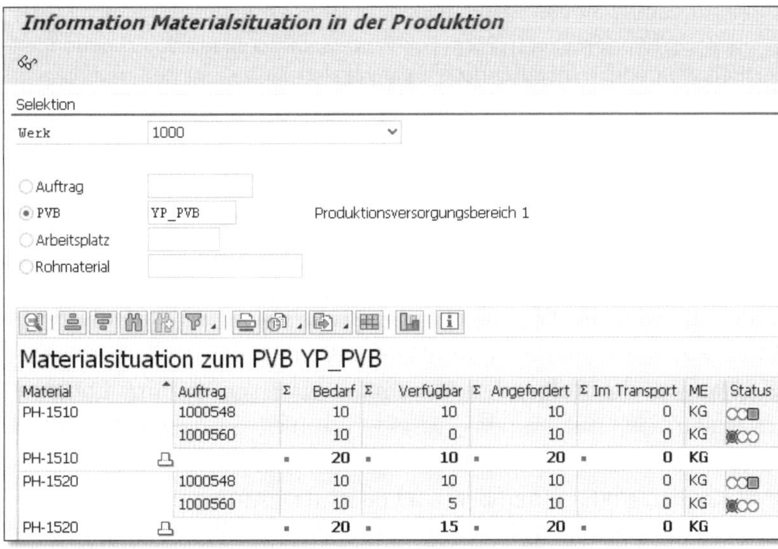

Abbildung 7.32 Materialsituation WM-PP

Nachdem Sie die [↵]-Taste gedrückt haben, erscheint die Übersicht der Situation der Materialbereitstellung unter dem Selektionsbereich (siehe Abbildung 7.32). In der Spalte BEDARF sehen Sie für jede Komponente und jeden Prozessauftrag die Bedarfsmenge aus dem Prozessauftrag. In der Spalte ANGEFORDERT erkennen Sie, für welche Menge bereits ein Transportbedarf im Rahmen der Materialbereitstellung erstellt wurde. Die Spalte IM TRANSPORT gibt an, für welche Menge ein Transportauftrag erstellt wurde, und in der Spalte VERFÜGBAR sehen Sie, welche Menge sich bereits auf dem entsprechenden Produktionslagerplatz befindet. Nähere Informationen zur WM-Bereitstellung erhalten Sie in Abschnitt 3.6.2, »Bereitstellung über die Lagerverwaltung«.

Im Beispiel in Abbildung 7.32 sehen Sie, dass von dem im PVB YP_PVB bereitzustellenden Material PH-1510 eine ausreichende Menge für den Prozessauftrag 1000548 angefordert und bereitgestellt wurde: Zum Bedarf von

10 KG wurden 10 KG angefordert und auch bereits 10 KG bereitgestellt, deshalb erscheint in der Spalte STATUS eine grüne Ampel. Im Gegensatz dazu wurden von Material PH-1520 für den Auftrag 1000560 von einer Bedarfsmenge von 10 KG bislang lediglich 5 KG bereitgestellt, deshalb erscheint hier eine rote Ampel in der Spalte STATUS.

[+] **Weiterer Bericht »Materialsituation am Produktionslagerplatz«**

Der Report *Materialsituation am Produktionslagerplatz* gibt Ihnen detailliert Aufschluss über die Situation von Materialien auf einem Produktionslagerplatz. Hier werden alle Bedarfsverursacher in Form von Prozessaufträgen mit den zugehörigen Transportbedarfen und Transportaufträgen angezeigt. Zu diesem Report gelangen Sie über den folgenden Menüpfad: LOGISTIK • LOGISTICS EXECUTION • INFOSYSTEM • LAGER • PRODUKTIONSVERSORGUNG • MATERIALSITUATION AM PRODUKTIONSLAGERPLATZ (Transaktion LX40).

7.3.5 Prozessaufträge aus WM-Sicht

Mithilfe der Auswertung *PP-Auftrag aus Sicht des WM* erhalten Sie detaillierte Informationen zum Status der Materialbereitstellung pro Prozessauftrag. Sie gelangen über folgenden Menüpfad zu diesem Report: LOGISTIK • LOGISTICS EXECUTION • INFOSYSTEM • LAGER • PRODUKTIONSVERSORGUNG • ANALYSE FERTIGUNGSAUFTRÄGE (Transaktion LX42). Im Selektionsbild geben Sie einen Prozessauftrag oder einen Bereich von Auftragsnummern an, zu denen dann der Systemstatus der Aufträge sowie der Bereitstellungsstatus in Form einer Ampel dargestellt werden. In den Detailinformationen erhalten Sie Aufschluss über den Status jeder Auftragskomponente bzw. jeder Reservierungsposition, wie in Abbildung 7.33 dargestellt.

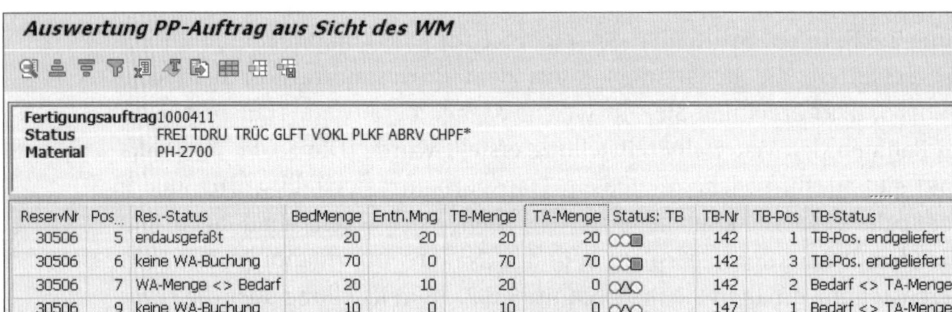

Auswertung PP-Auftrag aus Sicht des WM

Fertigungsauftrag 1000411
Status FREI TDRU TRÜC GLFT VOKL PLKF ABRV CHPF*
Material PH-2700

ReservNr	Pos...	Res.-Status	BedMenge	Entn.Mng	TB-Menge	TA-Menge	Status: TB	TB-Nr	TB-Pos	TB-Status
30506	5	endausgefaßt	20	20	20	20		142	1	TB-Pos. endgeliefert
30506	6	keine WA-Buchung	70	0	70	70		142	3	TB-Pos. endgeliefert
30506	7	WA-Menge <> Bedarf	20	10	20	0		142	2	Bedarf <> TA-Menge
30506	9	keine WA-Buchung	10	0	10	0		147	1	Bedarf <> TA-Menge

Abbildung 7.33 Auswertung der Prozessaufträge aus WM-Sicht

Hier werden die Bedarfsmenge (BEDMENGE), die angeforderte Menge (TB-MENGE), die in die Produktion transportierte Menge (TA-MENGE) sowie die bereits entnommene Menge (ENTN.MNG) gegenübergestellt; dementsprechend wird der Status der Reservierungsposition in der Spalte RES.-STATUS dokumentiert. In der Spalte STATUS: TB wird eine gelbe Ampel angezeigt, falls ein Transportbedarf erzeugt wurde und die Transportbedarfs- oder die Transportauftragsmenge von der Bedarfsmenge abweicht. Einen fehlerhaften Status, d. h. eine rote Ampel, erhalten Sie, falls die Stammdaten nicht korrekt eingerichtet sind und z. B. kein Regelkreis für das Material existiert (siehe dazu auch Abschnitt 3.6.2, »Bereitstellung über die Lagerverwaltung«).

7.3.6 Batch Information Cockpit

Das Batch Information Cockpit (BIC) ermöglicht Ihnen die Betrachtung von Chargendaten und vereint diese mit Daten zu Beständen und zur Qualität. Dadurch lassen sich neben Bestandsdaten Informationen bezüglich Chargenmerkmalen, Verfügbarkeit und Haltbarkeit der Chargen in die Analysen einbinden.

Sie rufen das BIC über folgenden Menüpfad auf: LOGISTIK • ZENTRALE FUNKTIONEN • CHARGENVERWALTUNG • BATCH INFORMATION COCKPIT (Transaktion BMBC). Mithilfe umfangreicher Selektionskriterien können Sie Chargen auswählen und sich dann flexibel definierbare Ergebnislisten ausgeben lassen, die z. B. Informationen zum Chargenzustand, zum Verfallsdatum und zu den Beständen beinhalten (siehe Abbildung 7.34).

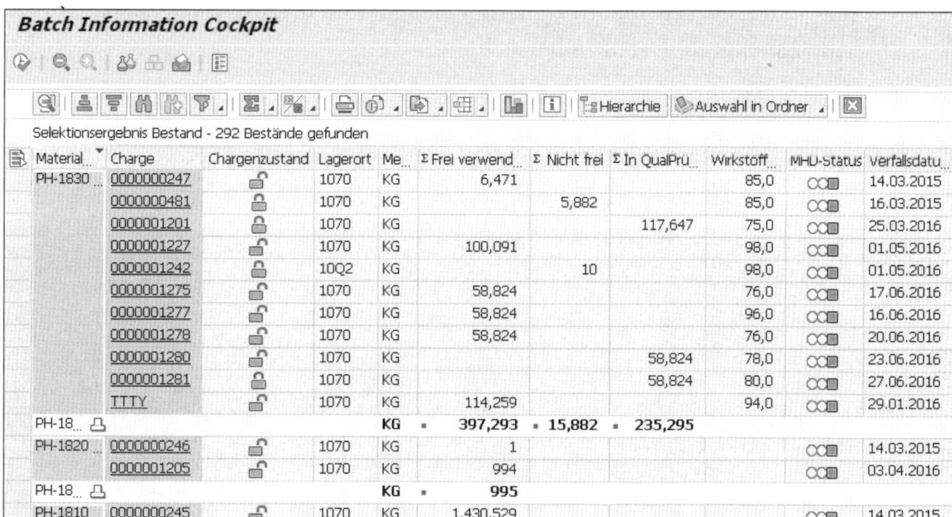
Batch Information Cockpit

Hierarchie | Auswahl in Ordner

Selektionsergebnis Bestand - 292 Bestände gefunden

Material...	Charge	Chargenzustand	Lagerort	Me...	Σ Frei verwend...	Σ Nicht frei	Σ In QualPrü...	Wirkstoff...	MHD-Status	Verfallsdatu...
PH-1830 ...	0000000247		1070	KG	6,471			85,0		14.03.2015
	0000000481		1070	KG		5,882		85,0		16.03.2015
	0000001201		1070	KG			117,647	75,0		25.03.2016
	0000001227		1070	KG	100,091			98,0		01.05.2016
	0000001242		10Q2	KG		10		98,0		01.05.2016
	0000001275		1070	KG	58,824			76,0		17.06.2016
	0000001277		1070	KG	58,824			96,0		16.06.2016
	0000001278		1070	KG	58,824			76,0		20.06.2016
	0000001280		1070	KG			58,824	78,0		23.06.2016
	0000001281		1070	KG			58,824	80,0		27.06.2016
	TTTY		1070	KG	114,259			94,0		29.01.2016
PH-18...				**KG**	**397,293**	**15,882**	**235,295**			
PH-1820 ...	0000000246		1070	KG	1					14.03.2015
	0000001205		1070	KG	994					03.04.2016
PH-18...				**KG**	**995**					
PH-1810 ...	0000000245		1070	KG	1.430,529					14.03.2015

Abbildung 7.34 Batch Information Cockpit

Darüber hinaus können Sie auch Informationen zu Chargenmerkmalen aus der Klassifizierung einbinden, wie im Beispiel von Abbildung 7.34 für das Material PH-1830 den Wirkstoffgehalt in der Spalte WIRKSTOFF. Vom BIC aus können Sie zudem in die Anzeige oder die Bearbeitung des Chargenstamms abspringen sowie einen Chargenverwendungsnachweis aufrufen, was eine Chargenrückverfolgung ermöglicht.

[»] **Chargenverwaltung mit SAP**

Weitere Informationen über das Batch Information Cockpit und alle weiteren Funktionen der Chargenverwaltung erhalten Sie im Buch *Chargenverwaltung mit SAP* (2013), das ebenfalls bei SAP PRESS erschienen ist.

7.4 Zusammenfassung

In diesem Kapitel haben Sie das Prozessauftragsinformationssystem als Steuerinstrument kennengelernt, mit dem Sie die Produktion auf Basis von Plan- und aktuellen Ist-Daten überwachen können. Weiterhin haben Sie gesehen, welchen zusätzlichen Nutzen Ihnen die Massenbearbeitung bringt, um die Bearbeitung von Prozessaufträgen entscheidend zu erleichtern und Rückmeldeprozesse optimiert durchzuführen. Weitere Reports wie das Fehlteileinformationssystem, die Rückstandsbearbeitung, das Fertigungsinformationssystem, das Batch Information Cockpit sowie Reports aus der Lagerverwaltung zur Materialbereitstellungssituation helfen Ihnen, zusätzliche produktionsnahe Aspekte im Detail zu beleuchten.

Neben der Integration in die SAP-ERP-Komponente Qualitätsmanagement lernen Sie in diesem Kapitel auch das Zusammenspiel mit der Produktionsplanung in SAP APO, die Integration in die Komponente Rezeptentwicklung, den Austausch mit der Produktionsebene über SAP MII sowie die Anbindung von Fremdsystemen kennen.

8 Integration

Neben der Integration in die ERP-Komponente Lagerverwaltung (WM) zur Planung und Steuerung der Materialbereitstellung, die Sie bereits kennengelernt haben, ist PP-PI auch voll in die Komponente Qualitätsmanagement (QM) integriert. Mit QM können Sie alle produktionsrelevanten Qualitätsprüfungen wie In-Prozess-Kontrollen (IPK) und Post-Prozess-Kontrollen (PPK) abwickeln. Im ersten Abschnitt dieses Kapitels gehen wir näher auf die Integration mit QM ein.

Im zweiten Abschnitt erhalten Sie einen Überblick, wie sich PP-PI in die Planungslösung SAP SCM und dessen zentrale Komponente Advanced Planning and Optimization (APO) integriert. Zudem vermitteln wir Ihnen einen Eindruck, welche für die Prozessindustrie besonderen Planungsprozesse Sie aufbauend auf PP-PI in APO nutzen können.

Die Komponente Manufacturing Integration and Intelligence (MII), auf die wir im dritten Abschnitt näher eingehen, bietet Ihnen die Möglichkeit, Daten aus verschiedenen Systemen der Fertigung auf rollenbasierten Dashboards zu visualisieren, kann aber auch als reine Schnittstelle fungieren. Prozessaufträge aus PP-PI können über MII an verschiedene Systeme in der Fertigung wie DCS (Distributed Control System) oder MES (Manufacturing Execution System) übermittelt werden. Rückmeldungen aus der Fertigung an PP-PI können dann automatisch oder mithilfe von frei definierbaren Dialogoberflächen in SAP MII erfolgen.

Mit der PI-PCS-Schnittstelle lernen Sie im vorletzten Abschnitt eine weitere Möglichkeit kennen, um Fremdsysteme an PP-PI anzubinden. Die PI-PCS-Schnittstelle ist die standardisierte Schnittstelle zum Austausch von Daten der Prozessauftragsabwicklung mit externen Systemen wie Prozessleitsystemen oder Wiegesystemen.

Zum Schluss des Kapitels erfahren Sie zudem, wie Sie die SAP Rezeptentwicklung (RD) dabei unterstützt, alle notwendigen Produktdaten und Rezepte zu erarbeiten. Ein zentraler Punkt ist dabei die Integration in die Produktion durch die Übergabe der neuen oder geänderten Produktentwicklungsdaten und den gleichzeitigen Abgleich mit den Planungsrezepten in PP-PI.

8.1 Integration mit QM

Mit der Komponente Qualitätsmanagement (QM) stehen Ihnen in SAP ERP umfangreiche Laboratory-Information-Management-System-Funktionen (LIMS) zur Verfügung. Die Qualitätsprüfungen werden dabei über Prüflose abgebildet, die die gesamte Prüfabwicklung dokumentieren. Dazu zählen die Prüfvorgaben in Form eines Prüfplans, die Erfassung von Prüfergebnissen und das Treffen des Verwendungsentscheids. Qualitätsprüfungen sind zudem eng in alle logistischen Prozesse integriert. In diesem Zusammenhang werden Prüflose für produktionsrelevante Prüfungen in der Regel automatisch erstellt, entweder bei der Auftragsfreigabe oder beim Wareneingang aus der Produktion, wie in Abbildung 8.1 dargestellt.

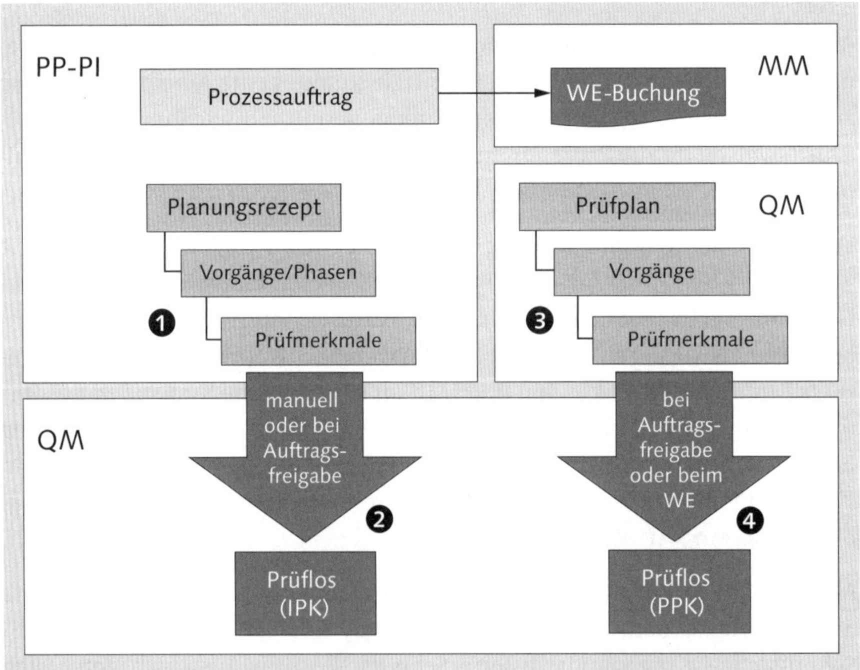

Abbildung 8.1 Integration von QM in PP-PI

Es stehen Ihnen zwei Arten von Qualitätsprüfungen in der Produktion zur Verfügung: die *produktionsbegleitende Prüfung*, auch *In-Prozess-Kontrolle (IPK)* genannt, und die *Wareneingangsprüfung* aus der Produktion, auch *Post-Prozess-Kontrolle (PPK)* genannt. Für eine IPK pflegen Sie die qualitätsrelevanten Daten im Planungsrezept (siehe ❶ in Abbildung 8.1). Sie stoßen die Prüfloserzeugung dann entweder manuell an, oder das IPK-Prüflos wird automatisch bei der Auftragsfreigabe erzeugt. Hierbei werden die qualitätsrelevanten Daten aus dem Planungsrezept in das IPK-Prüflos kopiert ❷. Die Prüfvorgaben für eine PPK-Prüfung pflegen Sie in einem Prüfplan der Komponente QM ❸. Das PPK-Prüflos wird dann entweder bereits bei der Auftragsfreigabe oder spätestens mit dem Wareneingang zum Prozessauftrag erzeugt, der in der Komponente Materialwirtschaft (MM) stattfindet ❹. In den folgenden Abschnitten erfahren Sie, welche Stammdaten und Customizing-Einstellungen für beide Abwicklungen notwendig sind.

8.1.1 Customizing und Stammdaten in QM

Aus Sicht der Komponente QM müssen einige Einstellungen im Customizing sowie in den Stammdaten vorhanden sein, damit Sie produktionsrelevante Prüfungen in SAP ERP abbilden können. Die erforderlichen Einstellungen lernen Sie in diesem Abschnitt kennen.

Customizing-Einstellungen in QM

Zunächst richten Sie die Prüfarten ein, über die Sie die Prüfungen in der Produktion anstoßen möchten. Diese pflegen Sie über folgenden IMG-Pfad: Qualitätsmanagement • Qualitätsprüfung • Prüfloseröffnung • Prüfart pflegen (Transaktion SPRO). Hier können Sie jeweils für die IPK und die PPK Prüfarten anlegen, z. B. die Prüfart YP04 (Prüfung beim WE aus der Produktion) für die PPK (siehe Abbildung 8.2).

In den Details zur Prüfart ordnen Sie im Feld VE-Auswahlmenge im Bereich Prüflosabwicklung eine Auswahlmenge zu und definieren dadurch, welche Codes Sie bei einem Verwendungsentscheid zum Prüflos auswählen können. Im Bereich Drucksteuerung stellen Sie ein, ob Sie Formulare wie die Prüfanweisung und die Probeziehanweisung automatisch bei der Prüfloserzeugung drucken möchten. Zudem geben Sie im Bereich Prüfplanung die Planverwendung an, zu der bei der Prüfloseröffnung ein Prüfplan gesucht wird. Über das Feld Meldungsart im Bereich Prüfergebnisse legen Sie fest, welche Meldungsart bei der Fehlererfassung gezogen wird.

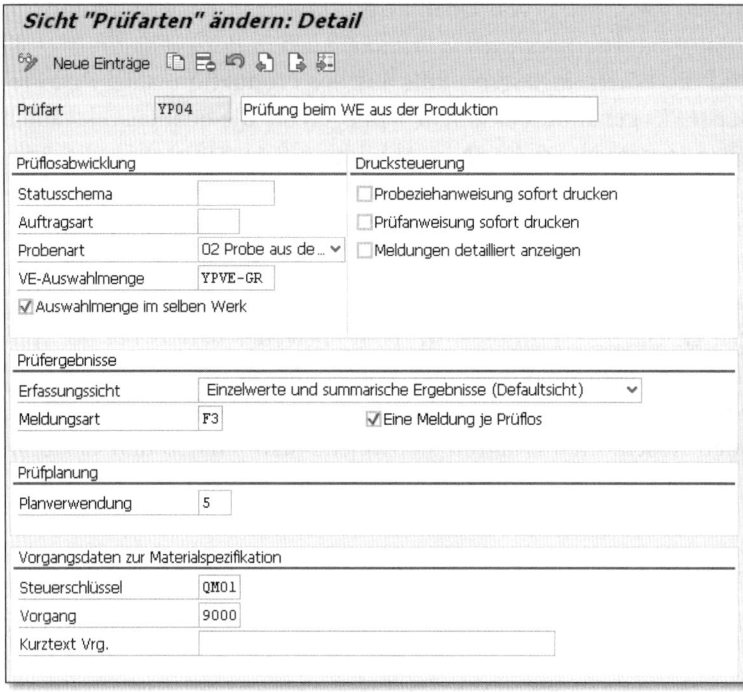

Abbildung 8.2 Prüfart für die Wareneingangsprüfung aus der Produktion anlegen

Die Prüfarten müssen Sie nun noch der jeweiligen sogenannten *Prüflosherkunft* zuordnen. Die Prüflosherkünfte sind im System fest vorgegeben und können nicht geändert werden:

- Die Herkunft 03 steht für die produktionsbegleitende Prüfung (IPK). Der automatische Anstoß der Prüfung ist dabei immer die Freigabe des Prozessauftrags.
- Die Herkunft 04 steht für die Prüfung bei einem Wareneingang aus der Produktion (PPK) und ist fest mit der Bewegungsart 101 (WE Wareneingang) mit dem Bewegungskennzeichen F (Warenbewegung zum Auftrag) verknüpft.

Die Zuordnungen der Prüfarten zur Prüflosherkunft nehmen Sie über den IMG-Pfad Qualitätsmanagement • Qualitätsprüfung • Prüfloseröffnung • Prüflosherkunft pflegen und Prüfart zuordnen (Transaktion SPRO) vor. Auf Ebene der Prüflosherkunft machen Sie zunächst Angaben zum Prüfplan, der für eine solche Prüfung erforderlich ist. Im Beispiel in Abbildung 8.3 ist für die Prüflosherkunft 04 (Feld HK) z. B. ein Plan vom Plantyp Q (Feld PlnTyp) und dem Status 4 (Freigegeben allgemein) vorgesehen. Weiterhin geben Sie im Feld DKR ein Dynamisierungskriterium an. Über die Dynamisierung haben Sie die Möglichkeit, in Abhängigkeit vom Ausgang einer Prüfung nachfolgende Prüfungen über sogenannte *Skip-Lots* zu überspringen.

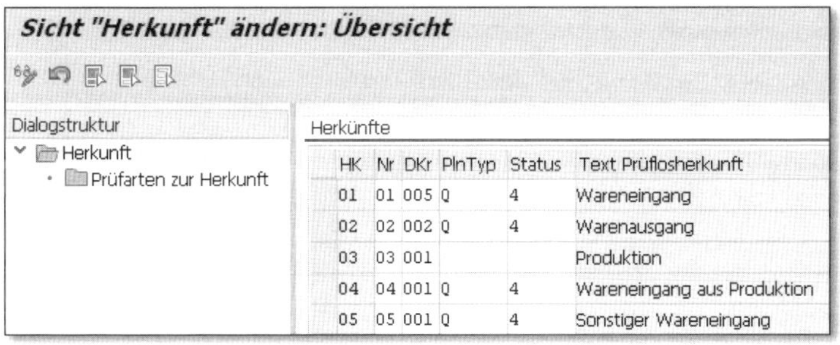

Abbildung 8.3 Prüflosherkunft pflegen

Nun selektieren Sie eine Prüflosherkunft und gelangen über einen Doppelklick zur Ebene PRÜFARTEN ZUR HERKUNFT. Hier weisen Sie dieser Prüflosherkunft alle Prüfarten zu, die Sie zuvor definiert haben, wie die Prüfart YP04 (siehe Abbildung 8.4). Dazu vergeben Sie eine fortlaufende Nummer in die Liste der Prüfarten im Feld VAR und tragen die Prüfart im Feld PRÜFART ein.

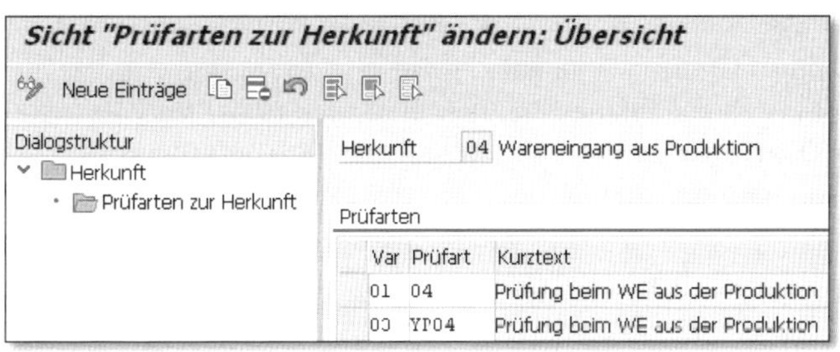

Abbildung 8.4 Prüfarten einer Prüflosherkunft zuweisen

Prüfeinstellungen im Materialstamm

Nachdem Sie die erforderlichen Einstellungen im Customizing vorgenommen haben, können Sie Ihre Prüfarten verwenden und diese den relevanten Materialien werksspezifisch zuweisen. Dazu gehen Sie in die Sicht QUALITÄTSMANAGEMENT im Materialstamm und klicken dort auf den Button PRÜFEINSTELLUNG. Es erscheint ein Pop-up mit den Prüfeinstellungen des Materials, d. h. mit den zugewiesenen Prüfarten (siehe Abbildung 8.5). Hierbei muss die Prüfart mit dem Kennzeichen AKTIV versehen sein. Falls die Prüfart für die PPK bei der Zuordnung zur Prüflosherkunft 04 nicht an erster Stelle steht (siehe Abbildung 8.4), müssen Sie zudem das Kennzeichen Bevorzugte Prüfart setzen. Nur wenn diese beiden Voraussetzungen erfüllt sind, können Sie die Prüfart zum automatischen Anstoß einer Qualitätsprüfung nutzen.

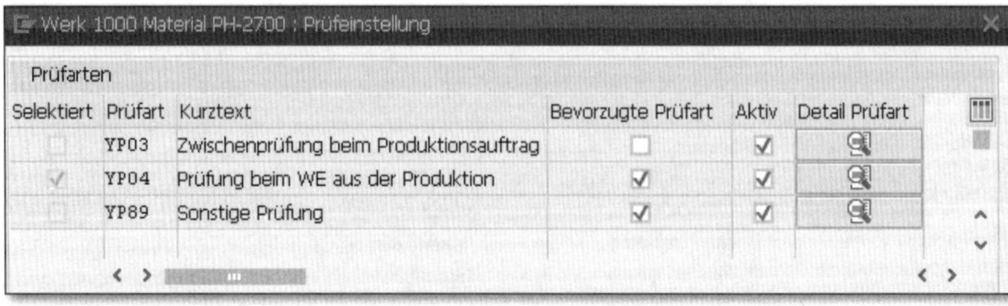

Abbildung 8.5 Prüfeinstellungen im Materialstamm

Über den Button Prüfarten (Prüfarten anlegen), den Sie im unteren Bereich des Pop-ups finden (in Abbildung 8.5 nicht dargestellt), weisen Sie dem Material neue Prüfarten zu. Auf die Detaileinstellungen zu den beiden produktionsrelevanten Prüfarten gehen wir im folgenden Abschnitt 8.1.2, »Produktionsbegleitende Prüfung«, und in Abschnitt 8.1.3, »Wareneingangsprüfung«, ein.

[»] **Vorschlagswerte zu den Prüfarten**

Zu den Detaileinstellungen können Sie für jede Prüfart im Customizing Vorschlagswerte pflegen. Diese Einstellung nehmen Sie über folgenden IMG-Pfad vor: Qualitätsmanagement • Qualitätsprüfung • Prüfloseröffnung • Vorschlagswerte zur Prüfart festlegen (Transaktion SPRO).

Prüfmerkmale

Prüfmerkmale verwenden Sie, um bestimmte Eigenschaften zu prüfen. Mithilfe von Prüfmerkmalen können Sie Prüfungen von quantitativer oder qualitativer Natur abbilden. Quantitative Prüfmerkmale besitzen dabei numerische Vorgaben bzw. Spezifikationen und Ergebnisse. Zu qualitativen Prüfmerkmalen definieren und erfassen Sie Ausprägungen – dies ist z. B. geeignet für die Prüfung der Farbe oder für eine qualitative Angabe von Verunreinigungen wie »leicht«, »mittel« oder »schwer«. Auch eine sogenannte *klassierte Erfassung* von Ergebnissen für qualitative Merkmale ist möglich (z. B. 5 Einheiten in Ordnung, 1 Einheit nicht in Ordnung).

Sie können Prüfmerkmale als sogenannte *Stammprüfmerkmale* mit eigenem Stammsatz anlegen und dann in einen Prüfplan kopieren oder referenzieren.

Zur Pflege eines Stammprüfmerkmals verwenden Sie folgenden Menüpfad: Logistik • Qualitätsmanagement • Qualitätsplanung • Grunddaten • Prüfmerkmal • Ändern (Transaktion QS23). Im Beispiel von Abbildung 8.6 wird das quantitative Stammprüfmerkmal MIC-PN13 (pH-Wert) dargestellt. Im Bereich Steuerdaten definieren Sie hierbei über die Kennzeichen Quantitat. Merkmal und Qualitat. Merkmal, ob es sich um ein quantitatives oder ein qualitatives Stammprüfmerkmal handelt.

Abbildung 8.6 Stammprüfmerkmal pflegen

Über den Button Steuerkennzeichen... gelangen Sie zu einem Pop-up, in dem Sie weitere steuernde Parameter zum Stammprüfmerkmal pflegen, wie z. B. folgende:

- Soll für quantitative Merkmale ein oberer und/oder unterer Grenzwert angegeben werden?
- Soll ein Stichprobenverfahren verwendet werden?
- Sollen Einzelwerte oder lediglich ein Mittelwert erfasst werden?
- Ist die Erfassung eines Ergebnisses zu diesem Merkmal obligatorisch?
- Soll das Ergebnis zu diesem Merkmal auf Basis anderer Merkmalsergebnisse mithilfe einer Formel berechnet werden?

Für quantitative Stammprüfmerkmale steht Ihnen der Button Quant. Daten zur Verfügung. Hier können Sie Angaben z. B. zu Toleranzgrenzen und Nachkommastellen machen (siehe Abbildung 8.7).

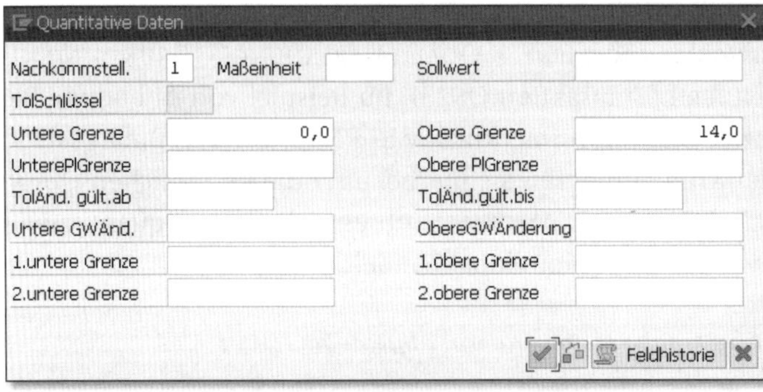

Abbildung 8.7 Quantitative Daten eines Stammprüfmerkmals pflegen

Weiterhin können Sie einem Stammprüfmerkmal auch Prüfmethoden zuordnen, worauf wir hier allerdings nicht weiter eingehen. Weitere Informationen dazu finden Sie in der SAP-Online-Hilfe unter der Rubrik SAP ERP Central Component • Logistik • Qualitätsmanagement (QM) • Grunddaten (QM-PT-BD) • Prüfmerkmale (QM-PT-BD-ICH) • Stammprüfmerkmal • Prüfmethoden zuordnen.

[+] **Stammprüfmerkmale versus Planmerkmale**

Anstatt Stammprüfmerkmale zu verwenden, können Sie Prüfmerkmale alternativ direkt als Planmerkmale im Prüfplan pflegen. Allerdings empfehlen wir dies nicht, da der Pflegeaufwand der Prüfpläne dadurch zu groß wird. Zudem sind damit prüfplanübergreifende Auswertungen der Prüfergebnisse nicht möglich. Auch die Verwendung der Merkmalsergebnisse in Qualitätsprüfzeugnissen sowie die Übergabe der Prüfergebnisse an Chargen ist hiermit nicht möglich.

QM-Arbeitsplätze

Den Vorgängen eines Prüfplans können Sie optional Arbeitsplätze zuordnen, über die Sie z. B. verschiedene Labore abbilden. Diese dienen dann zur Selektion der für ein Labor relevanten Prüfungen bei der Durchführung der Qualitätsprüfung. Sie werden zudem benötigt, falls Sie ein externes LIMS mit SAP ERP verbinden oder falls Sie Prüfkosten erfassen möchten, da sie wie auch die Ressourcen aus PP-PI mit einer Kostenstelle verknüpft werden und Leistungsarten zugeordnet bekommen können. QM-Arbeitsplätze pflegen Sie über folgenden Menüpfad: Logistik • Qualitätsmanagement • Qualitätsplanung • Grunddaten • Arbeitsplatz • QM-Arbeitsplatz • Arbeitsplatz • Ändern (Transaktion CRQ2). Technisch basieren die QM-Arbeitsplätze wie auch die Ressourcen auf den Arbeitsplätzen der Komponente Produktionsplanung und -steuerung (PP). Aus diesem Grund enthalten sie ebenfalls die Reiter KAPAZITÄTEN und TERMINIERUNG, die hier allerdings keine Anwendung finden. Auf dem Reiter KALKULATION ordnen Sie dem QM-Arbeitsplatz eine Kostenstelle zu und pflegen die Leistungsarten, falls Sie Prüfkosten erfassen möchten, analog wie bei der Pflege einer Ressource (siehe Abschnitt 2.2, »Ressourcen«).

Auswahlmenge

Indem Sie Auswahlmengen einer Prüfart zuordnen (siehe Feld VE-AUSWAHLMENGE in Abbildung 8.2), steuern Sie, welche Codes Sie beim Treffen des Verwendungsentscheids (VE) auswählen können. Auswahlmengen pflegen Sie über folgenden Menüpfad: LOGISTIK • QUALITÄTSMANAGEMENT • QUALITÄTSPLANUNG • GRUNDDATEN • KATALOG • AUSWAHLMENGE • BEARBEITEN (Transaktion QS51). Hier stellen Sie die gewünschten Codes aus den Codegruppen des Katalogs 3 (Verwendungsentscheide) zusammen (siehe Abbildung 8.8), die dem Benutzer dann beim Treffen des Verwendungsentscheids angeboten werden.

Abbildung 8.8 Auswahlmenge für Verwendungsentscheid-Codes pflegen

Zu jedem ausgewählten Code geben Sie in der Spalte BEWERTUNG CODE die gewünschte Bewertung an, ANNAHME (A) oder RÜCKWEISUNG (R). Zudem können Sie in der Spalte BUCHUNGSVORSCH. VE für Wareneingangsprüfungen einen Buchungsvorschlag hinterlegen, wohin die Prüflosmenge beim VE gebucht werden soll (z. B. in den freien oder den gesperrten Bestand) und welchen Chargenzustand die geprüfte Charge haben soll (frei oder nicht frei).

[»] **Weitere Stammdaten in QM**

Es existieren weitere Stammdaten der Komponente QM, die Sie ebenfalls im Rahmen der Prüfabwicklung in der Produktion verwenden können, auf die wir hier allerdings aus Platzgründen nicht näher eingehen werden:

- **Katalog mit Codes und Codegruppen**
  Mithilfe der Katalogpflege definieren und organisieren Sie die verfügbaren Ausprägungen für qualitative Merkmale (Katalog 1) und für Verwendungsentscheid-Codes (Katalog 3).
- **Prüfmethode**
  Prüfmethoden beschreiben, wie die Prüfung eines Merkmals durchgeführt wird, und werden den Prüfmerkmalen zugewiesen. Im Prüfplan wird dann eine konkrete Prüfmethode ausgewählt.
- **Stichprobenverfahren und Stichprobenplan**
  Über ein Stichprobenverfahren, das Sie einem Prüfmerkmal zuweisen, legen Sie fest, wie groß die Stichprobe für die Prüfung sein muss. Sie können z. B. eine feste oder eine prozentuale Stichprobe wählen, eine 100%-Prüfung durchführen oder die Stichprobe auf Basis eines Stichprobenplans bestimmen lassen.
- **Dynamisierungsregel**
  Die Dynamisierung ermöglicht Ihnen, den Umfang der durchzuführenden Prüfungen im Falle von erfolgreichen Prüfungen mit der Bewertung »Annahme« zu reduzieren. Sie können damit beispielsweise festlegen, dass nur jede zweite Charge geprüft wird, solange keine Rückweisung erfolgt. Erst bei einer Rückweisung wird wieder für eine vordefinierte Anzahl von Prüfungen jede Charge geprüft.
- **Probenahmeverfahren**
  Falls Sie mit physischen Proben arbeiten möchten, definieren Sie im Probenahmeverfahren, wie im Falle einer Prüfung Entnahmeproben, Mischproben und Rückstellproben angelegt werden.

8.1.2 Produktionsbegleitende Prüfung

Über eine produktionsbegleitende Prüfung stellen Sie sicher, dass der Produktionsprozess und die Ausbeute Ihren Qualitätsstandards entsprechen. Im Falle von Problemen und Fehlern können Sie so bereits während der Produktion gegensteuern. In diesem Abschnitt erfahren Sie, welche Customizing-Einstellungen Sie dazu vornehmen, welche Stammdaten Sie benötigen und wie eine produktionsbegleitende Prüfung in SAP ERP abläuft.

Customizing der Prozessauftragsart

Zunächst legen Sie in den Customizing-Einstellungen der Prozessauftragsart fest, welche Prüfart für die produktionsbegleitende Prüfung der Prüflosherkunft 03 (Produktion) verwendet werden kann (siehe Abbildung 3.8 in

Abschnitt 3.3.1, »Auftragsarten«). Dadurch können Sie z. B. für die Auftragsart einer regulären Produktion eine andere Prüfart einstellen als für eine Prüfung für eine Auftragsart einer Wiederaufarbeitung.

Prüfeinstellungen im Materialstamm

In den Prüfeinstellungen im Materialstamm finden Sie in der Sicht Qualitätsmanagement die Details zur Prüfart mit der Prüflosherkunft 03, im Beispiel in Abbildung 8.9 zur Prüfart YP03 (Zwischenprüfung beim Produktionsauftrag).

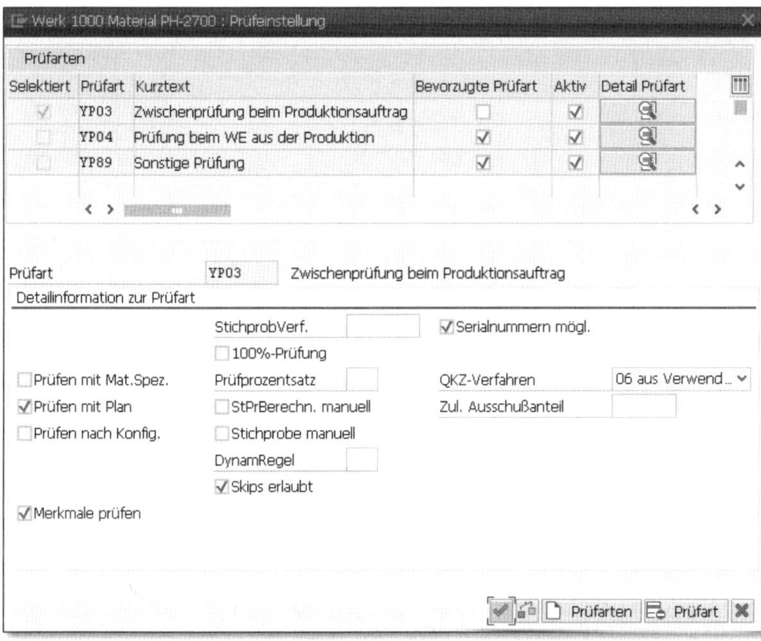

Abbildung 8.9 Details zur Prüfart für die produktionsbegleitende Prüfung

Hier nehmen Sie über verschiedene Kennzeichen Einfluss auf den Ablauf der produktionsbegleitenden Prüfung. Insbesondere finden Sie hier die Kennzeichen Prüfen mit Plan und Merkmale prüfen, die beide erforderlich sind, falls Sie eine Ergebniserfassung bzw. eine Prüfung basierend auf Prüfmerkmalen auf Basis eines Prüfplans durchführen möchten.

QM-Daten im Planungsrezeptkopf – Prüfpunkte

Für die produktionsbegleitende Prüfung zur Prüflosherkunft 03 kommt kein eigenständiger Prüfplan zum Einsatz. Alle zu prüfenden Merkmale mit Angaben zu Prüfspezifikationen, Prüfmethoden, Stichprobenverfahren etc. müssen Sie im Planungsrezept pflegen. Dazu wählen Sie folgenden Menüpfad: LOGISTIK • PRODUKTION PROZESS • STAMMDATEN • PLANUNGSREZEPTE • REZEPTE UND MATERIALLISTE • ÄNDERN (Transaktion C202). Sie gehen zunächst auf den Reiter REZEPTKOPF. Über den Button Qualitätsmanagement (QM-DATEN ZUM KOPF) gelangen Sie in die Pflege der QM-Daten auf Planungsrezept-Kopfebene (siehe Abbildung 8.10).

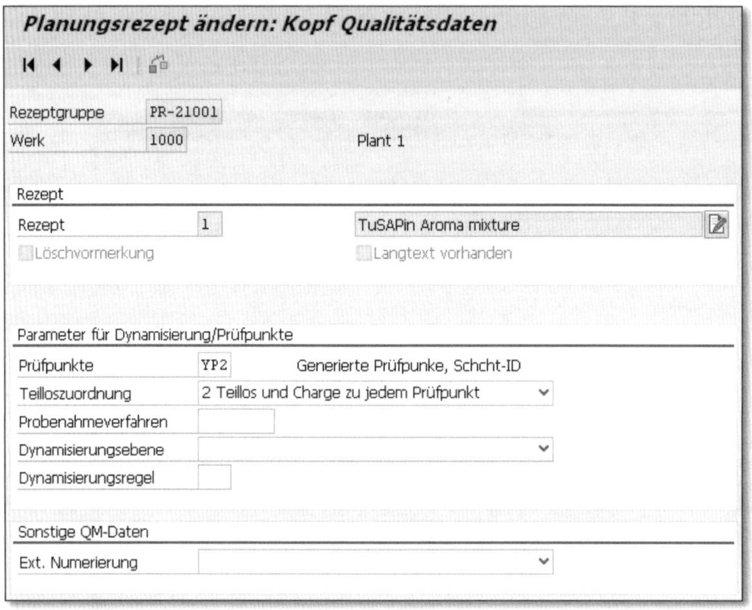

Abbildung 8.10 QM-Daten im Planungsrezeptkopf pflegen

Im Feld PROBENAHMEVERFAHREN wählen Sie einen Eintrag, falls Sie mit physischen Proben arbeiten möchten. Über die Felder DYNAMISIERUNGSEBENE und DYNAMISIERUNGSREGEL stellen Sie eine mögliche Dynamisierung ein, d. h. ein Auslassen von nachfolgenden Prüfungen bzw. eine Reduktion des Prüfumfangs im Annahmefall. Da es sich dabei um generelle Funktionen des QM handelt, gehen wir hier nicht näher darauf ein.

Hier in den QM-Daten im Kopf des Planungsrezepts entscheiden Sie zudem, ob Sie bei der produktionsbegleitenden Prüfung mit Prüfpunkten arbeiten möchten. Dabei werden Prüfmerkmale zu einem Vorgang mehrmals hintereinander für verschiedene Prüfpunkte geprüft, die zeit- oder mengenabhängig erstellt werden. Diese Einstellung nehmen Sie im Feld PRÜFPUNKTE vor (siehe Abbildung 8.10). Hier wählen Sie eine sogenannte *Prüfpunkt-Benutzerfeld-Kombination* aus, die angibt, wie ein Prüfpunkt identifiziert, bewertet und erzeugt wird.

Die Prüfpunkt-Benutzerfeld-Kombinationen pflegen Sie im Customizing über folgenden IMG-Pfad: QUALITÄTSMANAGEMENT • QUALITÄTSPLANUNG • PRÜFPLANUNG • ALLGEMEIN • PRÜFPUNKTE DEFINIEREN (Transaktion SPRO). Im Bereich BENUTZERFELDER des Reiters FELDER selektieren Sie über die Vergabe von Nummern in der Spalte FELD AKTIV die Felder, die beim Anlegen eines Prüfpunktes angegeben werden müssen, und bestimmen dadurch ebenfalls deren Reihenfolge. Sie vergeben weiterhin einen Kurztext in der Spalte SCHLÜSSELWORT, wie »Schicht«, »Probenzugdatum« und »Probenzugzeit« (siehe Abbildung 8.11). Neben Datum und Uhrzeit der Prüfpunkterstellung sind über die vier freien Felder beliebige Kombinationen von Identifikationen möglich, wie z. B. Behälternummer, Probennummer, Benutzername.

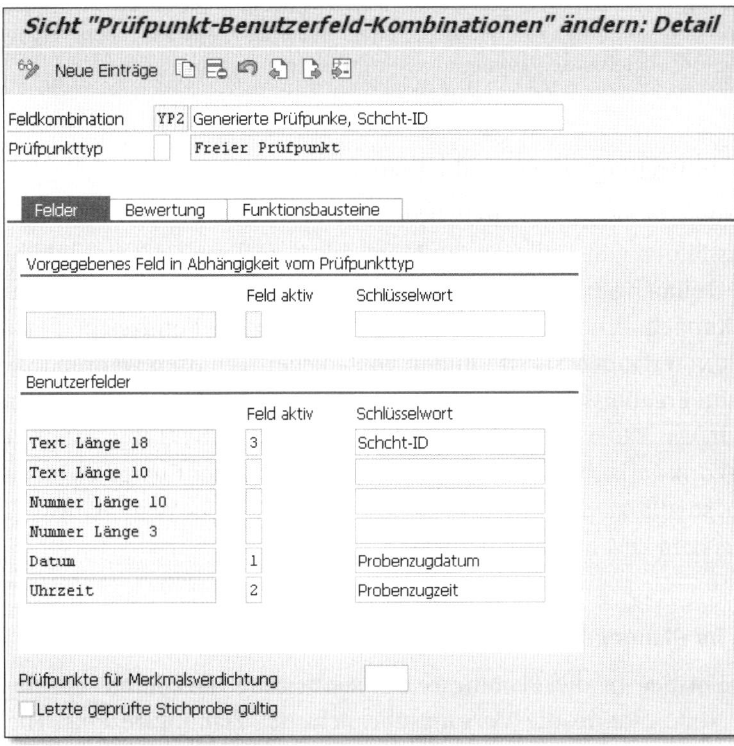

Abbildung 8.11 Prüfpunkte definieren

Bei jedem Prüfpunkt können Sie für ein und dasselbe Prüfmerkmal ein Ergebnis erfassen. Über das Kennzeichen LETZTE GEPRÜFTE STICHPROBE GÜLTIG steuern Sie, dass nur das Ergebnis zum letzten Prüfpunkt als gültig angesehen und gegebenenfalls an die geprüfte Charge übertragen wird. Falls Sie z. B. einen Ansatz lediglich einmal oder periodisch auf einen Soll-Wert prüfen, ist diese Einstellung sinnvoll. Ist das Kennzeichen nicht gesetzt, werden die Ergebnisse der im Feld PRÜFPUNKTE FÜR MERKMALSVERDICHTUNG angegebenen Anzahl der letzten Prüfpunkte zur Bewertung des Merkmalsergebnisses herangezogen. So können Sie z. B. eine Bewertung über einen Minimum-, einen Maximum- oder einen Mittelwert realisieren.

[+] **Produktionsbegleitende Prüfung mit oder ohne Prüfpunkte**

Eine produktionsbegleitende Prüfung führen Sie zu Prüfpunkten durch, falls Sie z. B. einen Produktionsprozess einstellen müssen und mithilfe von mehreren zeit- oder mengenbezogenen Prüfungen die Prozessparameter untersuchen möchten. Zudem können Sie mithilfe einer Prüfung mit Prüfpunkten die gleichbleibende Qualität des Produktionsprozesses überwachen. Falls Sie allerdings nur z. B. bei Produktionsbeginn prüfen möchten, ob alle Voraussetzungen für eine Produktion gegeben sind und somit die Prüfergebnisse nur einmal erfasst werden sollen, reicht eine produktionsbegleitende Prüfung ohne Prüfpunkte aus.

QM-Daten im Planungsrezeptkopf – Teillose

Optional haben Sie weiterhin zusätzlich zu der Verwendung von Prüfpunkten über das Bilden von Teillosen die Möglichkeit, während der Produktion auftretende Teilmengen unterschiedlicher Qualität zu verwalten, z. B. kann auch jedes Kuppelprodukt ein Teillos darstellen. Über das Kennzeichen TEILLOSZUORDNUNG erlauben Sie das Bilden von solchen Teillosen während der Erfassung von Ergebnissen zu Prüfpunkten. Dazu wählen Sie die Einstellung TEILLOS ZU JEDEM PRÜFPUNKT. Über die Einstellung TEILLOS UND CHARGE ZU JEDEM PRÜFPUNKT erlauben Sie zudem die Zuordnung einer Charge zu jedem Teillos, um so direkt die Chargen für die nachfolgende Wareneingangsbuchung aus dem QM heraus vorzugeben.

QM-Daten im Planungsrezeptvorgang

Nach dem Einstieg in die Planungsrezeptbearbeitung navigieren Sie über den Reiter VORGÄNGE in die Vorgangsübersicht des Planungsrezepts. Hier stellen Sie zunächst sicher, dass die prüfungsrelevanten Phasen einen Steuerschlüssel mit dem Kennzeichen PRÜFMERKM. ERWARTET besitzen; dadurch werden die Phasen in die Arbeitsvorratslisten der Prüfergebniserfassung aufgenommen. Sie selektieren nun eine prüfungsrelevante Phase und klicken auf den Button ... (QM-DATEN ZUM VORGANG); dadurch gelangen Sie in die QM-Daten zum Vorgang bzw. zur Phase (siehe Abbildung 8.12).

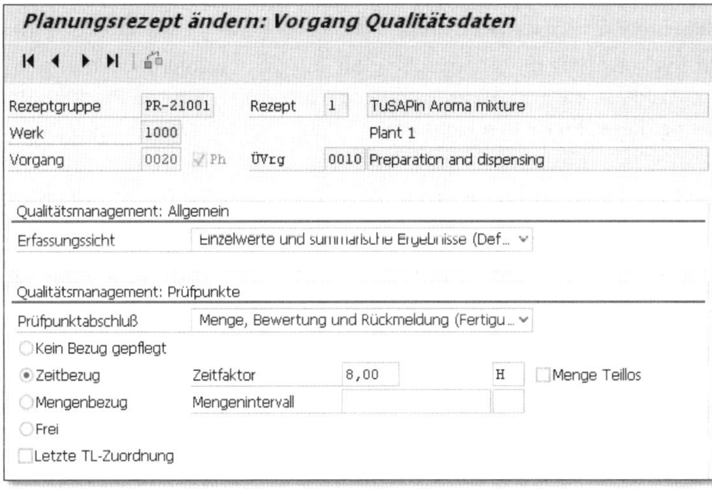

Abbildung 8.12 QM-Daten im Vorgang pflegen

Mit dem Kennzeichen PRÜFPUNKTABSCHLUSS bestimmen Sie, welche Funktionen beim Prüfpunktabschluss angestoßen werden. Hierbei haben Sie folgende Einstellungsmöglichkeiten:

- **1 – Menge, Bewertung (Fertigung)**
  Über diese Einstellung müssen Sie beim Prüfpunktabschluss eine Gutmenge und optional eine Ausschuss- und Nacharbeitsmenge angeben. Zudem bewerten Sie den Prüfpunkt. Dabei wird der Code vorgeschlagen, den Sie im Reiter BEWERTUNG bei der Pflege der Prüfpunkt-Benutzerfeld-Kombinationen definiert haben (siehe Abbildung 8.11), den Sie allerdings überschreiben können.
- **2 – Bewertung**
  Mit dieser Einstellung melden Sie keine Mengen zurück und führen lediglich eine Prüfpunktbewertung durch.
- **3 – Automatische Bewertung gemäß Prüfpunktdefinition**
  Für eine automatische Bewertung müssen Sie die entsprechenden Codes im Reiter BEWERTUNG bei der Pflege der Prüfpunkt-Benutzerfeld-Kombinationen definiert haben (siehe Abbildung 8.11). Sie können die Bewertung zudem manuell anpassen.
- **(blank) – Menge, Bewertung und Rückmeldung (Fertigung)**
  Mit dieser Einstellung führen Sie für die angegebenen Mengen zusätzlich eine Rückmeldung zum Prozessauftrag durch. Darüber hinaus können Sie aus der Ergebniserfassung heraus direkt in die Transaktion zur Rückmeldung zum Prozessauftrag springen.

[!]

Anstoß einer Rückmeldung der Phase in der Ergebniserfassung

Die Option zur Rückmeldung der Phase sollten Sie nur dann wählen, wenn es sich um eine reine QM-Phase handelt, d. h., wenn kein Mitarbeiter aus der Produktion in die Bearbeitung dieser Phase involviert ist.

Sie geben außerdem über einen Radiobutton an, welchen Bezug die Prüfpunkterstellung hat. Hier wählen Sie entweder die Ausprägung Zeitbezug oder Mengenbezug aus und geben entsprechend einen Zeitfaktor oder ein Mengenintervall an. Alternativ können Sie den Wert Frei wählen, falls Sie die Prüfpunkte unabhängig von Zeit und Menge anlegen möchten.

[»]

Prüfpunktmengen bei zeitbezogener Prüfpunkterstellung

Für eine zeitbezogene Prüfung steht Ihnen zudem das Kennzeichen Menge Teillos zur Verfügung. Dieses Kennzeichen setzen Sie, falls Sie mehrere Prüfungen zu einem Teillos bzw. Ansatz durchführen. Sie geben dann nur bei der ersten Prüfung eines Teilloses eine Menge an. Bei weiteren Prüfpunkten zum gleichen Teillos prüfen Sie immer dieselbe Menge. Die Angabe einer Menge bei einer darauffolgenden Prüfung erhöht die Teillosmenge nicht. Falls Sie das Kennzeichen nicht gesetzt haben, werden die Prüflosmengen addiert, bzw. die Teillosmenge wird bei jeder Prüfung um die eingegebene Prüfpunktmenge erhöht.

Bei der letzten qualitätsrelevanten Phase können Sie optional das Kennzeichen Letzte TL-Zuordnung setzen. Nur dann werden die Chargen und Gutmengen, die Sie bei einer Prüfpunktbewertung in der Ergebniserfassung angeben, beim nachfolgenden Wareneingang zum Produktionsauftrag vorgeschlagen.

Prüfmerkmale im Planungsrezept

Um zu guter Letzt die Prüfmerkmale im Planungsrezept zu pflegen, selektieren Sie in der Vorgangsübersicht eine prüfungsrelevante Phase und klicken auf den Button (Prüfmerkmal). Sie gelangen so in die Übersicht der Prüfmerkmale zur Phase bzw. zum Vorgang (siehe Abbildung 8.13).

Hier können Sie Stammprüfmerkmale pflegen, deren Details dann entweder kopiert oder referenziert werden. Falls Sie die Merkmale lediglich referenzieren, können Sie weitere Daten wie Toleranzgrenzen nicht im Plan pflegen. Für ein referenziertes Stammprüfmerkmal können Sie die Referenz allerdings aufheben, um z. B. die Toleranzgrenzen zu pflegen. Dann werden jedoch Änderungen im Stammsatz des Stammprüfmerkmals nicht mehr automatisch in das Planungsrezept übernommen.

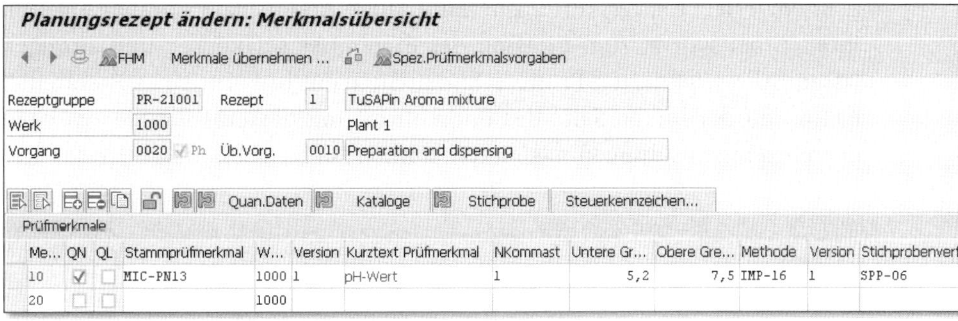

Abbildung 8.13 Prüfmerkmale zum Vorgang pflegen

Auswahl des Stichprobenverfahrens bei einer Prüfung mit Prüfpunkten [!]

Falls Sie Prüfpunkte verwenden, müssen Sie für ein Prüfmerkmal, das ein Stichprobenverfahren erfordert, ein Stichprobenverfahren auswählen, das eine Verwendung mit Prüfpunkten vorsieht. Sie können dann im Stichprobenverfahren über das Kennzeichen PRÜFHÄUFIGKEIT in den Daten zur Stichprobe angeben, beim wievielten Prüfpunkt für das Merkmal Prüfergebnisse erfasst werden, z. B. bei jedem Prüfpunkt oder nur bei jedem dritten Prüfpunkt.

Ablauf einer produktionsbegleitenden Prüfung

Die wesentlichen Elemente des Prüfungsablaufs sind die Ergebniserfassung zu den Prüfmerkmalen, die Bewertung der Ergebnisse und das Treffen des Verwendungsentscheids für das Prüflos. Die Bewertung entscheidet dabei über die Annahme oder die Rückweisung eines Ergebnisses und kann automatisch oder manuell erfolgen. Auch der Verwendungsentscheid wird mit einer Annahme oder einer Rückweisung getroffen.

Das Prüflos der produktionsbegleitenden Prüfung können Sie entweder im Prozessauftrag manuell vor der Auftragsfreigabe über den Menüpfad PROZESSAUFTRAG • FUNKTIONEN • PRÜFLOS • ERZEUGEN anlegen, oder aber es wird automatisch bei der Freigabe des Prozessauftrags erzeugt. Bei der Prüfloserzeugung werden die Prüfspezifikationen in Form der Prüfmerkmale aus dem Planungsrezept in das Prüflos kopiert. Im Kopf des Prozessauftrags finden Sie dann auf dem Reiter ZUORDNUNG im Feld PRÜFLOS die Nummer des erzeugten Prüfloses.

Sobald das Prüflos erstellt ist, können Sie Ergebnisse zum Prüflos bzw. zu den Prüfpunkten erfassen. Dazu wählen Sie den Menüpfad LOGISTIK • QUALITÄTSMANAGEMENT • QUALITÄTSPRÜFUNG • PRÜFERGEBNIS • ERGEBNISERFASSUNG (Transaktion QE51N). Mithilfe von umfangreichen Selektionskriterien wie

z. B. Material, Charge, Prüflosherkunft und Arbeitsplatz können Sie sich Ihren Arbeitsvorrat zum Erfassen der Ergebnisse selektieren und anzeigen lassen. Alle selektierten Prüflose finden Sie dann in Form eines Hierarchiebaums auf der linken Seite des Bildschirms, mit dessen Hilfe Sie zwischen den einzelnen Prüfungen navigieren können (siehe Abbildung 8.14).

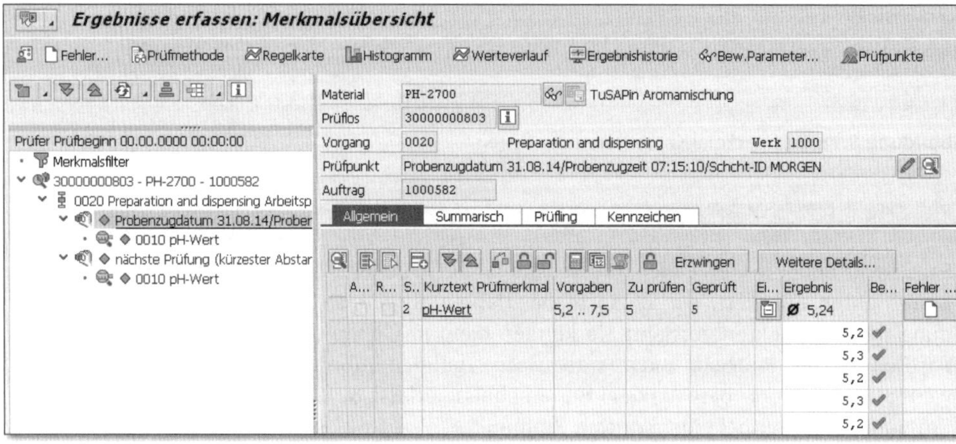

Abbildung 8.14 Ergebnisse zum Prüfpunkt erfassen

Um nun die Ergebnisse zu einem Prüfpunkt zu erfassen, klicken Sie auf die Zeile NÄCHSTE PRÜFUNG unterhalb des Prüfloses und des Vorgangs, den Sie bearbeiten möchten, wie z. B. zum Prüflos 30000000803 und Vorgang 0020 im Beispiel in Abbildung 8.14. Sie werden zunächst im rechten Bildschirmteil aufgefordert, den Prüfpunkt zu identifizieren, und geben die Schicht-ID ein, was im Feld PRÜFPUNKT protokolliert wird, hier über die Prüfpunktidentifikation »Probenzugdatum 31.08.14/Probenzugzeit 07:15:10/Schicht-ID MORGEN«. In unserem Beispiel erfassen Sie für das Prüfmerkmal PH-WERT nun Einzelwerte zu fünf Prüflingen, was über das Stichprobenverfahren zum Prüfmerkmal im Planungsrezept definiert wurde. Indem Sie die Zeile des Merkmals markieren und auf den Button (ABSCHLIESSEN) klicken, schließen Sie die Prüfung ab und bewerten das Ergebnis. Wenn Sie nun auf den Button (DATEN ZUM PRÜFPUNKT) klicken oder die Ergebniserfassung sichern, werden Sie aufgefordert, entsprechend Ihren Einstellungen in den QM-Daten zur Phase eine Menge rückzumelden und den Prüfpunkt zu bewerten. Dazu erscheint ein Pop-up, in dem Sie nun die geprüfte Menge als GUTMENGE und AUSSCHUSS rückmelden können. Falls Sie hier einen der Radiobuttons TEILRÜCKMELDUNG oder ENDRÜCKMELDUNG wählen, wird zusätzlich eine Rückmeldung der Phase zu dem Prozessauftrag mit diesen

Mengen durchgeführt (siehe Abbildung 8.15). Dabei werden die in der Phase gepflegten Leistungen mit den Planmengen ebenfalls zurückgemeldet. Über den Button Rückmeldung (VON LEISTUNGEN, TERMINEN ...) springen Sie direkt in die Rückmeldetransaktion des PP-PI ab und können so auch Ist-Daten zu den Leistungen dieser Phase eingeben.

Abbildung 8.15 Prüfpunkt bewerten und Mengen rückmelden

Falls Sie in den QM-Daten im Planungsrezeptkopf die Verwendung von Teillosen und Chargen beim Prüfpunktabschluss erlaubt haben, können Sie hier nun über den Button Teillos (NEUES TEILLOS ANL.) zunächst ein Teillos anlegen und dazu eine Beschreibung angeben. Falls Sie im Prozessauftragskopf bereits eine Charge vorgegeben haben, wird diese vorgeschlagen (siehe Abbildung 8.16).

Sie können aber im weiteren Verlauf über den Button Charge (CHARGE ANLEGEN) jederzeit eine neue Charge anlegen und diese einem Teillos zuweisen, falls sich die Qualität derart geändert hat, dass Sie sich dafür entscheiden, dies über eine neue Charge abzubilden. Zusätzlich können Sie über den Button Material (ANDERES MATERIAL) auch eine Charge zu einem anderen Material angeben, z. B. die eines Kuppelprodukts, falls sich das Teillos und dessen Prüfungen darauf beziehen.

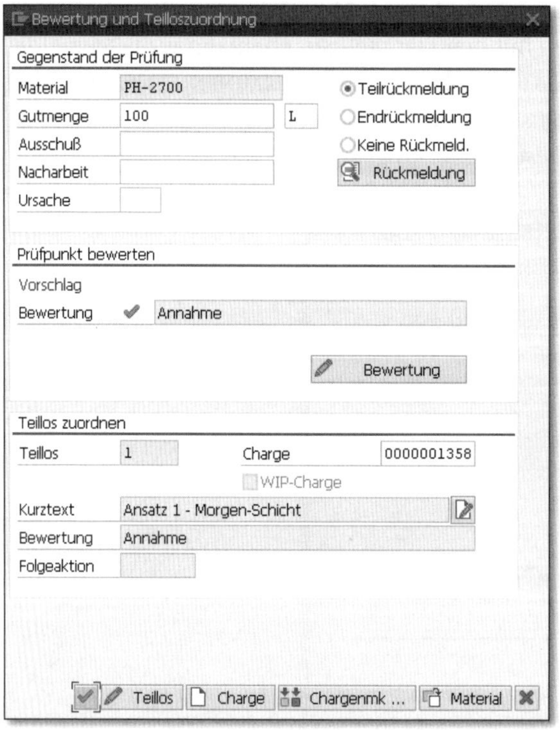

Abbildung 8.16 Neues Teillos zum Prüfpunkt anlegen

Falls Sie den automatischen Bewertungsvorschlag ändern möchten, klicken Sie auf den Button Bewertung (ANDERE BEWERTUNG AUSWÄHLEN). Im darauf erscheinenden Pop-up wählen Sie dann den gewünschten Bewertungscode aus (siehe Abbildung 8.17).

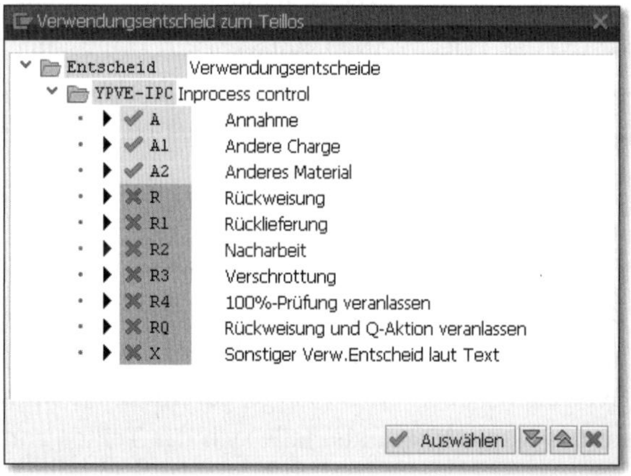

Abbildung 8.17 Bewertungscodes zum Prüfpunkt bzw. Teillos

[«]

Fehlererfassung im Rahmen der Ergebniserfassung

Sie können jederzeit über den Button (FEHLER ANLEGEN) einen Fehler zu einem Merkmal erfassen. Sie stoßen damit die QM-Funktion der Qualitätsmeldungen an, die wir hier aus Platzgründen nicht weiter behandeln.

Nachdem Sie alle Ergebnisse zu allen Prüfpunkten erfasst haben, können Sie in der Baumansicht über einen Doppelklick auf die Zeile mit der Prüflosnummer den Verwendungsentscheid für das Prüflos treffen. Auf dem Reiter PRÜFPUNKTE sehen Sie die Details mit Mengen und Bewertung zu allen Prüfpunkten, die Sie im Rahmen der Ergebniserfassung angelegt haben (siehe Abbildung 8.18).

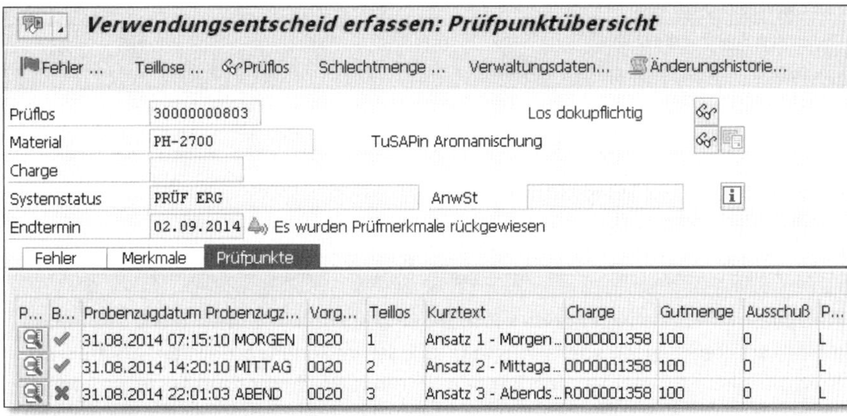

Abbildung 8.18 Übersicht der Prüfpunkte im Verwendungsentscheid

[!]

Relevanz der Mengen und Chargenangaben bei der Ergebniserfassung für die Warenbewegungen

Nur wenn Sie bei der letzten qualitätsrelevanten Phase das Kennzeichen LETZTE TL-ZUORDNUNG gesetzt haben (siehe Abbildung 8.12), werden die Chargen und Gutmengen, die Sie bei einer Prüfpunktbewertung in der Ergebniserfassung angeben, beim nachfolgenden Wareneingang zum Produktionsauftrag vorgeschlagen.

Auf dem Reiter MERKMALE werden die rückgewiesenen Prüfmerkmale aufgelistet. Hier vergeben Sie nun einen Verwendungsentscheid-Code im Feld VE-CODE und schließen damit die Prüfung ab (siehe Abbildung 8.19).

Abbildung 8.19 Verwendungsentscheid treffen

[»]

Einsatz von Regelkarten

Für die produktionsbegleitenden Prüfungen steht Ihnen zudem die QM-Funktionalität der Regelkarten zur Verfügung, die Sie im Rahmen der Statistischen Prozesskontrolle (SPC) verwenden können, um Ihre Produktionsprozesse zu überwachen. Folgende Einstellungen sind erforderlich, um eine Regelkarte für ein Prüfmerkmal zu aktivieren:

- In den Steuerkennzeichen des Prüfmerkmals setzen Sie das Kennzeichen SPC-Merkmal.
- Im Planungsrezept wählen Sie ein Stichprobenverfahren für das Merkmal, das den Bewertungsmodus SPC-Prüfung gesetzt hat und in dem eine Regelkartenart definiert ist.
- In den Stichprobendaten zum Prüfmerkmal im Planungsrezept pflegen Sie ein SPC-Kriterium, das den Schlüssel angibt, zu dem die Regelkarte geführt wird, wie z. B. Stammprüfmerkmal/Material oder Planmerkmal/Material/Arbeitsplatz.

8.1.3 Wareneingangsprüfung

Falls Sie eine Qualitätsprüfung der produzierten Materialien durchführen und diese dabei optional in den Qualitätsprüfbestand buchen möchten, steht Ihnen die Wareneingangsprüfung zur Verfügung. Hierbei wird ein Prüflos basierend auf einem Prüfplan erzeugt. Über den Verwendungsentscheid geben Sie den Prüflosbestand wieder frei oder buchen ihn z. B. in den Sperrbestand im Falle einer Rückweisung. In diesem Abschnitt lernen Sie die erforderlichen Stammdaten und den Ablauf der Wareneingangsprüfung kennen.

Prüfeinstellungen im Materialstamm

In den Prüfeinstellungen im Materialstamm finden Sie auf der Sicht QUALITÄTSMANAGEMENT die Details zur Prüfart mit der Prüflosherkunft 04, im Beispiel in Abbildung 8.20 zur Prüfart YP04 (Prüfung beim WE aus der Produktion).

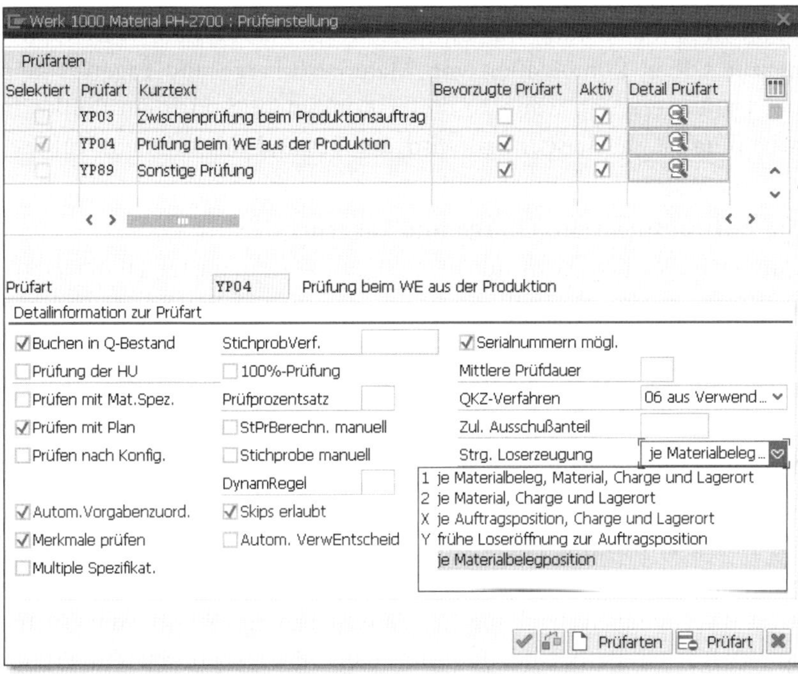

Abbildung 8.20 Details zur Prüfart für die Wareneingangsprüfung

Über das Kennzeichen BUCHEN IN Q-BESTAND steuern Sie, ob der Wareneingang zum Prozessauftrag in den Qualitätsprüfbestand gehen soll oder direkt in den freien Bestand. Weiterhin benötigen Sie die Kennzeichen PRÜFEN MIT PLAN, AUTOM.VORGABENZUORD. und MERKMALE PRÜFEN, falls Sie eine Wareneingangsprüfung auf Basis eines Prüfplans machen wollen, der automatisch dem Prüflos zugeordnet wird, und dabei für Prüfmerkmale Ergebnisse erfasst werden sollen.

Wichtig ist zudem das Kennzeichen STRG. LOSERZEUGUNG. Hiermit steuern Sie, wie die Prüflose für einen Prozessauftrag erzeugt werden. Sie haben folgende Einstellungsmöglichkeiten:

- **1 – je Materialbeleg, Material, Charge und Lagerort**
  Mit dieser Einstellung wird für jede einzelne Warenbewegung ein Prüflos erzeugt. Es können dadurch zur selben Charge eines Materials gleichzeitig mehrere Prüflose existieren, wenn mehrere Warenbewegungen zu dieser Charge in den gleichen Lagerort erfolgt sind. Ein neues Prüflos wird somit auch dann angelegt, wenn zeitgleich bereits ein Prüflos zu der Kombination von Material, Charge und Lagerort in Bearbeitung ist.
- **2 – je Material, Charge und Lagerort**
  Falls Sie diese Einstellung wählen, wird durch eine weitere Warenbewegung zur selben Kombination von Material, Charge und Lagerort kein neues Prüflos erzeugt, wenn zu dieser Kombination noch ein Prüflos in Bearbeitung ist. In diesem Fall wird der Bestand des offenen Prüfloses durch die weitere Buchung erhöht.
- **X – je Auftragsposition, Charge und Lagerort**
  Bei dieser Einstellung wird nur beim ersten Wareneingang zu einer Prozessauftragsposition ein Prüflos eröffnet, sofern es sich um dieselbe Kombination aus Charge und Lagerort handelt.
- **blank – je Materialbelegposition**
  Mit dieser Einstellung wird generell zu jeder Wareneingangsbelegposition ein Prüflos eröffnet. Zeitgleich vorliegende, nicht abgeschlossene Prüflose werden nicht berücksichtigt.
- **Y – frühe Loseröffnung zur Auftragsposition**
  Das Prüflos zum Prozess wird über alle zuvor beschriebenen Optionen erst mit der Wareneingangsbuchung zum Auftrag erzeugt. Mithilfe der Einstellung Y wird bereits bei der Freigabe eines Prozessauftrags ein Prüflos erzeugt. Auf diese Weise stehen Ihnen in der Komponente QM die Informationen zum Prozessauftrag und die Möglichkeit der Ergebniserfassung früher zur Verfügung. Zum Zeitpunkt der Auftragsfreigabe werden die Auftragsmenge als Losmenge sowie die Charge, falls vorhanden, in das Prüflos übernommen. Wenn sich allerdings bei der Wareneingangsbuchung die Charge oder der Lagerort ändert, wird für die neue Kombination ein neues Prüflos erzeugt.

Für die Einstellungen 2 und X gilt dabei zusätzlich Folgendes:

- Falls der Verwendungsentscheid eines Prüfloses mit »Annahme« getroffen wird, gehen nachfolgende Wareneingangsbuchungen zur selben Kombination in den freien Bestand.
- Falls der Verwendungsentscheid eines Prüfloses mit »Rückweisung« getroffen wird, wird bei einem erneuten Wareneingang zur selben Kombination ein neues Prüflos eröffnet.

Prüfplan (Kopf, Vorgang, Prüfmerkmal)

Die Vorgaben für die Wareneingangsprüfung pflegen Sie in einem Prüfplan, den Sie dem Material zuordnen. Dazu verwenden Sie folgenden Menüpfad: LOGISTIK • QUALITÄTSMANAGEMENT • QUALITÄTSPLANUNG • PRÜFPLANUNG • PRÜFPLAN • ÄNDERN (Transaktion QP02). Wie auch im Planungsrezept pflegen Sie die Prüfmerkmale unterhalb der Vorgangsebene (siehe Abbildung 8.21).

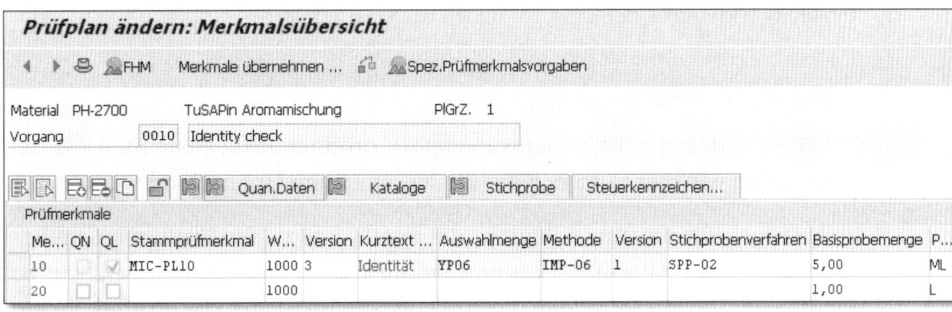

Abbildung 8.21 Prüfmerkmale im Prüfplan

Der Prüfplan in Abbildung 8.21 enthält das qualitative Stammprüfmerkmal MIC-PL10, anhand dessen eine Identitätsprüfung spezifiziert ist. Indem Sie die Zeile markieren und auf den Button Kataloge (DETAIL KATALOGE) klicken, gelangen Sie in die Details der qualitativen Daten des Prüfmerkmals. Hier klicken Sie auf den Button (AUSWAHLMENGE ANZEIGEN), um die Auswahlmenge mit ihren möglichen Ausprägungen zu sehen, mit denen dieses Prüfmerkmal bewertet werden kann (siehe Abbildung 8.22).

Prüfpunkte bei der Wareneingangsprüfung [«]

Auch bei der Wareneingangsprüfung können Sie eine Prüfung mit Prüfpunkten vornehmen. Die Funktionen der Teillose und der Zuordnung von Chargen zu Teillosen wie bei der produktionsbegleitenden Prüfung sind hier allerdings nicht vorhanden.

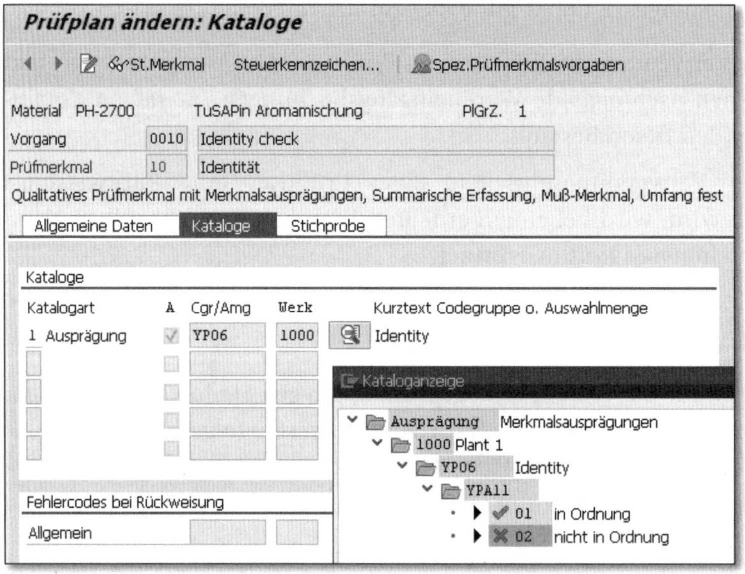

Abbildung 8.22 Details der Kataloge zum Prüfmerkmal anzeigen

Ablauf einer Wareneingangsprüfung

Die Wareneingangsprüfung läuft analog zur produktionsbegleitenden Prüfung ab, weshalb wir hier nur noch auf die wesentlichen Unterschiede eingehen.

In der Ergebniserfassung geben Sie die Ergebnisse zu den Prüfungen ein und bewerten diese. Allerdings können Sie hier keine Rückmeldungen wie bei der produktionsbegleitenden Prüfung durchführen, da das Prüflos keinen direkten Bezug zum Prozessauftrag hat und dieser zudem bereits abgeschlossen sein kann. Auch das Anlegen von Teillosen und Chargen sowie die Zuordnung von Chargen zu Teillosen sind nicht möglich, da die zu prüfenden Chargen vom Wareneingang vorgegeben werden.

Beim Treffen des Verwendungsentscheids steht Ihnen bei der Wareneingangsprüfung zusätzlich der Reiter PRÜFLOSBESTAND zur Verfügung. Hier geben Sie an, wohin die Prüflosmenge beim Sichern des Verwendungsentscheids gebucht werden soll (siehe Abbildung 8.23).

Falls Sie die Prüflosmenge nicht entsprechend dem Buchungsvorschlag aus dem Code der Auswahlmenge buchen möchten (siehe Abbildung 8.8), können Sie hier den Vorschlag abändern. Dazu tragen Sie die zu buchende Menge in die entsprechenden Felder der gewünschten Bestandsarten ein bzw. verteilen die Menge entsprechend. Mit dem Treffen des Verwendungsentscheids schließen Sie die Wareneingangsprüfung ab.

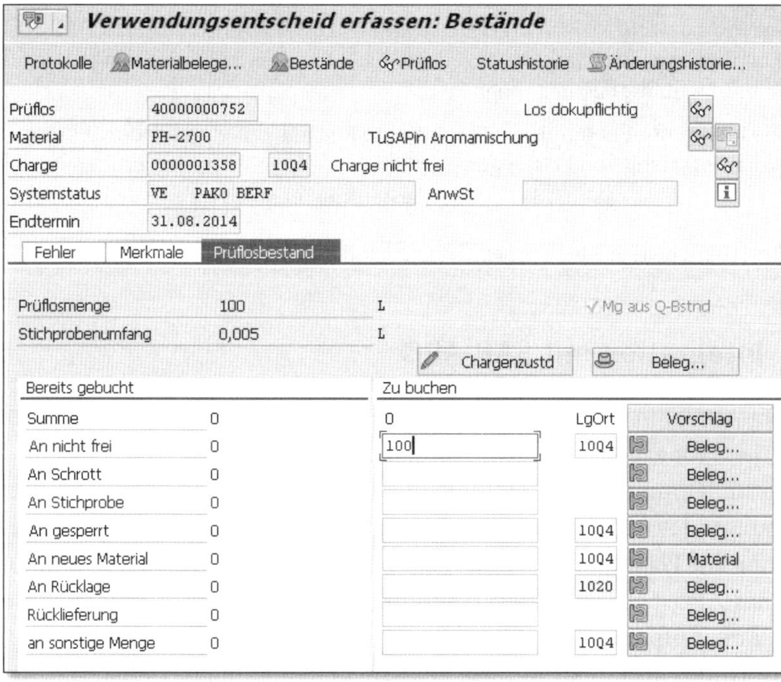

Abbildung 8.23 Prüflosmenge ausbuchen im Verwendungsentscheid

8.1.4 Unterschiede zwischen produktionsbegleitender und Wareneingangsprüfung

Als abschließende Zusammenfassung zeigen wir in Tabelle 8.1 nochmals die Hauptunterschiede zwischen der produktionsbegleitenden und der Wareneingangsprüfung auf.

IPK	PPK
Pflege der qualitätsrelevanten Daten im Planungsrezept	Pflege der qualitätsrelevanten Daten im Prüfplan
Genau ein Prüflos pro Prozessauftrag	Mehrere Prüflose pro Prozessauftrag möglich
Prüfloserzeugung spätestens bei der Prozessauftragsfreigabe	Prüfloserzeugung bei der Auftragsfreigabe oder beim Wareneingang
Kein bestandsrelevantes Prüflos; keine Verwaltung von Qualitätsprüfbestand im Verwendungsentscheid möglich	Bestandsrelevantes Prüflos; Verwaltung von Qualitätsprüfbestand im Verwendungsentscheid möglich

Tabelle 8.1 Hauptunterschiede zwischen IPK und der PPK

IPK	PPK
Teillose und Anlage von Chargen während der Ergebniserfassung möglich	Keine Teillose und Chargenanlage
Optionale integrierte Phasenrückmeldung zur Erfassung von Leistungen	Keine Rückmeldung und dadurch keine direkte Leistungserfassung auf den Prozessauftrag möglich

Tabelle 8.1 Hauptunterschiede zwischen IPK und der PPK (Forts.)

8.2 Integration mit SAP APO

In diesem Abschnitt erfahren Sie, wie sich PP-PI in die Planungslösung SAP Supply Chain Management (SCM) und seine zentrale Komponente Advanced Planning and Optimization (APO) integriert. Das SAP-SCM-System beinhaltet nur planungsrelevante Daten, und APO stellt ausschließlich erweiterte Funktionalitäten zur Planung der Supply Chain zur Verfügung. Von allen Komponenten des APO hat Production Planning/Detailed Scheduling (PP/DS) die größten Anknüpfpunkte mit der Komponente PP-PI und erweitert die Produktionsplanung in PP-PI um viele zusätzliche Funktionen. Gerade für die Prozessindustrie und mit der Integration zu PP-PI bietet APO einige besondere Planungsfunktionalitäten, die Sie im Verlauf kennenlernen werden.

8.2.1 Core Interface (CIF)

Um eine enge Verbindung der Planung in APO und der Ausführung in ERP zu gewährleisten, müssen sich beide Systeme permanent über eine Online-Schnittstelle austauschen. Dieser Austausch findet über das sogenannte Core Interface (CIF) statt. Über das CIF werden Stamm- und Bewegungsdaten und teilweise sogar Customizing-Einstellungen zwischen ERP und APO ausgetauscht.

Über das CIF werden einerseits Stammdaten aus ERP an APO übertragen, andererseits Planungsdaten aus APO an ERP übermittelt. Da die Ausführungsebene in ERP verbleibt, werden Daten zur Ausführung wiederum an APO übermittelt und in die Planung integriert (z. B. Rückmeldungen zum Prozessauftrag, Lieferterminbestätigungen oder Warenbewegungen). Abbildung 8.24 zeigt schematisch, welche verschiedenen Daten zwischen den Systemen ausgetauscht werden. Anzumerken ist an dieser Stelle, dass APO einzelne Objekte anders bezeichnet als ERP. So wird beispielsweise das Material in ERP in APO als Produkt bezeichnet. Die Selektion und Aktivierung bestimmter Objekte für den Austausch wird über Integrationsmodelle realisiert, die Sie in ERP anlegen und aktivieren müssen.

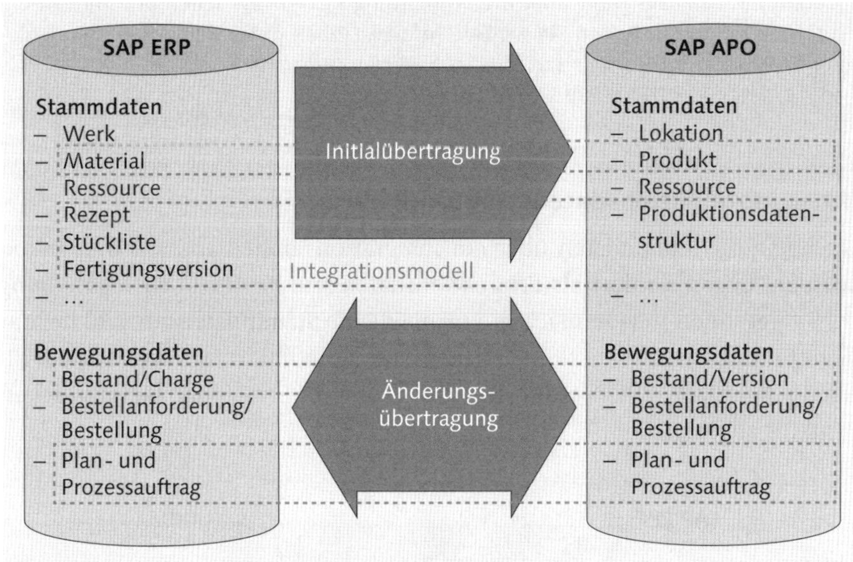

Abbildung 8.24 Core Interface (CIF) als Verbindung zwischen APO und ERP

Für eine Integration von PP/DS mit PP-PI müssen Sie insbesondere die Integrationsmodelle für die folgenden Stamm- und Bewegungsdaten in der genannten Reihenfolge angelegt und erfolgreich aktiviert haben:

1. Material
2. Bestände
3. Chargen, in APO: Versionen (optional)
4. Klassen und Merkmale (optional)
5. Ressourcen
6. Fertigungsversionen (inkl. der Rezepte und Stücklisten), aus denen in APO die Produktionsdatenstrukturen (PDS) generiert werden
7. Plan- und Prozessaufträge

Ob Sie Chargen, Merkmale und Klassen integrieren müssen, hängt im Wesentlichen davon ab, welche besonderen Planungsprozesse Sie in APO verwenden. Nach der erfolgten Initialübertragung stellen Sie über die Änderungsübertragung sicher, dass APO stets die aktuellen Stamm- und Bewegungsdaten kennt.

[+] **Einrichten des Core Interface**

Beim Einrichten des CIF und der Integrationsmodelle kommt es auf viele Details an. Falls Sie mehr über die Einrichtung des CIF zwischen ERP und APO erfahren möchten, finden Sie weitere Informationen unter dem folgenden Link zur SAP-Hilfe: *https://help.sap.com/saphelp_scm70/helpdata/de/c7/b5df371babfa0fe10000009b38f842/frameset.htm*

8.2.2 Produktionsdatenstruktur (PDS)

Nachdem die Stammdaten über ein Integrationsmodell an APO übertragen wurden, liegen sie dort als Produktionsdatenstruktur (PDS) vor. Abbildung 8.25 zeigt Ihnen in vereinfachter Form, wie die Stammdaten aus ERP bei der Generierung der Produktionsdatenstruktur kombiniert werden. Die PP-PI-Stammdaten aus ERP werden in APO in der PDS in einer hierarchischen Struktur abgelegt.

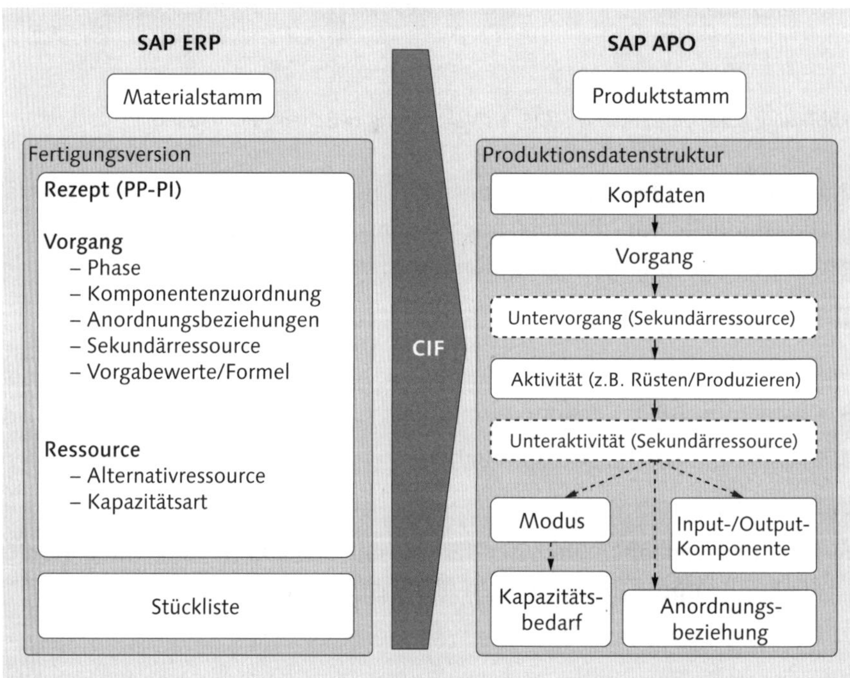

Abbildung 8.25 Generierung der PDS aus ERP-Stammdaten

Die Daten der Fertigungsversion finden sich hauptsächlich in den Kopfdaten der PDS wieder. Für jeden PP-PI-Vorgang des Rezepts wird ein entsprechender Vorgang in der PDS angelegt. Die Vorgänge gliedern sich wiederum in

Aktivitäten, die den PP-PI-Phasen des Rezepts entsprechen. Für eventuell am Vorgang oder der Phase gepflegte Sekundärressourcen finden Sie in APO Untervorgänge oder Unteraktivitäten. Unter den Aktivitäten finden sich Modi, in denen APO die Daten der Ressourcen hinterlegt. Hier ist je Alternativressource ein zusätzlicher Modus hinterlegt. Jeder Modus hat für jede in der ERP-Ressource gepflegte Kapazitätsart einen Kapazitätsbedarf (z. B. eine zusätzliche Personalressource). Der Kapazitätsbedarf ermittelt sich aus den Formeln und Vorgabewerten des Rezepts. Die Anordnungsbeziehungen und -typen zwischen den Aktivitäten ergeben sich aus den im Rezept gepflegten Beziehungen. Die Komponenten der Stückliste und deren Mengen werden in der PDS den Aktivitäten angehängt. Dies geschieht anhand der Vorgangs-/Phasenzuordnung im Rezept. Dabei unterscheidet die PDS zwischen *Input-Komponenten* (Einsatzmaterialien) und *Output-Komponenten* (zu fertigendes Material und Kuppelprodukte). Die Output-Komponenten werden standardmäßig der letzten Produktionsaktivität zugeordnet.

Um sich die Produktionsdatenstruktur in APO anzusehen, rufen Sie STAMMDATEN • PRODUKTIONSDATENSTRUKTUR (PDS) • PRODUKTIONSDATENSTRUKTUREN ANZEIGEN (Transaktion /SAPAPO/CURTO_SIMU) aus dem Menü auf. In Abbildung 8.26 finden Sie einen beispielhaften Ausschnitt einer Produktionsdatenstruktur in APO.

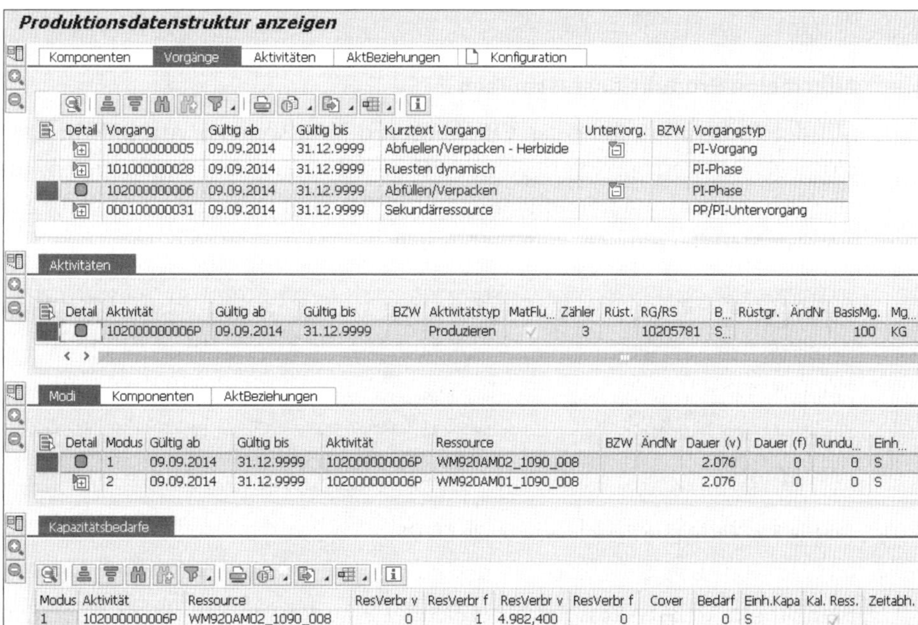

Abbildung 8.26 Anzeige der Produktionsdatenstruktur in APO

Sie können sich die Details zu einem gewählten Element im darunter liegenden Teilbild anzeigen lassen, indem Sie auf den Button (NÄCHSTE DETAILEBENE ÖFFNEN) in der Spalte DETAIL klicken.

[»] **Produktionsprozessmodell (PPM) vs. Produktionsdatenstruktur (PDS)**

Alternativ zur PDS gibt es in APO das Produktionsprozessmodell (PPM). Das PPM wird von SAP nicht mehr weiterentwickelt, und die Einschränkungen, die die PDS anfangs mit sich gebracht hat, werden immer geringer. Da die PDS den Änderungsdienst voll unterstützt, ist sie insbesondere für die chemische und pharmazeutische Industrie interessant. SAP-Hinweis 1079959 erläutert Ihnen die wesentlichen Unterschiede.

8.2.3 Ressourcen in APO

Das System legt bei der CIF-Übertragung zu jeder Kapazitätsart einer Ressource in ERP eine entsprechende Ressource in APO an. APO verwendet den Begriff der Ressource umfassender als ERP. Neben den Ressourcen aus dem PP-PI werden auch Arbeitsplätze, Personen, Lager, Fahrzeuge, Transportbehälter, Lagertanks und Kalender in APO als Ressource bezeichnet. Einige dieser Ressourcenarten können Sie ausschließlich in APO anlegen, sie werden nicht per CIF übertragen. Im Folgenden beschreiben wir Ihnen die wesentlichen Ressourcen für eine Produktionsplanung und besondere Prozesse in APO.

Allgemeine Produktionsressourcen

Mit der Integration über das CIF werden die Ressourcen von ERP in APO angelegt. Die Ressourcenpflege in APO gestaltet sich sehr umfangreich, für eine Produktions- und Feinplanung mit PP/DS sind jedoch die in Tabelle 8.2 dargestellten Ressourcenarten wesentlich.

Ressourcenart	Mehrfachbelegung	Zeitkontinuierlich	Bucketorientiert
Single-Activity	Nein	Ja	Nein
Multi-Activity	Ja	Ja	Nein
Single-Misch	Nein	Ja	Ja
Multi-Misch	Ja	Ja	Ja

Tabelle 8.2 Wichtigste Ressourcenarten in PP/DS

Eine Single-Activity-Ressource bezeichnet eine Ressource, die zu einer Zeit nur mit einer Aktivität (in ERP als Vorgang bezeichnet) belastet werden kann. Multi-Activity-Ressourcen können wiederum zeitgleich von mehreren Vorgängen belastet werden, wie beispielsweise ein Trocknungsofen. Ob eine Ressource in APO als Single oder Multi angelegt wird, steuern Sie über das Kennzeichen Von mehreren Vorgängen belegbar der Ressourcenkapazität in ERP. Ob eine Ressource in APO finit geplant wird, steuern Sie über das Kennzeichen Relevant für Kapazitätsterminierung der Ressourcenkapazität in ERP (siehe Abbildung 2.13 in Abschnitt 2.2.2, »Ressourcenstamm anlegen«) oder direkt im Ressourcenstammsatz in APO.

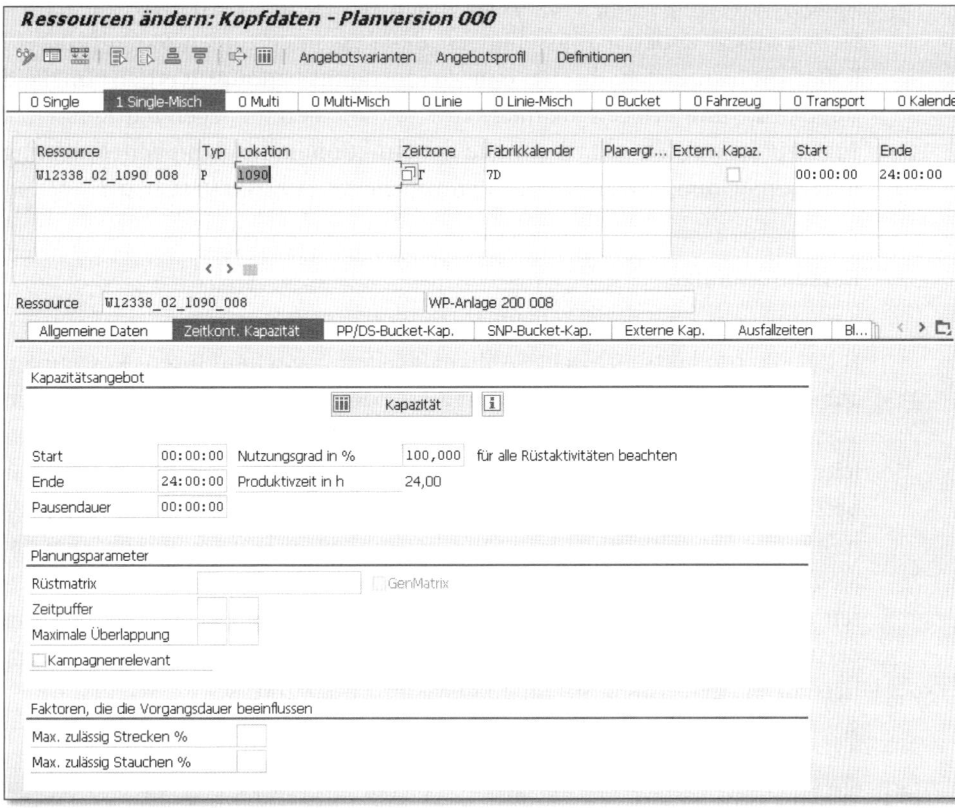

Abbildung 8.27 Pflege der Ressource in APO

Als Misch-Ressourcen werden Ressourcen bezeichnet, die zusätzlich im Supply Network Planning (SNP) zur Kapazitätsplanung verwendet werden. Sie enthalten neben der sekundengenauen zeitkontinuierlichen Kapazität (für PP/DS) zusätzlich eine SNP-Bucket-Kapazität. Ob eine Ressource in APO initial als Misch-Ressource angelegt wird, bestimmen Sie durch das ERP-Customizing im IMG-Pfad Integration mit anderen SAP-Komponenten • Advanced Planning and Optimization • Anwendungsspezifische Einstellungen

UND ERWEITERUNGEN • EINSTELLUNGEN ZU RESSOURCEN • ÜBERTRAGUNG VON RESSOURCEN AN SAP APO EINSTELLEN (Transaktion CFC9). Hier definieren Sie zudem, ob das in ERP gepflegte Kapazitätsangebot an APO übertragen werden soll. Beachten Sie dabei, dass nur die Kapazität übertragen wird. Möchten Sie im PP/DS mit Schichten, Schichtmodellen und Pausenzeiten arbeiten, müssen Sie diese direkt in APO pflegen.

Um die Ressourcendaten in APO zu ändern, rufen Sie die Transaktion STAMMDATEN • RESSOURCE • RESSOURCEN ÄNDERN (Transaktion /SAPAPO/RES01) auf. Abbildung 8.27 zeigt Ihnen den Reiter ZEITKONT. KAPAZITÄT. Neben vielen anderen Einstellungen der Ressource finden Sie auf diesem Reiter die Parameter, die für eine Feinplanung benötigt werden. Im Feld RÜSTMATRIX hinterlegen Sie die Matrix, auf die beim Belegen der Ressource zugegriffen werden soll. Wenn Sie die Funktionen der Kampagnenplanung nutzen möchten, setzen Sie das Kennzeichen KAMPAGNENRELEVANT.

Ressourcennetze

APO bietet Ihnen die Möglichkeit, Ressourcennetze anzulegen, mit deren Hilfe Sie produktspezifische Abhängigkeiten zwischen Ihren Ressourcen abbilden (siehe dazu auch Abschnitt 2.2.3, »Ressourcennetz und Ressourcenauswahl«). Beispielsweise haben Sie nicht zwischen allen Ressourcen Rohrleitungen verlegt, sodass bei Belegung einer bestimmten Ressource nur bestimmte Folgeressourcen in Frage kommen. Denkbar ist auch, dass für bestimmte Produkte nur bestimmte Ressourcen in Frage kommen, obwohl Sie für andere Produkte dasselbe Rezept verwenden. Um diese Abhängigkeiten nicht in vielen einzelnen Ressourcen und Rezepten pflegen zu müssen, existieren Ressourcennetze als eigenes Stammdatum. Um ein Ressourcennetz zu pflegen, rufen Sie im APO-Menü STAMMDATEN • RESSOURCE • RESSOURCENNETZ • RESSOURCENNETZ (Transaktion /SAPAPO/RESNET) auf.

[+] **Übernahme der Ressourcennetzwerke aus ERP**

Mit dem ERP-Report RESNET_TRANSFER können Sie existierende Ressourcennetzwerke an APO übertragen.

Damit APO die Restriktionen des Ressourcennetzes bei der Planung berücksichtigt, müssen Sie es im Produktstamm hinterlegen und aktivieren. Rufen Sie hierzu im APO-Menü STAMMDATEN • PRODUKT • PRODUKT (Transaktion /SAPAPO/MAT1) auf. Sie finden die Einstellungen auf dem Reiter BEDARF, Unterreiter PEGGING. Tragen Sie in das Feld RESSNETZNAME das entsprechende Ressourcennetz ein, und wählen Sie 1 RESSOURCENNETZSTRATEGIE BERÜCKSICHTIGEN im Feld RESSOURCENNETZSTRATEGIE, um es zu aktivieren.

APO berücksichtigt die Ressourcennetze bei der Produktions- und Feinplanung, wenn Sie dies im Strategieprofil definiert haben. Sie pflegen das Strategieprofil im IMG-Pfad ADVANCED PLANNING AND OPTIMIZATION • SUPPLY-CHAIN-PLANUNG • PRODUKTIONS- UND FEINPLANUNG (PP/DS) • GLOBALE EINSTELLUNGEN • STRATEGIEPROFILE PFLEGEN. Dort setzen Sie auf dem Reiter STRATEGIEPARAMETER FÜR ABHÄNGIGE OBJEKTE im Abschnitt PEGGING das Kennzeichen RESSOURCENNETZ BERÜCKSICHTIGEN. Die PP/DS-Optimierung kann Ressourcennetze ebenfalls berücksichtigen.

Ressourcennetzverletzungen können Sie über den Alert Monitor im Menü SUPPLY CHAIN MONITOR • ALERT MONITOR • ALERT MONITOR (Transaktion /SAPAPO/AMON1) identifizieren.

Produktlagerdefinition

Mit dem Anlegen einer Produktlagerdefinition ordnen Sie die einzelnen Komponenten (Input und Output) einer *Bezugsquelle*, einer oder mehreren Behälterressourcen zu. Die Produktlagerdefinition beschreibt somit, welche konkreten Lageroptionen Sie für eine Komponente einer *Bezugsquelle* haben. Sie können für die verschiedenen Lagerungsalternativen zusätzlich Prioritäten vergeben. Sie finden die Produktlagerdefinition im SAP-Menü unter STAMMDATEN • PRODUKTLAGERDEFINITION • PRODUKTLAGERDEFINITION (Transaktion /SAPAPO/STORDEF).

Zusammen mit der Produktfluss-ID, die Sie auf der Materialkomponentenzuordnung im ERP-Rezept pflegen, weiß das System, wie die Behälterressource im Rahmen einer Aktivität befüllt oder entleert wird. Als Produktfluss-ID können Sie zwischen den folgenden Alternativen für die Befüllung bzw. Entleerung des Behälters wählen:

- 1 – Produkt aus Behälter zum Start der Aktivität entnehmen
- 2 – Produkt aus Behälter am Ende der Aktivität entnehmen
- 3 – Produkt kontinuierlich aus Behälter entnehmen
- 4 – Produkt in Behälter zum Start der Aktivität einfüllen
- 5 – Produkt in Behälter am Ende der Aktivität einfüllen
- 6 – Produkt kontinuierlich in Behälter einfüllen

[+] **Übernahme der Produktflussdaten aus ERP**

Wenn Sie im ERP-Rezept einen Produktfluss definiert haben, können Sie sich die Produktlagerdefinition daraus anlegen lassen. Hierzu müssen Sie im BAdI /SAPAPO/CURTO_CREATE für die PDS-Anlage die Methode CREATE_STORAGE_DEF verwenden.

Die Produktlagerdefinition wird über das Pegging bei der Produktions- und Feinplanung von Behälterressourcen berücksichtigt, wenn Sie dies in Ihrem Strategieprofil aktiviert haben.

Behälterressourcen

Behälterressourcen können sowohl Lagertanks sein, in denen Sie Produkte vor oder nach der Produktion speichern, als auch Reaktoren, die Teil eines Produktionsschrittes sind. Die Behälterressource hat in APO keinen eigenen Ressourcentyp. Es handelt sich vielmehr um eine Ressource mit zusätzlichen Lagereigenschaften, die daraufhin als Behälterressource bezeichnet wird. Im Unterschied zu normalen Ressourcen haben Behälterressourcen neben der Zeit zusätzlich eine weitere Kapazitätsdimension, wie beispielsweise das Volumen. In APO werden Behälterressourcen nicht als Lagerorte gepflegt, sondern wie eine Single-Misch- oder Multi-Misch-Ressource, jedoch mit zusätzlichen Lagereigenschaften.

Um die Lagereigenschaften einer Ressource zu aktivieren, wählen Sie im Menü STAMMDATEN • RESSOURCE • RESSOURCEN ÄNDERN (Transaktion /SAPAPO/RES01). Setzen Sie auf dem Reiter ALLGEMEIN das Kennzeichen LAGEREIGENSCHAFT. Daraufhin erscheint zusätzlich der Reiter LAGEREIGENSCHAFTEN. Abbildung 8.28 zeigt Ihnen die Lagerungseigenschaften der Ressource. Sie pflegen hier die Kapazitätsdimension im Feld DIMENSION LAGER, die Maßeinheit im Feld EINHEIT LAGERBESTAND, die Mindestproduktionsmenge im Feld MIN. PRODUKTIONSMG. sowie den HÖCHSTBESTAND der Lagerressource. Über die Kennzeichen RESTFÜLLSTÄNDE AUF NULL SETZEN und MEHR. PRODUKTE ZULASSEN steuern Sie, ob eventuelle Restmengen des Vorgängers ignoriert werden sollen und ob Produktreinheit gegeben sein muss.

Im Rezept verwenden Sie diese Ressource in einem Befüllungs- oder Entleerungsvorgang zusammen mit dem Produktfluss bzw. der Produktlagerdefinition. Sobald eine Ressource durch einen Befüllungsvorgang ein Produkt enthält, wird sie als belegt angesehen. Das bedeutet, dass nicht die Dauer des Vorgangs bestimmt, wie lange die Ressource belegt ist, sondern die jeweiligen Vorgänger- oder Nachfolgeaktivitäten. Sie kann somit sogar belegt sein, ohne dass gerade ein Auftrag auf der Ressource läuft.

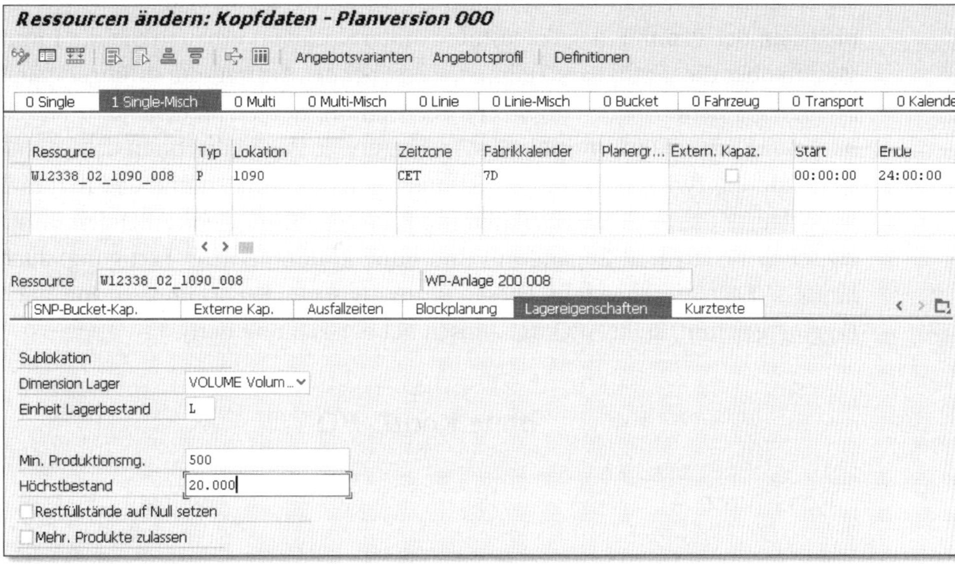

Abbildung 8.28 Pflege der Lagereigenschaften der Ressource

8.2.4 Spezielle Planungsprozesse in APO für die Prozessindustrie

Die Komponente PP/DS bietet in APO zahlreiche Prozesse und Funktionen zur Produktions- und Feinplanung an. Die meisten dieser Prozesse erweitern die Planungsfunktionalitäten von ERP oder lösen sie ab. Beispielsweise findet beim Einsatz von APO der MRP-Lauf oftmals nicht mehr in ERP, sondern im APO-System statt. Auch die Kapazitäts- und Feinplanung von Aufträgen und Vorgängen gestaltet sich deutlich komfortabler. Hierfür bietet PP/DS eine grafische Plantafel an, die sich sehr individuell anpassen lässt.

Zusätzlich zu diesen universellen PP/DS-Tools bietet APO Prozesse und Funktionalitäten an, die insbesondere unter Einsatz von PP-PI und damit für die Prozessindustrie interessant sind. In den folgenden Abschnitten stellen wir Ihnen einige dieser Planungsprozesse vor.

Kontinuierliche Fertigung in der Prozessindustrie

In der Prozessindustrie existieren oftmals sehr lang laufende Prozessaufträge. Ein Problem dabei ist, dass SAP erst zum Ende eines Auftrags z. B. für ein Zwischenprodukt mit einem Wareneingang in voller Höhe rechnet. Das bedeutet, das System plant auch alle verbrauchenden Produktionsstufen erst nach dem Ende des Auftrags der Zwischenproduktion ein.

Sie erhalten zwar während des Auftrags laufend Wareneingänge, die jedoch nichts an der Planung der Folgestufen ändern. Zudem erhalten Sie die Information über die verfügbare Teilmenge erst bei der Auftragsdurchführung und können sie daher nicht vorher bei der Planung der verbrauchenden Stufen berücksichtigen. Die kontinuierliche Fertigung in APO hilft Ihnen dabei, eine Überlappung zwischen den Produktionsstufen herzustellen und dadurch Ihre Durchlaufzeit zu verkürzen. Abbildung 8.29 zeigt Ihnen, wie APO den Bezug zwischen Bedarf und Zugang mit und ohne kontinuierliche Fertigung, auch *Konti.-I/O* genannt, herstellt. Diesen Bezug zwischen Bedarf und Zugang, auch *Pegging* genannt, stellt APO dynamisch bei der Planung her.

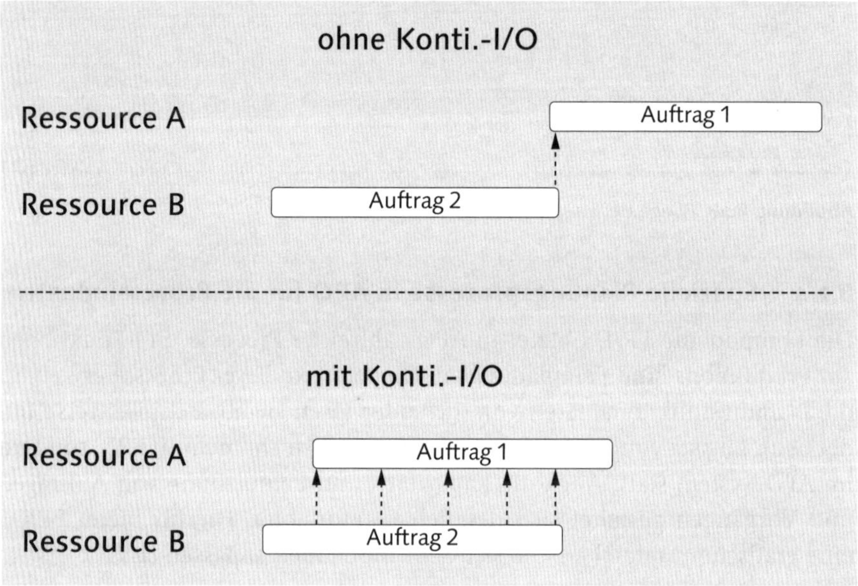

Abbildung 8.29 Vergleich mit und ohne Konti.-I/O

Um die Überlappung herzustellen, verteilt APO die Bedarfsmenge des Auftrags 1 und die Zugangsmenge des Auftrags 2 kontinuierlich über ihre Dauer. Sie erreichen dies in der Planung, indem Sie die Heuristik SAP_PP_C001 (Planung von Standardlosen für Konti.-IO) verwenden. Die Heuristik plant dabei die Zugänge aus Auftrag 2 so spät wie möglich ein, ohne jedoch eine Unterdeckung für Auftrag 1 zu erzeugen.

Für die Verteilung von Zugängen (Output) aus einem Auftrag müssen Sie in ERP an der Fertigungsversion einen Verteilungsschlüssel hinterlegen, der dann in den Prozessauftrag übernommen wird (siehe Abbildung 3.17 in Abschnitt 3.4.2, »Aktionen bei Eröffnung«). Um die Verteilung von Bedarfen (Input) eines Auftrags zu erreichen, müssen Sie in ERP auf der jeweiligen Komponente einen Verteilungsschlüssel gepflegt haben. Da die Verteilinformationen in die PDS übernommen werden, müssen Sie anschließend die Rezepte neu an APO übertragen.

Planung von Produktionskampagnen

In der Prozessindustrie haben Sie es häufig mit Ansatzherstellungen, Zwischenlagerung und Abfüll- oder Verpackungsprozessen zu tun. Oftmals ist es sehr aufwändig und teuer, die Produktionsanlagen nach einem Auftrag zu reinigen und umzurüsten. Andererseits sind auch die Lagerkapazitäten für Zwischenstufen begrenzt, und die Zwischenlagerung verursacht ebenfalls Kosten. Für die Abwägung zwischen Rüstkosten und Lagerkosten muss stets ein individueller Mittelweg gefunden werden. Mit der Kampagnenplanung können Sie Aufträge gleicher oder ähnlicher Produkte zu einer Produktionskampagne zusammenfassen. Die Kampagnenplanung unterstützt Sie dabei, Rüst- und Lagerkosten zu reduzieren, indem Sie Aufträge des gleichen Produkts oder der Rüstgruppe automatisch oder manuell gruppieren können. Abbildung 8.30 zeigt Ihnen eine schematische Darstellung einer Kampagne mit Rüstauftrag (R).

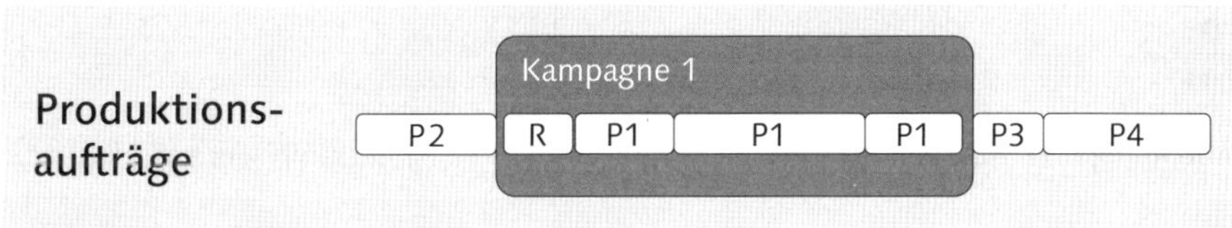

Abbildung 8.30 Produktionskampagne mit Rüstauftrag

Um eine Kampagne anzulegen oder zu ändern, wählen Sie den Menüpfad Produktionsplanung • Interaktive Produktionsplanung • Produktionskampagne (Transaktion /SAPAPO/PCMT). In Abbildung 8.31 sehen Sie die Transaktion zum Ändern von Produktionskampagnen. Im linken Teilbild wählen Sie die entsprechende Kampagne. Das rechte Teilbild zeigt Ihnen die zur Kampagne gehörenden Aufträge an. Mithilfe der unteren Buttonleiste können Sie u. a. neue Aufträge anlegen oder bestehende Aufträge zur Kampagne hinzufügen bzw. entfernen.

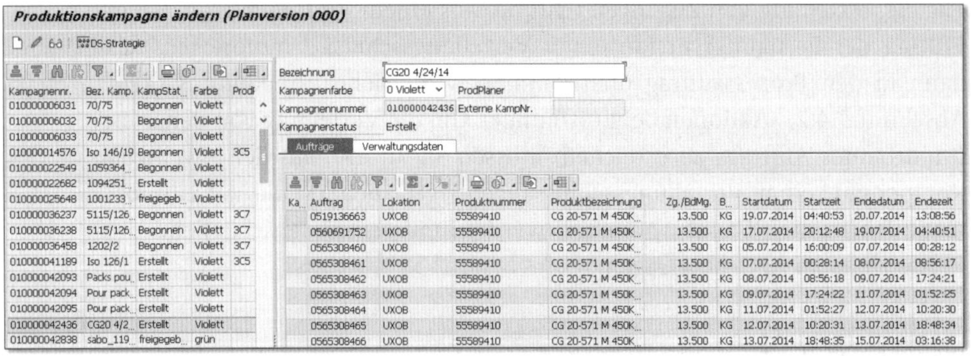

Abbildung 8.31 Produktionskampagne ändern

Alternativ können Kampagnen auch über die Feinplanungstafel verwaltet werden. Abbildung 8.32 zeigt Ihnen einen Ausschnitt der Feinplanungstafel mit einer Produktionskampagne von drei Aufträgen.

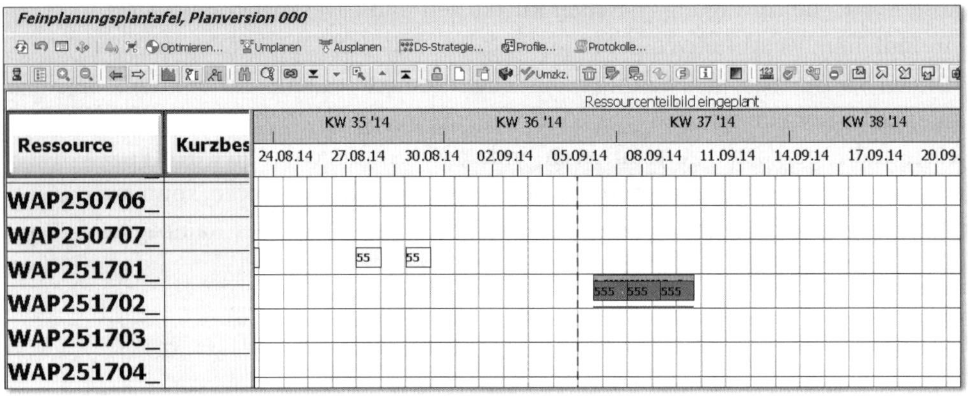

Abbildung 8.32 Ausschnitt der Feinplanungstafel mit Produktionskampagne

Die Kampagne erkennen Sie am schmalen Balken über den drei Aufträgen. Die Funktionen zur Verwaltung der Kampagnen rufen Sie über den Menüpunkt Funktionen • Produktionskampagne auf.

Eine Produktionskampagne können Sie zudem mit einem Rüst-/Reinigungsauftrag am Anfang oder am Ende der Kampagne versehen. Hierzu müssen Sie jedoch die dynamische Rüstzeitermittlung mithilfe der Rüstmatrix einsetzen und eine Rüstgruppe im Kampagnenprofil hinterlegt haben. Im Kampagnenprofil können Sie weitere Parameter wie die maximale Anzahl von Aufträgen festlegen. Diese Grundeinstellungen finden Sie im IMG-Pfad

Advanced Planning and Optimization • Supply-Chain-Planung • Produktions- und Feinplanung (PP/DS) • Produktionskampagnenplanung • Kampagnenprofil pflegen (Transaktion /SAPAPO/PCMP). Um eine gerechte Verteilung der Kosten des Rüstauftrags zu erreichen, sind die Kampagnen in APO mit der Kostenrechnung in ERP integriert.

Neben den manuellen Kampagnenfunktionen bietet Ihnen APO spezielle Heuristiken an, mit denen Sie die Arbeit mit Kampagnen automatisieren können (siehe Tabelle 8.3).

Kampagnenheuristik	Verwendung
SAP_PCM_CRT	Anlegen von Produktionskampagnen nach definierten Kriterien (Produkt, Rüstgruppe)
SAP_PCM_DIS	Löschen von Produktionskampagnen nach definierten Kriterien (z. B. Status des Auftrags)
SAP_PCM_ODEL	Rüst-/Reinigungsaufträge löschen, z. B. damit der PP/DS-Optimierer wieder mit auftragsbezogenen einzelnen dynamischen Rüstvorgängen aus der Rüstmatrix arbeiten kann.
SAP_PCM_SRVA	Rüst-/Reinigungsaufträge anlegen, um z. B. auftragsbezogene einzelne dynamische Rüstvorgänge aus der Rüstmatrix durch einen gemeinsamen Kampagnenrüstauftrag zu ersetzen.

Tabelle 8.3 Kampagnenheuristiken in APO

Damit APO die Kampagnen bei der Produktions- und Feinplanung berücksichtigt, müssen Sie in Ihrem Strategieprofil das Kennzeichen Kampagnenbedingung berücksichtigen gesetzt haben. Dadurch kann die Auftragsabfolge einer Kampagne nicht durch andere Aufträge unterbrochen werden.

Zusätzlich zu den Heuristiken können Sie im Rahmen des PP/DS-Optimierers die Kampagnenoptimierung einsetzen. Dabei optimiert das System die Reihenfolge der Aufträge auf Ressourcen und bildet automatisiert Kampagnen. Das Ziel ist dabei, eine optimale Belegung der Engpassressource in Hinblick auf die Summen der Lagerkosten, Verspätungskosten, Rüstzeiten und Rüstkosten zu erreichen.

Zur Identifizierung von fehlerhaften Kampagnen stehen Ihnen im PP/DS die Kampagnen-Alerts Kampagne ist unterbrochen und Rüst- oder Reinigungsauftrag liegt innerhalb der Kampagne zur Verfügung. Sie können diese über die in Abbildung 8.31 gezeigte Kampagnentransaktion oder über den *Alert Monitor* im Menü Supply Chain Monitor • Alert Monitor • Alert Monitor (Transaktion /SAPAPO/AMON1) abrufen. Damit das System diese Alerts ermittelt, müssen Sie die Ressource in ihrem Stammsatz mit dem Kennzeichen Kampagnenrelevant versehen.

Blockplanung

In einigen Industriezweigen ist es üblich, Aufträge nicht nur ausgehend von Ihrem Bedarfstermin und der freien Kapazität einzuplanen, sondern vielmehr vorab Zeitfenster zu definieren, zu denen gleiche oder ähnliche Produkte gefertigt werden. Dies ist in der Regel der Fall, wenn die Umrüstung einen sehr hohen Aufwand erfordert oder wenn Sie eine bestimmte periodische Abfolge von Produkten einhalten müssen, um den Rüstaufwand gering zu halten. Beispielsweise kann es günstiger sein, Produkte mit ähnlichen Farbtönen in einem Block zu produzieren und dafür Blöcke von »hell« nach »dunkel« anzulegen. Abbildung 8.33 illustriert, wie über die Blockdefinition gezielt Kapazität für Vorgänge mit bestimmten Merkmalen freigehalten wird.

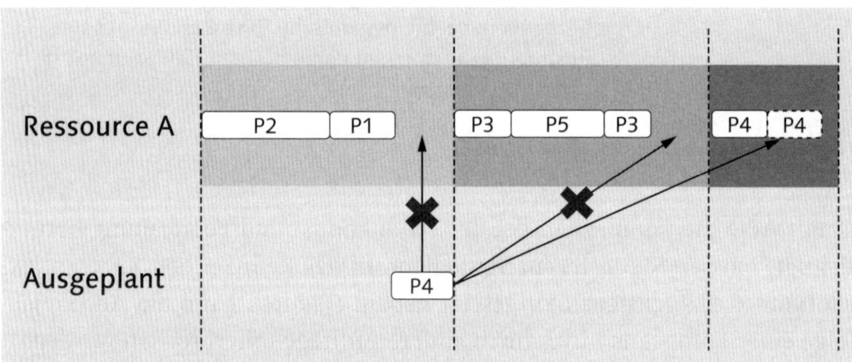

Abbildung 8.33 Planen mit reservierten Kapazitätsblöcken

Im Gegensatz zu Produktionskampagnen fassen Sie nicht Aufträge desselben Produkts oder Aufträge mit gleicher Rüstgruppe zusammen, sondern Sie ordnen die Vorgänge anhand von Merkmalen in den entsprechenden Block ein. Das System prüft dann beim Planen eines Vorgangs, ob sein Merkmalswert zur Merkmalsanforderung des Blocks passt.

Da die Blockplanung Teil der Merkmalsabhängigen Planung (CDP) ist, müssen Sie diese zunächst aktivieren und die Klassen und Merkmale pflegen bzw. mit ERP integrieren.

[«]

Klassifizierung von Vorgängen in Planungsrezepten

Damit Sie die Vorgänge eines Rezepts für die Blockplanung mit Klassenart 018 klassifizieren und in die PDS in APO übertragen können, müssen Sie in ERP das BAdI CUSLNTRO_ADDIN aktivieren und die Methode `USE_OPERATION_CLASSIFICATION` ausprägen.

Die Ressourcen in APO müssen Sie einer Klasse der Klassenart 400 zuordnen. Erst dann haben Sie die Möglichkeit, in den Stammdaten der Ressource Blöcke zu definieren und mit Merkmalen auszuprägen, die für diesen Block gefordert sind. Um die Blockdefinition in APO vorzunehmen, wählen Sie im SAP-Menü STAMMDATEN • RESSOURCE • RESSOURCE (Transaktion /SAPAPO/RES01). In der Ressourcenpflege wählen Sie den Reiter BLOCKPLANUNG. Ordnen Sie eine Klasse zu, und wählen Sie BLÖCKE ANLEGEN. Sie können die Blockplanung nur für Primärressourcen und Kalenderressourcen einsetzen.

Obige Einstellungen zur Klassifikation müssen Sie vornehmen, bevor Sie die Produktionsdatenstruktur generieren, da die Merkmalsbewertungen direkt in die PDS geschrieben werden.

Push-Produktion

Mithilfe der Funktion *Push-Produktion* können Sie ein gängiges Problem in der Prozessindustrie adressieren. Beispielsweise haben Sie aufgrund von Abfüllaufträgen einer Fertigware einen Ansatz eines Halbfabrikats hergestellt. Die Dispositionsparameter wie Mindestlosgröße oder der Rundungswert des Halbfabrikats erzeugen eine Restmenge, für die es keinen Bedarf gibt. Mithilfe der Push-Produktion können Sie für diese verfügbaren Mengen Fertigwarenaufträge erzeugen und dadurch Überschussmengen aufbrauchen. Abbildung 8.34 zeigt Ihnen ein Beispiel einer Push-Produktion.

Die Ausgangssituation ist, dass Sie eine Überschussmenge z. B. über einen Überdeckungsalert erkannt haben. Im Beispiel haben Sie eine Überschussmenge von 20 aus der Bulkproduktion zur Verfügung. Durch das Starten der Push-Produktion identifiziert das APO-System mögliche Produktionsdatenstrukturen, die die Überschussmenge konsumieren könnten. Anschließend lassen Sie sich vom System einen Vorschlag generieren. Diesen Vorschlag passen Sie iterativ entsprechend ihren Vorstellungen an, sodass die Überschussmenge von den gewünschten Produkten in gewünschter Höhe konsumiert wird. Im Beispiel in Abbildung 8.34 wurde die Verpackung von P1 um 10 erhöht und die Restmenge in P3 verpackt.

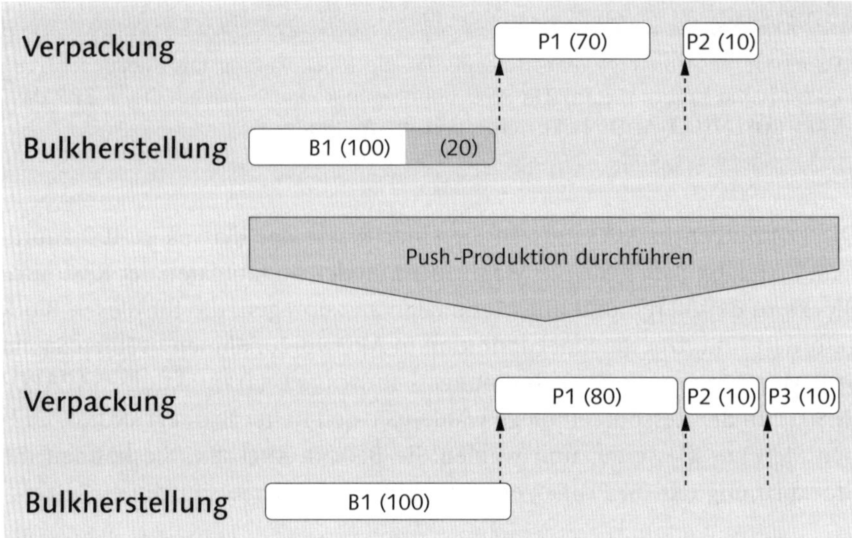

Abbildung 8.34 Beispiel einer Push-Produktion

In APO rufen Sie die Funktion Push-Produktion über die PRODUKTSICHT (Transaktion /SAPAPO/RRP3) im Änderungsmodus auf. Klicken Sie hierzu auf SPRINGEN • PUSH-PRODUKTION. Alternativ können Sie die Push-Produktion auch aus dem ALERT MONITOR (Transaktion /SAPAPO/AMON1) heraus über das Kontextmenü zu einem Überdeckungsalert aufrufen.

Abbildung 8.35 zeigt das Menü der Push-Produktion in APO. Im linken Navigationsbereich zeigt das System Ihnen alle Bezugsquellen an, die das ausgewählte Produkt benötigen. Im Planungsvorrat auf der rechten Seite oben sehen Sie alle Aufträge, die eine Überschussmenge erzeugen. Bei Auswahl eines Auftrags ermittelt das System für jede Bezugsquelle automatisch, welche Menge an Fertigware Sie mit der aktuellen Überschussmenge herstellen könnten. Das Ergebnis sehen Sie im Planungsbereich auf der rechten Seite im mittleren Teilbild. Passen Sie die Mengen auf den Bezugsquellen der gewünschten Fertigwaren entsprechend an, sodass die Überschussmenge verbraucht wird. Indem Sie den Button AUFTRAG anklicken, erstellt das System unter Berücksichtigung der Losgrößenparameter Planaufträge in eingestellter Höhe. Im unteren rechten Teilbild sehen Sie die aktuelle Planungssituation der jeweils ausgewählten Bezugsquelle. Springen Sie über (ZURÜCK) wieder zur Produktsicht. Durch Drücken von (SPEICHERN) werden die bisher simulativ angelegten Planaufträge übernommen.

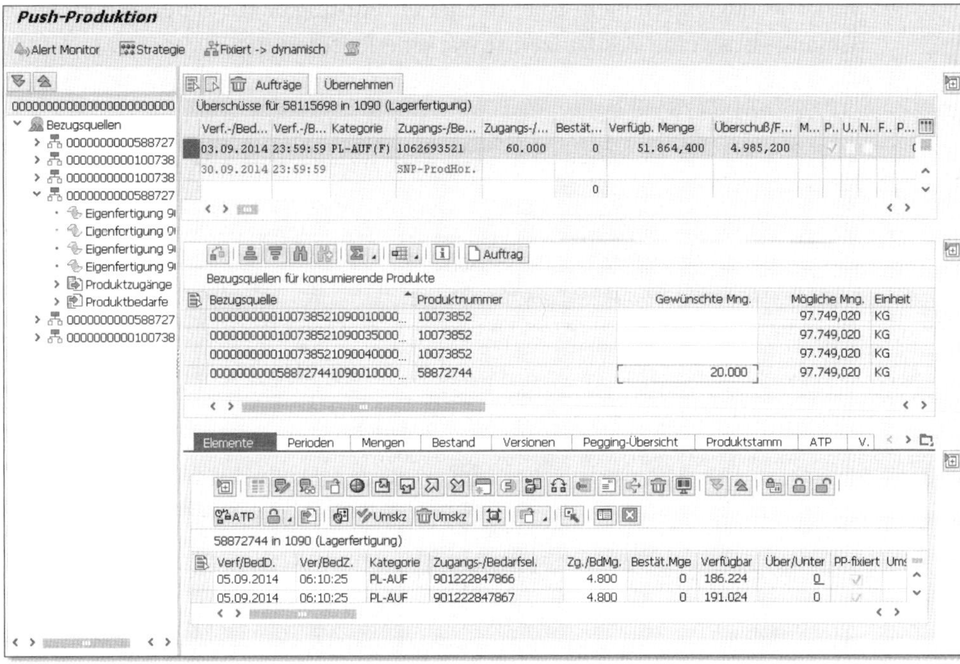

Abbildung 8.35 Ansicht der Push-Produktion

Planung mit Haltbarkeitsdaten

Sie haben in APO die Möglichkeit, Produkthaltbarkeiten und Reifezeiten in der Planung zu berücksichtigen. Hierzu verwendet APO die Haltbarkeitsdaten der Zugänge (z. B. Chargenbestände, Plan-/Prozessaufträge) und Bedarfe (z. B. Kundenaufträge) sowie die Daten aus dem Produktstamm. Die Einstellungen im Produktstamm finden Sie im Menü unter STAMMDATEN • PRODUKT • PRODUKT (Transaktion /SAPAPO/MAT1) auf dem Reiter EIGENSCHAFTEN im Bereich HALTBARKEIT. Setzen Sie das Kennzeichen PLANUNG MIT HALTBARKEIT, um für dieses Produkt Haltbarkeitsdaten zu berücksichtigen.

Haltbarkeitsdaten lokationsspezifisch verwenden [+]

Haltbarkeitsdaten werden im Standard lokationsunabhängig verwendet. Wenn Sie Haltbarkeitsdaten lokationsspezifisch pflegen wollen, beachten Sie bitte den SAP-Hinweis 446320.

Abbildung 8.36 veranschaulicht Ihnen, wie APO die Haltbarkeitsparameter berücksichtigt. Zu einem Produkt mit einem Zugang von 1000L existieren drei Bedarfe mit unterschiedlichen Anforderungen an die Haltbarkeit (H1 bis

H3). Das Zugangselement ist entweder ein Auftrag oder ein Bestand, der eine Gesamt- bzw. eine Restlaufzeit sowie eine Reifezeit hat.

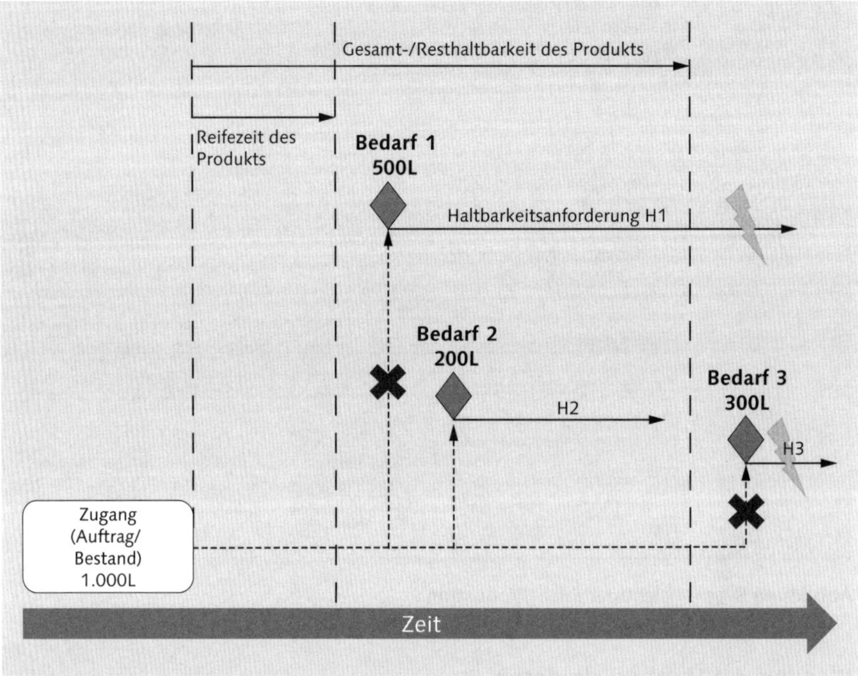

Abbildung 8.36 Beispiel Planung mit Haltbarkeitsdaten

Bedarf 1 und 3 können aus dem existierenden Zugang nicht gedeckt werden, da sich über das Pegging ein Problem mit den Haltbarkeitsanforderungen ergibt. Bedarf 1 liegt zwar im Zeitraum, in dem der Zugang noch haltbar ist, jedoch überschreitet die Haltbarkeitsanforderung die Resthaltbarkeit des Zugangs. Bedarf 3 darf nicht aus dem Zugang bedient werden, weil er gänzlich außerhalb der Resthaltbarkeit liegt. Obwohl in Summe ausreichender Bestand da ist, legt die Heuristik zur Planung von Standardlosen neue Zugänge an, um die beiden Bedarfe zu befriedigen.

Haltbarkeitsdaten werden von APO in den folgenden PP/DS-Anwendungen und Funktionen berücksichtigt:

- **Heuristiken zur Planung von Standardlosen**
  Zur Anlage von Zugängen, die die Haltbarkeitsbedingungen erfüllen.
- **Dynamisches Pegging**
  Zur Herstellung einer Verbindung zwischen Zugängen und Bedarfen, deren Haltbarkeitsbedingungen zueinander passen.

- **PP/DS-Optimierung**
  Die Feinplanungsoptimierung kann die von der Losgrößenheuristik angelegten Zugänge und deren Pegging nach Haltbarkeitskriterien berücksichtigen.
- **Push-Produktion**
  Berücksichtigt die Reifezeit des Zugangs und legt Bedarfe für die Push-Produkte danach an.
- **Feinplanung**
  Beim Umplanen von Vorgängen können die dynamischen Pegging-Verbindungen und deren Haltbarkeitsbedingungen berücksichtigt werden, sodass nur in deren Grenzen umgeplant werden kann.

Damit Sie die Planung mit Haltbarkeitsdaten in APO nutzen können, müssen Sie zusätzlich zu den Beständen auch die Chargen, Kundenaufträge und ihre Merkmale über das CIF integriert haben. Sie müssen dazu die Merkmalsabhängige Planung (CDP) aktiviert haben.

Planung unter Berücksichtigung der Rüstzeit

Ein häufiges Problem der Produktionsplanung ist es, eine optimierte Reihenfolge der Plan- und Prozessaufträge zu finden. Durch die Pflege von Rüstmatrizen hilft Ihnen das System dabei, eine Auftragsreihenfolge zu finden, die weniger Rüstzeiten und Rüstkosten verursacht. In der ERP-Komponente PP können Sie bereits seit frühen SAP-Releases mit Rüstmatrizen arbeiten. Für die Komponente PP-PI bietet ERP diese Funktion nicht an. Die Feinplanung in APO gibt Ihnen die Möglichkeit, auch im Zusammenspiel mit PP-PI dynamische Rüstzeiten zu nutzen.

Die Basis für die Ermittlung der Rüstzeit eines Auftrags ist dabei die Reihenfolge der Vorgänge auf einer Ressource. Über den Starttermin einer Bearbeitungsaktivität kennt das System die Reihenfolge der Vorgänge und ermittelt so die notwendige Rüstzeit und die Rüstkosten aus der Rüstmatrix. Die Dauer der Rüstaktivität wird daraufhin dynamisch beim Einplanen und Umplanen mit dem Wert aus der Rüstmatrix überschrieben. Abbildung 8.37 veranschaulicht Ihnen beispielhaft, wie die Rüstzeiten vor und nach einem Umplanen aussehen könnten.

Beim Einsatz der Rüstmatrix haben Sie die Wahl zwischen der klassischen Rüstmatrix und der generierten Rüstmatrix. Die klassische Rüstmatrix besteht aus in ERP gepflegten Rüstgruppen, die per CIF nach APO übertragen werden. Mit der generierten Rüstmatrix haben Sie die Möglichkeit, komplexere Rüstübergänge zu realisieren, z. B. über Merkmalswerte aus der Produktklassifizierung, der Variantenkonfiguration oder der merkmalsabhängigen Planung. Der Aufbau über Merkmale ermöglicht es Ihnen, zunächst unabhängig vom einzelnen Produkt Rüstzeiten für Rüstübergänge zu definieren, z. B. von Farbton hell zu dunkel oder ein Wechsel des Verpackungsformats von 1 L auf 0,5 L. APO generiert Ihnen daraus anschließend nach festgelegten Regeln eine Rüstmatrix.

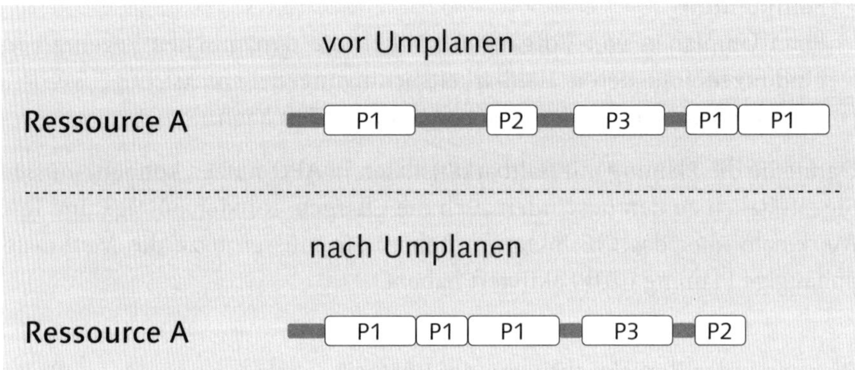

Abbildung 8.37 Bestimmung der Rüstzeit nach Vorgangsfolge

Um die automatische Berücksichtigung der Rüstzeit durch die klassische Rüstmatrix in APO zu aktivieren, gehen Sie wie folgt vor:

1. Pflegen Sie die Rüstinformationen im ERP-Rezept auf dem Reiter Allgemeine Daten des Vorgangs im Bereich Rüstfamilie.
2. Übertragen Sie die Rüstgruppen aus ERP.
3. Erstellen Sie die Rüstmatrix für die Lokation. Durch die Rüstmatrix kennt APO die Zeiten, die Sie für das Umrüsten zwischen zwei Gruppen benötigen.
4. Ordnen Sie den APO-Ressourcen die Matrix zu.
5. Übertragen Sie die Rezepte aus dem ERP-System, und generieren Sie die PDS. Dadurch werden die Rüstgruppen in den Rüstvorgängen der PDS eingetragen.
6. Pflegen Sie die Rüstmatrix in APO, indem Sie die Übergangszeiten von einer Rüstgruppe zur anderen festlegen.

Für die Rezeptstruktur empfiehlt es sich, jedem rüstrelevanten Herstellungsschritt eine separate Rüstphase mit Rüstschlüssel voranzustellen. Bei der

Generierung der Produktionsdatenstruktur (PDS) wird die Phase somit direkt als Rüstphase erkannt.

Aufbauend auf der Rüstmatrix können Sie zusätzlich mithilfe des PP/DS-Optimierers den Produktionsplan hinsichtlich der Rüstzeiten oder Rüstkosten verbessern.

Planung mit Behälterressourcen

In Abschnitt 8.2.3, »Ressourcen in APO«, haben wir Ihnen die Produktlagerdefinition bzw. den Produktfluss und die Behälterressource vorgestellt. Zusammen mit der entsprechenden Rezeptstruktur in ERP können Sie nun in APO unter Berücksichtigung von Lagerkapazitäten planen. Abbildung 8.38 zeigt Ihnen ein Beispielszenario einer Ansatzherstellung und Abfüllung, mit Zwischenlagerung in einer Behälterressource.

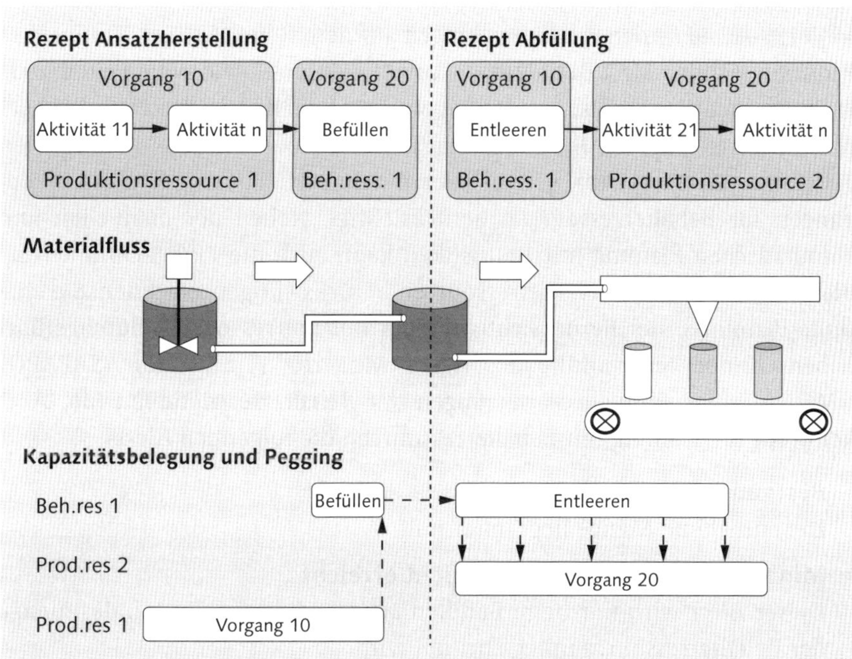

Abbildung 8.38 Beispiel Planung mit Behälterressourcen

Über die Produktlagerdefinition bzw. den Produktfluss und die Produktfluss-ID in ERP definieren Sie, wie das Produkt in die Behälterressource eingefüllt bzw. daraus entnommen werden soll. Für das Einfüllen des Ansatzes wurde hier PRODUKT IN BEHÄLTER AM ENDE DER AKTIVITÄT EINFÜLLEN gewählt, für die Entnahme PRODUKT KONTINUIERLICH AUS BEHÄLTER ENTNEHMEN. Zwischen dem Befüllen und dem Entleeren ist die Ressource zwar nicht durch einen Auftrag belegt, hat aber dennoch keine freie Kapazität, da sie durch den gelagerten Ansatz belegt ist.

[+]

Nur Engpassbehälter modellieren

Durch die Produktlagerdefinitionen, Produktfluss-IDs, zusätzliche Befüllungs-/Entleerungsvorgänge in den Rezepten, alternative Behälterressourcen, die Lagereigenschaften und die gegenseitigen Abhängigkeiten ergibt sich schnell eine hohe Komplexität. Daher ist es empfehlenswert, sich bei der Modellierung auf Tanks und Reaktoren zu beschränken, die einen Engpass in Ihrem Produktionsnetzwerk darstellen.

Damit APO die Restriktionen der Behälterressourcen bei der Planung berücksichtigt, müssen Sie dies im Produktstamm aktivieren. Rufen Sie hierzu im APO-Menü STAMMDATEN • PRODUKT • PRODUKT (Transaktion /SAPAPO/MAT1) auf. Sie finden die Einstellungen auf dem Reiter BEDARF, Unterreiter PEGGING. Wählen Sie 1 BEHÄLTERRESSOURCE BERÜCKSICHTIGEN im Feld BEHÄLTERRESSOURCENSTRATEGIE, um das Pegging für Behälterressourcen zu aktivieren. Im Strategieprofil Ihrer Planung müssen Sie zudem das Kennzeichen PRODUKTLAGERDEFINITION gesetzt haben, damit der Planungslauf die Bedingungen für Behälterressourcen berücksichtigt. Neben der manuellen und automatischen Planung mit Heuristiken kann auch die PP/DS-Optimierung die Restriktionen der Behälterressourcen berücksichtigen. Nachdem Sie eine finite Planung unter Berücksichtigung der Behälterressourcen durchgeführt haben, prüfen Sie mithilfe des ALERT MONITOR (Transaktion /SAPAPO/AMON1) auf eventuelle Verletzungen der Behälterrestriktionen hin. APO kennt für die Planung mit Behälterressourcen die folgenden Alerts:

- **Bestand < 0**
  Die enthaltene Menge liegt unter null.
- **Minimale Produktionsmenge nicht erreicht**
  Dieser Alert wird nur beim Befüllen ausgelöst, wenn die Mindestmenge der Behälterressource unterschritten wird.
- **Maximalmenge überschritten**
  Der Bestand bzw. die Befüllung überschreiten die maximale Kapazität des Behälters.
- **Auffüllen verletzt erlaubte Restmenge**
  Die Befüllung wurde angestoßen, obwohl der Behälter noch mehr Restmenge eines anderen Produkts enthält, als erlaubt ist.

- **Ungültige Mischung**
  Die Produktreinheit wird dadurch verletzt, dass ein Befüllvorgang mit einem anderen Produkt gestartet wird.

Nachdem Sie mithilfe von Alerts Verletzungen der Behälterrestriktionen identifiziert haben, beheben Sie diese durch Umplanen z. B. in der Produktsicht oder der Feinplanungstafel.

8.3 Integration mit SAP MII

In diesem Abschnitt gehen wir auf die Nutzung der Komponente SAP Manufacturing Integration and Intelligence (MII) im Zusammenhang mit PP-PI ein. SAP MII ist ein eigenständiges Produkt von SAP, das auch unabhängig von einem ERP-System wie SAP ERP eingesetzt werden kann.

Am Ende dieses Abschnitts werden Sie wissen, was SAP MII ist und wie Sie es nutzen können. Da wir aus Platzgründen die eigentliche Umsetzung innerhalb von SAP MII nicht detailliert behandeln können, verweisen wir an den entsprechenden Stellen auf Quellen im Internet, in denen Sie mehr zu diesem Thema erfahren.

Im Anschluss an eine kurze Einführung in SAP MII zeigen wir Ihnen, wie Prozessaufträge aus PP-PI an untergeordnete Systeme im Produktionsbereich verschickt bzw. wie diese mithilfe von SAP MII an SAP ERP zurückgemeldet werden können. Neben der reinen Systematik wird dabei auch auf die Bedeutung bzw. Verwendung entsprechender Standards eingegangen.

Weitere Informationen zum Thema SAP MII [«]

Hier erfahren Sie weitere grundlegende Dinge zum Thema SAP MII:

- **SAP-MII-Homepage**
  http://www.sap.com/solution/lob/manufacturing/software/integration-and-intelligence/index.html
- **SAP-MII-Forum**
  http://scn.sap.com/community/manufacturing/mii
  Unter CONTENT • DOCUMENTS finden Sie innerhalb der Dokumente auch Beispielprojekte zum Herunterladen.

8.3.1 Was ist SAP MII?

SAP MII liegt zum Zeitpunkt der Drucklegung dieses Buches in der Version 15 vor und ist bereits seit dem Jahr 2005 erfolgreich am Markt etabliert. SAP

MII wird im Bereich SAP Manufacturing sowohl zur vertikalen Integration als auch zur Visualisierung von produktionsnahen Daten eingesetzt. Damit wird auch die Bedeutung der Bezeichnung SAP MII klarer: MII steht für *Manufacturing Integration and Intelligence*. Die Software deckt also gleich zwei wichtige IT-Aufgaben ab:

- **Manufacturing Integration**
  SAP MII ermöglicht eine nahtlose Integration von Produktionsprozessen mit Geschäftsabläufen. Über offene Standards werden Produktionssysteme mit anderen Unternehmensanwendungen, wie zum Beispiel SAP ERP, integriert.
- **Manufacturing Intelligence**
  SAP MII bringt Daten aus verschiedenen Anwendungen in einen Zusammenhang, um daraus wertvolle Informationen zu gewinnen. Mit SAP MII kann der Anwender über ein rollenbasiertes Webportal auf entscheidungsrelevante Informationen, wie Ereignisse, Alarme und Kennzahlen, zeitnah zugreifen. Dabei können die Daten aus mehreren Systemen in einem Dashboard zusammengeführt werden. SAP MII kann dabei nicht nur die Darstellung, sondern auch die Berechnung von Kennzahlen übernehmen. Auf diese Weise können mithilfe von SAP MII schnelle und fundierte Entscheidungen getroffen oder Produktionsdaten im Nachhinein analysiert werden.

Die Begriffe *Manufacturing Integration* und *Manufacturing Intelligence* sind Bestandteile des Ansatzes *Adaptive Manufacturing*: Daten aus der Produktion sollen zentral bereitgestellt und aufgearbeitet werden, um schneller auf Kundenanforderungen reagieren zu können.

SAP MII ist eine sehr flexible, branchenneutrale Integrationsplattform und unterstützt Sie bei der Erstellung eigener Anwendungen von einfachen bis hin zu komplexen Lösungen. SAP MII ersetzt dabei in der Regel keine vorhandenen Systeme, sondern baut auf diesen auf. Mit SAP MII sind Sie demnach in der Lage, sogenannte *Composite Applications* zu bauen, die heute Bestandteil jeder serviceorientierten Architektur (SOA) sind. Unter *Composite Applications* versteht man unter anderem nach dem Baukastenprinzip zusammengesetzte, geschäftsprozessorientierte Anwendungen.

[»] **Mehrsprachigkeit**

SAP MII unterstützt selbstverständlich mehrere Sprachen und hält auch die Mittel zur Erstellung mehrsprachiger Webseiten bereit, allerdings vertreten wir die Meinung, dass SAP MII von denjenigen, die Anwendungen darin erstellen wollen, mit einer englischen Spracheinstellung betrieben werden sollte. Die Sprache kann in der SAP-NetWeaver-UME für jeden SAP-MII-Benutzer eingestellt werden. Der Grund für diese Empfehlung ist einfach: Es erleichtert die Kommunikation und Dokumentation sowie das Erlernen der Komponente SAP MII ungemein.

SAP MII ist eher mit einem Werkzeugkasten vergleichbar als mit einer fertigen Out-of-the-box-Lösung, und das bedeutet für Sie keinen Nachteil, wie Sie in Abschnitt 8.3.6, »Leistungsspektrum von SAP MII«, erfahren werden. Bestandteile von SAP MII sind eine Vielzahl von *Konnektoren* zu den verschiedensten System sowie *Query Templates, Display Templates* und *Transaktionen*, mit deren Hilfe Sie Datentransformationen und Berechnungen vornehmen können. Ein Projekt auf Basis von SAP MII ist immer genauso einzigartig wie die Anforderungen des Kunden an die Abbildung seiner Geschäftsprozesse über die jeweiligen Produktionsanlagen und die verschiedenen Standorte hinweg. Eine einmal in SAP MII erstellte Schnittstelle oder Anwendung lässt sich jedoch leicht unternehmensweit ausrollen und ermöglicht auch Analysen und Vergleiche zwischen verschiedenen Standorten. Aus diesem Grund kann SAP MII auch als *Composite-Application-Plattform* für den Bereich *Manufacturing Operations* bezeichnet werden.

SAP OEE Management [«]

SAP hat SAP MII über die letzten Jahre hinweg kontinuierlich verbessert und weiterentwickelt. Seit ca. 2012 gibt es auch erste vorgefertigte Lösungen, die SAP MII als Bestandteil haben. Eine davon ist SAP Overall Equipment Effectiveness Management (OEE Management), das neben SAP MII auch SAP ERP und die neue In-Memory-Technologie SAP HANA einbezieht. Die *Overall Equipment Effectiveness* ist eine Kennzahl für die Gesamtanlageneffektivität, die aus den Faktoren Verfügbarkeit, Leistung und Qualität besteht.

Nähere Informationen über SAP OEE Management finden Sie unter *http://www.saphana.com/community/learn/solutions/sap-business-suite-on-hana/fact-book*. Nach Eingabe der URL finden Sie das relevante Dokument unter: Lines of Business • Manufacturing • Download PDF • Download (*32756_GB_28555_4MFG_en.pdf*).

8.3.2 Vertikale Integration

Unter *vertikaler Integration* versteht man Schnittstellen zwischen ISA-95 Level 4 (Enterprise Resource Planning: ERP), z. B. SAP ERP, und Level 3 (Manufacturing Execution Systems: MES). Die *International Society of Automation* beschreibt in der ISA-95 eine Norm zur Integration von Unternehmens- und Betriebsleitebene (siehe Abbildung 8.39).

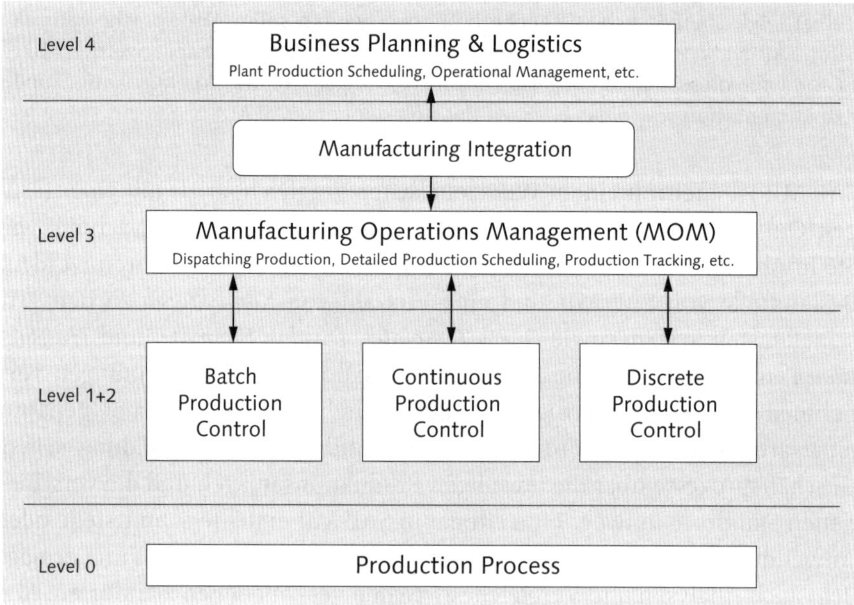

Abbildung 8.39 ISA-95 Domain Hierarchy (Quelle: www.isa-org)

[»] **Abgrenzung von SAP MII zu SAP ME**

SAP Manufacturing Execution (ME) ist die MES-Lösung von SAP für die diskrete Fertigung. SAP ME verwendet SAP MII als Schnittstelle zu SAP ERP. Mehr Informationen über SAP ME finden Sie unter *http://www.sap.com/solution/lob/manufacturing/software/execution/index.html*.

8.3.3 Abgrenzung zwischen SAP MII und SAP PI

SAP verfügt grundsätzlich über zwei Produkte in ihrem Portfolio, die Integrationsaufgaben zwischen SAP ERP und Systemen von Drittanbietern übernehmen können: Neben SAP MII ist dies SAP Process Integration (PI). Beide Produkte sind bis zu einem gewissen Grad komplementär und schließen sich nicht gegenseitig aus. Ein Kunde hat somit z. B. die Möglichkeit, Daten zunächst an SAP PI und anschließend über SAP MII an die untergeordneten Produktionssysteme weiterzuleiten. In einem konkreten Fall entschied sich ein Kunde für diesen Weg, weil er eine Monitoring-Funktion, die er in SAP PI bereits stark ausgebaut hat, weiterhin verwenden wollte.

Die Integration zwischen SAP ERP und den Produktionssystemen kann im Prinzip mit beiden Produkten realisiert werden, SAP MII hat jedoch vor allem Stärken in der vertikalen Integration, während SAP PI für die sogenannte *horizontale Integration* prädestiniert ist. Unter horizontaler Integration ist die Business-to-Business-(B2B-)Kommunikation zu verstehen. Die Aufgaben und Stärken von SAP PI als Enterprise-Application-Integration-(EAI-)Anwendung liegen damit mehr auf dem Datenaustausch von Level-4-Systemen untereinander.

Weitere Informationen zu dem Thema SAP MII und SAP PI [«]

Weitere Informationen zum Vergleich von SAP MII und SAP PI finden Sie im SAP Community Network unter folgendem Link: *http://scn.sap.com/docs/DOC-52940*.

Beide Systeme verfolgen auch unterschiedliche Ansätze, was die Systemarchitektur anbelangt. SAP ERP und SAP PI haben eher einen zentralen Charakter, während SAP MII auch dezentrale Szenarien unterstützt. Als Grundsatz gilt: Je wichtiger ein System für die Aufrechterhaltung der Produktion an verteilten Standorten ist, desto dezentraler sollte es positioniert sein. SAP MII unterstützt diesen dezentralen Ansatz, es kann Aufträge aus SAP ERP sowie Rückmeldungen aus dem untergeordneten Produktionssystem so lange puffern, bis das Zielsystem wieder verfügbar ist.

Architektur von SAP MII [«]

In Abschnitt 8.3.6, »Leistungsspektrum von SAP MII«, gehen wir näher auf das Leistungsspektrum von SAP MII ein. Wenn Sie mehr über die Integrationsarchitektur von SAP MII wissen möchten, empfehlen wir Ihnen das folgende Dokument: *http://scn.sap.com/docs/DOC-1845*.

8.3.4 Standardisierung

Der konsequente Einsatz von SAP MII als Plattform ermöglicht Ihnen neben der effizienten Erstellung von neuen Schnittstellen langfristig auch die Konsolidierung Ihrer Systemlandschaft. Im Bedarfsfall können Sie bereits bestehende Schnittstellen durch SAP MII ablösen. Durch die Vereinheitlichung und Konzentration auf eine Datendrehscheibe lassen sich durch die damit vorgenommene Standardisierung auch die Stabilität und Qualität der Schnittstellen verbessern. Positiv ist auch, dass eine geringere Anzahl verschiedener Schnittstellensysteme, inklusive der dazu benötigten Hardware und Betriebssysteme, gewartet werden muss. Das Zusammenführen von mehreren Schnittstellen vereinfacht das Monitoring und den Support. Darüber hinaus ergeben sich natürlich auch andere Synergien: Einmal entwickelte Funktionen können in anderen Projekten leicht wiederverwendet werden.

SAP MII nimmt dabei wichtige Aufgaben beim Aufbau einer flexiblen Kommunikationsinfrastruktur wahr, wie z. B. die Transformation von Daten und das Weiterleiten der Nachrichten vom Sender zu einem oder mehreren Empfängern. Die Nutzung eines Produkts, wie z. B. SAP MII, als Datendrehscheibe allein macht aber die konsequente Nutzung von Protokoll- oder Nachrichtenstandards nicht überflüssig.

Unter Protokollstandards versteht man eher den technischen Teil einer Kommunikation, z. B. den Datenaustausch via Web Services. Dass jede SAP-MII-Transaktion übrigens automatisch als Web Service zur Verfügung steht, zeigen wir Ihnen in Abschnitt 8.3.8, »Produktionsrückmeldungen an SAP ERP senden«. Viel wichtiger ist es aber, sich auf einen Nachrichtenstandard zu einigen, d. h. auf ein gemeinsames Format, in dem Nachrichten ausgetauscht werden sollen. Denn nur, wenn die beteiligten Anwendungen die gleiche Sprache sprechen, lassen sich die Transformationsaufwände reduzieren bzw. entsprechende Synergieeffekte erzielen, wie Sie im »SOA Manufacturing Guidebook« (White Paper 27) der MESA International nachlesen können.

Für den Datenaustausch zwischen ERP- und MES-Systemen bietet sich der B2MML-Standard an: Diese *Business To Manufacturing Markup Language* besteht aus einem Satz von Definitionen der ISA-95-Datentypen in Form von XML-Schemata. Der B2MML-Standard repräsentiert lediglich eine Beschreibung des *ANSI/ISA 95.00.02 Enterprise/Control System Integration Standard* der ISA (*www.isa.org*). Der Standard legt also fest, mit welchen Nachrichtentypen Informationen ausgetauscht werden und wie die Struktur der Nachricht aufgebaut sein soll, nicht jedoch deren exakten Inhalt. Falls der Anbieter des Produktionssystems keine festen Vorgaben hat, besteht einer der ersten Schritte in einem Integrationsprojekt darin, festzulegen, welche Daten konkret ausgetauscht werden müssen.

[»] **B2MML-Bezugsquelle**

B2MML liegt heute in der Version V0600 vor, in der Version V0400 wurde BatchML (Batch Markup Language) in die B2MML-Spezifikation integriert. B2MML wird von der MESA International (Manufacturing Enterprise Solutions Association) zur Verfügung gestellt und kann von der MESA-Internetseite heruntergeladen werden: *http://www.mesa.org/en/B2MML.asp*.

8.3.5 XML-Schemata in SAP MII einbinden

In diesem Abschnitt lernen Sie die ersten Schritte kennen, um MII einzurichten. Dies soll Ihnen lediglich einen Einblick geben, auf weiterführende Informationsquellen verweisen wir dann am Ende des Abschnitts.

Um XML-Schemata, wie z. B. B2MML, in SAP MII nutzen zu können, gehen Sie wie folgt vor:

1. Öffnen Sie die SAP MII Workbench (Content Development • Workbench).
2. Erstellen Sie einen neuen Ordner auf dem Reiter Web Ihres bereits existierenden SAP-MII-Projekts. Sollten Sie noch kein Projekt erstellt haben, drücken Sie [Strg] + [P] und geben Ihrem Projekt einen Namen.
3. Importieren Sie die heruntergeladenen B2MML-Dateien, indem Sie mit der rechten Maustaste auf den Ordner klicken und Import aus dem Kontextmenü auswählen.
4. Erstellen Sie jetzt eine neue SAP-MII-Transaktion auf dem Reiter Catalog Ihres SAP-MII-Projekts. Dazu markieren Sie den Ordner Ihres Projekts und wählen File • New • Transaction.
5. Verwenden Sie den Action-Block Reference Schema Loader im Actions-Verzeichnis Reference Documents (siehe Abbildung 8.40). Die Action Reference Schema Loader verwenden Sie, um XSD-Dateien (XML-Schema-Definitionen) in eine SAP-MII-Transaktion zu laden.
6. Klicken Sie mit der rechten Maustaste auf die Action, und wählen Sie Configure aus dem Kontextmenü aus. Öffnen Sie die Datei *B2MML-V0600-ProductionSchedule.xsd* (unter Web • <Ihr Ordner>) und darin den Element Name *ProductionSchedule*.

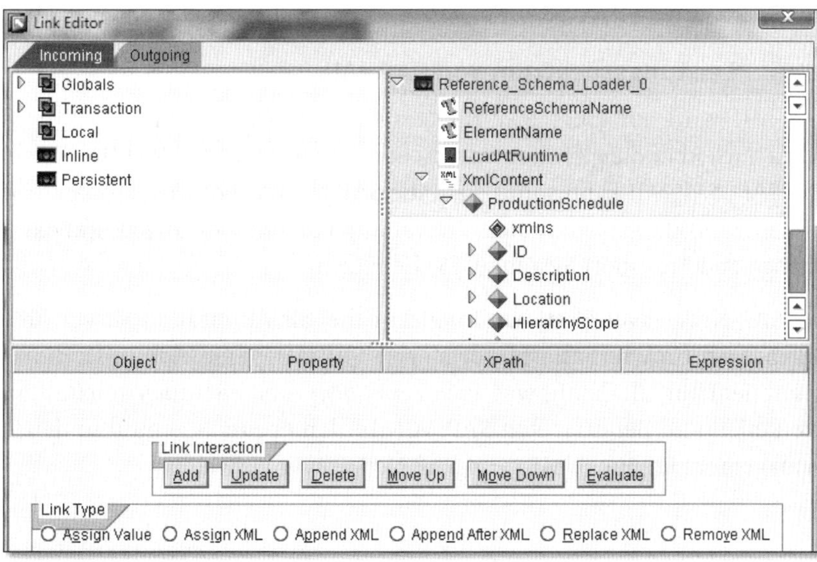

Abbildung 8.40 ProductionSchedule-XML im SAP MII Link Editor

Nach diesen Schritten steht Ihnen die XML-Struktur im LINK EDITOR Ihrer SAP-MII-Aktionen bzw. innerhalb der ganzen SAP-MII-Transaktion zur Verfügung, sodass Sie mit dieser Struktur weiterarbeiten können.

Über den gerade beschriebenen Weg laden Sie einfach und komfortabel die B2MML-Strukturen in SAP MII. Für eine einfache Nachricht wäre es jetzt ausreichend, die zu versendenden Daten der XML-Struktur des B2MML mithilfe des LINK EDITORS zuzuordnen und im nächsten Schritt an ein Produktionssystem zu versenden. Bei komplexeren Nachrichten, die aus mehreren, sich gegebenenfalls wiederholenden XML-Knoten bestehen, ist es mit einer einfachen Zuordnung nicht mehr getan. Die Struktur der Nachricht wird dann unter Zuhilfenahme anderer SAP-MII-Funktionsblöcke wie Schleifen etc. aufgebaut. Anschließend dient eine B2MML-XSD-Datei nur noch zur Validierung der in SAP MII erzeugten XML-Struktur, bevor die Nachricht versendet wird.

[»] **Nähere Informationen zu SAP MII**

Ebenfalls bei SAP PRESS erschienen sind folgende Bücher, die Ihnen unabhängig von der SAP-MII-Version, für die sie geschrieben wurden, die Grundlagen zu SAP MII vermitteln:

- *Implementing and Configuring SAP MII* von Abesh Bhattacharjee und Dipankar Saha, in englischer Sprache (SAP PRESS 2009)
- *SAP MII – Implementierung und Entwicklung* von Sebastian Holzschuh (SAP PRESS 2010)

8.3.6 Leistungsspektrum von SAP MII

SAP MII wird auf einer SAP-NetWeaver-Plattform installiert und verfügt damit auch über die gleichen technischen Vorzüge wie andere Komponenten von SAP. SAP MII kann somit auch die SAP NetWeaver Development Infrastructure (NWDI) zur zentralen Verwaltung von Entwicklungen und das SAP Change and Transport System (CTS) benutzen.

Die SAP-NetWeaver-Plattform fungiert dabei als Application Server für das rollen- und browserbasierte Portal von SAP MII, eine Administration auf dem Client entfällt damit, was auch *Zero Client Administration* genannt wird. Die Rollen und Benutzer von SAP MII werden ebenfalls zentral in der User Management Engine (UME) von SAP NetWeaver verwaltet.

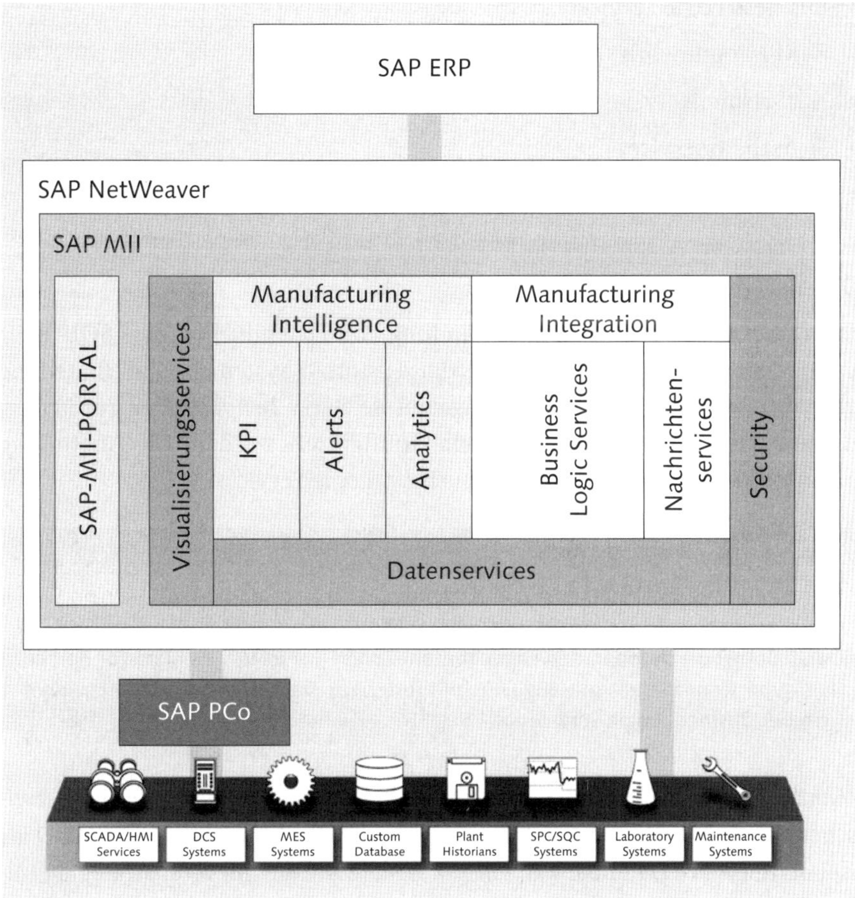

Abbildung 8.41 SAP-MII-Services (Quelle: SAP SE)

SAP MII verfügt über eine servicebasierte Architektur und stellt Ihnen die in Abbildung 8.41 aufgeführten Dienste zur Verfügung. Wir werden Ihnen die interessantesten Funktionen im Anschluss näher beschreiben:

- Datenservices
  - Manufacturing Data Objects (MDO)
  - SAP-PCo-Abfragen
  - Catalog Services
- Visualisierungsservices
  - Diagramme und Tabellen
  - SPC-Charts (Statistical Process Control), auch *SPC-Regelkarten* genannt
  - Self Service Composition Environment (SSCE)

- Business Logic Services
  - KPI-Framework
- Nachrichtenservices
- Sicherheitsservices
- Navigationsservices

Datenservices

Die Datenservices dienen zur Anbindung von Datenquellen, wie SQL- oder OLAP-Datenbanken sowie MES- oder Historian-Systemen. Zur Erstellung von Abfragen in SAP MII stehen sogenannte *Query Templates* zur Verfügung, die je nach verwendeter Datenquelle konfiguriert werden. Die Anbindung an SAP ERP erfolgt innerhalb der Business Logic Services.

[»] **Datenabstraktionsschicht**

Das Ergebnis jeder Abfrage an eine Datenquelle liegt anschließend in einem SAP-MII-spezifischen XML-Format vor. Dieses XML-Format dient dann sowohl zur Darstellung von Daten in den sogenannten *Display Templates* als auch zur Berechnung von Kennzahlen und zur Durchführung von Datentransformationen innerhalb der Business Logic Services.

Manufacturing Data Objects (MDO) stellen eine Abstraktionsschicht zwischen Applikationsebene und Datenquelle dar. Sie können sich ein MDO als frei definierbare Datenbanktabelle vorstellen, die Sie mit zwei Strategien füllen können:

- Persistent, d. h., die MDO-Tabelle ist immer mit Daten gefüllt.
- On-Demand, d. h., die MDO-Tabelle wird erst zum Zeitpunkt der Abfrage mit Daten gefüllt, nämlich aus der konfigurierten Datenquelle. Diese Datenquelle kann eine SAP-MII-Abfrage sein, aber auch eine SAP-MII-Transaktion. Nähere Informationen zu Transaktionen erhalten Sie im folgenden Unterabschnitt »Business Logic Services«.

Damit haben Sie die Möglichkeit, eine Anwendung auf Basis von SAP MII zu erstellen, die Sie jederzeit auch an anderen Standorten einsetzen können, selbst wenn dort Systeme unterschiedlicher Hersteller zum Einsatz kommen. Sie müssen dann nur die Konfiguration zur Datenquelle unterhalb der MDO-Schicht anpassen, ansonsten bleibt alles gleich.

SAP MII speichert normalerweise keine Daten redundant, um Berechnungen von Kennzahlen und Darstellungen auf seinem Webportal vorzunehmen. Die untergeordneten Systeme werden in der Regel zur Laufzeit abgefragt und die Daten *on the fly* kalkuliert. Alle Abfragen in SAP MII können aber für eine frei konfigurierbare Zeit in den Cache des Application Servers geladen werden, um Zugriffszeiten zu optimieren. Darüber hinaus können Abfragen auch zeitgesteuert mithilfe des SAP MII Schedulers ausgeführt werden. Neben der Möglichkeit, die MDO-Funktionalität zu benutzen, können Sie selbstverständlich auch Tabellen in einer externen Datenbank anlegen, um Daten Ihrer SAP-MII-Anwendung zu speichern.

MDO – Manufacturing Data Objects [«]

Mehr Informationen zum Thema MDO finden Sie unter *http://scn.sap.com/docs/DOC-36230*.

Die Komponente *SAP Plant Connectivity (PCo)* verwenden Sie, falls Sie über SAP MII z. B. Daten aus Historian-Systemen und OPC-Server (Open Productivity & Connectivity) abfragen möchten. Je nach Konfiguration kann SAP MII aber auch Daten in diese Systeme zurückschreiben. SAP PCo dient auch der Überwachung von Werten und Ereignissen in untergeordneten Systemen. Wenn ein Grenzwert verletzt wird, kann ein sogenannter SAP PCo Agent eine SAP-MII-Transaktion aufrufen, um so eine komplexere Aktion zu starten, z. B. eine Instandhaltungsmeldung in SAP ERP anlegen.

SAP PCo unterstützt unter anderem die Spezifikationen OPC Data Access, OPC Historical Data Access, OPC Alarms & Events sowie OPC Unified Architecture und bietet Schnittstellen zu folgenden Historian-Systemen: OSIsoft PI, Aspentech IP21, GE Fanuc Proficy Historian, Citect und InSQL.

SAP Plant Connectivity (PCo) [«]

Mehr Informationen zum Thema SAP Plant Connectivity finden Sie unter *http://help.sap.com/pco*.

Catalog Services beschreiben den Dienst, der es Ihnen ermöglicht, Ihre Fertigungsanlagenstruktur hierarchisch in SAP MII abzubilden und mit entsprechenden Metadaten sowie Aliasen zu versehen. Das macht die Anlagenstruktur für den Anwender verständlicher als die rein technischen Datenpunktbeschreibungen (engl. Tags), die normalerweise in den Produktionssystemen verwendet werden. Das Ergebnis aus dem Erstellungsprozess wird als *Plant Information Catalog (PIC)* bezeichnet. Die Verwaltung des Plant Information Catalogs wird durch einen *Change-Management-Prozess* unterstützt, der bereits in den Dienst integriert ist.

[»] **Plant Information Catalog**

Mehr Informationen zur Verwendung des Plant Information Catalogs finden Sie unter *http://scn.sap.com/docs/DOC-47452*.

Visualisierungsservices

SAP MII verfügt über zahlreiche Möglichkeiten, um Daten in Webbrowsern am PC oder auf mobilen Endgeräten in rollenbasierten Portalen darzustellen. Diese Funktionen werden unter dem Begriff Visualisierungsservices zusammengefasst. SAP MII setzt dabei auf offene Standards wie HTML und JavaScript. Zuvor erstellte Abfragen (*Query Templates*) werden einfach mit den *Display Templates* verbunden und auf der HTML-Seite eingebettet. Zur Interaktion des Anwenders mit diesen Java-Applets steht eine komplette JavaScript-Bibliothek zur Verfügung. Die *Display Templates* gibt es für Charts (zur Trenddarstellung) und für Tabellen (auch mit integrierter Ampelfunktion, in Abhängigkeit von den dargestellten Werten). SAP MII unterstützt auch die Darstellung von SPC-Regelkarten und ermöglicht deren Auswertung mithilfe seiner Business Logic Services. Neben Java-Applets werden auch Scalable Vector Graphics (SVG) unterstützt, eine XML-basierte Methode zur Darstellung von Grafiken in Browsern. Schließlich unterstützt SAP MII auch die neuesten Möglichkeiten zur Visualisierung wie SAP-UI5-basierte Grafiken.

[»] **SAP UI5**

SAP UI5 ist eine Cross-Browser-fähige JavaScript-Bibliothek, welche die schnellere Erstellung von modernen Webseiten sowohl für stationäre als auch für mobile Endgeräte ermöglicht. Mehr Informationen zu SAP UI5 finden Sie unter:

- *http://www.sapui5.org*
- *http://scn.sap.com/community/developer-center/front-end/blog/2013/12/11/what-is-openui5-sapui5*

Mit der Funktion *Self Service Composition Environment (SSCE)* können Sie in SAP MII ohne tiefe Kenntnisse über Webseitenerstellung eigene Dashboards erstellen. Im SAP-MII-Forum finden Sie zahlreiche Dokumente zu dem Thema für den sofortigen Einstieg (siehe auch *http://scn.sap.com/docs/DOC-55992*).

Weiterführende Informationen [«]

Hier finden Sie weitere Hinweise zu Themen, die wir aus Platzgründen nicht vertiefen können:

- **SAP-Business-Intelligence-Lösungen und SAP MII**
  Im Bereich der Business-Intelligence-Lösungen (*http://help.sap.com/bobi*) der SAP SE unterstützt SAP MII sowohl SAP Crystal Reports als auch SAP BusinessObjects Dashboards (*http://scn.sap.com/docs/DOC-36248*). Beide Lösungen können SAP MII als Datenbasis nutzen oder in SAP MII zur Darstellung von Daten verwendet werden.
- **Visualisierung mit Microsoft**
  Wenn Sie mehr über die Visualisierungsmöglichkeiten mit Microsoft-Produkten erfahren möchten, vermittelt Ihnen der folgende Blogeintrag einen guten Überblick: *http://scn.sap.com/community/manufacturing/mii/blog/2013/10/28/sapmicrosoft-manufacturing-reference-architecture*.

Business Logic Services

Die *Business Logic* in SAP MII wird mit den Transaktionen in der SAP MII WORKBENCH realisiert. Transaktionen sind Programme, die mit einer grafischen Entwickleroberfläche erstellt werden und auch einen Debugger bereitstellen (im Menü: TRANSACTION • DEBUG). Abbildung 8.42 vermittelt Ihnen einen ersten Eindruck, wie ein solcher grafischer Programmablauf aussieht. Innerhalb der Transaktionen lassen sich mithilfe von Actions komplexe Berechnungen oder aber die Zusammenführung von Daten aus verschiedenen Quellen realisieren.

SAP MII Actions [«]

Hier sehen Sie, welche Actions Ihnen innerhalb der Transaktionen zur Verfügung stehen: *http://help.sap.com/mii*, dann weiter auf APPLICATION HELP • ENGLISH • CONTENT DEVELOPMENT • SAP MII WORKBENCH • TRANSACTIONS • ACTION.

Im Folgenden haben wir einige Eigenschaften von Transaktionen aufgelistet:

- Transaktionen können bereits erstellte Abfragen (*Query Templates*) in SAP MII nutzen. Ziehen Sie die Abfrage dazu einfach auf eine SEQUENCE (siehe Abbildung 8.42) in der Transaktion, schon stehen Ihnen die Daten im von SAP MII verwendeten XML-Format zur weiteren Verarbeitung zur Verfügung.
- Analog zur eben beschriebenen Vorgehensweise können Sie auch mit den *Display Templates* verfahren. So haben Sie z. B. die Möglichkeit, die SPC-Charts von SAP MII innerhalb einer Transaktion auszuwerten.

- Transaktionen können auch zum Einlesen von Daten in MDO-Objekte benutzt werden.
- Eine Transaktion kann von Display Templates auch als Datenquelle benutzt werden. Berechnete Daten können somit auf die gleiche Weise wie aus herkömmlichen SAP-MII-Abfragen angezeigt werden
- Jede Transaktion steht automatisch als Web Service zur Verfügung.
- Mithilfe des SAP MII Schedulers können Sie Transaktionen auch zeitgesteuert ausführen. Die Input-Variablen der Transaktion stehen Ihnen dabei zur Verfügung und können pro Instanz eines Schedulers parametrisiert werden. So können Sie z. B. für Produktionsbereich A und B über Nacht jeweils einen Bericht erstellen lassen, indem Sie die gleiche Transaktion zweimal im Scheduler instanziieren und lediglich den Wert für den Input-Parameter von *A* zu *B* ändern.

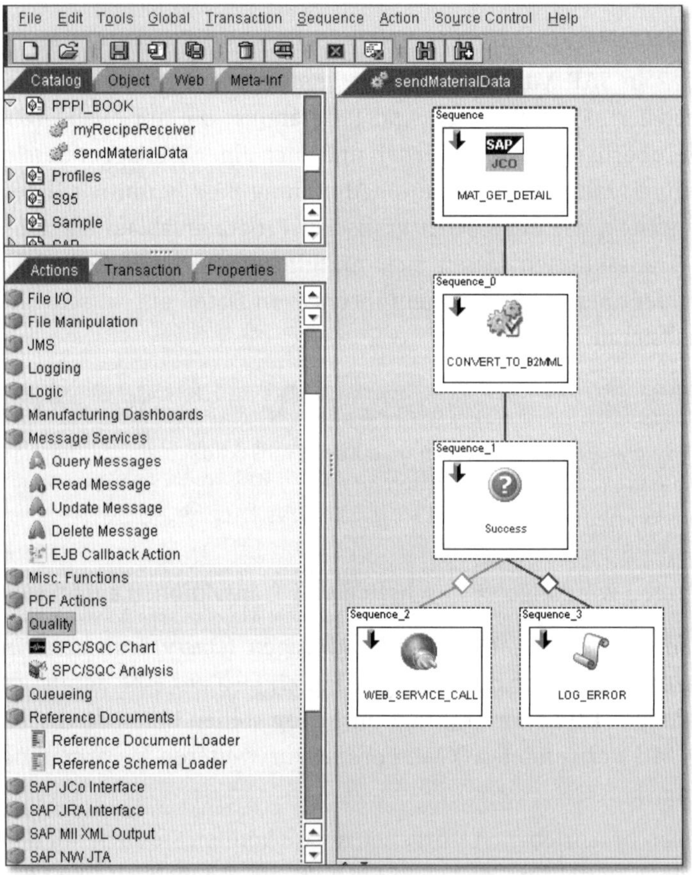

Abbildung 8.42 Eine Transaktion in der SAP MII Workbench

KPI-Framework [«]

Key Performance Indicators (KPI) oder Kennzahlen werden in der SAP MII WORKBENCH auf dem Reiter OBJECT definiert. Der *KPI Configuration Guide* zeigt Ihnen, wie das geht: *http://scn.sap.com/docs/DOC-36247.*

Im Folgenden eine kurze Erklärung zur Transaktion aus Abbildung 8.42: SAP-MII Transaktionen werden immer von oben nach unten und von links nach rechts im jeweiligen Baum durchlaufen. Eine oder mehrere Actions können auf einer Sequence platziert werden. Wie bereits in Abschnitt 8.3.5, »XML-Schemata in SAP MII einbinden«, beschrieben, benutzt man den Dialog CONFIGURE und den LINK EDITOR, um Actions zu konfigurieren. Eine Action ist mit einer Funktion in einer Programmiersprache vergleichbar. Sie können jeder Action einen von der Standardbezeichnung abweichenden, sinnvollen Namen geben, um die Transaktion besser lesbar zu machen. Klicken Sie dazu einfach mit der rechten Maustaste auf die Action, und wählen Sie PROPERTIES • NAME aus dem Kontextmenü aus. Doch nun zu den einzelnen Schritten in der Beispieltransaktion `sendMaterialData` aus Abbildung 8.42:

- `MAT_GET_DETAIL` ist eine Action vom Typ SAP JCO INTERFACE, die zur besseren Lesbarkeit der Transaktion umbenannt wurde. Mit einer Action vom Typ SAP JCO INTERFACE werden die Materialdaten aus SAP mit dem entsprechenden BAPI geholt.
- `CONVERT_TO_B2MML` ist eine Action vom Typ DYNAMIC TRANSACTION CALL, die eine zweite Transaktion aufruft, die dann die Umwandlung in B2MML vornimmt.
- `Success`, die Action vom Typ CONDITIONAL, prüft den Rückgabewert der vorangegangenen Aktion. Wenn dieser in Ordnung ist, wird die Nachricht mit einer Action WEB SERVICE (`WEB-SERVICE_CALL`) verschickt, wenn nicht, dann wird ein Fehler protokolliert (`LOG_ERROR`).

SAP-MII-Transaktionen können neben In- und Output-Variablen (TRANSACTION PROPERTIES) auch lokale Variable (LOCAL PROPERTIES) haben. Wertzuweisungen von einer zur anderen Action werden mittels Drag & Drop im LINK EDITOR realisiert und sind dann durch kleine eingehende (englisch »incoming«) und ausgehende (englisch »outgoing«) Pfeile gekennzeichnet.

PDF-Dokumente erstellen [«]

Mit SAP MII können Sie übrigens auch PDF-Dokumente erstellen, in die Sie sämtliche Display Templates sowie Texte und Tabellen integrieren können. Folgende Szenarien sind damit u. a. möglich:

- Erstellung eines PDF-Dokuments und automatischer Versand via E-Mail (SAP MII Scheduler in Kombination mit der Action SEND MAIL)
- Upload eines PDF-Dokuments ins DMS (Dokumenten-Management-System) von SAP ERP, z. B. Trenddaten aus der Fertigung als Anhang zu einem Prüflos

Darüber hinaus kann SAP MII automatisch eine Dokumentation über SAP-MII-Transaktionen im PDF-Format erstellen.

8.3.7 Produktionsaufträge an angeschlossene Systeme senden

In diesem Abschnitt erfahren Sie mehr über die einzelnen Schritte, die notwendig sind, um Prozessaufträge über SAP MII im B2MML-Standard an Systeme in der Fertigung zu senden. Zum Versenden von Prozessaufträgen wird die B2MML-Nachricht vom Typ *ProductionSchedule* (siehe Abschnitt 8.3.5, »XML-Schemata in SAP MII einbinden«) verwendet. Zunächst erläutern wir einige Begriffe und Abläufe, die in diesem Kontext wichtig sind.

Steuerrezept

Wie Sie bereits wissen, legen Sie Prozessaufträge in SAP ERP an und geben sie dann frei. Nach der Freigabe können Sie das Steuerrezept zum Auftrag mit der Transaktion CO53 versenden (siehe dazu auch Kapitel 5, »Prozesskoordination«). Jedes Steuerrezept hat eine eindeutige Nummer. Das Erstellen und Versenden kann selbstverständlich auch automatisch im Hintergrund erfolgen, sodass der Mitarbeiter den Auftrag lediglich freigeben muss.

[»] **XSteps und Steuerrezepte**

Wenn Sie bei Ihren Prozessaufträgen XSteps verwenden, sind diese auch Bestandteil des Steuerrezepts.

Steuerrezeptempfänger

SAP ERP unterstützt die in Tabelle 8.4 aufgeführten Empfängertypen. Jede Phase innerhalb eines Prozessauftrags kann dabei unterschiedliche Steuerrezeptempfänger haben. Die erste Phase eines Prozessauftrags kann z. B. einen Vorbereitungsschritt durchlaufen, wie das Verwiegen von Einsatzstoffen. Der Steuerrezeptempfänger kann in diesem Fall eine elektronische Herstellanweisung sein. Erst wenn diese Phase abgeschlossen ist, wird das Steuerrezept erstellt und an den nächsten Empfänger, beispielsweise ein System in der Fertigung, versendet. Das zweite Steuerrezept kann dabei mit Informationen des ersten angereichert werden, wie z. B. der Chargennummer der verwogenen Einsatzstoffe. Für SAP MII ist Typ 2 als Empfänger einzurichten.

Empfängertyp	Beschreibung
Typ 1	Übergabe an ABAP-List-basierte Herstellanweisung (SAP)
Typ 2	Download an externes System, initiiert durch SAP-Prozesskoordination
Typ 3	Download an externes System, initiiert durch externe Prozesssteuerung
Typ 4	Übergabe an browserbasierte Herstellanweisung (SAP)

Tabelle 8.4 Steuerrezeptempfänger in SAP PP-PI (Quelle: SAP SE)

Steuerrezepte in SAP MII trennen [+]

Je nachdem, wie viele Steuerrezepte zum Versand an einen externen Empfänger bereitstehen, kann es sein, dass sie von SAP ERP gesammelt in einer einzigen XML-Nachricht versendet werden. Aus diesem Grund ist es notwendig, die verschiedenen Steuerrezepte in SAP MII zunächst zu trennen, bevor sie in das B2MML-Format umgewandelt werden. Eine Trennung ganz am Anfang des Transformationsprozesses macht die restlichen Schritte leichter handhabbar. Zudem unterstützt dies den Vorgang, die Steuerrezepte später einzeln an die untergeordneten Systeme weiterzugeben.

Struktur des Steuerrezepts

Das Steuerrezept erreicht SAP MII in einer SAP-ERP-spezifischen XML-Struktur, deren Hauptknoten Sie Tabelle 8.5 entnehmen können. Das Ziel in SAP MII besteht nun darin, die XML-Struktur des SAP-ERP-Steuerrezepts auf die XML-Struktur der B2MML-Nachricht *ProductionSchedule* zu mappen (siehe Abschnitt 8.3.5, »XML-Schemata in SAP MII einbinden«).

Hauptknoten	Beschreibung
CRHE	Steuerrezeptheader
CRFT	Prozessvorgaben
CRFV	Prozessvorgabemerkmale
TLINES	Textuelle Anweisungen

Tabelle 8.5 Hauptknoten eines SAP-ERP-Steuerrezepts im XML-Format (Quelle: SAP SE)

[»] **Welche Informationen beinhaltet die B2MML-Nachricht?**

Die Art und Anzahl der Informationen, mit denen die B2MML-Nachricht angereichert werden muss, ist im Wesentlichen von der Art und vom Automatisierungsgrad der verwendeten Systeme in der Fertigung abhängig. Beim Einsatz eines MES oder einer Rezeptursteuerung liegen die detaillierten verfahrenstechnischen Informationen zur Ablaufsteuerung einer Produktionsanlage schon zusammengefasst vor. Hier kann es ausreichen, neben dem zu produzierenden Material die Einsatzstoffe und deren Mengen zu übermitteln.

Steuerrezepte als B2MML-ProductionSchedule mit SAP MII versenden

Sobald Sie wissen, welche Informationen Sie mit dem Fertigungssystem mithilfe der Nachrichtenart *ProductionSchedule* austauschen wollen, führen Sie die folgenden Schritte durch.

Erstellen Sie eine Verbindung zwischen SAP ERP und SAP MII. Dazu richten Sie zuerst SAP MII als Zielsystem für eine RFC-Verbindung in SAP ERP ein. Anschließend konfigurieren Sie den Message Listener in SAP MII.

[»] **Anleitung zum Einrichten einer IDoc- oder RFC-Verbindung**

Die detaillierte Anleitung zum Einrichten der Verbindung finden Sie unter *http://scn.sap.com/docs/DOC-1775*. Die Schritte zur Einrichtung einer RFC-Verbindung sind analog zu der einer IDoc-Verbindung, mit dem Unterschied, dass Sie für eine RFC-Verbindung weder ein *Partner Profile* noch ein *Distribution Model* anlegen müssen. Die Anleitung wurde für SAP MII Version 12.1 geschrieben, ist aber nach wie vor gültig. Nachdem Sie die Einstellung sowohl in SAP ERP als auch auf der SAP-NetWeaver-Plattform des MII-Systems konfiguriert haben, müssen Sie Ihre IDoc- bzw. RFC-Verbindung unbedingt im Administrationsmenü von SAP MII unter MESSAGE SERVICE • MESSAGE LISTENERS aktualisieren. Wählen Sie dazu den Namen der Verbindung aus, und klicken Sie auf UPDATE.

Als Nächstes legen Sie in SAP MII unter MESSAGE SERVICE • MESSAGE PROCESSING RULES eine Regel (engl. Processing Rule) für Ihre SAP-MII-Transaktion an, die später das Steuerrezept aus SAP ERP entgegennimmt. Den Namen für Ihre PROCESSING RULE können Sie im Feld NAME frei vergeben (siehe Abbildung 8.43). Unter MESSAGE LISTENER tragen Sie den Namen der eingerichteten RFC-Verbindung ein. Der MESSAGE NAME bestimmt die Art der Nachricht, auf die die PROCESSING RULE reagiert, wenn Meldungen an SAP MII versendet werden. Um eingehende Steuerrezepte zu verarbeiten, müssen Sie im Feld MESSAGE NAME »CONTROL_RECIPE_DOWNLOAD« eingeben. Den PROCESSING TYPE stellen Sie auf TRANSACTION ein.

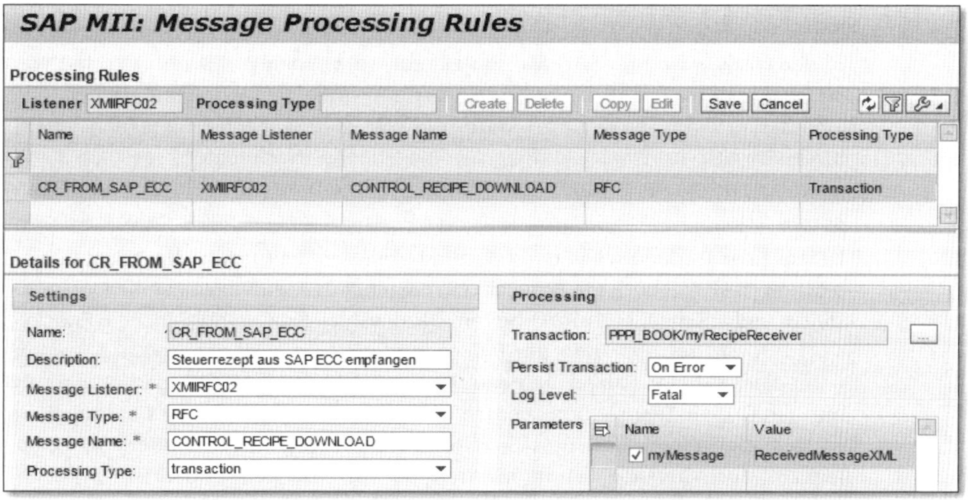

Abbildung 8.43 Processing Rule zum Empfang von Steuerrezepten in SAP MII

Message Monitor [«]

Eingehende Nachrichten für den SAP-MII-Message-Service sehen Sie sofort im MESSAGE MONITOR (MESSAGE SERVICE • MESSAGE MONITOR). Dort können Sie auch sehen, ob die Nachrichten korrekt verarbeitet wurden, und gegebenenfalls die Verarbeitung nochmals anstoßen.

Die Transaktion (z. B. `myRecipeReceiver`), die Sie in der SAP MII WORKBENCH erstellt haben, muss eine Input-Variable (z. B. `myMessage`) vom Typ XML haben, der das SAP-ERP-Steuerrezept zur weiteren Bearbeitung zugeordnet wird. Für die Zuordnung müssen Sie nur noch das Kennzeichen RECEIVED MESSAGE XML für Ihre Variable `myMessage` unter PROCESSING • PARAMETERS aktivieren.

Nachdem Sie mithilfe einer oder mehrerer SAP-MII-Transaktionen die XML-Datei des Steuerrezepts aus SAP ERP in ein B2MML-ProductionSchedule im XML-Format transformiert haben, können Sie den B2MML-ProductionSchedule, wie in Abschnitt 8.3.5, »XML-Schemata in SAP MII einbinden«, beschrieben, zunächst validieren und dann an das angeschlossene Produktionssystem versenden.

Zum Versenden an einen Web Service, den das Zielsystem zur Verfügung stellt, verwenden Sie innerhalb einer SAP-MII-Transaktion die Action WEB SERVICE. SAP MII bietet aber auch Funktionen zum Schreiben von Dateien auf das Dateisystem oder zum Versenden mittels FTP.

[»] **Hinweise zur Gestaltung der Schnittstelle**

In der Praxis würde Ihr SAP-MII-Projekt zur Umwandlung und zum Versand von Steuerrezepten aus SAP ERP aus mehreren SAP-MII-Transaktionen bestehen. Die Transaktion `myRecipeReceiver` würde die XML-Datei zunächst entgegennehmen, beispielsweise in einem Ordner für eingehende Nachrichten speichern und anschließend weitere Transaktionen zur Verarbeitung aufrufen (Action TRANSACTION CALL).

Neben einer automatischen und eventbasierten Verarbeitung der Nachrichten bietet Ihnen SAP MII auch die Möglichkeit, eingehende Meldungen in eine Queue zu stellen und anschließend abzuarbeiten. Dazu wählen Sie CATEGORY im Feld PROCESSING TYPE für die Definition der Processing Rule. Die Nachrichten werden dann unter einer Kategorie abgelegt, deren Namen Sie frei vergeben können. Anders als mit der Option TRANSACTION werden die Nachrichten jedoch nicht automatisch (nach ihrem Eintreffen im MESSAGE MONITOR) weiterverarbeitet, sondern nur abgelegt. In einem zweiten Schritt müssten Sie mit einer zeitgesteuerten SAP-MII-Transaktion (SYSTEM MANAGEMENT • SCHEDULER) die Queue auslesen und die Nachrichten verarbeiten. Die Actions dafür finden Sie unter MESSAGE SERVICES in der SAP MII WORKBENCH.

8.3.8 Produktionsrückmeldungen an SAP ERP senden

Für eine Rückmeldung von Prozessaufträgen an SAP ERP sind u. a. folgende Szenarien mit SAP MII möglich.

Szenario 1 – Rückmeldung über eine Benutzeroberfläche

SAP MII stellt eine webbasierte Benutzeroberfläche zur Verfügung, in der der Operator lediglich die produzierten Mengen und den Ausschuss eingibt, vergleichbar mit einer elektronischen Herstellanweisung in SAP ERP, die Sie in Kapitel 5, »Prozesskoordination«, kennengelernt haben. Die Rückmeldung auf den Prozessauftrag erfolgt dann mittels SAP MII unter Verwendung des entsprechenden BAPIs direkt oder indirekt durch das Versenden einer Meldung an den Meldungsmonitor von SAP ERP, den Sie über die Transaktion CO54 aufrufen (siehe dazu auch Kapitel 5, »Prozesskoordination«). Dort werden, je nach Einstellung, die eingegangenen Nachrichten entweder manuell oder automatisch verbucht.

Szenario 2 – Rückmeldung über eine Schnittstelle

SAP MII kann auch als reine Infrastrukturkomponente fungieren, d. h., ein untergeordnetes System ruft eine SAP-MII-Transaktion als Web Service auf und übergibt alle benötigten Parameter zur Produktionsrückmeldung.

Mithilfe von SAP PCo (siehe Abschnitt 8.3.6, »Leistungsspektrum von SAP MII«) kann Szenario 2 auch so aussehen: SAP MII wird lediglich über das Ende eines Produktionsauftrags im Produktionssystem informiert. Dies kann z. B. auch durch Setzen eines Wertes im OPC-Server geschehen. SAP PCo registriert diese Wertänderung und benachrichtigt SAP MII mit einem Web-Service-Aufruf. SAP MII kann dann nach Eintreten dieses Ereignisses das untergeordnete System selbstständig abfragen und die erforderlichen Werte für die Rückmeldung ermitteln.

Schrittweise Umsetzung von Szenario 2

Das Produktionssystem sendet eine B2MML-Nachricht vom Typ *ProductionPerformance* via Web Service an SAP MII, das die Nachrichten anschließend an den Meldungsmonitor des SAP-ERP-Systems (Transaktion CO54) sendet. Für die Umsetzung in SAP MII sind folgende Schritte erforderlich:

1. Zunächst müssen Sie das SAP-ERP-System in SAP MII einrichten: DATA SERVICES • CONNECTIONS • TYPE: JCO.

Namen für SAP-MII-Verbindungen oder Datenserver vergeben [!]

Der Name des SAP-MII-Verbindungs- oder Datenservers sollte auf unterschiedlichen SAP-MII-Systemen (Development-, Quality-Assurance- und Produktivsystem) gleich lauten. Bei gleichem Namen muss dann beim Transport Ihrer SAP-MII-Projekte nur noch darauf geachtet werden, dass die Verbindungsinformationen auf den unterschiedlichen Systemen angepasst werden.

2. Legen Sie über SECURITY SERVICES • CREDENTIAL STORE einen Benutzer für den JCO-Daten-Service an (der Benutzer sollte in SAP ERP als technischer Benutzer angelegt sein). Auf dem Reiter SECURITY werden die SAP-MII-Rollen zugeordnet, die diesen Benutzer nutzen dürfen.
3. Erstellen Sie jetzt eine Transaktion in der SAP MII WORKBENCH, die eine Input-Variable (z. B. `myMessage`) vom Typ XML hat; diese wird die B2MML-Nachricht später aufnehmen.
4. Innerhalb der Transaktion können Sie jetzt, wie in Abschnitt 8.3.5, »XML-Schemata in SAP MII einbinden«, beschrieben, die Datei *B2MML-V0600-ProductionPerformance.xsd* und darin das ELEMENT *ProductionPerformance* verwenden, um die Input-Variable `myMessage` zu validieren. Verwenden Sie hierzu die Action VALIDATE XML, die Sie unter XML FUNCTIONS finden.
5. Verwenden Sie jetzt die Action SAP JCO INTERFACE, die Sie im gleichnamigen Ordner finden, und verwenden Sie das weiter oben angelegte SAP-

ERP-System sowie den Benutzer. Suchen Sie im Dialog CONFIGURE nach dem BAPI BAPI_PROCESS_MESSAGE_CREATEMLT, und übernehmen Sie es in das Feld RFC NAME. Wenn Sie die anschließende Frage mit JA beantworten, enthält der LINK EDITOR der JCO-Action einen Request- und einen Response-Knoten.

[»] **Request-Knoten und der Function Builder von SAP ERP**

Der Aufbau des Request-Knotens entspricht dem Aufruf des entsprechenden BAPIs oder RFC-Bausteins in SAP ERP mittels Transaktion SE37 zur Pflege von Funktionsbausteinen. Das heißt, dass alle Parameter, die Sie einer Funktion dort erfolgreich übergeben haben, auch in SAP MII funktionieren. In SAP MII ist nur zu beachten, dass führende Nullen angegeben werden müssen und dass das Datum stets im Format YYYYMMDD zu übergeben ist.

6. Was jetzt noch fehlt, ist ein Mapping zwischen Ihrer Input-Variable myMessage und der Request-Struktur des verwendeten BAPIs. Dieses Mapping können Sie ganz bequem per Drag & Drop im LINK EDITOR der JCO-Action durchführen.
7. Ihre Transaktion ist fast fertig: Eine Antwort des SAP-ERP-Systems erhalten Sie im Response-Knoten der JCO-Action. Dort können Sie dann sehen, ob Ihre Meldung erfolgreich von SAP ERP empfangen wurde oder ob es Fehler gegeben hat. Um zu sehen, ob es Fehler gegeben hat oder nicht, sollten Sie den Response-Knoten der JCO-Action noch auswerten, z. B. mit der Action CONDITIONAL, die Sie im Ordner LOGIC finden.

[+] **So geben Sie einen Request- oder Response-Knoten aus**

Sowohl das XML-Dokument des Request-Knotens als auch das des Response-Knotens lässt sich mithilfe der Action (LOGGING) TRACER auf der nächsten SEQUENCE ausgeben. Sie sehen dann im Debug-Fenster (im Menü: TANSACTION • EXECUTE) eine Zeile, die Sie durch Doppelklick in die Zwischenablage kopieren können. Den Inhalt der Zwischenablage kopieren Sie dann am besten in eine leere Webseite Ihres SAP-MII-Projekts (Reiter WEB • NEW • WEB OBJECTS • HTML), die Sie als Editor zum Lesen der Tracer-Meldung verwenden können:

Nachdem Sie den Inhalt der Zwischenablage in die leere Seite kopiert haben, müssen Sie noch die nicht XML-konformen Zeichen am Anfang entfernen (z. B. [INFO] [Tracer_0]). Gehen Sie anschließend im Menü auf EDITOR • FORMAT TEXT, um eine automatische Formatierung der XML-Ausgabe zu erreichen.

8. Um Ihre Transaktion in SAP MII auszuführen, klicken Sie im Menü der SAP MII WORKBENCH auf den entsprechenden Button oder drücken Sie

[Strg] + [F5]. Beim ersten Test ist es nicht zwingend erforderlich, den Response-Knoten auszuwerten, dies sollte aber dann spätestens vor Fertigstellung der Transaktion geschehen.

Transaktionen in Ruhe testen und entwickeln [+]

Sie können bei der Konfiguration der Input-Variablen `myMessage` unter VALUE die gesamte XML-Struktur der zu erwartenden XML-Nachricht speichern; auf diese Weise können Sie Ihre Transaktion jederzeit testen bzw. zu Ende entwickeln, ohne dass Sie tatsächlich eine Nachricht vom untergeordneten System bekommen. Wenn Ihre SAP-MII-Transaktion außerhalb der Entwicklungsumgebung aufgerufen wird, wird der Inhalt von VALUE überschrieben.

9. Nach Fertigstellung Ihrer Transaktion geben Sie den Kollegen, die Ihnen Nachrichten schicken wollen, nur noch die Web-Service-Adresse Ihrer Transaktion bekannt. Sie lautet im Allgemeinen: *http://<MII Server>:<port>/XMII/WSDLGen/<Pfad der Transaktion>*.

Zugriffsbeschränkungen [!]

Verwenden Sie die zur Verfügung stehenden Möglichkeiten auf SAP-MII-Transaktionsebene (TRANSACTION • SECURITY), um die Zugriffsmöglichkeiten auf den bereitgestellten Web Service einzuschränken.

Die folgende Tabelle 8.6 enthält eine Auflistung der gebräuchlichsten Meldungsarten, die Sie an den Meldungsmonitor zurückgeben können (siehe dazu auch Kapitel 5, »Prozesskoordination«):

Meldungsart	Beschreibung
PI_CRST	Steuerrezeptstatus
PI_PHST	Phasenstatus
PI_CONS	Material verbraucht (Materialabgang)
PI_PROD	Material produziert (Materialzugang)

Tabelle 8.6 Die gebräuchlichsten Meldungsarten

PP-PI-PCS Interface [«]

Die Verarbeitung der unterschiedlichen Meldungsarten wird im folgenden Abschnitt 8.4 beschrieben. Zudem finden Sie eine Auflistung der im SAP-Standard ausgelieferten Prozessmeldungsarten in Abschnitt 5.3.3, »Prozessmeldungsarten«. Eine vertiefte technische Beschreibung der Übergabestrukturen der PI-PCS Schnittstelle erhalten Sie unter http://help.sap.com/printdocu/core/Print46c/en/

data/pdf/PPPIPCS/PPPIPCS.pdf. Das Dokument bezieht sich auf die SAP-ERP-Version 4.6C. Für den Abgleich mit aktuellen Versionen suchen Sie unter *http://help.sap.com* nach dem Stichwort »PP-PI-PCS Interface«.

Neben einem Debugger in der SAP MII WORKBENCH verfügt SAP MII auch über CATCH- und THROW-Actions, die eine Fehlerbehandlung ermöglichen, die Sie auch von anderen Programmiersprachen kennen. Darüber hinaus können Sie die Action TRACER zur Ausgabe von Meldungen während der Entwicklung nutzen, und die Action EVENT LOGGER, um Fehlermeldungen direkt im SAP-NetWeaver-Log zu protokollieren.

8.4 Anbindung von Fremdsystemen mit der PI-PCS-Schnittstelle

In diesem Abschnitt erläutern wir die Bausteine und die funktionellen Abläufe der PI-PCS-Schnittstelle. Die PI-PCS-Schnittstelle ist die von SAP entwickelte standardisierte Schnittstelle zum Austausch von Daten der Prozessauftragsabwicklung mit externen Systemen wie Prozessleitsystemen oder Wiegesystemen. Wie Sie in Abbildung 8.44 sehen können, dient die in Kapitel 5 beschriebene Prozesskoordination als zentrales Element zur Erzeugung und Verarbeitung der relevanten Daten.

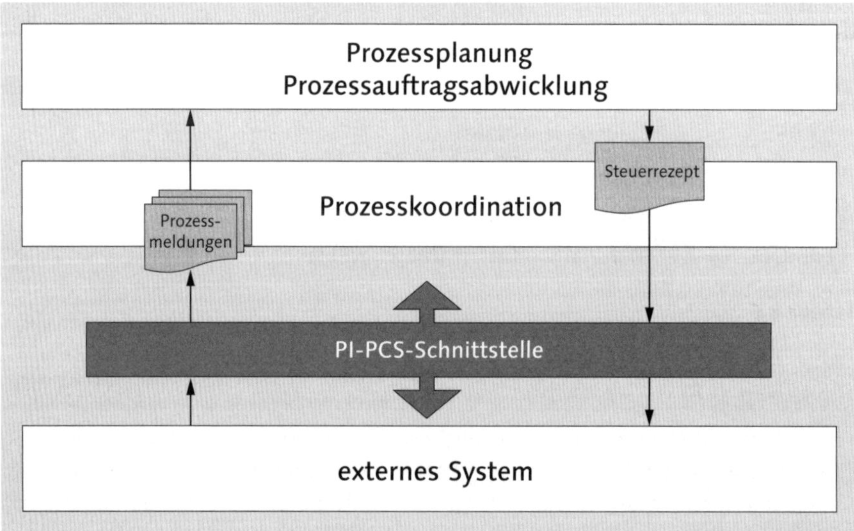

Abbildung 8.44 Die PI-PCS-Schnittstelle als Bindeglied zwischen SAP und externen Systemen

Wie Sie sehen können, erfolgt der Austausch von Daten von SAP ERP zum externen System mithilfe von Steuerrezepten, während vom externen System Prozessmeldungen an SAP ERP gesendet werden.

Wie bereits in Kapitel 5, »Prozesskoordination«, beschrieben, ist es vor dem Start der Realisierung einer Schnittstelle wichtig, zu definieren, welche Daten an das externe System übertragen werden sollen. So stellen Sie sicher, dass alle erforderlichen Informationen ausgetauscht werden. Häufig geht man bei der Definition der Felder schrittweise vor und definiert zuerst die grobe Struktur der Daten. Darunter verstehen wir hier die Festlegung der unterschiedlichen Datenobjekte, die als Quelle dienen sollen: Prozessauftragskopf, Prozessauftragsstückliste, Prozessauftragsvorgänge sowie weitere Daten wie Details aus dem Materialstamm oder der Klassifizierung. Diese einzelnen Datenobjekte werden häufig als individuelle Prozessvorgabearten angelegt.

Im Folgeschritt werden nun die einzelnen Felder pro Datenobjekt identifiziert, die übertragen werden sollen. Der Dateninhalt jedes einzelnen Feldes wird durch Prozessvorgabemerkmale (siehe Abschnitt 5.4.3, »Prozessvorgabemerkmale«) transportiert. Häufig können bereits im SAP-Standard zur Verfügung gestellte Prozessvorgabemerkmale verwendet werden. Steht hingegen kein vordefiniertes Prozessvorgabemerkmal zur Verfügung, so müssen eigene Merkmale definiert werden. Zur Ermittlung der Merkmalswerte ist dabei in der Regel die Verwendung des entsprechenden User-Exits `COAV_CUSTOMER_EXIT_001` erforderlich.

Nachdem die einzelnen Prozessvorgabemerkmale definiert worden sind, werden sie mithilfe der Prozessvorgabearten gruppiert und die Prozessvorgabearten dem Steuerrezeptempfänger (= externes System) zugeordnet.

Bei der weiteren Konfiguration des Steuerrezeptempfängers muss zudem die RFC-Verbindung hinterlegt sowie der Typ des Steuerrezeptempfängers definiert werden (siehe Abschnitt 5.2.1, »Anlage von Steuerrezepten im Testmodus«). Beim Typ des Steuerrezeptempfängers wird unterschieden, ob das externe System die Daten selbst abholt (Pull-Szenario, Typ 3) oder ob SAP ERP die Daten an das externe System sendet (Push-Szenario, Typ 2). Die Auswahl des hier definierten Szenarios hat Auswirkungen auf die zu verwendenden Bausteine der PI-PCS-Schnittstelle bei der Übertragung der Daten an das externe System.

Auf Seiten des externen Systems muss sichergestellt werden, dass die von SAP ERP im Steuerrezept in strukturierter Form bereitgestellten Daten verarbeitet werden können. Externe Systeme mit einer zertifizierten SAP-Schnittstelle sind zumeist in der Lage, Steuerrezepte in der zur Verfügung gestellten Form einzulesen. Allerdings muss hier häufig die Verbindung zwischen SAP-Feldern und Feldern des externen Systems gemäß den jeweiligen Projektanforderungen angepasst werden, man spricht dabei vom *Matching* der Felder. Dies kann zu einem nicht unerheblichen Aufwand auf Seiten des externen Systems führen.

Neben dem Versand von Informationen von SAP ERP an ein externes System muss auch für die entgegengesetzte Richtung definiert werden, welche Informationen ausgetauscht werden sollen. Wie in Kapitel 5, »Prozesskoordination«, beschrieben, erfolgt dieser Austausch in Form von Prozessmeldungen (siehe Abschnitt 5.3, »Prozessmeldungen«). Bei der Definition dieser Datenübertragungsrichtung definieren Sie in einem ersten Schritt, welche Informationen an SAP ERP gesendet werden. In den häufigsten Fällen werden Informationen wie Verbrauchsbuchungen, Zugangsbuchungen oder Leistungsrückmeldungen vom externen System zur Verfügung gestellt. Dazu können die im SAP-Standard zur Verfügung gestellten Prozessmeldungen verwendet werden. Wichtig ist hier, dass das externe System die einzelnen Meldungen in der von SAP ERP erwarteten Struktur und dem entsprechenden Format versendet, damit die empfangenden Bausteine der PI-PCS-Schnittstelle die Informationen verarbeiten und entsprechende Prozessmeldungen anlegen können. Auch hier gilt, dass externe Systeme mit einer zertifizierten SAP-Schnittstelle die Daten problemlos in der korrekten Form zur Verfügung stellen. Wenn Informationen ausgetauscht werden sollen, die über den SAP-Standard hinausgehen, so müssen auch hier eigendefinierte Prozessmeldungsmerkmale konfiguriert und in entsprechende Prozessmeldungsarten eingebunden werden.

Mit der Zuordnung von Prozessmeldungsempfängern sowie entsprechenden Funktionsbausteinen stellen Sie SAP-seitig die korrekte Verarbeitung der Daten sicher. SAP ERP stellt für den Datenaustausch zwischen PP-PI und einem externen System Funktionsbausteine und BAPIs (Business Application Programming Interfaces) zur Verfügung. Bei BAPIs handelt es sich um Methoden von SAP-Business-Objekten, die einen standardisierten, objektorientierten Zugriff auf einzelne Funktionen erlauben. Bei der PI-PCS-Schnittstelle handelt es sich dabei um die Objekte `ControlRecipe` (SAP → externes System) und `ProcessMessagePI` (externes System → SAP). Die zu verwendende Technologie muss bei der Konfiguration der Schnittstelle individuell festgelegt werden.

Die technische Kommunikation erfolgt in beiden Fällen mithilfe von Remote Function Calls (RFC), die entweder synchron oder transaktional erfolgen können:

- **Synchroner RFC (sRFC)**
  Mithilfe eines sRFCs wird das Ergebnis eines Aufrufs sofort an den Aufrufenden zurückgegeben. Alle BAPI-Aufrufe sowie die Funktionsbausteine zum Download von Merkmalsdaten und Merkmalswerten werden als sRFC ausgeführt.
- **Transaktionaler RFC (tRFC)**
  tRFCs werden asynchron ausgeführt und liefern keine direkte Rückmeldung. Ist das Zielsystem zum Zeitpunkt des Aufrufs nicht aktiv, so wird der tRFC entsprechend einer einstellbaren Wiederholrate und -dauer erneut ausgeführt. Die Reihenfolge einzelner Aufrufe bleibt erhalten. Den aktuellen Status des Datenaustauschs können Sie jederzeit über eine entsprechende Protokolldatei überprüfen.

Im Folgenden erfahren Sie, wie die PI-PCS-Schnittstelle Daten sowohl von PP-PI an ein externes System als auch in die Gegenrichtung übertragen kann.

8.4.1 Datenübergabe von SAP PP-PI an ein externes System

Wie eingangs erwähnt, können Sie den Austausch von Daten mithilfe eines BAPIs oder eines RFC-Bausteins anstoßen.

Häufiges Integrationsszenario für die Datenübergabe an externe Systeme [«]

In den meisten Implementierungen wird der Funktionsbaustein `CONTROL_RECIPE_DOWNLOAD` für die Übertragung der Steuerrezeptdaten verwendet. In diesem Push-Szenario erfolgt der Versand der Steuerrezepte mithilfe eines eventgesteuerten Hintergrundjobs, der immer dann angestoßen wird, wenn das SAP-System erkennt, dass ein neues Steuerrezept angelegt wurde.

In den folgenden drei Abschnitten beschreiben wir die Übertragung von Steuerrezepten mithilfe von BAPIs und Funktionsbausteinen und gehen auf die Übertragung von allgemeinen Merkmalsdaten ein, die nicht gemeinsam mit den Steuerrezeptdaten übertragen werden.

Datenaustausch von Steuerrezepten mittels RFC-Funktionsbausteinen

Für die Steuerrezeptübergabe von PP-PI an ein externes System mittels eines RFC-Funktionsbausteins stehen drei Kommunikationsszenarien zur Verfügung, die in Abbildung 8.45 dargestellt sind.

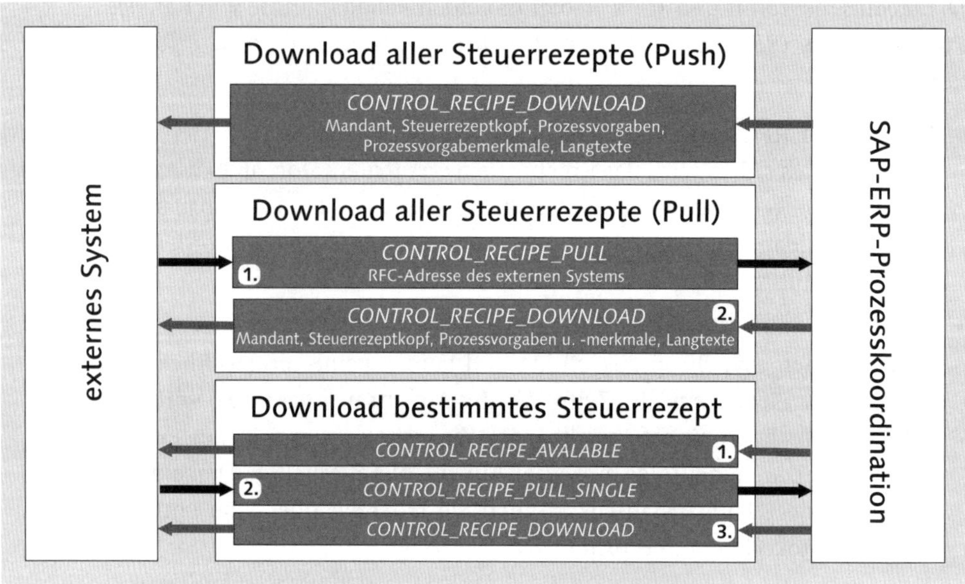

Abbildung 8.45 Datenaustausch mittels RFC-Funktionsbaustein

- **Download aller Steuerrezepte für ein externes System, initiiert durch PP-PI (Push-Szenario)**
  Dieses Szenario kann nur für Steuerrezeptempfänger mit dem Empfängertyp 2 (Download initiiert durch SAP-ERP-Prozesskoordination) verwendet werden. Der Download wird dabei entweder manuell aus dem Steuerrezeptmonitor angestoßen (Button VERSENDEN VON STEUERREZEPTEN, siehe Abschnitt 5.2.4, »Status von Steuerrezepten«) oder automatisch durch einen Hintergrundjob. In beiden Fällen wird der Funktionsbaustein `CONTROL_RECIPE_DOWNLOAD` aufgerufen. Mit einem Funktionsaufruf können beliebig viele Steuerrezepte übergeben werden.

  Der Funktionsbaustein übergibt dabei die relevanten Tabelleneinträge der Tabellen CRHE (Kopf Steuerrezept), CRFT (Prozessvorgaben), CRFV (Prozessvorgabemerkmale) und TLINES (Langtexte).

- **Download aller für ein externes System vorhandenen Steuerrezepte auf Anforderung des externen Systems (Pull-Szenario)**
  Dieses Szenario kann nur für Steuerrezeptempfänger mit dem Empfängertyp 3 (Download initiiert durch das Steuersystem) verwendet werden. Das externe System ruft den Funktionsbaustein `CONTROL_RECIPE_PULL` auf, der den Download aller zu diesem Zeitpunkt für den Steuerrezeptempfänger verfügbaren Steuerrezepte anstößt. Der Download erfolgt dann transaktional wie oben beschrieben über die Funktion `CONTROL_RECIPE_DOWNLOAD`.

- **Download eines bestimmten Steuerrezepts auf Anforderung des externen Systems**
  Dieses Szenario kann nur für Steuerrezeptempfänger mit dem Empfängertyp 3 (Download initiiert durch das Steuersystem) verwendet werden. Das externe System wird über die Funktion CONTROL_RECIPE_AVAILABLE informiert, dass ein neues Steuerrezept verfügbar ist. Durch Aufruf des Funktionsbausteins CONTROL_RECIPE_PULL_SINGLE kann das Steuersystem ein bestimmtes Steuerrezept von PP-PI anfordern. Der Download erfolgt wie bei den vorher beschriebenen Alternativen über die Funktion CONTROL_RECIPE_DOWNLOAD.

Datenaustausch von Steuerrezepten mittels BAPI

Beim Datenaustausch werden die nachfolgend beschriebenen drei Schritte nacheinander ausgeführt. Abbildung 8.46 gibt den Ablauf schematisch wieder.

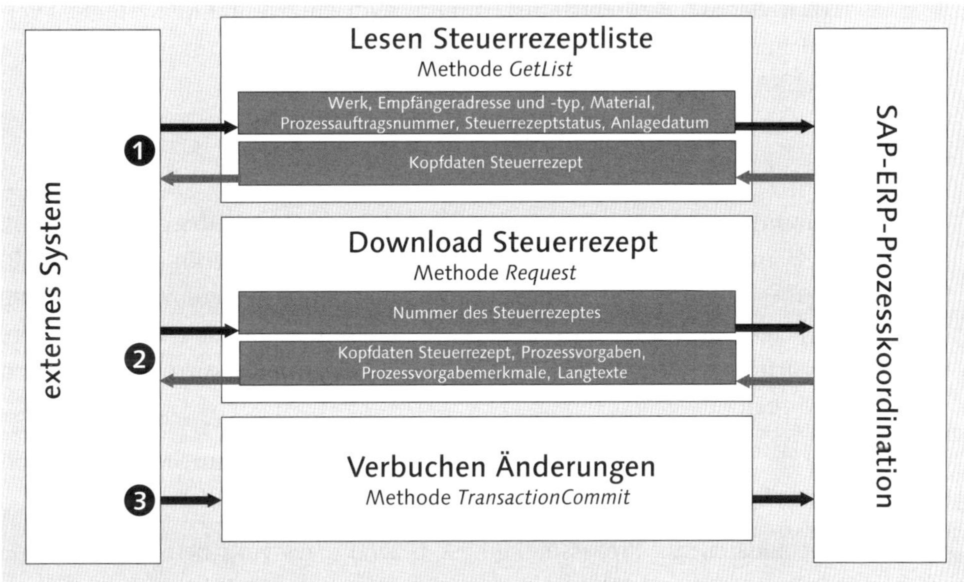

Abbildung 8.46 Datenaustausch mittels BAPI

❶ Lesen der Steuerrezeptliste

Verwendung der Methode GetList (Steuerrezeptliste lesen) des SAP-Business-Objekts ControlRecipe (Steuerrezept).

Das BAPI ruft dabei mithilfe von Selektionsparametern wie Werk, Empfängeradresse und -typ und/oder dem Datum der Anlage (von ... bis) die

Liste der entsprechenden Steuerrezepte ab. Das BAPI liefert bei diesem Aufruf die Kopfdaten des Steuerrezepts.

❷ **Download von Steuerrezepten**

Verwendung der Methode `Request` des SAP-Business-Objekts `ControlRecipe` (Steuerrezept).

Die Methode übergibt nur Steuerrezepte, denen ein Empfänger vom Typ 3 (Download an externes System, initiiert durch Prozesssteuerung) zugeordnet ist und die noch nicht bearbeitet wurden (Status *Angelegt*). Nach der Verbuchung erhalten die Steuerrezepte den Status *Gesendet*.

Das Steuerrezept wird über die Steuerrezeptnummer selektiert. Das BAPI liefert die Kopfdaten des Steuerrezepts, die Prozessvorgaben, die Prozessvorgabemerkmale sowie die Langtexte der Merkmale.

❸ **Verbuchung von Änderungen**

Beim Download von Steuerrezepten werden Daten in SAP ERP verändert (z. B. der Steuerrezeptstatus). Um die Änderungen im ERP-System zu verbuchen, müssen Sie nach dem Download die Methode `TransactionCommit` des SAP-Business-Objekts `BapiService` ausführen.

Übergabe allgemeiner Merkmalsdaten

Während im Steuerrezept Merkmale und deren Werte übergeben werden, fehlen zusätzliche Informationen zu den einzelnen Merkmalen, wie z. B. Eingabeschablone und Format. Wenn im externen System Merkmalswerte angezeigt oder zur Eingabe angeboten werden, müssen daher weitere Informationen übertragen werden, um die Merkmale korrekt verarbeiten zu können.

Über die PI-PCS-Schnittstelle können daher zusätzlich zum Steuerrezept folgende allgemeine Merkmalsdaten an Steuersysteme übergeben werden:

- Detaildaten zu Prozessmeldungs- bzw. Prozessvorgabemerkmalen wie z. B. Format und Merkmalgruppe
- zulässige Eingabewerte von Prozessvorgabe- bzw. Prozessmeldungsmerkmalen (vergleichbar mit der F4-Wertehilfe in SAP ERP)

Der Download kann sowohl mit BAPIs als auch mit RFC-fähigen Funktionsbausteinen ausgeführt werden. Der Download von Detaildaten zu Merkmalen kann entweder mit dem Funktionsbaustein `PROC_CHAR_GET_LIST_WITH_DETAIL` oder dem BAPI des SAP-Business-Objekts `ProcessCharactrstcPI`

(Prozessmerkmal) mit der Methode GetList erfolgen. Um zulässige Merkmalsdaten im externen System zur Verfügung stellen zu können, bietet SAP im Standardumfang den Funktionsbaustein PROC_CHAR_GET_LIST_WITH_DETAIL sowie das BAPI zum SAP-Business-Objekt ProcessCharactrstcPI mit der Methode GetHelpvalues an.

Nachdem wir uns bislang mit der Übertragung von Daten von einem SAP-System an ein externes System beschäftigt haben, zeigen wir Ihnen im folgenden Abschnitt die unterschiedlichen Möglichkeiten zur Übertragung von Daten von einem externen System an ein SAP-System.

8.4.2 Datenübergabe von einem externen System an SAP PP-PI

Beim Ausführen eines Steuerrezepts werden durch das externe System Prozessmeldungen mit Ist-Daten zum Prozess erzeugt. Diese werden über die PI-PCS-Schnittstelle an SAP ERP übergeben und dort genauso weiterverarbeitet wie manuell angelegte Meldungen oder Prozessmeldungen aus der SAP-Herstellanweisung.

Über die Schnittstelle können mehrere Prozessmeldungen gleichzeitig, d. h. mit einem RFC, übergeben werden.

Reduktion der SAP-Systemlast [«]

Um die Systembelastung möglichst niedrig zu halten, sollte ein externes System in der Lage sein, Prozessmeldungen zu sammeln und in sinnvollen Zeitabständen an PP-PI zu übergeben.

Wie der Download kann auch der Upload sowohl mit BAPIs als auch mit RFC-fähigen Funktionsbausteinen ausgeführt werden. In beiden Fällen geht die Initiative vom externen System aus.

Häufiges Integrationsszenario für die Datenübergabe an ein SAP-System [«]

In den meisten Implementierungen erfolgt die Übertragung der Prozessmeldungen durch die Verwendung des Funktionsbausteins CONTROL_RECIPE_DOWNLOAD, wenn sRFC eingesetzt wird, bzw. der beiden Funktionsbausteine PROCESS_MESS_UPLOAD und PROCESS_MESS_GET_RETURN_CODE, wenn tRFC eingesetzt wird.

In den folgenden beiden Abschnitten beschreiben wir die Übertragung von Prozessmeldungen mithilfe von BAPIs und Funktionsbausteinen.

Upload von Prozessmeldungen mit RFC-Funktionsbausteinen

Prozessmeldungen können mit dem Funktionsbaustein PROCESS_MESS_UPLOAD an das SAP-System übergeben werden. Die übergebenen Daten werden in den SAP-Tabellen MSHD (Kopfdaten Prozessmeldung) sowie MSEL (Prozessmeldungsmerkmale) fortgeschrieben. Die Tabelle MSEL enthält dabei die Prozessmeldungsmerkmale und ihre Werte. Für die Übertragung können zwei Arten der Verarbeitung verwendet werden (siehe Abbildung 8.47).

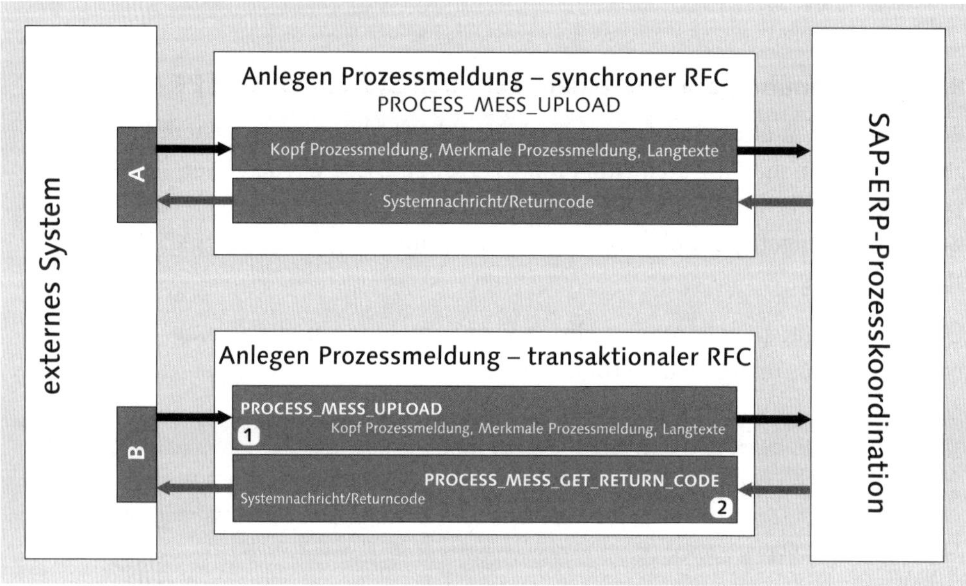

Abbildung 8.47 Upload von Prozessmeldungen mittels Funktionsbaustein

- **Meldungs-Upload mit sRFC**
  Der Funktionsbaustein PROCESS_MESS_UPLOAD wird durch das externe System aufgerufen. Noch im selben Funktionsaufruf gibt PP-PI die Ergebnisse der Meldungsverarbeitung zurück.
- **Meldungs-Upload mit tRFC**
  Das externe System übergibt zusätzlich zu den Meldungsdaten die RFC-Destination des RFC-Partnerprogramms an den Funktionsbaustein PROCESS_MESS_UPLOAD. Der Funktionsbaustein läuft asynchron zum Aufruf ab. Anschließend initiiert PP-PI über den Funktionsbaustein PROCESS_MESS_GET_RETURN_CODE einen tRFC an die RFC-Destination des Partnerprogramms. Darin übergibt es die Verarbeitungsergebnisse an das externe System.

Upload von Prozessmeldungen mittels BAPIs

In diesem Fall führt das externe System mit unterschiedlichen BAPIs nacheinander die folgenden Funktionen aus. Die einzelnen Schritte sind in Abbildung 8.48 schematisch wiedergegeben.

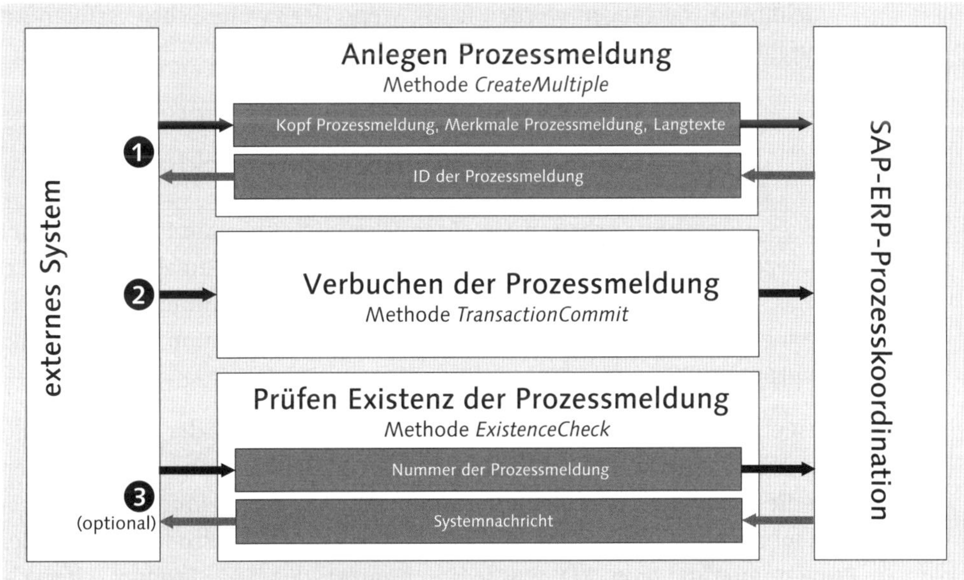

Abbildung 8.48 Upload von Prozessmeldungen mittels BAPI

❶ Anlegen von Prozessmeldungen

In diesem Schritt verwenden Sie die Methode `CreateMultiple` (Prozessmeldungen anlegen) des SAP-Business-Objekts `ProcessMessagePI` (Prozessmeldung). Das externe System übergibt den Prozessmeldungskopf sowie die Meldungsmerkmale und die zugehörigen Langtexte an das SAP-System. Das SAP-System sendet daraufhin die Nummer der angelegten Prozessmeldung an das externe System.

❷ Verbuchen der Prozessmeldung

Um die Prozessmeldungen im ERP-System zu verbuchen, muss nach dem Upload die Methode `TransactionCommit` des SAP-Business-Objekts `BapiService` ausgeführt werden.

❸ **Überprüfen der Existenz von Prozessmeldungen (optional)**
Um zu prüfen, ob eine Prozessmeldung in SAP verbucht wurde, verwenden Sie die Methode `ExistenceCheck` (Existenz einer Prozessmeldung prüfen) des SAP-Business-Objekts `ProcessMessagePI` (Prozessmeldung). Diese Prüfung ist optional, da von der ordnungsgemäßen Anlage der Prozessmeldung ausgegangen werden kann, wenn der zweite Schritt erfolgreich durchlaufen wurde.

8.5 Integration mit der SAP Rezeptentwicklung

In diesem Abschnitt erhalten Sie einen Überblick über die Funktionen der SAP Rezeptentwicklung (RD), die mit ERP 6.0 EHP 5 erstmalig ausgeliefert wurde. Sie lernen weiterhin die Möglichkeiten der Integration von RD in PP-PI kennen, wobei auch kurz die Unterschiede zur Integration in die Produktionsplanung (PP) aufgezeigt werden.

RD ist eine neue Funktionalität, die Sie als Produktentwickler bei Ihrer täglichen Arbeit unterstützt, beginnend mit der Erstellung von Versuchsreihen über die produktspezifischen Rezepturen, die Vorgabenprüfung und die Produktauszeichnungserstellung bis hin zur Übergabe in die Produktion. Bei der Programmierung von RD wurde im Kontext des SAP Product Lifecycle Managements (SAP PLM) durchgängig auf den Einsatz einer browserbasierten Oberfläche gesetzt, die eine einfache und intuitive Bedienung der Software erlaubt und Sie in die Lage versetzt, die Anwenderoberfläche an Ihre Bedürfnisse anzupassen.

8.5.1 Produktentwicklungsprozess

Zuerst führen wir Sie in die einzelnen Teilschritte des Produktentwicklungsprozesses ein und beschreiben, wie die Teilfunktionen Sie als Produktentwickler in den einzelnen Phasen unterstützen.

Wie in Abbildung 8.49 dargestellt, durchläuft ein Produktentwicklungsprozess, je nach Art des neuen Produkts bzw. der angeforderten Änderungen an ein Produkt, verschiedene Projektschritte, die unter Umständen auch mehrfach in Zyklen durchlaufen werden können. Wir gehen an dieser Stelle zuerst auf die verschiedenen Projektschritte ein und zeigen Ihnen dann im Nachgang die funktionale Unterstützung durch die Software auf.

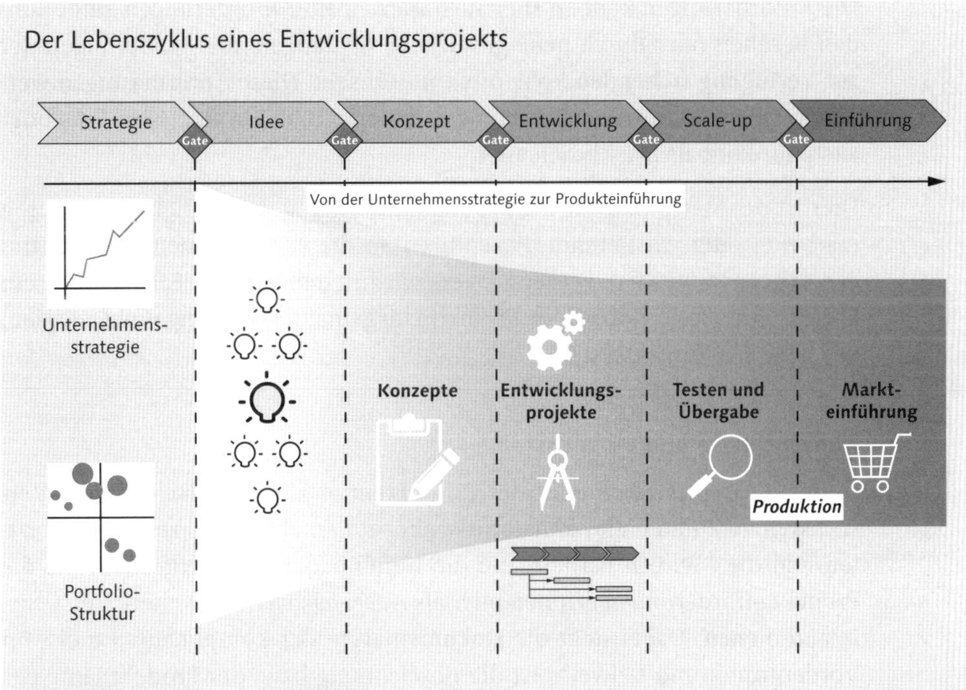

Abbildung 8.49 Der Lebenszyklus eines Innovationsprojektes

Strategiephase

In der Strategiephase definieren Sie im Unternehmen die Schwerpunkte zukünftiger Produktentwicklungen. Dazu werden Produkt- und Markttrends, aber auch neue Technologien berücksichtigt, die gegebenenfalls sogar von Zulieferern durch ihre Rohstoffe initiiert werden. Dieser Prozess wird in vielen Firmen durch das Marketing getrieben und durch Portfolio-Tools wie z. B. SAP Portfolio- und Projektmanagement unterstützt, auf das aber in diesem Rahmen nicht näher eingegangen wird.

Produktideenphase

Die Produktideenphase liegt in den meisten Unternehmen ebenfalls in der Hand des Marketings. In diesem Schritt erarbeiten und beschreiben Sie die Produktanforderung bzw. die Idee. Auslöser kann ein Trigger aus der Strategiephase sein. Die Anforderungen an das zu entwickelnde Produkt können dabei basierend auf neuen Produktvorgaben oder mit Bezug zu bereits existierenden Produkten (»Soll 20 % weniger Zucker enthalten«) definiert werden.

Die Anforderungen können aber auch speziell auf Anforderungen eines Kunden beruhen oder durch neue gesetzliche Reglungen oder Änderungen der zur Verfügung stehenden Rohstoffe initiiert sein. Diese Anforderungen werden in einem Anforderungsdokument hinterlegt, häufig als *Design Brief* oder auch nur kurz als *Brief* bezeichnet.

Dies ist der Startpunkt für die Produktentwicklung, wobei neue Rezepturen erarbeitet oder existierende Rezepturen an die vorgegebenen Anforderungen angepasst werden. Dieser Prozess wird in den meisten Fällen durch ein Projekt gesteuert, wobei hier Projektmanagement-Tools eingesetzt werden, wie z. B. SAP Projektsystem.

Konzeptphase und Versuchsreihen

In der Konzeptphase mischt der Produktentwickler in verschiedenen Versuchsreihen Zutaten und Rohstoffe, wobei er in mehreren Rezepten die Zutaten und die Mengen variiert, um die Kombinationen zu ermitteln, die die Produktanforderungen erfüllen oder als Ausgangsbasis für weitere Versuchsreihen dienen. Dabei steht die Dokumentation der Komponenten meist im Vordergrund, und teilweise ist die Bezeichnung bzw. der Produktname des Zielprodukts zu diesem Zeitpunkt auch noch nicht bekannt. Der Produktentwickler variiert dabei zunächst auf theoretischer, rechnerischer Basis die Zutaten, bevor dann die ermittelten und erfolgsversprechenden Rezepte in physischen Versuchsreihen getestet werden.

Produktentwicklung

In der Phase der Produktentwicklung prüfen Sie die Ergebnisse der Konzeptphase auf Herz und Nieren. Sie führen Prüfungen auf Konformität bezüglich der Vorgaben sowie der gesetzlichen Rahmenbedingungen hin durch und erstellen die Produktspezifikationen, die zu deklarierenden Informationen und Produktauszeichnungen. Die Phase der Produktentwicklung überlappt sich teilweise sehr stark mit der vorangehenden Konzept- und Versuchsphase und der nachfolgenden Phase des Scale-up. Produktspezifische Rezepte schreiben die Zutaten (Formulierung) und gegebenenfalls die Prozessschritte zur Herstellung des Produkts auf der Basis der Laborversuche und Mengenverhältnisse fest. Je nach Unternehmen entstehen dabei werksübergreifende bzw. werksspezifische Rezepturen.

Scale-up und Pilotproduktion

In der Scale-up-Phase wird auf Basis der Laborrezeptur die Produktionsmenge in einer Pilotproduktionsumgebung, die meist der Entwicklungsabteilung zugeordnet ist, schrittweise erhöht. Bei Bedarf nehmen Sie noch Anpassungen an der Rezeptur vor, wie z. B. die Anpassung der Zutatenmengen aufgrund von Verlusten in der Produktionsanlage oder die Aufteilung einer Rezeptur in Vorstufenrezepturen zur Vormischung von Komponenten zur besseren Verarbeitung. Sie können in dieser Phase aus den werksübergreifenden Rezepturen auch werksspezifische Rezepturen ableiten und erstellen.

Produkteinführung

In der Phase der Produkteinführung laufen die Vorbereitungen und Anpassungen für die Produktion des Produkts und für das »Inverkehrbringen«. Spätestens zu diesem Zeitpunkt müssen Sie alle Materialien, Stücklisten und Rezepturen in den Produktionssystemen angelegt haben. Die Stammdaten müssen dann zur Verfügung stehen, um die Rohstoffe bestellen zu können und das Produkt und eventuell auch Zwischenprodukte produzieren zu können.

8.5.2 SAP Rezeptentwicklung

SAP Rezeptentwicklung (RD) gliedert sich in vier wesentliche Funktionsbereiche (siehe Abbildung 8.50). Der erste und wesentliche Bereich dient der Unterstützung des Anwenders bei der Entwicklung und Erstellung neuer Produkte auf Basis von Rezepten. Dabei unterstützt Sie RD mit einer Vielzahl an Funktionen, die Ihnen als Anwender bei der Erstellung von Berechnungen und der Ermittlung von Zutatenmengen zur Erreichung der Produktanforderungen separate Arbeitsschritte abnehmen und Sie dadurch entlasten. Ein weiterer Bereich ermöglicht Ihnen die Überprüfung der ermittelten Produkteigenschaften gegen gesetzliche und gegebenenfalls auch firmenspezifische Vorgabewerte. Speziell für die Nahrungsmittelindustrie hilft RD außerdem bei der Erstellung der Deklarationsinformationen für den späteren Aufdruck auf die Verpackung. Schließlich bietet RD auch eine Übergabefunktion, die die Ergebnisse aus der Entwicklung systemintern in die Produktionsstammdaten umsetzt bzw. bei Änderungen die Daten abgleichen kann. Auf diese Weise lässt sich Übergabezeit einsparen, und Übergabefehler können minimiert werden.

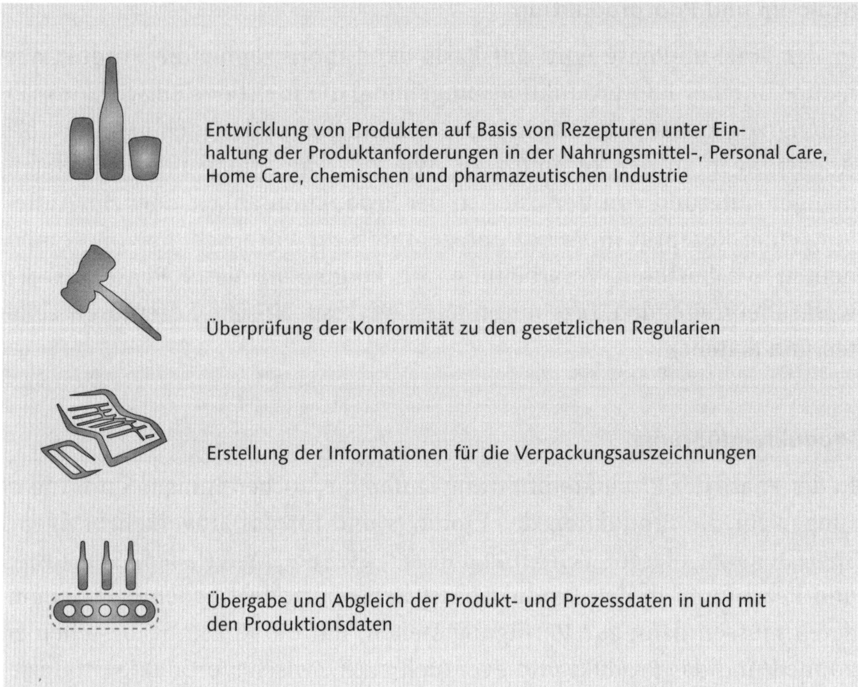

Abbildung 8.50 Funktionsbereiche von RD

[»] **Lizenzierung von RD**

RD (Komponente PLM-WUI-RCP) ist Teil der SAP-PLM-Funktionen und wird zurzeit gemeinsam mit SAP ERP an Kunden ausgeliefert. Für die Nutzung von RD und die Übergabe an die Produktion fallen zusätzliche Lizenzkosten an.

Anwenderoberfläche

Die Anwenderoberfläche von RD ist browserbasiert und steht unter dem SAP GUI nicht zur Verfügung. Deshalb kann die Anwenderoberfläche nur aus einer entsprechenden Umgebung wie z. B. einem Unternehmensportal oder dem SAP NetWeaver Business Client (NWBC) gestartet werden. Wenn Sie sich z. B. über den NWBC an der Software anmelden, befinden Sie sich in der anwenderspezifischen Arbeitsübersicht. Diese kann unternehmensspezifisch angepasst sein und deshalb von Abbildung 8.51 abweichen.

In Abbildung 8.51 sehen Sie auf der linken Seite die Navigationsleiste, über die Sie direkt auf verschiedene Funktionen, wie z. B. die Pflege von Spezifikationen oder Rezepten, zugreifen können. Auf der rechten Seite werden je nach Kontext verschiedene Fenster mit unterschiedlichen Aufgabenstellungen angezeigt; so sehen Sie dort z. B. die Fenster für die Suche, die WORKFLOW INBOX oder den Bereich MY OBJECTS mit Ihren Favoriten. Wie bereits erwähnt, können Sie diese Arbeitsumgebung speziell an Ihre Bedürfnisse anpassen.

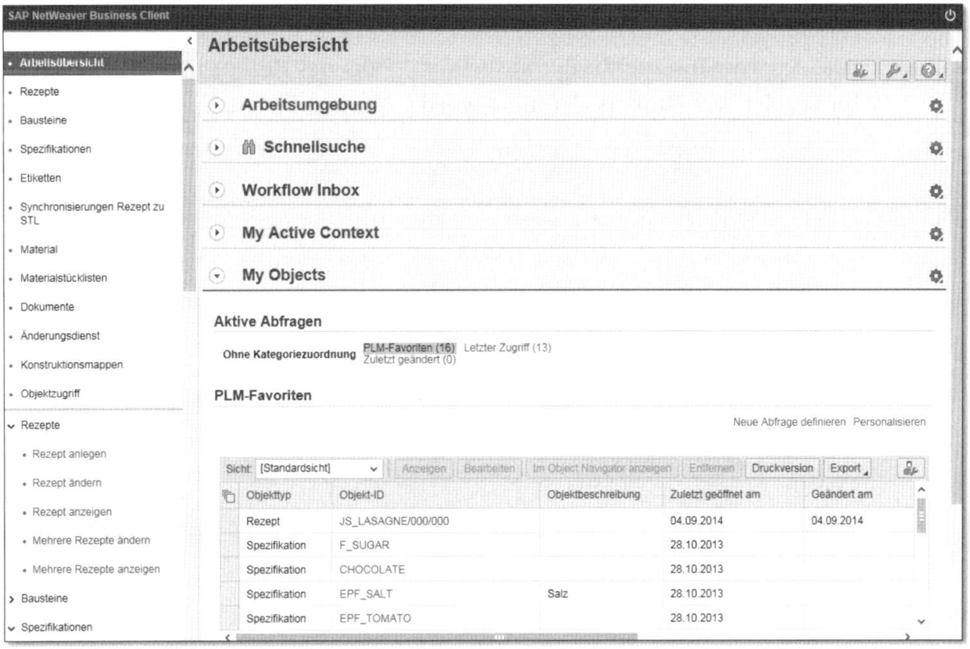

Abbildung 8.51 Anwenderoberfläche – Arbeitsübersicht

Versuche und Formulierungen

Ein zentrales Element der Produktentwicklung ist die Erfassung und die Dokumentation der durchgeführten Versuche und Tests; dies geschieht anhand von Rezepten. Dabei können diese nicht nur die Zutaten und ihre Mengen, sondern auch die Prozessschritte mit ihren Prozessparametern sowie die dafür notwendigen Ressourcen mit ihren notwendigen Eigenschaften definieren und beschreiben.

Je nach Entwicklungsphase unterstützt Sie RD in Ihrer Arbeit als Produktentwickler mit verschiedenen Rezepttypen, die schon vordefiniert sind bzw. bei der Systemkonfiguration eingestellt werden können.

In der frühen Phase der Produktentwicklung, wenn das zu entwickelnde Produkt noch nicht als Spezifikationsobjekt angelegt ist, nutzen Sie einen Rezepttyp, der ohne die Eingabe eines herzustellenden Produkts angelegt werden kann. Später verwenden Sie weitere Rezepttypen, die firmenweite oder die Standort- oder Werksrezepturen abbilden. Mit diesen Rezepttypen können Sie dann die Produktformulierung durchführen. Die Rezeptformulierung nehmen Sie auf dem Reiter FORMEL im Rezept vor. Ein Rezept können Sie unter anderem aufrufen, indem Sie es auf der Einstiegsseite im NWBC über die Funktion REZEPTE • SCHNELLSUCHE suchen und aus der Trefferliste das gewünschte Rezept auswählen. Falls das Rezept bereits als Favorit im Bereich MY OBJECTS definiert wurde, können Sie auch mit einem Mausklick direkt in das Rezept springen (siehe Abbildung 8.52).

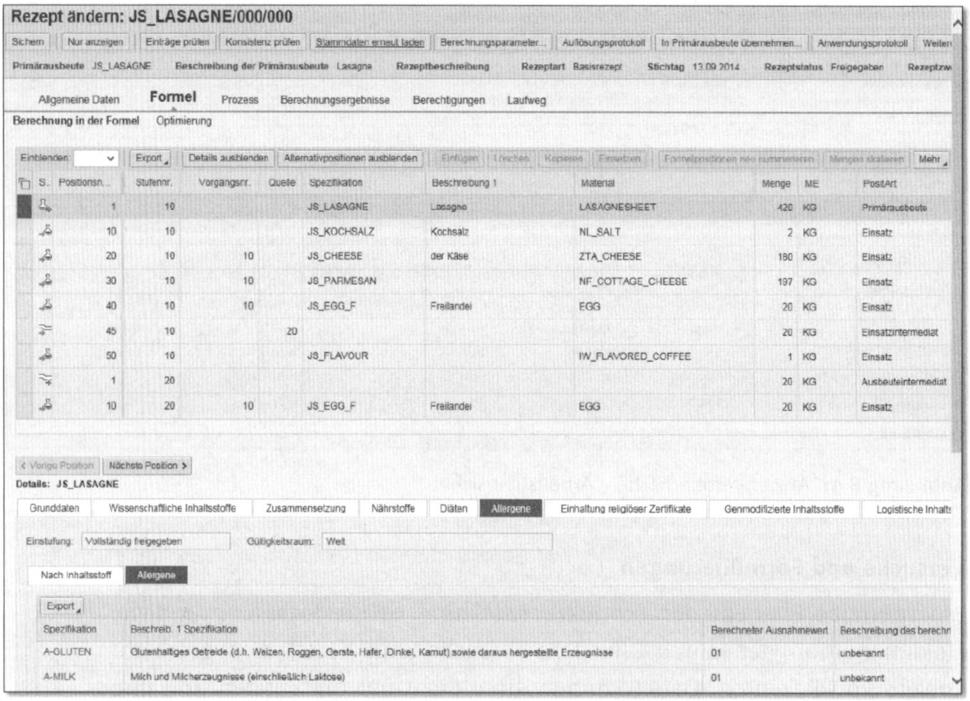

Abbildung 8.52 Rezept – Formulierung mit Allergendetails

Bei der Produktformulierung helfen Ihnen die Funktionen des Rezepts bei der Berechnung der Eigenschaften des Produkts auf Basis der Eigenschaften der Zutaten bzw. bei Reaktionsprozessen auf Basis der gemessenen Ergebnisse. Es werden je nach Industrie und Anwendungsfall unterschiedliche Eigenschaften für die herzustellende Primärausbeute (= Produkt des Rezepts) ermittelt, wie Zusammensetzungen, Nährwerte, Allergen, Diäten, Kosten oder religiöse Attribute wie z. B. koscher. Auch können bei diesen Berechnungen Verluste an Nährwerten durch Erhitzen oder Verdunstung oder Aufnahmen von Wasser, Fett oder Alkoholen durch den Prozess berücksichtigt werden. Auch mehrstufige Produktionsprozesse und die Mehrfachverwendung von Zwischenprodukten werden dabei unterstützt, und durch ein ausgeprägtes Berechtigungskonzept wird sichergestellt, dass nur autorisierte Anwender die geheimen Zusammensetzungen einsehen und bewerten können. In Abbildung 8.52 sehen Sie die Tabelle zur Pflege der Zutaten in der Formulierung und im unteren Teil des Bildschirms die durch das System ermittelten Aussagen zu den Allergenen.

Weitere Funktionen wie die Optimierung oder die Trockensubstanzberechnung unterstützen Sie dabei, die richtigen Mengen der Zutaten zu bestimmen, um damit die vorgegebenen Produkteigenschaftsziele zu erreichen. Die Optimierung erlaubt Ihnen, Zielgrößen für Produkteigenschaften vorzugeben, z. B. wie in Abbildung 8.53 gezeigt, Grenzwerte für Fett und Vitamin C. Sie erreichen diese im Rezept auf dem Reiter FORMEL und dem Unterreiter OPTIMIERUNG. Beim Optimierungslauf werden dann die Zutatenmengen verändert, bis eine Kombination gefunden ist, die die Vorgaben erfüllt, gesetzt den Fall, dass eine solche Kombination überhaupt möglich ist.

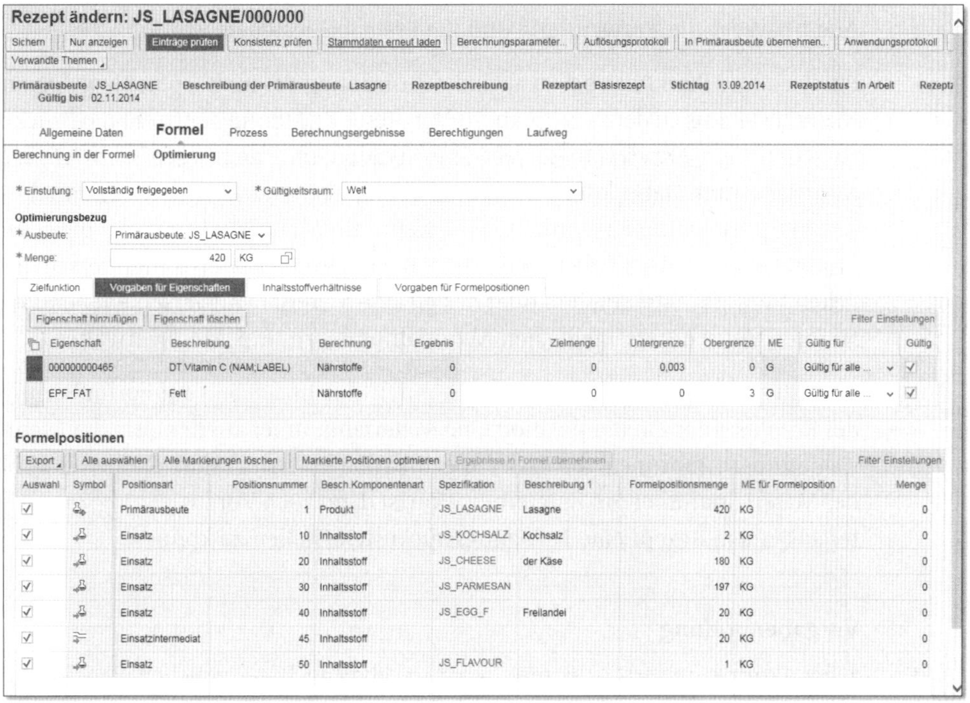

Abbildung 8.53 Rezept – Optimierung

Damit das System Sie in der beschriebenen Form unterstützen kann, nutzt das System für die Zutaten, Halbfabrikate und Endprodukte ein sogenanntes Spezifikationsobjekt – eventuell ist Ihnen dieses Objekt aus dem Modul SAP Environment, Health, and Safety Management (EH&S) bereits bekannt. Dieses Objekt ist vergleichbar mit einem Materialstammobjekt, beinhaltet im Gegensatz zum Materialstamm aber nicht die logistischen Daten, sondern die Produkt- bzw. Rohstoffeigenschaften wie z. B. pH-Wert, Trockensubstanzanteil, Zusammensetzung, Nährwerte und Allergene. Sie können auch Informationen aus der Produktsicherheit wie Gefährdungspotenziale und Gefahrgutklassifizierungen darin ablegen. Im Gegensatz zum Materialstamm hat in den meisten Firmen der Entwickler die Berechtigung, ein solches Spezifikationsobjekt auch ohne Genehmigungsprozess anzulegen, um z. B. für ein Lieferantenmuster die notwendigen Daten zu hinterlegen und für die Verwendung in der Rezeptur anzulegen. Analog legt der Entwickler ein Spezifikationsobjekt auch für neue Produkte an und reichert mit zunehmendem Wissensstand die Daten im Objekt an. Weitere Abteilungen, z. B. die Produktsicherheit oder das Qualitätsmanagement, ergänzen dann weitere Daten, bis schließlich alle Produkteigenschaften im Spezifikationsobjekt hinterlegt sind. Parallel dazu kann über eine Workflow-Steuerung dieser Prozess unterstützt werden und mit dem Status des Objekts die Änderbarkeit, die Verwendung und die Freigabe gesteuert werden.

Ein wichtiger Punkt hierbei ist auch die Zuordnung des meist später angelegten Materialstamms zu der Spezifikation. Mit dieser Zuordnung entsteht die Brücke zwischen dem *Entwicklungsobjekt* Spezifikation und dem *logistischen Objekt* Materialstamm. Dabei können auch verschiedene Materialstämme ein und derselben Spezifikation zugeordnet sein, wenn die Materialstämme die gleichen Produkteigenschaften haben, weil Sie z. B. das gleiche Material in unterschiedlichen Verpackungseinheiten oder das gleiche Material von verschiedenen Lieferanten unter unterschiedlichen Materialnummern im System verwalten.

Ab dem Zeitpunkt dieser Zuordnung können Sie nun auch in der Formulierung des Rezepts einer Zutatenposition eine Materialnummer aus der Liste der Materialnummern zuordnen, die in der Spezifikation hinterlegt sind. Diese Auswahl der Materialnummer pro Zutatenposition ist dann auch Voraussetzung, um später aus einem Rezept eine Fertigungsstückliste erstellen zu können.

Vorgabenprüfung

Jedes Produkt unterliegt firmeninternen, aber auch gesetzlichen Regeln, die sich in Form von Grenzwerten als Einzelwert oder als Grenzwerte im Zusammenspiel unterschiedlicher Komponenten ergeben. RD stellt Ihnen dazu die

Funktion der Vorgabenprüfung zur Verfügung, die es Ihnen erlaubt, sowohl für einzelne Produkte als auch für Rezepte die Prüfung gegen die Vorgaben durchzuführen, und Ihnen dabei die verletzten Grenzwerte aufzeigt. Sie erreichen die Vorgabenprüfung aus dem Rezept, für das eine Vorgabenprüfung gemacht werden soll, über WEITERE FUNKTIONEN • VORGABENPRÜFUNG STARTEN. Somit können Sie schon bei der Produktformulierung auf Vorgabenabweichungen reagieren, ohne erst auf die Überprüfung durch Ihre Qualitätssicherung warten zu müssen bzw. durch diese darauf hingewiesen werden müssen. Die Vorgabenprüfung unterstützt die Prüfung gegen verschiedene Vorgabendefinitionen mit unterschiedlichen Geltungsbereichen, z. B. Länder oder regionsbezogene Regeln. Teilweise können diese Daten von Firmen gekauft werden bzw. selbst aufgebaut und erweitert werden.

Etikettierung, Zutatenliste und Nährwerttabellen

Ein wesentlicher Bestandteil von RD ist die sogenannte *Etikettierung*. Auch wenn der Funktionsname auf den ersten Blick etwas anderes vermuten lässt, geht es hier jedoch nicht um den Druck von Etiketten, sondern um die Erstellung der Informationen, die im Nahrungsmittelbereich in der Regel für verpackte Produkte auf der Verpackung angegeben werden müssen. Die Funktion hilft Ihnen bei der Erstellung und der verpackungsbezogenen Zusammenstellung dieser Informationen. Als Basisdaten dafür können die Produktspezifikation oder wahlweise die Rezeptur des Produkts dienen – auch Kundenrezepturen können als Datenbasis herangezogen werden.

Sie gelangen zur Etikettierung, wenn Sie über die Navigationsleiste der Einstiegsseite des NWBC ETIKETTEN • SCHNELLSUCHE wählen und mit einem Mausklick auf ein existierendes Etikett in das Etikett navigieren. Alternativ können Sie nach Anwahl der Navigationsleistenposition ETIKETTEN im unteren Bereich der Navigationsleiste auswählen, ob Sie ein ETIKETT ANLEGEN oder ein ETIKETT ÄNDERN wollen.

In der Etikettierungsfunktion wählen Sie die Quelle der Informationen; hier können Sie entweder die Produktspezifikation oder ein Rezept für dieses Produkt auswählen. Beim Rezept wird dabei je nach Bedarf die Rezepturhierarchie für das Produkt aufgelöst, um die Basisdaten zu ermitteln. Dies sind im Wesentlichen die Zusammensetzung auf Basis der Zutaten, die Nährwerte und Allergene. Sie können dann festlegen, für welchen Zielgültigkeitsbereich (meist auf Länderbasis) und in welchen Sprachen die Definition erstellt werden soll. Das System hilft Ihnen anschließend bei der Erstellung der Zutatenliste, der Nährwerttabellen und der Allergenlisten sowie der notwendigen Fußnoten und Auszeichnungsmerkmale.

Das System erstellt aus den gewählten Daten eine erste Zutatenliste für das Produkt, die Sie Ihren Anforderungen entsprechend anpassen können. Hierzu unterstützt Sie das System durch Funktionen zur Kombination bzw. Aufteilung oder Gruppierung der Zutaten, An- und Abwahl von Gruppierungen und Mengenangaben sowie Rundungsregeln. Unter Zuhilfenahme von vordefinierten Standardbegriffen lässt sich die Zutatenliste weiter Ihren Bedürfnissen anpassen und durch Standardphrasen und Freitext optimieren. In Abbildung 8.54 sehen Sie eine Liste der vom System generierten Zutaten, die dann noch angepasst werden können. Mit der Funktion GENERIEREN wird diese in den entsprechenden Textentwurf der Zutatenliste – gegebenenfalls mit Fußnoten versehen – umgewandelt.

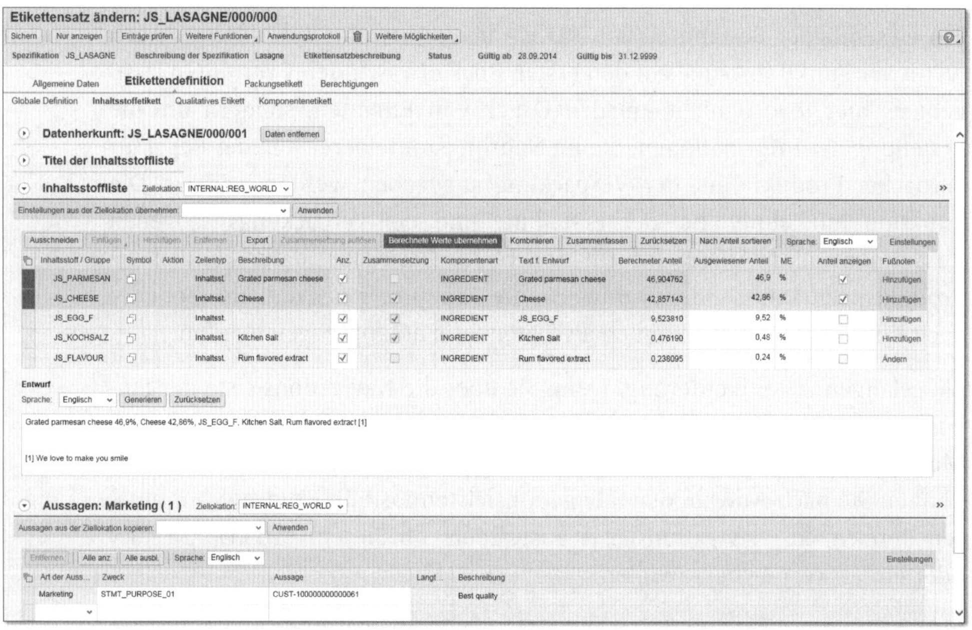

Abbildung 8.54 Etikettensatz ändern

Wie bei der Zutatenliste ermittelt das System aus der Datenquelle und Ihrer Auswahl der Sprachen und Zielländer einen Vorschlag für die Nährwerttabelle. Auch hier können Sie die anzuzeigenden Werte auswählen und durch Freitexte anpassen. Analog unterstützt Sie das System bei den Allergenen und gegebenenfalls bei produktbezogenen Zusatztexten und Fußnoten.

Sie können innerhalb der Etikettierung diese erarbeiteten Informationen dazu nutzen, um sie verpackungsspezifisch zu gruppieren. So können Sie einstellen, dass auf der Folienverpackung eines Produkts nur die Zutatenliste abgebildet wird, während auf der Umverpackung aus Karton die gesamten Informationen wie die Zutatenliste, die Nährwerte und die Allergene zu sehen sind.

Somit enthält ein Etikettenobjekt alle notwendigen Daten für die verschiedenen Verpackungsvarianten, in denen das Produkt eventuell ausgeliefert wird. Diese Daten stehen dann per XML-Schnittstelle oder per formatierter Ausgabe für die weitere Nutzung, z. B. für Grafikdesign-Tools, zur Verfügung.

Übergabe an die Produktion

In vielen Firmen ist der Prozess der Übergabe der Produktentwicklungsergebnisse in die Produktion und in die Supply Chain heute noch mit einem Medienbruch verbunden. Dabei werden die Daten von der Entwicklung in die Produktion per Papier oder zumindest in unstrukturierter Form übergeben. Dadurch existiert ein erhöhtes Risiko, dass eine fehlerhafte Übergabe von Daten oder Änderungen verlängerte Einführungszeiten und höhere Kosten verursacht.

An dieser Stelle greift die Integration zwischen RD und den Funktionen der Logistik in SAP. Je nach eingesetztem SAP-Modul für die Produktionsplanung (PP) oder die Produktionsplanung für die Prozessindustrie (PP-PI) bietet RD einen unterschiedlichen Umfang an Unterstützung.

Beim Einsatz von PP kann aus der Rezeptur in RD die Fertigungsstückliste in PP erstellt und aktualisiert werden. Beim Einsatz von PP-PI werden neben der Fertigungsstückliste zudem noch die strukturierte Prozessbeschreibung und die Prozessparameter in das Planungsrezept umgesetzt bzw. die Ressourcenanforderungen für die Auswahl der richtigen Ressourcen herangezogen. Die besondere Stärke der Übergabefunktion ist die Tatsache, dass sie nicht nur die Daten aus einer Entwicklungsrezeptur als Stückliste und Planungsrezeptur in der Logistik anlegt, sondern Sie in einem geführten Prozess bei der Übernahme unterstützt.

Umsetzung der Rezeptur in die Komponente PP

Für die Übergabe einer Rezeptur in die Produktion muss einmalig zwischen einer Rezepturalternative eines Produkts in RD und einer Stücklistenalternative pro Werk in PP eine Beziehung definiert werden. Dies geschieht im Planungsbildschirm für die Synchronisation durch die Anlage einer Synchronisierungseinheit (siehe Abbildung 8.55). Sie erreichen diese Funktion aus dem Rezept über WEITERE MÖGLICHKEITEN • REZEPT ZU STL SYNCHRONISIEREN.

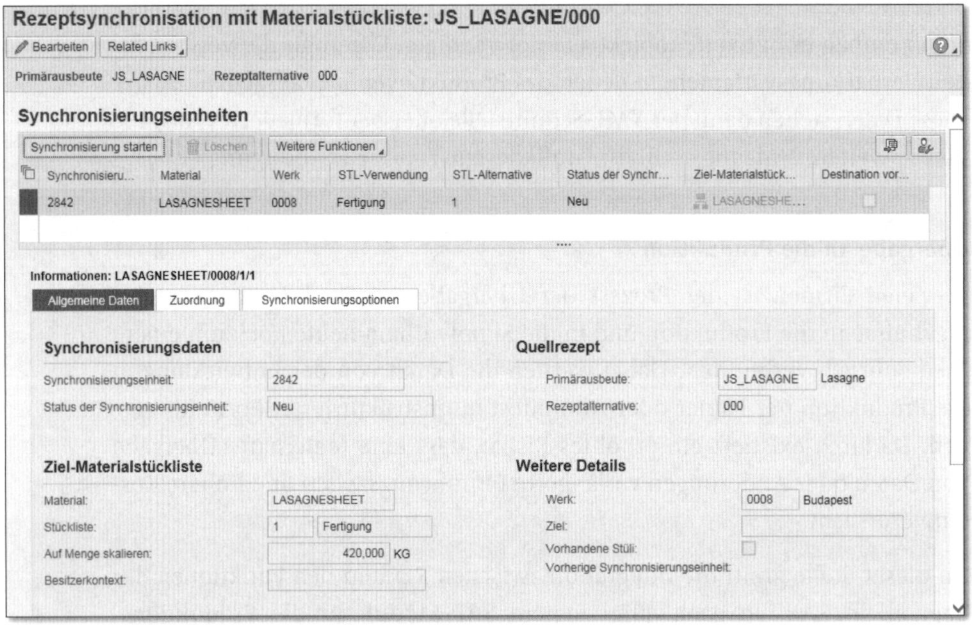

Abbildung 8.55 Planungsbildschirm der Synchronisation

Dabei können Sie zu einer Rezepturalternative eine Verbindung zu mehreren Fertigungsstücklisten in unterschiedlichen Werken definieren und diese später auch zu unterschiedlichen Zeiten in die Produktionsdaten synchronisieren. Außerdem stehen Ihnen noch die folgenden Optionen zur Verfügung:

- Sie können Zutaten einer Rezeptur durch die Zutaten Ihrer Rezepturen ersetzen und damit hierarchisch angeordnete Rezepte in genau eine Fertigungsstückliste abbilden.
- Sie können ein Rezept anhand seiner internen Rezeptstufenstruktur in mehrere Stücklisten in der Produktion aufteilen.

Sind diese Definitionen getroffen und ist im Rezept jeder Zutatenposition ein Material zugewiesen und die Rezepturversion zu der Rezepturalternative in einem Status, der die Übergabe an die Produktion erlaubt, dann kann die Reconciliation-Workbench gestartet werden (siehe Abbildung 8.56).

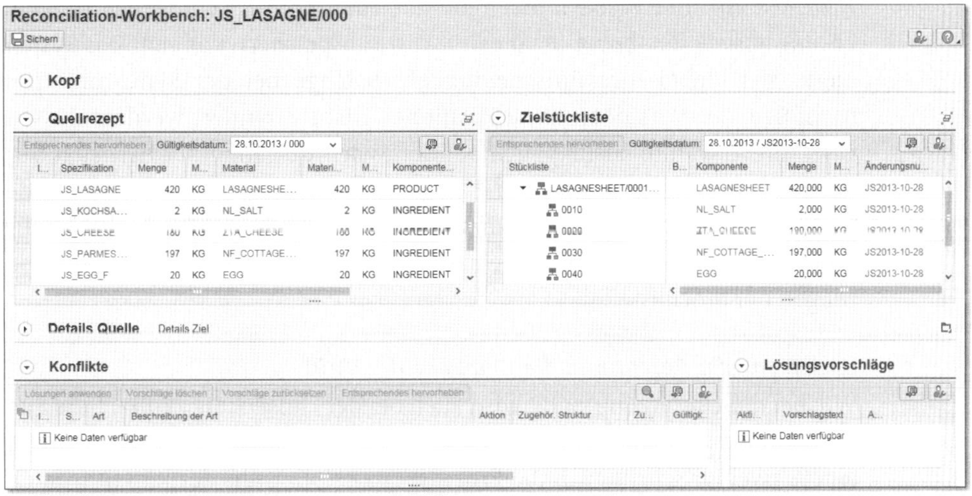

Abbildung 8.56 Reconciliation-Workbench

Die Reconciliation-Workbench lädt die letzte noch nicht übertragene Rezeptversion und zeigt Ihnen auf der linken Seite des Bildschirms die Daten dieser Version an. Diese Stückliste entspricht der Stückliste, wie sie sich aus der Rezeptzutatenliste ergeben würde.

Auf der rechten Seite des Bildschirms wird Ihnen angezeigt, wie das System die Stückliste in den Produktionsdaten anlegen wird. Zusätzlich sind in diese Darstellung bereits die Daten einer eventuell schon existierenden Fertigungsstückliste eingemischt. Ergeben sich dabei Probleme wie z. B. zusätzliche Positionen, die auf der Fertigungsstückliste der Produktion schon enthalten sind, oder unterschiedliche Positionsmengen, werden diese Konflikte im unteren Teil des Bildschirms angezeigt. Sie können dann pro Konflikt eine der angebotenen Lösungsmöglichkeiten auswählen. Im Fall der zusätzlichen Position auf der Stücklistenseite könnte dies z. B. POSITION ENTFERNEN oder POSITION BEHALTEN sein.

Bei den möglichen Konflikten gibt es dabei zwei unterschiedliche Arten:

- Es gibt Konflikte vom Typ »Warnung«, die Sie auf Probleme bei der Umsetzung hinweisen, die Sie aber gegebenenfalls ignorieren können. Das System überführt für diesen Konflikt einfach die Stücklistendarstellung auf der rechten Seite in die Produktionsdaten.
- Für Konflikte vom Typ »Fehler« müssen Sie aus dem Lösungspool eine Vorgehensweise zur Konfliktlösung auswählen.

Auf diese Art und Weise müssen Sie für jeden Konflikt eine entsprechende Lösung auswählen, bevor Sie die Stückliste abspeichern können. Das System merkt sich dabei Ihre Entscheidungen. Solange bei der Synchronisation nachfolgender Versionen diese Positionen nicht verändert werden müssen, wird Ihre gewählte Lösung auch bei der Synchronisation der nächsten Version beibehalten, ohne dass der Konflikt erneut angezeigt wird. Die Änderungen werden bei der Übernahme in die Stückliste mit Änderungsdienst und Änderungsnummer abgespeichert, sodass dies zu zeitabhängigen Änderungen der Stückliste führt.

Umsetzung der Rezeptur in die Komponente PP-PI

Wie bei der Umsetzung zu PP wird auch bei der Umsetzung zu PP-PI die Synchronisation der Stückliste durchlaufen. Allerdings wird darüber hinaus in einem zweiten Schritt auch die Prozessbeschreibung aus der Rezeptur in ein PP-PI-Planungsrezept umgesetzt. Damit ergeben sich für Sie folgende zusätzliche Aktivitäten:

- Auf dem Planungsbildschirm der Synchronisation müssen Sie neben den Stücklistenparametern weitere Angaben für das zu erzeugende Planungsrezept machen, wie die Planungsrezeptgruppe und den Gruppenzähler für Planungsrezepte.
- In der Reconciliation-Workbench wird auf der linken Seite nun die Struktur der Quelle (PLM-Rezeptur) und auf der rechten Seite die Zielstruktur (PP-PI-Planungsrezept) angezeigt. Wie auch bei der Fertigungsstückliste werden Ihnen über Konflikte Probleme bei der Umsetzung aufgezeigt. Sie wählen dann eine der angebotenen Optionen, um den Konflikt zu lösen.

[!] **Synchronisation vom Rezept in PLM in die Produktionsdaten von PP-PI**

An dieser Stelle sei noch auf folgenden Punkt hingewiesen, der bei der Namensgebung »Synchronisation« manchmal zu Missverständnissen führt. Die Synchronisation geht davon aus, dass die Rezeptur in RD die führende Rezeptur ist. Diese darf nach der entsprechenden Freigabe auch nicht mehr geändert, sondern nur durch eine neue Version abgelöst werden. Dies hat zur Folge, dass in der Synchronisation durch die Konfliktlösung immer nur die Produktionsdatenseite angepasst wird bzw. dortige Abweichungen bestätigt werden. Es gibt dabei keine Rückwirkung von den Produktionsdaten auf die Seite der Rezeptur in RD, da diese in der Regel einen neuen Durchlauf des Genehmigungsprozesses benötigt. Aus diesem Grund müssen Sie solche Änderungen auf der Seite der Produktentwicklung umsetzen, indem Sie eine neue Version anlegen und diese mithilfe des davon abhängigen Freigabeprozesses freigeben.

8.5.3 Weitere Integrationen mit der SAP Rezeptentwicklung

Neben der im vorigen Abschnitt aufgezeigten Integration in die Produktion sollen der Vollständigkeit halber kurz weitere relevante Integrationsmöglichkeiten erwähnt werden, die an dieser Stelle nicht im Detail erörtert werden können:

- **Integration mit QM**
  Diese Integration erlaubt es, dass die in der Entwicklung definierten Werte der Produkteigenschaften systemunterstützt in die Prüfpläne übernommen werden können. So wird die Aktualität der Prüfpläne erhöht und das Risiko von Übergabefehlern minimiert.
- **Integration mit dem SAP Rezepturmanagement**
  Die Integration in das SAP Rezepturmanagement (RM) ist genau genommen eine Migrationsfunktion, da RD aufgrund unterschiedlicher Implementierungen der Funktionen andere Datenstrukturen für das Rezept verwendet als das »klassische« SAP Rezepturmanagement. Für den Umstieg von RM auf RD steht Ihnen eine Funktion zur Verfügung, mit der Sie je nach Bedarf ein oder mehrere Rezepte aus RM in RD umsetzen können. Das RM-Rezept bleibt dabei zur Dokumentation erhalten, aber der Anwender wird beim Versuch, dieses zu bearbeiten, auf das Rezept in RD verwiesen, um dort anstehende Änderungen vorzunehmen bzw. um neue Versionen anzulegen.
- **Integration und Kollaboration mit Kunden und Lieferanten**
  In zunehmendem Maße verpflichten die Firmen ihre Lieferanten, ihre Spezifikationen der von ihnen gelieferten Rohstoffe selbst zu aktualisieren. Dazu besteht im browserbasierten PLM die Möglichkeit, über eine sogenannte DMZ (Demilitarized Zone) dem Lieferanten Zugriff auf das System zu geben und ihm gezielt nur die Zugriffsberechtigungen für die Spezifikationen der von ihm gelieferten Rohstoffe zu erteilen. Damit kann der Lieferant verpflichtet werden, eigenverantwortlich seine Spezifikationen im System auf dem neuesten Stand zu halten.

8.6 Zusammenfassung

In diesem Kapitel haben wir Ihnen die Integration von PP-PI in angrenzende Bereiche aufgezeigt. Dazu zählt die Komponente QM, mit der Sie Ihre produktionsrelevanten Prüfungen abbilden können. Die Integration mit SAP APO ermöglicht Ihnen den Einsatz von speziell für die Prozessindustrie entwickelten Planungsszenarien, wie unter anderem die Planung von Produktionskampagnen, die Blockplanung, die Push-Produktion und die Planung mit Haltbarkeitsdaten. Mithilfe der Anbindung von SAP MII integrieren Sie die Komponente PP-PI mit der Produktionsebene, um möglichst schnell auf Veränderungen und Störungen reagieren zu können. Die PI-PCS-Schnittstelle ermöglicht Ihnen, PP-PI mit externen Systemen zu verbinden. Als Abrundung des Kapitels haben Sie die Funktionen von RD kennengelernt, mit der Sie Ihre Produkt- und Rezeptentwicklung verwalten und daraus Ihre Planungsrezepte aus PP-PI generieren können.

In diesem Kapitel erfahren Sie, welche Möglichkeiten Sie haben, Auftrags- oder Chargenprotokolle zu erstellen, um so den Anforderungen im Rahmen der Good Manufacturing Practice (GMP) zu genügen.

9 Prozessdatendokumentation

Mithilfe der Prozessdatendokumentation protokollieren Sie alle produktions- und qualitätsrelevanten Daten entweder zu einem Auftrag in einem Auftragsprotokoll oder zu einer Charge in einem Chargenprotokoll. Falls Sie die Prozessdatendokumentation aktiviert haben, können Sie die Prozessaufträge erst dann in einem externen Ablagesystem archivieren und aus dem SAP-System löschen, wenn Sie das Auftrags- oder das Chargenprotokoll erstellt und archiviert haben. In diesem Abschnitt lernen Sie die Unterschiede zwischen den beiden Protokollen sowie die erforderlichen Einstellungen kennen.

9.1 Auftragsprotokoll

Das Auftragsprotokoll stellt die einfachste Form der Prozessdatendokumentation dar, ist aus Sicht der Good Manufacturing Practice (GMP) allerdings nicht ausreichend, da es keinen unmittelbaren Chargenbezug hat. Falls Ihr Unternehmen allerdings nicht den GMP-Richtlinien unterliegt und das Auftragsprotokoll mit seinen Inhalten Ihren Anforderungen genügt oder falls Sie nicht chargenpflichtige Materialien haben, können Sie das Auftragsprotokoll anstelle des Chargenprotokolls einsetzen. Das Auftragsprotokoll enthält alle produktions- und qualitätsrelevanten Daten wie den Prozessauftrag selbst, die Materialliste, die Herstellanweisungen und die Prüflose zum Prozessauftrag. Wie Sie das Auftragsprotokoll aktivieren und wie Sie es zum Prozessauftrag generieren, erfahren Sie in diesem Abschnitt.

9.1.1 Erforderliche Einstellungen

Sie aktivieren das Auftragsprotokoll in den auftragsartabhängigen Parametern einer Prozessauftragsart. Diese Einstellung nehmen Sie im Customizing über den IMG-Pfad PRODUKTIONSPLANUNG PROZESSINDUSTRIE • PROZESSAUFTRAG • STAMMDATEN • AUFTRAG • AUFTRAGSARTABHÄNGIGE PARAMETER DEFINIEREN (Transaktion COR4) vor. Setzen Sie hier das Kennzeichen AUFTRAGSPROTOKOLL ERFORDERLICH auf dem Reiter STAMMDATEN (SIEHE Abbildung 9.1). Wenn Sie einen Prozessauftrag mit dieser Auftragsart anlegen, wird im Auftrag bei der Freigabe automatisch der Systemstatus EBRR (AUFTRAGSPROTOKOLL ERFORDERLICH) gesetzt. Das bedeutet, dass Sie den Prozessauftrag erst dann archivieren und löschen können, wenn Sie das zugehörige Auftragsprotokoll erzeugt und archiviert haben. Dadurch stellen Sie sicher, dass alle produktionsbezogenen Daten erst aus SAP ERP gelöscht werden können, nachdem sie in Form eines Auftragsprotokolls in einem Ablagesystem gesichert wurden.

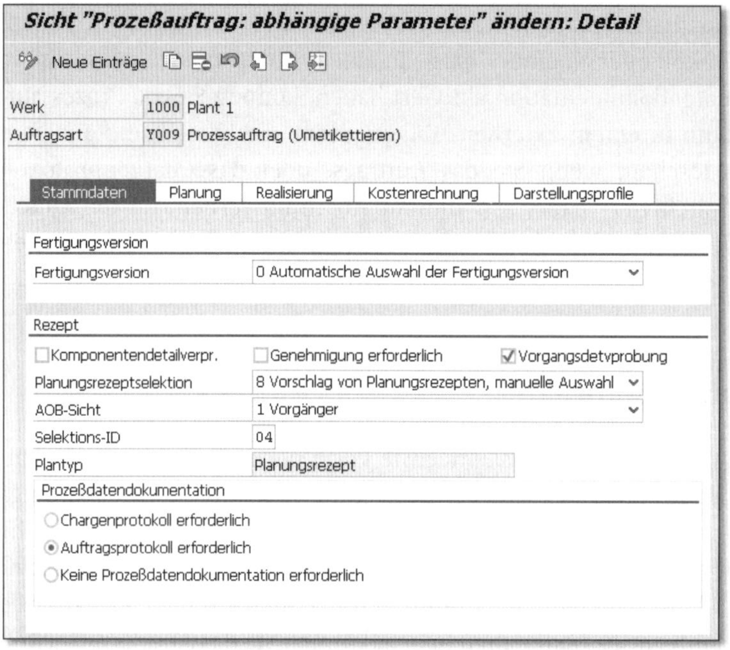

Abbildung 9.1 Auftragsprotokoll in der Prozessauftragsart aktivieren

Um die Auftragsprotokolle in einem Ablagesystem wie einem optischen Archiv ablegen zu können, müssen Sie die Verknüpfungen dazu einrichten. Dies nehmen Sie unter folgendem IMG-Pfad vor: PRODUKTIONSPLANUNG PROZESSINDUSTRIE • PROZESSDATENDOKUMENTATION • AUFTRAGSPROTOKOLL • VERKNÜPFUNGEN ZU ABLAGESYSTEMEN DEFINIEREN (Transaktion OAC3). Zum Objekttyp BUS0001 (Prozessauftrag) finden Sie alle relevanten Dokumentenarten wie z. B. PI_AUFTRAG (Druckliste für Prozessauftrag) und PI_MALI (Druckliste für Materialliste) (siehe Abbildung 9.2).

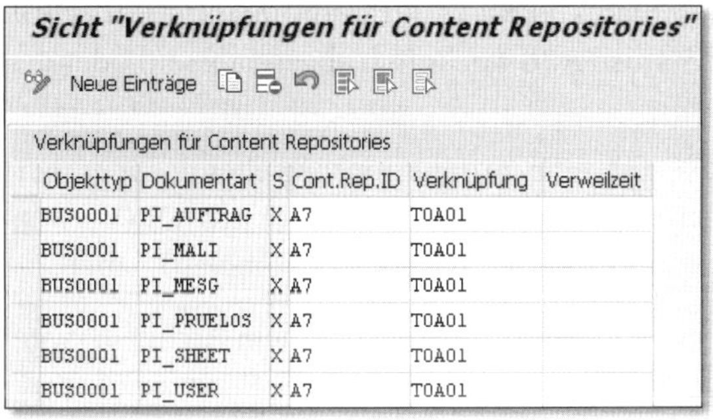
Sicht "Verknüpfungen für Content Repositories"

Neue Einträge

Verknüpfungen für Content Repositories

Objekttyp	Dokumentart	S	Cont.Rep.ID	Verknüpfung	Verweilzeit
BUS0001	PI_AUFTRAG	X	A7	TOA01	
BUS0001	PI_MALI	X	A7	TOA01	
BUS0001	PI_MESG	X	A7	TOA01	
BUS0001	PI_PRUELOS	X	A7	TOA01	
BUS0001	PI_SHEET	X	A7	TOA01	
BUS0001	PI_USER	X	A7	TOA01	

Abbildung 9.2 Verknüpfungen zu Ablagesystemen definieren

Sie pflegen nun zu allen Dokumentenarten des Objekttyps BUS0001 die folgenden Informationen:

- In der Spalte CONT.REP.ID geben Sie die sogenannte *Content-Repository-Identifikation* ein, über die das Ablagesystem identifiziert wird.
- In der Spalte VERKNÜPFUNG geben Sie eine *Verknüpfungstabelle* an. Mithilfe dieser Verknüpfungstabellen wird die Referenz von Objekten, d. h. im Falle des Auftragsprotokolls von den Drucklisten, zu den im Ablagesystem abgelegten Dokumenten verwaltet.

Diese beiden Angaben definieren Sie im Customizing der Komponente SAP ArchiveLink unter dem IMG-Pfad SAP NETWEAVER • APPLICATION SERVER • BASIS SERVICES • ARCHIVE LINK • GRUNDCUSTOMIZING, worauf wir hier aus Platzgründen nicht weiter eingehen. Weitere Informationen dazu erhalten Sie in der SAP-Online-Hilfe in der Rubrik TECHNOLOGY • SAP NETWEAVER PLATFORM • SAP NETWEAVER 7.3 • ARCHIVELINK • GRUNDCUSTOMIZING sowie in der IMG-Hilfe unter dem oben angegebenen Pfad.

Erweiterung des Auftragsprotokolls [«]

Falls Sie das Auftragsprotokoll um zusätzliche Daten erweitern möchten, steht Ihnen dazu die Erweiterung XCOA0001 mit dem Customer-Exit EXIT_SAPLCOAC_001 (User-Exit für Chargenprotokoll) zur Verfügung. Hier können Sie neben den im Standard verfügbaren Drucklisten eine sogenannte *Anwenderliste* mit zusätzlichen Daten zusammenstellen.

9.1.2 Auftragsprotokoll erstellen

Sobald folgende Voraussetzungen erfüllt sind, können Sie ein Auftragsprotokoll erstellen:

- Der Prozessauftrag hat den Status EBRR (Auftragsprotokoll erforderlich) und zudem entweder den Status TABG (technisch abgeschlossen) oder den Status ABGS (abgeschlossen).
- Falls zum Auftrag Prüflose für eine produktionsbegleitende oder eine Wareneingangsprüfung existieren, müssen diese den Status VE (Verwendungsentscheid getroffen) und PAKO (Prüfabschluss komplett) haben.

Zum Erstellen und Ablegen des Auftragsprotokolls in einem Archiv verwenden Sie den Menüpfad LOGISTIK • PRODUKTION PROZESS • PROZESSAUFTRAG • WERKZEUGE • PROZESSDATENDOKUMENTATION • AUFTRAGSPROTOKOLL • ABLEGEN (Transaktion COPA). Hier geben Sie die entsprechenden Selektionskriterien ein, um die Prozessaufträge auszuwählen, für die Sie ein Auftragsprotokoll erstellen möchten (siehe Abbildung 9.3).

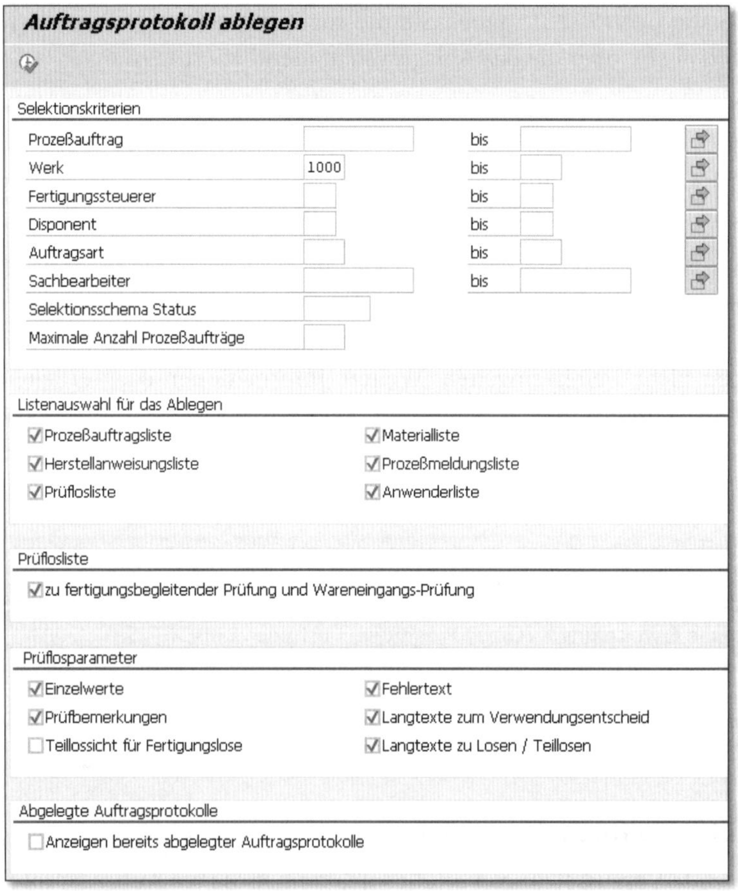

Abbildung 9.3 Selektion der Aufträge zur Erstellung der Auftragsprotokolle

Nachdem Sie die Selektion ausgeführt haben, erscheint eine Liste, in der Sie die Aufträge selektieren können, um dann mithilfe des Buttons Ablegen die Auftragsprotokolle zu erstellen und im Ablagesystem abzulegen (siehe Abbildung 9.4).

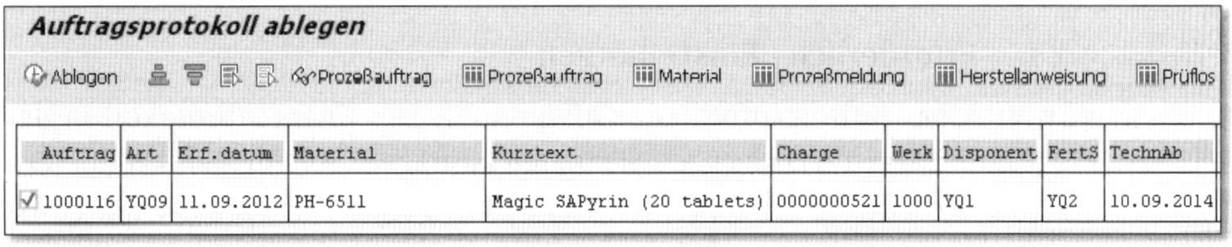

Auftrag	Art	Erf.datum	Material	Kurztext	Charge	Werk	Disponent	FertS	TechnAb
1000116	YQ09	11.09.2012	PH-6511	Magic SAPyrin (20 tablets)	0000000521	1000	YQ1	YQ2	10.09.2014

Abbildung 9.4 Auftragsprotokolle erstellen und ablegen

Mithilfe der Buttons in der Buttonleiste können Sie sich die Drucklisten anzeigen lassen, die in das Auftragsprotokoll aufgenommen werden, wie z. B. der Button Prozeßauftrag zum Anzeigen der Druckliste zum Prozessauftrag.

Auftragsprotokoll simulieren und aus Archiv anzeigen [«]

Vor dem Erstellen und Ablegen des Auftragsprotokolls können Sie die Listen auch simulieren. Dazu verwenden Sie den Menüpfad Logistik • Produktion Prozess • Prozessauftrag Werkzeuge • Prozessdatendokumentation • Auftragsprotokoll • Simulieren (Transaktion COAA). Falls noch nicht alle Voraussetzungen für die Ablage des Auftragsprotokolls gegeben sind, können Sie sich hier die einzelnen Listen anzeigen lassen.

Zur Anzeige eines Auftragsprotokolls aus dem Archiv wählen Sie den Menüpfad Logistik • Produktion Prozess • Prozessauftrag Werkzeuge • Prozessdatendokumentation • Auftragsprotokoll • Anzeigen aus Ablagesystem (Transaktion COAL).

9.2 Elektronisches Chargenprotokoll

Das *elektronische Chargenprotokoll*, auch Electronic Batch Record (EBR) genannt, ist eine elektronisch erzeugte Herstelldokumentation, die im Gegensatz zum Auftragsprotokoll alle relevanten Daten zum Herstellungsprozess einer bestimmten Charge enthält. Aufbau und Inhalt eines EBR in SAP ERP erfüllen laut SAP dabei die vorgegebenen GMP-Richtlinien. Die kundenspezifischen Einstellungen zum Chargenprotokoll in SAP ERP sowie die Integration in die GMP-pflichtigen Vorgänge müssen allerdings in jedem Projekt validiert werden.

Dieser Abschnitt zeigt Ihnen, wie ein Chargenprotokoll in SAP ERP strukturiert ist und welche Daten es enthält. Außerdem erfahren Sie, welche Einstellungen Sie benötigen, um ein Chargenprotokoll erzeugen und bearbeiten zu können, und wie dieses in den Freigabeprozess einer Charge integriert ist.

9.2.1 Erforderliche Einstellungen

Wie auch das Auftragsprotokoll aktivieren Sie das Chargenprotokoll in der Prozessauftragsart. Dazu setzen Sie in den auftragsartabhängigen Parametern einer Prozessauftragsart auf dem Reiter STAMMDATEN das Kennzeichen CHARGENPROTOKOLL ERFORDERLICH (siehe Abbildung 9.1). Nur wenn Sie dieses Kennzeichen gesetzt haben, können Sie zu einer mit dieser Auftragsart produzierten Charge ein Chargenprotokoll erzeugen. Wenn Sie einen Prozessauftrag mit dieser Auftragsart anlegen, wird im Auftrag und in allen mit Bezug zu diesem Auftrag angelegten Prüflosen automatisch der Systemstatus CPRE (CHARGENPROTOKOLL ERFORDERLICH) gesetzt. Das bedeutet zudem, dass Sie den Prozessauftrag und die damit verknüpften Prüflose erst dann archivieren und löschen können, wenn Sie zu allen produzierten Chargen ein Chargenprotokoll archiviert haben.

Setzen Sie zusätzlich das Kennzeichen GENEHMIGUNG ERFORDERLICH. Dadurch stellen Sie sicher, dass der Auftrag nur dann freigegeben werden kann, wenn er auf Basis eines genehmigten Planungsrezepts angelegt wurde oder aber eine Einzelgenehmigung stattgefunden hat, was aus GMP-Sicht erforderlich ist (siehe dazu Abschnitt 6.3, »Regulierte Produktion«).

Im nächsten Schritt legen Sie optional pro Material im Materialstamm fest, dass erst nach der Genehmigung des Chargenprotokolls einer produzierten Charge der Verwendungsentscheid in der Komponente QM für diese Charge getroffen und der Chargenzustand der Charge von NICHT FREI auf FREI gesetzt werden kann. Dazu setzen Sie im Materialstamm über die Transaktion MM02 (Material ändern) das Kennzeichen CHRGPROT ERFORD (genehmigtes Chargenprotokoll ist erforderlich) in der Sicht ARBEITSVORBEREITUNG.

[»] **Grundeinstellungen zum elektronischen Chargenprotokoll**

Über den Customizing-Pfad (IMG •) PRODUKTIONSPLANUNG PROZESSINDUSTRIE • PROZESSDATENDOKUMENTATION • CHARGENPROTOKOLL finden Sie eine Vielzahl von Einstellungen zum Umfang, zum Layout und zur digitalen Signatur für das elektronische Chargenprotokoll, auf die wir an dieser Stelle aus Platzgründen nicht näher eingehen werden. Darüber hinaus ist es für die Verwendung des elektronischen Chargenprotokolls erforderlich, dass Sie die Einstellungen zur Verknüpfung Ihres Archivs über die SAP-ArchiveLink-Schnittstelle vorgenommen haben.

9.2.2 Inhalt des Chargenprotokolls

Ein Chargenprotokoll beinhaltet Daten aus verschiedenen Quellen, um den Herstellungsprozess vollständig zu beschreiben. Dazu zählen folgende Objekte, die in Form von SAPscript-Dokumenten mit dem Chargenprotokoll verknüpft werden:

- Prozessauftrag (Kopfdaten, Vorgangsdaten, Stammdaten)
- Materialliste (geplante und tatsächlich verbrauchte Materialien, Mengen und Komponentenchargen, Materialmengenberechnung inklusive Formeln)
- Prozesssteuerungsdaten in Form von Prozessmeldungen aus der Prozesskoordination
- In-Prozess-Kontrolle- und Wareneingangsprüflos mit Prüfmerkmalen und -ergebnissen, Probenahmedaten und Abweichungen
- Herstellanweisungen (als XML-Dokument)
- digitale Signaturen zu allen Objekten
- benutzerdefinierte Daten wie Standard Operation Procedures (SOPs) aus dem Dokumentenverwaltungssystem

Die einzelnen Objekte sind nur dann Bestandteil des Chargenprotokolls, wenn Sie die dazu erforderliche Funktion auch im Einsatz haben. Um z. B. Herstellanweisungen und Prozessmeldungen in das Chargenprotokoll einzubinden, müssen Sie diese über die Prozesskoordination implementiert haben (siehe dazu Kapitel 5, »Prozesskoordination«). Als Grundvoraussetzung für den in diesem Kapitel beschriebenen Einsatz des Chargenprotokolls genügen die Objekte bzw. Funktionen Prozessauftrag, Materialliste, Wareneingangsprüflos und digitale Signatur.

9.2.3 Verwendung des Chargenprotokolls

Das elektronische Chargenprotokoll ist vollständig in die logistischen Prozesse integriert. Über die Statusverwaltung aller beteiligten Objekte sind bestimmte Aktionen nur dann möglich, wenn die dazu benötigten Voraussetzungen erfüllt sind. Zum Beispiel muss ein Prozessauftrag den Status »technisch abgeschlossen« (Status TABG) besitzen, bevor ein Chargenprotokoll genehmigt werden kann. In diesem Abschnitt zeige ich Ihnen den integrierten Ablauf von der Erstellung des Chargenprotokolls bis zur Chargenfreigabe, die am Ende des Prozesses stattfindet.

Chargenprotokoll generieren

Damit Sie ein elektronisches Chargenprotokoll für eine Charge anlegen können, müssen folgende Voraussetzungen erfüllt sein:

- **Genehmigter Prozessauftrag**
  Der Prozessauftrag, mit dem die Charge hergestellt wird, muss genehmigt sein und den Status GNE (GENEHMIGUNG ERTEILT) besitzen. Das bedeutet, dass der Prozessauftrag entweder auf Basis eines genehmigten Rezepts angelegt wurde oder dass Sie im Prozessauftrag eine Einzelgenehmigung über den Menüpfad PROZESSAUFTRAG • FUNKTIONEN • GENEHMIGUNG • EINZELGENEHMIGUNG erteilt haben.
- **Freigegebener Prozessauftrag**
  Der Prozessauftrag muss freigegeben sein, was durch den Status FREI (FREIGEGEBEN) dokumentiert wird.
- **Charge im Auftragskopf**
  Um den Auftrag freigeben zu können, müssen Sie ihm zuvor im Auftragskopf eine Charge zugeordnet haben. Der Grund dafür ist, dass der Auftragsstatus CHPF (AUFTRAG CHARGENPFLICHTIG) aufgrund des Kennzeichens CHRGPROT ERFORD (genehmigtes Chargenprotokoll ist erforderlich) aus dem Materialstamm gesetzt wird. Sobald Sie eine Charge im Auftragskopf auf dem Reiter WARENEINGANG eingetragen und angelegt haben, wird im Auftrag der Status CHZG (CHARGEN VOLLSTÄNDIG ZUGEORDNET) gesetzt.
- **Genehmigte Prüflose**
  Die Prüflose zur Charge müssen ebenfalls auf Basis eines genehmigten Plans angelegt worden sein und den Status GNE (GENEHMIGUNG ERTEILT) haben. Sie können hier alternativ mit der Transaktion QA02 (Prüflos ändern) im Prüflos über den Menüpfad PRÜFLOS • FUNKTIONEN • GENEHMIGUNG ERTEILEN eine Einzelgenehmigung erteilen.
- **Chargenstamm**
  Der Chargenstamm der Charge, für die Sie ein Chargenprotokoll generieren möchten, muss angelegt sein.

Nachdem Sie den Prozessauftrag freigegeben haben, wird der Status CPRE (CHARGENPROTOKOLL ERFORDERLICH) gesetzt – wie auch in allen zur Charge erzeugten Prüflosen. Sobald all diese Voraussetzungen erfüllt sind, können Sie ein Chargenprotokoll anlegen und dabei den Kopfsatz generieren. Dazu nutzen Sie folgenden Menüpfad: LOGISTIK • ZENTRALE FUNKTIONEN • CHARGENVERWALTUNG • WERKZEUGE • CHARGENPROTOKOLL (Transaktion COEBR).

Im Selektionsbild der Transaktion selektieren Sie die Option GENERIEREN im Bereich ARBEITSVORRAT ZUM. Optional geben Sie weitere Selektionskriterien in den Feldern CHARGE, MATERIAL und WERK ein, um die Selektion einzuschränken. Nach dem Aufruf der Selektion sehen Sie im Übersichtsbaum alle Chargen gemäß Ihren Selektionskriterien, für die ein Chargenprotokoll generiert werden kann. Indem Sie eine Charge markieren und auf den Button Chargenprotokoll (CHARGENPROTOKOLL GENERIEREN) klicken, erzeugen Sie den Kopfsatz des Chargenprotokolls für diese Charge. Dieser enthält Informationen zur Version, zum Status und zur Genehmigung des Chargenprotokolls sowie die Verknüpfungen zu den Archivdokumenten.

Nun rufen Sie die Transaktion COEBR (Chargenprotokoll: Arbeitsvorrat erstellen) erneut auf. Dieses Mal selektieren Sie die Option ANZEIGEN/ÄNDERN im Bereich ARBEITSVORRAT ZUM. Nach dem Aufruf der Selektion sehen Sie im Übersichtsbaum alle Chargen, für die bereits ein Chargenprotokoll-Kopfsatz generiert wurde und die Sie nun bearbeiten können, wie z. B. Charge 0000000509 in Abbildung 9.5.

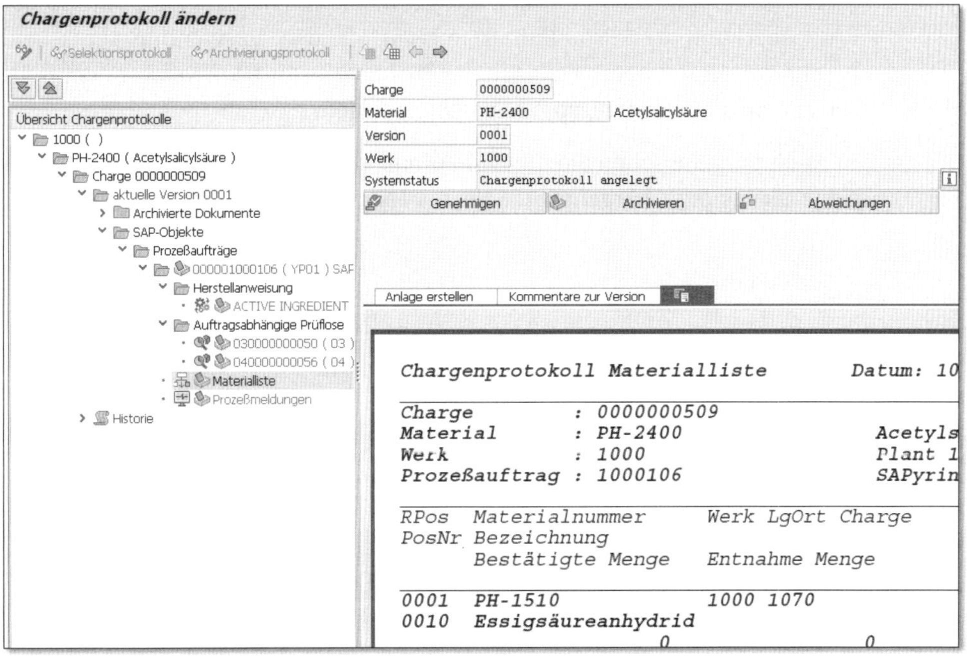

Abbildung 9.5 Chargenprotokoll bearbeiten

An dieser Stelle können Sie auf dem Reiter ANLAGE ERSTELLEN Anlagen hinzufügen oder auf dem Reiter KOMMENTARE ZUR VERSION Kommentare erfassen, die ebenfalls in der Baumstruktur angezeigt werden. Darüber hinaus können Sie die Drucklisten zu den Objekten simulieren, indem Sie den Cursor auf einem Objekt positionieren und über die rechte Maustaste die

Option DRUCKBILD ANZEIGEN auswählen. Anschließend wird die ausgewählte Druckliste auf der rechten Bildschirmseite dargestellt, wie in Abbildung 9.5 für die Materialliste exemplarisch gezeigt.

Chargenprotokoll archivieren und genehmigen

Für die Archivierung und die nachfolgende Genehmigung eines Chargenprotokolls, die aus GMP-Sicht erforderlich ist, werden bestimmte Bearbeitungsstände der beteiligten Objekte vorausgesetzt. Der zugrunde liegende Prozessauftrag muss den Status TABG (TECHNISCH ABGESCHLOSSEN) oder ABGS (ABGESCHLOSSEN) besitzen. In den Prüflosen zur Charge müssen alle Ergebnisse erfasst worden sein, was durch den Status PAKO (PRÜFABSCHLUSS KOMPLETT) dokumentiert wird. Danach setzen Sie im Verwendungsentscheid der Prüflose in Transaktion QA11 (Verwendungsentscheid erfassen) über den Menüpfad VERWENDUNGSENTSCHEID • FUNKTIONEN • SPERRE F. CHARGENPROT. • SETZEN den Status LOSP (SPERRE FÜR CHARGENPROTOKOLL). Für Prüflose der Prüflosherkunft 03 (Produktion) müssen Sie den Verwendungsentscheid bereits getroffen haben. Falls Sie die Prozesskoordination verwenden, müssen zudem alle Steuerrezepte abgeschlossen sein.

In Abbildung 9.6 sehen Sie die Reihenfolge der Bearbeitungsschritte von der Generierung des Chargenprotokolls bis zur Chargenfreigabe.

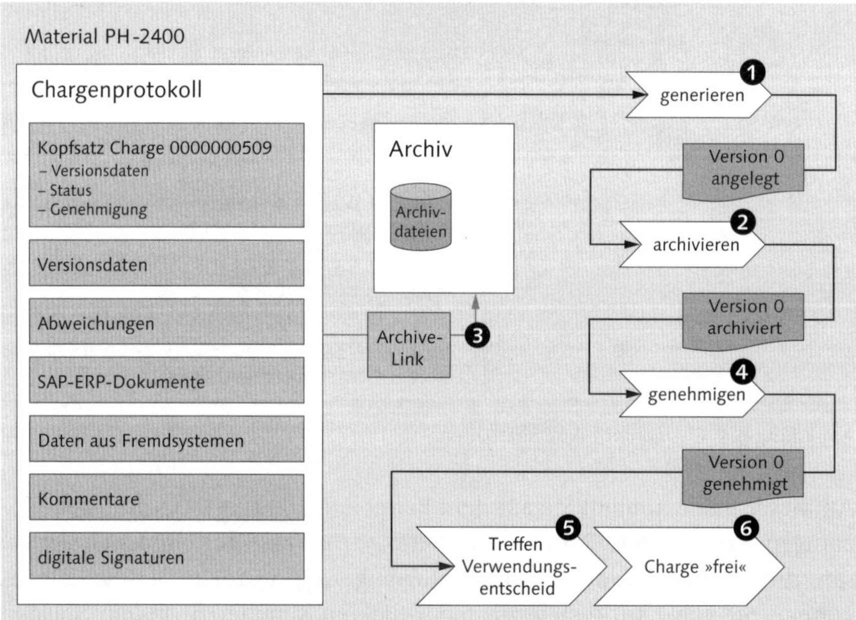

Abbildung 9.6 Elektronisches Chargenprotokoll

Nachdem Sie, wie im vorangegangenen Unterabschnitt beschrieben, das Chargenprotokoll generiert haben ❶, können Sie das Chargenprotokoll auf Vollständigkeit hin prüfen, die Drucklisten simulieren und über den Button 

(ABWEICHUNGEN PRÜFEN) eine Abweichungsanalyse durchführen. Nach einer erfolgreichen Prüfung archivieren Sie das Chargenprotokoll über den Button 

(CHARGENPROTOKOLL ARCHIVIEREN) ❷. Dadurch werden alle Objekte des Chargenprotokolls über die Schnittstelle ArchiveLink gemäß Ihren Archivierungseinstellungen in ein optisches Archiv geschrieben ❸. Nach einer erfolgreichen Archivierung genehmigen Sie das Chargenprotokoll mittels digitaler Signatur über den Button 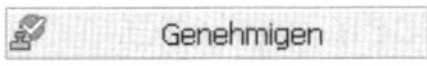

(CHARGENPROTOKOLL GENEHMIGEN) ❹.

Integration des Chargenprotokolls in den Prozess zur Chargenfreigabe

Für die finale Chargenfreigabe ist ein genehmigtes Chargenprotokoll erforderlich, wie in Abbildung 9.6 dargestellt. Erst wenn dieses vorliegt, können Sie den Verwendungsentscheid zum Wareneingangsprüflos der Prüflosherkunft 04 (Wareneingang Auftrag) zur Charge treffen, um den Bestand der Charge aus dem Qualitätsprüfbestand freizugeben ❺. Dabei wird zudem der Chargenzustand der Charge auf FREI gesetzt, was Sie im Bestandsbuchungsvorschlag des Verwendungsentscheid-Codes der entsprechenden Auswahlmenge hinterlegen können ❻.

Freigaberestriktion einer Charge über das Chargenprotokoll [«]

Alternativ haben Sie die Möglichkeit, eine Charge auch ohne die vorangegangene Genehmigung eines Chargenprotokolls freizugeben. Sie können dann sowohl den Verwendungsentscheid zum Wareneingangsprüflos treffen als auch den Chargenzustand auf FREI setzen, bevor ein genehmigtes Chargenprotokoll vorliegt. Dazu setzen Sie das Kennzeichen CHRGPROT ERFORD (genehmigtes Chargenprotokoll ist erforderlich) im Materialstamm *nicht*. Zum Löschen und Archivieren des Prozessauftrags und des Prüfloses muss jedoch dennoch ein archiviertes und genehmigtes Chargenprotokoll vorliegen.

Status und Versionierung des Chargenprotokolls

Das Chargenprotokoll unterliegt einer Status- und einer Versionsverwaltung. Falls Sie nach der Archivierung einer Version des Chargenprotokolls Änderungen an den Objekten oder dem Chargenprotokoll selbst vornehmen, wird der Status der Version auf »teilarchiviert« gesetzt. Bevor Sie diese Version genehmigen können, müssen Sie erneut eine Archivierung durchführen.

Falls Sie nach der Genehmigung Änderungen durchführen, müssen Sie eine neue Version des Chargenprotokolls anlegen, die ebenfalls archiviert und genehmigt werden muss.

9.3 Zusammenfassung

Sie kennen nun die Unterschiede zwischen dem auftragsbezogenen Auftragsprotokoll und dem chargenbezogenen Chargenprotokoll. Sie haben die notwendigen Einstellungen, die Inhalte und den Ablauf zur Erstellung der Protokolle kennengelernt und können nun entscheiden, welches der beiden Protokolle Sie in Ihrem Unternehmen einsetzen möchten.

A Transaktionsverzeichnis

Im folgenden finden Sie ein Verzeichnis der wichtigsten Anwendungs- und Customizing-Transaktionen für PP-PI.

A.1 Anwendungstransaktionen

Die folgenden Tabellen geben Ihnen einen Überblick über die wichtigsten Anwendungstransaktionen für PP-PI

Anwendungsübergreifende Komponenten

Transaktion	Menüpfad
CL02	Klassensystem • Stammdaten • Klassenverwaltung

Tabelle A.1 Anwendungstransaktionen Anwendungsübergreifende Komponenten

Logistik • Produktion Prozess • Stammdaten

Transaktion	Menüpfad
C201	Planungsrezept • Rezept und Materialliste • Anlegen
C202	Planungsrezept • Rezept und Materialliste • Ändern
C223	Fertigungsversionen
C298	Planungsrezept • Rezept und Materialliste • Löschen von Rezepten • Ohne Archivierung
C299	Planungsrezept • Rezept und Materialliste • Löschen von Rezepten • Mit Archivierung
CKMDUVACT	Materialstamm • Umfeld • Material-Ledger • Istkalkulation • Verteilung von Verbrauchsmengendifferenzen • Verteilung von Leistungsdifferenzen
CKMDUVMAT	Materialstamm • Umfeld • Material-Ledger • Istkalkulation • Verteilung von Verbrauchsmengendifferenzen • Verteilung von Materialdifferenzen
CKMDUVREC	Materialstamm • Umfeld • Material-Ledger • Istkalkulation • Verteilung von Verbrauchsmengendifferenzen • Erfassen von Istleistungsmengen

Tabelle A.2 Anwendungstransaktionen der Stammdatenverwaltung für PP-PI

Transaktion	Menüpfad
CKMDUVSHOW	Materialstamm • Umfeld • Material-Ledger • Istkalkulation • Verteilung von Verbrauchsmengendifferenzen • Material- und Leistungsdifferenzen anzeigen
CMXSV	Standard-XStep-Repository
CMXSVN	Werksübergreifendes Standard-XStep-Repository
CR24	Ressourcen • Ressourcennetz • Anlegen
CRC1	Ressourcen • Ressource • Anlegen
CRC2	Ressourcen • Ressource • Ändern
MM02	Materialstamm • Material • Ändern • Sofort
SE10	Planungsrezepte • Umfeld • Textvorlage

Tabelle A.2 Anwendungstransaktionen der Stammdatenverwaltung für PP-PI (Forts.)

Logistik • Produktion Prozess • Prozessauftrag

Transaktion	Menüpfad
CO06	Auswertungen • Rückstandsbearb. • Material
CO1P	Rückmeldung • Vorgemerkte Prozesse
CO24	Auswertungen • Fehlteileinfosystem
COAC	Werkzeuge • DB-Archivierung • Prozessauftrag
COB1	Umfeld • Chargensuchstrategie • Anlegen
COFC	Rückmeldung • Nachbearb.Istkosten
COGI	Umfeld • Materialbewegung • Nachbearb.Warenbeweg.
COHVPI	Werkzeuge • Massenbearbeitung
COIK	Umfeld • Materialbewegung • Kommissionieren
COOISPI	Auswertungen • Auftragsinfosystem • Prozessauftragsinformationssystem
COPI	Prozessauftrag • Drucken
COR1	Prozessauftrag • Anlegen • Mit Material
COR2	Prozessauftrag • Ändern
COR3	Prozessauftrag • Anzeigen
COR5	Prozessauftrag • Freigeben
COR6N	Rückmeldung • Erfassen zur Phase • Lohn-Rückmeldeschein
COR7	Prozessauftrag • Anlegen • Mit Planauftrag

Tabelle A.3 Anwendungstransaktionen der Prozessauftragsbearbeitung

Transaktion	Menüpfad
COR8	Prozessauftrag • Anlegen • Mit Planaufträgen
CORK	Rückmeldung • Erfassen zum Auftrag
CORO	Prozessauftrag • Anlegen • Ohne Material
CORR	Rückmeldung • Erfassen zur Phase • Sammelerfassen
CORS	Rückmeldung • Stornieren
CORT	Rückmeldung • Anzeigen
CORZ	Rückmeldung • Erfassen zur Phase • Zeitereignis
LP10	Werkzeuge • WM-Bereitstellung • Zum Auftrag
MCRX	Auswertungen • Fertigungsinfosystem • Materialverbrauch

Tabelle A.3 Anwendungstransaktionen der Prozessauftragsbearbeitung (Forts.)

Logistik • Produktion Prozess • Prozesskoordination

Transaktion	Menüpfad
CO_ARCH_PISHEET	Herstellanweisung • Archivieren
CO52	Auswertung • Prozessmeldungen
CO53XT	Steuerrezept • Steuerrezeptmonitor
CO54XT	Meldung • Meldungsmonitor
CO55	Herstellanweisung • Arbeitsvorrat – Bearbeiten
CO57	Meldung • Manuell anlegen
CO60	Herstellanweisung • Suchen
CO60XT	Herstellanweisung • Suchen Herstell-/Arbeitsanweisungen
CO62	Meldung • Löschen
CO63	Meldung • Löschprotokolle
CO64	Herstellanweisung • Arbeitsvorrat – Abschließen
CO67	Herstellanweisung • Arbeitsvorrat – Prüfen
CO69	Meldung • Automatisch anlegen
S_ALR_87007451	Umfeld • Lfd. Einstellungen • Hintergrund-Job zum Versenden definieren
S_ALR_87007459	Umfeld • Lfd. Einstellungen • Hintergrund-Job zum Löschen definieren

Tabelle A.4 Anwendungstransaktionen der Prozesskoordination

Logistik

Transaktion	Menüpfad
BMBC	Zentrale Funktionen • Chargenverwaltung • Batch Information Cockpit
CRQ2	Logistik • Qualitätsmanagement • Qualitätsplanung • Grunddaten • Arbeitsplatz • QM-Arbeitsplatz • Arbeitsplatz • Ändern
LB13	Logistics Execution • Lagerinterne Prozesse • Transportbedarf • Anzeigen • Zum Bedarf
LPIN	Logistics Execution • Infosystem • Lager • Produktionsversorgung • Materialsituation WM-PP
LPK2	Logistics Execution • Stammdaten • Lager • Produktionsversorgung • Regelkreis Produktionsversorgung • Ändern
LT12	Logistics Execution • Lagerinterne Prozesse • Umlagerung • Transportbedarf quittieren • Einzelbeleg • in einem Schritt
LT24	Logistics Execution • Lagerinterne Prozesse • Umlagerung • Transportbedarf anzeigen • Zum Material
LX40	Logistics Execution • Infosystem • Lager • Produktionsversorgung • Materialsituation am Produktionslagerplatz
LX42	Logistics Execution • Infosystem • Lager • Produktionsversorgung • Analyse Fertigungsaufträge
MBST	Materialwirtschaft • Bestandsführung • Materialbeleg • Stornieren
MI01	Materialwirtschaft • Inventur • Inventurbeleg • Anlegen
MI04	Materialwirtschaft • Inventur • Zählung • Erfassen
MI07	Materialwirtschaft • Inventur • Differenz • Buchen
MIGO	Materialwirtschaft • Bestandsführung • Warenbewegung • Warenbewegung (MIGO)
PK06	Logistics Execution • Stammdaten • Lager • Produktionsversorgung • Produktionsversorgungsbereich • Anzeigen
QA11	Logistik • Qualitätsmanagement • Qualitätsprüfung • Prüflos • Verwendungsentscheid • Erfassen
QE51N	Logistik • Qualitätsmanagement • Qualitätsprüfung • Prüfergebnis • Ergebniserfassung
QP02	Logistik • Qualitätsmanagement • Qualitätsplanung • Prüfplanung • Prüfplan • Ändern
QS23	Logistik • Qualitätsmanagement • Qualitätsplanung • Grunddaten • Prüfmerkmal • Ändern

Tabelle A.5 Anwendungstransaktionen der Logistik

Transaktion	Menüpfad
QS51	Logistik • Qualitätsmanagement • Qualitätsplanung • Grunddaten • Katalog • Auswahlmenge • Bearbeiten
SHN1	Zentrale Funktionen • Schichtnotizen und Schichtberichte • Schichtnotizen und Schichtberichte zu Arbeitsplätzen • Schichtnotiz • Anlegen
SHN4	Zentrale Funktionen • Schichtnotizen und Schichtberichte • Schichtnotizen und Schichtberichte zu Arbeitsplätzen • Schichtnotiz • Listbearbeitung
SHN5	Zentrale Funktionen • Schichtnotizen und Schichtberichte • Schichtnotizen und Schichtberichte zu Arbeitsplätzen • Schichtnotiz • Schichtnotiz-Cockpit
SHR1	Zentrale Funktionen • Schichtnotizen und Schichtberichte • Schichtnotizen und Schichtberichte zu Arbeitsplätzen • Schichtbericht • Anlegen

Tabelle A.5 Anwendungstransaktionen der Logistik (Forts.)

Transaktion	Menüpfad
/SAPAPO/AMON1	Supply Chain Monitor • Alert Monitor • Alert Monitor
/SAPAPO/CURTO_SIMU	Stammdaten • Produktionsdatenstruktur • Produktionsdatenstruktur anzeigen
/SAPAPO/MAT1	Stammdaten • Produkt • Produkt
/SAPAPO/PCMT	Produktionsplanung • Interaktive Produktionsplanung • Produktionskampagne
/SAPAPO/RES01	Stammdaten • Ressource • Ressourcen ändern
/SAPAPO/RESNET	Stammdaten • Ressource • Ressourcennetz
/SAPAPO/STORDEF	Stammdaten • Produktlagerdefinition • Produktlagerdefinition

Tabelle A.6 Anwendungstransaktionen in APO

A.2 Customizing-Transaktionen

In den folgenden Tabellen finden Sie die wichtigsten Customizing-Transaktionen für PP-PI.

Produktionsplanung Prozessindustrie • Stammdaten

Transaktion	Menüpfad
CMX21	SXS-Repository Einstellungen
OP19	Ressource • Allgemeine Daten • Vorgabewert • Vorgabewertschlüssel festlegen
OP21	Ressource • Kapazitätsplanung • Formeln Ressource (Arbeitsplatz) • Formeldefinition Ressource (Arbeitsplatz) einrichten
OP40	Ressource • Allgemeine Daten • Ressourcenart (Arbeitsplatzart) einstellen
OP42	Ressource • Allgemeine Daten • Vorschlagsressource (Vorschlagsarbeitsplatz) definieren
OP45	Ressource • Allgemeine Daten • Planverwendung festlegen
OP4A	Ressource • Kapazitätsplanung • Kapazitätsangebot • Schichtprogramm definieren
OP7B	Ressource • Allgemeine Daten • Vorgabewert • Parameter einstellen
OPEB	Planungsrezept • Rangfolge für automatische Rezeptselektion festlegen
OPFA	Ressource • Allgemeine Daten • Feldauswahl festlegen
SPRO	Planungsrezept • Materialliste • Positionsdaten • Positionsdaten aus angrenzenden Arbeitsgebieten • Verteilungsschlüssel festlegen
SPRO	Ressource • Allgemeine Daten • Subsysteme definieren
SPRO	Ressource • Allgemeine Daten • Verantwortlichen festlegen

Tabelle A.7 Customizing-Transaktionen der Stammdatenverwaltung für PP-PI

Produktionsplanung Prozessindustrie • Prozessauftrag

Transaktion	Menüpfad
BS02	Stammdaten • Auftrag • Statusschemata definieren
BS52	Stammdaten • Auftrag • Berechtigungsschlüssel für Anwenderstatusschema definieren
CB85	Vorgänge • Drucksteuerung festlegen
CO82	Stammdaten • Auftrag • Nummernkreise • Nummernkreise für Aufträge definieren
COISF	Informationssystem • Darstellung der Detaillisten ändern

Tabelle A.8 Customizing-Transaktionen für Prozessaufträge

Transaktion	Menüpfad
COISN	Informationssystem • Profile für ALV-Layoutbasierte Objektübersicht definieren
COR4	Stammdaten • Auftrag • Auftragsartabhängige Parameter definieren
CORN	Stammdaten • Auftrag • Auftragsarten definieren
CORU	Stammdaten • Fertigungssteurer definieren
CORY	Stammdaten • Fertigungssteuerungsprofile definieren
OPJ2	Vorgänge • Bestands- und Chargenfindung in der Warenbewegung
OPJF	Vorgänge • Planauswahl • Automatisch selektieren
OPJG	Vorgänge • Planauswahl • Vorschlagswerte festlegen
OPJJ	Vorgänge • Verfügbarkeitsprüfung • Prüfungsumfang definieren
OPJK	Vorgänge • Verfügbarkeitsprüfung • Prüfungssteuerung
OPK1	Vorgänge • Rückmeldung • Einbilderfassung • Einbilderfassung definieren
OPK4	Vorgänge • Rückmeldung • Rückmeldeparameter festlegen
OPKA	Integration • Bewegungsarten festlegen
OPKB	Vorgänge • Rückmeldung • Parallelisierungsart der Rückmeldeprozesse festlegen
OPKC	Vorgänge • Rückmeldung • Durchführungszeitpunkt der Rückmeldeprozesse festlegen
OPKU	Vorgänge • Rückmeldung • Rückmeldeparameter Sammelrückmeldung
OPUZ	Vorgänge • Terminierung • Terminierungsparameter festlegen
OVZ2	Vorgänge • Verfügbarkeitsprüfung • Prüfgruppe definieren
SM36	Vorgänge • Einplanung Hintergrund-Jobs
SPRO	Vorgänge • Verfügbarkeitsprüfung • Prüfregel definieren

Tabelle A.8 Customizing-Transaktionen für Prozessaufträge (Forts.)

Produktionsplanung Prozessindustrie • Prozesskoordination

Transaktion	Menüpfad
CO60_VM	Standardeinstellungen • Vordefinierte Anzeigevarianten übernehmen
O03C	Prozeßmeldungen • Prozessmeldungsempfänger • Meldungsempfänger definieren und einstellen

Tabelle A.9 Customizing-Transaktionen der Prozesskoordination

Transaktion	Menüpfad
O08C	Prozeßmeldungen • Prozeßmeldungsmerkmale • Merkmalgruppen für Prozeßmeldungen definieren
O09C	Prozeßvorgaben • Prozeßvorgabemerkmale • Merkmalgruppen für Prozeßvorgaben definieren
O12C	Prozeßvorgaben • Prozeßvorgabearten definieren (allgemein)
O13C	Prozeßmeldungen • Prozeßmeldungsarten definieren und einstellen
O23C	Standardeinstellungen • Vordefinierte Merkmale übernehmen
O24C	Standardeinstellungen • Vordefinierte Meldungsarten übernehmen
O25C	Prozeßmeldungen • Prozeßmeldungsmerkmale • Merkmale für Prozeßmeldungen definieren
O25C	Prozeßvorgaben • Prozeßvorgabemerkmale • Merkmale für Prozeßvorgaben definieren
SE38	Steuerrezepte/Herstellanweisungen • Steuerrezeptempfänger • Filter für die Generierung von Prozeßvorgaben bearbeiten
SM36	Prozeßmeldungen • Hintergrundjob zum Löschen definieren
SM36	Prozeßmeldungen • Hintergrundjob zum Versenden definieren
SM36	Steuerrezepte/Herstellanweisungen • Hintergrundjob zum Versenden definieren
SM59	Steuerrezepte/Herstellanweisungen • Steuerrezeptempfänger • RFC-Destination für Steuerrezeptempfänger definieren
SPRO	Steuerrezepte/Herstellanweisungen • Steuerrezeptempfänger • Steuerrezeptempfänger definieren und einstellen

Tabelle A.9 Customizing-Transaktionen der Prozesskoordination (Forts.)

Sonstige Customizing-Transaktionen

Transaktion	Menüpfad
OMJJ	Materialwirtschaft • Bestandsführung und Inventur • Bewegungsarten • Bewegungsarten kopieren, ändern
OPPR	Produktion • Bedarfsplanung • Dispositionsgruppen • Gesamtpflege der Dispositionsgruppen durchführen
SFW5	Business Function aktivieren
SPRO	Logistik allgemein • Einstellungen für Schichtberichte festlegen • Schichtberichtstypen festlegen

Tabelle A.10 Sonstige Customizing-Transaktionen

Transaktion	Menüpfad
SPRO	Logistik allgemein • Einstellungen für Schichtnotizen festlegen • Einstellungen für Schichtnotizart festlegen
SPRO	Materialwirtschaft • Bestandsführung und Inventur • Wareneingang • Endlieferungskennzeichen setzen
SPRO	Qualitätsmanagement • Qualitätsplanung • Prüfplanung • Allgemein • Prüfpunkte definieren
SPRO	Qualitätsmanagement • Qualitätsprüfung • Prüfloseröffnung • Prüfart pflegen
SPRO	Qualitätsmanagement • Qualitätsprüfung • Prüfloseröffnung • Prüflosherkunft pflegen und Prüfart zuordnen
SPRO	Unternehmensstruktur • Definition • Logistik allgemein • Standort festlegen

Tabelle A.10 Sonstige Customizing-Transaktionen (Forts.)

Transaktion	Menüpfad
/SAPAPO/CDPSC1	Advance Planning and Optimization • Supply-Chain-Planung • Produktions- und Feinplanung (PP/DS) • Globale Einstellungen • Strategieprofile pflegen
/SAPAPO/PCMP	Advance Planning and Optimization • Supply-Chain-Planung • Produktions- und Feinplanung (PP/DS) • Produktionskampagnenplanung • Kampagnenprofil pflegen

Tabelle A.11 Customizing-Transaktionen in APO

B Die Autoren

Andreas Doller arbeitete nach seinem Abschluss als Diplom-Volkswirt im Jahr 1996 zunächst über vier Jahre bei der SAP AG in Walldorf als Integrationsberater in vielen nationalen und internationalen Projekten. Dabei führte er vor allem in Unternehmen der chemischen, der pharmazeutischen sowie der Konsumgüterindustrie SAP-Lösungen in den Bereichen Produktionslogistik und Qualitätsmanagement ein. Während dieser Zeit war er zudem Referent im SAP-Schulungszentrum zum Thema Chargenverwaltung. Ab 2001 war er freiberuflich tätig und beriet Unternehmen wie Bayer, Colgate Palmolive, Solvay, HJ Heinz und Cadbury Schweppes in globalen SAP-Projekten. 2012 gründete er die Consando GmbH, die auf SAP Logistik-Beratung im nationalen und internationalen Umfeld spezialisiert ist.

Jan Wölken ist seit über 15 Jahren in der Beratung mit den Schwerpunkten Produktionsplanung für die Prozessindustrie und Qualitätsmanagement tätig. Er berät Kunden in der Prozessindustrie, hauptsächlich in der pharmazeutischen und chemischen Industrie. Als Solution Architekt und Projektleiter ist er in nationalen und internationalen Projekten tätig. Seit dem Jahr 2004 ist er Mitarbeiter von SAP und gehört zum Bereich Business Transformation Services.

Beiträger zu diesem Buch

Peter Moraw ist seit Abschluss seiner Promotion in Chemie als Supply Chain Berater in der Prozessindustrie – hier in erster Linie in der chemischen, pharmazeutischen und Lebensmittelindustrie – tätig. Er beschäftigt sich hauptsächlich mit Fragestellungen innerhalb der Produktionsplanung und -steuerung sowie der Integration von Produktionsprozessen in angrenzende Bereiche wie Lagerverwaltung, Controlling oder Qualitätsprüfung. Peter Moraw ist seit 1999 bei BearingPoint beschäftigt und berät als Projektleiter und Special Matter Expert Kunden bei nationalen und internationalen Projekten.

Martin Auer arbeitete nach seinem FH-Studium der Betriebswirtschaftslehre zunächst als Berater für verschiede ERP-Systeme in der Prozessindustrie. Seit 2004 beschäftigt er sich mit den Themen vertikale Integration und SAP MII. Neben seiner Tätigkeit in nationalen und internationalen Projekten war er Autor mehrerer SAP-MII-Schulungskurse, und hielt diese sowohl am Internationalen Schulungszentrum der SAP SE in Walldorf als auch weltweit ab. Herr Auer ist heute bei der SpiraTec AG im Bereich Industrial IT Solutions tätig. Als Solution Architekt und Project Manager betreut er neben SAP-MII-Projekten auch die Einführung von Manufacturing-Execution-Systemen (MES) und Plant-Information-Management-Systemen (PIMS) im regulierten Umfeld der pharmazeutischen Industrie.

Jürgen Scholl schloss sein Studium der Elektrotechnik mit Schwerpunkt Regelungstechnik an der Universität Karlsruhe als Diplom-Ingenieur ab. Er war als Projektleiter in verschiedenen Firmen der pharmazeutischen, chemischen und Nahrungsmittelindustrie für die Einführung von Produktionsplanungs-, Prozessvisualisierungs- und Betriebsdatenerfassungssystemen tätig. 1997 wechselte er in das Produktmanagement des Bereiches Produktionsplanung in der Prozessindustrie (PP-PI) von SAP und betreute dort die Themen Pharmazeutische Konformität, Digital Signature und verschiedene Usergruppen in der pharmazeutischen und chemischen Industrie. Im Jahr 2000 wechselte er in den Bereich Product Lifecycle Management (PLM) und war dort als verantwortlicher Solution Manager für die Software zur Produktentwicklung in der Prozessindustrie tätig. Nach einem zwischenzeitlichen Wechsel in den Bereich SAP Business ByDesign wechselte er 2008 erneut in den Bereich PLM und übernahm dort als Chief Product Owner die Verantwortung für die Entwicklung der Softwarekomponente SAP Recipe Development (RD).

Heiko Ziegeler ist als freiberuflicher Unternehmensberater tätig und unterstützt Unternehmen bei der Konzeption, Implementierung und Optimierung von Supply-Chain-Planungsprozessen. Er hat Wirtschaftsinformatik an der Hochschule Furtwangen studiert und begann seine berufliche Laufbahn bei einem internationalen Beratungshaus. Hier beriet er Kunden unterschiedlicher Branchen in Supply-Chain-Planning- und APO-Projekten. Sein weiterer Weg führte über verschiedene Inhouse-Positionen in der pharmazeutischen und chemischen Industrie, wo er sein Expertenwissen, insbesondere der SAP-SCM-Module DP, SNP und PP/DS, in zahlreichen internationalen Projekten weiter ausbaute.

Index

A

B

C

D

E

F

L

M

N

O

P

Q

R

S

T

U

V

W

- Umfassendes Handbuch zur Diskreten Fertigung mit SAP
- Prozesse und Customizing von PP verständlich erklärt
- Mit Informationen zu Sonderbeschaffungsformen

und zur Integration mit SAP APO

Jörg Thomas Dickersbach, Gerhard Keller

Produktionsplanung und -steuerung mit SAP ERP

Damit die Produktion nie stillsteht, brauchen Sie reibungslose Prozesse. Diese 4. Auflage unseres Bestsellers ist Ihr Begleiter bei der Implementierung und Anwendung der Produktionsplanung und -steuerung mit SAP. Anhand von praktischen Beispielen lernen Sie Funktionen und Customizing von PP (SAP ERP 6.0) umfassend kennen.

539 Seiten, gebunden, 69,90 Euro
ISBN 978-3-8362-2708-7
4. Auflage 2014

www.sap-press.de/3518

Galileo Press

- Funktionen, Prozesse und Customizing von SAP APO-PP/DS verständlich erklärt
- Heuristiken, finite Planung, Auftragssichten, Plantafeln, Alert-Handling, APO Core Interface u.v.m.
- Mit ausführlicher Darstellung des Zusammenspiels von SAP APO und SAP ECC

Jochen Balla, Frank Layer

Produktionsplanung mit SAP APO

Dieses Buch bietet Ihnen eine fundierte Einführung in die Produktionsplanung mit SAP APO-PP/DS: Funktionen, Anwendung, Customizing. Sie lernen den Datenaustausch zwischen APO und ECC mittels CIF, die APO-Stammdaten und alle wichtigen Funktionen der Produktions- und Feinplanung kennen. Darüber hinaus entdecken Sie, welche Auswertungs- und Interaktionswerkzeuge Ihnen zur Verfügung stehen und wie die Komponenten bei der Erstellung eines finiten Produktionsplans zusammenspielen.

402 Seiten, gebunden, 69,90 Euro
ISBN 978-3-8362-1602-9
2. Auflage 2010

www.sap-press.de/2380

Versandkostenfrei bestellen: www.sap-press.de

- Langfristige und kurzfristige Kapazitätsplanung implementieren
- Prozesse und Funktionen für alle Branchen
- Integrierte Planung mit SAP ERP und SAP APO

Ferenc Gulyássy, Binoy Vithayathil

Kapazitätsplanung mit SAP

Dieses umfassende Buch beantwortet alle Ihre Fragen rund um die Kapazitätsplanung mit SAP. Die Autoren erläutern Ihnen die Kapazitätsplanung als integrierten Gesamtprozess und zeigen Ihnen, welche Besonderheiten Sie bei den verschiedenen Funktionsbereichen, Branchen und Prozessen berücksichtigen müssen. So lernen Sie nicht nur die einzelnen Funktionen für die lang- und kurzfristige Kapazitätsplanung in SAP ERP und SAP APO kennen, sondern erfahren auch, wie Sie sie kombinieren, implementieren und anwenden. Mit diesem Buch meistern Sie die Kapazitätsplanung in SAP!

720 Seiten, gebunden, 79,90 Euro
ISBN 978-3-8362-1975-4
erschienen Januar 2014

www.sap-press.de/3207

Galileo Press

- Dispositionsparameter von SAP ERP und SAP APO
- Prozesse, Integration und Customizing
- Betriebswirtschaftliche Optimierungspotenziale
- 2., aktualisierte und erweiterte Auflage

Ferenc Gulyássy, Marc Hoppe, Oliver Köhler, Binoy Vithayathil

Disposition mit SAP

Optimieren Sie Ihre Disposition! In diesem Buch lernen Sie das Customizing zentraler Dispositionselemente in SAP ERP und SAP APO kennen. Lesen Sie, welche Stammdaten Sie benötigen und wie Sie Planungsstrategien und Prognosen erstellen. Erfahren Sie, welche Abhängigkeiten und Optimierungspotenziale Sie beachten sollten und welche Einstellungen für Materialien und Artikel in der Praxis sinnvoll sind. Die 2. Auflage wurde grundlegend überarbeitet und enthält alle Neuerungen aus SAP ERP 6.0 EHP 5, 6 und 7 sowie SAP SCM 7.0 EHP 3.

777 Seiten, gebunden, 69,90 Euro
ISBN 978-3-8362-2644-8
2. Auflage 2014

www.sap-press.de/3475

Das gesamte Buchprogramm: www.sap-press.de